チョイス新標準問題集

数学III・C

六訂版

河合塾講師 中村登志彦［著］

河合出版

はじめに

言うまでもないが，数学の学習においては問題演習は不可欠であり，その際，修得度と目的によって量と質が異なる．

基礎力を身につけたい場合は，解き方がすぐわかる基本問題の演習の数をこなす必要がある．まず基本事項を確認しながら問題を解く．そしてまた，基本事項を確認する．この繰り返しである．

応用力を身につけたい場合は，骨のある問題をある程度しぼり，じっくり考える演習が必要となる．1つの解法がうかんだらそれで最後まで頑張ってみる．もし行き詰まったら別の方針を考える．できた場合でもうまい解き方はどんどん吸収する．

本書の目的は，教科書レベルから始めて入試標準レベルにまで到達することにある．上記のことを踏まえ，問題はA，B 2つのレベルに分けてあるが，Aといっても必ずしも易しくないし，Bだからといって難問に類するものは入れていない．Bの問題が入試標準レベルである．実際の入試には結構難しい問題も出ているが，それらは必ずしも解けなくても合格できる場合が多い．むしろ，本書にあるような標準問題の出来，不出来が合否に大きく作用する．

問題は厳選に厳選を重ねて収録した．また，解答は極力簡潔になるように心掛けた．

生まれながらにして数学ができる人などいないし，数学ができるから頭がいいなどというのは迷信である．しょせん，数学も基本の暗記から始まるのである．基本を身につけるには繰り返ししかない．使える道具をいかに増やすかが課題である．本書を信じて，問題と解答を暗記してしまうくらいに繰り返し演習をすれば，合格できるだけの実力が必ず身につくはずである．

構成と使い方

●問題編

基本のまとめ

各節のはじめに設け，その項目に関する定義や公式を整理した．

問題演習

過去に出題された大学入試問題の中から，各分野の標準的で頻出の問題を284題に厳選した．とくに，問題の選定にあたっては解き進むうちに達成感，満足感が得られるよう問題のレベル設定に注意し，問題の分量を定めた．冠名「チョイス新標準問題集」はこの意味あいを込めて命名したのである．

問題A 実際に大学入試で出題された問題の中から基本的・基礎的問題を収録．

問題B 問題Aと同じ分野で，問題Aよりやや程度の高い問題を，問題Aと問題Bの難易が自然につながるよう収録．

出題大学名の右上に＊のついた問題は，一部に手が加えられていることを示す．

ヒント 解法の手がかりとなるように，巻末の「答えとヒント」の中で設けた．

この問題集の進め方には，問題Aを一通り終えてから問題Bにとり組む方法と，問題Aと問題Bをセットにして順番に解いていく方法がある．また，本格的に実力を試したい人は，問題Bだけを解いてもよい．

●解答・解説編

考え方 解き方の指針を示した．自分で考えてみて，わからなかった場合に読んでほしい．

解 答 標準的な解法による解答である．ただし，標準的な解法が複数にわたる場合には，［**解答 1**］，［**解答 2**］というように，それぞれの解法による解答を与えることにした．なお，空欄補充式の問題については，記述式に準じた解答をとった．

［**別解**］ 別の視点でとらえた解答である．

［**注**］ 解答の際に注意すべき点や補足事項を示した．

もくじ

第1章　数列と極限

1　数列の極限

基本のまとめ

1　数列の収束・発散

n を1，2，3，…と限りなく大きくするとき，a_n が一定の値 α に限りなく近づくならば数列 $\{a_n\}$ は α に**収束する**といい，

$$\lim_{n\to\infty} a_n=\alpha \quad \text{または} \quad a_n\to\alpha \ (n\to\infty)$$

などと書く．

それ以外のとき，$\{a_n\}$ は**発散する**といい，次のように分類する．

$$\begin{cases} \text{収束する}\cdots\cdots\lim_{n\to\infty} a_n=\alpha \ \text{（有限確定値）}. \\ \text{発散する}\cdots\begin{cases} \lim_{n\to\infty} a_n=\infty, \\ \lim_{n\to\infty} a_n=-\infty, \\ \text{数列 } \{a_n\} \text{ は振動する}. \end{cases} \end{cases}$$

また，次の関係が成立する．

$$\lim_{n\to\infty} a_n=\alpha \iff \lim_{n\to\infty}|a_n-\alpha|=0.$$

2　無限等比数列の極限

$$\lim_{n\to\infty} r^n=\begin{cases} \infty & (r>1), \\ 1 & (r=1), \\ 0 & (-1<r<1), \\ \text{振動} & (r\leqq -1). \end{cases}$$

したがって，等比数列 $\{ar^{n-1}\}$ が収束するための必要十分条件は，

「$a=0$」　または　「$a\neq 0$，かつ $-1<r\leqq 1$」．

3 数列の極限についての基本的な性質

$n\to\infty$ のとき，数列 $\{a_n\}$，$\{b_n\}$ がともに収束し，その極限値が α，β であるとき，

(1) $\displaystyle\lim_{n\to\infty} ca_n = c\alpha$　（c は定数）．

(2) $\displaystyle\lim_{n\to\infty}(a_n \pm b_n) = \alpha \pm \beta$　（複号同順）．

(3) $\displaystyle\lim_{n\to\infty} a_n b_n = \alpha\beta$.

(4) $\displaystyle\lim_{n\to\infty}\frac{a_n}{b_n} = \frac{\alpha}{\beta}$　（ただし，$b_n \neq 0$，$\beta \neq 0$）．

4 はさみうちの原理

(1) 数列 $\{a_n\}$，$\{b_n\}$，$\{c_n\}$ が $a_n \leqq c_n \leqq b_n$ をみたすとき，

$$\lim_{n\to\infty} a_n = \lim_{n\to\infty} b_n = \alpha(\text{収束}) \Longrightarrow \lim_{n\to\infty} c_n = \alpha.$$

(2) 数列 $\{a_n\}$，$\{b_n\}$ が $a_n \leqq b_n$ をみたすとき，

$$\lim_{n\to\infty} a_n = \infty \Longrightarrow \lim_{n\to\infty} b_n = \infty.$$

問題A

1 $\displaystyle\lim_{n\to\infty}\left(\sqrt{n^2+2n}-n\right)$ の値を求めよ．

（創価大）

2 $\displaystyle\lim_{n\to\infty}\frac{(1+2+3+\cdots+n)^3}{(1^2+2^2+3^2+\cdots+n^2)^2}$ を求めよ．

（八戸工業大）

3 $\displaystyle\lim_{n\to\infty}\frac{3^{n+1}+5^{n+1}+7^{n+1}}{3^n+5^n+7^n}$ を求めよ．

（愛知工業大）

4　数列 $\{a_n\}$ が $a_1=1$, $4a_{n+1}-3a_n-2=0$ $(n=1, 2, 3, \cdots)$ で与えられるとき,

(1)　一般項 a_n を求めよ.

(2)　$S_n=\sum_{k=1}^{n} a_k$ を求めよ.

(3)　$\lim_{n\to\infty}\frac{S_n}{n}$ を求めよ.

（弘前大）

5　a, b は, $0<a<b$ をみたす定数とし, n を自然数とする.

(1)　不等式 $n\log_2 b<\log_2(a^n+b^n)<n\log_2 b+1$ が成り立つことを証明せよ.

(2)　極限値 $\lim_{n\to\infty}\sqrt[n]{a^n+b^n}$ を求めよ.

（広島大）

問題B

6　$\lim_{n\to\infty}\frac{(n+1)^2+(n+2)^2+\cdots+(3n)^2}{1^2+2^2+3^2+\cdots+(2n)^2}$ を求めよ.

（慶應義塾大）

7

$$f_n(x)=\frac{\tan^{2n+1}x-\tan^n x+1}{\tan^{2n+2}x+\tan^{2n}x+1}\quad\left(0\leqq x<\frac{\pi}{2}\right)$$

とする. $f(x)=\lim_{n\to\infty}f_n(x)$ を求め, 関数 $y=f(x)$ のグラフの概形をかけ.

（鹿児島大）

8　$a_1=2$，$a_2=1$，$n \geqq 1$ のとき，$a_{n+2}=\dfrac{1}{4}(a_{n+1}+3a_n)$ で定義されている数列 $\{a_n\}$ について

(1)　$\{a_{n+1}-a_n\}$ は等比数列であることを示せ．

(2)　a_n を n の式で表せ．

(3)　$\lim\limits_{n\to\infty} a_n$ を求めよ．

（神戸商船大*）

9　ある円に内接する二等辺三角形の列 S_1，S_2，S_3，…，S_n，…を次の条件をみたすように定める．

(A)　S_1 は正三角形でない二等辺三角形である．

(B)　S_n の底辺は S_{n-1}（$n=2$，3，4，…）の等辺の１つである．

(C)　S_n の底辺を円の弦とみたとき，S_n と S_{n-1}（$n=2$，3，4，…）は弦の同じ側にある．

このとき，次の問に答えよ．

(1)　S_n の頂角を θ_n とするとき，θ_n と θ_{n-1}（$n=2$，3，4，…）との関係を求めよ．

(2)　頂角 θ_n を θ_1 を用いて表せ．

(3)　$n\to\infty$ のとき，この二等辺三角形の列 S_n は正三角形に近づくことを示せ．

（久留米工業大）

10　a を実数とし，$x_1=2$，$y_1=2$，

$$\begin{cases} x_{n+1}=x_n+ay_n, \\ y_{n+1}=2x_n+2ay_n-2 \end{cases} \quad (n=1,\ 2,\ 3,\ \cdots)$$

で定められる数列 $\{x_n\}$ および $\{y_n\}$ に対して，次の問に答えよ．

(1)　数列 $\{x_n\}$ および $\{y_n\}$ の一般項を求めよ．

(2)　数列 $\{x_n\}$ および $\{y_n\}$ が収束するような a の範囲と，そのときの $\lim\limits_{n\to\infty} x_n$ および $\lim\limits_{n\to\infty} y_n$ を求めよ．

（広島大）

11 $a_1>4$ として，漸化式 $a_{n+1}=\sqrt{a_n+12}$ で定められる数列 $\{a_n\}$ を考える．

(1) $n=2,\ 3,\ 4,\ \cdots$ に対して，不等式 $a_n>4$ が成り立つことを示せ．

(2) $n=1,\ 2,\ 3,\ \cdots$ に対して，不等式 $a_{n+1}-4<\dfrac{1}{8}(a_n-4)$ が成り立つことを示せ．

(3) $\displaystyle\lim_{n\to\infty}a_n$ を求めよ．

（同志社大）

12 n を自然数とする．平面上の曲線 $C：y=x^2-n$ と x 軸が囲む領域内にあり，x 座標と y 座標の値がともに整数であるような点の総数を a_n とおく．ただし，曲線 C 上の点および x 軸上の点も含むとする．$n^{\frac{1}{2}}$ を超えない最大の整数を m_n とおくとき，以下の問に答えよ．

(1) a_n を n と m_n で表せ．

(2) $\displaystyle\lim_{n\to\infty}\frac{a_n}{n^{\frac{3}{2}}}$ を求めよ．

（東北大）

13 1，2，2，3，3，3，4，4，4，4，$\cdots$ は k が k 個（$k=1,\ 2,\ 3,\ \cdots$）ずつ続く数列である．この数列の第 n 項を a_n と表す．次の問に答えよ．

(1) $a_n=k$ となるような n の範囲を k を用いて表し，a_{100} の値を求めよ．

(2) $\displaystyle\lim_{n\to\infty}\frac{a_n}{\sqrt{n}}$ を求めよ．

（関西学院*）

MEMO

2　無限級数

基本のまとめ

1 無限級数

無限数列 $\{a_n\}$ の各項を順に加えていった

$$a_1+a_2+a_3+\cdots+a_n+\cdots$$

を**無限級数**といい，$\sum_{n=1}^{\infty} a_n$ とも書く．また，初項から第 n 項までの和

$$S_n=a_1+a_2+\cdots+a_n \quad (n=1,\ 2,\ 3,\ \cdots)$$

をこの級数の**部分和**という．

2 無限級数の和

無限級数 $\sum_{n=1}^{\infty} a_n$ の部分和の数列 $\{S_n\}$ が収束するとき，$\sum_{n=1}^{\infty} a_n$ は収束するといい，数列 $\{S_n\}$ の極限値をこの**無限級数の和**という．

$$\lim_{n\to\infty} S_n=S\text{(収束)} \Longleftrightarrow \sum_{n=1}^{\infty} a_n=S.$$

数列 $\{S_n\}$ が発散するとき，この無限級数は発散するという．

3 無限級数の和についての基本的な性質

$\sum_{n=1}^{\infty} a_n=A$，$\sum_{n=1}^{\infty} b_n=B$（ともに収束）のとき，

(1) $\sum_{n=1}^{\infty} ca_n=cA$　（c は定数）．

(2) $\sum_{n=1}^{\infty} (a_n\pm b_n)=A\pm B$　（複号同順）．

(3) $a_n \leqq c_n \leqq b_n$　かつ　$A=B \Longrightarrow \sum_{n=1}^{\infty} c_n=A$.

4 無限級数の収束条件

(1) $\sum_{n=1}^{\infty} a_n$ が収束 $\Longrightarrow \lim_{n\to\infty} a_n=0$.

(2) $\lim_{n\to\infty} a_n \neq 0 \Longrightarrow \sum_{n=1}^{\infty} a_n$ は発散　((1)の対偶)．

5 無限等比級数の和

無限等比級数 $\sum_{n=1}^{\infty} ar^{n-1}$ は,

「$a=0$」 または 「$a \neq 0$, かつ $-1<r<1$」

のときに限り収束し,

$$\sum_{n=1}^{\infty} ar^{n-1} = \begin{cases} 0 & (a=0), \\ \dfrac{a}{1-r} & (a \neq 0,\ かつ\ -1<r<1). \end{cases}$$

問題A

14　$\lim_{n \to \infty} \sum_{k=4}^{n} \dfrac{1}{(k-1)(k-3)}$ を求めよ.　(東京電機大*)

15　次の無限等比級数が収束するような実数 x の値の範囲を求め，さらにそのときの級数の和を求めよ.

$$x + x(2-x^2) + x(2-x^2)^2 + \cdots + x(2-x^2)^n + \cdots$$

(東京電機大)

16　a を正の定数とする．2つの数列 x_1, x_2, $\cdots$, x_n, $\cdots$および y_1, y_2, $\cdots$, y_n, $\cdots$を次のように定義する．まず $x_1=a$, $y_1=a$ とする．曲線 $xy=a^2$ 上の点 $(x_n,\ y_n)$ が定まったとき，この点における曲線 $xy=a^2$ の接線と x 軸との交点の x 座標を x_{n+1} とし，x_{n+1} を x 座標としてもつ曲線 $xy=a^2$ 上の点を $(x_{n+1},\ y_{n+1})$ とする．いま $\sum_{n=1}^{\infty} y_n = 2$ であるとき，a の値を求めよ.

(東京女子大)

問題B

17 (1) 無限級数 $\sum_{n=1}^{\infty} \log\left(1+\frac{1}{n}\right)$ は発散することを示せ．

(2) 無限級数 $\sum_{n=2}^{\infty} \log\left(1+\frac{1}{n^2-1}\right)$ は収束することを示し，その級数の和を求めよ．

（高知女子大）

18 $0<x<\frac{\pi}{2}$ のとき，無限級数

$$\tan x+(\tan x)^3+(\tan x)^5+\cdots+(\tan x)^{2n-1}+\cdots$$

が収束するような x の範囲を求めよ．また，級数の和が $\frac{\sqrt{3}}{2}$ となる x の値を求めよ．

（愛知工業大*）

19 初項1の2つの無限等比級数 $\sum_{n=1}^{\infty} a_n$，$\sum_{n=1}^{\infty} b_n$ がともに収束し，$\sum_{n=1}^{\infty} (a_n+b_n)=\frac{8}{3}$ および $\sum_{n=1}^{\infty} a_n b_n=\frac{4}{5}$ が成り立つ．このとき $\sum_{n=1}^{\infty} (a_n+b_n)^2$ を求めよ．

（長崎大）

20　右図のように円 O_1，O_2，…は互いに接し，かつ点Cで交わる半直線 l_1，l_2 に内接している．

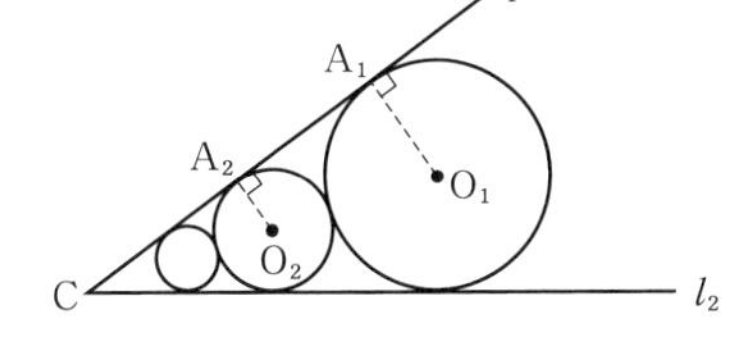

(1)　円 O_1 の半径が5，CA_1 の長さが12であるとき，円 O_2 の半径を求めよ．

(2)　n 番目の円 O_n の半径 r_n とその面積 S_n を求めよ．

(3)　(2)で求めた S_n に対して $\displaystyle\sum_{n=1}^{\infty} S_n$ の値を求めよ．

（北海道工業大）

21　面積1の正三角形 A_0 からはじめて，図のように図形 A_1，A_2，…をつくる．ここで A_n は，A_{n-1} の各辺の三等分点を頂点にもつ正三角形を A_{n-1} の外側につけ加えてできる図形である．

(1)　図形 A_n の辺の数を求めよ．

(2)　図形 A_n の面積を S_n とするとき，$\displaystyle\lim_{n\to\infty} S_n$ を求めよ．

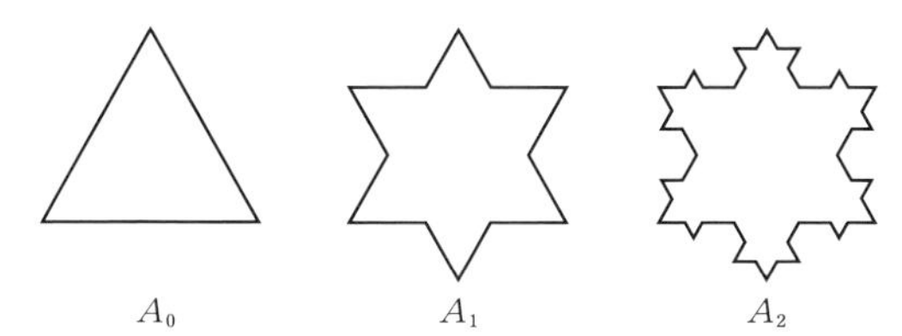

（香川大）

22　数列 a_1，a_2，a_3，… を次のように定義する．

$$a_n = \tan\frac{\pi}{2^{n+1}} \quad (n=1,\ 2,\ 3,\ \cdots)$$

(1)　すべての自然数 n に対して $a_{n+1} = \dfrac{1}{a_{n+1}} - \dfrac{2}{a_n}$ が成り立つことを示せ．

(2)　次の無限級数の和を求めよ．

$$\sum_{n=1}^{\infty} \frac{1}{2^n} \tan\frac{\pi}{2^{n+1}}$$

（千葉大）

第2章　微分法

3　関数の極限

基本のまとめ

1　極限値

関数 $f(x)$ において，x が定数 a と異なる値をとりながら，a に限りなく近づくとき，$f(x)$ の値が一定の値 b に限りなく近づくならば，$f(x)$ は b に**収束する**といい，

$$\lim_{x\to a}f(x)=b \quad \text{あるいは} \quad f(x)\to b\ (x\to a)$$

と書く．また，b を $x\to a$ のときの $f(x)$ の**極限値**という．

2　右側極限と左側極限

x が $x>a$ で a に限りなく近づくことを $x\to a+0$，x が $x<a$ で a に限りなく近づくことを $x\to a-0$ と表す．とくに $a=0$ のときは，それぞれ $x\to +0$，$x\to -0$ と表す．

$\lim_{x\to a}f(x)$ が存在する $\Longleftrightarrow$ $\lim_{x\to a+0}f(x)$ と $\lim_{x\to a-0}f(x)$ がともに存在し，

かつ $\lim_{x\to a+0}f(x)=\lim_{x\to a-0}f(x)$.

3　関数の極限の基本性質

$\lim_{x\to a}f(x)=\alpha$，$\lim_{x\to a}g(x)=\beta$（ともに収束）であるとき，

(1) $\lim_{x\to a}kf(x)=k\alpha$　（k は定数）.

(2) $\lim_{x\to a}\{f(x)\pm g(x)\}=\alpha\pm\beta$　（複号同順）.

(3) $\lim_{x\to a}f(x)g(x)=\alpha\beta$.

(4) $\lim_{x\to a}\dfrac{f(x)}{g(x)}=\dfrac{\alpha}{\beta}$　（ただし，$g(x)\neq 0$，$\beta\neq 0$）.

(5) x が a の付近で，$f(x)\leqq g(x) \Longrightarrow \alpha\leqq\beta$.

(6)　x が a の付近で，$f(x) \leqq h(x) \leqq g(x)$ かつ $\alpha=\beta$

$$\Longrightarrow \lim_{x\to a} h(x)=\alpha \quad \text{（はさみうちの原理）.}$$

4　三角関数と極限

$$\lim_{x\to 0}\frac{\sin x}{x}=1.$$

5　指数・対数関数と極限

(1)　$\displaystyle\lim_{x\to\infty}\left(1+\frac{1}{x}\right)^x=e.$　　(2)　$\displaystyle\lim_{x\to-\infty}\left(1+\frac{1}{x}\right)^x=e.$

(3)　$\displaystyle\lim_{x\to 0}(1+x)^{\frac{1}{x}}=e.$　　(4)　$\displaystyle\lim_{x\to 0}\frac{e^x-1}{x}=1.$

(5)　$\displaystyle\lim_{x\to 0}\frac{\log(1+x)}{x}=1.$

6　関数の連続

$$f(x) \text{ が } x=a \text{ で連続} \iff \lim_{x\to a} f(x)=f(a).$$

問題A

23　$\displaystyle\lim_{x\to 1}\frac{x-1}{1-e^{2x-2}}$ を求めよ．

（東海大）

24　$\displaystyle\lim_{x\to 0}\frac{\sin 2x}{\sqrt{x+1}-1}$ を求めよ．

（芝浦工業大）

25　$\displaystyle\lim_{x\to-\infty}\left(2x+\sqrt{4x^2-3x}\right)$ を求めよ．

（東京電機大）

26　$\displaystyle\lim_{x\to-3}\frac{2-\sqrt{x+a}}{x+3}=b$ をみたす a，b の値を求めよ．

（日本大）

27　点Oを中心とする半径1の円周上に定点Aがある．半径OAに直交する弦PQをとり，$\angle \mathrm{POA}=\theta$ とする $\left(0<\theta<\dfrac{\pi}{2}\right)$．三角形APQの面積を $S(\theta)$ で表すとき，$\displaystyle\lim_{\theta\to 0}\frac{S(\theta)}{S\left(\frac{\theta}{2}\right)}$ を求めよ．

（東京理科大）

28　関数 $f(x)=\begin{cases}\dfrac{\sin(x^2)}{x} & (x\neq 0 \text{ のとき}) \\ 0 & (x=0 \text{ のとき})\end{cases}$ の導関数 $f'(x)$ を求めよ．

（東京都市大）

問題B

29　$\displaystyle\lim_{x\to\frac{\pi}{2}}\frac{ax+b}{\cos x}=3$ が成立するように，定数 a，b の値を求めよ．

（高知県立大）

30　極限値 $\displaystyle\lim_{n\to\infty}\left(\frac{2n}{2n-1}\right)^{3n}$ を求めよ．

（東京電機大）

31　次の関係が成立するような定数 a，b，c を求めよ．

$$\lim_{x\to\infty}x\left\{\sqrt{x^2+3x+1}-(ax+b)\right\}=c$$

（琉球大）

32　関数 $f(x)$ が開区間 $(-\pi,\ \pi)$ において，次の不等式をみたすとき $\displaystyle\lim_{x\to 0}\frac{f(x)-f(0)}{x}$ の値を求めよ．

$$|f(x)-1-x-\sin 2x|\leqq x\sin x$$

（早稲田大）

33　xy 平面において，曲線 $y=\cos 2x\ \left(-\dfrac{\pi}{4}\leqq x\leqq\dfrac{\pi}{4}\right)$ 上に定点 A(0, 1) およびＡと異なる動点Ｐをとり，２点Ａ，Ｐを通り y 軸上に中心をもつ円の半径を r とする．Ｐが曲線上を限りなくＡに近づくとき，r の極限値を求めよ．

（愛知工業大*）

34　半径１の円に内接する正 n 角形の面積を S_n，外接する正 n 角形の面積を T_n とするとき，

$$\lim_{n\to\infty}n^2(T_n-S_n)$$

を求めよ．

（武蔵工大）

35　関数 $f(x)$ はすべての実数 s，t に対して

$$f(s+t)=f(s)e^t+f(t)e^s$$

をみたし，さらに $x=0$ では微分可能で $f'(0)=1$ とする．

(1)　$f(0)$ を求めよ．

(2)　$\displaystyle\lim_{h\to 0}\frac{f(h)}{h}$ を求めよ．

(3)　関数 $f(x)$ はすべての x で微分可能であることを，微分の定義に従って示せ．さらに $f'(x)$ を $f(x)$ を用いて表せ．

(4)　関数 $g(x)$ を $g(x)=f(x)e^{-x}$ で定める．$g'(x)$ を計算して，関数 $f(x)$ を求めよ．

（東京理科大）

36 数列 a_0，a_1，a_2，…，a_n，… が条件

$$2{a_n}^2 = a_{n-1} + 1,\ a_n > 0 \quad (n = 1,\ 2,\ 3,\ \cdots)$$

を満たすとき，次の問に答えよ．ただし，$0 < a_0 < 1$ である．

(1) $0 < a_n < 1$ ($n = 1,\ 2,\ 3,\ \cdots$) を示せ．

(2) $a_n = \cos\theta_n \left(0 < \theta_n < \dfrac{\pi}{2}\right)$ とおく．θ_n と θ_{n-1} の関係を導き，θ_n を θ_0 で表せ．

(3) $\displaystyle\lim_{n\to\infty} 4^n(1 - a_n)$ を求めよ．

（富山大）

4　微　分

基本のまとめ

1　微分係数の定義

関数 $f(x)$ において，$\lim_{h\to 0}\frac{f(a+h)-f(a)}{h}$ が有限の値に収束するとき，この値を $f(x)$ の $x=a$ における**微分係数**といい，$\boldsymbol{f'(a)}$ と書く．また，このとき関数 $f(x)$ は $x=a$ で**微分可能である**という．

2　連続性との関連

$f(x)$ が $x=a$ で微分可能 $\Longrightarrow$ $f(x)$ は $x=a$ で連続．

3　導関数

関数 $f(x)$ がある区間で微分可能なとき，その区間の任意の実数 a に $f'(a)$ を対応させて得られる関数を，$y=f(x)$ の**導関数**といい，

$$y',\quad f'(x),\quad \frac{dy}{dx},\quad \frac{df(x)}{dx}$$

などの記号で表す．

$f(x)$ の導関数を求めることを，$f(x)$ を**微分する**という．

$$f'(x)=\lim_{h\to 0}\frac{f(x+h)-f(x)}{h}.$$

4　微分法の基本公式

$f(x)$，$g(x)$ が微分可能なとき，

(1)　$\{kf(x)\}'=kf'(x)$　(k は定数)．

(2)　$\{f(x)\pm g(x)\}'=f'(x)\pm g'(x)$　(複号同順)．

(3)　$\{f(x)g(x)\}'=f'(x)g(x)+f(x)g'(x)$．

(4)　$\left\{\frac{f(x)}{g(x)}\right\}'=\frac{f'(x)g(x)-f(x)g'(x)}{\{g(x)\}^2}$　$(g(x)\neq 0)$．

5　基本的な関数の導関数

(1)　$(x^\alpha)'=\alpha x^{\alpha-1}$　(α は0でない実数)．

(2)　$(\sin x)'=\cos x$.　　(3)　$(\cos x)'=-\sin x$.

(4)　$(\tan x)'=\frac{1}{\cos^2 x}$.

(5) $(e^x)'=e^x$. (6) $(a^x)'=a^x\log a \quad (a>0)$.

(7) $(\log|x|)'=\dfrac{1}{x}$. (8) $(\log_a|x|)'=\dfrac{1}{x\log a} \quad (a>0,\ a \neq 1)$.

(9) $(\log|f(x)|)'=\dfrac{f'(x)}{f(x)}$.

6 合成関数の微分法

$y=f(u)$，$u=g(x)$ とすると，合成関数 $y=f(g(x))$ に対して，

$$\frac{dy}{dx}=\frac{dy}{du}\cdot\frac{du}{dx}=\frac{df(u)}{du}\cdot\frac{dg(x)}{dx}=f'(g(x))\cdot g'(x).$$

7 逆関数の微分法

$f(x)$ の逆関数 $f^{-1}(x)$ が存在するとき，$y=f^{-1}(x)$ とすると，

$$\frac{dy}{dx}=\frac{1}{\dfrac{dx}{dy}}.$$

8 媒介変数で表された関数の微分法

$x=f(t)$，$y=g(t)$ とすると，

$$\frac{dy}{dx}=\frac{\dfrac{dy}{dt}}{\dfrac{dx}{dt}}=\frac{g'(t)}{f'(t)} \quad \left(\text{ただし，}\frac{dx}{dt}=f'(t)\neq 0\right).$$

9 接線の方程式

関数 $y=f(x)$ のグラフ上の点 $(t,\ f(t))$ における**接線の方程式**は，

$$y=f'(t)(x-t)+f(t).$$

10 法線の方程式

関数 $y=f(x)$ のグラフ上の点 $(t,\ f(t))$ における**法線の方程式**は，

$f'(t)\neq 0$ のとき， $y=-\dfrac{1}{f'(t)}(x-t)+f(t)$.

$f'(t)=0$ のとき， $x=t$.

まとめると，

$$x-t+f'(t)(y-f(t))=0.$$

問題A

37　$x=t-\sin t$，$y=1-\cos t$ とする．$t=\dfrac{\pi}{3}$ のとき $\dfrac{dy}{dx}$ の値を求めよ．

（琉球大）

38　$f(x)=e^{3x}\cos x$ に対して，$f''(x)=af(x)+bf'(x)$ となるような定数 a，b をそれぞれ求めよ．

（北見工業大）

39　曲線 $y=\dfrac{1}{2}(e^{x}+e^{-x})$ 上の点Pにおける接線の傾きが1になるときの，Pの y 座標を求めよ．

（法政大）

40　曲線 $y=\dfrac{e^{x}}{x}$ の接線で原点を通るものの方程式を求めよ．

（工学院大）

問題B

41　関数 $f(x)=x^{x+1}$ $(x>0)$ を微分せよ．

（山形大）

42 曲線 $x=a(\theta-\sin\theta)$, $y=a(1-\cos\theta)$ $(0\leqq\theta\leqq 2\pi)$ 上の点Pにおける法線が直線 $x=\pi a$ と交わる点をQとする．ただし，a は正の定数であり，Pは点 $(\pi a,\ 2a)$ とは異なる点である．

(1) Qの y 座標を θ で表せ．

(2) θ を π に近づけるときQはどのような点に近づくか．

（中央大）

43 2つのグラフ $y=x\sin x$, $y=\cos x$ の交点におけるそれぞれの接線は互いに直交することを証明せよ．

（愛知教育大）

44 2つの曲線 $y=e^x$ と $y=\sqrt{x+a}$ はともにある点Pを通り，しかも点Pにおいて共通の接線をもっている．このとき，a の値と接線の方程式を求めよ．

（香川大）

45 関数 $f(x)=\log\left(x+\sqrt{x^2+1}\right)$ に対して，以下の問に答えよ．

(1) $f'(x)$ を求めよ．

(2) $(x^2+1)f''(x)+xf'(x)=0$ が成り立つことを示せ．

(3) 任意の自然数 n に対して，次の等式が成り立つことを，数学的帰納法によって証明せよ．

$$(x^2+1)f^{(n+1)}(x)+(2n-1)xf^{(n)}(x)+(n-1)^2f^{(n-1)}(x)=0$$

ただし，自然数 k に対して，$f^{(k)}(x)$ は $f(x)$ の第 k 次導関数を表す．また，$f^{(0)}(x)=f(x)$ とする．

(4) $f^{(9)}(0)$ および $f^{(10)}(0)$ の値を求めよ．

（首都大東京*）

5　グラフ

基本のまとめ

1 関数の増加・減少

関数 $f(x)$ がある区間内の任意の2つの値 x_1，x_2 に対して，$x_1<x_2$ のときにつねに，

$$f(x_1)<f(x_2)\quad(f(x_1)>f(x_2))$$

をみたすならば，$f(x)$ はこの区間で**単調に増加(減少)**するという．

2 関数の極大・極小

関数 $f(x)$ について，$x=a$ を含む十分小さい開区間内の a と異なる任意の x に対して，

$f(a)>f(x)$ であるとき，$f(a)$ を $f(x)$ の**極大値**，

$f(a)<f(x)$ であるとき，$f(a)$ を $f(x)$ の**極小値**

という．極大値と極小値をまとめて**極値**という．

3 極大・極小の判定

(1) $f'(a)$ が存在するとき，$f(x)$ が $x=a$ で極値をもつならば，$f'(a)=0$ である．

(2) $f'(x)$ が存在する区間内の点 $x=a$ の前後で $f'(x)$ が符号を変えるとき，$f(x)$ は $x=a$ で極値をとる．

4 グラフの凹凸

関数 $f(x)$ はある区間で $f''(x)$ が存在して連続であるとする．

ある区間でつねに $f''(x)>0 \Longrightarrow$ 曲線 $y=f(x)$ はその区間で下に凸．

ある区間でつねに $f''(x)<0 \Longrightarrow$ 曲線 $y=f(x)$ はその区間で上に凸．

$f''(x)$ が存在して連続なとき，$f''(a)=0$ であり，かつ $x=a$ の前後で $f''(x)$ の符号が変わるならば点 $(a,\ f(a))$ を曲線 $y=f(x)$ の**変曲点**という．つまり変曲点というのは，曲線の凹凸が変わる点である．

5 漸近線

$y=f(x)$ のグラフが $x\to\pm\infty$，または $x\to a\pm0$ のとき，限りなく一定の直線 l に近づくとき，l を $y=f(x)$ の**漸近線**という．

(1) $\displaystyle\lim_{x\to a+0} f(x)=\pm\infty$ または $\displaystyle\lim_{x\to a-0} f(x)=\pm\infty$ ならば，直線 $x=a$ は $y=f(x)$ の漸近線．

(2) $\displaystyle\lim_{x\to\infty} f(x)=c$ または $\displaystyle\lim_{x\to-\infty} f(x)=c$ ならば，直線 $y=c$ は $y=f(x)$ の漸近線．

(3) $\displaystyle\lim_{x\to\infty}\{f(x)-(ax+b)\}=0$ または $\displaystyle\lim_{x\to-\infty}\{f(x)-(ax+b)\}=0$ ならば，直線 $y=ax+b$ は $y=f(x)$ の漸近線．

問題A

46 関数 $f(x)=x(\log x)^2-x\log x-x+1$ の極値を求めよ．

（弘前大）

47 $y=2\sin x+\sin 2x$ $(0\leqq x\leqq 2\pi)$ のグラフをかけ． （東海大）

48 $y=\dfrac{1-x}{1+x^2}$ の増減，極値，凹凸および変曲点を調べて，そのグラフの概形をかけ．

（富山医科薬科大）

問題B

49 (1) $f(x)=\dfrac{px+q}{x^2+3x}$ は $x=-\dfrac{1}{3}$ で極値 -9 をとる．p と q の値を求めよ．

(2) (1)で定まった関数 $f(x)$ のすべての極値と，曲線 $y=f(x)$ の変曲点を求めよ．

（室蘭工業大）

50　(1)　$x>0$ で定義された関数 $f(x)=\dfrac{1}{x}\log(x+1)$ は減少関数であることを証明せよ．

(2)　n が自然数のとき，$(n+1)^{\frac{1}{n}}$ は n が大きくなるにつれて減少することを証明せよ．

（神戸大）

51　関数 $f(x)=\dfrac{1}{x}-e^{-ax}$ が $x>0$ において極値をもつとき，a のとり得る値の範囲を求めよ．

（東京電機大）

52　n を正の整数とする．関数 $f(x)=\dfrac{(\log x)^n}{x}$ の極大値を a_n とするとき，次の問に答えよ．ただし，対数は自然対数とする．

(1)　a_n を n を用いて表せ．

(2)　$\displaystyle\lim_{n\to\infty}\frac{a_{n+1}}{na_n}$ を求めよ．

（名城大）

53　$x>0$ の範囲で関数 $f(x)=e^{-x}\sin x$ を考える．

(1)　$f(x)$ が極大値をとる x の値を小さい方から順に x_1，x_2，… とおく．一般の $n\geqq 1$ に対し x_n を求めよ．

(2)　数列 $\{f(x_n)\}$ が等比数列であることを示し，$\displaystyle\sum_{n=1}^{\infty}f(x_n)$ を求めよ．

（広島大）

54　xy 平面上の曲線

$$\begin{cases} x=(1+\cos\theta)\cos\theta \\ y=(1+\cos\theta)\sin\theta \end{cases} \quad (0\leqq\theta\leqq\pi)$$

のグラフの概形を，x 座標が最小となる点，y 座標が最大となる点の座標を求めてかけ．

6　最大・最小

基本のまとめ

1　関数の最大・最小

閉区間 $[a, b]$ で関数 $f(x)$ を考える．この区間のある値 c において，この区間のすべての x に対して

$$f(x) \leqq f(c) \quad (f(x) \geqq f(c))$$

ならば，$f(x)$ はこの区間において $x=c$ で**最大(最小)**になるといい，$f(c)$ をこの区間における**最大値(最小値)**という．

問題A

55　関数 $f(x)=x^2-2x-4\log(x^2+1)$ の最小値を求めよ．

（城南大）

56　関数 $f(x)=\sin 2x+2|\sin x|$ の $-\dfrac{\pi}{2} \leqq x \leqq \dfrac{\pi}{2}$ における最大値，最小値を求めよ．

（姫路工業大）

57　曲線 $y=\dfrac{1}{1+x^2}$ 上の点 $\left(a, \dfrac{1}{1+a^2}\right)$ での接線を l とし，l と y 軸との交点の y 座標を $g(a)$ とする．

(1)　$g(a)$ を求めよ．

(2)　$g(a)$ が最大になる a の値と $g(a)$ の最大値を求めよ．

（名城大）

58　aを正の数とするとき，曲線 $y=e^{-2x}$ 上の点 $(a,\ e^{-2a})$ における接線と x 軸，y 軸とでつくられる三角形の面積を最大にする a の値と，そのときの面積を求めよ．

（大阪電気通信大）

59　点Oを(0, 0)とし，点Aを(1, 0)とする．円 $x^2+y^2=1$ の周上で $y>0$ の部分に点Pをとり，$\angle \mathrm{AOP}=\theta$ $(0<\theta<\pi)$ とする．また，Pから x 軸へ下ろした垂線の足をQとする．

(1)　三角形APQの面積 $S(\theta)$ を求めよ．

(2)　$S(\theta)$ の最大値を求めよ．

（小樽商科大）

問題B

60　関数 $f(x)=\dfrac{1}{3}\sin 3x-2\sin 2x+\sin x$ の区間 $[0,\ \pi]$ における最大値および最小値を求めよ．

（大阪大）

61　aは定数で，$0<a<1$ とする．関数 $f(x)=-ax+\sqrt{x^2+1}$ の閉区間 [0, 3] における最小値を求めよ．

（小樽商科大）

62　AB=AC=1 である二等辺三角形ABCにおいて，BC$=2x$，内接円の半径を r とおくとき，

(1)　r を x で表せ．

(2)　r が最大となる x の値を求めよ．

（防衛大）

63　関数 $f(x)=\dfrac{\log x}{\sqrt{x}}$ について，次の問に答えよ．

(1)　$x \geqq 1$ における $f(x)$ の最大値と最小値を求めよ．

(2)　(1)の結果を利用して，$\displaystyle\lim_{x\to\infty}\frac{\log x}{x}=0$ を示せ．

(3)　$\displaystyle\lim_{x\to\infty}\frac{\log(\log x)}{\sqrt{x}}$ を求めよ．

（大阪工業大）

64　図において，OA，OB は半径 1 の円の互いに垂直な 2 つの半径，PQ は BO に平行で，四角形 PQQ′P′ は正方形である．図の斜線部分の面積を S とするとき，

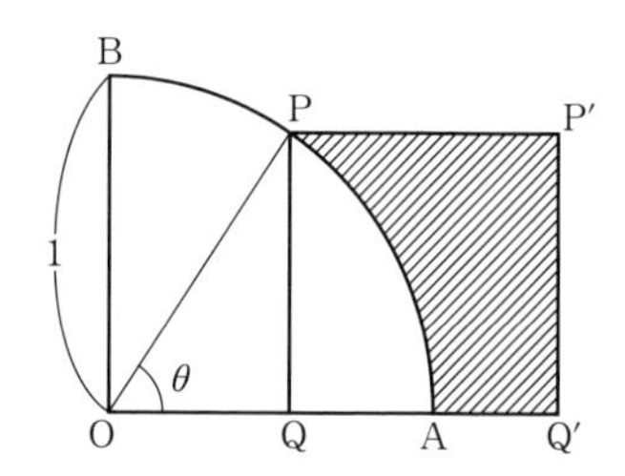

(1)　$\angle \mathrm{POQ}=\theta$ $\left(0<\theta<\dfrac{\pi}{2}\right)$ とおいて，S を θ を用いて表せ．

(2)　S が最大になるときの PQ の長さを求めよ．

（岡山大）

65　自然数 n に対して，関数 $f_n(x)=x^n e^{-x}$ を考える．

(1)　$x \geqq 0$ における $f_n(x)$ の最大値を求めよ．

(2)　$n \geqq 2$ のとき，不等式 $\left(1+\dfrac{1}{n}\right)^n<e<\left(1+\dfrac{1}{n-1}\right)^n$ が成り立つことを示せ．

（広島大）

7　方程式・不等式

基本のまとめ

1 方程式への応用

方程式 $f(x)=a$（a は定数）の実数解は，曲線 $y=f(x)$ と直線 $y=a$ のグラフの交点の x 座標である．このことを利用して方程式の実数解の個数，位置を調べることが多い．

2 中間値の定理

閉区間 $[a, b]$ で連続な関数 $f(x)$ の最大値を M，最小値を m とし，k を $m<k<M$ である任意の定数とするとき，

$$f(c)=k \quad (a<c<b)$$

となるような実数 c が少なくとも1つ存在する．

特に，「$f(x)$ が閉区間 $[a, b]$ で連続で，$f(a)$ と $f(b)$ が異符号（つまり，$f(a)f(b)<0$）ならば，$f(c)=0$ となる c が開区間 (a, b) に少なくとも1つ存在する」．

$x=c$ は方程式 $f(x)=0$ の解である．

3 不等式の証明

不等式 $f(x) \geqq g(x)$ を証明するときは，$f(x)-g(x) \geqq 0$ を証明すればよい．このとき，

$$F(x)=f(x)-g(x)$$

とおき，$F(x)$ の増減を調べて $F(x) \geqq 0$ を証明するのが1つの方法である．

問題A

66 次の x についての方程式の解の個数を求めよ．

$$(x+4)e^{-\frac{x}{4}}=a \quad (\text{ただし，} \lim_{t\to\infty} te^{-t}=0)$$

（名古屋市立大）

67 定点 $(1,\ a)$ から曲線 $y=e^x$ へ異なる 2 本の接線を引くことができるような a の値の範囲を求めよ．

（東北学院大）

68 $0<x<\dfrac{\pi}{2}$ のとき，次の不等式が成り立つことを示せ．

$$x>\tan x-\frac{\tan^3 x}{3}$$

（信州大）

69 (1) $t>0$ のとき，不等式 $\log t \leqq t-1$ が成り立つことを証明せよ．

(2) $t>0$ のとき，不等式 $\log t \geqq 1-\dfrac{1}{t}$ が成り立つことを証明せよ．

(3) $x>0$，$y>0$ のとき，不等式 $x\log x \geqq x\log y+x-y$ が成り立つことを証明せよ．

（大阪教育大）

70 任意の $x>0$ に対して，$\log x<a\sqrt{x}$ が成り立つような a の範囲を求めよ．

（東京電機大）

問題B

71　a を実数の定数とする．方程式 $(a-1)e^x-x+2=0$ の実数解の個数を求めよ．ただし，必要ならば $\lim\limits_{x\to\infty}\dfrac{x}{e^x}=0$ を用いてよい．

（静岡大）

72　(1)　$x>0$ のとき，$\log x \leqq \dfrac{2}{e}\sqrt{x}$ が成り立つことを示し，これを利用して $\lim\limits_{x\to\infty}\dfrac{\log x}{x}=0$ を示せ．

(2)　c を $0<c<\dfrac{1}{e}$ である定数とするとき，方程式 $\dfrac{\log x}{x}=c$ の相異なる実数解の個数は2であることを示し，この解が α，2α であるとき，α と c の値を求めよ．

（京都工芸繊維大）

73　(1)　$x>0$ のとき，不等式 $\log(1+x)>\dfrac{x}{1+x}$ を証明せよ．

(2)　$x>0$ のとき，$f(x)=\dfrac{\log(1+x)}{x}$ の増減を調べよ．

(3)　$0<a<b$ のとき，$(1+a)^b$ と $(1+b)^a$ の大小を調べよ．

（防衛大）

74　次の問に答えよ．

(1)　$0<x<\pi$ のとき，不等式 $x\cos x-\sin x<0$ が成り立つことを示せ．

(2)　$0<x<y<\pi$ のとき，不等式 $\dfrac{\sin x}{x}>\dfrac{\sin y}{y}$ が成り立つことを示せ．

(3)　三角形ABCの $\angle$A，$\angle$B，$\angle$C の大きさを，それぞれ α，β，γ とする．$\alpha<\beta<\gamma$ であるとき，不等式 $\dfrac{\mathrm{BC}}{\alpha}>\dfrac{\mathrm{CA}}{\beta}>\dfrac{\mathrm{AB}}{\gamma}$ が成り立つことを示せ．

（京都工芸繊維大）

75 Lを正の定数とし，周の長さがLの正n角形（$n=3,\ 4,\ 5,\ \cdots$）の外接円の半径をr_nとする．このとき，次の問に答えよ．

(1) r_nをLとnを用いて表せ．

(2) $\lim_{n\to\infty} r_n$を求めよ．

(3) $r_n > r_{n+1}$（$n=3,\ 4,\ 5,\ \cdots$）を示せ．

（大阪女子大）

76 $x \neq 0$ に対し，次の不等式が成り立つことを証明せよ．

$$\cos^2 x + 2\cos x > 3 - 2x^2$$

（南山大）

77 $0 < a < b$ のとき，次の不等式が成り立つことを示せ．

$$\sqrt{ab} < \frac{b-a}{\log b - \log a} < \frac{a+b}{2}$$

ただし，対数は自然対数とする．

（岐阜大）

78 $f(x) = x^2 + 4n\cos x + 1 - 4n$（$n=1,\ 2,\ 3,\ \cdots$）として，以下の問に答えよ．

(1) 各nに対して

$$f(x)=0,\ 0 < x < \frac{\pi}{2}$$

をみたす実数xがただ1つずつあることを示せ．

(2) (1)の条件をみたすxをx_nとするとき，$\lim_{n\to\infty} x_n = 0$ であることを示せ．

(3) 極限値$\lim_{n\to\infty} n{x_n}^2$を求めよ．

（防衛医科大）

79　関数 $f(x)$ を $f(x)=x\sin x-\cos x$ で定める．また，n を自然数とする．

(1)　$2n\pi<x<2n\pi+\dfrac{\pi}{2}$ の範囲において，$f(x)=0$ となる x がただ1つ存在することを示せ．

(2)　(1)での $f(x)=0$ となる x の値を a_n とする $\left(2n\pi<a_n<2n\pi+\dfrac{\pi}{2}\right)$.
このとき，$\displaystyle\lim_{n\to\infty}(a_n-2n\pi)=0$ を示せ．

（北海道大*）

80　a は実数とする．曲線 $y=e^x$ 上の各点における法線のうちで，点 $\mathrm{P}(a,\ 3)$ を通るものの個数を $n(a)$ とする．$n(a)$ を求めよ．ただし，必要ならば $\displaystyle\lim_{x\to\infty}\frac{x}{e^x}=0$ を用いてよい．

（大阪大）

81　a を正の定数とする．2つの曲線 $C_1：y=x\log x$ と $C_2：y=ax^2$ の両方に接する直線の本数を求めよ．ただし，$\displaystyle\lim_{x\to\infty}\frac{(\log x)^2}{x}=0$ は証明なしに用いてよい．

（横浜国立大）

82　関数 $y=f(x)$ の第2次導関数 $f''(x)$ の値がつねに正とする．このとき，実数 a，b，t $(a<b,\ 0\leqq t\leqq 1)$ について，不等式

$$f((1-t)a+tb)\leqq(1-t)f(a)+tf(b)$$

が成り立つことを示せ．また，等号が成り立つのは，どのような場合か．

（大阪市立大）

83　不等式 $\cos 2x+cx^2\geqq 1$ がすべての実数 x について成り立つような定数 c の値の範囲を求めよ．

（北海道大）

84 $x>0$ のとき，任意の自然数 n に対して

$$1+\frac{x}{1!}+\frac{x^2}{2!}+\frac{x^3}{3!}+\cdots+\frac{x^{n-1}}{(n-1)!}>\left(1-\frac{x^n}{n!}\right)e^x$$

が成り立つことを証明せよ．ただし，e は自然対数の底とする．

（岡山大）

85 (1) すべての正の数 x，y に対して，不等式

$$x(\log x-\log y)\geqq x-y$$

が成り立つことを証明せよ．また，等号が成り立つのは $x=y$ の場合に限ることを示せ．

(2) 正の数 x_1，…，x_n が $\sum_{i=1}^{n} x_i=1$ をみたしているとき，不等式

$$\sum_{i=1}^{n} x_i \log x_i \geqq \log\frac{1}{n}$$

が成り立つことを証明せよ．また，等号が成り立つのは $x_1=\cdots=x_n=\frac{1}{n}$ の場合に限ることを示せ．

（金沢大）

86 $f(x)=\frac{1}{2}\cos x$ とする．

(1) $x=f(x)$ はただ1つの解をもつことを証明せよ．

(2) 任意の x，y に対して，$|f(x)-f(y)|\leqq\frac{1}{2}|x-y|$ が成り立つことを証明せよ．

(3) 任意の a に対して，$a_0=a$，$a_n=f(a_{n-1})$ $(n\geqq1)$ で定められる数列 $\{a_n\}$ は，$x=f(x)$ の解に収束することを証明せよ．

（三重大）

8　速度・加速度

基本のまとめ

1 速度ベクトルと加速度ベクトル

xy 平面内を動く点 P の座標が時刻 t の関数として，

$$\overrightarrow{\mathrm{OP}}=(x,\ y)=(f(t),\ g(t))$$

で表されているとき，点 P の**速度ベクトル(速度)** $\vec{v}$ と**加速度ベクトル** $\vec{\alpha}$ は，

$$\vec{v}=\left(\frac{dx}{dt},\ \frac{dy}{dt}\right)=(f'(t),\ g'(t)),$$

$$\vec{\alpha}=\left(\frac{d^2x}{dt^2},\ \frac{d^2y}{dt^2}\right)=(f''(t),\ g''(t))$$

で与えられる．

また，点 P の時刻 t における速度の大きさ

$$|\vec{v}|=\sqrt{\left(\frac{dx}{dt}\right)^2+\left(\frac{dy}{dt}\right)^2}=\sqrt{\{f'(t)\}^2+\{g'(t)\}^2}$$

を**速さ**という．

問題A

87　次の□にあてはまる数値を記せ．

数直線上を動く点 P があって，動きはじめてから t 秒後の座標 x(m) が，

$$x=1+2t+t^2$$

で表されるとき，3 秒後の速度は ^{ア}□ m/秒 である．また，3 秒後の加速度は ^{イ}□ m/秒^2 である．

（神戸薬科大）

88 xy 平面上の動点 $\mathrm{P}(x,\ y)$ の時刻 t における座標が

$$x=\cos t+\sin t,\quad y=\cos t\sin t$$

であるとする．動点 P の速さ v の最大値を求めよ．ただし，

$$v=\sqrt{\left(\frac{dx}{dt}\right)^2+\left(\frac{dy}{dt}\right)^2}$$

（青山学院大*）

89 x 軸上を動く点 P がある．動点 P は，時刻 $t=0$ において毎秒 3 の速さで原点 O を出発して x 軸の正の向きに進み，ある点 A で向きを変え，出発してから 3 秒後（$t=3$）に原点 O に戻り，ここで再び向きを変えて x 軸の正の向きに動いていく．

(1) 動点 P の座標 x を時刻 t の 3 次関数で表せ．

(2) 動点 P が原点 O と点 A の中点を x 軸の負の向きに通過する瞬間の時刻 t とそのときの速度 v を求めよ．

（成蹊大）

問題B

90 xy 平面上の動点が点 $\mathrm{A}(0,\ 1)$ から x 軸上の点 P まで速さ a で直線運動し，さらに点 P から点 $\mathrm{B}(1,\ -1)$ まで速さ b で直線運動をする．ここで，$a,\ b$ は正の定数とする．次の問に答えよ．

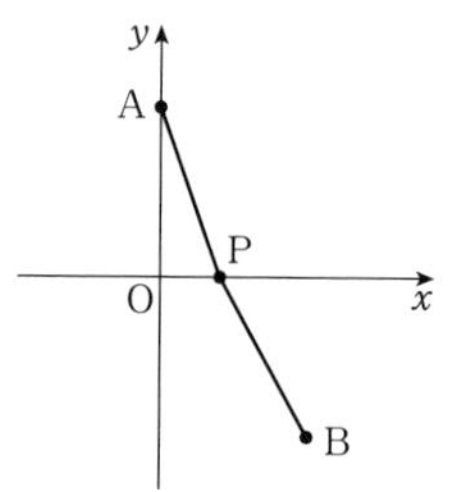

(1) P の x 座標を p とするとき，A を出発して B に到達するまでの所要時間 $f(p)$ を求めよ．

(2) $f'(p)$ が単調増加であることを示せ．

(3) $f(p)$ を最小にするような p が 0 と 1 の間にただ 1 つあることを示せ．

(4) (3) で定まる $\mathrm{P}(p,\ 0)$ に対し，直線 AP，BP と y 軸とのなす角をそれぞれ $\alpha,\ \beta$ $\left(0<\alpha<\dfrac{\pi}{2},\ 0<\beta<\dfrac{\pi}{2}\right)$ とするとき，$\dfrac{\sin\alpha}{\sin\beta}$ の値を求めよ．

（信州大）

第3章　積分法

9　不定積分・定積分

基本のまとめ

〈不定積分〉

1 定　義

関数 $f(x)$ に対して，$F'(x)=f(x)$ となる関数 $F(x)$ を，$f(x)$ の**原始関数**という．このとき，任意定数 C に対して，

$$\int f(x)\,dx=F(x)+C$$

を $f(x)$ の**不定積分**という．

2 基本公式

(1) $\displaystyle\int kf(x)\,dx=k\int f(x)\,dx$　（k は定数）．

(2) $\displaystyle\int \{f(x)\pm g(x)\}\,dx=\int f(x)\,dx\pm\int g(x)\,dx$　（複号同順）．

3 基本的な関数の不定積分　（C は積分定数）

(1) $\displaystyle\int x^{\alpha}\,dx=\frac{1}{\alpha+1}x^{\alpha+1}+C$　（$\alpha\neq-1$）．

(2) $\displaystyle\int \frac{1}{x}\,dx=\log|x|+C$．

(3) $\displaystyle\int e^{x}\,dx=e^{x}+C$．

(4) $\displaystyle\int a^{x}\,dx=\frac{a^{x}}{\log a}+C$　（$a>0$，$a\neq1$）．

(5) $\displaystyle\int \sin x\,dx=-\cos x+C$．

(6) $\displaystyle\int \cos x\,dx=\sin x+C$．

(7) $\displaystyle\int \frac{1}{\cos^2 x}\,dx = \tan x + C.$

4 置換積分法

$x=g(t)$ とおくとき,

$$\int f(x)\,dx = \int f(g(t))\frac{dx}{dt}\,dt.$$

5 部分積分法

$$\int f'(x)g(x)\,dx = f(x)g(x) - \int f(x)g'(x)\,dx.$$

〈定積分〉

6 定　義

$F(x)$ を $f(x)$ の原始関数（すなわち, $F'(x)=f(x)$）とすると,

$$\int_a^b f(x)\,dx = \Big[F(x)\Big]_a^b = F(b) - F(a)$$

を $f(x)$ の **a から b までの定積分**という.

7 基本公式

(1) $\displaystyle\int_a^b kf(x)\,dx = k\int_a^b f(x)\,dx$　（k は定数）.

(2) $\displaystyle\int_a^b \{f(x) \pm g(x)\}\,dx = \int_a^b f(x)\,dx \pm \int_a^b g(x)\,dx$　（複号同順）.

(3) $\displaystyle\int_a^b f(x)\,dx = \int_a^b f(t)\,dt.$

(4) $\displaystyle\int_a^a f(x)\,dx = 0.$

(5) $\displaystyle\int_b^a f(x)\,dx = -\int_a^b f(x)\,dx.$

(6) $\displaystyle\int_a^b f(x)\,dx = \int_a^c f(x)\,dx + \int_c^b f(x)\,dx.$

8 置換積分法

$x=g(t)$, $a=g(\alpha)$, $b=g(\beta)$ とするとき,

$$\int_a^b f(x)\,dx = \int_\alpha^\beta f(g(t))\frac{dx}{dt}\,dt.$$

9 部分積分法

$$\int_a^b f'(x)g(x)\,dx = \Big[f(x)g(x)\Big]_a^b - \int_a^b f(x)g'(x)\,dx.$$

10 偶関数・奇関数の定積分

$f(-x)=f(x)$ のとき，　$\int_{-a}^{a} f(x)\,dx=2\int_{0}^{a} f(x)\,dx.$

$f(-x)=-f(x)$ のとき，　$\int_{-a}^{a} f(x)\,dx=0.$

問題A

91　次の定積分を計算せよ．

(1)　$\int_{0}^{\frac{\pi}{2}} \sin 3x \cos x\,dx.$

(2)　$\int_{0}^{1} \frac{x}{\sqrt{2x+1}}\,dx.$

(3)　$\int_{0}^{1} x \log(x+1)\,dx.$

（北見工業大*）

92　$\int x^2 e^x\,dx$ を求めよ．

（明治大）

93　$\int_{-1}^{1} |e^x-1|\,dx$ を求めよ．

（工学院大）

94　$\int_{0}^{3} \sqrt{9-x^2}\,dx$ を求めよ．

（城西大）

95　$\int_{-1}^{1} \{x^2-(ax+b)\}^2\,dx$ を最小にする a，b の値を求めよ．また，そのときの最小値を求めよ．

（信州大）

問題B

96 次の定積分を計算せよ.

(1) $\displaystyle\int_0^{2\pi} \cos nx \cos x\, dx$ (n は正の整数).

(2) $\displaystyle\int_e^{e^2} \frac{dx}{x \log x}$.

(3) $\displaystyle\int_1^4 e^{\sqrt{x}}\, dx$.

(青山学院大*)

97 $\displaystyle\int_0^{\frac{\pi}{2}} |\sin x - 2\cos x|\, dx$ を求めよ.

(愛知工業大)

98 $A=\displaystyle\int_0^{\frac{\pi}{2}} e^x \cos x\, dx$, $B=\displaystyle\int_0^{\frac{\pi}{2}} e^x \sin x\, dx$ のとき,

$$A+B=\square,\ A-B=\square,\ A=\square,\ B=\square$$

である.

(青山学院大)

99 n を正の整数とする.

(1) 置換積分によって $a_n=\displaystyle\int_0^{\frac{\pi}{2}} \sin^2 x \cos x (1-\sin x)^n\, dx$ を計算せよ.

(2) $\displaystyle\sum_{n=1}^{\infty} a_n$ を求めよ.

(宮城教育大)

100　(1)　連続関数 $f(x)$ および定数 a について

$$\int_0^a f(x)\,dx = \int_0^{\frac{a}{2}} \{f(x)+f(a-x)\}\,dx$$

が成り立つことを証明せよ.

(2)　$\displaystyle\int_0^{\frac{\pi}{2}} \frac{\cos x}{\sin x+\cos x}\,dx$ を求めよ.

（高知大）

101　n を自然数とする.

(1)　$\displaystyle\int_{(n-1)\pi}^{n\pi} x|\sin x|\,dx$ を n を用いて表せ.

(2)　$\displaystyle\int_0^{\pi} x|\sin nx|\,dx$ を求めよ.

（京都工芸繊維大）

102　(1)　等式

$$\frac{1}{t^2(t+1)} = \frac{a}{t} + \frac{b}{t^2} + \frac{c}{t+1}$$

が成り立つように，定数 a，b，c の値を求めよ.

(2)　定積分 $\displaystyle\int_0^1 \frac{dx}{e^x(1+e^x)}$ の値を求めよ.

（徳島大）

103　次の問に答えよ．

(1)　m を自然数とする．定積分 $\int_{-\pi}^{\pi} x\sin mx\,dx$ の値を求めよ．

(2)　m，n を自然数とする．定積分 $\int_{-\pi}^{\pi} \sin mx \sin nx\,dx$ の値を求めよ．

(3)　a，b を実数とする．定積分 $I=\int_{-\pi}^{\pi}(x-a\sin x-b\sin 2x)^2\,dx$ を計算せよ．

(4)　(3)において a，b を変化させたときの I の最小値，およびそのときの a，b の値を求めよ．

（お茶の水女子大）

104　$f(x)$ が $0\leqq x\leqq 1$ で連続な関数であるとき，

$$\int_0^{\pi} xf(\sin x)\,dx=\frac{\pi}{2}\int_0^{\pi} f(\sin x)\,dx$$

が成立することを示し，これを用いて定積分

$$\int_0^{\pi} \frac{x\sin x}{3+\sin^2 x}\,dx$$

を求めよ．

（信州大）

10　積分で定義された数列・関数

基本のまとめ

1 微分と積分の関係

(1)　連続な関数 $f(x)$ について，

$$\frac{d}{dx}\int_a^x f(t)\,dt=f(x).$$

(2)　関数 $f(x)$ は連続で，$g(x)$，$h(x)$ が微分可能のとき，

$$\frac{d}{dx}\int_{g(x)}^{h(x)} f(t)\,dt=f(h(x))h'(x)-f(g(x))g'(x).$$

2 絶対値記号のついた関数の定積分

被積分関数の絶対値記号がはずせるように積分区間を分割する．

問題A

105　(1)　$\displaystyle\int_0^{\pi} x\sin x\,dx$ を求めよ．

(2)　$f(x)=2x-\displaystyle\int_0^{\pi} f(t)\sin t\,dt$ をみたす関数 $f(x)$ を求めよ．

（日本大）

106　関数 $f(x)$ が $\displaystyle\int_0^x f(t)(x-t)\,dt=\log(1+x^2)$ をみたすという．このとき $f(x)$ を求めよ．

（小樽商科大）

107　関数 $f(x)=\displaystyle\int_0^{\frac{\pi}{2}} |\sin t-\sin x|\,dt$ $\left(0\leqq x\leqq\dfrac{\pi}{2}\right)$ がある．

(1)　積分を計算し，$f(x)$ を求めよ．

(2)　$f(x)$ の最大値および最小値を求めよ．

（京都工芸繊維大）

108 自然数 n について，$I_n=\int_1^e (\log x)^n dx$ とする．ただし，対数は自然対数で，e は自然対数の底とする．

(1) I_1 を求めよ．

(2) I_{n+1} を I_n を用いて表せ．

(3) I_4 を求めよ．

（大分大）

問題B

109 (1) 関数 $f(x)$ が等式 $f(x)=\sin x+\int_0^\pi f(t)\,dt$ をみたすとき，$f(x)$ を求めよ．

(2) 関数 $g(x)$ および $h(x)$ が等式

$$g(x)=\sin x+\int_0^\pi h'(t)\,dt,\quad h(x)=\sin x+\int_0^x g(t)\,dt$$

を同時にみたすとき，$g(x)$ と $h(x)$ を求めよ．

（東京電機大）

110 関数 $f(x)$ が任意の実数 x に対して

$$f(x)=x^2-\int_0^x (x-t)f'(t)\,dt$$

をみたすとき，次の問に答えよ．

(1) $f(0)$ の値を求め，さらに，$f'(x)=2x-f(x)$ が成り立つことを示せ．

(2) $\{e^x f(x)\}'=2xe^x$ を示せ．

(3) $f(x)$ を求めよ．

（広島大）

111　$0<x<\dfrac{\pi}{2}$ で定義された関数

$$f(x)=\int_0^x \frac{d\theta}{\cos\theta}+\int_x^{\frac{\pi}{2}} \frac{d\theta}{\sin\theta}$$

の最小値を求めよ.

（東京工業大）

112　$f(t)=\int_0^{\frac{\pi}{2}} |\cos x - t\sin x|\,dx$ とおく.

(1)　$\cos\theta = t\sin\theta\ \left(0<\theta<\dfrac{\pi}{2},\ t>0\right)$ のとき，$\sin\theta$，$\cos\theta$ を t で表せ.

(2)　関数 $f(t)$ の $t>0$ における最小値を求めよ.

（名古屋大）

113　閉区間 $[0,\ 2\pi]$ 上で定義された x の関数

$$f(x)=\int_0^{\pi} \sin\left(|t-x|+\frac{\pi}{4}\right)dt$$

の最大値および最小値とそのときの x の値をそれぞれ求めよ.

（名古屋大）

114　p，q を 0 または正の整数とし $I_{p,q}=\int_0^1 t^p(1-t)^q\,dt$ とおく.

(1)　$I_{p,0}$ の値を計算せよ.

(2)　$q \geqq 1$ のとき，次の漸化式が成り立つことを証明せよ.

$$I_{p,q}=\frac{q}{p+1}I_{p+1,q-1}$$

(3)　次の等式を証明せよ.

$$I_{p,q}=\frac{p!\,q!}{(p+q+1)!}$$

（上智大）

11　定積分と極限・不等式

基本のまとめ

1　定積分と数列の極限

(1)　$f(x)$ が $[0,\ 1]$ で連続のとき，

$$\lim_{n\to\infty}\frac{1}{n}\left\{f\left(\frac{1}{n}\right)+f\left(\frac{2}{n}\right)+\cdots+f\left(\frac{n}{n}\right)\right\}=\lim_{n\to\infty}\frac{1}{n}\sum_{k=1}^{n}f\left(\frac{k}{n}\right)=\int_0^1 f(x)\,dx.$$

(2)　$f(x)$ が $[a,\ b]$ で連続のとき，

$$\lim_{n\to\infty}\frac{b-a}{n}\sum_{k=1}^{n}f\left(a+\frac{b-a}{n}\cdot k\right)=\int_a^b f(x)\,dx.$$

2　定積分と不等式

$a<b$ とする．$f(x)$，$g(x)$ が閉区間 $[a,\ b]$ で連続のとき，

(1)　$f(x)\geqq 0$ ならば，　$\displaystyle\int_a^b f(x)\,dx\geqq 0.$

(2)　$f(x)\geqq g(x)$ ならば，$\displaystyle\int_a^b f(x)\,dx\geqq\int_a^b g(x)\,dx.$

問題A

115　$\displaystyle\lim_{n\to\infty}\frac{1}{n}\left\{\frac{1}{\left(1+\frac{1}{n}\right)^2}+\frac{1}{\left(1+\frac{2}{n}\right)^2}+\cdots+\frac{1}{\left(1+\frac{n}{n}\right)^2}\right\}$ を求めよ．

（明治大*）

116　次の問に答えよ．

(1)　定積分 $\displaystyle\int_0^1\frac{1}{1+x^2}\,dx$ の値を求めよ．

(2)　不等式 $\displaystyle\frac{\pi}{4}<\int_0^1\frac{1}{1+x^4}\,dx<1$ が成り立つことを示せ．

（静岡大）

117　(1)　$k \geqq 2$ のとき，$\dfrac{1}{k}$，$\displaystyle\int_{k-1}^{k}\frac{dx}{x}$，$\displaystyle\int_{k}^{k+1}\frac{dx}{x}$ を不等号を用いて，小さい順に並べよ．

(2)　n を自然数とするとき

$$\frac{1}{n+1}+\frac{1}{n+2}+\cdots+\frac{1}{2n},\ \int_{n}^{2n}\frac{dx}{x},\ \int_{n+1}^{2n+1}\frac{dx}{x}$$

を不等号を用いて，小さい順に並べよ．

（山形大*）

問題B

118　n を自然数とする．次の問に答えよ．

(1)　極限値 $\displaystyle\lim_{n\to\infty}\frac{1}{n}\sum_{k=1}^{n}\log\left(1+\frac{k}{3n}\right)$ を求めよ．

(2)　極限値 $\displaystyle\lim_{n\to\infty}\frac{1}{n}\sqrt[n]{(3n+1)(3n+2)\cdots(4n)}$ を求めよ．

（琉球大）

119　長さ $2a$ の線分ABを直径とする半円の弧を n 等分した点を $X_0=A$，X_1，…，X_{n-1}，$X_n=B$ とする．線分 AX_k と弧 AX_k で囲まれた部分の面積を S_k で表す．

(1)　S_k $(1 \leqq k \leqq n)$ を求めよ．

(2)　$\displaystyle\lim_{n\to\infty}\frac{1}{n}\sum_{k=1}^{n}S_k$ を求めよ．

（高知大）

120　数列 $\{a_n\}$ を

$$a_n=\log n!=\log 1+\log 2+\cdots+\log n \quad (n=1,\ 2,\ 3,\ \cdots)$$

で定義する．

(1) 関数 $y=\log x$ $(1 \leqq x \leqq n)$ のグラフを利用して，次の不等式を証明せよ．

$$a_{n-1}<\int_1^n \log x\,dx<a_n \quad (n>2)$$

(2) 極限値 $\displaystyle\lim_{n\to\infty}\frac{a_n}{n\log n}$ を求めよ．

（高知県立大）

121　(1) $k>0$ に対し，

$$\frac{1}{k+1}<\int_k^{k+1}\frac{1}{x}\,dx<\frac{1}{2}\left(\frac{1}{k}+\frac{1}{k+1}\right)$$

が成り立つことを示せ．

(2)
$$a_n=\log n-\left(\frac{1}{2}+\frac{1}{3}+\cdots+\frac{1}{n}\right) \quad (n=2,\ 3,\ \cdots)$$

に対して次の不等式が成り立つことを示せ．ただし，log は自然対数である．

$$0<a_n<a_{n+1}<\frac{1}{2}-\frac{1}{2(n+1)} \quad (n=2,\ 3,\ \cdots)$$

（防衛大*）

122　e を自然対数の底とする．

(1) すべての実数 x に対して不等式 $e^x+e^{-x} \geqq 2+x^2$ が成り立つことを示せ．

(2) 不等式

$$\int_0^{\pi} e^{\cos t}\,dt \geqq \frac{5}{4}\pi$$

が成り立つことを示せ．

（京都工芸繊維大）

123　(1)　$f(x)=e^{-x}\sin x$，$g(x)=e^{-x}\cos x$ とおくとき，導関数 $f'(x)$，$g'(x)$ を求めよ．

(2)　自然数 k に対して，

$$I_k=\int_{(k-1)\pi}^{k\pi} e^{-x}\sin x\,dx,\quad J_k=\int_{(k-1)\pi}^{k\pi} e^{-x}\cos x\,dx$$

とおくとき，(1)の結果を用いて I_k+J_k，I_k-J_k を求めよ．

(3)　自然数 n に対して，$S_n=\int_0^{n\pi} e^{-x}|\sin x|\,dx$ とおくとき，$\lim_{n\to\infty} S_n$ の値を求めよ．

（宮城教育大）

124　x を実数，n を自然数とする．

(1)　$1-x^2+x^4-x^6+\cdots+(-1)^{n-1}x^{2n-2}$ の和を求めよ．

(2)　$S_n=1-\dfrac{1}{3}+\dfrac{1}{5}-\dfrac{1}{7}+\cdots+(-1)^{n-1}\dfrac{1}{2n-1}$ とする．このとき，等式

$$S_n=\int_0^1 \frac{1}{1+x^2}\,dx-(-1)^n\int_0^1 \frac{x^{2n}}{1+x^2}\,dx$$

が成り立つことを示せ．

(3)　定積分 $\displaystyle\int_0^1 \frac{1}{1+x^2}\,dx$ を求めよ．

(4)　次の不等式を示せ．

$$0\leqq \int_0^1 \frac{x^{2n}}{1+x^2}\,dx\leqq \frac{1}{2n+1}$$

(5)　$\lim_{n\to\infty} S_n$ を求めよ．

（静岡大）

125 式 $x_n=\int_0^{\frac{\pi}{2}}\cos^n\theta\,d\theta$ $(n=0,\ 1,\ 2,\ \cdots)$ によって定義される数列 $\{x_n\}$ について，次の問に答えよ．

(1) 漸化式 $x_n=\dfrac{n-1}{n}x_{n-2}$ $(n=2,\ 3,\ 4,\ \cdots)$ を示せ．

(2) x_nx_{n-1} の値を求めよ．

(3) 不等式 $x_n>x_{n+1}$ $(n=0,\ 1,\ 2,\ \cdots)$ が成り立つことを示せ．

(4) $\lim_{n\to\infty}n{x_n}^2$ を求めよ．

（名古屋市立大）

126 数列 $\{a_n\}$ $(n=1,\ 2,\ 3,\ \cdots)$ を $a_n=\dfrac{1}{n!}\int_0^1 t^ne^{-t}dt$ で定める．ここで，e は自然対数の底とする．

(1) $0\leqq\int_0^1 t^ne^{-t}dt\leqq 1-e^{-1}$ $(n=1,\ 2,\ 3,\ \cdots)$ を示せ．

(2) $\lim_{n\to\infty}a_n=0$ を示せ．

(3) $a_{n+1}=a_n-\dfrac{1}{(n+1)!e}$ $(n=1,\ 2,\ 3,\ \cdots)$ を示せ．

(4) $e=1+\sum_{n=1}^{\infty}\dfrac{1}{n!}$ を示せ．

（高知大）

127 $I_n=\int_0^{\frac{\pi}{4}}\tan^n\theta\,d\theta$ $(n=1,\ 2,\ 3,\ \cdots)$ とするとき，次の問に答えよ．

(1) I_1 および I_n+I_{n+2} を求めよ．

(2) 不等式 $I_n\geqq I_{n+1}$ $(n=1,\ 2,\ 3,\ \cdots)$ を示せ．

(3) $\lim_{n\to\infty}nI_n$ を求めよ．

（琉球大）

128　n を自然数とし，$I_n=\int_0^1 x^n e^x\,dx$ とおく．

(1)　I_n と I_{n+1} の間に成り立つ関係式を求めよ．

(2)　すべての n に対して，不等式

$$\frac{e}{n+2}<I_n<\frac{e}{n+1}$$

が成り立つことを示せ．

(3)　$\lim_{n\to\infty} nI_n$ を求めよ．

(4)　$\lim_{n\to\infty} n(nI_n-e)$ を求めよ．

（大分医科大*）

12 面　積

基本のまとめ

1 面　積

$y=f(x)$, x 軸, 2 直線 $x=a$, $x=b$ $(a<b)$ で囲まれた部分の面積 S は,

$$S=\int_a^b |f(x)|dx.$$

2 2曲線ではさまれた部分の面積

区間 $a \leqq x \leqq b$ において, 2 曲線 $y=f(x)$, $y=g(x)$ にはさまれた図形の面積 S は,

$$S=\int_a^b |f(x)-g(x)|dx.$$

問題A

129　2 つの曲線 $y=2\sin^2 x$ $(0 \leqq x \leqq \pi)$, $y=\cos 2x$ $(0 \leqq x \leqq \pi)$ で囲まれた図形の面積を求めよ.

(東海大)

130　関数 $y=\sin x$ $(0 \leqq x \leqq \pi)$ の表す曲線を C_1 とする. 次に C_1 を x 軸の負の方向に a $(0<a<\pi)$ だけ平行移動して得られる曲線を C_2 とする. 2 曲線 C_1, C_2 の交点を P, C_1, C_2 の右端をそれぞれ A, B とする.

(1) P の座標を求めよ.

(2) C_1, C_2 および x 軸で囲まれた 3 つの図形のうち OPB, BPA の面積をそれぞれ S_1, S_2 とする. $S_1=S_2$ をみたす a の値を求めよ. ただし, O は原点である.

(山形大)

131　楕円 $\dfrac{x^2}{4}+\dfrac{y^2}{3}=1$ と直線 $x=-1$, $x=1$ とで囲まれた図形の面積を求めよ．

（鹿児島大）

132　2つの曲線 $y=\log x$ と $y=ax^2$ とが接するものとする（2つの曲線が接するとは，ある点で共通の接線をもつことである）．

(1)　a の値と接点の座標を求めよ．

(2)　この2つの曲線と x 軸とで囲まれる部分の面積を求めよ．

（城西大）

133　n を自然数とし，$y=e^{x-2n}$ で表される曲線を C_n とする．

(1)　点 $(n,\ 0)$ を通り，曲線 C_n に接する直線 l_n の方程式を求めよ．

(2)　曲線 C_n，接線 l_n および直線 $x=n$ で囲まれた部分の面積 S_n を求めよ．

(3)　$S=\sum_{n=1}^{\infty}S_n$ を求めよ．

（大分大）

134　$0<a<1$ のとき，曲線 $y=\log x$ と2直線 $x=a$, $x=a+\dfrac{3}{2}$ および x 軸で囲まれる2つの部分の面積の和を $S(a)$ とする．

(1)　$S(a)$ を a で表せ．

(2)　$S(a)$ の最小値を求めよ．

（福岡工業大）

135　(1)　関数 $y=x\sqrt{x+1}$ の増減と極値を調べてグラフの概形をかけ．

(2)　曲線 $y=x\sqrt{x+1}$, $y=\sqrt{x+1}$ で囲まれる図形の面積を求めよ．

（琉球大*）

136 t を媒介変数とするとき，$x=\cos t$，$y=\sin 2t$ $(0\leqq t\leqq 2\pi)$ で定義される曲線 C について，

(1) y を x の関数で表し，C の概形をかけ．

(2) C で囲まれる図形の面積を求めよ．

（東京電機大*）

問題B

137 xy 平面上の曲線 $y=\dfrac{1}{x}$ $(x>0)$ 上の相異なる 2 点 $\mathrm{A}\left(a,\ \dfrac{1}{a}\right)$，$\mathrm{B}\left(b,\ \dfrac{1}{b}\right)$ における接線とこの曲線で囲まれる図形の面積を S とする．（ただし，$0<a<b$ とする．）このとき，S は $k=\dfrac{b}{a}$ のみの関数であることを示せ．

（奈良女子大）

138 2 つの曲線 $y=\dfrac{8}{x^2+4}$ …①，$y=\dfrac{x^2}{4}$ …② について，

(1) ① のグラフの概形をかけ．

(2) ① と ② で囲まれた部分の面積を求めよ．

（湘南工科大）

139 曲線 $y=\sin x$ $\left(0\leqq x\leqq\dfrac{\pi}{2}\right)$ と x 軸および直線 $x=\dfrac{\pi}{2}$ で囲まれた部分の面積が曲線 $y=a\cos x$ $\left(0\leqq x\leqq\dfrac{\pi}{2}\right)$ によって 2 等分される．a の値を求めよ．

（宮城教育大）

140　曲線 $C: y=-\log x\ (x>0)$ 上の点 $P_0(1,\ 0)$ における接線と y 軸との交点を Q_1 とする．Q_1 から x 軸に平行に引いた直線と C との交点を P_1 とする．P_1 における C の接線と y 軸との交点を Q_2 とする．以下同様に，P_{n-1}，$Q_n\ (n=1,\ 2,\ 3,\ \cdots)$ を定めるとき，

(1)　Q_n の y 座標 y_n を n で表せ．

(2)　2つの直線 $P_{n-1}Q_n$，P_nQ_n と C で囲まれる図形の面積 S_n を n で表せ．

(3)　$S=\sum_{n=1}^{\infty} S_n$ を求めよ．

（富山県立大）

141　関数 $f(x)$ の導関数 $f'(x)$ は $a \leqq x \leqq b\ (a<b)$ でつねに正であると仮定する．曲線 $y=f(x)$ 上の点 $(t,\ p)\ (a<t<b)$ を通る直線 $y=p$ を引く．これらと $x=a$ および $x=b$ により囲まれた2つの部分の面積の和を $S(t)$ とおく．

(1)　$S(t)$ を最小にする t の値を求めよ．

(2)　$f(x)=\log x$，$a=1$，$b=3$ とおくとき，$S(t)$ の最小値を求めよ．

（静岡大）

142　曲線 $y=xe^{-x}$ を C とする．C と C 上の点 $P(t,\ te^{-t})\ (0 \leqq t \leqq 1)$ における接線および2直線 $x=0$，$x=1$ で囲まれる部分の面積を $S(t)$ とする．

(1)　曲線 C の概形をかき，$S(t)$ を求めよ．

(2)　$S(t)$ を最小にする t の値を求めよ．

（広島大）

143 $a \geqq 1$ とする．xy 平面において，不等式

$$0 \leqq x \leqq \frac{\pi}{2},\ 1 \leqq y \leqq a\sin x$$

によって定められる領域の面積を S_1，不等式

$$0 \leqq x \leqq \frac{\pi}{2},\ 0 \leqq y \leqq a\sin x,\ 0 \leqq y \leqq 1$$

によって定められる領域の面積を S_2 とする．$S_2 - S_1$ を最大にするような a の値と，$S_2 - S_1$ の最大値を求めよ．

（東京大）

144 次の問に答えよ．

(1) 定積分 $\int_0^k e^{-t}(\cos t - \sin t)\,dt$ を求めよ．

(2) xy 平面上の曲線

$$x = e^{-t}\cos t,\ y = e^{-t}\sin t \quad (0 \leqq t \leqq \pi)$$

と x 軸とで囲まれる部分の面積を求めよ．

（広島大）

145 原点をOとし，平面上の2点A(0, 1)，B(0, 2) をとる．OB を直径とし点 (1, 1) を通る半円を Γ とする．長さ π の糸が一端をOに固定して，Γ に巻きつけてある．この糸の他端Pを引き，それが x 軸に到達するまで，ゆるむことなくほどいていく．糸と半円との接点をQとし，∠BAQ の大きさを t とする（図を見よ）．

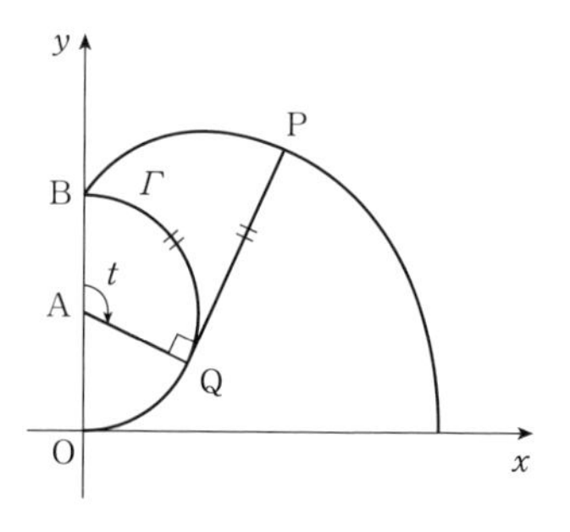

(1) ベクトル $\overrightarrow{\mathrm{OP}}$ を t を用いて表せ．

(2) Pがえがく曲線と，x 軸および y 軸で囲まれた図形の面積を求めよ．

（早稲田大）

13　体　積

基本のまとめ

1　定積分と体積

数直線上の点 x で，この直線に垂直な平面による立体の切り口の面積が $S(x)$ のとき，$a \leqq x \leqq b$ における立体の体積 V は，

$$V=\int_a^b S(x)\,dx.$$

2　回転体の体積

曲線 $y=f(x)$ と x 軸および2直線 $x=a$，$x=b$ $(a<b)$ とで囲まれた部分を x 軸の周りに1回転して得られる立体の体積 V は，

$$V=\int_a^b \pi\{f(x)\}^2\,dx.$$

問題A

146　(1)　放物線 $y=2-x^2$ と直線 $y=1$ で囲まれる部分を x 軸の周りに1回転して得られる立体の体積を求めよ．

(2)　放物線 $y=x^2$ と直線 $y=4$ で囲まれる部分を y 軸の周りに1回転して得られる立体の体積を求めよ．

（都留文科大）

147　曲線 $y=\dfrac{\log x}{x}$ と直線 $x=e$ および x 軸で囲まれた図形を x 軸の周りに1回転してできる立体の体積を求めよ．

（中央大）

148　曲線 $y=\dfrac{1}{x}$ 上に2点 $\mathrm{A}(1,\ 1)$，$\mathrm{P}\left(a,\ \dfrac{1}{a}\right)$ $(a>1)$ をとる．OP，OA，および弧 $\overset{\frown}{\mathrm{AP}}$ で囲まれる部分を x 軸の周りに1回転してできる立体の体積を $V(a)$ とする．ただし，O は原点とする．このとき，$\displaystyle\lim_{a\to\infty}V(a)$ を求めよ．

（山口大）

149　曲線 $y=e^{-x}$ と2直線 $y=e$，$y=e^2$ および y 軸で囲まれる部分を y 軸の周りに1回転して得られる立体の体積を求めよ．

（玉川大）

150　$f(x)=\dfrac{1}{2}(e^x+e^{-x})$ とする．

空間において，x 軸上に点 $\mathrm{P}(x,\ 0,\ 0)$ をとり，点Pを通って y 軸に平行な直線上に2点 $\mathrm{A}(x,\ f(x),\ 0)$，$\mathrm{B}(x,\ -f(x),\ 0)$ をとる．次にA，Bを含み x 軸に垂直な平面上に AB を1辺とする正三角形 ABC をつくる．ただし，点Cはその z 座標が正であるように選ぶものとする．このとき，点Pを x 軸上で $(-1,\ 0,\ 0)$ から $(1,\ 0,\ 0)$ まで動かすとき，それに伴って正三角形 ABC は大きさを変えながら移動して空間のある部分を通過する．この部分の体積 V を求めよ．

（近畿大）

151　連立不等式 $\begin{cases} 0\leqq x\leqq \pi, \\ 0\leqq y\leqq \pi, \\ 0\leqq z\leqq \sin(x+y) \end{cases}$ をみたす点 $(x,\ y,\ z)$ 全体からなる空間図形を D とする．

(1)　x 軸上の点 $(t,\ 0,\ 0)$ を通り，x 軸に垂直な平面で切ったときの切り口の面積 $S(t)$ を求めよ．

(2)　D の体積 V を求めよ．

（東海大）

問題B

152　xy 平面における2つの曲線 $y=\dfrac{(\log x)^2}{\sqrt{x}}$，$y=\dfrac{\log x}{\sqrt{x}}$ について，

(1)　上の2つの曲線の $\dfrac{1}{e}\leqq x\leqq e$ での概形をかき，この2つの曲線が囲む部分を斜線で示せ．

(2)　(1)の斜線部分を x 軸の周りに1回転させて得られる立体の体積を求めよ．

（九州大）

153　2つの曲線 $\dfrac{x^2}{9}+y^2=1$ と $\sqrt{\dfrac{x}{3}}+\sqrt{y}=1$ が第1象限で囲む部分を x 軸の周りに1回転してできる立体の体積を求めよ．

（東北大）

154　xy 平面上の2つの曲線

$$y=\cos\frac{x}{2}\ (0\leqq x\leqq\pi)\ \text{と}\ y=\cos x\ (0\leqq x\leqq\pi)$$

を考える．以下の問に答えよ．

(1)　上の2つの曲線，および直線 $x=\pi$ を描き，これらで囲まれる領域を図示せよ．

(2)　(1)で図示した領域を x 軸の周りに1回転して得られる回転体の体積を求めよ．

（岐阜大）

155　曲線 $y=k\cos x\ \left(0\leqq x\leqq\dfrac{\pi}{2}\right)$ と両軸によって囲まれる図形を x 軸および y 軸の周りに1回転してできる2つの立体の体積が等しくなるように正の定数 k の値を定めよ．

（工学院大*）

156　放物線 $y=\frac{1}{4}x^2$ $(0 \leqq x \leqq 4)$ を y 軸の周りに1回転してできる容器に水を満たしておく．

(1)　容器に満たした水の体積を求めよ．

(2)　容器に半径3の鉄球を入れたとき，あふれ出る水の体積を求めよ．

（三重大）

157　xy 平面上で不等式 $(y-k)(y-\sin x) \leqq 0$, $0 \leqq x \leqq \pi$ の表す領域を x 軸の周りに1回転させてできる立体の体積は，どのような k の値に対して最小となるか．ただし，$0 \leqq k \leqq 1$ とする．

（徳島大）

158　曲線 $y=e^{-x}$ 上の点 $P_0(0,\ 1)$ における接線と x 軸との交点を Q_1 とする．Q_1 から y 軸に平行に引いた直線と曲線 $y=e^{-x}$ との交点を P_1 とする．P_1 における曲線 $y=e^{-x}$ の接線と x 軸との交点を Q_2 とする．以下同様にして，P_2，Q_3，P_3，Q_4，… を定める．

ここで，2直線 $P_{n-1}Q_n$，P_nQ_n と曲線 $y=e^{-x}$ とで囲まれる図形を x 軸の周りに1回転させる．このときできる回転体の体積を V_n とする．

(1)　Q_n の座標を求めよ．

(2)　V_n を求めよ．

(3)　$V=\lim_{n\to\infty}\sum_{k=1}^{n}V_k$ を求めよ．

（奈良教育大）

159　空間の2点 $A(1,\ 0,\ 0)$，$B(0,\ 2,\ 1)$ を通る直線 l を，y 軸のまわりに1回転して得られる曲面を S とする．2平面 $y=0$，$y=2$ と S とで囲まれる立体の体積を求めよ．

（群馬大）

160　空間の3点P，Q，Rが次の条件をみたしながら動く．

(ア)　Pは x 軸上の正の部分にある．

(イ)　Qは xz 平面内の直線 $z=x$ 上にあり，線分PQは z 軸に平行である．

(ウ)　Rは xy 平面内にあり，線分PRは y 軸に平行である．ただし，Rの y 座標は負ではないとする．

(エ)　QR＝1

(1)　三角形PQRが動いてできる立体の体積を求めよ．

(2)　(1)でできた立体を x 軸の周りに1回転させてできる立体の体積を求めよ．

（横浜市立大）

161　右図のように底円の半径1，高さ1の直円柱がある．底円の直径ABを通り交角45°で底円と交わる平面でこの直円柱を切るとき，平面の下側の部分の体積を求めよ．

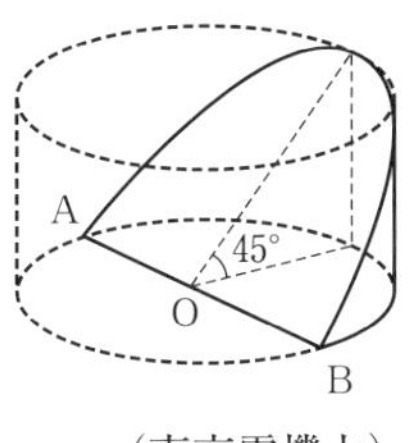

（東京電機大）

162　座標平面上で，媒介変数表示

$$x=\sin 2\theta,\ \ y=\sin 3\theta \quad \left(0 \leqq \theta \leqq \frac{\pi}{3}\right)$$

が定める図のような曲線 C と x 軸で囲まれた図形を D として，以下の問に答えよ．

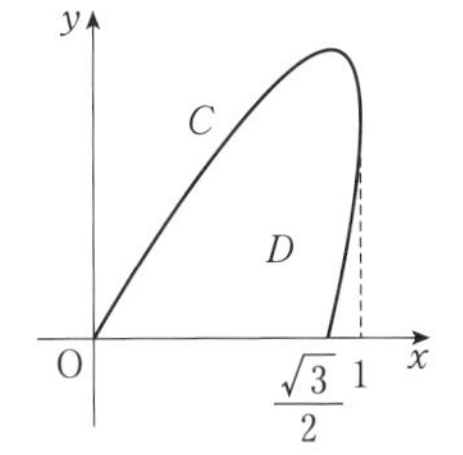

(1)　曲線 C 上の点で x 座標が1であるものを求めよ．

(2)　図形 D の面積 S を求めよ．

(3)　図形 D を x 軸の周りに1回転してできる立体の体積 V を求めよ．

（首都大東京）

163 次の問に答えよ．

(1) 定積分 $\int_0^1 \frac{t^2}{1+t^2}dt$ を求めよ．

(2) 不等式

$$x^2+y^2+\log(1+z^2)\leqq\log 2$$

の定める立体の体積を求めよ．

（埼玉大）

164 放物線 $y=x^2$ と直線 $y=x$ の交点のうち原点O以外の点をAとする．放物線のOとAを両端とする部分を曲線 C とする．線分OA上の点をPとしOPの長さを s とする．Pを通りOAに垂直な直線と C との交点を $\mathrm{Q}(t,\ t^2)$ とする．

(1) s と t の関係および s と t のとり得る値の範囲を求めよ．

(2) PQを $y=x$ の周りに1回転させた円の面積 S を求めよ．

(3) OAと C で囲まれた図形を直線 $y=x$ の周りに1回転させたときの回転体の体積 V を求めよ．

（名古屋市立大）

14　曲線の長さ

基本のまとめ

1　曲線の長さ

曲線 $x=f(t)$，$y=g(t)$ $(a \leqq t \leqq b)$ の長さを L とすると，

$$L=\int_a^b \sqrt{\left(\frac{dx}{dt}\right)^2+\left(\frac{dy}{dt}\right)^2}\,dt$$
$$=\int_a^b \sqrt{\{f'(t)\}^2+\{g'(t)\}^2}\,dt.$$

曲線 $y=f(x)$ $(a \leqq x \leqq b)$ の長さを L とすると，

$$L=\int_a^b \sqrt{1+\left(\frac{dy}{dx}\right)^2}\,dx$$
$$=\int_a^b \sqrt{1+\{f'(x)\}^2}\,dx.$$

問題A

165　正の数 t に対して曲線 $y=\frac{1}{2}(e^x+e^{-x})$ の $0 \leqq x \leqq t$ の部分の長さを $s(t)$ とする．ただし，e は自然対数の底である．

(1)　$s(t)$ を求めよ．

(2)　$\lim_{t\to\infty}\{t-\log s(t)\}$ を求めよ．

（広島大）

166　曲線 C は θ を媒介変数として $x=e^{-\theta}\cos\theta$，$y=e^{-\theta}\sin\theta$ と表されているとする．

(1)　$\dfrac{dx}{d\theta}$，$\dfrac{dy}{d\theta}$ を計算せよ．

(2)　$\theta=\dfrac{\pi}{6}$ における曲線 C の接線の方程式を求めよ．

(3)　θ が 0 から a $(a>0)$ まで動いたときの曲線 C の長さを $l(a)$ とし $\displaystyle\lim_{a\to\infty} l(a)$ を求めよ．

（北見工業大）

問題B

167　曲線 $y=\dfrac{1}{2}(e^x+e^{-x})$ 上の点 A(0, 1) から点 $\mathrm{P}\left(a,\ \dfrac{1}{2}(e^a+e^{-a})\right)$ $(a>0)$ までの曲線の長さを l とし，点 P での接線上に点 Q を，$\mathrm{PQ}=l$ となるようにとる．ただし，点 Q の x 座標は a より小さいとする．さらに点 Q を通り，この接線に垂直な直線が x 軸と交わる点を R とする．次の問に答えよ．

(1)　l を a の関数として表せ．

(2)　QR の長さは一定であることを示せ．

（山口大）

168　t を媒介変数として

$$x=t-\sin t,\ y=1-\cos t\quad (0\leqq t\leqq 2\pi)$$

で表される曲線がある．$t=a$，$t=a+\pi$ に対応する，この曲線上の点をそれぞれP，Qとする．ただし，$0<a<\pi$ である．次の問に答えよ．

(1)　P，Qにおけるこの曲線のそれぞれの接線は互いに垂直であることを示せ．

(2)　P，Qを両端とするこの曲線の弧の長さを $l(a)$ とする．$0<a<\pi$ の範囲における $l(a)$ の最大値およびそのときの a の値を求めよ．

（徳島大）

169　原点をOとする xy 平面でOを中心とする半径2の円を A，点 $(3,\ 0)$ を中心とする半径1の円を B とする．B が A の周上を，反時計まわりに，滑らずにころがって，もとの位置にもどるとき，初めに $(2,\ 0)$ にあった B 上の点Pのえがく曲線を C とする．

(1)　B の中心をQ，動径OQが x 軸の正方向となす角を θ $(0\leqq\theta\leqq 2\pi)$ とするとき，Pの座標を θ を用いて表せ．

(2)　曲線 C の長さを求めよ．

（東京工業大*）

15　物理への応用

基本のまとめ

1 道のり

数直線上を運動する点の時刻 t における速度を v とすると，$a \leqq t \leqq b$ における道のりは，

$$\int_a^b |v|\,dt.$$

平面上を運動する点 P の時刻 t における位置が

$$(x,\ y)\quad x=x(t),\ y=y(t)$$

のとき，$a \leqq t \leqq b$ における道のりは，

$$\int_a^b \sqrt{\left(\frac{dx}{dt}\right)^2+\left(\frac{dy}{dt}\right)^2}\,dt.$$

2 流入・流出の速さ

時刻 t における

水量　V,
水面の面積　S,
水面の高さ　h

に対し，

$$\frac{dV}{dt}=S\frac{dh}{dt}.$$

(1) **流入(流出)速度**　$\dfrac{dV}{dt}=\dfrac{dV}{dh}\cdot\dfrac{dh}{dt}\quad\left(\dfrac{dV}{dh}=S\right).$

(2) **水面の上昇(降下)速度**　$\dfrac{dh}{dt}.$

問題A

170　200 リットルの薬品の入る容器がある．空の容器に薬品を入れ始めてから t 秒後の流入速度が $\left(1+\dfrac{t}{50}\right)$ リットルであるとき，薬品が容器を満たすまでの時間を求めよ．

（中央大）

171　点Pは時刻 $t=0$ のとき原点Oを出発し，時刻 t のときの速度が $v(t)=te^{-2t}$ であることをみたしつつ，数直線上を運動するという．

時刻 t における点Pの位置 $S(t)$ を求めよ．

（東北学院大*）

172　x 軸上を運動する動点Pの時刻 t における速度 v が $v=(t-1)e^{-t}$ で与えられているとする．ただし $t=0$ のとき，点Pは原点にあるものとする．

(1)　$t=0$ から $t=2$ までに点Pの動いた道のりを求めよ．

(2)　$t=1$ におけるPの x 座標を求めよ．

（旭川医科大*）

173　xy 平面上を動く点 $\mathrm{P}(x,\ y)$ の時刻 t における位置が $x=1+\dfrac{5}{4}t^2$，$y=1+t^{\frac{5}{2}}$ $(t\geqq 0)$ で与えられているとする．

(1)　点Pの描く曲線の接線の傾きが1となる時刻 t_0 を求めよ．

(2)　点Pが時刻 $t=0$ から $t=t_0$ までの間に動く道のりを求めよ．

（愛媛大）

174　半径 10 cm の球形の容器に毎秒 4 cm^3 の割合で水を入れる．

(1) 水の深さが h cm のときの水の量 V cm^3 を求めよ．
　ただし，$0 \leqq h \leqq 20$ とする．

(2) 水の深さが 5 cm になったときの水面の上昇する速度を求めよ．

（長崎大）

問題B

175　放物線 $y=x^2$ 上を動く点Pがあって，時刻 $t=0$ のときの位置は原点である．また，時刻 t のとき，Pの速度ベクトルの x 成分は $\sin t$ である．速度ベクトルの y 成分が最大となるときのPの位置を求めよ．また，そのときにおけるPの速度ベクトルおよび加速度ベクトルを求めよ．

（東北大）

176　点Pは原点から，また点Qは点 $(18,\ 0)$ から，それぞれ次のような速さで，同時に x 軸の正の方向に動き始めるものとする．

　P：一定の早さ v　　Q：出発して t 秒後の速さが t^2

(1) 出発して t 秒後のQの座標を求めよ．

(2) PがQに追いつくことができるための v の最小値を求めよ．

（岡山大）

177　数直線上で原点から出発し，t 秒後の速度が，$v=e^t\sin t$ であるように運動する点Pがある．ただし，e は自然対数の底である．このとき，次の問に答えよ．

(1) 出発してから t 秒後のPの位置を求めよ．

(2) 出発してから 2π 秒の間にPの動く範囲を求めよ．

(3) 出発してから 2π 秒の間にPの動いた道のりを求めよ．

（信州大）

178　座標平面上に2つの動点P，Qがあり，Pは原点$(0,\ 0)$を出発して，x軸上を正の方向に速度1で等速運動をし，Qは点$(0,\ 1)$を出発して，円 $x^2+(y-2)^2=1$ の周上を正の向きに角速度1で等速円運動をするものとする．線分PQの中点をMとするとき，次の問に答えよ．

(1)　時刻tにおけるMの速度の大きさを求めよ．

(2)　時刻 $t=0$ から $t=\dfrac{3}{2}\pi$ までの間に点Mが動いた道のりを求めよ．

（広島大）

179　曲線 $y=x^2$ $(0\leqq x\leqq 1)$ をy軸のまわりに1回転してできる形の容器に水を満たす．この容器の底に排水溝がある．時刻 $t=0$ に排水溝を開けて排水を開始する．時刻tにおいて容器に残っている水の深さをh，体積をVとする．Vの変化率$\dfrac{dV}{dt}$は $\dfrac{dV}{dt}=-\sqrt{h}$ で与えられる．

(1)　水深hの変化率$\dfrac{dh}{dt}$をhを用いて表せ．

(2)　容器内の水を完全に排水するのにかかる時間Tを求めよ．

（北海道大）

第4章　いろいろな曲線

16　2次曲線

基本のまとめ

〈放物線〉

1 定　義

平面上で，定点Fとそれを通らない定直線 l から等距離にある点の軌跡を**放物線**という．ここで，Fを**焦点**，l を**準線**，Fを通り l に垂直な直線を**軸**，軸と放物線の交点を**頂点**という．

2 方程式の標準形

焦点 $F(p,\ 0)$，準線 $l:x=-p\ (p\neq 0)$ の放物線の方程式は，

$$y^2=4px.$$

軸：x 軸．頂点：原点．

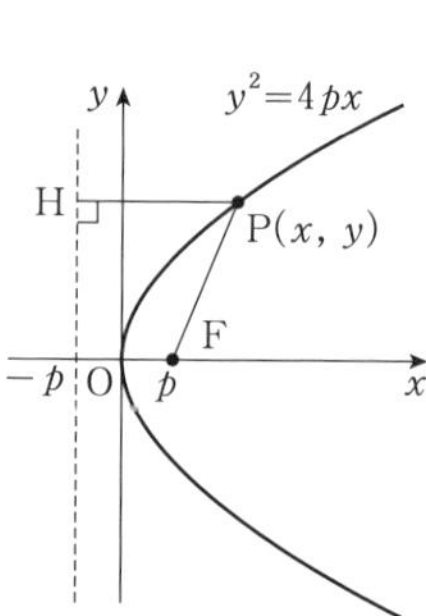

3 対称性

放物線は，その軸に関して線対称である．

〈楕　円〉

4 定　義

平面上で，2定点F，F′からの距離の和が一定である点の軌跡を**楕円**という．ここで，F，F′を**焦点**，線分FF′の中点を**中心**という．さらに，直線FF′と楕円との2交点をA，A′，線分FF′の垂直二等分線と楕円との2交点をB，B′とするとき，4点A，A′，B，B′を**頂点**，線分AA′を**長軸**，線分BB′を**短軸**という．

5 方程式の標準形

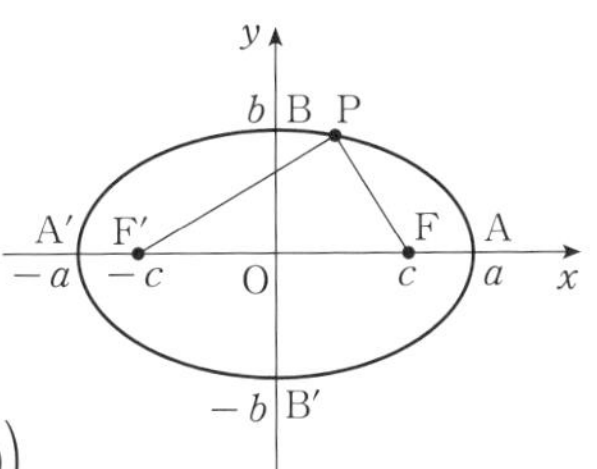

焦点が F$(c,\ 0)$，F′$(-c,\ 0)$，距離の和が $2a$ $(a>c>0)$ の楕円の方程式は，

$$\frac{x^2}{a^2}+\frac{y^2}{b^2}=1,\ b=\sqrt{a^2-c^2}.$$

焦点：F$\left(\sqrt{a^2-b^2},\ 0\right)$，F′$\left(-\sqrt{a^2-b^2},\ 0\right)$.

中心：原点.

6 対称性

楕円は，その長軸を含む直線および短軸を含む直線に関して線対称であり，その中心に関して点対称である.

〈双曲線〉

7 定　義

平面上で，２定点 F，F′ からの距離の差が一定である点の軌跡を**双曲線**という．ここで，F，F′ を**焦点**，線分 FF′ の中点を**中心**という．さらに，直線 FF′ と双曲線との２交点を**頂点**という．

8 方程式の標準形

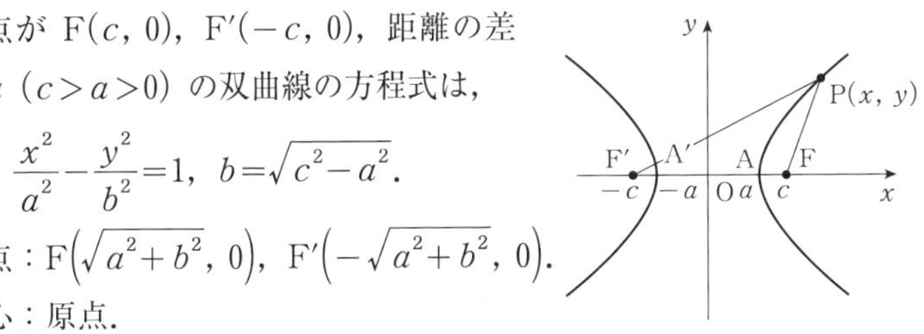

焦点が F$(c,\ 0)$，F′$(-c,\ 0)$，距離の差が $2a$ $(c>a>0)$ の双曲線の方程式は，

$$\frac{x^2}{a^2}-\frac{y^2}{b^2}=1,\ b=\sqrt{c^2-a^2}.$$

焦点：F$\left(\sqrt{a^2+b^2},\ 0\right)$，F′$\left(-\sqrt{a^2+b^2},\ 0\right)$.

中心：原点.

9 対称性

双曲線は，その２つの焦点を結ぶ直線および焦点を結ぶ線分の垂直二等分線に関して線対称であり，その中心に関して点対称である.

10 漸近線

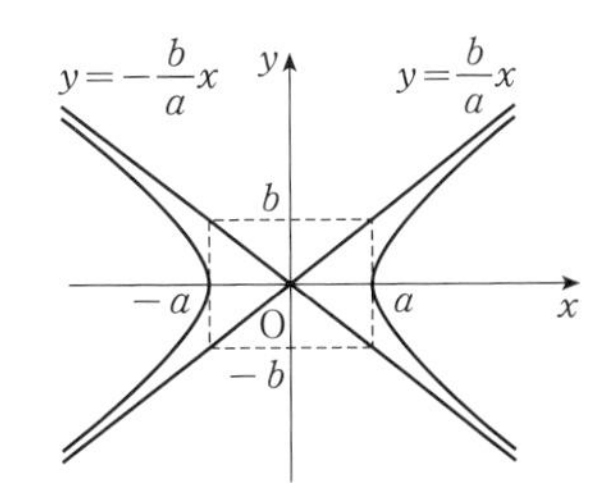

双曲線 $\dfrac{x^2}{a^2}-\dfrac{y^2}{b^2}=1$ の漸近線は，直線

$$y=\frac{b}{a}x \text{ および } y=-\frac{b}{a}x.$$

〈接線の方程式〉

11 (1) 放物線 $y^2=4px$ 上の点 $(x_1,\ y_1)$ における接線の方程式は,

$$y_1y=2p(x+x_1).$$

(2) 楕円 $\dfrac{x^2}{a^2}+\dfrac{y^2}{b^2}=1$ 上の点 $(x_1,\ y_1)$ における接線の方程式は,

$$\frac{x_1x}{a^2}+\frac{y_1y}{b^2}=1.$$

楕円 $\dfrac{(x-p)^2}{a^2}+\dfrac{(y-q)^2}{b^2}=1$ 上の点 $(x_1,\ y_1)$ における接線の方程式は

$$\frac{(x_1-p)(x-p)}{a^2}+\frac{(y_1-q)(y-q)}{b^2}=1.$$

(3) 双曲線 $\dfrac{x^2}{a^2}-\dfrac{y^2}{b^2}=1$ 上の点 $(x_1,\ y_1)$ における接線の方程式は,

$$\frac{x_1x}{a^2}-\frac{y_1y}{b^2}=1.$$

双曲線 $\dfrac{(x-p)^2}{a^2}-\dfrac{(y-q)^2}{b^2}=1$ 上の点 $(x_1,\ y_1)$ における接線の方程式は,

$$\frac{(x_1-p)(x-p)}{a^2}-\frac{(y_1-q)(y-q)}{b^2}=1.$$

〈平行移動〉

12 方程式 $f(x,\ y)=0$ で表される曲線を, x 軸方向に p, y 軸方向に q だけ平行移動した曲線の方程式は,

$$f(x-p,\ y-q)=0.$$

問題A

180　xy 平面において，原点を中心とし，長軸の長さが $2\sqrt{3}$，1つの焦点の座標が $(1,\ 0)$ であるような楕円の方程式は $\boxed{}$ である．

（広島工業大）

181　2直線 $y=\frac{3}{4}x$，$y=-\frac{3}{4}x$ を漸近線にもち，2点 $\mathrm{F}(5,\ 0)$，$\mathrm{F}'(-5,\ 0)$ を焦点とする双曲線の方程式を求めよ．

（武蔵大）

182　楕円 $\frac{x^2}{4}+\frac{y^2}{3}=1$ 上の点Pから直線 $x=4$ までの距離は，つねにPから点 $\mathrm{A}(1,\ 0)$ までの距離の2倍であることを示せ．

（琉球大）

183　直線 $y=2x+k$（k は実数）と，楕円 $4x^2+9y^2=36$ について

(1)　両者が異なる2点で交わるための条件を求めよ．

(2)　2つの交点を結ぶ線分の長さが4となるとき，k の値を求めよ．

（岩手大）

184　2つの円 $x^2+y^2=4$，$(x-4)^2+y^2=1$ からの距離が等しい点 $\mathrm{P}(x,\ y)$ の軌跡を求め，図示せよ．ただし，円から点Pへの距離とは，その円の上の点とPとの距離の最小値のことである．

（横浜市立大）

問題B

185　楕円 $\dfrac{(x-3)^2}{25}+\dfrac{(y+2)^2}{9}=1$ の焦点のうち，原点に近い焦点の座標を求めよ．

（神奈川大）

186　x 軸を軸とし，点 $(1,\ 0)$ を焦点とする放物線が，直線 $y=x+k$ $(k \neq -1)$ に接するとき，この放物線の準線の方程式を求めよ．

（大分大）

187　楕円 $\dfrac{x^2}{25}+\dfrac{y^2}{49}=1$ 上の点 $\mathrm{P}(s,\ t)$ における接線と x 軸と y 軸とでできる三角形の面積の最小値を求めよ．

（大阪府立大）

188　曲線 $C:\dfrac{x^2}{a^2}-\dfrac{y^2}{b^2}=1$ 上の点 $\mathrm{P}(x_1,\ y_1)$ におけるこの曲線の接線を l とする．直線 l と曲線 C の2つの漸近線との交点をそれぞれA，Bとし，原点をOとする．また，線分OPを直径とする円と曲線 C の2つの漸近線とのO以外の交点をそれぞれQ，Rとする．ただし，a，b は正の定数とする．このとき，次の問に答えよ．

(1)　直線 l の方程式を求めよ．

(2)　点 $\mathrm{P}(x_1,\ y_1)$ は線分ABの中点であることを示せ．

(3)　三角形OABの面積は点 $\mathrm{P}(x_1,\ y_1)$ の位置によらず一定であることを示せ．

(4)　2つの線分PQ，PRの長さをそれぞれ d，d' とするとき，積 dd' は点 $\mathrm{P}(x_1,\ y_1)$ の位置によらず一定であることを示せ．

（香川大）

189　xy 平面において，原点Oと直線 $x=2$ からの距離の比が $\sqrt{r}:1$ であるような点Pについて，次の問に答えよ．

(1)　点Pの軌跡を C とするとき，曲線 C の方程式を求めよ．

(2)　$r=2$ のとき，軌跡 C はどのような図形になるか答え，その軌跡の概形を描け．

(3)　軌跡 C が，長軸の長さが $\sqrt{5}$ であるような楕円になるときの r の値を求めよ．

（鹿児島大）

190　放物線 $x^2=4py$ の準線上の点Pよりこの曲線に2本の接線を引く．

(1)　2本の接線のなす角は一定であることを示し，その角を求めよ．

(2)　2つの接点の中点の軌跡を求めよ．

（大分大）

191　楕円 $\dfrac{x^2}{17}+\dfrac{y^2}{8}=1$ の外部の点 $\mathrm{P}(a,\ b)$ から引いた2本の接線が直交するような点Pの軌跡を求めよ．

（東京工業大）

192　楕円 $C_1:\dfrac{x^2}{\alpha^2}+\dfrac{y^2}{\beta^2}=1$ と双曲線 $C_2:\dfrac{x^2}{a^2}-\dfrac{y^2}{b^2}=1$ を考える．

C_1 と C_2 の焦点が一致しているならば，C_1 と C_2 の交点でそれぞれの接線は直交することを示せ．

（北海道大）

193 xy 平面上の長方形 ABCD と楕円 $x^2+\frac{y^2}{3}=1$ が図のように4点で接している．辺 AB の傾きを $-m$ $(m>0)$ とするとき，次の問に答えよ．

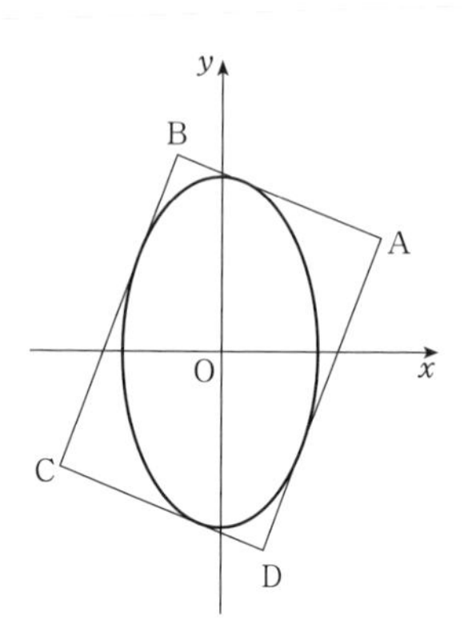

(1) 楕円と辺 AB の接点を $(x_1,\ y_1)$ とおく．x_1，y_1 を m で表せ．

(2) 原点 O と AB との距離を m を用いて表せ．

(3) 長方形 ABCD の面積の最大値とそのときの m の値を求めよ．

（信州大）

194 空間内に原点 O を通り，ベクトル $\vec{d}=\left(1,\ 0,\ \sqrt{3}\right)$ に平行な直線 l がある．原点 O を頂点とする直円錐 C の底面の中心 H は直線 l 上にある．また，点 $\mathrm{A}\left(\frac{2\sqrt{3}}{3},\ \frac{4\sqrt{2}}{3},\ \frac{10}{3}\right)$ は直円錐 C の底面の周上にある．このとき，次の問に答えよ．

(1) 点 H の座標を求めよ．

(2) $\angle\mathrm{AOH}$ を求めよ．

(3) 点 $\mathrm{P}\left(x,\ y,\ \sqrt{3}\right)$ が直円錐 C の側面上にあるとき，x，y のみたす関係式を求めよ．また，その関係式が xy 平面上で表す曲線の概形を描け．

（大阪府立大）

17　媒介変数表示と極座標

基本のまとめ

〈媒介変数表示〉

13 (1) $y^2=4px \iff \begin{cases} x=pt^2, \\ y=2pt. \end{cases}$

(2) $\dfrac{x^2}{a^2}+\dfrac{y^2}{b^2}=1 \iff \begin{cases} x=a\cos\theta, \\ y=b\sin\theta. \end{cases}$

(3) $\dfrac{x^2}{a^2}-\dfrac{y^2}{b^2}=1 \iff \begin{cases} x=\dfrac{a}{\cos\theta}, \\ y=b\tan\theta. \end{cases}$

〈極座標〉

14 直交座標が $(x,\ y)$ の点の極座標を $(r,\ \theta)$ とすると，

$$x=r\cos\theta,\ \ y=r\sin\theta.$$

曲線が $r=f(\theta)$ で表されているとき，これを**極方程式**という．

問題A

195 (1) $x=\cos t-\sin t$，$y=\sin t\cos t$ であるとき，t を消去して y を x で表せ．

(2) $x=\cos t-\sin t$，$y=\sin t\cos t$ において，t の値が $0\leqq t\leqq\dfrac{3}{4}\pi$ の範囲を動くにつれて，x，y を座標にもつ点 $\mathrm{P}(x,\ y)$ はどんな曲線をえがくか．これを図示せよ．

（東京理科大）

196　曲線 C が媒介変数 t を用いて

$$x=t+\frac{1}{t},\ y=t-\frac{1}{t}$$

と表されているとする．

(1)　曲線 C を表す x と y の方程式を求めよ．

(2)　曲線 C 上の点 $\left(t+\frac{1}{t},\ t-\frac{1}{t}\right)$ における接線の傾きと y 切片を，それぞれ t を用いて表せ，ただし $t^2 \neq 1$ とする．

（室蘭工業大）

197　極座標で表された曲線の方程式 $r\cos 2\theta=\cos\theta$ を直交座標で表すと $\boxed{}$ である．

（三重大）

問題B

198　a，b を正の定数とする．平面上の曲線 C は媒介変数 θ を用いて

$$x=a(2+\sin\theta),\ y=2b\cos^2\frac{\theta}{2}\quad (0 \leqq \theta < 2\pi)$$

と表されている．

(1)　曲線 C を x，y の方程式で表せ．

(2)　曲線 C の接線で原点 $(0,\ 0)$ を通るものをすべて求めよ．

（室蘭工業大）

199　極方程式 $r=\left|\sin\left(\theta-\frac{\pi}{6}\right)\right|$ の表す図形を，xy 平面に図示せよ．

（弘前大）

200　楕円 $C:\dfrac{x^2}{a^2}+\dfrac{y^2}{b^2}=1$ $(a>b>0)$ 上の点P，Qが図のような位置関係で $y\geqq 0$ の範囲にあって，原点 O(0, 0) に対して $\angle\mathrm{POQ}=\dfrac{\pi}{2}$ をみたしているとする．点 A$(a,\ 0)$ に対して $\angle\mathrm{AOP}=\theta$，OP$=r$ とおくと，Pの座標は $(r\cos\theta,\ r\sin\theta)$ とかくことができる．

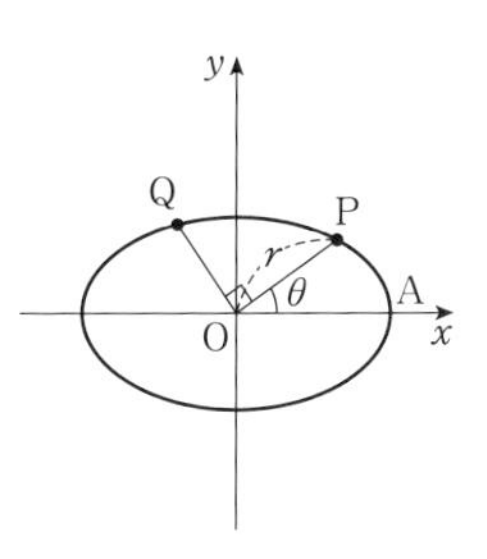

(1)　OP^2 および OQ^2 を a，b および θ を用いて表せ．

(2)　θ が $0\leqq\theta\leqq\dfrac{\pi}{2}$ の範囲を動くとき，三角形POQの面積の最大値および最小値を求めよ．

（広島大）

201　曲線 $C:(x^2+y^2)(\sqrt{3}\,x^2+y^2)=(x+y)^2$ $(x>0,\ y>0)$ について，次の問に答えよ．

(1)　曲線 C を極方程式 $r^2=f(\theta)$ の形で表せ．

(2)　$t=\tan\theta$ とおくことにより，$f(\theta)$ の最大値とそれを与える θ を求めよ．ただし，$0<\theta<\dfrac{\pi}{2}$ とする．

（名古屋工業大）

202 (1) 直交座標において，点 $A(\sqrt{3},\ 0)$ と準線 $x=\dfrac{4}{\sqrt{3}}$ からの距離の比が $\sqrt{3}:2$ である点 $P(x,\ y)$ の軌跡を求めよ．

(2) (1)における A を極，x 軸の正の部分と半直線 AX とのなす角 θ を偏角とする極座標を定める．このとき，P の軌跡を $r=f(\theta)$ の形の極方程式で求めよ．ただし，$0\leqq\theta<2\pi$，$r>0$ とする．

(3) A を通る任意の直線と(1)で求めた曲線との交点を R，Q とする．このとき，

$$\frac{1}{\mathrm{RA}}+\frac{1}{\mathrm{QA}}$$

は一定であることを示せ．

（帯広畜産大）

203 極方程式 $r=a\cos\theta\ \left(-\dfrac{\pi}{2}\leqq\theta\leqq\dfrac{\pi}{2}\right)$ で与えられる曲線を C_1 とする．ただし，a は正の定数である．このとき，次の問に答えよ．

(1) 曲線 C_1 上の点 P と極 O を結ぶ直線 OP の点 P の側の延長上に $\mathrm{PQ}=a$ となるように点 Q をとる．点 P が C_1 上を動くときの点 Q の軌跡 C_2 の極方程式を求めよ．

(2) (1)で求めた曲線 C_2 上の点 $Q(r_0,\ \theta_0)$ を通り，点 Q と極 O を結ぶ直線に垂直な直線を l とする．直線 l の直交座標 $(x,\ y)$ に関する方程式を求めよ．

(3) (2)で求めた直線 l は，点 Q に関係なくつねに点 $(a,\ 0)$ を中心とし半径が a の円に接することを証明せよ．

（鹿児島大）

第5章　複素数平面

18　複素数平面と極形式

基本のまとめ

1　複素数平面

複素数 $z=a+bi$　(i は虚数単位，a，b は実数)

に点 $(a,\ b)$ を対応させる座標平面を複素数平面といい，x 軸を実軸，y 軸を虚軸という．

$\mathrm{A}(a,\ b)$ を $\mathrm{A}(a+bi)$ と表し，点 $a+bi$ という．

点 0 は原点 O である．

2　共役な複素数の性質

$z=a+bi$ に対し $\overline{z}=a-bi$ を z の共役な複素数という．

このとき，

$$\overline{\alpha+\beta}=\overline{\alpha}+\overline{\beta},\quad \overline{\alpha-\beta}=\overline{\alpha}-\overline{\beta},$$

$$\overline{\alpha\beta}=\overline{\alpha}\ \overline{\beta},\quad \overline{\left(\frac{\alpha}{\beta}\right)}=\frac{\overline{\alpha}}{\overline{\beta}}.$$

また，

z が実数 $\Longleftrightarrow$ $\overline{z}=z$.

z が純虚数 $\Longleftrightarrow$ $\overline{z}=-z,\ z\neq 0$.

3　絶対値

$z=a+bi$ のとき，

$$|z|=|a+bi|=\sqrt{a^2+b^2}.$$

このとき，

$$|z|\geqq 0.$$

$$|z|=0 \Longleftrightarrow z=0.$$

$$|z|=|\overline{z}|=|-z|.$$

$$|z|^2 = z\overline{z}.$$

4 実数倍

複素数 $z=a+bi$ を考える．実数 k に対し，

$$kz = ka + kbi.$$

O(0)，P(z)，Q(kz) とすると，

$k>0$ ならば，O に関して Q は P と同じ側で $\mathrm{OQ}=k\mathrm{OP}$.

$k<0$ ならば，O に関して Q は P と反対側で $\mathrm{OQ}=|k|\mathrm{OP}$.

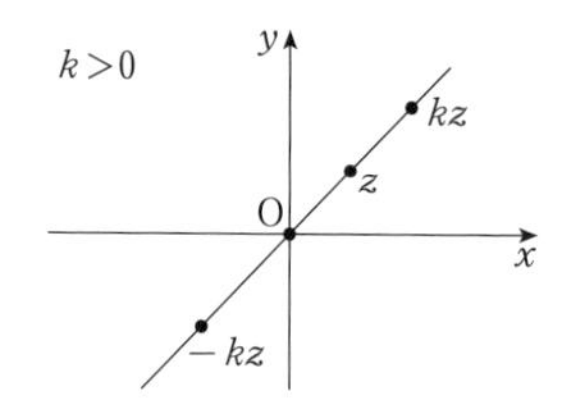

5 和と差

複素数 α，β に対し，$\alpha+\beta$ は α を β だけ平行移動したものである．

また，$\alpha-\beta$ は α を $-\beta$ だけ平行移動したものであり，点 α と点 β の距離は $|\alpha-\beta|$ である．

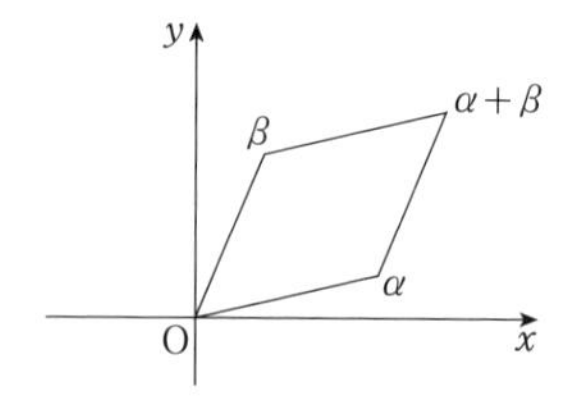

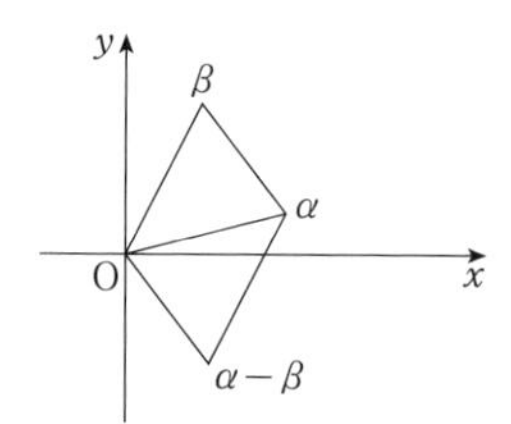

6 極形式

複素数 $z=a+bi$ $(\neq 0)$ が表す点を P とする．OP$=r$，OP と実軸の正方向となす角の 1 つを θ とすると，

$$a=r\cos\theta,\ b=r\sin\theta$$

であるから，

$$z=r(\cos\theta+i\sin\theta)$$

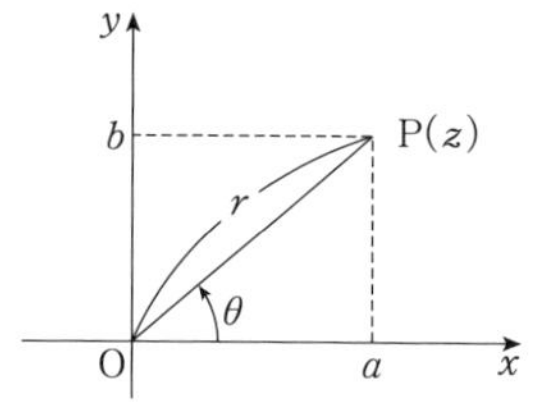

と表される．これを z の極形式といい，$\theta(=\arg z)$ を z の偏角という．

このとき，

$$r=|z|=\sqrt{a^2+b^2}.$$
$$\arg z=\theta+2n\pi\ (n \text{ は整数}).$$
$$\arg\overline{z}=-\arg z.$$

7 積と商

$$z_1=r_1(\cos\theta_1+i\sin\theta_1),$$
$$z_2=r_2(\cos\theta_2+i\sin\theta_2)$$

のとき,

$$z_1z_2=r_1r_2\{\cos(\theta_1+\theta_2)+i\sin(\theta_1+\theta_2)\}.$$
$$|z_1z_2|=|z_1||z_2|,\ \arg(z_1z_2)=\arg z_1+\arg z_2.$$
$$\frac{z_1}{z_2}=\frac{r_1}{r_2}\{\cos(\theta_1-\theta_2)+i\sin(\theta_1-\theta_2)\}.$$
$$\left|\frac{z_1}{z_2}\right|=\frac{|z_1|}{|z_2|},\ \arg\left(\frac{z_1}{z_2}\right)=\arg z_1-\arg z_2.$$

8 ド・モアブルの定理

整数 n に対して,

$$(\cos\theta+i\sin\theta)^n=\cos n\theta+i\sin n\theta.$$

問題A

204 　複素数 z は $z^5=1$, $z\neq1$ をみたしている.

(1) $\overline{z}=\dfrac{1}{z}$ を示せ.

(2) $z+\overline{z}=t$ とおくとき, $t^2+t-1=0$ であることを示せ.

(3) $(z+1)(\overline{z}+1)$ を t で表し, その結果を用いて $|z+1|$ のとり得る値を求めよ.

（東京商船大）

205　複素数 α が $|\alpha|=1$ をみたすとき，

$$|\alpha-(1+i)|=|1-\overline{\alpha}(1+i)|$$

が成り立つことを示せ．ただし，$\overline{\alpha}$ は α と共役な複素数を表す．

（琉球大）

206　複素数 α，β が $|\alpha|=|\beta|=|\alpha-\beta|=2$ をみたしているとき，次の式の値を求めよ．

(i)　$|\alpha+\beta|$

(ii)　$\dfrac{\alpha^3}{\beta^3}$

(iii)　$|\alpha^2+\beta^2|$

（東北学院大学）

207　$z=\dfrac{\sqrt{3}+3i}{\sqrt{3}+i}$ とおく．このとき z の絶対値 r と偏角 θ および z^5 の値を求めよ．ただし $0\leqq\theta<2\pi$ とする．

（東京農工大）

208　複素数 $z=\left(\dfrac{i}{\sqrt{3}-i}\right)^{n-4}$ が実数になるような自然数 n のうち，最も小さいものを求めよ．また，このときの z を求めよ．

（東京理科大）

209　複素数 $\alpha=1+\sqrt{3}\,i$，$\beta=1-\sqrt{3}\,i$ とする．

(1)　$\dfrac{1}{\alpha^2}+\dfrac{1}{\beta^2}$ の値を求めよ．

(2)　$\dfrac{\alpha^8}{\beta^7}$ の値を求めよ．

(3)　$z^4=-8\beta$ をみたす複素数 z を求めよ．

（大阪教育大）

210　$z=\cos\frac{\pi}{5}+i\sin\frac{\pi}{5}$ とするとき，次の問に答えよ．

(1)　$(1+z)(1-z+z^2-z^3+z^4)$ と $z+\frac{1}{z}-\left(z^2+\frac{1}{z^2}\right)$ の値を求めよ．

(2)　$w=z+\frac{1}{z}$ とおくとき，w の値を求めよ．

(3)　$\cos\frac{\pi}{5}$ の値を求めよ．

（大阪電気通信大学）

問題B

211　z は絶対値が1の複素数とする．次の問に答えよ．

(1)　$z+\frac{1}{z}$ は実数であることを示せ．

(2)　$z+\frac{1}{z}$ の値の範囲を求めよ．

(3)　$z^3+\frac{1}{z^3}+2\left(z^2+\frac{1}{z^2}\right)+3\left(z+\frac{1}{z}\right)$

の最大値と最小値を求めよ．

（琉球大）

212　$|z|=1$ である複素数 z について，次の各問に答えよ．ただし $|z|$ は z の絶対値を，$\overline{z}$ は z の共役複素数を表す．

(1)　$z^2-\overline{z}$ が実数となるような z をすべて求めよ．

(2)　$|z^2-\overline{z}|$ が最大となるような z をすべて求めよ．

（茨城大）

213 α，β，γ はいずれも 0 でない複素数として，次の各問に答えよ．ただし，複素数 z に対して，$\overline{z}$ は z の共役複素数，$|z|$ は z の絶対値を表す．

(1) $\dfrac{\alpha}{\beta}$ が正の実数ならば，$|\alpha+\beta|=|\alpha|+|\beta|$ が成り立つことを示せ．

(2) $\gamma+\overline{\gamma}=2|\gamma|$ が成り立つならば，γ は正の実数であることを示せ．

(3) $|\alpha+\beta|=|\alpha|+|\beta|$ が成り立つならば，$\dfrac{\alpha}{\beta}$ は正の実数であることを示せ．

（鹿児島大）

214 α は複素数で $|\alpha|<1$ とする．複素数 z が $\left|\dfrac{\alpha+z}{1+\overline{\alpha}z}\right|<1$ をみたすための必要十分条件は，$|z|<1$ であることを証明せよ．ただし，複素数 w に対し $\overline{w}$ は w の共役複素数を，$|w|$ は $\sqrt{w\overline{w}}$ を表す．

（広島市立大）

215 2 次方程式 $x^2-\sqrt{2}\,x+1=0$ の解で虚部が正のものを α とする．

(1) α を極形式で表せ．また，整数 n に対して α^n を複素数平面上に図示せよ．

(2) $\alpha^{2m}-\sqrt{2}\,\alpha^m+1=0$ をみたす整数 m をすべて求めよ．

（京都工芸繊維大）

216 複素数 α $(\alpha \neq 1)$ を 1 の 5 乗根とし，$\overline{\alpha}$ を α に共役な複素数とするとき，次の問に答えよ．

(1) $\alpha^2+\alpha+1+\dfrac{1}{\alpha}+\dfrac{1}{\alpha^2}=0$ であることを示せ．

(2) (1) を利用して，$t=\alpha+\overline{\alpha}$ は $t^2+t-1=0$ を満たすことを示せ．

(3) (2) を利用して $\cos\dfrac{2}{5}\pi$ の値を求めよ．

（金沢大）

217　複素数 $\alpha=\cos\frac{2\pi}{7}+i\sin\frac{2\pi}{7}$ に対し，次の式の値を求めよ．ただし，i は虚数単位とする．

(1)　$\alpha+\alpha^2+\alpha^3+\alpha^4+\alpha^5+\alpha^6$

(2)　$\dfrac{1}{1-\alpha}+\dfrac{1}{1-\alpha^6}$

(3)　$\dfrac{1}{1-\alpha}+\dfrac{1}{1-\alpha^2}+\dfrac{1}{1-\alpha^3}+\dfrac{1}{1-\alpha^4}+\dfrac{1}{1-\alpha^5}+\dfrac{1}{1-\alpha^6}$

(4)　$\dfrac{\alpha^2}{1-\alpha}+\dfrac{\alpha^4}{1-\alpha^2}+\dfrac{\alpha^6}{1-\alpha^3}+\dfrac{\alpha^8}{1-\alpha^4}+\dfrac{\alpha^{10}}{1-\alpha^5}+\dfrac{\alpha^{12}}{1-\alpha^6}$

（神戸大）

218　N を自然数とし，複素数 $z=\cos\theta+i\sin\theta$ は $z^N=1$ をみたすとして，以下の級数和 S_1，S_2，S_3 の値を求めよ．ただし，ここで i は虚数単位（$i^2=-1$）である．

(1)　$S_1=1+z+z^2+\cdots\cdots+z^{N-1}$

(2)　$S_2=1+\cos\theta+\cos 2\theta+\cdots\cdots+\cos(N-1)\theta$

(3)　$S_3=1+\cos^2\theta+\cos^2 2\theta+\cdots\cdots+\cos^2(N-1)\theta$

（名古屋大）

19　図形への応用1

基本のまとめ

1　複素数の積と回転

$w=\cos\theta+i\sin\theta$ とするとき，wz の表す点は，点 z を $\mathrm{O}(0)$ を中心に θ だけ回転した点である．

$v=r(\cos\theta+i\sin\theta)$ とするとき，vz の表す点は，点 z を $\mathrm{O}(0)$ を中心に θ だけ回転し，さらに $\mathrm{O}(0)$ を中心に r 倍（拡大または縮小）した点である．

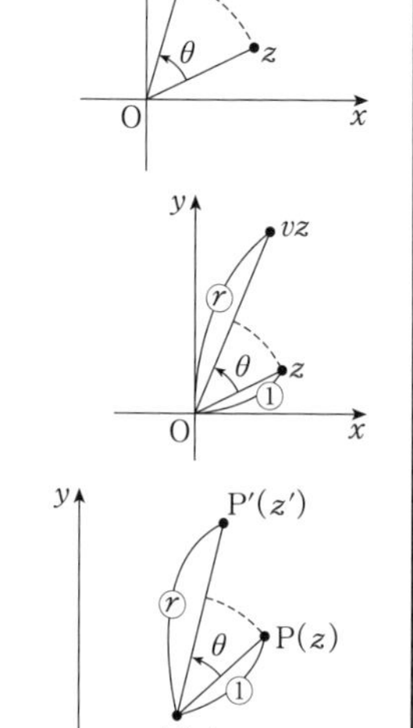

一般に $\mathrm{A}(\alpha)$ を中心に $\mathrm{P}(z)$ を θ 回転して，$\mathrm{A}(\alpha)$ を中心に r 倍した点を $\mathrm{P}'(z')$ とすると，

$$z'-\alpha=(z-\alpha)\cdot r(\cos\theta+i\sin\theta).$$

2　内分点と外分点

2点 $\mathrm{A}(\alpha)$，$\mathrm{B}(\beta)$ を結ぶ線分 AB を $m:n$ に

内分する点は，$\dfrac{n\alpha+m\beta}{m+n}$.

外分する点は，$\dfrac{-n\alpha+m\beta}{m-n}$.

特に中点は，$\dfrac{\alpha+\beta}{2}$.

3　垂直二等分線

異なる2点 $\mathrm{A}(\alpha)$，$\mathrm{B}(\beta)$ を結ぶ線分 AB の垂直二等分線上の点を $\mathrm{P}(z)$ とすると，

$$|z-\alpha|=|z-\beta|.$$

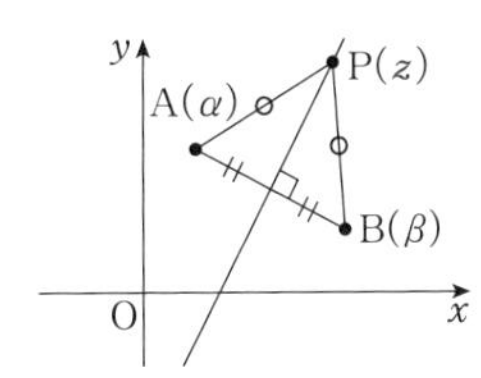

4 円

点 C(α) を中心とする半径 r の円周上の点を P(z) とすると，

$$|z-\alpha|=r.$$

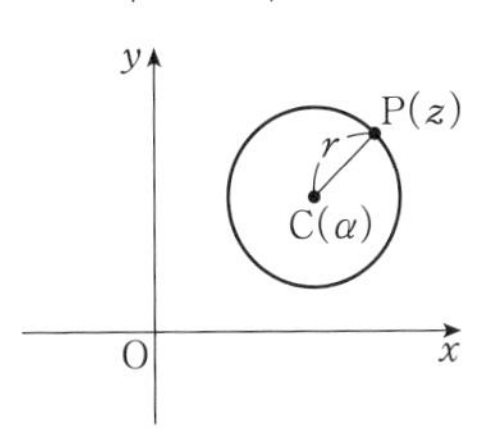

5 角

異なる3点 P(z_1)，Q(z_2)，R(z_3) に対し，

$$\angle \mathrm{QPR}=\arg\left(\frac{z_3-z_1}{z_2-z_1}\right).$$

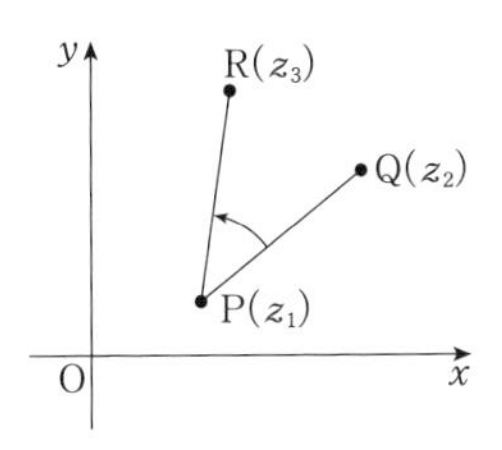

3点 P，Q，R が一直線上 $\Longleftrightarrow$ $\dfrac{z_3-z_1}{z_2-z_1}$ が実数.

2直線 PQ，PR が垂直に交わる $\Longleftrightarrow$ $\dfrac{z_3-z_1}{z_2-z_1}$ が純虚数.

問題A

219　複素平面内で $-1-i$ を $\sqrt{3}-i\sqrt{3}$ の周りに $-\dfrac{\pi}{3}$ 回転させた値を求めよ．

（同志社大）

220　複素平面上で複素数 α，β の表す点をそれぞれ A，B とする．このとき，△OAB が正三角形であるための必要十分条件は

$$\alpha \neq 0 \text{ かつ } \alpha^2+\beta^2=\alpha\beta$$

であることを証明せよ．ただし，O は原点とする．

（静岡大）

221　α，β は，等式 $3\alpha^2-6\alpha\beta+4\beta^2=0$ をみたす 0 でない複素数とする．以下の問に答えよ．

(1)　複素数 $\dfrac{\alpha}{\beta}$ を極形式で表せ．

(2)　複素数平面上で複素数 0，α，β を表す点をそれぞれ O，A，B とするとき，∠AOB および ∠OAB を求めよ．

（岐阜大）

222　複素数平面上で，互いに異なる 3 つの複素数 z，z^2，z^3 を表す点をそれぞれ A，B，C とする．

$\angle\mathrm{CAB}=\dfrac{\pi}{2}$，$|z|=2$ が成り立つとき，z を求めよ．

（名古屋工業大*）

223　複素数平面上で，0でない複素数 z を表す点をAとする．

複素数 $(1+i)z$，$\dfrac{z}{1+i}$ を表す点をそれぞれB，Cとし，原点をOとする．

(1)　∠BOCを求めよ．

(2)　四角形OBACの面積を z を用いて表せ．

(3)　四角形OBACの対角線OAとBCの交点を表す複素数を z を用いて表せ．

（茨城大）

問題B

224　$z_0=1+i$，$z_1=a-i$，$z_2=(b+2)+bi$，（a，b は実数，i は虚数単位）とする．

(1)　複素数平面上で3点 z_0，z_1，z_2 が1直線上にあるとき，a を b で表せ．

(2)　3点 z_0，z_1，z_2 を頂点とする三角形が正三角形であるように，z_1，z_2 を定めよ．

（室蘭工業大）

225　複素数 α，β は $3\alpha^2+5\beta^2-6\alpha\beta=0$，$|\alpha+\beta|=1$ をみたすとする．

(1)　$\dfrac{\alpha}{\beta}$ を求めよ．

(2)　$\arg\left(\dfrac{\beta-\alpha}{\beta}\right)$ を求めよ．

(3)　$|\beta|$ を求めよ．

(4)　複素数平面上で0，α，β を3頂点とする三角形の面積を求めよ．

（長崎大）

226 複素数平面上で，複素数α，β，γを表す点をそれぞれA，B，Cとする．

(1) A，B，Cが正三角形の3頂点であるとき，

$\alpha^2+\beta^2+\gamma^2-\alpha\beta-\beta\gamma-\gamma\alpha=0$ ……(*) が成立することを示せ．

(2) 逆に，この関係式(*)が成立するとき，A=B=C となるか，またはA，B，Cが正三角形の3頂点となることを示せ．

（金沢大）

227 複素数平面上で，3つの複素数z，z^2，z^3の表す点をそれぞれA，B，Cとする．ただし，3点A，B，Cは互いに異なっているとする．

(1) ∠ACBが直角になる複素数zの全体が表す図形を求めよ．

(2) ∠ACBが直角でかつ AC=BC であるとき，複素数zの値を求めよ．

（名古屋工業大）

228 偏角θが0より大きく$\dfrac{\pi}{2}$より小さい複素数 $\alpha=\cos\theta+i\sin\theta$ を考える．

$z_0=0$，$z_1=1$ とし $z_k-z_{k-1}=\alpha(z_{k-1}-z_{k-2})$ $(k=2,\ 3,\ 4,\ \cdots)$ により$\{z_k\}$を定義する．$k\geqq0$ に対して複素数z_kの表す複素数平面上の点をP_kとするとき，次の問に答えよ．

(1) z_kをαを用いて表せ．

(2) 複素数$\dfrac{1}{1-\alpha}$が表す複素数平面上の点をAとするとき，

$\mathrm{AP}_0=\mathrm{AP}_1=\mathrm{AP}_2$ が成り立つことを示せ．

(3) P_0，P_1，P_2，…，P_k，… は同一円周上にあることを示せ．

（名古屋市立大）

229　下図のように複素平面の原点を P_0 とし，P_0 から実軸の正の方向に 1 進んだ点を P_1 とする．次に P_1 を中心として $\dfrac{\pi}{4}$ 回転して向きを変え，$\dfrac{1}{\sqrt{2}}$ 進んだ点を P_2 とする．以下同様に P_n に到達した後，$\dfrac{\pi}{4}$ 回転してから前回進んだ距離の $\dfrac{1}{\sqrt{2}}$ 倍進んで到達する点を P_{n+1} とする．このとき点 P_{10} が表す複素数を求めよ．

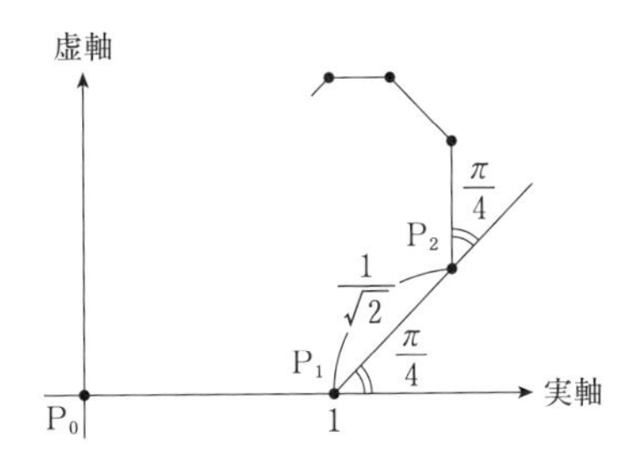

（日本女子大）

230　複素平面上で

$$z_0=2(\cos\theta+i\sin\theta)\ \left(0<\theta<\frac{\pi}{2}\right),$$

$$z_1=\frac{1-\sqrt{3}\,i}{4}z_0,\quad z_2=-\frac{1}{z_0}$$

を表す点をそれぞれ P_0，P_1，P_2 とする．

(1)　z_1 を極形式で表せ．

(2)　z_2 を極形式で表せ．

(3)　原点 O，P_0，P_1，P_2 の 4 点が同一円周上にあるときの z_0 の値を求めよ．

（岡山大）

231　下図のように，複素数平面上に四角形ABCDがあり，4点A，B，C，Dを表す複素数をそれぞれ z_1，z_2，z_3，z_4 とする．各辺を1辺とする4つの正方形BAPQ，CBRS，DCTU，ADVWを四角形ABCDの外側に作り，正方形BAPQ，CBRS，DCTU，ADVWの中心をそれぞれK，L，M，Nとおく．

(1)　点Kを表す複素数 w_1 を z_1 と z_2 で表せ．

(2)　KM＝LN，KM⊥LN を証明せよ．

(3)　線分KMと線分LNの中点が一致するのは四角形ABCDがどのような図形のときか．

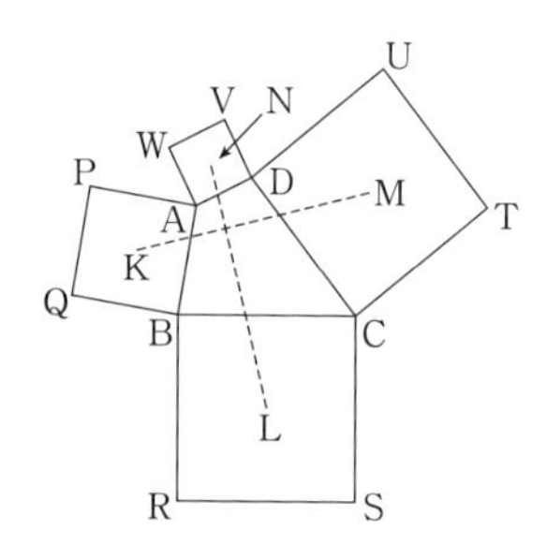

（信州大）

232　複素数平面において，三角形の頂点O，A，Bを表す複素数をそれぞれ0，α，β とするとき，次の問に答えよ．

(1)　線分OAの垂直二等分線上の点を表す複素数 z は，$\overline{\alpha}z+\alpha\overline{z}-\alpha\overline{\alpha}=0$ をみたすことを示せ．

(2)　△OABの外心を表す複素数を α，$\overline{\alpha}$，β，$\overline{\beta}$ を用いて表せ．

(3)　△OABの外心を表す複素数が $\alpha+\beta$ となるときの $\dfrac{\beta}{\alpha}$ の値を求めよ．

（山形大）

233　原点をOとする複素数平面上に，Oと異なる点A(α)，および，2点O，Aを通る直線lがある．次に答えよ．

(1)　直線lに関して点P(z)と対称な点をP$'(z')$とするとき，$z'=\dfrac{\alpha}{\overline{\alpha}}\overline{z}$ が成り立つことを示せ．

(2)　$\alpha=3+i$ とする．$\beta=2+4i$，$\gamma=-8+7i$ を表す点をそれぞれB，Cとおく．

(ア)　点Bの直線lに関して対称な点をB$'(\beta')$とする．β'を求めよ．

(イ)　線分OA上の点Q(w)について，$\angle$AQB$=\angle$CQO が成り立つときのwを求めよ．

（九州工大）

234　相異なる4つの複素数z_1，z_2，z_3，z_4に対して

$$w=\frac{(z_1-z_3)(z_2-z_4)}{(z_1-z_4)(z_2-z_3)}$$

とおく．このとき，以下を証明せよ．

(1)　複素数zが単位円上にあるための必要十分条件は $\overline{z}=\dfrac{1}{z}$ である．

(2)　z_1，z_2，z_3，z_4が単位円上にあるとき，wは実数である．

(3)　z_1，z_2，z_3が単位円上にあり，wが実数であれば，z_4は単位円上にある．

（京都大）

235 l を複素数平面上の直線 $z=t(1+i)$ (t は実数), α, β を複素数とする. ただし, 点 α は l 上にないとする.

(1) $\alpha=i\beta$ または $\alpha=\overline{\beta}$ ならば, l 上のすべての点 z に対して

$\left|\dfrac{\overline{z}-\beta}{z-\alpha}\right|=1$ であることを示せ.

(2) l 上のすべての点 z に対して $\left|\dfrac{\overline{z}-\beta}{z-\alpha}\right|=1$ ならば, $\alpha=i\beta$ または $\alpha=\overline{\beta}$ であることを示せ.

(3) l 上の異なる 2 定点 z_1, z_2 があって $\dfrac{\overline{z_1}-\beta}{z_1-\alpha}$ と $\dfrac{\overline{z_2}-\beta}{z_2-\alpha}$ は同じ複素数になるとする. この複素数を γ とおくとき, l 上のすべての点 z に対し $\dfrac{\overline{z}-\beta}{z-\alpha}=\gamma$ となることを示せ. また γ の値を求めよ.

(広島大)

20　図形への応用2

基本のまとめ

1 アポロニウスの円

m，n を正の実数とし，A(α)，B(β) は複素数平面上の異なる2点とする。

$$n|z-\alpha|=m|z-\beta|$$

をみたす点 P(z) の全体は，

$m=n$ のとき，線分 AB の垂直2等分線，

$m\neq n$ のときは　線分 AB を $m:n$ に内分および外分する点を直径の両端とする円（アポロニウスの円）

を表す．

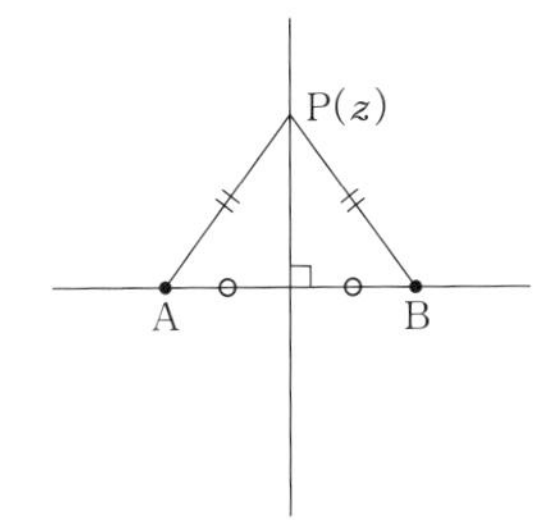

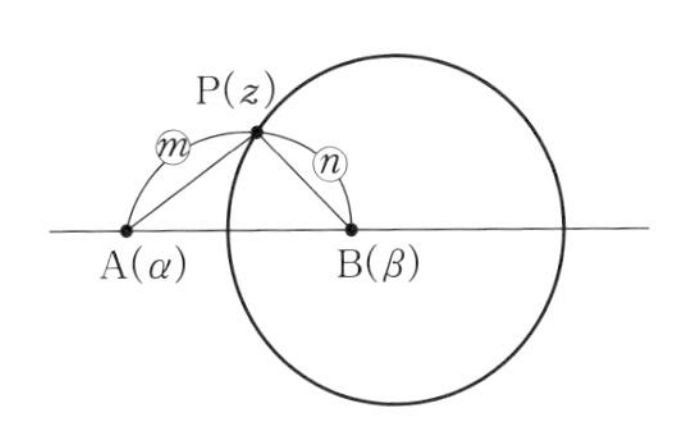

2 直線

複素数平面上の異なる2点 A(α)，B(β) を通る直線上の点を P(z) とすると，

$$z=(1-t)\alpha+t\beta=\alpha+t(\beta-\alpha).$$

（t はパラメーター）

問題A

236　複素数平面上の点zが条件 $2|z-i|=|z+2i|$ をみたすとき，点zの全体は円を描く．その円の中心αと半径rを求めよ．

（東京農工大）

237　zが複素数平面の原点Oを中心とする半径1の円上を動くとき，

$$w=(1-i)z-2i$$

によって定められる点wはどのような図形を描くか．

（琉球大）

238　条件 $\left|\dfrac{z+3i}{z}\right|<2$ をみたす複素数zの領域を図示せよ．

（龍谷大）

239　実数a，bを係数とするxについての2次方程式 $x^2+ax+b=0$ が虚数解zをもつとき，次の問に答えよ．

(1)　zに共役な複素数$\overline{z}$も $x^2+ax+b=0$ の解であることを示せ．

(2)　a，bをz，$\overline{z}$を用いて表せ．

(3)　$b-a\leqq1$ をみたすとき，点zの存在範囲を複素数平面上に図示せよ．

(4)　点zが(3)で求めた存在範囲を動くとき，$w=\dfrac{1}{z}$ で定まる点wの存在範囲を複素数平面上に図示せよ．

（電気通信大）

240　$z=\dfrac{t-2+i}{t+i}$（tは実数）とする．次の問に答えよ．

(1)　$z=x+yi$（x，yは実数）とするとき，x，yをtで表せ．また$y>0$であることを示せ．

(2)　$\dfrac{x-1}{y}$をtで表せ．

(3)　tがすべての実数を動くとき，zが複素平面でえがく図形を図示せよ．

（東京海洋大）

241　0でない複素数zに対して，$w=z+\dfrac{1}{z}$とおくとき，次の問に答えよ．

(1)　wが実数となるためのzのみたす条件を求め，この条件をみたすz全体の図形を複素数平面上に図示せよ．

(2)　wが実数で$1 \leqq w \leqq \dfrac{10}{3}$をみたすとき，$z$のみたす条件を求め，この条件をみたす$z$全体の図形を複素数平面上に図示せよ．

（熊本大）

問題B

242　次の問に答えよ．

(1)　複素数平面上で方程式$|z-3i|=2|z|$が表す図形を求め，図示せよ．

(2)　複素数zが(1)で求めた図形から$z=i$を除いた部分を動くとき，複素数$w=\dfrac{z+i}{z-i}$で表される点の軌跡を求め，図示せよ．

（千葉大）

243 次の問に答えよ.

(1) 複素数 z が, $|z-1|=1$ をみたすとき, 複素数平面上で $w=\dfrac{z-i}{z+i}$ によって定まる点 w の軌跡を図示せよ.

(2) (1)の w について $iw+3i-4$ の偏角 θ の範囲を求めよ. ただし, $0 \leqq \theta < 2\pi$ とする.

(早稲田大)

244 複素数平面上に, 3 点 A$(-2i)$, B$(1-i)$, C$(-1+3i)$ と, 点 D$(1+i)$ を中心とする半径 1 の円 K がある. 点 P(z) は K の周上にあり, 点 Q(w) は, 三角形 APQ と三角形 ABC が同じ向きに相似になる点とする (すなわち, AP : AQ = AB : AC で, AP から AQ に反時計まわりに測った角が, AB から AC に反時計まわりに測った角に等しい). このとき, 次の問に答えよ.

(1) w を z の式で表せ.

(2) 点 P が円 K の周上を動くとき, 点 Q の軌跡を求めよ.

(広島大)

245 次の問に答えよ. ただし, i は虚数単位を表す.

(1) 等式

$$1+2i=\frac{a(b-i)}{b+i}$$

をみたす実数 a, b を求めよ.

(2) c がすべての実数を動くとき, 等式

$$z=\frac{-3+3(1+c)i}{c+i}$$

で定まる複素数 $z=x+yi$ は複素数平面上でどのような図形を描くか図示せよ.

(3) (2)の z の絶対値 $|z|$ の最大値と最小値を求めよ.

(三重大)

246　z は $|z-2| \leqq 1$ をみたす複素数，a は $0 \leqq a \leqq 2$ をみたす実数とする．さらに $w=iaz$ とする．ただし，i は虚数単位である．

(1)　複素数平面において w の存在範囲を図示せよ．

(2)　w の偏角の範囲を求めよ．

（法政大）

247　複素数 z が $1 \leqq |z| \leqq 2$ をみたすすべての範囲を動くとき，$w=\dfrac{z+i}{z-1}$ が複素数平面上を動く範囲を図示せよ．ただし，$z \neq 1$ とする．

（お茶の水女子大）

248　0でない複素数 $z=x+iy$（x，y は実数）に対し，$w=z-\dfrac{1}{z}$ とする．次の各問に答えよ．

(1)　w の実部，虚部をそれぞれ x，y を用いて表せ．

(2)　w の実部，虚部がともに正となるような z の存在する範囲を複素数平面上に図示せよ．

(3)　w が純虚数で，かつ $|w| \leqq 1$ となるような z の存在する範囲を複素数平面上に図示せよ．

（茨城大）

249　複素数平面上に3点 $\mathrm{A}=1+i$，$\mathrm{B}=i$，$\mathrm{C}=1$ を頂点とする三角形ABCを考える．ただし，i は虚数単位を表す．

(1)　点 z が三角形ABCの周上を動くとき，iz^2 はどんな図形上を動くか．図示せよ．

(2)　(1)で定められた図形で囲まれた領域の面積を求めよ．

（お茶の水女子大）

250 3つの複素数

$$z_1=\frac{1}{2}+\frac{\sqrt{3}}{2}i,\ z_2=\frac{1}{2}-\frac{\sqrt{3}}{2}i,\ z_3=-1$$

の表す複素数平面上の点をそれぞれ $\mathrm{A}(z_1)$，$\mathrm{B}(z_2)$，$\mathrm{C}(z_3)$ とする．0でない複素数 z に対し $w=\frac{1}{z}$ によって w を定める．z，w が表す複素数平面上の点をそれぞれ $\mathrm{P}(z)$，$\mathrm{Q}(w)$ とする．次の問に答えよ．

(1) Pが線分AB上を動くとき，Qの描く曲線を複素数平面上に図示せよ．

(2) Pが三角形ABCの3辺上を動くとき，Qの描く曲線を複素数平面上に図示せよ．

（名古屋市立大）

251 α を複素数とする．複素数 z の方程式

$$z^2-\alpha z+2i=0 \quad \cdots①$$

について，以下の問に答えよ．ただし，i は虚数単位である．

(1) ①が実数解をもつように α が動くとき，点 α が複素数平面上に描く図形を図示せよ．

(2) 方程式①が絶対値1の複素数を解にもつように α が動くとする．原点を中心に α を $\frac{\pi}{4}$ 回転させた点を表す複素数を β とするとき，点 β が複素数平面上に描く図形を図示せよ．

（東北大）

252　複素数平面上の2点 P(z), Q(w) が次の2つの条件を満たすとする．ただし，O(0) は原点である．

・　線分 OP の長さと線分 OQ の長さの積が1に等しい．

・　O を端とする半直線 OP 上に Q がある．

(1)　z を w を用いて表せ．

(2)　点 A$(1-i)$ を中心とする半径 $\sqrt{2}$ の円から O を除いた曲線の上を P が動くとき，Q の軌跡を図示せよ．ただし，i は虚数単位である．

(3)　$r>0$ とし，β を絶対値 $|\beta|$ が r に等しくない複素数とする．P が点 B(β) 中心とする半径 r の円周上を一周するとき，Q の軌跡を求めよ．

（北海道大）

第6章　ベクトルと図形

21　平面ベクトル

基本のまとめ

1　和，差，実数倍

(1)　和

$$\overrightarrow{AB}+\overrightarrow{BC}=\overrightarrow{AC}.$$

$\vec{a}=\overrightarrow{AB}$，$\vec{b}=\overrightarrow{BC}$ のとき，

$$\vec{a}+\vec{b}=\overrightarrow{AC}.$$

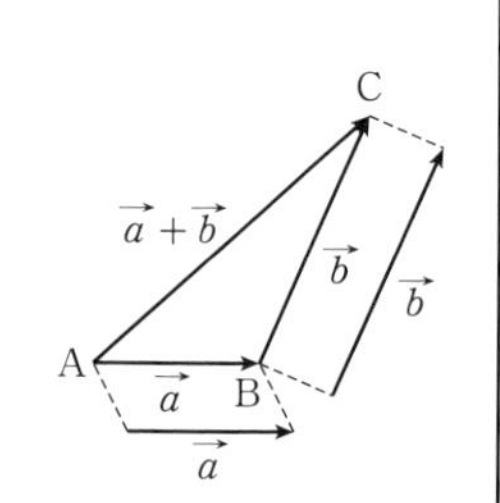

(2)　和 $\vec{a}+\vec{b}$，差 $\vec{a}-\vec{b}$ $(=\vec{a}+(-\vec{b}))$，実数倍 $k\vec{a}$ (k は実数).

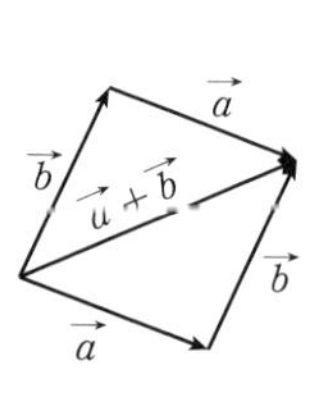

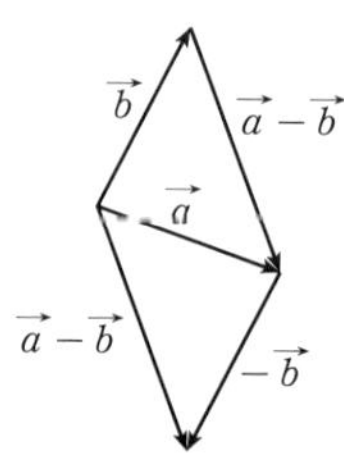

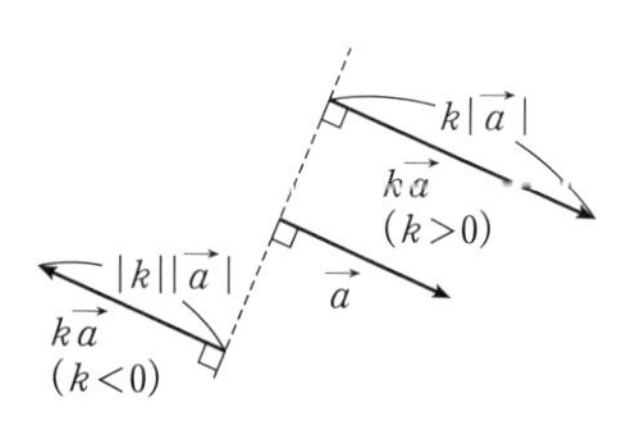

2　位置ベクトル

定点 O が定められているとき，任意の点 P に対して，

$$\overrightarrow{OP}=\vec{p}$$

で定められるベクトル $\vec{p}$ を，O を基準とする P の**位置ベクトル**という.
(単に，位置ベクトルといったら，基準とする点はあらかじめ定められているものと考える.)

点 A，B の位置ベクトルを，それぞれ $\vec{a}$，$\vec{b}$ とすると，

$$\overrightarrow{AB}=\vec{b}-\vec{a}.$$

3 成分表示

ベクトル $\vec{p}$ に対して，Oを原点とする xy 平面上の点 $\mathrm{P}(p_1,\ p_2)$ で

$$\vec{p}=\overrightarrow{\mathrm{OP}}$$

となるものをとる．このとき，

$$\vec{p}=(p_1,\ p_2)$$

と表し，これを $\vec{p}$ の**成分表示**という．

成分による計算について，次が成り立つ．

$\vec{a}=(a_1,\ a_2)$，$\vec{b}=(b_1,\ b_2)$，k を実数とするとき，

$$|\vec{a}|=\sqrt{a_1{}^2+a_2{}^2}.$$

$$\vec{a}\pm\vec{b}=(a_1\pm b_1,\ a_2\pm b_2)\ \text{(複号同順)}.$$

$$k\vec{a}=(ka_1,\ ka_2).$$

また，$\mathrm{A}(a_1,\ a_2)$，$\mathrm{B}(b_1,\ b_2)$ のとき，

$$\overrightarrow{\mathrm{AB}}=\overrightarrow{\mathrm{OB}}-\overrightarrow{\mathrm{OA}}=(b_1-a_1,\ b_2-a_2).$$

$$|\overrightarrow{\mathrm{AB}}|=\sqrt{(b_1-a_1)^2+(b_2-a_2)^2}.$$

4 平行条件

$\vec{a}=(a_1,\ a_2)\ (\neq\vec{0})$，$\vec{b}=(b_1,\ b_2)\ (\neq\vec{0})$ について，

$$\vec{a}\parallel\vec{b}\iff\text{「}\vec{b}=k\vec{a}\ \text{となる実数}\,k\,\text{がある」}$$

$$\iff a_1b_2-a_2b_1=0.$$

5 平面上の平行でない2つのベクトル

平面上のベクトル $\vec{a}$，$\vec{b}$ が

$$\vec{a}\neq\vec{0},\ \vec{b}\neq\vec{0},\ \vec{a}\nparallel\vec{b}$$

をみたしているとき，この平面上の任意のベクトル $\vec{p}$ は

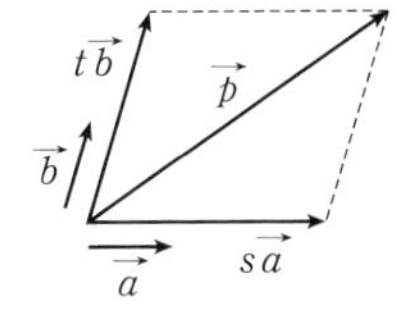

$$\vec{p}=s\vec{a}+t\vec{b}\quad(s,\ t\ \text{は実数})$$

と表され，その表し方は一通りである．

（一通りとは，かりに，$\vec{p}=s'\vec{a}+t'\vec{b}$ (s'，t'は実数) とも表されたとすると，実は，$s=s'$，$t=t'$ となることをいう．）

［**注**］ 上のような $\vec{a}$，$\vec{b}$ に対して，3点O，A，Bを

$$\overrightarrow{\mathrm{OA}}=\vec{a},\ \overrightarrow{\mathrm{OB}}=\vec{b}$$

となるように定めると，3点O，A，Bは一直線上にない．

6 内分点と外分点

一直線上にない 3 点 O(0, 0), A(a_1, a_2), B(b_1, b_2) と，正の数 m, n に対して，線分 AB を $m:n$ に内分する点を P，$m:n$ に外分する点を Q とし，O を基準とする A，B，P，Q の位置ベクトルをそれぞれ $\vec{a}$，$\vec{b}$，$\vec{p}$，$\vec{q}$ とすると，

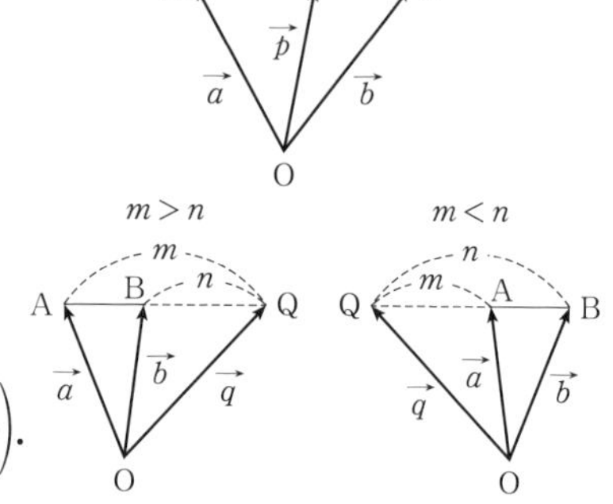

$$\vec{p}=\frac{n\vec{a}+m\vec{b}}{m+n}$$

$$=\left(\frac{na_1+mb_1}{m+n},\ \frac{na_2+mb_2}{m+n}\right).$$

$$\vec{q}=\frac{-n\vec{a}+m\vec{b}}{m-n}$$

$$=\left(\frac{-na_1+mb_1}{m-n},\ \frac{-na_2+mb_2}{m-n}\right).$$

7 点 P が直線 AB 上にある条件

一直線上にない 3 点 O，A，B に対して，

「点 P が直線 AB 上にある」

$\Longleftrightarrow$「$\overrightarrow{\mathrm{AP}}=t\overrightarrow{\mathrm{AB}}$（$t$ は実数）と表される」

$\Longleftrightarrow$「$\overrightarrow{\mathrm{OP}}=\overrightarrow{\mathrm{OA}}+t\overrightarrow{\mathrm{AB}}$（$t$ は実数）と表される」

$\Longleftrightarrow$「$\overrightarrow{\mathrm{OP}}=(1-t)\overrightarrow{\mathrm{OA}}+t\overrightarrow{\mathrm{OB}}$（$t$ は実数）と表される」

$\Longleftrightarrow$「$\overrightarrow{\mathrm{OP}}=s\overrightarrow{\mathrm{OA}}+t\overrightarrow{\mathrm{OB}}$（$s$, t は $s+t=1$ をみたす実数）と表される」.

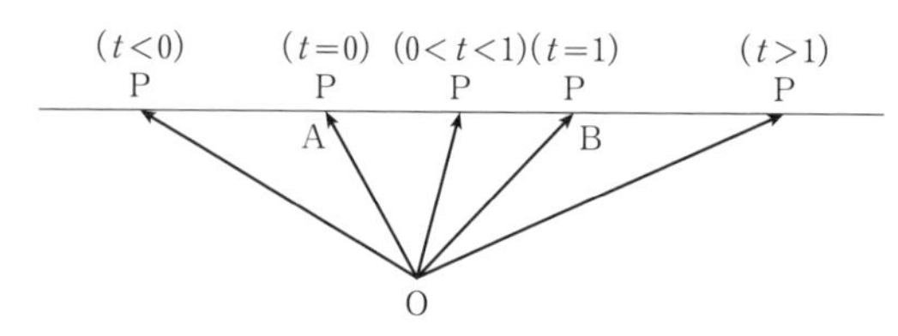

特に，

「P が線分 AB 上にある」

$\Longleftrightarrow$「$\overrightarrow{\mathrm{OP}}=(1-t)\overrightarrow{\mathrm{OA}}+t\overrightarrow{\mathrm{OB}}$（$0\leqq t\leqq 1$）と表される」

$\Longleftrightarrow$「$\overrightarrow{\mathrm{OP}}=s\overrightarrow{\mathrm{OA}}+t\overrightarrow{\mathrm{OB}}$（$s+t=1$, $s\geqq 0$, $t\geqq 0$）と表される」.

8 媒介変数表示

(1)　点 $\mathrm{P_0}$ を通り，$\vec{d}$ $(\neq \vec{0})$ を**方向ベクトル**とする（すなわち $\vec{d}$ に平行な）直線上の任意の点をPとすると，

$$\overrightarrow{\mathrm{OP}}=\overrightarrow{\mathrm{OP_0}}+t\vec{d}$$ （ただし，Oは定点）.

（これを，この直線の**ベクトル方程式**という.）

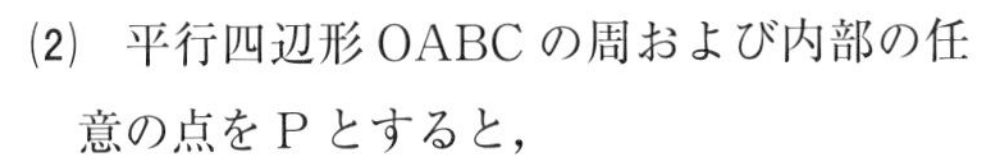

(2)　平行四辺形OABCの周および内部の任意の点をPとすると，

$$\overrightarrow{\mathrm{OP}}=s\overrightarrow{\mathrm{OA}}+t\overrightarrow{\mathrm{OC}}.$$

$$(0\leqq s\leqq 1,\ 0\leqq t\leqq 1)$$

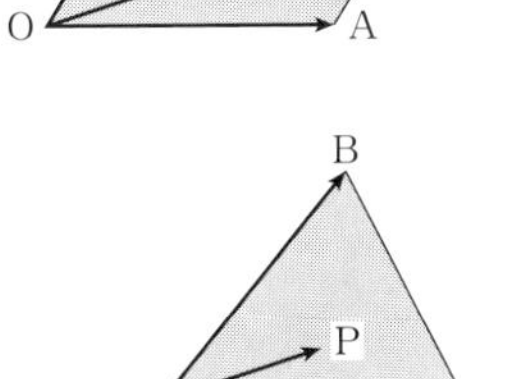

(3)　三角形OABの周および内部の任意の点をPとすると，

$$\overrightarrow{\mathrm{OP}}=s\overrightarrow{\mathrm{OA}}+t\overrightarrow{\mathrm{OB}}.$$

$$(s+t\leqq 1,\ s\geqq 0,\ t\geqq 0)$$

以上において，s，t は実数であり，これらを**媒介変数**という.

9 円のベクトル方程式

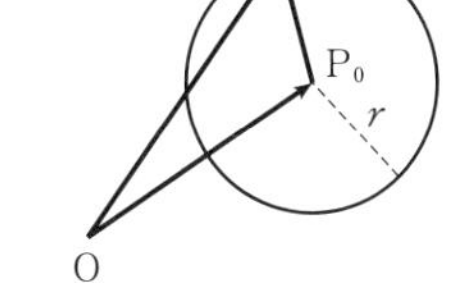

点 $\mathrm{P_0}$ を中心とする半径 r の円周上の任意の点をPとすると，

$$|\overrightarrow{\mathrm{P_0P}}|=r,$$

すなわち，

$$|\overrightarrow{\mathrm{OP}}-\overrightarrow{\mathrm{OP_0}}|=r$$ （Oは原点）.

10 定　義

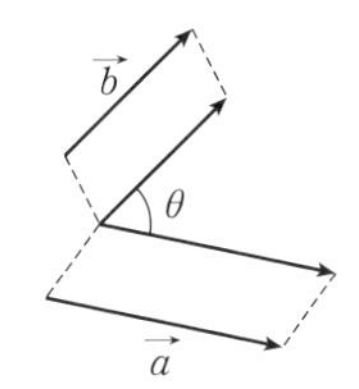

ベクトル $\vec{a}$，$\vec{b}$ の**内積** $\vec{a}\cdot\vec{b}$ を次の(i)，(ii)で定める.

(i)　$\vec{a}\neq\vec{0}$，$\vec{b}\neq\vec{0}$ のとき，$\vec{a}$，$\vec{b}$ のなす角を θ $(0^\circ\leqq\theta\leqq 180^\circ)$ とすると，

$$\vec{a}\cdot\vec{b}=|\vec{a}||\vec{b}|\cos\theta.$$

(ii)　$\vec{a}=0$ または $\vec{b}=0$ のとき，

$$\vec{a}\cdot\vec{b}=0.$$

また，$\vec{a}=(a_1,\ a_2)$，$\vec{b}=(b_1,\ b_2)$ のとき，

$$\vec{a}\cdot\vec{b}=a_1b_1+a_2b_2.$$

11 ベクトルの大きさと内積

$\vec{a}=(a_1,\ a_2)$ のとき，

$$|\vec{a}|=\sqrt{\vec{a}\cdot\vec{a}}=\sqrt{{a_1}^2+{a_2}^2}.$$

12 2つのベクトルのなす角と垂直条件

$\vec{a}=(a_1,\ a_2)\ (\neq\vec{0})$，$\vec{b}=(b_1,\ b_2)\ (\neq\vec{0})$ のとき，$\vec{a}$ と $\vec{b}$ のなす角を θ $(0^\circ\leqq\theta\leqq180^\circ)$ とすると，

$$\cos\theta=\frac{\vec{a}\cdot\vec{b}}{|\vec{a}||\vec{b}|}=\frac{a_1b_1+a_2b_2}{\sqrt{{a_1}^2+{a_2}^2}\sqrt{{b_1}^2+{b_2}^2}}.$$

ここで，$\theta=90^\circ$ の場合を考えると，

$$\vec{a}\perp\vec{b}\iff\vec{a}\cdot\vec{b}=0\iff a_1b_1+a_2b_2=0.$$

13 計算法則

(1) $\vec{a}\cdot\vec{b}=\vec{b}\cdot\vec{a}.$

(2) $\vec{a}\cdot(\vec{b}+\vec{c})=\vec{a}\cdot\vec{b}+\vec{a}\cdot\vec{c}.$

$(\vec{a}+\vec{b})\cdot\vec{c}=\vec{a}\cdot\vec{c}+\vec{b}\cdot\vec{c}.$

(3) $(t\vec{a})\cdot\vec{b}=\vec{a}\cdot(t\vec{b})=t(\vec{a}\cdot\vec{b})$ （t は実数）.

14 三角形の面積

三角形 ABC の面積を S とすると，

$$S=\frac{1}{2}\sqrt{|\overrightarrow{\mathrm{AB}}|^2|\overrightarrow{\mathrm{AC}}|^2-(\overrightarrow{\mathrm{AB}}\cdot\overrightarrow{\mathrm{AC}})^2}.$$

また，$\overrightarrow{\mathrm{AB}}=(p,\ q)$，$\overrightarrow{\mathrm{AC}}=(r,\ s)$ のときは，

$$S=\frac{1}{2}|ps-qr|.$$

15 直線の法線ベクトルと方程式

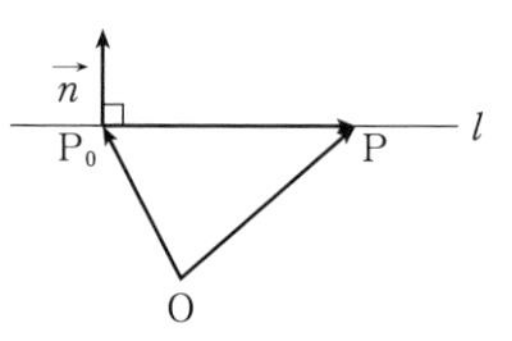

点 $\mathrm{P_0}$ を通り，$\vec{n}\ (\neq\vec{0})$ を**法線ベクトル**とする（すなわち $\vec{n}$ に垂直な）直線 l 上の任意の点を P とすると，

$$\vec{n}\cdot\overrightarrow{\mathrm{P_0P}}=0 \text{ すなわち } \vec{n}\cdot(\overrightarrow{\mathrm{OP}}-\overrightarrow{\mathrm{OP_0}})=0 \text{（O は原点）}.$$

ここで，$\mathrm{P_0}(x_0,\ y_0)$，$\vec{n}=(a,\ b)$，$\mathrm{P}(x,\ y)$ とすれば，l の方程式

$$a(x-x_0)+b(y-y_0)=0,$$

すなわち，

$$ax+by+c=0 \text{（ただし，} c=-ax_0-by_0\text{）}.$$

が得られる．

問題A

253　△ABC の内部に点 P があり，$\overrightarrow{PA}+2\overrightarrow{PB}+3\overrightarrow{PC}=\vec{0}$ が成り立っている．直線 AP と辺 BC の交点を D とする．

(1)　$\overrightarrow{PD}$ を $\overrightarrow{PB}$，$\overrightarrow{PC}$ を用いて表せ．

(2)　BD：DC を求めよ．

(3)　AP：PD を求めよ．

(4)　△BPD の面積が 3 のとき，△ABP，△BCP，△CAP の面積を求めよ．

（筑波大）

254　AD∥BC かつ AD：BC=1：2 である台形 ABCD において，辺 AB を 1：3 に内分する点を E，辺 CD を 4：3 に内分する点を F，また，対角線 AC，BD の交点を P とする，更に $\overrightarrow{AB}=\vec{a}$，$\overrightarrow{AD}=\vec{b}$ とおく．

(1)　$\overrightarrow{AF}$，$\overrightarrow{AP}$ をそれぞれ $\vec{a}$，$\vec{b}$ で表せ．

(2)　点 P が直線 EF 上にあることを証明し，更に EP：PF を求めよ．

（新潟大）

255　$\vec{a}=(-3,\ 2)$，$\vec{b}=(2,\ 1)$，$\vec{c}=(3,\ 1)$ とする．

(1)　$|\vec{a}+t\vec{b}|$ を最小にする t の値と，そのときの最小値を求めよ．

(2)　$\vec{a}+t\vec{b}$ が $\vec{c}$ と平行になる t の値を求めよ．

（東北学院大）

256　平面上の 4 点 O，P，Q，R が条件

$$\mathrm{OP}=2,\ \mathrm{OQ}=3,\ \angle\mathrm{POQ}=60^\circ,\ \overrightarrow{OP}+\overrightarrow{OQ}+\overrightarrow{OR}=\vec{0}$$

を満たすとする．線分 OR の長さと cos∠POR の値を求めよ．

（大阪大）

257　楕円 $\dfrac{x^2}{3}+y^2=1$ 上に2点

$$\mathrm{P}(\sqrt{3}\cos\alpha,\ \sin\alpha),\ \mathrm{Q}(\sqrt{3}\cos\beta,\ \sin\beta)$$

を $\overrightarrow{\mathrm{OP}}$ と $\overrightarrow{\mathrm{OQ}}$ が直交するようにとる．ただし，O は原点であり，$0<\alpha<\dfrac{\pi}{2}<\beta<\pi$ とする．

(1)　$\theta=\beta-\alpha$ とおくとき，$\tan\theta$ を α の関数として表せ．

(2)　α が $0<\alpha<\dfrac{\pi}{2}$ の範囲を動くときの θ の最小値を求めよ．

（北海道大）

258　右図のように，1辺の長さ2の正方形ABCDと，点Aを中心とする半径1の円がある．このとき，次の問に答えよ．

(1)　動点Pが辺AD上を動くとき，2つのベクトル $\overrightarrow{\mathrm{PB}}$，$\overrightarrow{\mathrm{PC}}$ の内積の最小値を求めよ．

(2)　動点Pが円Aの周上を動くとき，2つのベクトル $\overrightarrow{\mathrm{PB}}$，$\overrightarrow{\mathrm{PC}}$ の内積の最小値を求めよ．

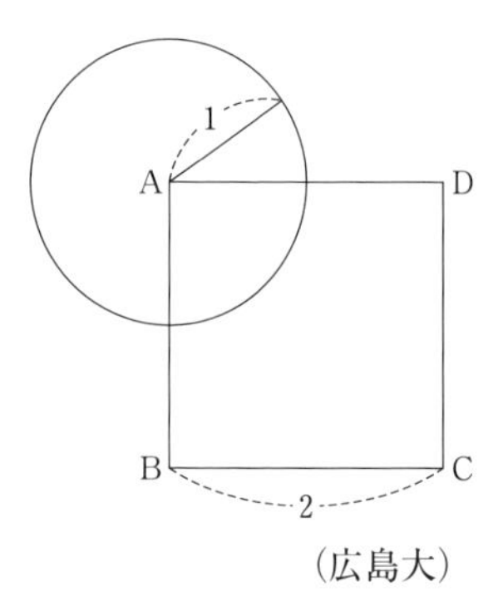

（広島大）

問題B

259　△ABC の内部に点 P があって

$$l\overrightarrow{\mathrm{PA}}+m\overrightarrow{\mathrm{PB}}+n\overrightarrow{\mathrm{PC}}=\vec{0}\ （l,\ m,\ n \text{ は正の数}）$$

が成り立っている．

(1)　直線 AP が直線 BC と交わる点を Q とするとき $\overrightarrow{\mathrm{AQ}}$ を $\overrightarrow{\mathrm{AB}}$，$\overrightarrow{\mathrm{AC}}$ で表せ．

(2)　△ABQ の面積を △ABC の面積 S を用いて表せ．

(3)　△PAB，△PBC，△PCA の面積比が 3：2：5 になるように l，m，n の比を求めよ．

（小樽商大）

260　平行四辺形 ABCD において，対角線 AC を 2：3 に内分する点を M，辺 AB を 2：3 に内分する点を N，辺 BC を $t:1-t$ に内分する点を L とし，AL と CN の交点を P とする．次の問に答えよ．

(1)　$\overrightarrow{\mathrm{BA}}=\vec{a}$，$\overrightarrow{\mathrm{BC}}=\vec{c}$ とするとき，$\overrightarrow{\mathrm{BP}}$ を $\vec{a}$，$\vec{c}$，t を用いて表せ．

(2)　3 点 P，M，D が一直線上にあるとき，t の値を求めよ．

（神戸大）

261　AB=3，BC=5，CA=4 の三角形 ABC がある．∠A の二等分線が辺 BC と交わる点を D，線分 AD を 1：2 に内分する点を E とする．点 E を通る直線が辺 AB，AC とそれぞれ P，Q で交わっている．

$\overrightarrow{\mathrm{AP}}=s\overrightarrow{\mathrm{AB}}$，$\overrightarrow{\mathrm{AQ}}=t\overrightarrow{\mathrm{AC}}$ とするとき，次の問に答えよ．

(1)　$\dfrac{4}{s}+\dfrac{3}{t}=21$ を示せ．

(2)　AP+AQ の最小値を求めよ．

（広島大）

262　平面上に三角形 ABC がある．実数 k に対して，点 P が，
$\overrightarrow{PA}+2\overrightarrow{PB}+3\overrightarrow{PC}=k\overrightarrow{AB}$ を満たすものとする．

(1)　$k=0$ のとき，点 P の位置を求めよ．

(2)　k が実数全体を動くとき，点 P の軌跡を求めよ．

(3)　点 P が三角形 ABC の内部にあるような k の範囲を求めよ．

（岐阜大）

263　△OAB に対し，

$$\overrightarrow{OP}=s\overrightarrow{OA}+t\overrightarrow{OB},\ s\geqq 0,\ t\geqq 0$$

とする．また，△OAB の面積を S とする．

(1)　$1\leqq s+t\leqq 3$ のとき，点 P の存在しうる領域の面積は S の何倍か．

(2)　$1\leqq s+2t\leqq 3$ のとき，点 P の存在しうる領域の面積は S の何倍か．

（上智大）

264　三角形 ABC は点 O を中心とする半径 1 の円に内接していて
$3\overrightarrow{OA}+4\overrightarrow{OB}+5\overrightarrow{OC}=\overrightarrow{0}$ を満たしているとする．

(1)　内積 $\overrightarrow{OA}\cdot\overrightarrow{OB}$，$\overrightarrow{OB}\cdot\overrightarrow{OC}$，$\overrightarrow{OC}\cdot\overrightarrow{OA}$ を求めよ．

(2)　三角形 ABC の面積を求めよ．

（高知大）

265　1 辺の長さが 2 の正三角形とその内接円の接点を A，B，C とする．
点 P が内接円の円周上にあるとき，次の問に答えよ．

(1)　内接円の中心を O とき，線分 OA の長さを求めよ．

(2)　$\overrightarrow{PA}\cdot\overrightarrow{PB}+\overrightarrow{PB}\cdot\overrightarrow{PC}+\overrightarrow{PC}\cdot\overrightarrow{PA}$ の値を求めよ．

(3)　$|\overrightarrow{PA}|^2+|\overrightarrow{PB}|^2+|\overrightarrow{PC}|^2$ の値を求めよ．

(4)　点 P が円周上を動くとき，$\overrightarrow{PA}\cdot\overrightarrow{PB}$ の最大値および最小値を求めよ．

（徳島大）

266　原点Oを中心とする半径1の円に内接する正五角形 $A_1A_2A_3A_4A_5$ に対し，$\angle A_1OA_2=\theta$ とし，$\overrightarrow{OA_1}=\overrightarrow{a_1}$，$\overrightarrow{OA_2}=\overrightarrow{a_2}$，$\overrightarrow{OA_3}=\overrightarrow{a_3}$，$\overrightarrow{OA_4}=\overrightarrow{a_4}$，$\overrightarrow{OA_5}=\overrightarrow{a_5}$ とする．

(1)　$\overrightarrow{a_3}$ を $\overrightarrow{a_1}$，$\overrightarrow{a_2}$，θ を用いて表せ．

(2)　$\overrightarrow{a_1}+\overrightarrow{a_2}+\overrightarrow{a_3}+\overrightarrow{a_4}+\overrightarrow{a_5}=\overrightarrow{0}$ を示せ．

(3)　$1+2\overrightarrow{a_1}\cdot\overrightarrow{a_2}+2\overrightarrow{a_1}\cdot\overrightarrow{a_3}=0$ を示し，$\cos\theta$ の値を求めよ．(ただし，$\overrightarrow{a}\cdot\overrightarrow{b}$ は $\overrightarrow{a}$，$\overrightarrow{b}$ の内積を表す．)

(広島大)

267　平面上の異なる3点O，A，Bは同一直線上にはないものとする．この平面上の点Pが

$$2|\overrightarrow{OP}|^2-\overrightarrow{OA}\cdot\overrightarrow{OP}+2\overrightarrow{OB}\cdot\overrightarrow{OP}-\overrightarrow{OA}\cdot\overrightarrow{OB}=0$$

を満たすとする．

(1)　点Pの軌跡が円となることを示せ．

(2)　(1)の円の中心をCとするとき，$\overrightarrow{OC}$ を $\overrightarrow{OA}$ と $\overrightarrow{OB}$ で表せ．

(3)　Oとの距離が最小となる(1)の円周上の点を P_0 とする．A，Bが条件

$$|\overrightarrow{OA}|^2+5\overrightarrow{OA}\cdot\overrightarrow{OB}+4|\overrightarrow{OB}|^2=0$$

を満たすとき，$\overrightarrow{OP_0}=s\overrightarrow{OA}+t\overrightarrow{OB}$ となる s，t の値を求めよ．

(岡山大)

268　xy 座標平面において，x 軸上に点 $A(a, 0)$ $(a>0)$ を，y 軸上に点 $B(0, b)$ $(b>0)$ を，直線ABに関して原点 $O(0, 0)$ の反対側に点Cをとり，3点A，B，Cが正三角形の頂点となるようにする．また，線分ABの中点をMとする．このとき，次の(1)，(2)に答えよ．

(1)　ベクトル $\overrightarrow{OM}$，$\overrightarrow{MC}$ を a，b を用いて表せ．

(2)　ベクトル $\overrightarrow{OC}$ を a，b を用いて表せ．

(鹿児島大)

269 (1) 平面上の △ABC において,

$$\overrightarrow{AB}\cdot\overrightarrow{BC}=\overrightarrow{BC}\cdot\overrightarrow{CA}=\overrightarrow{CA}\cdot\overrightarrow{AB}$$

が成立するとき, △ABC は正三角形であることを示せ.

(2) 平面上の四角形 ABCD の内角はどれも 180° より小さいとする.

$$\overrightarrow{AB}\cdot\overrightarrow{BC}=\overrightarrow{BC}\cdot\overrightarrow{CD}=\overrightarrow{CD}\cdot\overrightarrow{DA}=\overrightarrow{DA}\cdot\overrightarrow{AB}$$

が成立するとき, 四角形 ABCD は長方形であることを示せ.

(群馬大)

270 三角形 OAB において, 頂点 A, B におけるそれぞれの外角の二等分線の交点を C とする. $\overrightarrow{OA}=\vec{a}$, $\overrightarrow{OB}=\vec{b}$ とするとき, 次の問に答えよ.

(1) 点 P が ∠AOB の二等分線上にあるとき,

$$\overrightarrow{OP}=t\left(\frac{\vec{a}}{|\vec{a}|}+\frac{\vec{b}}{|\vec{b}|}\right)$$

となる実数 t が存在することを示せ.

(2) $|\vec{a}|=7$, $|\vec{b}|=5$, $\vec{a}\cdot\vec{b}=5$ のとき, $\overrightarrow{OC}$ を $\vec{a}$, $\vec{b}$ を用いて表せ.

(静岡大)

22　空間座標と空間ベクトル

基本のまとめ

1 空間座標

原点O，x 軸，y 軸，z 軸が定められた座標空間において，x 軸と y 軸を含む平面を **xy 平面**，y 軸と z 軸を含む平面を **yz 平面**，z 軸と x 軸を含む平面を **zx 平面**という．

xy 平面，yz 平面，zx 平面はそれぞれ次の方程式で表される．

$$xy\text{ 平面}：z=0,\quad yz\text{ 平面}：x=0,\quad zx\text{ 平面}：y=0.$$

また，点 $(a,\ b,\ c)$ を通り，xy 平面，yz 平面，zx 平面に平行な平面をそれぞれ α，β，γ とすると，α，β，γ の方程式は次のようになる．

$$\alpha：z=c,\quad \beta：x=a,\quad \gamma：y=b.$$

2 平面上のベクトルと空間のベクトル

成分表示（3）による計算を除けば，平面上のベクトルにおける和，差，実数倍，位置ベクトル，平行・垂直条件，内積などと同様のことが空間のベクトルでも成り立つ．

3 成分表示

ベクトル $\vec{p}$ に対して，Oを原点とする座標空間の点 $\mathrm{P}(p_1,\ p_2,\ p_3)$ で，

$$\vec{p}=\overrightarrow{\mathrm{OP}}$$

となるものをとる．このとき，

$$\vec{p}=(p_1,\ p_2,\ p_3)$$

と表し，$\vec{p}$ の**成分表示**という．

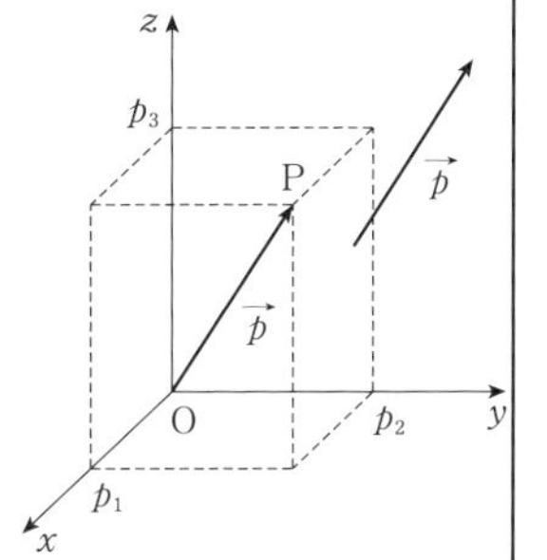

成分による計算について，次が成り立つ．

$\vec{a}=(a_1,\ a_2,\ a_3)$，$\vec{b}=(b_1,\ b_2,\ b_3)$，$k$ を実数とするとき，

$$|\vec{a}|=\sqrt{a_1{}^2+a_2{}^2+a_3{}^2}.$$

$$\vec{a}\pm\vec{b}=(a_1\pm b_1,\ a_2\pm b_2,\ a_3\pm b_3)\ \text{(複号同順)}.$$

$$k\vec{a}=(ka_1,\ ka_2,\ ka_3).$$

4 同一平面に平行でない 3 つのベクトル

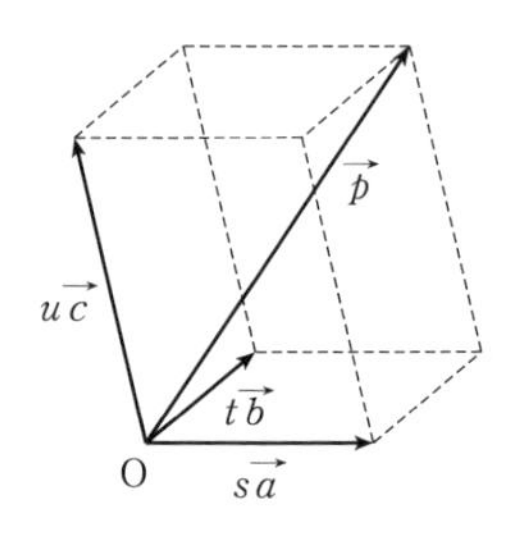

空間のベクトル $\vec{a}$，$\vec{b}$，$\vec{c}$ が

$$\vec{a} \neq \vec{0},\quad \vec{b} \neq \vec{0},\quad \vec{c} \neq \vec{0}$$

で，かつ，同一平面に平行にはならないとき，この空間の任意のベクトル $\vec{p}$ は

$$\vec{p} = s\vec{a} + t\vec{b} + u\vec{c} \quad (s,\ t,\ u \text{ は実数})$$

と表され，その表し方は一通りである．

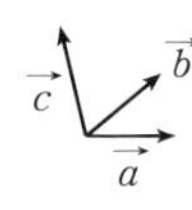

（一通りとは，かりに，

$\vec{p} = s'\vec{a} + t'\vec{b} + u'\vec{c}$ （s', t', u' は実数）

とも表されたとすると，実は，

$$s = s',\quad t = t',\quad u = u'$$

となることをいう．）

［**注**］ 上のような $\vec{a}$，$\vec{b}$，$\vec{c}$ に対して，4 点 O，A，B，C を

$$\overrightarrow{OA} = \vec{a},\quad \overrightarrow{OB} = \vec{b},\quad \overrightarrow{OC} = \vec{c}$$

となるように定めると，4 点 O，A，B，C は同一平面上にない．

5 内分点と外分点

2 点 A(a_1, a_2, a_3)，B(b_1, b_2, b_3) を両端点とする線分 AB を，$m:n$ に内分する点を P，$m:n$ に外分する点を Q とすると，

$$\mathrm{P}\left(\frac{na_1+mb_1}{m+n},\ \frac{na_2+mb_2}{m+n},\ \frac{na_3+mb_3}{m+n}\right).$$

$$\mathrm{Q}\left(\frac{-na_1+mb_1}{m-n},\ \frac{-na_2+mb_2}{m-n},\ \frac{-na_3+mb_3}{m-n}\right).$$

6 点 P が平面 ABC 上にある条件

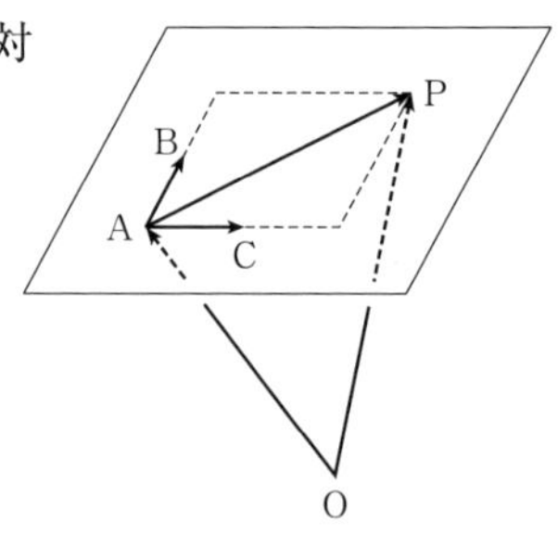

同一平面上にない 4 点 O，A，B，C に対して

「点 P が平面 ABC 上にある」

$\Longleftrightarrow$「$\overrightarrow{AP} = s\overrightarrow{AB} + t\overrightarrow{AC}$

(s, t は実数)と表される」

$\Longleftrightarrow$「$\overrightarrow{OP} = \overrightarrow{OA} + s\overrightarrow{AB} + t\overrightarrow{AC}$

(s, t は実数)と表される」

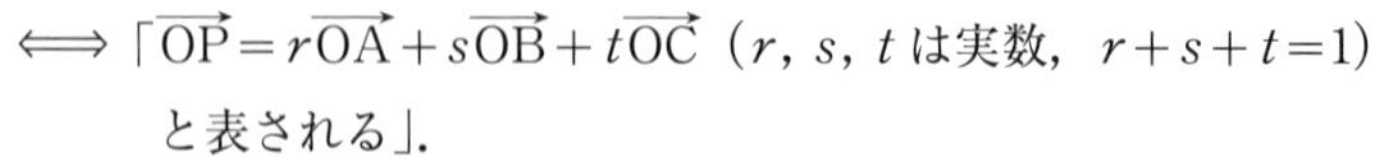

$\Longleftrightarrow$「$\overrightarrow{OP} = r\overrightarrow{OA} + s\overrightarrow{OB} + t\overrightarrow{OC}$ (r, s, t は実数，$r+s+t=1$)

と表される」．

7 内積とベクトルの大きさ，なす角，垂直条件

$\vec{a}=(a_1,\ a_2,\ a_3)$ と $\vec{b}=(b_1,\ b_2,\ b_3)$ に対して，

$$\vec{a}\cdot\vec{b}=a_1b_1+a_2b_2+a_3b_3.$$

また，

$$|\vec{a}|=\sqrt{\vec{a}\cdot\vec{a}}=\sqrt{{a_1}^2+{a_2}^2+{a_3}^2}.$$

$\vec{a}\neq\vec{0}$，$\vec{b}\neq\vec{0}$ で，$\vec{a}$，$\vec{b}$ のなす角が θ $(0^\circ\leqq\theta\leqq180^\circ)$ のとき，

$$\cos\theta=\frac{\vec{a}\cdot\vec{b}}{|\vec{a}||\vec{b}|}=\frac{a_1b_1+a_2b_2+a_3b_3}{\sqrt{{a_1}^2+{a_2}^2+{a_3}^2}\sqrt{{b_1}^2+{b_2}^2+{b_3}^2}}.$$

ここで，$\theta=90^\circ$ の場合を考えると，

$$\vec{a}\perp\vec{b}\iff\vec{a}\cdot\vec{b}=0\iff a_1b_1+a_2b_2+a_3b_3=0.$$

8 三角形の面積

三角形ABCの面積を S とすると，

$$S=\frac{1}{2}\sqrt{|\overrightarrow{\mathrm{AB}}|^2|\overrightarrow{\mathrm{AC}}|^2-(\overrightarrow{\mathrm{AB}}\cdot\overrightarrow{\mathrm{AC}})^2}.$$

9 直線と平面の垂直

l を直線，一直線上にない3点A, B, Cを通る平面を α とすると，

$l\perp\alpha\iff l\perp\overrightarrow{\mathrm{AB}}$ かつ $l\perp\overrightarrow{\mathrm{AC}}$.

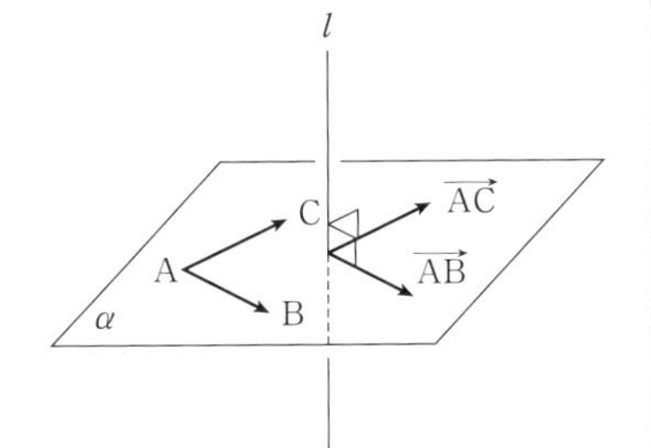

10 直線の方向ベクトルと媒介変数表示

点 $\mathrm{P_0}(x_0,\ y_0,\ z_0)$ を通り，ベクトル $\vec{d}=(a,\ b,\ c)$ $(\neq0)$ を**方向ベクトル**とする（すなわちベクトル $\vec{d}$ に平行な）直線は，直線上の任意の点を $\mathrm{P}(x,\ y,\ z)$，$\mathrm{O}(0,\ 0,\ 0)$，実数 t を**媒介変数**として

$$\overrightarrow{\mathrm{OP}}=\overrightarrow{\mathrm{OP_0}}+t\vec{d},$$

すなわち，

$$(x,\ y,\ z)=(x_0,\ y_0,\ z_0)+t(a,\ b,\ c)$$

と表される．（これを，この直線の**ベクトル方程式**という．）

これは，

$$\begin{cases} x = x_0 + ta, \\ y = y_0 + tb, \\ z = z_0 + tc \end{cases}$$

と表してもよい．（これを，この直線の**媒介変数表示**という．）

11 2つの直線のなす角

2直線 l，l' について，

$$l \parallel \vec{d}\,(\neq \vec{0}), \quad l' \parallel \vec{d'}\,(\neq \vec{0})$$

のとき，l と l' のなす角を θ $(0^\circ \leqq \theta \leqq 90^\circ)$ とすると，

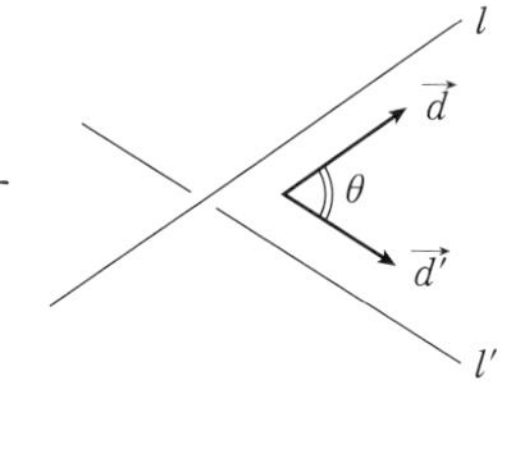

$$\cos\theta = \frac{|\vec{d}\cdot\vec{d'}|}{|\vec{d}||\vec{d'}|}.$$

12 球面の方程式

点 $\mathrm{P_0}$ を中心とする半径 r の球面 S 上の任意の点を P とすると，

$$|\overrightarrow{\mathrm{P_0P}}| = r,$$

すなわち，

$$|\overrightarrow{\mathrm{OP}} - \overrightarrow{\mathrm{OP_0}}| = r \quad (\text{O は原点}).$$

ここで，$\mathrm{P_0}(x_0,\ y_0,\ z_0)$，$\mathrm{P}(x,\ y,\ z)$ とすれば，S の方程式

$$(x - x_0)^2 + (y - y_0)^2 + (z - z_0)^2 = r^2$$

が得られる．

13 球と平面の位置関係

半径 r の球 S と平面 α があり，S の中心 O から α に下ろした垂線の長さを h とする．

(1)「円で交わる」 $\Longleftrightarrow h < r.$　(2)「接する」 $\Longleftrightarrow h = r.$　(3)「共有点をもたない」 $\Longleftrightarrow h > r.$

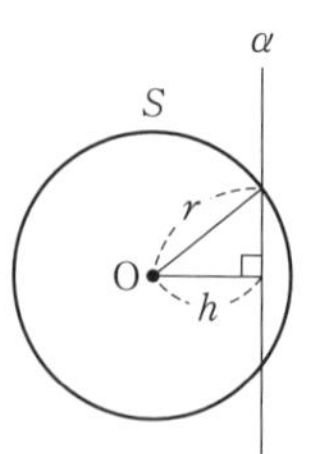

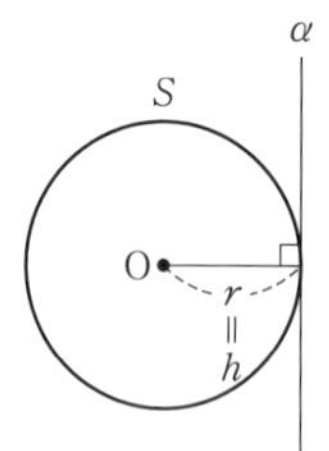

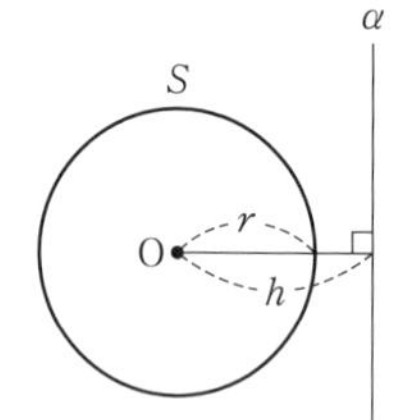

問題A

271　四面体ABCDがある．点Pが $10\overrightarrow{PA}=\overrightarrow{PB}+2\overrightarrow{PC}+3\overrightarrow{PD}$ を満たしているとき，次の各問いに答えよ．

(1)　$\overrightarrow{AP}$ を $\overrightarrow{AB}$，$\overrightarrow{AC}$，$\overrightarrow{AD}$ を用いて表せ．

(2)　直線APと三角形BCDとの交点をQとしたとき，次の式を満たす s，t，k を求めよ．

$$\overrightarrow{BQ}=s\overrightarrow{BC}+t\overrightarrow{BD},\quad \overrightarrow{AQ}=k\overrightarrow{AP}$$

(3)　四面体ABCDと四面体PBCDの体積の比を求めよ．

（鹿児島大）

272　次の問に答えよ．

(1)　空間内に2点 $P(0,\ 0,\ 2)$，$Q\left(1,\ \sqrt{2},\ 3\right)$ をとる．原点をOとする．

(i)　ベクトル $\overrightarrow{OP}$ とベクトル $\overrightarrow{OQ}$ のなす角を求めよ．

(ii)　ベクトル $\overrightarrow{PQ}$ と同じ向きの単位ベクトルを求めよ．

(iii)　三角形OPQの面積を求めよ．

(2)　空間内の4点A，B，C，Dに対して，

$$|\overrightarrow{AB}|^2+|\overrightarrow{BC}|^2+|\overrightarrow{CD}|^2+|\overrightarrow{DA}|^2\geqq|\overrightarrow{AC}|^2+|\overrightarrow{BD}|^2$$

が成り立つことを示せ．

（琉球大）

273　座標空間内に3点

$$A(0,\ 1,\ 2),\ B(3,\ 3,\ 3),\ C(0,\ 5,\ 4)$$

をとる．このとき，次の問に答えよ．

(1)　三角形ABCの重心と面積を求めよ．

(2)　ベクトル $\overrightarrow{AB}$，$\overrightarrow{AC}$ の両方に垂直な単位ベクトルを求めよ．

(3)　空間内の1点Pから三角形ABCを含む平面に下ろした垂線が三角形ABCの重心を通り，四面体PABCの体積が5となるとき，Pの座標を求めよ．

（愛知教育大）

274　空間内の3点A(0, 1, 0)，B(−1, 1, 1)，C(−1, 3, 2) を通る平面をαとし，原点Oからαに下ろした垂線とαとの交点をHとする．以下の問に答えよ．

(1) △ABCの面積Sを求めよ．

(2) 点Hの座標を求めよ．

(3) 四面体OABCの体積Vを求めよ．

（三重大）

275　点A(1, 0, 0) を通り，ベクトル (1, 1, −2) に平行な直線をl_1とし，点B(2, 0, 1) を通り，ベクトル (1, 2, −3) に平行な直線をl_2とする．また，2直線l_1，l_2の両方に垂直に交わる直線をl_3とする．直線l_1と直線l_3との交点をC，直線l_2と直線l_3との交点をDとする．点Cと点Dの座標を求めよ．

（早稲田大）

問題B

276　四面体OABCにおいて，辺AB，BC，CAの中点をそれぞれD，E，Fとし，辺CAを2：1に内分する点をGとする．また，2点D，Gを通る直線と2点E，Fを通る直線の交点をHとし，2点B，Hを通る直線と辺CAの交点をIとする．

$\overrightarrow{OA}=\vec{a}$，$\overrightarrow{OB}=\vec{b}$，$\overrightarrow{OC}=\vec{c}$ とするとき，次の問に答えよ．

(1) $\overrightarrow{DG}$，$\overrightarrow{EF}$ をそれぞれ$\vec{a}$，$\vec{b}$，$\vec{c}$を用いて表せ．

(2) $\overrightarrow{OH}$ を$\vec{a}$，$\vec{b}$，$\vec{c}$を用いて表せ．

(3) $\overrightarrow{OI}$ を$\vec{a}$，$\vec{c}$を用いて表せ．

(4) 四面体OABIの体積をV，四面体OBCIの体積をWとするとき，$\dfrac{W}{V}$の値を求めよ．

（宮城教育大）

277　四面体OABCの各辺の長さを $OA=2$，$OB=\sqrt{5}$，$OC=\sqrt{7}$，$AB=\sqrt{3}$，$BC=2$，$CA=\sqrt{5}$ とする．$\overrightarrow{OA}=\vec{a}$，$\overrightarrow{OB}=\vec{b}$，$\overrightarrow{OC}=\vec{c}$ とおくとき，以下の問に答えよ．

(1) 内積 $\vec{a}\cdot\vec{b}$，$\vec{b}\cdot\vec{c}$，$\vec{c}\cdot\vec{a}$ を求めよ．

(2) 三角形OABを含む平面を α とし，点Cから平面 α に下ろした垂線と α との交点をHとする．このとき $\overrightarrow{OH}$ を $\vec{a}$，$\vec{b}$ で表し，さらにその大きさを求めよ．

(3) 四面体OABCの体積を求めよ．

（福井大）

278　四面体OABCにおいて，

$$OA=OB=OC=3,\ AB=BC=CA=\sqrt{6}$$

である．また，点Pは辺ABを $x:(1-x)$ $(0<x<1)$ に内分し，点Qは辺OCを $y:(1-y)$ $(0<y<1)$ に内分する．

$\overrightarrow{OA}=\vec{a}$，$\overrightarrow{OB}=\vec{b}$，$\overrightarrow{OC}=\vec{c}$ として，次の問に答えよ．

(1) 内積 $\vec{a}\cdot\vec{b}$ を求めよ．

(2) $\overrightarrow{PQ}$ を $\vec{a}$，$\vec{b}$，$\vec{c}$，x，y で表せ．

(3) 2点P，Qの間の距離PQの最小値と，そのときの x，y の値を求めよ．

（新潟大）

279　原点を $O(0,\ 0,\ 0)$ とする座標空間内に，5点

$$A(1,\ 0,\ 0),\ B(0,\ 1,\ 0),\ C(1,\ 0,\ 1),\ D(0,\ 1,\ 1),\ E(1,\ 1,\ 0)$$

をとる．さらに，点Eを通り，その方向ベクトルが2つのベクトル $\overrightarrow{OC}$，$\overrightarrow{OD}$ に直交するような直線を l とする．直線 l 上に動点Pをとるとき，次の問に答えよ．

(1) ベクトル $\overrightarrow{OP}$ の大きさ $|\overrightarrow{OP}|$ の最小値と，そのときの点Pの座標を求めよ．

(2) ベクトル $\overrightarrow{PA}$ とベクトル $\overrightarrow{PB}$ のなす角を θ $(0^\circ\leqq\theta\leqq180^\circ)$ とするとき，θ の最大値と，そのときの点Pの座標を求めよ．

（宮城教育大）

280　空間内に4点A(0, 0, 1), B(2, 1, 0), C(0, 2, −1), D(0, 2, 1)がある.

(1)　点Cから直線ABに下ろした垂線の足Hの座標を求めよ.

(2)　点Pがxy平面上を動き，点Qが直線AB上を動くとき，距離DP, PQの和 DP+PQ が最小となるP, Qの座標を求めよ.

(大阪市立大)

281　右図のように，1辺の長さ2の立方体ABCD-EFGHがあり，面ACGE上に点Eを中心とする半径1の円弧RSがある. 動点Pが円弧RS上を動くとき，2つのベクトル$\overrightarrow{\mathrm{PA}}$, $\overrightarrow{\mathrm{PB}}$の内積の最小値，および最小値をとるときの点Pと面ABCDとの距離を求めよ.

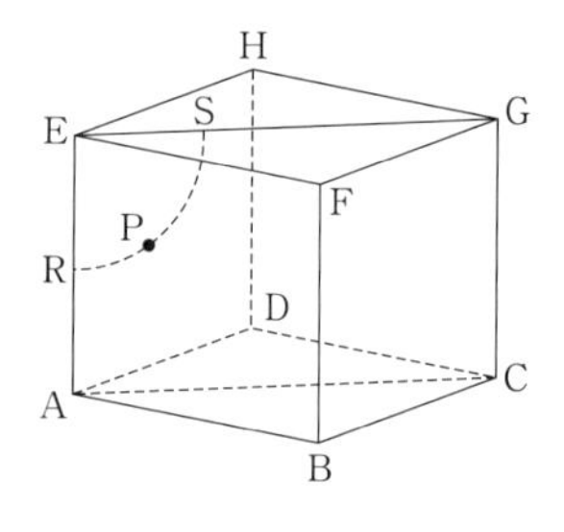

(広島大)

282　一辺の長さdの正四面体OABCにおいて，三角形ABCの重心をG，三角形ABCを含む平面をαとし，$\overrightarrow{\mathrm{OA}}=\vec{a}$, $\overrightarrow{\mathrm{OB}}=\vec{b}$, $\overrightarrow{\mathrm{OC}}=\vec{c}$ とおく.

(1)　ベクトル$\overrightarrow{\mathrm{OG}}$を$\vec{a}$, $\vec{b}$, $\vec{c}$で表し，$\overrightarrow{\mathrm{OG}}$は$\overrightarrow{\mathrm{AB}}$および$\overrightarrow{\mathrm{AC}}$にそれぞれ垂直であることを示せ.

(2)　平面α上の点Pが等式

$$|\overrightarrow{\mathrm{PO}}|^2+|\overrightarrow{\mathrm{PA}}|^2+|\overrightarrow{\mathrm{PB}}|^2+|\overrightarrow{\mathrm{PC}}|^2=3d^2$$

を満たすならば，PはGを中心とする半径$\dfrac{1}{\sqrt{3}}d$の円周上にあることを示せ.

(広島大)

283　空間に球面 $S : x^2+y^2+z^2-4z=0$ と定点 A(0, 1, 4) がある．次の問に答えよ．

(1)　球面 S の中心 C の座標と半径を求めよ．

(2)　直線 AC と xy 平面との交点 P の座標を求めよ．

(3)　xy 平面上に点 B(4, −1, 0) をとるとき，直線 AB と球面 S の共有点の座標を求めよ．

(4)　直線 AQ と球面 S が共有点をもつように点 Q が xy 平面を動く．このとき，点 Q の動く範囲を求めて，それを xy 平面に図示せよ．

（立命館大）

284　xyz 空間において，原点 O を中心とする半径 1 の球面 $S : x^2+y^2+z^2=1$，および S 上の点 A(0, 0, 1) を考える．S 上の A と異なる点 $\mathrm{P}(x_0,\ y_0,\ z_0)$ に対して，2 点 A，P を通る直線と xy 平面との交点を Q とする．次の問に答えよ．

(1)　$\overrightarrow{\mathrm{AQ}}=t\overrightarrow{\mathrm{AP}}$（$t$ は実数）とおくとき，$\overrightarrow{\mathrm{OQ}}$ を t，$\overrightarrow{\mathrm{OP}}$，$\overrightarrow{\mathrm{OA}}$ を用いて表せ．

(2)　$\overrightarrow{\mathrm{OQ}}$ の成分表示を x_0，y_0，z_0 を用いて表せ．

(3)　球面 S と平面 $y=\dfrac{1}{2}$ の共通部分が表す図形を C とする．点 P が C 上を動くとき，xy 平面上における点 Q の軌跡を求めよ．

（金沢大）

答えとヒント

第1章　数列と極限

1　数列の極限

1　1.

ヒント　$\sqrt{n^2+2n}-n=\dfrac{2n}{\sqrt{n^2+2n}+n}$.

2　$\dfrac{9}{8}$.

ヒント　$(1+2+\cdots+n)^3=\left\{\dfrac{1}{2}n(n+1)\right\}^3$,

$(1^2+2^2+\cdots+n^2)^2=\left\{\dfrac{1}{6}n(n+1)(2n+1)\right\}^2$.

3　7.

ヒント

$$\frac{3^{n+1}+5^{n+1}+7^{n+1}}{3^n+5^n+7^n}=\frac{3\cdot\left(\frac{3}{7}\right)^n+5\cdot\left(\frac{5}{7}\right)^n+7}{\left(\frac{3}{7}\right)^n+\left(\frac{5}{7}\right)^n+1}.$$

4　(1)　$a_n=2-\left(\dfrac{3}{4}\right)^{n-1}$.

(2)　$S_n=2n-4+4\left(\dfrac{3}{4}\right)^n$.

(3)　2.

ヒント　(1)　$a_{n+1}=\dfrac{3}{4}a_n+\dfrac{1}{2}$

$\iff a_{n+1}-2=\dfrac{3}{4}(a_n-2)$

より，$\{a_n-2\}$ は公比が $\dfrac{3}{4}$ の等比数列.

(2)　$\displaystyle\sum_{k=1}^{n}\left\{2-\left(\frac{3}{4}\right)^{k-1}\right\}=\sum_{k=1}^{n}2-\sum_{k=1}^{n}\left(\frac{3}{4}\right)^{k-1}$

$$=2n-\frac{1-\left(\frac{3}{4}\right)^n}{1-\frac{3}{4}}.$$

5　(1)　略.

(2)　b.

ヒント　(1)　$0<a<b$ より，
$b^n<a^n+b^n<2b^n$.

(2)　$\log_2\sqrt[n]{a^n+b^n}=\dfrac{1}{n}\log_2(a^n+b^n)$ より，(1)の不等式が利用できる.

6　$\dfrac{13}{4}$.

ヒント　$(n+1)^2+(n+2)^2+\cdots+(3n)^2$

$=\displaystyle\sum_{k=1}^{2n}(n+k)^2=\frac{1}{3}n(26n^2+12n+1)$.

$1^2+2^2+\cdots+(2n)^2$

$=\dfrac{1}{6}\cdot 2n(2n+1)(4n+1)$.

7

$$f(x)=\begin{cases}1 & \left(0\leqq x<\dfrac{\pi}{4}\right),\\ \dfrac{1}{3} & \left(x=\dfrac{\pi}{4}\right),\\ \dfrac{1}{2}\sin 2x & \left(\dfrac{\pi}{4}<x<\dfrac{\pi}{2}\right).\end{cases}$$

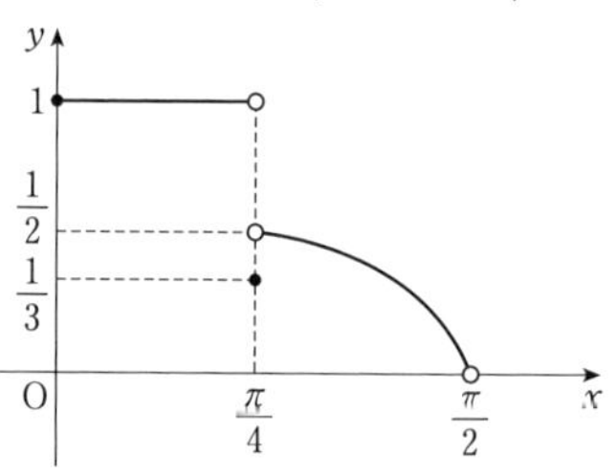

ヒント　$\tan x<1$ $\left(0\leqq x<\dfrac{\pi}{4}\right)$, $\tan x=1$ $\left(x=\dfrac{\pi}{4}\right)$, $\tan x>1$ $\left(\dfrac{\pi}{4}<x<\dfrac{\pi}{2}\right)$ に場合分けして考える.

8　(1)　略.

(2)　$a_n=\dfrac{10}{7}+\dfrac{4}{7}\left(-\dfrac{3}{4}\right)^{n-1}$.

(3)　$\dfrac{10}{7}$.

ヒント　(1)　$a_{n+2}=\dfrac{1}{4}(a_{n+1}+3a_n)$

$\iff a_{n+2}-a_{n+1}=-\dfrac{3}{4}(a_{n+1}-a_n)$.

(2)　$n\geqq 2$ のとき，

$a_n=a_1+\displaystyle\sum_{k=1}^{n-1}(a_{k+1}-a_k)$

$$=2+\sum_{k=1}^{n-1}\left\{-\left(-\frac{3}{4}\right)^{k-1}\right\}.$$

9 (1) $\theta_n=\frac{1}{2}(\pi-\theta_{n-1})$.

(2) $\theta_n=\frac{\pi}{3}+\left(\theta_1-\frac{\pi}{3}\right)\left(-\frac{1}{2}\right)^{n-1}$.

(3) 略.

ヒント

(1)

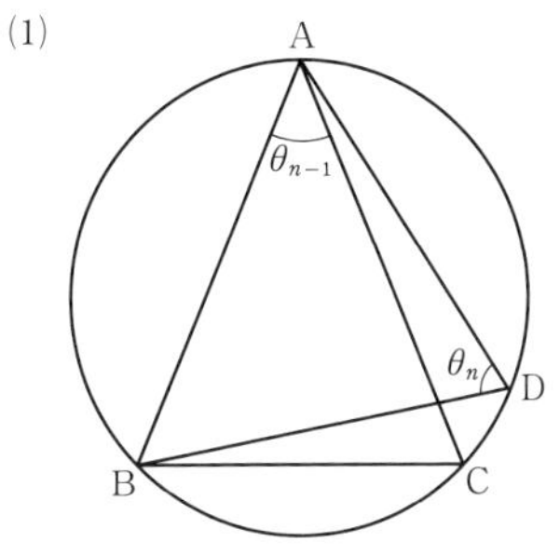

S_{n-1} を三角形 ABC, S_n を三角形 ABD とすると

$\angle\mathrm{ACB}=\frac{1}{2}(\pi-\theta_{n-1})=\angle\mathrm{ADB}=\theta_n$.

(2) $\theta_n-\frac{\pi}{3}=-\frac{1}{2}\left(\theta_{n-1}-\frac{\pi}{3}\right)$.

(3) $\lim_{n\to\infty}\theta_n=\frac{\pi}{3}$.

10 (1) $x_n=(2a+1)^{n-1}+1$.

$y_n=2(2a+1)^{n-1}$.

(2) 収束する a の範囲は,

$-1<a\leqq 0$.

極限値は,

$a=0$ のとき,

$\lim_{n\to\infty}x_n=2$, $\lim_{n\to\infty}y_n=2$.

$-1<a<0$ のとき,

$\lim_{n\to\infty}x_n=1$, $\lim_{n\to\infty}y_n=0$.

ヒント

(1) $y_{n+1}=2(x_n+ay_n)-2$

$=2x_{n+1}-2$ $(n=1, 2, 3\cdots)$,

$y_1=2x_1-2(=2)$

より,

$y_n=2x_n-2$ $(n=1, 2, 3, \cdots)$.

これと, $x_{n+1}=x_n+ay_n$ より,

$x_{n+1}=x_n+a(2x_n-2)$.

(2) $\lim_{n\to\infty}r^n=\begin{cases}\infty & (r>1),\\ 1 & (r=1),\\ 0 & (-1<r<1),\\ \text{振動} & (r\leqq -1).\end{cases}$

11 (1) 略. (2) 略. (3) 4.

ヒント (1) 数学的帰納法.

(2) $\frac{1}{8}(a_n-4)-(a_{n+1}-4)$

$=\frac{1}{8}(a_n-4)-(\sqrt{a_n+12}-4)$

を変形する.

(3) $0<a_{n+1}-4<\frac{1}{8}(a_n-4)$ より,

$0<a_{n+1}-4<\left(\frac{1}{8}\right)^n(a_1-4)$.

12 (1) $a_n=(n+1)(2m_n+1)$

$-\frac{1}{3}m_n(m_n+1)(2m_n+1)$.

(2) $\frac{4}{3}$.

ヒント (1) 直線 $x=k$

$(k=0, \pm 1, \pm 2, \cdots, \pm m_n)$

上の格子点の y 座標は,

$y=k^2-n, k^2-n+1, \cdots, -1, 0$

の $n+1-k^2$ 個.

(2) $m_n\leqq n^{\frac{1}{2}}<m_n+1$ より,

$n^{\frac{1}{2}}-1<m_n\leqq n^{\frac{1}{2}}$.

$1-\frac{1}{n^{\frac{1}{2}}}<\frac{m_n}{n^{\frac{1}{2}}}\leqq 1$.

これより,

$\lim_{n\to\infty}\frac{m_n}{n^{\frac{1}{2}}}=1$.

13 (1) 14.

(2) $\sqrt{2}$.

ヒント k 個の k を k 群とすると, $a_n=k$ となる n に対し $k\geqq 2$ のとき,

$1+2+\cdots+(k-1)<n\leqq 1+2+\cdots+k$.

2 無限級数

14 $\frac{3}{4}$.

ヒント $\displaystyle\sum_{k=4}^{n}\frac{1}{(k-1)(k-3)}$
$\displaystyle=\sum_{k=4}^{n}\frac{1}{2}\left(\frac{1}{k-3}-\frac{1}{k-1}\right).$

15 収束する条件は，
$-\sqrt{3}<x<-1,\ 1<x<\sqrt{3},\ x=0.$

$$(\text{和})=\frac{x}{x^2-1}.$$

ヒント $S=\displaystyle\sum_{n=1}^{\infty}ar^{n-1}$ が収束する条件は，
「$a=0$」または,「$a\neq 0$ かつ，$-1<r<1$」.
このとき，

$$S=\frac{a}{1-r}.$$

これを，$a=x$，$r=2-x^2$ で適用.

16 $a=1$.

ヒント $x_{n+1}=2x_n$.

17 (1) 略.
(2) $\log 2$.

ヒント (1) $\displaystyle\sum_{k=1}^{n}\log\left(1+\frac{1}{k}\right)$
$\displaystyle=\sum_{k=1}^{n}\{\log(k+1)-\log k\}=\log(n+1).$

(2) $\displaystyle\sum_{k=2}^{n}\log\left(1+\frac{1}{k^2-1}\right)$
$\displaystyle=\sum_{k=2}^{n}\left\{\log\frac{k}{k-1}-\log\frac{k+1}{k}\right\}$
$\displaystyle=\log 2-\log\left(1+\frac{1}{n}\right).$

18 収束する x の範囲は，$0<x<\dfrac{\pi}{4}$.

和が $\dfrac{\sqrt{3}}{2}$ となる x は，$x=\dfrac{\pi}{6}$.

ヒント $\tan x+(\tan x)^3+(\tan x)^5+\cdots$
$+(\tan x)^{2n-1}+\cdots$
は初項 $\tan x$，公比 $(\tan x)^2$ の無限等比級数. $0<x<\dfrac{\pi}{2}$ より，$\tan x\neq 0$ であるから収束する条件は，

$$0<(\tan x)^2<1.$$

また，このとき，

$$(\text{和})=\frac{\tan x}{1-(\tan x)^2}.$$

19 $\dfrac{64}{15}$.

ヒント $a_n=a^{n-1}$，$b_n=b^{n-1}$ とおくと，
$\displaystyle\sum_{n=1}^{\infty}(a_n+b_n)=\frac{1}{1-a}+\frac{1}{1-b},$
$\displaystyle\sum_{n=1}^{\infty}a_nb_n=\frac{1}{1-ab},$
$\displaystyle\sum_{n=1}^{\infty}(a_n+b_n)^2$
$\displaystyle=\sum_{n=1}^{\infty}\{(a^2)^{n-1}+2(ab)^{n-1}+(b^2)^{n-1}\}$
$\displaystyle=\frac{1}{1-a^2}+\frac{2}{1-ab}+\frac{1}{1-b^2}.$

20 (1) $\dfrac{20}{9}$.

(2) $r_n=5\left(\dfrac{4}{9}\right)^{n-1}$，$S_n=25\pi\left(\dfrac{16}{81}\right)^{n-1}$.

(3) $\dfrac{405}{13}\pi$.

ヒント (2)

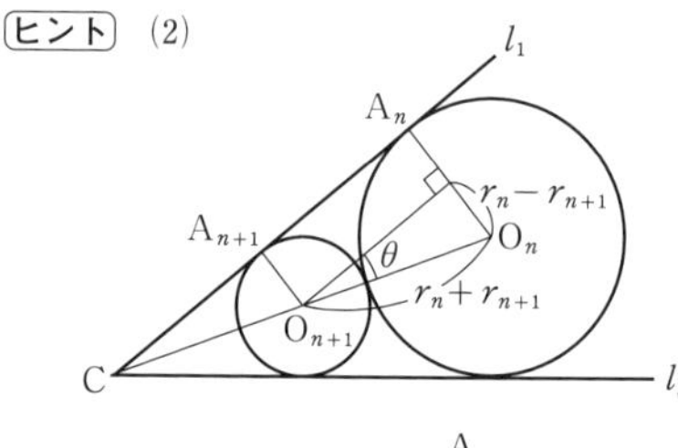

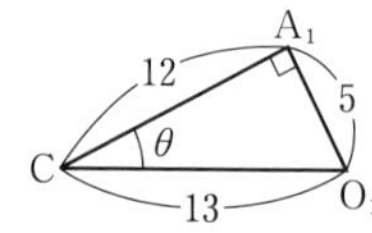

$$\sin\theta=\frac{r_n-r_{n+1}}{r_n+r_{n+1}}=\frac{5}{13}.$$

21 (1) $3\cdot 4^n$.

(2) $\dfrac{8}{5}$.

ヒント (1) A_n の辺の数を a_n とすると，

$$a_n=4a_{n-1}.$$

(2) $S_n=S_{n-1}+a_{n-1}\cdot 1\cdot\left\{\left(\dfrac{1}{3}\right)^n\right\}^2$.

22 (1) 略.

(2) $\dfrac{2}{\pi}$.

ヒント (1) $\tan 2\theta=\dfrac{\tan 2\theta}{1-\tan^2\theta}$.

(2) $\frac{1}{2^{n+1}}a_{n+1}=\frac{1}{2^{n+1}}\left(\frac{1}{a_{n+1}}-\frac{2}{a_n}\right)$.

第2章　微分法

3　関数の極限

23　$-\frac{1}{2}$.

ヒント　$2x-2=t$ とおくと，

$\lim_{t\to0}\frac{e^t-1}{t}=1$ にもちこめる.

24　4.

ヒント

$$\frac{\sin2x}{\sqrt{x+1}-1}=\frac{\sin2x}{x}\cdot\left(\sqrt{x+1}+1\right)$$

と変形し，$\lim_{\theta\to0}\frac{\sin\theta}{\theta}=1$ を使う.

25　$\frac{3}{4}$.

ヒント　$x=-t$ とおくと，

$$(与式)=\lim_{t\to\infty}\left(\sqrt{4t^2+3t}-2t\right)$$
$$=\lim_{t\to\infty}\frac{3t}{\sqrt{4t^2+3t}+2t}.$$

26　$a=7$，$b=-\frac{1}{4}$.

ヒント　$\lim_{x\to-3}\left(2-\sqrt{x+a}\right)$

$$=\lim_{x\to-3}\frac{2-\sqrt{x+a}}{x+3}\cdot(x+3)$$
$$=b\cdot0=0$$

より，

$$2-\sqrt{a-3}=0.$$

27　8.

ヒント　PQ と OA の交点を H とすると，

$$\mathrm{PH}=\sin\theta,\ \mathrm{AH}=1-\cos\theta$$

より，

$$S(\theta)=(1-\cos\theta)\sin\theta$$
$$=2\sin^2\frac{\theta}{2}\cdot\sin\theta.$$

28　$f'(x)=\begin{cases}1 & (x=0),\\ \dfrac{2x^2\cos(x^2)-\sin(x^2)}{x^2} & (x\neq0).\end{cases}$

ヒント　$x=0$ のとき，

$$f'(0)=\lim_{x\to0}\frac{f(x)-f(0)}{x}=\lim_{x\to0}\frac{\sin(x^2)}{x^2}.$$

$x\neq0$ のとき，

$$f'(x)=\frac{\{\sin(x^2)\}'\cdot x-\{\sin(x^2)\}\cdot(x)'}{x^2}.$$

29　$a=-3$，$b=\frac{3}{2}\pi$.

ヒント　$\lim_{x\to\frac{\pi}{2}}(ax+b)$

$$=\lim_{x\to\frac{\pi}{2}}\frac{ax+b}{\cos x}\cdot\cos x$$
$$=3\cdot0=0 \text{ より，}$$
$$\frac{\pi}{2}a+b=0.$$

このとき，

$$\lim_{x\to\frac{\pi}{2}}\frac{ax+b}{\cos x}=\lim_{x\to\frac{\pi}{2}}\frac{a\left(x-\frac{\pi}{2}\right)}{\cos x}.$$

$x-\frac{\pi}{2}=\theta$ とおくと，$\lim_{\theta\to0}\frac{\sin\theta}{\theta}=1$ が適用できる.

30　$e^{\frac{3}{2}}$.

ヒント

$$\left(\frac{2n}{2n-1}\right)^{3n}=\left(1+\frac{1}{2n-1}\right)^{3n}$$
$$=\left\{\left(1+\frac{1}{2n-1}\right)^{2n-1}\right\}^{\frac{3n}{2n-1}}.$$

31　$a=1$，$b=\frac{3}{2}$，$c=-\frac{5}{8}$.

ヒント　$x\left\{\sqrt{x^2+3x+1}-(ax+b)\right\}$

$$=x^2\left\{\sqrt{1+\frac{3}{x}+\frac{1}{x^2}}-\left(a+\frac{b}{x}\right)\right\}.$$

$\lim_{x\to\infty}x^2=\infty$ であるから収束するためには，

$$\lim_{x\to\infty}\left\{\sqrt{1+\frac{3}{x}+\frac{1}{x^2}}-\left(a+\frac{b}{x}\right)\right\}=0$$

が必要.

32　3.

ヒント　(与式) $\Longleftrightarrow$ $x+\sin2x-x\sin x$

$\leqq f(x)-1$

$\leqq x+\sin 2x+x\sin x.$

$x=0$ を代入して，$f(0)=1$ を求める．

次に，$x>0$，$x<0$ に分けて，x で割る．

33　$\frac{1}{4}$.

ヒント　円の中心は $Q(0,\ 1-r)$ とおける．

$P(\theta,\ \cos 2\theta)$ とすると $QP=r$ より，

$$\theta^2+(1-r-\cos 2\theta)^2=r^2.$$

よって，

$$r=\frac{1}{2}\left(\frac{\theta^2}{1-\cos 2\theta}+1-\cos 2\theta\right).$$

34　π^3.

ヒント　$S_n=\frac{n}{2}\sin\frac{2\pi}{n}$.　$T_n=n\tan\frac{\pi}{n}$

35　(1)　$f(0)=0$.

(2)　1.

(3)　$f'(x)=f(x)+e^x$.

(4)　$g'(x)=1$，$f(x)=xe^x$.

ヒント　(1)　$s=t=0$ を代入する．

(2)　$\lim_{h\to 0}\frac{f(h)}{h}=\lim_{h\to 0}\frac{f(h)-f(0)}{h}$.

(3)　$f(x+h)=f(x)e^h+f(h)e^x$ より，

$$f(x+h)-f(x)$$
$$=f(x)(e^h-1)+f(h)e^x.$$
$$\frac{f(x+h)-f(x)}{h}$$
$$=f(x)\frac{e^h-1}{h}+e^x\frac{f(h)}{h}.$$

36　(1)　略.

(2)　$\theta_n=\frac{1}{2}\theta_{n-1}$，$\theta_n=\frac{\theta_0}{2^n}$.

(3)　$\frac{{\theta_0}^2}{2}$.

ヒント　(2)　$\cos^2\theta=\frac{1+\cos 2\theta}{2}$.

(3)　$\lim_{\theta\to 0}\frac{\sin\theta}{\theta}=1$.

4　微分

37　$\sqrt{3}$.

ヒント　$\frac{dy}{dx}=\frac{\frac{dy}{dt}}{\frac{dx}{dt}}=\frac{\sin t}{1-\cos t}$.

38　$a=-10$，$b=6$.

ヒント　$f(x)=e^{3x}\cos x$ を用いて両辺を計算し，係数を比べる．

39　$\sqrt{2}$.

ヒント　$\frac{1}{2}(e^x-e^{-x})=1$ より，

$$(e^x)^2-2e^x-1=0.$$

$e^x=X$ とおくと，

$$X^2-2X-1=0.$$
$$X=1\pm\sqrt{2}.$$

40　$y=\frac{e^2}{4}x$.

ヒント　$\left(t,\ \frac{e^t}{t}\right)$ における接線の方程式は，

$$y=\frac{(t-1)e^t}{t^2}(x-t)+\frac{e^t}{t}.$$

41　$\left(\log x+1+\frac{1}{x}\right)x^{x+1}$.

ヒント　$\log f(x)=(x+1)\log x$ の両辺を x で微分する．

42　(1)　$-\frac{a(\pi-\theta)(1-\cos\theta)}{\sin\theta}$.

(2)　$(\pi a,\ -2a)$ に近づく．

ヒント　(1)　$P(a(\theta-\sin\theta),\ a(1-\cos\theta))$ における法線の方程式は，

$$y=-\frac{1-\cos\theta}{\sin\theta}\{x-a(\theta-\sin\theta)\}$$
$$+a(1-\cos\theta).$$

(2)　$\pi-\theta=t$ とおくと，$\lim_{t\to 0}\frac{\sin t}{t}=1$ にもちこめる．

43　略.

ヒント　交点の x 座標を $x=t$ とおくと，

$$t\sin t=\cos t.$$

この下で，

$$(\sin t+t\cos t)\cdot(-\sin t)=-1$$

を示す．

44　$a=\frac{1}{2}(1+\log 2)$.

接線 $y=\frac{1}{\sqrt{2}}\left(x+1+\frac{1}{2}\log 2\right)$.

ヒント $f(x)=e^x$, $g(x)=\sqrt{x+a}$ が $x=t$ の点で共通の接線をもつことから,

$$f(t)=g(t),\ f'(t)=g'(t).$$

よって,

$$e^t=\sqrt{t+a},\ e^t=\frac{1}{2\sqrt{t+a}}.$$

45 (1) $f'(x)=\frac{1}{\sqrt{x^2+1}}$.

(2) 略.

(3) 略.

(4) $f^{(9)}(0)=11025$, $f^{(10)}(0)=0$.

ヒント

(4) $a_{n-1}=f^{(n-1)}(0)$ とおくと,

$a_{n+2}=-n^2a_n$ $(n=0,\ 1,\ 2,\ \cdots)$.

$a_0=0$, $a_1=1$.

5 グラフ

46 極大値 $1+\frac{5}{e^2}$, 極小値 $1-e$.

47

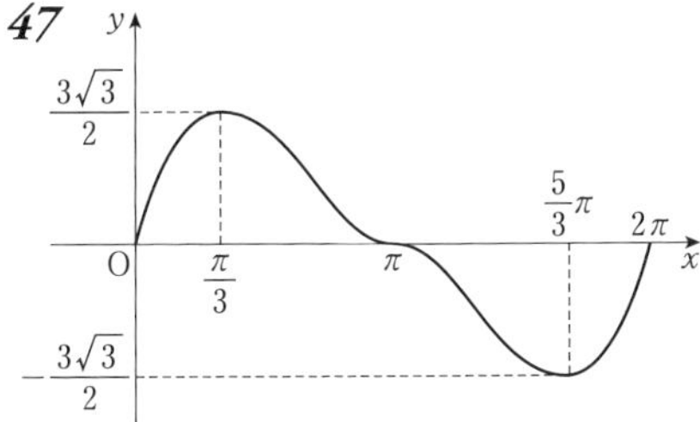

48

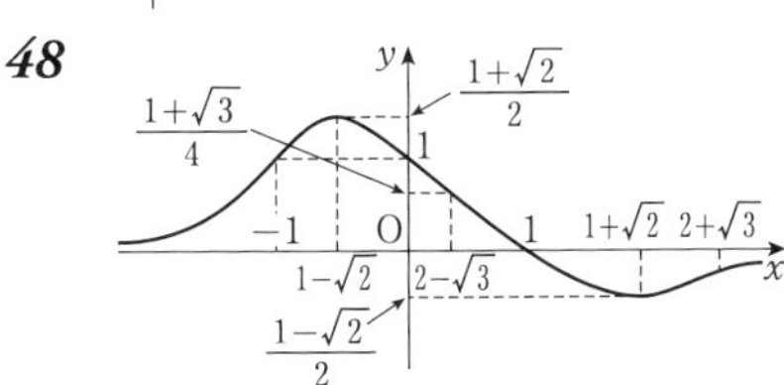

変曲点は $(-1,\ 1)$, $\left(2-\sqrt{3},\ \frac{1+\sqrt{3}}{4}\right)$, $\left(2+\sqrt{3},\ \frac{1-\sqrt{3}}{4}\right)$.

49 (1) $p=-21$, $q=1$.

(2) 極大値 -9, 極小値 $-\frac{49}{9}$.

変曲点 $(1,\ -5)$.

ヒント (1) $f'(x)=-\frac{px^2+2qx+3q}{(x^2+3x)^2}$.

$x=-\frac{1}{3}$ で極値 -9 をとるから,

$$f'\left(-\frac{1}{3}\right)=0,\ f\left(-\frac{1}{3}\right)=-9.$$

50 略.

ヒント (1) $f'(x)=\dfrac{\frac{x}{x+1}-\log(x+1)}{x^2}$.

$g(x)=\frac{x}{x+1}-\log(x+1)$ とおくと,

$$g'(x)=-\frac{x}{(x+1)^2}<0.$$

$g(0)=0$ より,

$x>0$ のとき $g(x)<0$.

よって,

$$f'(x)<0.$$

(2) (1)より,

$m>n$ のとき $f(m)<f(n)$.

51 $0<a<\frac{4}{e^2}$.

ヒント $f'(x)=\frac{1}{x^2}(ax^2e^{-ax}-1)$.

$g(x)=ax^2e^{-ax}-1$ $(x>0)$ とおいて, $g(x)$ の符号が変化する a の条件を求める.

52 (1) $a_n=\frac{n^n}{e^n}$.

(2) 1.

ヒント

(1) $f'(x)=\frac{(\log x)^{n-1}(n-\log x)}{x^2}$.

$(\log x)^{n-1}$ の部分の符号の変化に関して, $n=1$, n が偶数, n $(\geqq 3)$ が奇数の場合分けが必要である.

(2) $\frac{a_{n+1}}{na_n}=\frac{1}{e}\left(1+\frac{1}{n}\right)\left(1+\frac{1}{n}\right)^n$.

53 (1) $x_n=\frac{\pi}{4}+2(n-1)\pi$.

(2) $\frac{e^{\frac{7}{4}\pi}}{\sqrt{2}(e^{2\pi}-1)}$.

ヒント

(1) $f'(x)=-\sqrt{2}\,e^{-x}\sin\left(x-\frac{\pi}{4}\right)$.

(2) $f(x_n)=\frac{1}{\sqrt{2}}e^{-\frac{\pi}{4}}(e^{-2\pi})^{n-1}$.

54

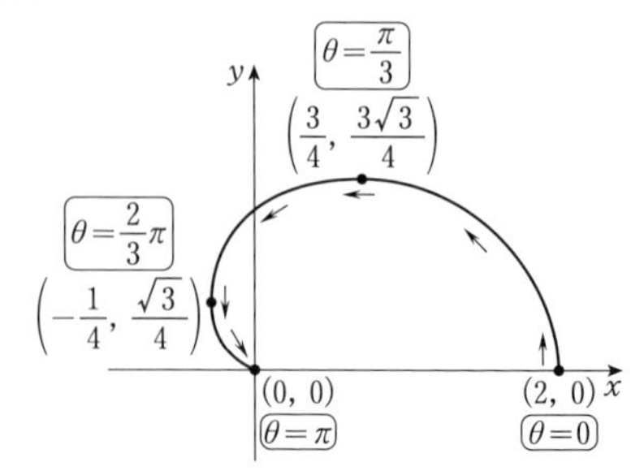

x 座標が最小となる点 $\left(-\frac{1}{4},\ \frac{\sqrt{3}}{4}\right)$,

y 座標が最大となる点 $\left(\frac{3}{4},\ \frac{3\sqrt{3}}{4}\right)$.

ヒント $\vec{v}=\left(\frac{dx}{d\theta},\ \frac{dy}{d\theta}\right)$ の向きを考える.

6 最大・最小

55 $1-4\log\left(4+2\sqrt{2}\right)$.

ヒント $f'(x)=\frac{2(x+1)(x^2-2x-1)}{x^2+1}$.

56 最大値 $\frac{3\sqrt{3}}{2}$, 最小値 0.

ヒント $-\frac{\pi}{2}\leqq x\leqq 0$ のとき,

$f(x)=\sin 2x-2\sin x$.
$f'(x)=2(2\cos x+1)(\cos x-1)$.

$0\leqq x\leqq\frac{\pi}{2}$ のとき,

$f(x)=\sin 2x+2\sin x$.
$f'(x)=2(2\cos x-1)(\cos x+1)$.

57 (1) $\frac{3a^2+1}{(1+a^2)^2}$.

(2) 最大値 $\frac{9}{8}$ $\left(a=\pm\frac{1}{\sqrt{3}}\right)$.

ヒント (1) $\left(a,\ \frac{1}{1+a^2}\right)$ における接線の方程式は,

$$y=-\frac{2a}{(1+a^2)^2}(x-a)+\frac{1}{1+a^2}.$$

(2) $1+a^2=t$ $(t\geqq 1)$ とおくと, 簡単な式になる.

58 最大値 $\frac{1}{e}$ $\left(a=\frac{1}{2}\right)$.

ヒント 面積を $S(a)$ とおくと,

$$S(a)=\frac{1}{4}(2a+1)^2e^{-2a}.$$

59 (1) $\frac{1}{2}\sin\theta(1-\cos\theta)$.

(2) $\frac{3\sqrt{3}}{8}$.

ヒント $PQ=\sin\theta$, $AQ=1-\cos\theta$.

60 最大値 $\frac{2\sqrt{2}}{3}+2$, 最小値 $\frac{2\sqrt{2}}{3}-2$.

ヒント $f'(x)=\cos 3x-4\cos 2x+\cos x$
$=(4\cos^3 x-3\cos x)-4(2\cos^2 x-1)$
$+\cos x$
$=2(\cos x-2)\left(\sqrt{2}\cos x-1\right)\left(\sqrt{2}\cos x+1\right)$.

61 $0<a<\frac{3}{\sqrt{10}}$ のとき, $\sqrt{1-a^2}$.

$\frac{3}{\sqrt{10}}\leqq a<1$ のとき, $\sqrt{10}-3a$.

ヒント $f'(x)=\frac{x-a\sqrt{x^2+1}}{\sqrt{x^2+1}}$.

$x\geqq 0$ だから $f'(x)=0$ より,

$$x=\frac{a}{\sqrt{1-a^2}}.$$

この値が $0\leqq x<3$ か $x\geqq 3$ かで場合分けをする.

$0<a<1$ より,

$$\frac{a}{\sqrt{1-a^2}}<3 \iff 0<a<\frac{3}{\sqrt{10}}.$$

$$\frac{a}{\sqrt{1-a^2}}\geqq 3 \iff \frac{3}{\sqrt{10}}\leqq a<1.$$

62 (1) $r=\frac{x\sqrt{1-x^2}}{1+x}$.

(2) $x=\frac{-1+\sqrt{5}}{2}$.

ヒント (1) 内接円の中心を O とすると,

$\triangle ABC = \triangle OAB + \triangle OBC + \triangle OCA$

より，

$$\frac{1}{2}\cdot 2x\cdot\sqrt{1-x^2} = \frac{1}{2}\cdot r\cdot(1+2x+1).$$

63 (1) 最大値 $\dfrac{2}{e}$，最小値 0.

(2) 略.

(3) 0.

ヒント (2) $x\to\infty$ のとき $x\geqq 1$ としてよいので，(1) より，

$$0\leqq\frac{\log x}{\sqrt{x}}\leqq\frac{2}{e}.$$

よって，

$$0\leqq\frac{\log x}{x}\leqq\frac{2}{e\sqrt{x}}.$$

(3) $\dfrac{\log(\log x)}{\sqrt{x}} = \dfrac{\log(\log x)}{\log x}\cdot\dfrac{\log x}{\sqrt{x}}.$

$\dfrac{\log(\log x)}{\log x}$ に対しては，$\log x = t$，

$\dfrac{\log x}{\sqrt{x}}$ に対しては，$\sqrt{x} = u$

と置き換える.

64 (1) $\sin^2\theta - \dfrac{1}{2}\theta + \dfrac{1}{2}\cos\theta\sin\theta.$

(2) $\dfrac{2}{\sqrt{5}}.$

ヒント

(1)

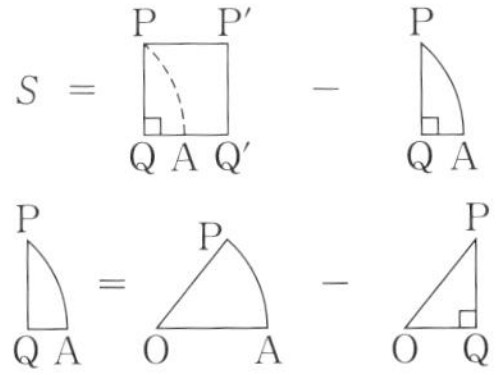

S = (P P′ Q A Q′) − (P Q A)

(P Q A) = (P O A) − (P O Q)

(2) $\dfrac{dS}{d\theta} = 2\sin\theta\cos\theta - \sin^2\theta.$

65 (1) $n^n e^{-n}.$

(2) 略.

ヒント (2) $f_n(n+1) < f_n(n)$，

$f_n(n-1) < f_n(n)$

を変形する.

7 方程式・不等式

66 $a\leqq 0$ のとき 1，$0<a<4$ のとき 2，$a=4$ のとき 1，$a>4$ のとき 0.

ヒント $y=(x+4)e^{-\frac{x}{4}}$ と $y=a$ との共有点の個数を求める.

67 $0<a<e.$

ヒント $y=e^x$ 上の点 $(t,\ e^t)$ における接線が $(1,\ a)$ を通る条件は，

$$a=(2-t)e^t.$$

そこで，$y=(2-t)e^t$ と $y=a$ が 2 点で交わる a の条件を求める.

このとき，$\displaystyle\lim_{t\to-\infty}(2-t)e^t=0$ である.

68 略.

ヒント $f(x)=x-\left(\tan x - \dfrac{\tan^3 x}{3}\right)$ とおいて，$f(x)>0$ を示す.

69 (1) 略.　(2) 略.　(3) 略.

ヒント (1) $f(t)=t-1-\log t$ の増減を調べる.

(2) (1) で $t=\dfrac{1}{u}$ とおく.

(3) $t=\dfrac{x}{y}$ とおく.

70 $a>\dfrac{2}{e}.$

ヒント $\log x < a\sqrt{x} \iff \dfrac{\log x}{\sqrt{x}} < a.$

$f(x)=\dfrac{\log x}{\sqrt{x}}$ とおいて，$f(x)$ の最大値を求める. a がその値よりも大きければよい.

71 $a>1+e^{-3}$ のとき 0，$a=1+e^{-3}$ のとき 1，$1<a<1+e^{-3}$ のとき 2，$a\leqq 1$ のとき 1.

ヒント $(a-1)e^x - x + 2 = 0$

$\iff a = 1+(x-2)e^{-x}.$

$y=1+(x-2)e^{-x}$ と $y=a$ の共有点の個数を求める.

このとき，$\displaystyle\lim_{x\to\infty}(x-2)e^{-x}=0$ である.

72 (1) 略.

(2) 証明略. $a=2$，$c=\dfrac{1}{2}\log 2.$

ヒント (1) $x\to+\infty$ を考えるから，

$x \geqq 1$ としてよい．このとき前半の不等式より，

$$0 \leqq \log x \leqq \frac{2}{e}\sqrt{x}.$$

よって，

$$0 \leqq \frac{\log x}{x} \leqq \frac{2}{e\sqrt{x}}.$$

(2) $y=\frac{\log x}{x}$ と $y=c$ の共有点の個数が 2 であることを示せばよい．

$\lim_{x \to +0} \frac{\log x}{x} = -\infty$ である．

73 (1) 略．

(2) 単調に減少する．

(3) $(1+a)^b > (1+b)^a$.

ヒント (1) $F(x)=\log(1+x)-\frac{x}{1+x}$ とおくと，$F'(x)>0$.

(2) $f'(x)=-\frac{F(x)}{x^2}$.

(3) (2)より，$0<a<b$ のとき，

$$f(a)>f(b)$$
$$\iff \log(1+a)^b > \log(1+b)^a.$$

74 略．

ヒント (3) 三角形ABCの外接円の半径を R とすると正弦定理より，

$$\mathrm{BC}=2R\sin\alpha,$$
$$\mathrm{CA}=2R\sin\beta,$$
$$\mathrm{AB}=2R\sin\gamma.$$

よって，

$$\frac{\mathrm{BC}}{\alpha} > \frac{\mathrm{CA}}{\beta} > \frac{\mathrm{AB}}{\gamma}$$
$$\iff \frac{\sin\alpha}{\alpha} > \frac{\sin\beta}{\beta} > \frac{\sin\gamma}{\gamma}.$$

75 (1) $r_n=\frac{L}{2n\sin\frac{\pi}{n}}$.

(2) $\frac{L}{2\pi}$.

(3) 略．

ヒント (2) $\theta=\frac{\pi}{n}$ とすると，

$$r_n=\frac{L}{2\pi}\cdot\frac{1}{\frac{\sin\theta}{\theta}}.$$

(3) $f(\theta)=\frac{\theta}{\sin\theta}\left(0<\theta<\frac{\pi}{2}\right)$ とおくと，

$$r_n=\frac{L}{2\pi}f\left(\frac{\pi}{n}\right).$$

そこで，$f(\theta)$ の増減を調べる．

76 略．

ヒント $f(x)=\cos^2 x+2\cos x-(3-2x^2)$ とおくと，

$$f'(x)=2\cos x(-\sin x)-2\sin x+4x.$$
$$f''(x)=2(1-\cos x)(2\cos x+3) \geqq 0.$$

77 略．

ヒント

$$(\text{与式}) \iff \frac{2}{a+b} < \frac{\log b-\log a}{b-a} < \frac{1}{\sqrt{ab}}$$
$$\iff \frac{2(b-a)}{a+b} < \log b-\log a < \frac{b-a}{\sqrt{ab}}.$$

ここで，

$$f(x)=\log x-\log a-\frac{2(x-a)}{a+x}, \quad (x>a>0)$$

$$g(x)=\frac{x-a}{\sqrt{ax}}-(\log x-\log a) \quad (x>a>0)$$

とおいて，微分法を用いて，$f(x)>0$, $g(x)>0$ を示す．

78 (1) 略．(2) 略．(3) $\frac{1}{2}$.

ヒント (1) $f''(x)$ の符号の変化から $f'(x)$ の増減を調べる．

(2) $f(x_n)=0$ より，

$$\frac{{x_n}^2+1}{4n}=1-\cos x_n.$$

$0<x_n<\frac{\pi}{2}$ から，左側にハサミウチの原理を用いる．

(3)
$$n{x_n}^2=\frac{({x_n}^2+1){x_n}^2}{4(1-\cos x_n)} = \frac{{x_n}^2+1}{4\cdot\frac{1-\cos x_n}{{x_n}^2}}.$$

$$\lim_{\theta\to 0}\frac{1-\cos\theta}{\theta^2}=\lim_{\theta\to 0}\left(\frac{\sin\theta}{\theta}\right)^2\frac{1}{1+\cos\theta}=\frac{1}{2}$$

を用いる．

79 (1) 略．

(2) 略．

ヒント (1) $2n\pi\leqq x\leqq 2n\pi+\dfrac{\pi}{2}$ における $y=f(x)$ のグラフを考える．

(2) $f(a_n)=0$ より，$\tan a_n=\dfrac{1}{a_n}$.

80

$$n(a)=\begin{cases}1 & \left(a<-2,\ a>-\dfrac{5}{4}-\log 2\right),\\ 2 & \left(a=-2,\ -\dfrac{5}{4}-\log 2\right),\\ 3 & \left(-2<a<-\dfrac{5}{4}-\log 2\right).\end{cases}$$

ヒント $(t,\ e^t)$ における $y=e^x$ の法線が $\mathrm{P}(a,\ 3)$ を通るとき，

$$a=e^{2t}-3e^t+t.$$

この方程式の実数解の個数を求める．

81 $0<a<\dfrac{1}{e}$ のとき，3 本．

$a=\dfrac{1}{e}$ のとき，2 本．

$a>\dfrac{1}{e}$ のとき，1 本．

ヒント $y=x\log x$ 上の点 $(t,\ t\log t)$ における接線と $y=ax^2$ 上の点 $(u,\ au^2)$ における接線が一致するから，

$$\log t+1=2au \text{ かつ } t=au^2.$$

82 略．

等号が成り立つのは $t=0,\ 1$ のとき．

ヒント $F(t)=(1-t)f(a)+tf(b)-f((1-t)a+tb)$

とおくと，

$$F'(t)=-f(a)+f(b)-f'((1-t)a+tb)(b-a).$$

$$F''(t)=-f''((1-t)a+tb)(b-a)^2<0.$$

83 $c\geqq 2$.

ヒント $f(x)=\cos 2x+cx^2-1$ とおくと，$f(-x)=f(x)$ であるから，$x\geqq 0$ において $f(x)\geqq 0$ となる c の値の範囲を求めればよい．

$$f'(x)=-2\sin 2x+2cx.$$

$$f''(x)=2(c-2\cos 2x).$$

$c\geqq 2,\ -2<c<2,\ c\leqq -2$ に場合分けして考える．

84 略．

ヒント

$$f_n(x)=1+\frac{x}{1!}+\frac{x^2}{2!}+\cdots+\frac{x^{n-1}}{(n-1)!}-\left(1-\frac{x^n}{n!}\right)e^x$$

とおいて，n に関する数学的帰納法を用いる．

85 略．

ヒント (2) (1)において，$x=x_i,\ y=\dfrac{1}{n}$ とすると，

$$x_i\left(\log x_i-\log\frac{1}{n}\right)\geqq x_i-\frac{1}{n}.$$

$i=1,\ 2,\ \cdots,\ n$ を代入して辺々加える．

86 略．

ヒント (2) 平均値の定理

「$a<b$ のとき

$$\frac{f(b)-f(a)}{b-a}=f'(c),\quad a<c<b$$

となる c が存在する」

を用いる．

(3) (1)の解 α について，

$$a_n-\alpha=f(a_{n-1})-f(\alpha)$$

に(2)の不等式を用いる．

8 速度・加速度

87 順に 8，2．

88 $\dfrac{3}{2}$.

89 (1) $\dfrac{1}{3}t^3-2t^2+3t$.

(2) $t=2,\ v=-1$.

ヒント 時刻 t における P の座標を

$$x(t)=at^3+bt^2+ct+d$$

とおくと，条件より，

$$x(0)=x(3)=0,\quad x'(0)=3,\quad x'(3)=0.$$

90 (1) $\dfrac{\sqrt{p^2+1}}{a}+\dfrac{\sqrt{(1-p)^2+1}}{b}$.

(2) 略.　(3) 略.

(4) $\dfrac{a}{b}$.

ヒント (2) $f''(p)>0$ を示す.

(3) $f'(0)<0$, $f'(1)>0$ を示す.

(4) (3)の p に対し, $f'(p)=0$.

第3章　積分法

9　不定積分・定積分

91　(1) $\dfrac{1}{2}$.

(2) $\dfrac{1}{3}$.

(3) $\dfrac{1}{4}$.

ヒント (1) $\sin 3x\cos x$

$=\dfrac{1}{2}(\sin 4x+\sin 2x)$.

(2) $\sqrt{2x+1}=t$ とおくと,

$(\text{与式})=\displaystyle\int_1^{\sqrt{3}}\frac{1}{2}(t^2-1)\,dt$.

(3) $(\text{与式})=\displaystyle\int_0^1\left(\frac{x^2-1}{2}\right)'\log(x+1)\,dx$.

92　$(x^2-2x+2)e^x+C$.

(C は積分定数)

93　$e-2+\dfrac{1}{e}$.

ヒント $(\text{与式})=\displaystyle\int_{-1}^0(-e^x+1)\,dx$

$\displaystyle+\int_0^1(e^x-1)\,dx$.

94　$\dfrac{9}{4}\pi$.

ヒント　$x=3\sin\theta\ \left(-\dfrac{\pi}{2}\leqq\theta\leqq\dfrac{\pi}{2}\right)$

とおく.

95　$a=0$, $b=\dfrac{1}{3}$, 最小値 $\dfrac{8}{45}$.

ヒント

$(\text{与式})=\displaystyle\int_{-1}^1\{x^4-2ax^3+(a^2-2b)x^2$

$+2abx+b^2\}\,dx$

$=2\left(\dfrac{1}{3}a^2+b^2-\dfrac{2}{3}b+\dfrac{1}{5}\right)$.

96　(1) $n=1$ のとき π, $n\geqq 2$ のとき 0.

(2) $\log 2$.

(3) $2e^2$.

ヒント (1) $\cos nx\cos x$

$=\dfrac{1}{2}\{\cos(n+1)x+\cos(n-1)x\}$.

$n\neq 1$, $n=1$ の場合分けがいる.

(2) $\log x=t$ とおく.

(3) $\sqrt{x}=t$ とおく.

97　$2\sqrt{5}-3$.

ヒント　$\cos\alpha=\dfrac{1}{\sqrt{5}}$, $\sin\alpha=\dfrac{2}{\sqrt{5}}$

$(\tan\alpha=2)$, $0<\alpha<\dfrac{\pi}{2}$ とおくと,

$(\text{与式})=\displaystyle\int_0^\alpha(2\cos x-\sin x)\,dx$

$\displaystyle+\int_\alpha^{\frac{\pi}{2}}(\sin x-2\cos x)\,dx$.

98　順に,

$e^{\frac{\pi}{2}}$, -1, $\dfrac{1}{2}(e^{\frac{\pi}{2}}-1)$, $\dfrac{1}{2}(e^{\frac{\pi}{2}}+1)$.

ヒント

$A+B=\displaystyle\int_0^{\frac{\pi}{2}}(e^x\cos x+e^x\sin x)\,dx$

$=\displaystyle\int_0^{\frac{\pi}{2}}(e^x\sin x)'\,dx$

$=\Big[e^x\sin x\Big]_0^{\frac{\pi}{2}}$.

$A-B=\displaystyle\int_0^{\frac{\pi}{2}}(e^x\cos x-e^x\sin x)\,dx$

$=\displaystyle\int_0^{\frac{\pi}{2}}(e^x\cos x)'\,dx$

$=\Big[e^x\cos x\Big]_0^{\frac{\pi}{2}}$.

99　(1) $\dfrac{1}{n+1}-\dfrac{2}{n+2}+\dfrac{1}{n+3}$.

(2) $\dfrac{1}{6}$.

ヒント (1) $1-\sin x=t$ とおくと,

$a_n=\displaystyle\int_0^1(t^n-2t^{n+1}+t^{n+2})\,dt$.

(2) $\displaystyle\sum_{k=1}^{n}a_k=\sum_{k=1}^{n}\left\{\left(\frac{1}{k+1}-\frac{1}{k+2}\right)-\left(\frac{1}{k+2}-\frac{1}{k+3}\right)\right\}$

$\displaystyle=\sum_{k=1}^{n}\left\{\frac{1}{(k+1)(k+2)}-\frac{1}{(k+2)(k+3)}\right\}.$

100 (1) 略.

(2) $\dfrac{\pi}{4}$.

ヒント (1) $a-x=t$ とおくと,

$$\int_0^{\frac{a}{2}}f(a-x)\,dx=\int_{\frac{a}{2}}^{a}f(t)\,dt=\int_{\frac{a}{2}}^{a}f(x)\,dx.$$

(2) (1)の式に,

$$f(x)=\frac{\cos x}{\sin x+\cos x},\quad a=\frac{\pi}{2}$$

を代入する.

101 (1) $(2n-1)\pi$.

(2) π.

ヒント (1) $(n-1)\pi\leqq x\leqq n\pi$ で,

$$|\sin x|=(-1)^{n-1}\sin x.$$

よって,

$$(\text{与式})=(-1)^{n-1}\int_{(n-1)\pi}^{n\pi}x\sin x\,dx.$$

また,

$$\cos n\pi=(-1)^n,$$
$$\cos(n-1)\pi=(-1)^{n-1},$$
$$\sin n\pi=\sin(n-1)\pi=0.$$

(2) $nx=t$ とおくと,

$$(\text{与式})=\frac{1}{n^2}\int_0^{n\pi}t|\sin t|\,dt=\frac{1}{n^2}\sum_{k=1}^{n}\int_{(k-1)\pi}^{k\pi}t|\sin t|\,dt.$$

102 (1) $a=-1,\ b=1,\ c=1$.

(2) $\log\dfrac{e+1}{2}-\dfrac{1}{e}$.

ヒント (1) 分母を払って係数を比べる.

(2) $e^x=t$ とおくと,

$$(\text{与式})=\int_1^e\frac{dt}{t^2(t+1)}.$$

これに(1)を用いる.

103 (1) $\dfrac{2\pi}{m}(-1)^{m+1}$.

(2) $m\neq n$ のとき, 0.

$m=n$ のとき, π.

(3) $\dfrac{2}{3}\pi^3+\pi a^2+\pi b^2-4\pi a+2\pi b$.

(4) $a=2,\ b=-1$ のとき最小で,
最小値は,

$$\frac{2}{3}\pi^3-5\pi.$$

ヒント (3) 展開して計算する. その際, (1), (2)の結果が利用できる.

(4) 平方完成する.

104 $\dfrac{\pi}{4}\log 3$.

ヒント

$$\int_0^{\pi}\frac{x\sin x}{3+\sin^2 x}dx=\frac{\pi}{2}\int_0^{\pi}\frac{\sin x}{3+\sin^2 x}dx=\frac{\pi}{2}\int_0^{\pi}\frac{\sin x}{4-\cos^2 x}dx.$$

10 積分で定義された数列・関数

105 (1) π.

(2) $2x-\dfrac{2}{3}\pi$.

ヒント (2) $\displaystyle\int_0^{\pi}f(t)\sin t\,dt=a$ とおくと,

$$f(x)=2x-a.$$

106 $\dfrac{2(1-x^2)}{(1+x^2)^2}$.

ヒント

$$(\text{与式})\iff x\int_0^x f(t)\,dt-\int_0^x tf(t)\,dt=\log(1+x^2).$$

両辺を x で微分すると,

$$(\text{左辺})=\int_0^x f(t)\,dt,\ (\text{右辺})=\frac{2x}{1+x^2}.$$

さらに, 両辺を x で微分する.

107 (1) $\left(2x-\dfrac{\pi}{2}\right)\sin x+2\cos x-1$.

(2) 最大値 1, 最小値 $\sqrt{2}-1$.

ヒント (1) $\displaystyle f(x)=\int_0^x(\sin x-\sin t)\,dt$

$$+\int_x^{\frac{\pi}{2}}(\sin t-\sin x)\,dt.$$

108　(1)　1.
(2)　$I_{n+1}=e-(n+1)I_n$.
(3)　$9e-24$.

ヒント

(1)　$I_1=\int_1^e (x)'\log x\,dx$.

(2)　$I_{n+1}=\int_1^e (x)'(\log x)^{n+1}\,dx$.

(3)　(2)の漸化式をくり返し用いる.

109　(1)　$\sin x+\dfrac{2}{1-\pi}$.

(2)　$g(x)=\sin x+\dfrac{2}{1-\pi}$,

$$h(x)=\sin x-\cos x+1+\frac{2}{1-\pi}x.$$

ヒント　(1)　$\int_0^{\pi} f(t)\,dt=a$ とおくと,

$$f(x)=\sin x+a.$$

(2)　第2式を x で微分して,

$$h'(x)=\cos x+g(x).$$

よって,

$$g(x)=\sin x+\int_0^{\pi}\{\cos t+g(t)\}\,dt$$
$$=\sin x+\int_0^{\pi}g(t)\,dt.$$

110　(1)　$f(0)=0$.　　(2)　略.
(3)　$f(x)=2x-2+2e^{-x}$.

ヒント　(1)　$f(x)=x^2-x\int_0^x f'(t)\,dt$

$$+\int_0^x tf'(t)\,dt \text{ より},$$

$$f'(x)=2x-\int_0^x f'(t)\,dt$$
$$=2x-\Big[f(t)\Big]_0^x$$
$$=2x-f(x)+f(0)$$
$$=2x-f(x).$$

111　$2\log(\sqrt{2}+1)$.

ヒント　$f(x)=\int_0^x \dfrac{d\theta}{\cos\theta}-\int_{\frac{\pi}{2}}^x \dfrac{d\theta}{\sin\theta}$

より,

$$f'(x)=\frac{1}{\cos x}-\frac{1}{\sin x}$$
$$=\frac{\sqrt{2}\sin\left(x-\frac{\pi}{4}\right)}{\sin x\cos x}.$$

また,

$$f\left(\frac{\pi}{4}\right)=\int_0^{\frac{\pi}{4}}\frac{d\theta}{\cos\theta}+\int_{\frac{\pi}{4}}^{\frac{\pi}{2}}\frac{d\theta}{\sin\theta}$$
$$=2\int_0^{\frac{\pi}{4}}\frac{d\theta}{\cos\theta}.$$

112　(1)　$\cos\theta=\dfrac{t}{\sqrt{t^2+1}}$,

$$\sin\theta=\frac{1}{\sqrt{t^2+1}}.$$

(2)　$\sqrt{3}-1$.

ヒント　(2)　$f(t)=\int_0^{\theta}(\cos x-t\sin x)\,dx$

$$+\int_{\theta}^{\frac{\pi}{2}}(-\cos x+t\sin x)\,dx.$$

113　最大値 $2\sqrt{2}$ $\left(x=\dfrac{\pi}{2}\right)$,

最小値 -2 $\left(x=\dfrac{7}{4}\pi\right)$.

ヒント　$x\geqq\pi$ のとき,

$$(\text{与式})=\int_0^{\pi}\sin\left(-t+x+\frac{\pi}{4}\right)dt.$$

$0\leqq x\leqq\pi$ のとき,

$$(\text{与式})=\int_0^x\sin\left(-t+x+\frac{\pi}{4}\right)dt$$
$$+\int_x^{\pi}\sin\left(t-x+\frac{\pi}{4}\right)dt.$$

114　(1)　$\dfrac{1}{p+1}$.
(2)　略.
(3)　略.

ヒント

(2)　$I_{p,q}=\int_0^1\left(\dfrac{t^{p+1}}{p+1}\right)'(1-t)^q\,dt$.

(3)　$I_{p,q}=\dfrac{q}{p+1}I_{p+1,q-1}$,

$$I_{p+1,q-1}=\frac{q-1}{p+2}I_{p+2,q-2},$$
$$I_{p+2,q-2}=\frac{q-2}{p+3}I_{p+3,q-3},$$
$$\vdots \qquad .$$

11 定積分と極限・不等式

115 $\dfrac{1}{2}$.

ヒント (与式)$=\displaystyle\int_0^1 \frac{1}{(1+x)^2}\,dx$.

116 (1) $\dfrac{\pi}{4}$. (2) 略.

ヒント (1) $x=\tan\theta\ \left(-\dfrac{\pi}{2}<\theta<\dfrac{\pi}{2}\right)$ とおく.

(2) $0\leqq x\leqq 1$ のとき，$0\leqq x^4\leqq x^2\leqq 1$.

$$\frac{1}{1+x^2}\leqq\frac{1}{1+x^4}\leqq 1.$$

等号が成り立つのは，$x=0$ または 1 のときのみだから，

$$\int_0^1\frac{1}{1+x^2}\,dx<\int_0^1\frac{1}{1+x^4}\,dx<\int_0^1 dx.$$

117 (1) $\displaystyle\int_k^{k+1}\frac{dx}{x}<\frac{1}{k}<\int_{k-1}^{k}\frac{dx}{x}$.

(2) $\displaystyle\int_{n+1}^{2n+1}\frac{dx}{x}<\frac{1}{n+1}+\cdots+\frac{1}{2n}<\int_n^{2n}\frac{dx}{x}$.

ヒント

(1)

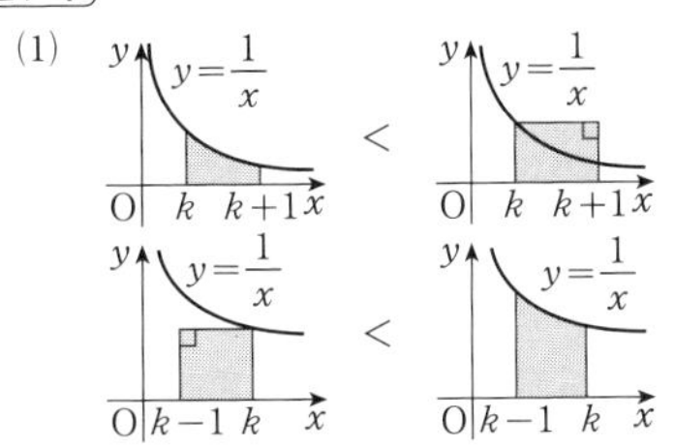

(2) (1)の不等式に $k=n+1,\ n+2,\ \cdots,\ 2n$ を代入して辺々加える.

118 (1) $4\log\dfrac{4}{3}-1$.

(2) $\dfrac{256}{27e}$.

ヒント (1) (与式)$=\displaystyle\int_0^1\log\left(1+\frac{x}{3}\right)dx$.

(2) $a_n=\dfrac{1}{n}\sqrt[n]{(3n+1)(3n+2)\cdots(4n)}$

とおくと，

$$\log a_n=\log 3+\frac{1}{n}\sum_{k=1}^{n}\log\left(1+\frac{k}{3n}\right).$$

119 (1) $\dfrac{1}{2}a^2\left(\dfrac{k}{n}\pi-\sin\dfrac{k}{n}\pi\right)$.

(2) $\dfrac{a^2}{4\pi}(\pi^2-4)$.

ヒント (2) (与式)$=\dfrac{1}{2}a^2\displaystyle\int_0^1(\pi x-\sin\pi x)\,dx$.

120 (1) 略.

(2) 1.

ヒント

(1)

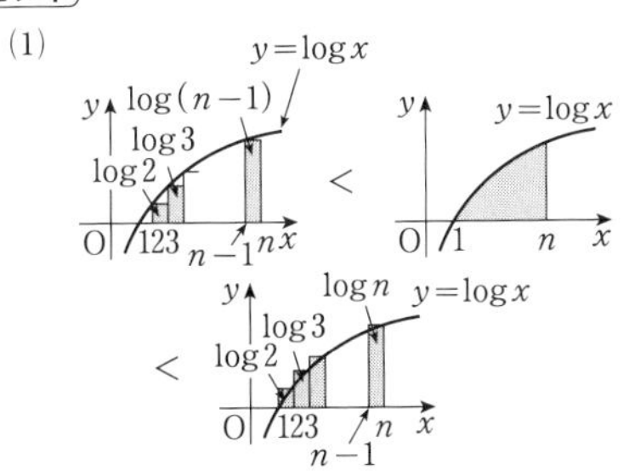

(2) (1)より，

$$a_n-\log n<n\log n-n+1<a_n.$$

$$n\log n-n+1<a_n<(n+1)\log n-n+1.$$

121 略.

ヒント

(1)

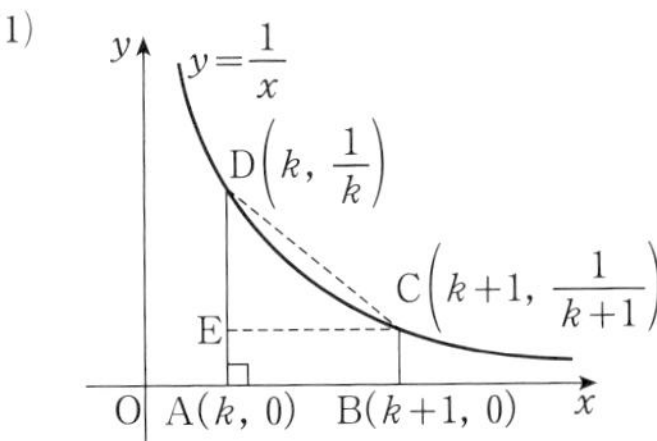

図より，

(2) $\displaystyle\frac{1}{k+1}<\int_k^{k+1}\frac{1}{x}\,dx$

に $k=1,\ 2,\ \cdots,\ n-1$ を代入して辺々加える.

$$\int_k^{k+1}\frac{1}{x}\,dx<\frac{1}{2}\left(\frac{1}{k}+\frac{1}{k+1}\right)$$

に $k=1,\ 2,\ \cdots,\ n$ を代入して辺々加える.

122 (1) 略.

(2) 略.

ヒント

(1) $f(x)=e^x+e^{-x}-(2+x^2)$ のグラフを考える.

(2) $e^{\cos t}+e^{-\cos t}\geqq 2+\cos^2 t$

の両辺を $0\leqq t\leqq \pi$ の範囲で積分する.

123 (1) $f'(x)=-e^{-x}\sin x+e^{-x}\cos x$,

$g'(x)=-e^{-x}\cos x-e^{-x}\sin x$.

(2) $I_k+J_k=(-1)^{k-1}(e^{-\pi}+1)(e^{-\pi})^{k-1}$,

$I_k-J_k=0$.

(3) $\dfrac{e^{\pi}+1}{2(e^{\pi}-1)}$.

ヒント (3) $S_n=\displaystyle\sum_{k=1}^{n}\int_{(k-1)\pi}^{k\pi}e^{-x}|\sin x|\,dx$.

$(k-1)\pi\leqq x\leqq k\pi$ のとき,

$e^{-x}|\sin x|=(-1)^{k-1}e^{-x}\sin x$.

124 (1) $\dfrac{1-(-1)^n x^{2n}}{1+x^2}$.

(2) 略.

(3) $\dfrac{\pi}{4}$.

(4) 略.

(5) $\dfrac{\pi}{4}$.

ヒント

(2) $S_n=\displaystyle\int_0^1\{1-x^2+\cdots+(-1)^{n-1}x^{2n-2}\}\,dx$.

(3) $0\leqq x\leqq 1$ のとき,

$$0\leqq\frac{x^{2n}}{1+x^2}\leqq x^{2n}.$$

125 (1) 略.

(2) $\dfrac{\pi}{2n}$.

(3) 略.

(4) $\dfrac{\pi}{2}$.

ヒント

(1) $x_n=\displaystyle\int_0^{\frac{\pi}{2}}(\sin\theta)'\cos^{n-1}\theta\,d\theta$.

(2) $nx_nx_{n-1}=(n-1)x_{n-1}x_{n-2}$.

(3) $0\leqq\theta\leqq\dfrac{\pi}{2}$ のとき,

$$\cos^n\theta\geqq\cos^{n+1}\theta.$$

等号は $\theta=0,\ \dfrac{\pi}{2}$ のときのみ成り立つ.

(4) $n\geqq 1$ のとき,

$$x_{n-1}>x_n>x_{n+1}.$$

$$x_nx_{n-1}>{x_n}^2>x_nx_{n+1}.$$

これに(2)の結果を用いる.

126 略.

ヒント (1) $0\leqq t\leqq 1$ のとき,

$0\leqq t^ne^{-t}\leqq e^{-t}$.

(3) $a_{n+1}=\dfrac{1}{(n+1)!}\displaystyle\int_0^1 t^{n+1}(-e^{-t})'\,dt$.

(4) $\dfrac{1}{(k+1)!}=e(a_k-a_{k+1})$

に $k=1,\ 2,\ 3,\ \cdots,\ n-1$ を代入して辺々加える.

127 (1) $I_1=\dfrac{1}{2}\log 2$. $I_n+I_{n+2}=\dfrac{1}{n+1}$.

(2) 略.

(3) $\dfrac{1}{2}$.

ヒント (2) $0\leqq\theta\leqq\dfrac{\pi}{4}$ のとき,

$$\tan^n\theta\geqq\tan^{n+1}\theta.$$

(3) $2I_{n+1}\leqq I_n+I_{n+1}\leqq 2I_n$.

128 (1) $I_{n+1}=e-(n+1)I_n$.

(2) 略.

(3) e.

(4) $-2e$.

ヒント (1) $I_{n+1}=\displaystyle\int_0^1 x^{n+1}(e^x)'\,dx$.

(2) $0\leqq x\leqq 1$ のとき,

$$0<I_{n+1}<I_n.$$

(4) $I_{n+1}=e-nI_n-I_n$ より,

$$nI_n-e=-(I_n+I_{n+1}).$$

12 面積

129 $\dfrac{2\pi}{3}+\sqrt{3}$.

ヒント (面積)$=2\displaystyle\int_{\frac{\pi}{6}}^{\frac{\pi}{2}}(2\sin^2 x-\cos 2x)\,dx$.

130 (1) $\mathrm{P}\left(\dfrac{1}{2}(\pi-a),\ \cos\dfrac{a}{2}\right)$.

(2) $\dfrac{\pi}{3}$.

ヒント

(2) $\dfrac{1}{2}\displaystyle\int_0^{\pi}\sin x\,dx=2\int_0^{\frac{\pi-a}{2}}\sin x\,dx$.

131 $\dfrac{2\sqrt{3}}{3}\pi+3$.

ヒント (面積)$=2\sqrt{3}\displaystyle\int_0^1\sqrt{4-x^2}\,dx$.

132 (1) $a=\dfrac{1}{2e}$,

接点の座標$\left(\sqrt{e},\ \dfrac{1}{2}\right)$.

(2) $\dfrac{2}{3}\sqrt{e}-1$.

ヒント (1) 接点の x 座標を $x=t$ とおくと,

$$at^2=\log t,\ 2at=\frac{1}{t}.$$

133 (1) $y=e^{1-n}(x-n)$.

(2) $\dfrac{1}{2}(1-2e^{-1})(e^{-1})^{n-1}$.

(3) $\dfrac{e-2}{2(e-1)}$.

ヒント (1) 点 $(t,\ e^{t-2n})$ における接線

$$y=e^{t-2n}(x-t)+e^{t-2n}$$

が $(n,\ 0)$ を通るとき,

$$0=e^{t-2n}(n-t)+e^{t-2n}.$$

$$t=n+1.$$

(2) $S_n=\displaystyle\int_n^{n+1}\{e^{x-2n}-e^{1-n}(x-n)\}\,dx$.

134 (1) $a\log a+\left(a+\dfrac{3}{2}\right)\log\left(a+\dfrac{3}{2}\right)-2a+\dfrac{1}{2}$.

(2) $\dfrac{1}{2}(3\log 2-1)$.

ヒント (1)

$$S(a)=\int_a^1(-\log x)\,dx+\int_1^{a+\frac{3}{2}}\log x\,dx$$

$$=\Big[x-x\log x\Big]_a^1+\Big[x\log x-x\Big]_1^{a+\frac{3}{2}}.$$

(2) $S'(a)=\log a\left(a+\dfrac{3}{2}\right)$.

135 (1)

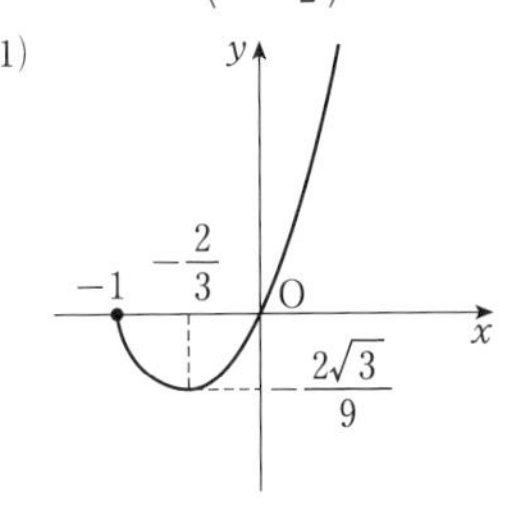

(2) $\dfrac{16}{15}\sqrt{2}$.

ヒント

(2) $\sqrt{x+1}=t$ とおく.

136 (1) $y=\pm 2x\sqrt{1-x^2}$.

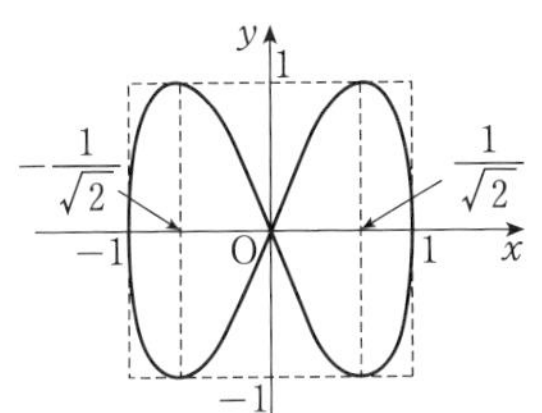

(2) $\dfrac{8}{3}$.

ヒント (1) $y=2\sin t\cos t$

$$=\pm 2\cos t\sqrt{1-\cos^2 t}.$$

(2) (面積)$=4\displaystyle\int_0^1 2x\sqrt{1-x^2}\,dx$

$$=8\left[-\frac{1}{3}(1-x^2)^{\frac{3}{2}}\right]_0^1.$$

137 略.

ヒント

$$S=\int_a^{\frac{2ab}{a+b}}\left\{\frac{1}{x}-\left(-\frac{x}{a^2}+\frac{2}{a}\right)\right\}dx$$

$$+\int_{\frac{2ab}{a+b}}^{b}\left\{\frac{1}{x}-\left(-\frac{x}{b^2}+\frac{2}{b}\right)\right\}dx.$$

138 (1)

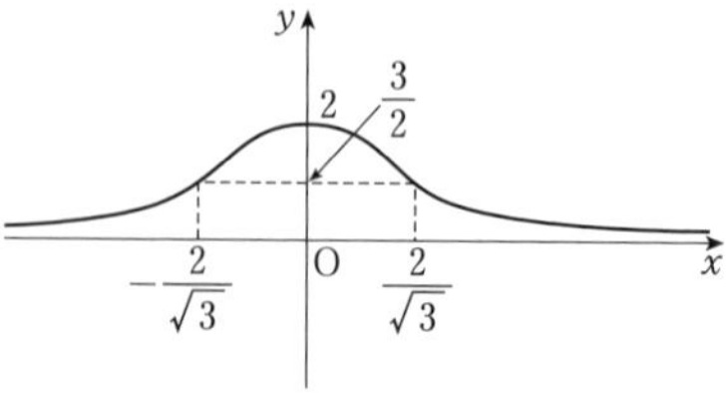

(2) $2\left(\pi-\dfrac{2}{3}\right)$.

ヒント

(1) $$y'=\frac{-16x}{(x^2+4)^2},$$
$$y''=\frac{16(3x^2-4)}{(x^2+4)^3}.$$

(2) $(\text{面積})=2\displaystyle\int_0^2\left(\frac{8}{x^2+4}-\frac{x^2}{4}\right)dx$.

ここで，$x=2\tan\theta$ とおくと，
$$\int_0^2\frac{8}{x^2+4}\,dx=4\int_0^{\frac{\pi}{4}}d\theta.$$

139 $\dfrac{3}{4}$.

ヒント $\cos t=\dfrac{1}{\sqrt{a^2+1}}$, $\sin t=\dfrac{a}{\sqrt{a^2+1}}$,
$$0<t<\frac{\pi}{2}$$
とおくと，
$$\frac{1}{2}\int_0^{\frac{\pi}{2}}\sin x\,dx=\int_t^{\frac{\pi}{2}}(\sin x-a\cos x)\,dx.$$
よって，
$$\frac{1}{2}=-a+\sqrt{a^2+1}.$$

140 (1) n.

(2) $\dfrac{e-2}{2e}(e^{-1})^{n-1}$.

(3) $\dfrac{e-2}{2(e-1)}$.

ヒント

(2) $S_n=$ 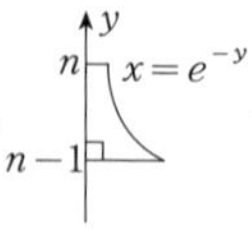

$-$ 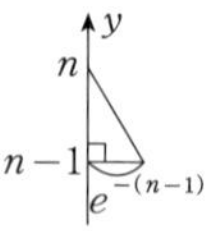

$$=\int_{n-1}^{n}e^{-y}\,dy-\frac{1}{2}e^{-(n-1)}.$$

141 (1) $\dfrac{a+b}{2}$.

(2) $\log\dfrac{27}{16}$.

ヒント

(1) $$S(t)=\int_a^t\{f(t)-f(x)\}\,dx+\int_t^b\{f(x)-f(t)\}\,dx$$
$$=f(t)(t-a)-\int_a^t f(x)\,dx-\int_b^t f(x)\,dx+f(t)(t-b).$$
よって，
$$S'(t)=f'(t)(2t-a-b).$$

142 (1)

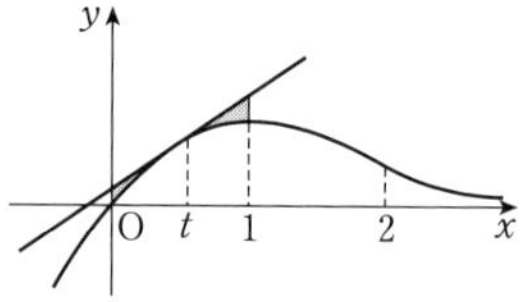

$$S(t)=\frac{1}{2}(2t^2-t+1)e^{-t}+2e^{-1}-1.$$

(2) $\dfrac{1}{2}$.

ヒント (1) $S(t)=$
$$\int_0^1\{(1-t)e^{-t}(x-t)+te^{-t}-xe^{-x}\}\,dx.$$

(2) $S'(t)=-\dfrac{1}{2}(2t-1)(t-2)e^{-t}$.

143 $a=\dfrac{2}{\sqrt{3}}$，最大値 $\dfrac{\pi}{3}$.

ヒント $a\sin t=1\left(0<t<\dfrac{\pi}{2}\right)$ とおくと，
$$S_2-S_1=\int_0^t a\sin x\,dx+\frac{\pi}{2}-t-\int_t^{\frac{\pi}{2}}(a\sin x-1)\,dx$$
$$=-2a\cos t+a-2t+\pi$$
$$=\frac{1-2\cos t}{\sin t}-2t+\pi.$$

144 (1) $e^{-k}\sin k$.

(2) $\frac{1}{4}(1-e^{-2\pi})$.

ヒント

(1) $(e^{-t}\sin t)'=-e^{-t}\sin t+e^{-t}\cos t$
$=e^{-t}(\cos t-\sin t)$.

(2) $y=\begin{cases} y_1 \left(0\leqq t\leqq \frac{3}{4}\pi\right), \\ y_2 \left(\frac{3}{4}\pi\leqq t\leqq \pi\right), \end{cases}$

$X=-\frac{1}{\sqrt{2}}e^{-\frac{3}{4}\pi}$

とすると,

$$(\text{面積})=\int_X^1 y_1\,dx-\int_X^{-e^{-\pi}} y_2\,dx$$
$$=\int_{\frac{3}{4}\pi}^0 y\frac{dx}{dt}\,dt-\int_{\frac{3}{4}\pi}^{\pi} y\frac{dx}{dt}\,dt$$
$$=\int_{\pi}^0 y\frac{dx}{dt}\,dt.$$

145 (1) $\overrightarrow{\mathrm{OP}}=(\sin t-t\cos t,$
$1+\cos t+t\sin t)$.

(2) $\frac{\pi}{2}+\frac{\pi^3}{6}$.

ヒント

(1) $\overrightarrow{\mathrm{OP}}=\overrightarrow{\mathrm{OA}}+\overrightarrow{\mathrm{AQ}}+\overrightarrow{\mathrm{QP}}$.
$\overrightarrow{\mathrm{OA}}=(0,\ 1)$,
$\overrightarrow{\mathrm{AQ}}=\left(\cos\left(\frac{\pi}{2}-t\right),\ \sin\left(\frac{\pi}{2}-t\right)\right)$,
$\overrightarrow{\mathrm{QP}}=(t\cos(\pi-t),\ t\sin(\pi-t))$.

(2) $(\text{面積})=\int_0^{\pi} y\,dx$
$=\int_0^{\pi} y\frac{dx}{dt}\,dt$.

13 体積

146 (1) $\frac{56}{15}\pi$.

(2) 8π.

147 $\pi\left(2-\frac{5}{e}\right)$.

ヒント $(\text{体積})=\int_1^e \pi\left(\frac{\log x}{x}\right)^2 dx$
$=\pi\int_1^e \left(-\frac{1}{x}\right)'(\log x)^2\,dx$.

148 $\frac{4}{3}\pi$.

ヒント

$$V(a)=\frac{1}{3}\pi+\int_1^a \pi\left(\frac{1}{\pi}\right)^2 dx-\frac{\pi}{3}a\left(\frac{1}{a}\right)^2.$$

149 $(2e^2-e)\pi$.

ヒント $(\text{体積})=\int_e^{e^2}\pi(-\log y)^2\,dy$
$=\pi\int_e^{e^2}(y)'(\log y)^2\,dy$.

150 $\frac{\sqrt{3}}{4}\left(e^2+4-\frac{1}{e^2}\right)$.

ヒント $V=2\int_0^1 \frac{\sqrt{3}}{4}\{2f(x)\}^2\,dx$.

151 (1) $1+\cos t$.

(2) π.

ヒント (1) $x=t$ を代入して,
$0\leqq t\leqq \pi$, $0\leqq y\leqq \pi$, $0\leqq z\leqq \sin(y+t)$.
切り口を yz 平面上で考えると図の網目部分.

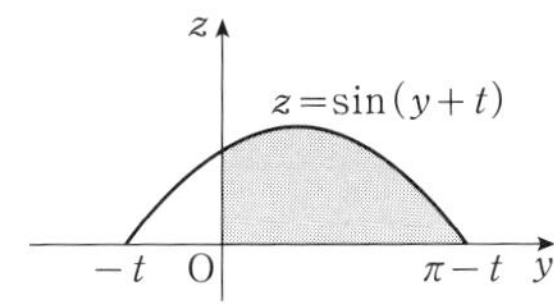

(2) $V=\int_0^{\pi}(1+\cos t)\,dt$.

152 (1)

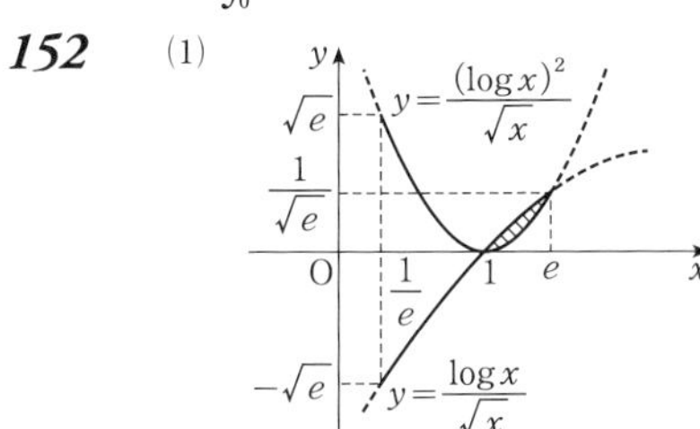

(2) $\frac{2}{15}\pi$.

ヒント (2) (体積)$=$

$$\int_1^e\left\{\pi\left(\frac{\log x}{\sqrt{x}}\right)^2-\pi\left(\frac{(\log x)^2}{\sqrt{x}}\right)^2\right\}dx.$$

153 $\frac{9}{5}\pi$.

ヒント

$$(\text{体積})=\int_0^3\left\{\pi\left(1-\frac{x^2}{9}\right)-\pi\left(1-\sqrt{\frac{x}{3}}\right)^4\right\}dx.$$

$1-\sqrt{\dfrac{x}{3}}=t$ とおくと，

$$\int_0^3\left(1-\sqrt{\frac{x}{3}}\right)^4 dx=6\int_0^1(t^4-t^5)\,dt.$$

154 (1)

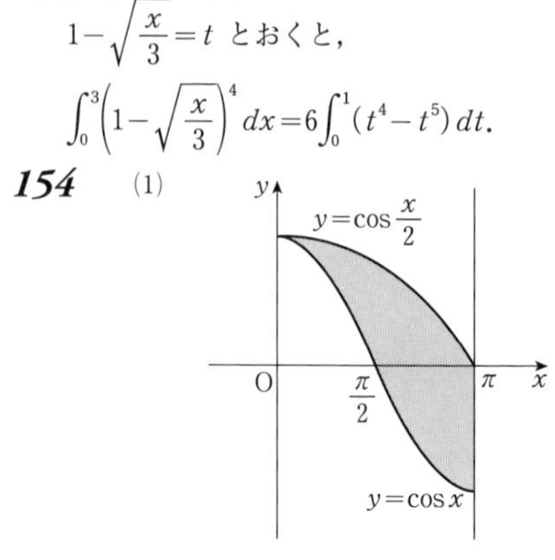

図の網目部分.

(2) $\dfrac{\pi^2}{4}+\dfrac{3\sqrt{3}}{8}\pi.$

ヒント (2) 体積を V とすると，

$$V=\int_0^{\frac{2}{3}\pi}\pi\cos^2\frac{x}{2}\,dx-\int_0^{\frac{\pi}{2}}\pi\cos^2 x\,dx+\int_{\frac{2}{3}\pi}^{\pi}\pi(-\cos x)^2\,dx.$$

155 $4-\dfrac{8}{\pi}.$

ヒント $\displaystyle\int_0^{\frac{\pi}{2}}\pi y^2\,dx=\int_0^k\pi x^2\,dy.$

右側を $y=k\cos x$ で置換積分する.

156 (1) $32\pi.$ (2) $\dfrac{1575}{64}\pi.$

ヒント $y=\dfrac{1}{4}x^2$ と $x^2+(y-a)^2=9$ が接するとき，x を消去した y の 2 次方程式

$$y^2+2(2-a)y+a^2-9=0$$

が重解をもつ.

157 $\dfrac{1}{\sqrt{2}}.$

ヒント 体積を V，$\sin\alpha=k$ $\left(0\leqq\alpha\leqq\dfrac{\pi}{2}\right)$ とおくと，

$$V=2\int_0^{\alpha}(\pi\sin^2\alpha-\pi\sin^2 x)\,dx+2\int_{\alpha}^{\frac{\pi}{2}}(\pi\sin^2 x-\pi\sin^2\alpha)\,dx$$

$$=2\pi\alpha\sin^2\alpha-2\pi\int_0^{\alpha}\sin^2 x\,dx-2\pi\int_{\frac{\pi}{2}}^{\alpha}\sin^2 x\,dx+2\pi\left(\alpha-\frac{\pi}{2}\right)\sin^2\alpha.$$

$$\frac{dV}{d\alpha}=2\pi\left(2\alpha-\frac{\pi}{2}\right)\sin 2\alpha.$$

158 (1) $\mathrm{Q}_n(n,\ 0).$

(2) $\dfrac{\pi}{6}e^{-2(n-1)}-\dfrac{\pi}{2}e^{-2n}.$

(3) $\dfrac{\pi(e^2-3)}{6(e^2-1)}.$

ヒント (1) $\mathrm{Q}_n(x_n,\ 0)$ とおくと，$\mathrm{P}_{n-1}(x_{n-1},\ e^{-x_{n-1}})$.

P_{n-1} における接線

$$y=-e^{-x_{n-1}}(x-x_{n-1})+e^{-x_{n-1}}$$

が Q_n，を通るから，

$$0=-e^{-x_{n-1}}(x_n-x_{n-1})+e^{-x_{n-1}}.$$

よって，$x_n-x_{n-1}=1.$

(2) $V_n=$

$$=\int_{n-1}^{n}\pi(e^{-x})^2\,dx-\frac{\pi}{3}e^{-2(n-1)}.$$

159 $\dfrac{4}{3}\pi.$

ヒント y 軸に垂直な平面 $y=u$ $(0\leqq u\leqq 2)$ で切った切り口の面積は，$\pi\left(1-u+\dfrac{u^2}{2}\right)$.

160 (1) $\dfrac{1}{6}.$

(2) $\dfrac{1+\sqrt{2}}{3}\pi.$

ヒント (1) $\mathrm{P}(t,\ 0,\ 0)$ $(0\leqq t\leqq 1)$ とすると，

$$(\text{体積})=\int_0^1\frac{1}{2}t\sqrt{1-t^2}\,dt.$$

(2) $\mathrm{P}(t,\ 0,\ 0)$ $(0\leqq t\leqq 1)$ を通り，x 軸に垂直な平面による切り口の面積を $S(t)$ とおくと，

$$S(t)=\begin{cases}\pi(1-t^2) & \left(0\leqq t\leqq\dfrac{1}{\sqrt{2}}\right),\\ \pi t^2 & \left(\dfrac{1}{\sqrt{2}}\leqq t\leqq 1\right).\end{cases}$$

$$(\text{体積})=\int_0^{\frac{1}{\sqrt{2}}}\pi(1-t^2)\,dt+\int_{\frac{1}{\sqrt{2}}}^1\pi t^2\,dt.$$

161 $\dfrac{2}{3}$.

ヒント 底円を含む平面上に A$(-1,\ 0)$, O$(0,\ 0)$, B$(1,\ 0)$ となるように座標をとる. x 軸上の点 $(x,\ 0)$ $(-1\leqq x\leqq 1)$ を通り, x 軸に垂直な平面による切り口の面積は $\dfrac{1}{2}(1-x^2)$ だから,

$$(\text{体積})=\int_{-1}^1\frac{1}{2}(1-x^2)\,dx.$$

162 (1) $\left(1,\ \dfrac{\sqrt{2}}{2}\right)$.

(2) $\dfrac{3}{5}$.

(3) $\dfrac{9\sqrt{3}}{32}\pi$.

ヒント
$$y=\begin{cases} y_1 \left(0\leqq\theta\leqq\dfrac{\pi}{4}\right), \\ y_2 \left(\dfrac{\pi}{4}\leqq\theta\leqq\dfrac{\pi}{3}\right)\end{cases}$$
とすると,

(2) $S=\displaystyle\int_0^1 y_1\,dx-\int_{\frac{\sqrt{3}}{2}}^1 y_2\,dx$

$$=\int_0^{\frac{\pi}{4}}y\frac{dx}{d\theta}\,d\theta-\int_{\frac{\pi}{3}}^{\frac{\pi}{4}}y\frac{dx}{d\theta}\,d\theta$$

$$=\int_0^{\frac{\pi}{3}}y\frac{dx}{d\theta}\,d\theta.$$

(3) $V=\displaystyle\int_0^1\pi(y_1)^2\,dx-\int_{\frac{\sqrt{3}}{2}}^1\pi(y_2)^2\,dx$

$$=\int_0^{\frac{\pi}{4}}\pi y^2\frac{dx}{d\theta}\,d\theta-\int_{\frac{\pi}{3}}^{\frac{\pi}{4}}\pi y^2\frac{dx}{d\theta}\,d\theta$$

$$=\int_0^{\frac{\pi}{3}}\pi y^2\frac{dx}{d\theta}\,d\theta.$$

163 (1) $1-\dfrac{\pi}{4}$.

(2) $4\pi-\pi^2$.

ヒント

(1) $\displaystyle\int_0^1\frac{t^2}{1+t^2}\,dt=\int_0^1\left(1-\frac{1}{1+t^2}\right)dt.$

(2) 平面 $z=t$ による切り口

$$x^2+y^2\leqq\log 2-\log(1+t^2)$$
の面積は
$$\pi\{\log 2-\log(1+t^2)\}.$$

164 (1) $s=\dfrac{1}{\sqrt{2}}(t+t^2)$.

$0\leqq t\leqq 1,\ 0\leqq s\leqq\sqrt{2}$.

(2) $\dfrac{\pi}{2}(t-t^2)^2$.

(3) $\dfrac{\pi}{30\sqrt{2}}$.

ヒント (1) s はQと直線 $x+y=0$ の距離に等しい.

(2) PQ はQと直線 $x-y=0$ の距離に等しい.

(3) $V=\displaystyle\int_0^{\sqrt{2}}S\,ds=\int_0^1 S\frac{ds}{dt}\,dt.$

14 曲線の長さ

165 (1) $\dfrac{1}{2}(e^t-e^{-t})$.

(2) $\log 2$.

ヒント (2) $t-\log s(t)=\log\dfrac{e^t}{s(t)}$.

166 (1) $\dfrac{dx}{d\theta}=-e^{-\theta}(\cos\theta+\sin\theta)$.

$\dfrac{dy}{d\theta}=-e^{-\theta}(\sin\theta-\cos\theta)$.

(2) $y=\left(\sqrt{3}-2\right)x+\left(\sqrt{3}-1\right)e^{-\frac{\pi}{6}}$.

(3) $\sqrt{2}$.

ヒント (2) $\dfrac{dy}{dx}=\dfrac{\frac{dy}{d\theta}}{\frac{dx}{d\theta}}$.

(3) $l(a)=\displaystyle\int_0^a\sqrt{\left(\frac{dx}{d\theta}\right)^2+\left(\frac{dy}{d\theta}\right)^2}\,d\theta.$

167 (1) $\dfrac{1}{2}(e^a-e^{-a})$.

(2) 略.

ヒント (2) $f(x)=\dfrac{1}{2}(e^x+e^{-x})$ とおくと,

$1+\{f'(x)\}^2=\{f(x)\}^2,\ f''(x)=f(x).$

$\overrightarrow{\mathrm{PQ}}=\dfrac{f'(a)}{f(a)}(-1,\ -f'(a)).$

$\overrightarrow{OQ}=\overrightarrow{OP}+\overrightarrow{PQ}$.

168 (1) 略.

(2) $a=\frac{\pi}{2}$ のとき最大．最大値は，$4\sqrt{2}$.

ヒント (1) $\frac{dy}{dx}=\frac{\frac{dy}{dt}}{\frac{dx}{dt}}=\frac{\sin t}{1-\cos t}$ より

$t=a$, $t=a+\pi$ における接線の傾きは，

$\frac{\sin a}{1-\cos a}$, $\frac{\sin(a+\pi)}{1-\cos(a+\pi)}$.

(2) $l(a)=\int_a^{a+\pi}\left|2\sin\frac{t}{2}\right|dt$.

169 (1) $P(3\cos\theta-\cos 3\theta,\ 3\sin\theta-\sin 3\theta)$.

(2) 24.

ヒント (1) $|\overrightarrow{QP}|=1$, $\overrightarrow{QP}$ が x 軸の正方向となす角が $\pi+3\theta$ より，

$\overrightarrow{QP}=(\cos(\pi+3\theta),\ \sin(\pi+3\theta))$.

$\overrightarrow{OP}=\overrightarrow{OQ}+\overrightarrow{QP}$.

(2) $\left(\frac{dx}{d\theta}\right)^2+\left(\frac{dy}{d\theta}\right)^2=36\sin^2\theta$.

15 物理への応用

170 100 秒.

ヒント t 秒後の薬品の量を V とおくと，

$$\frac{dV}{dt}=1+\frac{t}{50}.$$

よって，

$$V=t+\frac{t^2}{100}+C.\quad (C\text{ は定数})$$

171 $\frac{1}{4}-\frac{1}{4}(2t+1)e^{-2t}$.

ヒント $S(t)=\int_0^t v(u)\,du$.

172 (1) $\frac{2(e-1)}{e^2}$.

(2) $-\frac{1}{e}$.

ヒント (1) (道のり)$=\int_0^2|v|\,dt$.

(2) 時刻 t における P の x 座標を $x(t)$ とすると，$x'(t)=(t-1)e^{-t}$.

173 (1) 1.

(2) $\frac{2}{3}(\sqrt{2}+1)$.

ヒント (1) $\frac{dy}{dx}=\frac{\frac{dy}{dt}}{\frac{dx}{dt}}$.

(2) (道のり)$=\int_0^1\sqrt{\left(\frac{dx}{dt}\right)^2+\left(\frac{dy}{dt}\right)^2}\,dt$.

174 (1) $\pi\left(10h^2-\frac{1}{3}h^3\right)$.

(2) $\frac{4}{75\pi}$.

ヒント (1) $V=\int_0^h\pi(20y-y^2)\,dy$.

(2) $\frac{dV}{dt}=\frac{dV}{dh}\cdot\frac{dh}{dt}$.

175 最大になるときの $P\left(\frac{3}{2},\ \frac{9}{4}\right)$.

速度ベクトル $\vec{v}=\left(\frac{\sqrt{3}}{2},\ \frac{3\sqrt{3}}{2}\right)$.

加速度ベクトル $\vec{\alpha}=\left(-\frac{1}{2},\ 0\right)$.

ヒント 時刻 t の P の位置を $(x,\ y)$ とおくと，$\frac{dx}{dt}=\sin t$, $x(0)=0$ より，

$x=1-\cos t$,

$y=x^2=(1-\cos t)^2$.

速度ベクトル $\vec{v}=\left(\frac{dx}{dt},\ \frac{dy}{dt}\right)$

$=(\sin t,\ 2(1-\cos t)\sin t)$,

加速度ベクトル $\vec{\alpha}=\left(\frac{d^2x}{dt^2},\ \frac{d^2y}{dt^2}\right)$

$=(\cos t,\ 2(1-\cos t)(1+2\cos t))$.

176 (1) $\frac{t^3}{3}+18$.

(2) 9.

ヒント (1) t 秒後の Q の x 座標を $q(t)$ とおくと，

$$q(0)=18,\ q'(t)=t^2.$$

(2) t 秒後の P の x 座標を $p(t)$ とおくと，

$$p(0)=0,\ p'(t)=v.$$

ty 平面上で $y=p(t)$ と $y=q(t)$ が

$t \geqq 0$ で共有点をもつ条件を求める．

177 (1) $\frac{1}{2}e^t(\sin t-\cos t)+\frac{1}{2}$.

(2) $\frac{1}{2}(1-e^{2\pi}) \leqq x(t) \leqq \frac{1}{2}(1+e^{\pi})$.

(3) $\frac{1}{2}(e^{\pi}+1)^2$.

ヒント (1) t 秒後のPの位置を $x(t)$ とすると，

$$x(t)-x(0)=\int_0^t e^u \sin u\,du.$$

(3) （道のり）$=\int_0^{2\pi}|v|dt$.

178 (1) $\left|\cos\frac{t}{2}\right|$.

(2) $4-\sqrt{2}$.

ヒント (1) $\overrightarrow{AQ}=(\sin t,\ -\cos t)$.

$\overrightarrow{OQ}=\overrightarrow{OA}+\overrightarrow{AQ}$

$=(\sin t,\ 2-\cos t)$.

$\overrightarrow{OM}=\frac{1}{2}(\overrightarrow{OP}+\overrightarrow{OQ})$.

(2) （道のり）$=\int_0^{\frac{3}{2}\pi}\left|\cos\frac{t}{2}\right|dt$.

179 (1) $\frac{dh}{dt}=-\frac{1}{\pi\sqrt{h}}$.

(2) $\frac{2}{3}\pi$.

ヒント (1) $\frac{dV}{dt}=\frac{dV}{dh}\cdot\frac{dh}{dt}$.

(2) $\int_0^1 \frac{dt}{dh}dh=\int_T^0 dt$.

第4章　いろいろな曲線

16　2次曲線

180 $\frac{x^2}{3}+\frac{y^2}{2}=1$.

ヒント $\frac{x^2}{a^2}+\frac{y^2}{b^2}=1$ $(a>b>0)$ とおくと，

$2a=2\sqrt{3}$，$\sqrt{a^2-b^2}=1$.

181 $\frac{x^2}{16}-\frac{y^2}{9}=1$.

ヒント $\frac{x^2}{a^2}-\frac{y^2}{b^2}=1$ $(a>0,\ b>0)$ とおくと，

$$\frac{b}{a}=\frac{3}{4},\ \sqrt{a^2+b^2}=5.$$

182 略．

ヒント Pを $(x,\ y)$ とおく．

$y^2=3\left(1-\frac{x^2}{4}\right)$ より，

$$PA^2=(x-1)^2+y^2=\frac{1}{4}(x-4)^2.$$

$4-x>0$ であるから，

$$PA=\frac{1}{2}(4-x).$$

183 (1) $-2\sqrt{10}<k<2\sqrt{10}$.

(2) $\pm\frac{2\sqrt{10}}{3}$.

ヒント (1) $4x^2+9(2x+k)^2=36$ が相異なる2実数解をもてばよい．

(2) 交点を

$A(\alpha,\ 2\alpha+k)$，$B(\beta,\ 2\beta+k)$

とおくと，

$$\alpha+\beta=-\frac{9}{10}k,\ \alpha\beta=\frac{9k^2-36}{40}.$$

これを $16=AB^2=5\{(\alpha+\beta)^2-4\alpha\beta\}$ に代入する．

184 $\frac{(x-2)^2}{\left(\frac{1}{2}\right)^2}-\frac{y^2}{\left(\frac{\sqrt{15}}{2}\right)^2}=1$ $\left(x \geqq \frac{15}{8}\right)$.

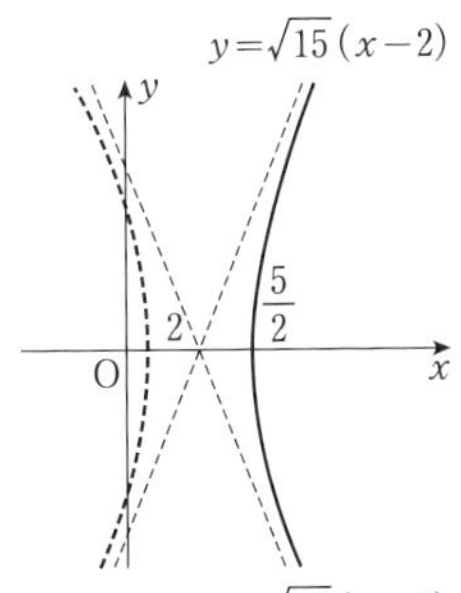

ヒント O(0, 0)，A(4, 0) とおくと，条件より，$OP-2=AP-1$.

よって，

$$\sqrt{(x-4)^2+y^2}=\sqrt{x^2+y^2}-1.$$

185 $(-1,\ -2)$.

(ヒント) 与式は，楕円 $\dfrac{x^2}{25}+\dfrac{y^2}{9}=1$ …①
を x 軸方向に3，y 軸方向に -2 平行移動したもの．
① の焦点は $(\pm4,\ 0)$．

186 $x=-k$．

(ヒント) x 軸を軸とし，$(1,\ 0)$ を焦点とする放物線
$$y^2=4p(x+p-1)\quad(p\neq0)$$
が，$y=x+k$ に接する p を考える．

187 35．

(ヒント) 三角形の面積は $\dfrac{1}{2}\cdot\dfrac{25\cdot49}{|st|}$．
ただし，$\dfrac{s^2}{25}+\dfrac{t^2}{49}=1$．

188 (1) $\dfrac{x_1x}{a^2}-\dfrac{y_1y}{b^2}=1$．

(2) 略．(3) 略．(4) 略．

(ヒント) (2) 2つの漸近線 $y=\pm\dfrac{b}{a}x$ と l との交点を求める．

(3) $\mathrm{A}(a_1,\ a_2)$，$\mathrm{B}(b_1,\ b_2)$ のとき，
$$\triangle\mathrm{OAB}=\frac{1}{2}|a_1b_2-a_2b_1|.$$

(4) d，d' を成分計算で求める．

189 (1) $(r-1)x^2-4rx-y^2+4r=0$．

(2) $\dfrac{(x-4)^2}{8}-\dfrac{y^2}{8}=1$．

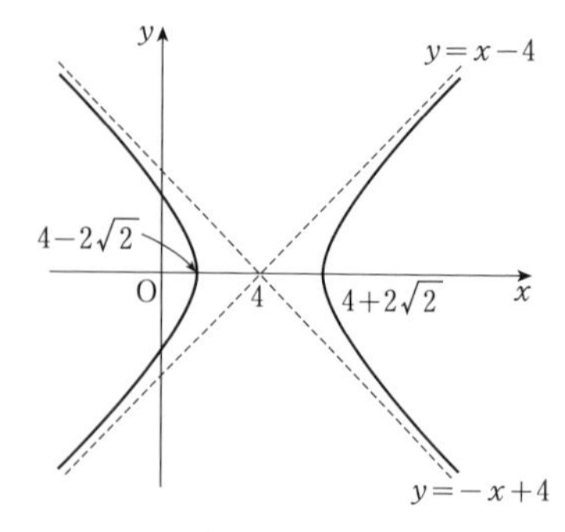

(3) $r=\dfrac{1}{5}$．

(ヒント) (1) $\mathrm{P}(x,\ y)$ とすると，
$$\sqrt{x^2+y^2}:|x-2|=\sqrt{r}:1.$$

190 (1) 90°．

(2) $y=\dfrac{1}{2p}x^2+p$．

(ヒント) (1) 準線上の任意の点 $(k,\ -p)$ を通る接線を
$$y=m(x-k)-p$$
とおいて，$x^2=4py$ に代入すると，
$$x^2-4pmx+4p(km+p)=0.$$
接することから，判別式を D とすると，
$$\frac{D}{4}=4p^2m^2-4p(km+p)=0.$$
$$pm^2-km-p=0.\qquad\cdots①$$
① の2解を m_1，m_2 とおくと，
$$m_1m_2=-1.$$

(2) 接点を $\left(\alpha,\ \dfrac{\alpha^2}{4p}\right)$，$\left(\beta,\ \dfrac{\beta^2}{4p}\right)$，中点を $(X,\ Y)$ とおくと，
$$X=\frac{\alpha+\beta}{2},$$
$$Y=\frac{1}{2}\left(\frac{\alpha^2}{4p}+\frac{\beta^2}{4p}\right)$$
$$=\frac{1}{8p}\{(\alpha+\beta)^2-2\alpha\beta\}.$$
$\alpha=2pm_1$，$\beta=2pm_2$ より，
$$\alpha\beta=4p^2m_1m_2=-4p^2.$$

191 $x^2+y^2=25$．

(ヒント) $a=\pm\sqrt{17}$ のとき，$b=\pm2\sqrt{2}$．
$a\neq\pm\sqrt{17}$ のとき，$\mathrm{P}(a,\ b)$ から引いた接線は
$$y=m(x-a)+b$$
とおける．これを $\dfrac{x^2}{17}+\dfrac{y^2}{8}=1$ に代入して，(判別式)$=0$ を計算する．

192 略．

(ヒント) 2直線
$$l_1:\ a_1x+b_1y+c_1=0,$$
$$l_2:\ a_2x+b_2y+c_2=0$$
に対し，
$$l_1\perp l_2 \iff a_1a_2+b_1b_2=0.$$

193 (1) $x_1=\dfrac{m}{\sqrt{m^2+3}}$，$y_1=\dfrac{3}{\sqrt{m^2+3}}$．

(2) $\sqrt{\dfrac{m^2+3}{m^2+1}}$．

(3) $m=1$ のとき最大で，最大値は8.

ヒント (3) BCの傾きは $\dfrac{1}{m}$ であるから，Oと BCとの距離は，(2)の結果に対し $-m$ を $\dfrac{1}{m}$ に置き換えたものである.

194 (1) $\mathrm{H}(\sqrt{3},\ 0,\ 3)$.

(2) $\dfrac{\pi}{6}$.

(3) $\dfrac{\left(x-\dfrac{3}{2}\right)^2}{\left(\dfrac{3}{2}\right)^2}+\dfrac{y^2}{\left(\dfrac{\sqrt{6}}{2}\right)^2}=1$.

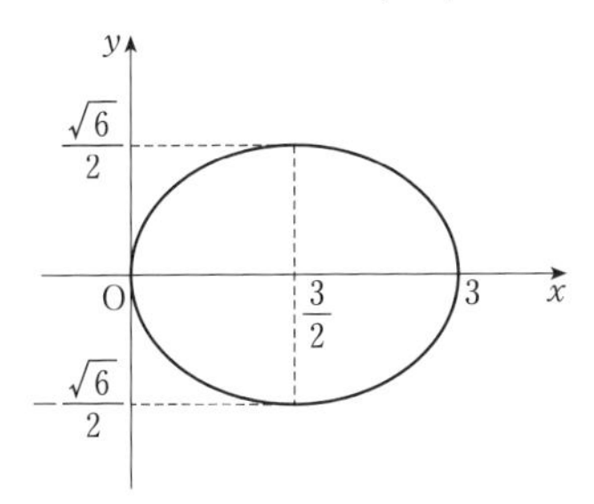

ヒント (1) $\vec{d}\perp\overrightarrow{\mathrm{HA}}$.

(2) $\cos\angle\mathrm{AOH}=\dfrac{\mathrm{OH}}{\mathrm{OA}}$.

(3) $\overrightarrow{\mathrm{OP}}\cdot\vec{d}=|\overrightarrow{\mathrm{OP}}||\vec{d}|\cos\angle\mathrm{AOH}$ を成分計算する.

17 媒介変数表示と極座標

195 (1) $y=\dfrac{1}{2}(1-x^2)$.

(2)

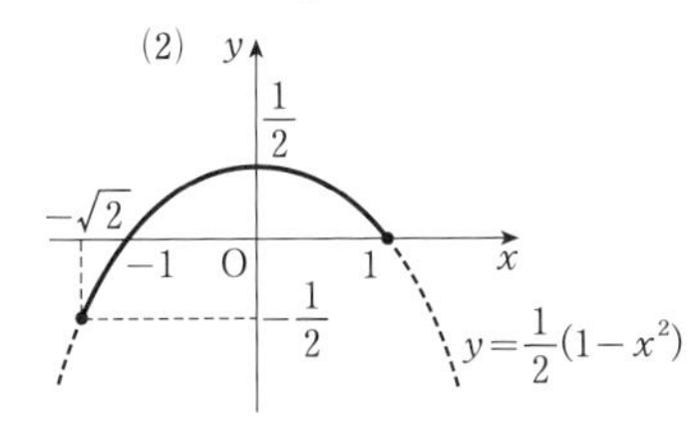

ヒント (1) $(\cos t-\sin t)^2=(\cos^2 t+\sin^2 t)-2\sin t\cos t$.

(2) $x=-\sqrt{2}\sin\left(t-\dfrac{\pi}{4}\right)$, $y=\dfrac{1}{2}\sin 2t$.

196 (1) $x^2-y^2=4$.

(2) 傾きは，$\dfrac{t^2+1}{t^2-1}$,

y 切片は，$-\dfrac{4t}{t^2-1}$.

ヒント (1) $\left(t+\dfrac{1}{t}\right)^2-\left(t-\dfrac{1}{t}\right)^2=4$.

(2) 接線の方程式は，

$$y=\frac{t^2+1}{t^2-1}x-\frac{4t}{t^2-1}.$$

197 $x^2-y^2=x$.

ヒント (与式) $\Longleftrightarrow$

$r(\cos^2\theta-\sin^2\theta)=\cos\theta$.

$\cos\theta=\dfrac{x}{r}$, $\sin\theta=\dfrac{y}{r}$ を代入する.

198 (1) $\dfrac{(x-2a)^2}{a^2}+\dfrac{(y-b)^2}{b^2}=1$.

(2) $y=0$, $y=\dfrac{4b}{3a}x$.

ヒント (1) $\cos^2\dfrac{\theta}{2}=\dfrac{1}{2}(1+\cos\theta)$.

(2) $\dfrac{(x-x_0)^2}{a^2}+\dfrac{(y-y_0)^2}{b^2}=1$ 上の点 $(p,\ q)$ における接線の方程式は，

$$\frac{(p-x_0)(x-x_0)}{a^2}+\frac{(q-y_0)(y-y_0)}{b^2}=1.$$

199

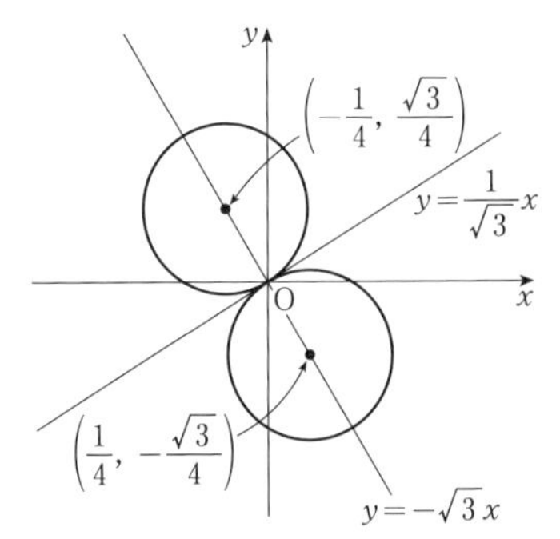

ヒント $r=\left|\dfrac{\sqrt{3}}{2}\sin\theta-\dfrac{1}{2}\cos\theta\right|$ より，

$$r^2=\left|\frac{\sqrt{3}}{2}r\sin\theta-\frac{1}{2}r\cos\theta\right|$$

として，

$r^2=x^2+y^2$，$r\cos\theta=x$，$r\sin\theta=y$

を代入する．

200 (1) $\mathrm{OP}^2=\dfrac{a^2b^2}{b^2+(a^2-b^2)\sin^2\theta}$．

$\mathrm{OQ}^2=\dfrac{a^2b^2}{b^2+(a^2-b^2)\cos^2\theta}$．

(2) 最大値 $\dfrac{1}{2}ab$．

最小値 $\dfrac{a^2b^2}{a^2+b^2}$．

ヒント (1) $\dfrac{x^2}{a^2}+\dfrac{y^2}{b^2}=1$ に

$x=r\cos\theta$，$y=r\sin\theta$ を代入する．

Qは $\theta\to\theta+\dfrac{\pi}{2}$ とする．

(2) $(2\triangle\mathrm{POQ})^2=\mathrm{OP}^2\cdot\mathrm{OQ}^2$

$$=\frac{(ab)^4}{(ab)^2+\frac{1}{4}(a^2-b^2)^2\sin^2 2\theta}.$$

201 (1) $r^2=\dfrac{(\cos\theta+\sin\theta)^2}{\sqrt{3}\cos^2\theta+\sin^2\theta}$．

(2) $\theta=\dfrac{\pi}{3}$ のとき最大で，最大値は $1+\dfrac{1}{\sqrt{3}}$．

ヒント (1) $x=r\cos\theta$，$y=r\sin\theta$ を代入する．

(2) $f(\theta)$ の分母，分子を $\cos^2\theta$ で割る．

202 (1) $\dfrac{x^2}{4}+y^2=1$．

(2) $r=\dfrac{1}{2+\sqrt{3}\cos\theta}$．

(3) $\dfrac{1}{\mathrm{RA}}+\dfrac{1}{\mathrm{QA}}=4$．

ヒント

(1) $\sqrt{\left(x-\sqrt{3}\right)^2+y^2}:\left|x-\dfrac{4}{\sqrt{3}}\right|=\sqrt{3}:2$．

(2) $x=\sqrt{3}+r\cos\theta$，$y=r\sin\theta$ を(1)の結果に代入する．

(3) Q，Rの極座標はそれぞれ

$$r=\frac{1}{2+\sqrt{3}\cos\theta},$$

$$r=\frac{1}{2+\sqrt{3}\cos(\theta+\pi)}$$

とおける．

203 (1) $r=a(\cos\theta+1)$．

(2) $x\cos\theta_0+y\sin\theta_0-r_0=0$．

(3) 略．

ヒント (2) Qの直交座標は，

$(r_0\cos\theta_0,\ r_0\sin\theta_0)$．

このとき，l 上の任意の点 $\mathrm{R}(x,\ y)$ に対し，

$$\overrightarrow{\mathrm{QR}}\cdot\overrightarrow{\mathrm{OQ}}=0.$$

(3) $(a,\ 0)$ と(2)の直線 l との距離を計算する．

第5章　複素数平面

18　複素数平面と極形式

204 (1) 略．

(2) 略．

(3) $\dfrac{\sqrt{5}\pm1}{2}$．

ヒント (1) $|z|=1$ を示す．

(2) $z^5-1=(z-1)(z^4+z^3+z^2+z+1)$．

(3) $(z+1)(\overline{z}+1)=|z+1|^2$．

205 略．

ヒント

$|\alpha-(1+i)|^2=\{\alpha-(1+i)\}\overline{\{\alpha-(1+i)\}}$ と

$|1-\overline{\alpha}(1+i)|^2=\{1-\overline{\alpha}(1+i)\}\overline{\{1-\overline{\alpha}(1+i)\}}$

が等しいことを示す．

206 (1) $2\sqrt{3}$．

(2) -1．

(3) 4．

ヒント (1) $|\alpha-\beta|^2=4$ より，

$\alpha\overline{\beta}+\overline{\alpha}\beta=4$．

(2) $\alpha^3+\beta^3=0$ を示す．

(3) (2)より，$\alpha^2+\beta^2=\alpha\beta$．

207 $r=\sqrt{3}$，$\theta=\dfrac{\pi}{6}$，

$$z^5=-\frac{27}{2}+\frac{9\sqrt{3}}{2}i.$$

ヒント $z=\dfrac{3}{2}+\dfrac{\sqrt{3}}{2}i$．

208 $n=1,\ z=8.$

ヒント $\dfrac{i}{\sqrt{3}-i}=\dfrac{-1+\sqrt{3}\,i}{4}$
$$=\frac{1}{2}\left(\cos\frac{2}{3}\pi+i\sin\frac{2}{3}\pi\right).$$

209 (1) $-\dfrac{1}{4}.$

(2) $-2.$

(3) $\sqrt{3}+i,\ -1+\sqrt{3}\,i,$
$-\sqrt{3}-i,\ 1-\sqrt{3}\,i.$

ヒント (1), (2) $\alpha=2\left(\cos\dfrac{\pi}{3}+i\sin\dfrac{\pi}{3}\right),$
$$\beta=2\left\{\cos\left(-\frac{\pi}{3}\right)+i\sin\left(-\frac{\pi}{3}\right)\right\}.$$

(3) $-8\beta=16\left(\cos\dfrac{2}{3}\pi+i\sin\dfrac{2}{3}\pi\right).$

210 (1) 順に，0，1.

(2) $\dfrac{1+\sqrt{5}}{2}.$

(3) $\dfrac{1+\sqrt{5}}{4}.$

ヒント (1) $z^5=-1.$
$(1+z)(1-z+z^2-z^3+z^4)=1+z^5.$

(2) $z^2+\dfrac{1}{z^2}=w^2-2.$

(3) $z+\dfrac{1}{z}=2\cos\dfrac{\pi}{5}.$

211 (1) 略.

(2) $-2\leqq z+\dfrac{1}{z}\leqq 2.$

(3) 最大値 12，最小値 -4.

ヒント (1), (2) $|z|=1$ より，
$z=\cos\theta+i\sin\theta$ とおける.

(3) $z+\dfrac{1}{z}=t$ とおくと，
$$(\text{与式})=t^3+2t^2-4.$$

212 (1) $\pm1,\ \dfrac{-1\pm\sqrt{3}\,i}{2}.$

(2) $-1,\ \dfrac{1\pm\sqrt{3}\,i}{2}.$

ヒント (1) $z^2-\overline{z}=\overline{z^2-\overline{z}}.$

(2) $|z^2-\overline{z}|=|z^3-1|$ を利用する.

213 (1) 略.

(2) 略.

(3) 略.

ヒント (1) $\dfrac{\alpha}{\beta}=t$（t は正の実数）とおく.

(2) $\gamma=r(\cos\theta+i\sin\theta)$ とおく.

(3) $\dfrac{\alpha}{\beta}=\gamma$ とおいて，
$$\gamma+\overline{\gamma}=2|\gamma|$$
を示す.

214 略.

ヒント
$$1-\left|\frac{\alpha+z}{1+\overline{\alpha}z}\right|^2=1-\left(\frac{\alpha+z}{1+\overline{\alpha}z}\right)\cdot\overline{\left(\frac{\alpha+z}{1+\overline{\alpha}z}\right)}$$
を考える.

215 (1) $\alpha=\cos\dfrac{\pi}{4}+i\sin\dfrac{\pi}{4}.$

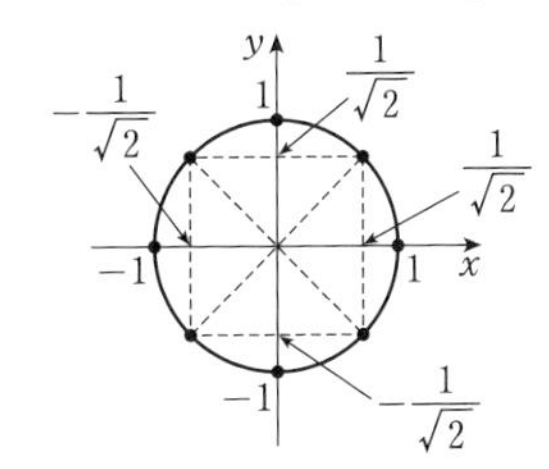

(2) $m=\pm1+8k$（k は整数）.

ヒント (1) $\alpha^n=\cos\dfrac{n}{4}\pi+i\sin\dfrac{n}{4}\pi.$

(2) $(\alpha^m)^2-\sqrt{2}\,\alpha^m+1=0$ より，
$$\alpha^m=\frac{\sqrt{2}\pm\sqrt{2}\,i}{2}.$$

216 (1) 略.

(2) 略.

(3) $\dfrac{-1+\sqrt{5}}{4}.$

ヒント (1) α^5-1
$$=(\alpha-1)(\alpha^4+\alpha^3+\alpha^2+\alpha+1).$$

(2) (1) より，
$$\alpha^2+\frac{1}{\alpha^2}+\alpha+\frac{1}{\alpha}+1=0.$$

(3) (2) より，
$$t=\frac{-1\pm\sqrt{5}}{2}.$$

$\alpha=\frac{2}{5}\pi+i\sin\frac{2}{5}\pi$ とする.

217 (1) -1.
(2) 1.
(3) 3.
(4) -2.

ヒント (1) α^7-1
$=(\alpha-1)(\alpha^6+\alpha^5+\alpha^4+\alpha^3+\alpha^2+\alpha+1)$.

(2) $\frac{1}{1-\alpha^6}=\frac{\alpha}{\alpha-\alpha^7}=\frac{\alpha}{\alpha-1}$.

(3) $\frac{1}{1-\alpha^5}=\frac{\alpha^2}{\alpha^2-\alpha^7}=\frac{\alpha^2}{\alpha^2-1}$,

$\frac{1}{1-\alpha^4}=\frac{\alpha^3}{\alpha^3-\alpha^7}=\frac{\alpha^3}{\alpha^3-1}$.

(4) $\frac{\alpha^{2n}}{1-\alpha^n}=\frac{1}{1-\alpha^n}-(1+\alpha^n)$.
$(n=1,\ 2,\ 3,\ 4,\ 5,\ 6)$

218 (1) $z=1$ のとき, N.
$z\neq1$ のとき, 0.
(2) $z=1$ のとき, N.
$z\neq1$ のとき, 0.
(3) $z=\pm1$ のとき, N.
$z\neq\pm1$ のとき, $\frac{N}{2}$.

ヒント (1) $1-z^N$
$=(1-z)(1+z+z^2+\cdots+z^{N-1})$
$=0$.
$z\neq1$, $z=1$ に分けて考える.
(2) $z^n=\cos n\theta+i\sin n\theta$.
$(n=0,\ 1,\ 2,\ \cdots,\ N-1)$
(3) $\cos^2 n\theta=\frac{1}{2}(1+\cos 2n\theta)$.
$(n=0,\ 1,\ 2,\ \cdots,\ N-1)$

19 図形への応用 1

219 $1+i$.

ヒント $z-(\sqrt{3}-i\sqrt{3})$
$=\{-1-i-(\sqrt{3}-i\sqrt{3})\}$
$\times\left\{\cos\left(-\frac{\pi}{3}\right)+i\sin\left(-\frac{\pi}{3}\right)\right\}$.

220 略.

ヒント $\beta=\alpha\left\{\cos\left(\pm\frac{\pi}{3}\right)+i\sin\left(\pm\frac{\pi}{3}\right)\right\}$.
(複号同順)

221 (1) $\frac{2}{\sqrt{3}}\left\{\cos\left(\pm\frac{\pi}{6}\right)+i\sin\left(\pm\frac{\pi}{6}\right)\right\}$.
(複号同順)

(2) $\angle\mathrm{AOB}=\frac{\pi}{6}$, $\angle\mathrm{OAB}=\frac{\pi}{3}$.

ヒント (1) $3\alpha^2-6\alpha\beta+4\beta^2=0$ より,
$3\left(\frac{\alpha}{\beta}\right)^2-6\frac{\alpha}{\beta}+4=0$.
(2) 図をかいてみる.

222 $-1\pm\sqrt{3}\,i$.

ヒント $\frac{z^3-z}{z^2-z}=z+1=ki$ (k は実数) とおける.

223 (1) $\frac{\pi}{2}$.
(2) $\frac{3}{4}|z|^2$.
(3) $\frac{2}{3}z$.

ヒント (1) $(1+i)z=\sqrt{2}\left(\cos\frac{\pi}{4}+i\sin\frac{\pi}{4}\right)z$.

$\frac{z}{1+i}=\frac{1}{\sqrt{2}}\left\{\cos\left(-\frac{\pi}{4}\right)+i\sin\left(-\frac{\pi}{4}\right)\right\}z$.

(2) 四角形OBACの面積は,
$\triangle\mathrm{OAB}+\triangle\mathrm{OAC}$.
(3) 対角線の交点をDとすると,
BD：DC＝OB：OC＝2：1.

224 (1) $a=\frac{3+b}{1-b}$.
(2) $z_1=3-i$.
$z_2=\pm\sqrt{3}+2\pm\sqrt{3}\,i$ (複号同順).

ヒント (1) $\frac{z_2-z_0}{z_1-z_0}=\overline{\left(\frac{z_2-z_0}{z_1-z_0}\right)}$.
(2) z_2-z_0
$=(z_1-z_0)\left\{\cos\left(\pm\frac{\pi}{3}\right)+i\sin\left(\pm\frac{\pi}{3}\right)\right\}$.
(複号同順)

225 (1) $\frac{3\pm\sqrt{6}\,i}{3}$.
(2) $\pm\frac{\pi}{2}$.
(3) $\sqrt{\frac{3}{14}}$.

(4) $\dfrac{\sqrt{6}}{28}$.

ヒント (1) $3\alpha^2+5\beta^2-6\alpha\beta=0$ より，

$$3\left(\frac{\alpha}{\beta}\right)^2-6\frac{\alpha}{\beta}+5=0.$$

(2) $\dfrac{\beta-\alpha}{\beta}=1-\dfrac{\alpha}{\beta}=\pm\dfrac{\sqrt{6}}{3}i$.

(3) $\alpha=\left(1\pm\dfrac{\sqrt{6}}{3}i\right)\beta$.

(4) $\angle O\beta\alpha=\pm\dfrac{\pi}{2}$，$|\alpha-\beta|=\dfrac{\sqrt{6}}{3}|\beta|$.

226 (1) 略.

(2) 略.

ヒント (1) $\dfrac{\gamma-\alpha}{\beta-\alpha}=\cos\left(\pm\dfrac{\pi}{3}\right)+i\sin\left(\pm\dfrac{\pi}{3}\right)$.

(複号同順)

(2) (*) より，

$$\gamma=\frac{\alpha+\beta}{2}\pm\frac{\sqrt{3}}{2}i(\beta-\alpha).$$

227 (1) 中心 $-\dfrac{1}{2}$，半径 $\dfrac{1}{2}$ の円.

ただし，0，-1 は除く.

(2) $-\dfrac{1}{2}\pm\dfrac{1}{2}i$.

ヒント (1) $\dfrac{z^2-z^3}{z-z^3}=\dfrac{z}{1+z}=ki$ (k は実数，$k\neq0$) とおける.

(2) $|z-z^3|=|z^2-z^3|$.

228 (1) $\dfrac{1-\alpha^k}{1-\alpha}$.

(2) 略.

(3) 略.

ヒント (1) $z_{k+1}-z_k=(z_1-z_0)\alpha^k$.

(2) $|\alpha|=1$ より，

$$AP_1=\left|1-\frac{1}{1-\alpha}\right|=\frac{1}{|1-\alpha|},$$

$$AP_2=\left|\frac{1-\alpha^2}{1-\alpha}-\frac{1}{1-\alpha}\right|=\frac{1}{|1-\alpha|}.$$

(3) $AP_k=\dfrac{1}{|1-\alpha|}$ を示す.

229 $\dfrac{33+31i}{32}$.

ヒント $\alpha=\dfrac{1}{\sqrt{2}}\left(\cos\dfrac{\pi}{4}+i\sin\dfrac{\pi}{4}\right)$ とおくと，

$$z_{n+2}-z_{n+1}=\alpha(z_{n+1}-z_n).$$

230 (1) $\cos\left(\theta-\dfrac{\pi}{3}\right)+i\sin\left(\theta-\dfrac{\pi}{3}\right)$.

(2) $\dfrac{1}{2}\{\cos(\pi-\theta)+i\sin(\pi-\theta)\}$.

(3) $\dfrac{\sqrt{6}}{2}+\dfrac{\sqrt{10}}{2}i$.

ヒント (3) $\dfrac{OP_1}{OP_0}=\dfrac{1}{2}$，$\angle P_0OP_1=\dfrac{\pi}{3}$ より，

$$\angle OP_1P_0=\frac{\pi}{2}.$$

よって，OP_0 は直径で円の半径は 1.

P_2 はこの円周上にあり，

$\angle P_0OP_2=\pi-2\theta$.

231 (1) $\dfrac{1+i}{2}z_1+\dfrac{1-i}{2}z_2$.

(2) 略.

(3) 平行四辺形.

ヒント (1) w_1-z_2

$$=(z_1-z_2)\frac{1}{\sqrt{2}}\left(\cos\frac{\pi}{4}+i\sin\frac{\pi}{4}\right).$$

(2) $w_4-w_2=(w_3-w_1)i$ を示す.

(3) $z_2-z_1=z_3-z_4$ を示す.

232 (1) 略.

(2) $\dfrac{|\alpha|^2\beta-|\beta|^2\alpha}{\overline{\alpha}\beta-\alpha\overline{\beta}}$.

(3) $-\dfrac{1}{2}\pm\dfrac{\sqrt{3}}{2}i$.

ヒント (1) $|z|^2=|z-\alpha|^2$.

(2) z は $\overline{\beta}z+\beta\overline{z}-\beta\overline{\beta}=0$ もみたす.

(3) $\left(\dfrac{\beta}{\alpha}\right)^2=\overline{\left(\dfrac{\beta}{\alpha}\right)}$ を導く.

233 (1) 略.

(2)(ア) $4-2i$.

(イ) $\dfrac{4}{13}(3+i)$.

ヒント (1) 直線 l に関して点 z と点 z' が対称

$$\iff \frac{z}{\frac{\alpha}{|\alpha|}} \text{ と } \frac{z'}{\frac{\alpha}{|\alpha|}} \text{ が互いに共役.}$$

(2) 3 点は B′，Q，C は同一直線上にある．

234 (1) 略．

(2) 略．

(3) 略．

ヒント (1) $|z|=1 \iff z\overline{z}=1$．

(2) $\overline{z_k}=\dfrac{1}{z_k}$ ($k=1, 2, 3, 4$) を用いて，

$w=\overline{w}$ を示す．

(3) $w=\overline{w}$ と $\overline{z_k}=\dfrac{1}{z_k}$ ($k=1, 2, 3$)

より，

$$|z_4|=1$$

を示す．

235 (1) 略．

(2) 略．

(3) $-i$．

ヒント (2) $\left|\dfrac{\overline{z}-\beta}{z-\alpha}\right|=1$ より，

$|z-\alpha|=|z-\overline{\beta}|$．

よって，$\alpha \neq \overline{\beta}$ のときは，z は α，$\overline{\beta}$ の垂直 2 等分線上の点である．

(3) l 上の点 z は

$z=(1-k)z_1+kz_2$ (k は実数)

とおける．

20 図形への応用 2

236 $\alpha=2i$，$r=2$．

ヒント $4(z-i)(\overline{z-i})=(z+2i)(\overline{z+2i})$ を $|z-\alpha|^2=r^2$ に変形する．

237 中心 $-2i$，半径 $\sqrt{2}$ の円．

ヒント $w=(1-i)z-2i$ より，

$w+2i=(1-i)z$．

$|w+2i|=|1-i||z|$．

238

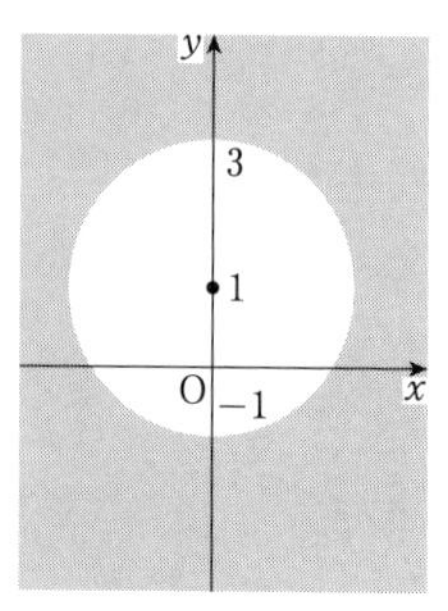

図の網目部分．境界は含まない．

ヒント $\left|\dfrac{z+3i}{z}\right|^2<4$ より，

$|z|^2+iz-i\overline{z}-3>0$．

$(z-i)(\overline{z-i})>4$，

$|z-i|^2>4$．

239 (1) 略．

(2) $a=-(z+\overline{z})$，$b=z\overline{z}$．

(3)

y

O

$-\sqrt{2}-1$　　$\sqrt{2}-1$　　x

図の網目部分．$\pm\sqrt{2}-1$ 以外の円周上の点は含み，実軸上の点は含まない．

(4)

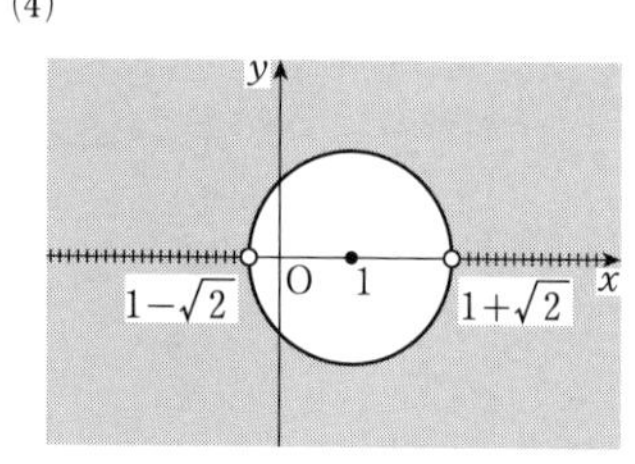

図の網目部分．$1\pm\sqrt{2}$ 以外の円周上の点は含み，実軸の点は含まない．

ヒント (1) $\overline{z^2+az+b}=\overline{0}$ より，

$\overline{z}^2+a\overline{z}+b=0$．

(3) $b-a \leqq 1$ より，

$z\overline{z}+z+\overline{z} \leqq 1$．

(4)　$z=\dfrac{1}{w}$ であるから，(3) より，

$$\left|\frac{1}{w}+1\right|\leqq\sqrt{2}.$$

240　(1)　$x=\dfrac{(t-1)^2}{t^2+1}$，$y=\dfrac{2}{t^2+1}$ (>0).

(2)　$-t$.

(3)

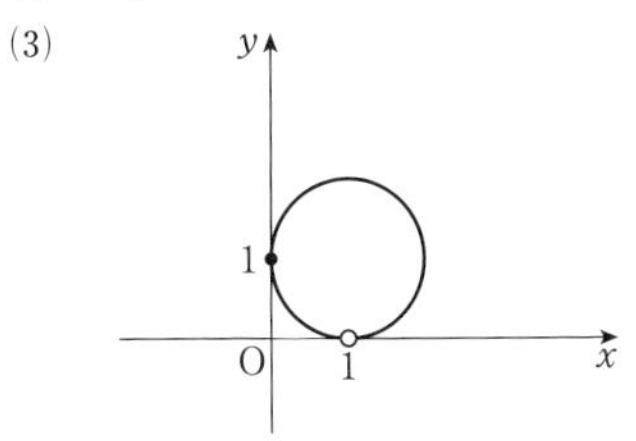

ヒント (1)　$z=\dfrac{(t-1)^2+2i}{t^2+1}$.

(3)　(2) より，$t=-\dfrac{x-1}{y}$ を $y=\dfrac{2}{t^2+1}$ に代入する.

241　(1)

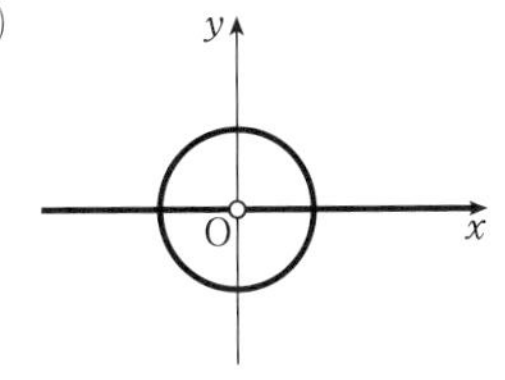

実線部分．O を除く.

(2)

太線部分.

ヒント　(1)「w が実数」$\Longleftrightarrow$「$w=\overline{w}$」

(2)　(i)　$z=\overline{z}$ のとき，z は実数で，

$$1\leqq z+\frac{1}{z}\leqq\frac{10}{3}.$$

(ii)　$|z|=1$ のとき，$z=\cos\theta+i\sin\theta$ とおくと，

$$w=2\cos\theta.$$

242　(1)

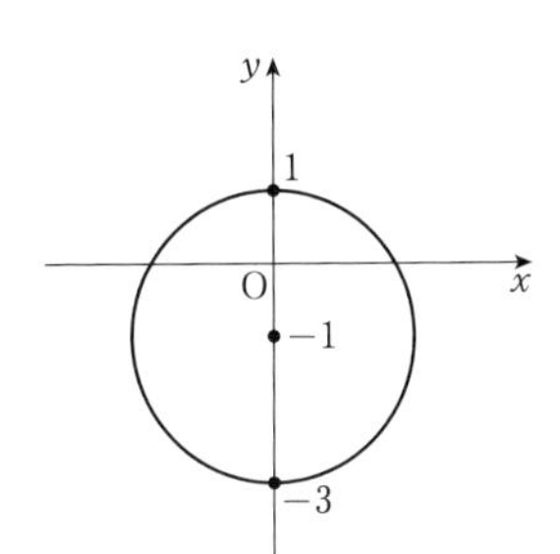

円　$|z+i|=2$.

(2)

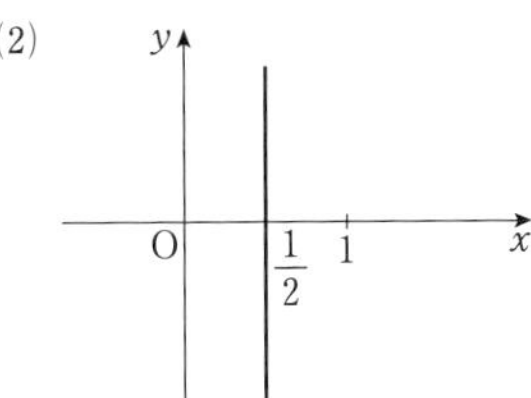

直線　$w=\dfrac{1}{2}$.

ヒント　(1)　$|z-3i|^2=4|z|^2$ より，

$$(z-3i)(\overline{z}+3i)=4z\overline{z}.$$
$$|z|^2-iz+i\overline{z}-3=0.$$

(2)　$w=\dfrac{z+i}{z-i}$ より，$z=\dfrac{i(w+1)}{w-1}$.

これを $|z+i|=2$ に代入する.

243　(1)

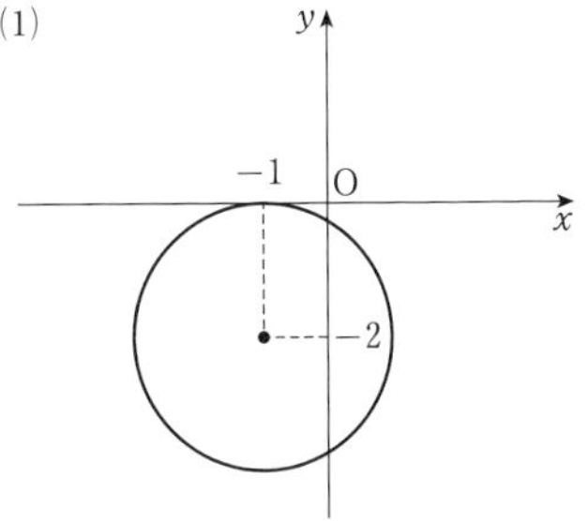

中心 $-1-2i$，半径 2 の円.

(2)　$\dfrac{\pi}{2}\leqq\theta\leqq\pi$.

ヒント　(1)　$z=-\dfrac{i(w+1)}{w-1}$ を $|z-1|=1$ に代入する.

(2)　$u=iw+3i-4$ とおくと，

$$|w+1+2i|=2 \text{ より，}$$
$$|u-(-2+2i)|=2.$$

244 (1) $w=(2+3i)z-6+2i$.

(2) 中心 $-7+7i$，半径 $\sqrt{13}$ の円.

ヒント (1) $\dfrac{w-(-2i)}{z-(-2i)}=\dfrac{-1+3i-(-2i)}{1-i-(-2i)}$.

(2) $z=\dfrac{w+6-2i}{2+3i}$ を $|z-(1+i)|=1$ に代入する.

245 (1) $(a,\ b)=\left(\pm\sqrt{5},\ \dfrac{-1\mp\sqrt{5}}{2}\right)$.

(複号同順)

(2)

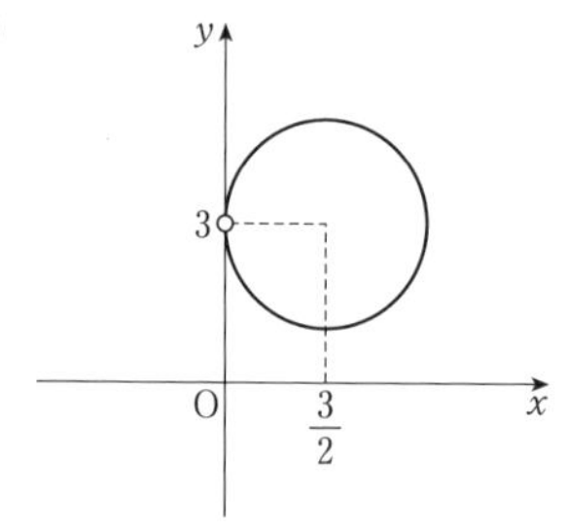

中心 $\dfrac{3}{2}+3i$，半径 $\dfrac{3}{2}$ の円，

ただし，$3i$ は除く.

(3) 最大値 $\dfrac{3}{2}\sqrt{5}+\dfrac{3}{2}$,

最小値 $\dfrac{3}{2}\sqrt{5}-\dfrac{3}{2}$.

ヒント (1) $(1+2i)(b+i)=a(b-i)$ の実部，虚部を比べる.

(2) $(x+yi)(c+i)=-3+3(1+c)i$ より，

$cx-y=-3,\ x+cy=3(1+c)$.

(3) 図を利用する.

246 (1)

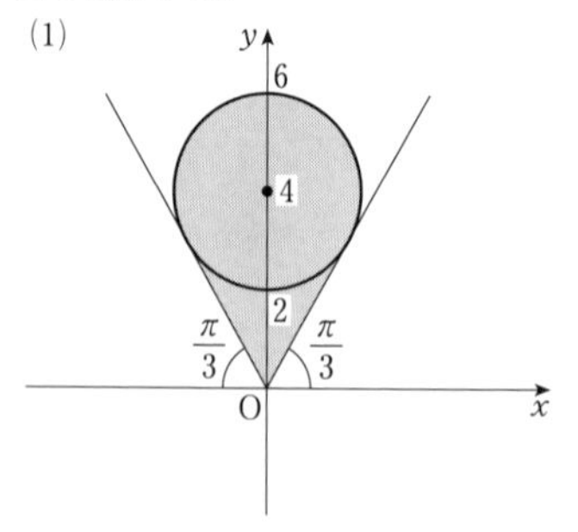

図の網目部分．境界を含む.

(2) $\dfrac{\pi}{3}\leqq\arg w\leqq\dfrac{2}{3}\pi$.

ヒント (1) $|w-2ia|=|a|$，$0<a\leqq2$ は xy 平面上，2 直線 $y=\pm\sqrt{3}x$ に接する円である.

247

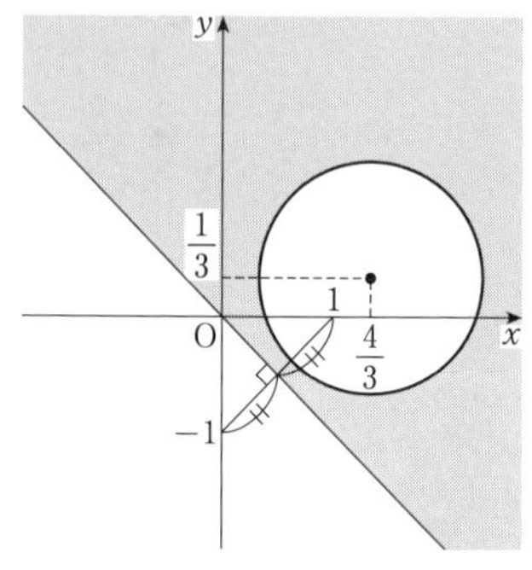

図の網目部分．境界を含む.

ヒント $z=\dfrac{w+i}{w-1}$ を $1\leqq|z|\leqq2$ に代入する.

248 (1) 実部 $x\left(1-\dfrac{1}{x^2+y^2}\right)$,

虚部 $y\left(1+\dfrac{1}{x^2+y^2}\right)$.

(2)

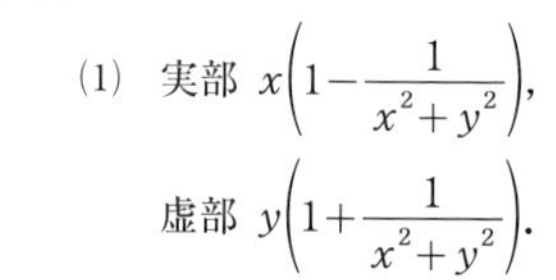

図の網目部分．境界は含まない.

(3)

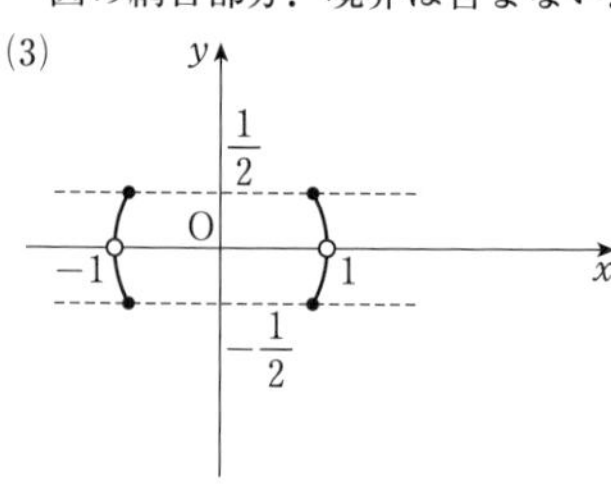

図の太線部分．±1 は除く.

ヒント (3) 「w が純虚数」$\Longleftrightarrow$「$w=ai$，a は 0 でない実数」.

249 (1)

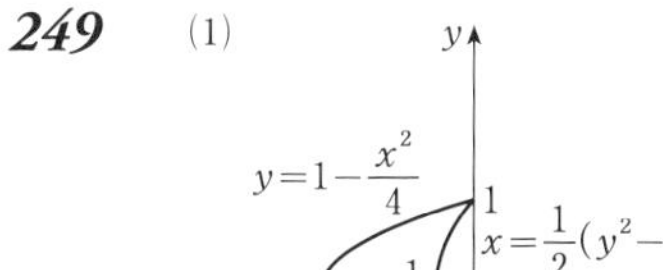

(2) 2.

ヒント (1) 「z が AB 上」$\Longleftrightarrow$ 「$z=t+i$, $0\leqq t\leqq 1$」.

「z が BC 上」$\Longleftrightarrow$「$z=1-t+ti$, $0\leqq t\leqq 1$」.

「z が CA 上」$\Longleftrightarrow$「$z=1+ti$, $0\leqq t\leqq 1$」.

250 (1)

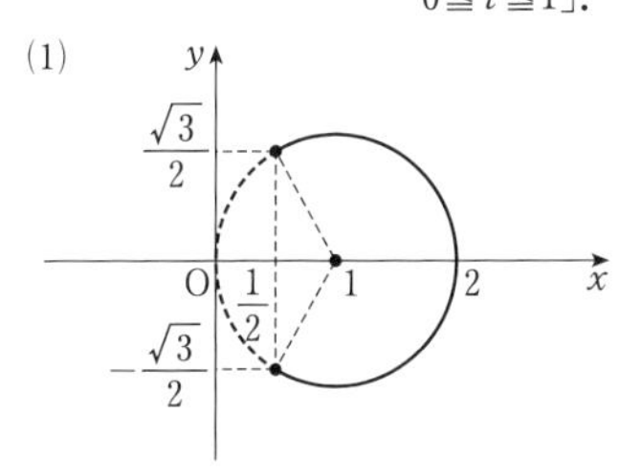

図の太線部分.

(2)

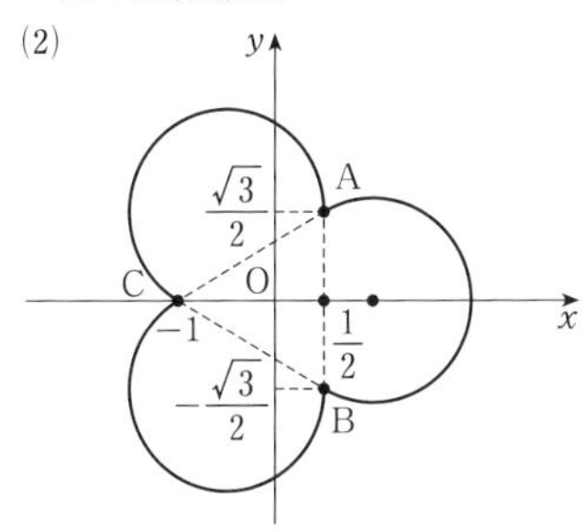

図の太線部分.

ヒント (1) $z=\frac{1}{2}+\frac{t}{2}i$ $(-\sqrt{3}\leqq t\leqq\sqrt{3})$ とすると,

$$w=\frac{2}{1+t^2}-\frac{2t}{1+t^2}i.$$

さらに, $t=\tan\theta$ $\left(-\frac{\pi}{3}\leqq\theta\leqq\frac{\pi}{3}\right)$ とおく.

(2) BC, CA は AB を O(0) を中心に時計まわりに $\frac{2}{3}\pi$, $\frac{4}{3}\pi$ 回転したものである.

251 (1)

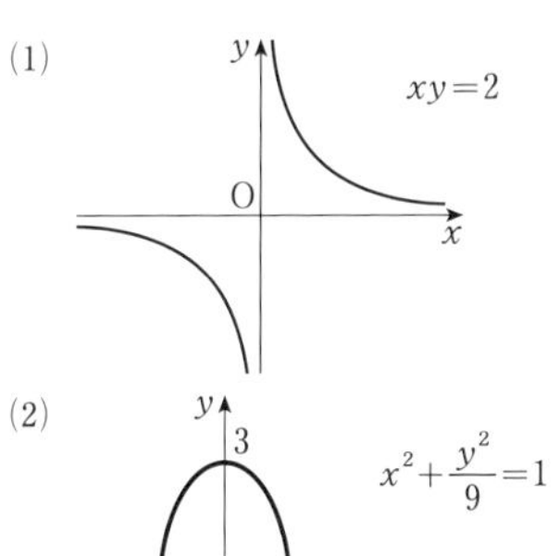

(2)

$x^2+\frac{y^2}{9}=1$

ヒント (1) 実数解を $z=t$ として ① に代入し, α を t で表す.

(2) $z=\cos\theta+i\sin\theta$ $(0\leqq\theta<2\pi)$ を ① に代入し, α を θ で表す.

252 (1) $z=\frac{1}{\overline{w}}$.

(2) Q の軌跡は, 原点 O と点 $\frac{1-i}{2}$ を結ぶ線分の垂直 2 等分線.

(3) Q の軌跡は, $\frac{\beta}{|\beta|^2-r^2}$ を中心とする半径 $\frac{r}{||\beta|^2-r^2|}$ の円周.

ヒント (1) $|z||w|=1$, $w=kz$ $(k>0)$.

(2) $|z-(1-i)|=\sqrt{2}$ に $z=\frac{1}{\overline{w}}$ を代入する.

(3) $|z-\beta|=r$ に $z=\frac{1}{\overline{w}}$ を代入する.

第6章　ベクトルと図形

21　平面ベクトル

253 (1) $\overrightarrow{PD}=\frac{2}{5}\overrightarrow{PB}+\frac{3}{5}\overrightarrow{PC}$.

(2)　BD：DC＝3：2.

(3)　AP：PD＝5：1.

(4)　△ABP＝15，△BCP＝5，
△CAP＝10.

ヒント　(1)　3点A，P，Dが同一直線上 $\iff \overrightarrow{\mathrm{PD}}=k\overrightarrow{\mathrm{PA}}$（$k$ は実数）.

(2)(3)　O，A，Bが同一直線上にないとき，線分AB上の点Cと自然数 m，n に対し，

AC：CB＝m：n $\iff$

$$\overrightarrow{\mathrm{OC}}=\frac{1}{m+n}(n\overrightarrow{\mathrm{OA}}+m\overrightarrow{\mathrm{OB}}).$$

(4)　図において，

$$S_1：S_2=m：n.$$

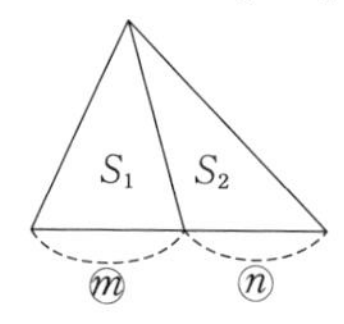

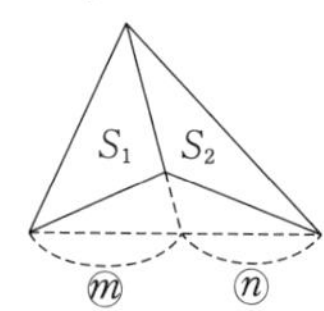

254　(1)　$\overrightarrow{\mathrm{AF}}=\frac{1}{7}(3\vec{a}+10\vec{b})$.

$\overrightarrow{\mathrm{AP}}=\frac{1}{3}(\vec{a}+2\vec{b})$.

(2)　EP：PF＝7：8.

ヒント　(1)　点Pは直線AC上かつBD上にあるから，

$$\overrightarrow{\mathrm{AP}}=k\overrightarrow{\mathrm{AC}}=t\overrightarrow{\mathrm{AB}}+(1-t)\overrightarrow{\mathrm{AD}}$$

（k，t は実数）.

(2)　点Pが直線EF上 $\iff$

$$\overrightarrow{\mathrm{EP}}=k\overrightarrow{\mathrm{EF}}$$（k は実数）.

255　(1)　$\frac{7\sqrt{5}}{5}$ $\left(t=\frac{4}{5}\right)$.

(2)　-9.

ヒント　(2)　$\vec{p}$ が $\vec{q}$ と平行 $\iff$

$\vec{p}=k\vec{q}$（k は実数）.

256　$\mathrm{OR}=\sqrt{19}$．$\cos\angle\mathrm{POR}=-\frac{7\sqrt{19}}{38}$.

ヒント　$|\overrightarrow{\mathrm{OR}}|^2=|\overrightarrow{\mathrm{OP}}+\overrightarrow{\mathrm{OQ}}|^2$，

$\overrightarrow{\mathrm{OP}}\cdot\overrightarrow{\mathrm{OR}}=-\overrightarrow{\mathrm{OP}}\cdot(\overrightarrow{\mathrm{OP}}+\overrightarrow{\mathrm{OQ}})$.

257　(1)　$\tan\theta=\frac{1}{2}\left(\tan\alpha+\frac{3}{\tan\alpha}\right)$.

(2)　$\frac{\pi}{3}$.

ヒント　(1)　$\tan(\beta-\alpha)=\frac{\tan\beta-\tan\alpha}{1+\tan\alpha\tan\beta}$.

(2)　相加平均，相乗平均の不等式を用いる.

258　(1)　3.

(2)　$5-2\sqrt{5}$.

ヒント　(1)

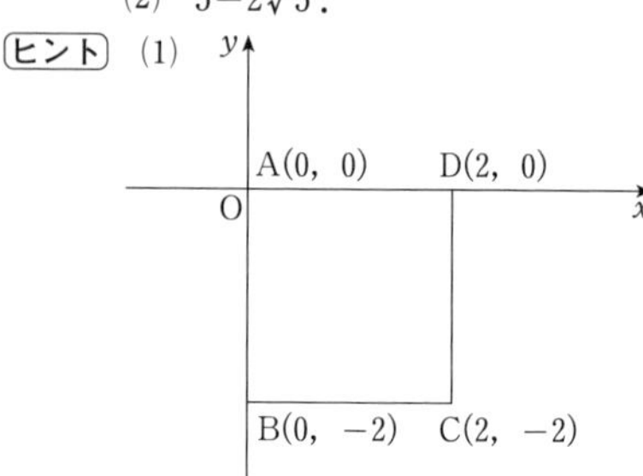

とする.

(2)　P($\cos\theta$，$\sin\theta$)（$0\leqq\theta<2\pi$）とおく.

259　(1)　$\overrightarrow{\mathrm{AQ}}=\frac{m\overrightarrow{\mathrm{AB}}+n\overrightarrow{\mathrm{AC}}}{m+n}$.

(2)　$\triangle\mathrm{ABQ}=\frac{n}{m+n}S$.

(3)　l：m：n＝2：5：3.

ヒント　(1)　$-\frac{l}{m+n}\overrightarrow{\mathrm{PA}}=\frac{m\overrightarrow{\mathrm{PB}}+n\overrightarrow{\mathrm{PC}}}{m+n}$.

(3)　PはAQを $m+n$：l に内分する点.

260　(1)　$\overrightarrow{\mathrm{BP}}=\frac{3(1-t)}{5-3t}\vec{a}+\frac{2t}{5-3t}\vec{c}$.

(2)　$\frac{2}{5}$.

ヒント　(1)　点Pは直線AL上かつCN上の点だから，

$$\overrightarrow{\mathrm{BP}}=k\overrightarrow{\mathrm{BA}}+(1-k)\overrightarrow{\mathrm{BL}}$$
$$=l\overrightarrow{\mathrm{BN}}+(1-l)\overrightarrow{\mathrm{BC}}$$

（k，l は実数）.

(2)　3点P，M，Dが一直線上あるとき，

$\overrightarrow{\mathrm{OP}}=\alpha\overrightarrow{\mathrm{DM}}$（$\alpha$ は実数）.

261　(1)　略.

(2)　$\frac{16}{7}$.

ヒント　(1)　$\overrightarrow{\mathrm{AE}}=\frac{1}{21}\left(\frac{4}{s}\overrightarrow{\mathrm{AP}}+\frac{3}{t}\overrightarrow{\mathrm{AQ}}\right)$.

(2)　相加平均，相乗平均の不等式を用い

る．

262 (1) BC を 3：2 に内分する点を D とすると，P は AD を 5：1 に内分する点である．

(2) (1)の点を通り AB に平行な直線

(3) $-1<k<2$.

ヒント (1) $\overrightarrow{AP}$ を $\overrightarrow{AB}$，$\overrightarrow{AC}$ で表す．

(2) (1)の P を P_0 とすると，

$$\overrightarrow{P_0P}=-\frac{k}{6}\overrightarrow{AB}.$$

(3) $\overrightarrow{OP}=x\overrightarrow{OA}+y\overrightarrow{OB}$ に対し，

P が △OAB の内部 $\Longleftrightarrow$

$$x>0,\ y>0,\ x+y<1.$$

263 (1) 8 倍．

(2) 4 倍．

ヒント $\alpha=1$，2 に対し，

$$s+\alpha t=k$$

とおくと，

$$s=k-\alpha t,\ 1\leqq k\leqq 3.$$
$$\overrightarrow{OP}=k\overrightarrow{OA}+t(\overrightarrow{OB}-\alpha\overrightarrow{OA}).$$

264 (1) $\overrightarrow{OA}\cdot\overrightarrow{OB}=0$，$\overrightarrow{OB}\cdot\overrightarrow{OC}=-\dfrac{4}{5}$，

$$\overrightarrow{OC}\cdot\overrightarrow{OA}=-\frac{3}{5}.$$

(2) $\dfrac{6}{5}$.

ヒント (1) $25|\overrightarrow{OC}|^2=|3\overrightarrow{OA}+4\overrightarrow{OB}|^2$.

(2) $\triangle ABC=\triangle OAB+\triangle OBC+\triangle OCA$，

$$\triangle OAB=\frac{1}{2}\sqrt{|\overrightarrow{OA}|^2|\overrightarrow{OB}|^2-(\overrightarrow{OA}\cdot\overrightarrow{OB})^2}.$$

265 (1) $\dfrac{1}{\sqrt{3}}$.

(2) $\dfrac{1}{2}$.

(3) 2.

(4) 最大値 $\dfrac{1}{2}$，最小値 $-\dfrac{1}{6}$.

ヒント (2) 始点を O にそろえて内積を計算する．

(3) $|\overrightarrow{PA}|^2=|\overrightarrow{OA}-\overrightarrow{OP}|^2$.

(4) $\overrightarrow{PA}\cdot\overrightarrow{PB}=\dfrac{1}{6}-(\overrightarrow{OA}+\overrightarrow{OB})\cdot\overrightarrow{OP}$.

266 (1) $\overrightarrow{a_3}=2\cos\theta\,\overrightarrow{a_2}-\overrightarrow{a_1}$.

(2) 略．

(3) $\cos\theta=\dfrac{-1+\sqrt{5}}{4}$.

ヒント (1) $\overrightarrow{a_2}=k(\overrightarrow{a_1}+\overrightarrow{a_3})$ $(k>0)$ とおける．

(2) $\overrightarrow{a_3}=2\cos\theta\,\overrightarrow{a_2}-\overrightarrow{a_1}$

の添字を $1\to2\to3\to4\to5\to1$ と変えた式を辺々加える．

(3) $|\overrightarrow{a_4}+\overrightarrow{a_5}|^2=|\overrightarrow{a_1}+\overrightarrow{a_2}+\overrightarrow{a_3}|^2$.

267 (1) 略．

(2) $\overrightarrow{OC}=\dfrac{1}{4}(\overrightarrow{OA}-2\overrightarrow{OB})$.

(3) $s=\dfrac{1}{6}$，$t=-\dfrac{1}{3}$.

ヒント (1) $|\vec{x}|^2-\vec{a}\cdot\vec{x}$

$$=\left|\vec{x}-\frac{1}{2}\vec{a}\right|^2-\frac{1}{4}|\vec{a}|^2$$

を用いて $|\overrightarrow{OP}-\overrightarrow{OC}|=r$ の形に変形する．

(3) 条件より，

$$\overrightarrow{OA}\cdot\overrightarrow{OB}=-\frac{1}{5}(|\overrightarrow{OA}|^2+4|\overrightarrow{OB}|^2).$$

を用いて $|\overrightarrow{OC}|^2$ を変形する．

268 (1) $\overrightarrow{OM}=\left(\dfrac{a}{2},\ \dfrac{b}{2}\right)$，

$$\overrightarrow{MC}=\left(\frac{\sqrt{3}}{2}b,\ \frac{\sqrt{3}}{2}a\right).$$

(2) $\overrightarrow{OC}=\left(\dfrac{a+\sqrt{3}\,b}{2},\ \dfrac{\sqrt{3}\,a+b}{2}\right)$.

ヒント (1) $\overrightarrow{AB}=(-a,\ b)\perp(b,\ a)$.

(2) $\overrightarrow{OC}=\overrightarrow{OM}+\overrightarrow{MC}$.

269 (1) 略．

(2) 略．

ヒント (1) $\overrightarrow{CA}=\vec{a}$，$\overrightarrow{CD}=\vec{b}$ として，

$$|\vec{a}|=|\vec{b}|,\ \vec{a}\cdot\vec{b}=\frac{1}{2}|\vec{a}|^2$$

を導く．

(2) $\overrightarrow{AB}\cdot\overrightarrow{BC}=\overrightarrow{BC}\cdot\overrightarrow{CD}$ より，

$$(\overrightarrow{AB}-\overrightarrow{CD})\perp\overrightarrow{BC}.$$

$\overrightarrow{CD}\cdot\overrightarrow{DA}=\overrightarrow{DA}\cdot\overrightarrow{AB}$ より，

$$(\overrightarrow{AB}-\overrightarrow{CD})\perp\overrightarrow{DA}.$$

270 (1) 略．

(2) $\overrightarrow{OC}=\frac{5}{4}\vec{a}+\frac{7}{4}\vec{b}$.

ヒント (1) ∠AOB の二等分線と辺 AB との交点を D とすると,

$AD:DB=OA:OB=|\vec{a}|:|\vec{b}|$.

(2) (1)の結果を頂点 A, B におけるそれぞれの外角の二等分線に用いる.

22 空間座標と空間ベクトル

271 (1) $\overrightarrow{AP}=-\frac{1}{4}\overrightarrow{AB}-\frac{1}{2}\overrightarrow{AC}-\frac{3}{4}\overrightarrow{AD}$.

(2) $s=\frac{1}{3}$, $t=\frac{1}{2}$, $k=-\frac{2}{3}$.

(3) (四面体 ABCD) : (四面体 PBCD) $=2:5$.

ヒント (2) $\overrightarrow{AQ}=(1-s-t)\overrightarrow{AB}+s\overrightarrow{AC}+t\overrightarrow{AD}$.

(3) 底面を共通の △BCD にすると, 体積比は AQ : PQ に等しい.

272 (1)(i) $\frac{\pi}{6}$. (ii) $\left(\frac{1}{2}, \frac{\sqrt{2}}{2}, \frac{1}{2}\right)$.

(iii) $\sqrt{3}$.

(2) 略.

ヒント (1)(i) なす角を θ $(0\leqq\theta\leqq\pi)$ とすると,

$$\cos\theta=\frac{\overrightarrow{OP}\cdot\overrightarrow{OQ}}{|\overrightarrow{OP}|\cdot|\overrightarrow{OQ}|}.$$

(iii) $\triangle OPQ=\frac{1}{2}\sqrt{|\overrightarrow{OP}|^2|\overrightarrow{OQ}|^2-(\overrightarrow{OP}\cdot\overrightarrow{OQ})^2}$.

(3) 始点を A にそろえて

(左辺)−(右辺)

を計算する.

273 (1) 重心 (1, 3, 3), 面積 $3\sqrt{5}$.

(2) $\pm\left(0, \frac{1}{\sqrt{5}}, -\frac{2}{\sqrt{5}}\right)$.

(3) (1, 4, 1), (1, 2, 5).

ヒント (1) △ABC

$$=\frac{1}{2}\sqrt{|\overrightarrow{AB}|^2|\overrightarrow{AC}|^2-(\overrightarrow{AB}\cdot\overrightarrow{AC})^2}.$$

(3) 条件より,

$$\frac{1}{3}\cdot\triangle ABC\cdot PG=5.$$

274 (1) $S=\frac{3}{2}$.

(2) $\left(-\frac{2}{9}, \frac{1}{9}, -\frac{2}{9}\right)$.

(3) $V=\frac{1}{6}$.

ヒント (1) $S=\frac{1}{2}\sqrt{|\overrightarrow{AB}|^2|\overrightarrow{AC}|^2-(\overrightarrow{AB}\cdot\overrightarrow{AC})^2}$.

(2) 点 H は平面 α 上の点であるから,

$$\overrightarrow{AH}=a\overrightarrow{AB}+b\overrightarrow{AC}=(-a-b, 2a, a+2b)$$

(a, b は実数)

とおける.

(3) $V=\frac{1}{3}\cdot S\cdot OH$.

275 $C\left(\frac{7}{3}, \frac{4}{3}, -\frac{8}{3}\right)$, D(3, 2, −2).

ヒント $\overrightarrow{OC}=(1, 0, 0)+s(1, 1, -2)$ (s は実数),

$\overrightarrow{OD}=(2, 0, 1)+t(1, 2, -3)$ (t は実数)

とおける.

276 (1) $\overrightarrow{DG}=\frac{1}{6}\vec{a}-\frac{1}{2}\vec{b}+\frac{1}{3}\vec{c}$,

$\overrightarrow{EF}=\frac{1}{2}\vec{a}-\frac{1}{2}\vec{b}$.

(2) $\overrightarrow{OH}=\frac{3}{4}\vec{a}-\frac{1}{4}\vec{b}+\frac{1}{2}\vec{c}$.

(3) $\overrightarrow{OI}=\frac{3}{5}\vec{a}+\frac{2}{5}\vec{c}$.

(4) $\frac{W}{V}=\frac{3}{2}$.

ヒント (2) 点 H は直線 DG かつ EF 上の点であるから,

$$\overrightarrow{OH}=\overrightarrow{OD}+s\overrightarrow{DG}=\overrightarrow{OE}+t\overrightarrow{EF}$$

(s, t は実数)

とおける.

(3) 点 I は直線 BH 上の点であるから,

$\overrightarrow{OI}=(1-k)\overrightarrow{OB}+k\overrightarrow{OH}$ (k は実数).

(4) $\frac{W}{V}=\frac{\triangle BCI}{\triangle ABI}=\frac{CI}{AI}$.

277 (1) $\vec{a}\cdot\vec{b}=3$, $\vec{b}\cdot\vec{c}=4$, $\vec{c}\cdot\vec{a}=3$.

(2) $\overrightarrow{OH}=\frac{1}{11}(3\vec{a}+7\vec{b})$,

$|\overrightarrow{OH}|=\dfrac{\sqrt{407}}{11}$.

(3) $\dfrac{\sqrt{10}}{3}$.

ヒント (1) $|\overrightarrow{AB}|=\sqrt{3}$ より，
$|\vec{b}-\vec{a}|^2=3$.

(2) 点Hは，平面OAB上の点であるから，
$\overrightarrow{OH}=x\vec{a}+y\vec{b}$ (x, y は実数)
とおける．

(3) (体積)$=\dfrac{1}{3}\cdot\triangle OAB\cdot CH$.

278 (1) 6.

(2) $\overrightarrow{PQ}=(x-1)\vec{a}-x\vec{b}+y\vec{c}$.

(3) 最小値 $\dfrac{\sqrt{14}}{2}\left(x=\dfrac{1}{2},\ y=\dfrac{2}{3}\right)$.

ヒント (1) $|\overrightarrow{AB}|=\sqrt{6}$ より，
$|\vec{b}-\vec{a}|^2=6$.

(3) $|\overrightarrow{PQ}|^2=|(x-1)\vec{a}-x\vec{b}+y\vec{c}|^2$.

279 (1) 最小値 $\dfrac{\sqrt{6}}{3}$, $P\left(\dfrac{1}{3},\ \dfrac{1}{3},\ \dfrac{2}{3}\right)$.

(2) 最大値 120°, $P\left(\dfrac{2}{3},\ \dfrac{2}{3},\ \dfrac{1}{3}\right)$.

ヒント (1) $\overrightarrow{EP}\cdot\overrightarrow{OC}=0$ かつ $\overrightarrow{EP}\cdot\overrightarrow{OD}=0$.

(2) $\cos\theta=\dfrac{\overrightarrow{PA}\cdot\overrightarrow{PB}}{|\overrightarrow{PA}|\cdot|\overrightarrow{PB}|}$.

280 (1) $\left(\dfrac{4}{3},\ \dfrac{2}{3},\ \dfrac{1}{3}\right)$.

(2) $P(1,\ 1,\ 0)$, $Q\left(\dfrac{4}{3},\ \dfrac{2}{3},\ \dfrac{1}{3}\right)$.

ヒント (1) $\overrightarrow{AH}=t\overrightarrow{AB}$ (t は実数) とおける．このとき，
$\overrightarrow{CH}=(2t,\ t-2,\ 2-t)$.

(2) $DP+PQ=CP+PQ\geqq CQ\geqq CH$.

281 最小値 $5-3\sqrt{2}$. 点Pと面ABCDとの距離 $2-\dfrac{2\sqrt{2}}{3}$.

ヒント 円弧が表し易い座標で考える．

282 (1) 略.

(2) 略.

ヒント (1) $\overrightarrow{OG}=\dfrac{1}{3}(\vec{a}+\vec{b}+\vec{c})$.
$\overrightarrow{OG}\cdot\overrightarrow{AB}=0$, $\overrightarrow{OG}\cdot\overrightarrow{AC}=0$ を示す．

(2) 与式を変形して
$\left|\overrightarrow{OP}-\dfrac{3}{4}\overrightarrow{OG}\right|=\dfrac{3}{4}|\overrightarrow{OG}|$
を導く．

283 (1) 中心 $(0,\ 0,\ 2)$, 半径 2.

(2) $(0,\ -1,\ 0)$.

(3) $(2,\ 0,\ 2)$, $\left(\dfrac{2}{9},\ \dfrac{8}{9},\ \dfrac{34}{9}\right)$.

(4) $y\leqq-\dfrac{1}{16}x^2+4$, $z=0$. 図は略.

ヒント (2) $\overrightarrow{OP}=\overrightarrow{OA}+t\overrightarrow{AC}$ (t は実数) とおける．

(3) 共有点をDとすると，Dは直線AB上の点だから，
$\overrightarrow{OD}=\overrightarrow{OA}+k\overrightarrow{AB}$ (k は実数)
とおける．このDが S の式を満たす．

(4) $Q(X,\ Y,\ 0)$ として，直線AQ上の点Rを
$\overrightarrow{OR}=\overrightarrow{OA}+u\overrightarrow{AQ}$ (u は実数)
とおき，Rが S の式を満たすことから求まる u の2次方程式の実数解条件を求める．

284 (1) $\overrightarrow{OQ}=(1-t)\overrightarrow{OA}+t\overrightarrow{OP}$.

(2) $\overrightarrow{OQ}=\left(\dfrac{x_0}{1-z_0},\ \dfrac{y_0}{1-z_0},\ 0\right)$.

(3) $x^2+(y-2)^2=3$, $z=0$.

ヒント (3) $X=\dfrac{x_0}{1-z_0}$, $Y=\dfrac{y_0}{1-z_0}$ とおいて，
${x_0}^2+{y_0}^2+{z_0}^2=1$ かつ $y_0=\dfrac{1}{2}$
から X, Y だけの式を作る．

24420

チョイス新標準問題集

河合塾 SERIES

数学III・C

六訂版　河合塾講師 中村登志彦［著］

解答・解説編

河合出版

もくじ

第1章　数列と極限

1　数列の極限

1　考え方

$$\sqrt{A}-\sqrt{B}=\frac{A-B}{\sqrt{A}+\sqrt{B}}.$$

解答

$$\lim_{n\to\infty}\left(\sqrt{n^2+2n}-n\right)$$
$$=\lim_{n\to\infty}\frac{\left(\sqrt{n^2+2n}-n\right)\left(\sqrt{n^2+2n}+n\right)}{\sqrt{n^2+2n}+n}$$
$$=\lim_{n\to\infty}\frac{n^2+2n-n^2}{\sqrt{n^2+2n}+n}$$
$$=\lim_{n\to\infty}\frac{2n}{\sqrt{n^2+2n}+n}$$
$$=\lim_{n\to\infty}\frac{2}{\sqrt{1+\frac{2}{n}}+1}$$
$$=\mathbf{1}.$$

2　考え方

$$\sum_{k=1}^{n}k=\frac{1}{2}n(n+1).$$
$$\sum_{k=1}^{n}k^2=\frac{1}{6}n(n+1)(2n+1).$$

解答

$$\lim_{n\to\infty}\frac{(1+2+3+\cdots+n)^3}{(1^2+2^2+3^2+\cdots+n^2)^2}$$
$$=\lim_{n\to\infty}\frac{\left\{\frac{1}{2}n(n+1)\right\}^3}{\left\{\frac{1}{6}n(n+1)(2n+1)\right\}^2}$$
$$=\lim_{n\to\infty}\frac{\frac{1}{8}n^3(n+1)^3}{\frac{1}{36}n^2(n+1)^2(2n+1)^2}$$
$$=\lim_{n\to\infty}\frac{9}{2}\cdot\frac{n(n+1)}{(2n+1)^2}$$
$$=\lim_{n\to\infty}\frac{9}{2}\cdot\frac{1+\frac{1}{n}}{\left(2+\frac{1}{n}\right)^2}$$
$$=\frac{9}{8}.$$

3　考え方

$$\lim_{n\to\infty}r^n=\begin{cases}\infty & (r>1),\\ 1 & (r=1),\\ 0 & (-1<r<1),\\ \text{振動} & (r\leqq -1).\end{cases}$$

分母の最大項で分母，分子を割る．

解答

$$(\text{与式})=\lim_{n\to\infty}\frac{3\cdot\left(\frac{3}{7}\right)^n+5\cdot\left(\frac{5}{7}\right)^n+7}{\left(\frac{3}{7}\right)^n+\left(\frac{5}{7}\right)^n+1}$$
$$=\mathbf{7}.$$

4　考え方

(1)
$$a_{n+1}=\frac{3}{4}a_n+\frac{1}{2},\qquad \cdots①$$
$$a_{n+1}-\alpha=\frac{3}{4}(a_n-\alpha)\qquad \cdots②$$

とおく．

①−② より，

$$\alpha=\frac{3}{4}\alpha+\frac{1}{2}.$$
$$\alpha=2.$$

② に代入して，

$$a_{n+1}-2=\frac{3}{4}(a_n-2).$$

(3)
$$\sum_{k=1}^{n}ar^{k-1}=\begin{cases}an & (r=1),\\ \frac{a(1-r^n)}{1-r} & (r\neq 1).\end{cases}$$

解答

(1)
$$4a_{n+1}-3a_n-2=0$$

を変形して，

$$a_{n+1}=\frac{3}{4}a_n+\frac{1}{2}.$$
$$a_{n+1}-2=\frac{3}{4}(a_n-2).$$

これは，数列 $\{a_n-2\}$ が公比 $\frac{3}{4}$ の等比数列であることを示している．

よって，

$$a_n-2=(a_1-2)\cdot\left(\frac{3}{4}\right)^{n-1}$$
$$=-\left(\frac{3}{4}\right)^{n-1}.$$
$$\boldsymbol{a_n=2-\left(\frac{3}{4}\right)^{n-1}}.$$

(2)　$S_n=\sum_{k=1}^{n}\left\{2-\left(\frac{3}{4}\right)^{k-1}\right\}$

$$=2n-\frac{1-\left(\frac{3}{4}\right)^n}{1-\frac{3}{4}}$$
$$=2n-4\left\{1-\left(\frac{3}{4}\right)^n\right\}$$
$$\boldsymbol{=2n-4+4\left(\frac{3}{4}\right)^n}.$$

(3)　$\lim_{n\to\infty}\frac{S_n}{n}=\lim_{n\to\infty}\left\{2-\frac{4}{n}+\frac{4}{n}\cdot\left(\frac{3}{4}\right)^n\right\}$

$$=\boldsymbol{2}.$$

5　考え方

(1)　$0<a<b$ より，

$$b^n<a^n+b^n<2b^n.$$

(2)　(1)を利用して，はさみうちの原理

「$p_n<q_n<r_n$，$\lim_{n\to\infty}p_n=\alpha$，$\lim_{n\to\infty}r_n=\alpha$

$\Longrightarrow$ $\lim_{n\to\infty}q_n=\alpha$」

を用いる．

解答

(1)　$0<a<b$ より，

$$0<a^n<b^n.$$

b^n を加えて，

$$b^n<a^n+b^n<2b^n.$$

よって，

$$\log_2 b^n<\log_2(a^n+b^n)<\log_2 2b^n.$$

ここで，

$\log_2 b^n=n\log_2 b$,

$\log_2 2b^n=\log_2 2+\log_2 b^n=n\log_2 b+1$

であるから，

$$n\log_2 b<\log_2(a^n+b^n)<n\log_2 b+1.$$

(2)　(1)より，

$$\log_2 b<\frac{1}{n}\log_2(a^n+b^n)<\log_2 b+\frac{1}{n}.$$

$\frac{1}{n}\log_2(a^n+b^n)=\log_2\sqrt[n]{a^n+b^n}$ であるから，

$$\log_2 b<\log_2\sqrt[n]{a^n+b^n}<\log_2 b+\frac{1}{n}.$$

$\lim_{n\to\infty}\left(\log_2 b+\frac{1}{n}\right)=\log_2 b$ であるから，はさみうちの原理により，

$$\lim_{n\to\infty}\log_2\sqrt[n]{a^n+b^n}=\log_2 b.$$

よって，

$$\lim_{n\to\infty}\sqrt[n]{a^n+b^n}=\boldsymbol{b}.$$

6　考え方

まず分母，分子の和を求める．

$$\sum_{k=1}^{m}k=\frac{1}{2}m(m+1),$$
$$\sum_{k=1}^{m}k^2=\frac{1}{6}m(m+1)(2m+1)$$

である．

次に，分母の最大項で分母，分子を割る．

解答

［解答 1］

$$(\text{分子})=(n+1)^2+(n+2)^2+\cdots+(3n)^2$$
$$=\sum_{k=1}^{2n}(n+k)^2$$
$$=\sum_{k=1}^{2n}(n^2+2nk+k^2)$$
$$=n^2\cdot 2n+2n\cdot\frac{1}{2}\cdot 2n(2n+1)$$
$$+\frac{1}{6}\cdot 2n(2n+1)(4n+1)$$
$$=\frac{1}{3}n(26n^2+12n+1).$$
$$(\text{分母})=1^2+2^2+3^2+\cdots+(2n)^2$$
$$=\frac{1}{6}\cdot 2n(2n+1)(4n+1)$$
$$=\frac{1}{3}n(2n+1)(4n+1).$$
$$(\text{与式})=\lim_{n\to\infty}\frac{\frac{1}{3}n(26n^2+12n+1)}{\frac{1}{3}n(2n+1)(4n+1)}$$

$$=\lim_{n\to\infty}\frac{26+\dfrac{12}{n}+\dfrac{1}{n^2}}{\left(2+\dfrac{1}{n}\right)\left(4+\dfrac{1}{n}\right)}$$

$$=\mathbf{\frac{13}{4}}.$$

［**注**］ $(n+1)^2+(n+2)^2+\cdots+(3n)^2$

$$=\sum_{k=1}^{3n}k^2-\sum_{k=1}^{n}k^2$$

$$=\frac{1}{6}\cdot 3n\cdot(3n+1)\cdot(6n+1)$$

$$-\frac{1}{6}\cdot n\cdot(n+1)\cdot(2n+1)$$

としてもよい．

［**解答 2**］

$$(\text{与式})=\lim_{n\to\infty}\frac{\displaystyle\sum_{k=1}^{2n}(n+k)^2}{\displaystyle\sum_{k=1}^{2n}k^2}$$

$$=\lim_{n\to\infty}\frac{\dfrac{1}{2n}\displaystyle\sum_{k=1}^{2n}\left(\frac{1}{2}+\frac{k}{2n}\right)^2}{\dfrac{1}{2n}\displaystyle\sum_{k=1}^{2n}\left(\frac{k}{2n}\right)^2}$$

$$=\frac{\displaystyle\int_0^1\left(\frac{1}{2}+x\right)^2dx}{\displaystyle\int_0^1 x^2dx}$$

$$=\mathbf{\frac{13}{4}}.$$

7 考え方

$$\lim_{n\to\infty}r^n=\begin{cases}\infty & (r>1),\\ 1 & (r=1),\\ 0 & (-1<r<1),\\ \text{振動} & (r\leqq -1)\end{cases}$$

である．

この公式に対し，$0\leqq x<\dfrac{\pi}{2}$ より，

$r=\tan x\geqq 0$ なので

$$\tan x>1,\ \tan x=1,\ 0\leqq\tan x<1$$

で場合分けして考える．

解 答

$0\leqq x<\dfrac{\pi}{2}$ より，

$$0\leqq\tan x<+\infty.$$

(i) $0\leqq\tan x<1$，すなわち $0\leqq x<\dfrac{\pi}{4}$ のとき．

$\displaystyle\lim_{m\to\infty}\tan^m x=0$ であるから，

$$\boldsymbol{f(x)}=\lim_{n\to\infty}f_n(x)$$

$$=\mathbf{1}.$$

(ii) $\tan x=1$，すなわち $x=\dfrac{\pi}{4}$ のとき．

$\tan^m x=1$（m は任意の自然数）であるから，

$$\boldsymbol{f(x)}=\lim_{n\to\infty}f_n(x)$$

$$=\mathbf{\frac{1}{3}}.$$

(iii) $\tan x>1$，すなわち $\dfrac{\pi}{4}<x<\dfrac{\pi}{2}$ のとき．

$\displaystyle\lim_{m\to\infty}\tan^m x=+\infty$ であるから，

$$\boldsymbol{f(x)}=\lim_{n\to\infty}f_n(x)$$

$$=\lim_{n\to\infty}\frac{\tan x-\dfrac{1}{\tan^n x}+\dfrac{1}{\tan^{2n}x}}{\tan^2 x+1+\dfrac{1}{\tan^{2n}x}}$$

$$=\frac{\tan x}{\tan^2 x+1}$$

$$=\tan x\cdot\cos^2 x$$

$$\left(1+\tan^2 x=\frac{1}{\cos^2 x}\text{ より}\right)$$

$$=\sin x\cos x$$

$$=\mathbf{\frac{1}{2}\sin 2x}.$$

(i), (ii), (iii) より，グラフは次のようになる．

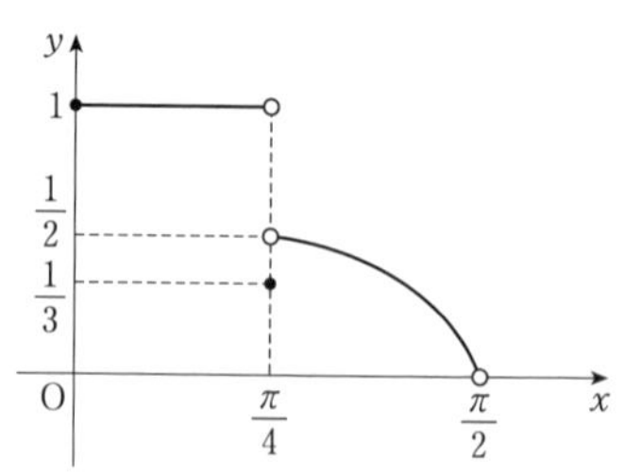

8 考え方

(1)　両辺から a_{n+1} を引いてみる．

(2)　$n \geqq 2$ のとき，

$$a_n = a_1 + \sum_{k=1}^{n-1}(a_{k+1} - a_k).$$

解答

(1)　$a_{n+2} = \frac{1}{4}(a_{n+1} + 3a_n)$ より

$$a_{n+2} - a_{n+1} = -\frac{3}{4}(a_{n+1} - a_n).$$

これは数列 $\{a_{n+1} - a_n\}$ が公比 $-\frac{3}{4}$ の等比数列であることを表している．

(2)　(1)より，

$$a_{n+1} - a_n = (a_2 - a_1)\left(-\frac{3}{4}\right)^{n-1}$$
$$= -\left(-\frac{3}{4}\right)^{n-1}. \quad \cdots ①$$

$n \geqq 2$ のとき，

$$a_n = (a_n - a_{n-1}) + (a_{n-1} - a_{n-2}) + \cdots + (a_2 - a_1) + a_1$$
$$= a_1 + \sum_{k=1}^{n-1}(a_{k+1} - a_k)$$
$$= 2 + \sum_{k=1}^{n-1}\left\{-\left(-\frac{3}{4}\right)^{k-1}\right\}$$
$$= 2 + \frac{-\left\{1 - \left(-\frac{3}{4}\right)^{n-1}\right\}}{1 - \left(-\frac{3}{4}\right)}$$
$$= 2 - \frac{4}{7}\left\{1 - \left(-\frac{3}{4}\right)^{n-1}\right\}$$
$$= \frac{10}{7} + \frac{4}{7}\left(-\frac{3}{4}\right)^{n-1}.$$

これは $n=1$ のときにも成り立つ．

よって，

$$\boldsymbol{a_n = \frac{10}{7} + \frac{4}{7}\left(-\frac{3}{4}\right)^{n-1}}.$$

(3)　$$\lim_{n\to\infty} a_n = \boldsymbol{\frac{10}{7}}.$$

［注］　$a_{n+2} = \frac{1}{4}(a_{n+1} + 3a_n)$

より，

$$a_{n+2} + \frac{3}{4}a_{n+1} = a_{n+1} + \frac{3}{4}a_n.$$

よって，数列 $\left\{a_{n+1} + \frac{3}{4}a_n\right\}$ は公比 1 の等比数列であるから，

$$a_{n+1} + \frac{3}{4}a_n = a_2 + \frac{3}{4}a_1 = \frac{5}{2}. \quad \cdots ②$$

②−① より，

$$\frac{7}{4}a_n = \frac{5}{2} + \left(-\frac{3}{4}\right)^{n-1}.$$
$$a_n = \frac{10}{7} + \frac{4}{7}\left(-\frac{3}{4}\right)^{n-1}.$$

9 考え方

(1)

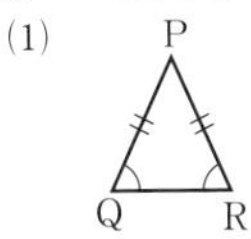

「二等辺三角形の底角は等しい」

より，**解答** の図の記号に対して，

$$\angle ABC = \angle ACB = \frac{1}{2}(\pi - \theta_{n-1}).$$

次に，

「円周角は一定」

より，

$$\angle ACB = \angle ADB = \theta_n.$$

よって，

$$\theta_n = \frac{1}{2}(\pi - \theta_{n-1}).$$

解答

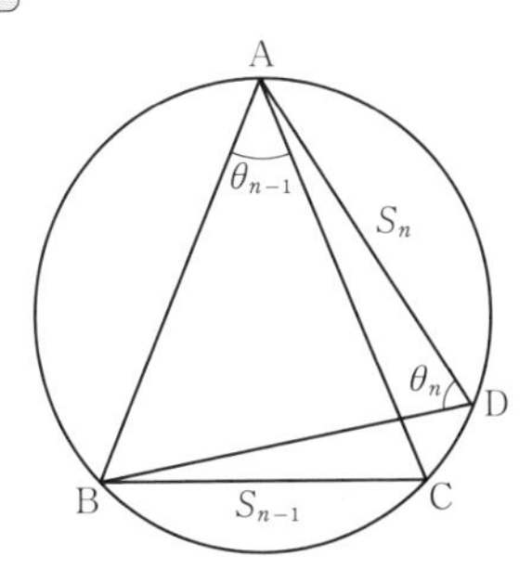

(1)　図のように S_{n-1} を三角形 ABC，S_n を三角形 ABD とすると，

$$\angle BAC = \theta_{n-1}, \quad \angle ADB = \theta_n.$$

ここで AB=AC より，

$$\angle ABC=\angle ACB=\frac{1}{2}(\pi-\theta_{n-1}).$$

$\angle ACB=\angle ADB$ であるから,

$$\boldsymbol{\theta_n=\frac{1}{2}(\pi-\theta_{n-1}).} \qquad \cdots①$$

(2) ① を変形して,

$$\theta_n-\frac{\pi}{3}=-\frac{1}{2}\left(\theta_{n-1}-\frac{\pi}{3}\right).$$

これは数列 $\left\{\theta_n-\frac{\pi}{3}\right\}$ が公比 $-\frac{1}{2}$ の等比数列であることを表している.

よって,

$$\theta_n-\frac{\pi}{3}=\left(\theta_1-\frac{\pi}{3}\right)\left(-\frac{1}{2}\right)^{n-1}.$$

$$\boldsymbol{\theta_n=\frac{\pi}{3}+\left(\theta_1-\frac{\pi}{3}\right)\left(-\frac{1}{2}\right)^{n-1}.}$$

(3) (2) より,

$$\lim_{n\to\infty}\theta_n=\frac{\pi}{3}.$$

よって $n\to\infty$ のとき, S_n は頂角が $\frac{\pi}{3}$ の二等辺三角形, つまり正三角形に近づく.

10 考え方

(1)
$$y_{n+1}=2(x_n+ay_n)-2$$
$$=2x_{n+1}-2.$$

解 答

(1)
$$\begin{cases} x_{n+1}=x_n+ay_n, & \cdots① \\ y_{n+1}=2x_n+2ay_n-2. & \cdots② \end{cases}$$

② より, $n=1,\ 2,\ 3,\ \cdots$のとき,

$$y_{n+1}=2(x_n+ay_n)-2$$
$$=2x_{n+1}-2. \quad (① より)$$

$x_1=y_1=2$ より,

$$y_1=2x_1-2$$

であるから,

$$y_n=2x_n-2 \quad (n=1,\ 2,\ 3,\ \cdots). \quad \cdots③$$

③ を ① に代入して,

$$x_{n+1}=x_n+a(2x_n-2)$$
$$=(2a+1)x_n-2a.$$
$$x_{n+1}-1=(2a+1)(x_n-1).$$

数列 $\{x_n-1\}$ は公比 $2a+1$ の等比数列であるから,

$$x_n-1=(x_1-1)(2a+1)^{n-1}$$
$$=(2a+1)^{n-1}. \quad (x_1=2 より)$$

よって,

$$\boldsymbol{x_n=(2a+1)^{n-1}+1.} \qquad \cdots④$$

④ を ③ に代入して,

$$\boldsymbol{y_n=2(2a+1)^{n-1}.}$$

(2) 収束する条件は,

$$-1<2a+1\leqq 1.$$

よって,

$$\boldsymbol{-1<a\leqq 0.}$$

極限値は,

$a=0$ のとき,

$$\lim_{n\to\infty}x_n=\boldsymbol{2},\ \lim_{n\to\infty}y_n=\boldsymbol{2}.$$

$-1<a<0$ のとき,

$$\lim_{n\to\infty}x_n=\boldsymbol{1},\ \lim_{n\to\infty}y_n=\boldsymbol{0}.$$

11 考え方

(1) 数学的帰納法を用いる.

(2) $\frac{1}{8}(a_n-4)-(a_{n+1}-4)$ を計算する.

(3) $a_{n+1}-\alpha<r(a_n-\alpha)$ $(n=1,\ 2,\ 3,\ \cdots)$, $r>0$ のとき,

$$a_{n+1}-\alpha<r(a_n-\alpha)$$
$$<r^2(a_{n-1}-\alpha)$$
$$\vdots$$
$$<r^n(a_1-\alpha).$$

解 答

(1) 数学的帰納法で示す.

(I) $n=1$ のとき成り立つ.

(II) $n=k$ (k は自然数) のとき成り立つと仮定すると,

$$a_k>4.$$

このとき,

$$a_{k+1}-4=\sqrt{a_k+12}-4$$
$$=\frac{a_k-4}{\sqrt{a_k+12}+4}>0$$

であるから, $n=k+1$ のときにも成り立つ.

(I), (II) より示された.

(2)
$$\frac{1}{8}(a_n-4)-(a_{n+1}-4)$$
$$=\frac{1}{8}(a_n-4)-\frac{a_n-4}{\sqrt{a_n+12}+4}$$
$$=\frac{\sqrt{a_n+12}-4}{8(\sqrt{a_n+12}+4)}(a_n-4)$$

$$=\frac{(a_n-4)^2}{8\left(\sqrt{a_n+12}+4\right)^2}>0.\ (a_n>4 \text{ より})$$

よって，

$$a_{n+1}-4<\frac{1}{8}(a_n-4).$$

(3)　(1)，(2) より，

$$0<a_{n+1}-4<\frac{1}{8}(a_n-4)$$
$$<\left(\frac{1}{8}\right)^2(a_{n-1}-4)$$
$$<\left(\frac{1}{8}\right)^3(a_{n-2}-4)$$
$$\vdots$$
$$<\left(\frac{1}{8}\right)^n(a_1-4).$$

よって，$n\geqq 2$ のとき，

$$0<a_n-4<\left(\frac{1}{8}\right)^{n-1}(a_1-4).$$

$\lim\limits_{n\to\infty}\left(\frac{1}{8}\right)^{n-1}(a_1-4)=0$ であるから，

$$\lim_{n\to\infty}(a_n-4)=0.$$

したがって，

$$\lim_{n\to\infty}a_n=\mathbf{4}.$$

12　考え方

座標平面上で，

　　x 座標，y 座標の値がともに整数

であるような点を格子点という．

(1)　直線 $x=k$ $(k=0,\ \pm 1,\ \pm 2,\ \cdots,\ \pm m_n)$ 上の格子点の y 座標は，

$$y=k^2-n,\ k^2-n+1,\ \cdots,\ -1,\ 0$$

で，その個数は，

$$0-(k^2-n)+1=n+1-k^2 \text{（個）}$$

(2)　m_n の定義から，m_n は $n^{\frac{1}{2}}$ 以下であり，m_n+1 は $n^{\frac{1}{2}}$ より大きくなるから，

$$m_n\leqq n^{\frac{1}{2}}<m_n+1.$$
$$n^{\frac{1}{2}}-1<m_n\leqq n^{\frac{1}{2}}.$$
$$1-\frac{1}{n^{\frac{1}{2}}}<\frac{m_n}{n^{\frac{1}{2}}}\leqq 1.$$

これより，

$$\lim_{n\to\infty}\frac{m_n}{n^{\frac{1}{2}}}=1.$$

解答

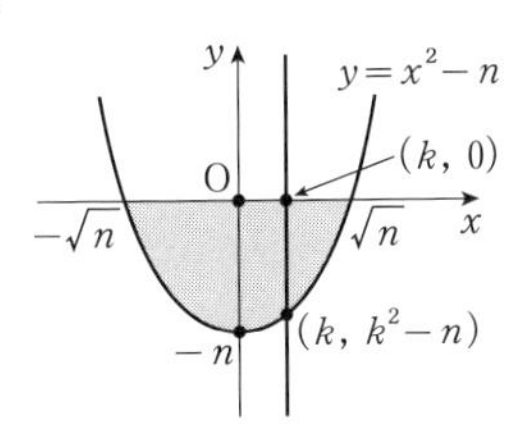

(1)　直線 $x=k$ $(k=0,\ \pm 1,\ \pm 2,\ \cdots,\ \pm m_n)$ 上の格子点の y 座標は，

$$y=k^2-n,\ k^2-n+1,\ \cdots,\ -1,\ 0$$

で，その個数は，

　$k=0$ のとき，$n+1$ 個．

　$1\leqq k\leqq m_n$ と $-m_n\leqq k\leqq -1$ のとき，ともに

$$n+1-k^2 \text{ 個.}$$

　よって，

$$\boldsymbol{a_n}=n+1+2\sum_{k=1}^{m_n}(n+1-k^2)$$
$$=n+1+2\left\{(n+1)m_n-\frac{1}{6}m_n(m_n+1)(2m_n+1)\right\}$$
$$=n+1+2(n+1)m_n-\frac{1}{3}m_n(m_n+1)(2m_n+1)$$
$$=\boldsymbol{(n+1)(2m_n+1)-\frac{1}{3}m_n(m_n+1)(2m_n+1).}$$

(2)　$m_n\leqq n^{\frac{1}{2}}<m_n+1$ より，

$$n^{\frac{1}{2}}-1<m_n\leqq n^{\frac{1}{2}}.$$
$$1-\frac{1}{n^{\frac{1}{2}}}<\frac{m_n}{n^{\frac{1}{2}}}\leqq 1.$$

$\lim\limits_{n\to\infty}\left(1-\frac{1}{n^{\frac{1}{2}}}\right)=1$ であるから，

$$\lim_{n\to\infty}\frac{m_n}{n^{\frac{1}{2}}}=1.$$

$$\frac{a_n}{n^{\frac{3}{2}}}=\left(1+\frac{1}{n}\right)\left(2\cdot\frac{m_n}{n^{\frac{1}{2}}}+\frac{1}{n^{\frac{1}{2}}}\right)$$

$$-\frac{1}{3}\cdot\frac{m_n}{n^{\frac{1}{2}}}\left(\frac{m_n}{n^{\frac{1}{2}}}+\frac{1}{n^{\frac{1}{2}}}\right)\left(2\cdot\frac{m_n}{n^{\frac{1}{2}}}+\frac{1}{n^{\frac{1}{2}}}\right)$$

より，

$$\lim_{n\to\infty}\frac{a_n}{n^{\frac{3}{2}}}=2-\frac{2}{3}=\mathbf{\frac{4}{3}}.$$

13 考え方

(1) k 個の k を k 群とすると，$a_n=k$ となる n は $k-1$ 群の最後の項までの個数より大きくて，k 群の最後の項までの個数以下である．

(2) (1)の不等号を用いて，$\dfrac{a_n}{\sqrt{n}}$ の両辺を k で表す．

解 答

(1) $1,\ |2,\ 2,\ |3,\ 3,\ 3,\ |\cdots,\ k-1,\ |\underbrace{k,\ \cdots,\ k}_{k\text{個}},\ |k+1$ （k 群）

k 個の k を k 群とすると，k 群には k 個の項が含まれるから $k\geqq 2$ のとき，$k-1$ 群の最後の項は初項1から数えて，

$$1+2+\cdots+(k-1)=\frac{1}{2}(k-1)k\ (\text{番目}).$$

k 群の最後の項は初項1から数えて，

$$1+2+\cdots+k=\frac{1}{2}k(k+1)\ (\text{番目}).$$

よって，$a_n=k$ となる n の範囲は，

$$\frac{1}{2}(k-1)k<n\leqq\frac{1}{2}k(k+1).$$

これは，$k=1$ のときも成り立つ．

$n=100$ のとき，

$$\frac{1}{2}\cdot13\cdot14=91,\ \frac{1}{2}\cdot14\cdot15=105$$

であるから，

$$k=14.$$

よって，

$$a_{100}=\mathbf{14}.$$

(2) $a_n=k$ のとき，(1)より，

$$\frac{1}{2}(k-1)k<n\leqq\frac{1}{2}k(k+1).$$

$$\frac{1}{\sqrt{2}}\sqrt{(k-1)k}<\sqrt{n}\leqq\frac{1}{\sqrt{2}}\sqrt{k(k+1)}.$$

$n\to\infty$ のとき $k\to\infty$ だから $k\geqq 2$ としてよい．このとき，

$$\frac{\sqrt{2}}{\sqrt{k(k+1)}}\leqq\frac{1}{\sqrt{n}}<\frac{\sqrt{2}}{\sqrt{(k-1)k}}.$$

$$\frac{\sqrt{2}\,k}{\sqrt{k(k+1)}}\leqq\frac{k}{\sqrt{n}}<\frac{\sqrt{2}\,k}{\sqrt{(k-1)k}}.$$

$$\frac{\sqrt{2}}{\sqrt{1+\frac{1}{k}}}\leqq\frac{k}{\sqrt{n}}<\frac{\sqrt{2}}{\sqrt{1-\frac{1}{k}}}.$$

$$\lim_{k\to\infty}\frac{\sqrt{2}}{\sqrt{1+\frac{1}{k}}}=\sqrt{2},\ \lim_{k\to\infty}\frac{\sqrt{2}}{\sqrt{1-\frac{1}{k}}}=\sqrt{2}$$

であるから，

$$\lim_{n\to\infty}\frac{k}{\sqrt{n}}=\sqrt{2}.$$

よって，

$$\lim_{n\to\infty}\frac{a_n}{\sqrt{n}}=\mathbf{\sqrt{2}}.$$

2 無限級数

14 考え方

$$\sum_{n=1}^{\infty}a_n\iff\text{「}S_n=\sum_{k=1}^{n}a_k,\ \lim_{n\to\infty}S_n\text{」}.$$

$$\frac{1}{(k-1)(k-3)}=\frac{1}{2}\left(\frac{1}{k-3}-\frac{1}{k-1}\right).$$

解 答

$$S_n=\sum_{k=4}^{n}\frac{1}{(k-1)(k-3)}$$

$$=\sum_{k=4}^{n}\frac{1}{2}\left(\frac{1}{k-3}-\frac{1}{k-1}\right)$$

$$=\frac{1}{2}\left(1-\frac{1}{3}\right)+\frac{1}{2}\left(\frac{1}{2}-\frac{1}{4}\right)+\frac{1}{2}\left(\frac{1}{3}-\frac{1}{5}\right)+\cdots$$

$$+\frac{1}{2}\left(\frac{1}{n-4}-\frac{1}{n-2}\right)+\frac{1}{2}\left(\frac{1}{n-3}-\frac{1}{n-1}\right)$$

$$=\frac{1}{2}\left(1+\frac{1}{2}-\frac{1}{n-2}-\frac{1}{n-1}\right).$$

$$(\text{与式})=\lim_{n\to\infty}S_n=\frac{1}{2}\left(1+\frac{1}{2}\right)$$

$$=\mathbf{\frac{3}{4}}.$$

［注］ $\displaystyle\sum_{k=4}^{n}\frac{1}{2}\left(\frac{1}{k-3}-\frac{1}{k-1}\right)$

$$=\frac{1}{2}\sum_{k=4}^{n}\frac{1}{k-3}-\frac{1}{2}\sum_{k=4}^{n}\frac{1}{k-1}$$

$$=\frac{1}{2}\left(1+\frac{1}{2}+\cdots+\frac{1}{n-3}\right)$$
$$-\frac{1}{2}\left(\frac{1}{3}+\frac{1}{4}+\cdots+\frac{1}{n-3}+\frac{1}{n-2}+\frac{1}{n-1}\right)$$
$$=\frac{1}{2}\left(1+\frac{1}{2}-\frac{1}{n-2}-\frac{1}{n-1}\right)$$

としてもよい．

15 考え方

$\sum_{n=1}^{\infty} ar^{n-1}$ が収束

$\Longleftrightarrow$「$a=0$」，または

「$a\neq0$ かつ $-1<r<1$」.

このとき，

$$\sum_{n=1}^{\infty} ar^{n-1}=\frac{a}{1-r}.$$

解答

(i)　$x=0$ のとき．

収束して，(和)$=0$.

(ii)　$x\neq0$ のとき．

収束するための条件は，

$$-1<2-x^2<1.$$

左側から，　$x^2<3$.

$$-\sqrt{3}<x<\sqrt{3}.$$

右側から，　$x^2>1$.

$$x<-1,\ x>1.$$

よって，

$$-\sqrt{3}<x<-1,\ 1<x<\sqrt{3}.$$

これらは $x\neq0$ をみたす．

このとき，

$$(\text{和})=\frac{x}{1-(2-x^2)}=\frac{x}{x^2-1}.$$

(i), (ii) より，収束する条件は，

$$\boldsymbol{-\sqrt{3}<x<-1,\ 1<x<\sqrt{3},\ x=0.}$$

$$(\text{和})=\boldsymbol{\frac{x}{x^2-1}}.$$

16 考え方

$\left(x_n,\ \frac{a^2}{x_n}\right)$ における接線の方程式は，

$$y=-\frac{a^2}{{x_n}^2}x+\frac{2a^2}{x_n}.$$

これが $(x_{n+1},\ 0)$ を通るから，

$$0=-\frac{a^2}{{x_n}^2}x_{n+1}+\frac{2a^2}{x_n}.$$

$$x_{n+1}=2x_n.$$

解答

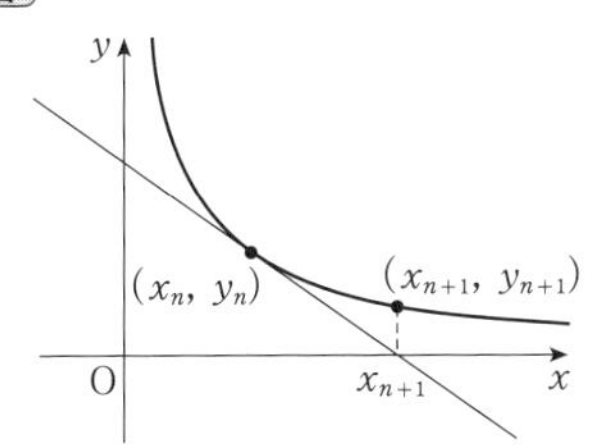

$xy=a^2$ より，$y=\frac{a^2}{x}$.

$$y'=-\frac{a^2}{x^2}.$$

$\left(x_n,\ \frac{a^2}{x_n}\right)$ における接線の方程式は，

$$y=-\frac{a^2}{{x_n}^2}(x-x_n)+\frac{a^2}{x_n}$$
$$=-\frac{a^2}{{x_n}^2}x+\frac{2a^2}{x_n}.$$

これが点 $(x_{n+1},\ 0)$ を通るから，

$$0=-\frac{a^2}{{x_n}^2}x_{n+1}+\frac{2a^2}{x_n}.$$

$$x_{n+1}=2x_n.$$
$$x_n=x_1\cdot2^{n-1}=a\cdot2^{n-1}.$$
$$y_n=a\left(\frac{1}{2}\right)^{n-1}.$$

したがって，

$$\sum_{n=1}^{\infty}y_n=\sum_{n=1}^{\infty}a\left(\frac{1}{2}\right)^{n-1}$$
$$=\frac{a}{1-\frac{1}{2}}=2a.$$

よって，

$$\boldsymbol{a=1}.$$

17 考え方

(1)　$\log\left(1+\frac{1}{k}\right)=\log(k+1)-\log k.$

(2) $\log\left(1+\dfrac{1}{k^2-1}\right)=\log\dfrac{k}{k-1}\cdot\dfrac{k}{k+1}$

$=\log\dfrac{k}{k-1}-\log\dfrac{k+1}{k}.$

解答

(1) $S_n=\sum_{k=1}^{n}\log\left(1+\dfrac{1}{k}\right)$

$=\sum_{k=1}^{n}\{\log(k+1)-\log k\}$

$=\{\log 2-\log 1\}+\{\log 3-\log 2\}+\cdots$
$+\{\log n-\log(n-1)\}+\{\log(n+1)-\log n\}$

$=-\log 1+\log(n+1)$

$=\log(n+1).$

$(与式)=\lim_{n\to\infty}S_n=+\infty.$

よって，発散する．

［注］ $\sum_{k=1}^{n}\{\log(k+1)-\log k\}$

$=\sum_{k=1}^{n}\log(k+1)-\sum_{k=1}^{n}\log k$

$=\log 2+\log 3+\cdots+\log n+\log(n+1)$
$-(\log 1+\log 2+\cdots+\log n)$

$=\log(n+1)-\log 1$

$=\log(n+1)$

としてもよい．

(2) ［解答1］

$S_n=\sum_{k=2}^{n}\left(\log\dfrac{k}{k-1}-\log\dfrac{k+1}{k}\right)$

$=\left(\log\dfrac{2}{1}-\log\dfrac{3}{2}\right)+\left(\log\dfrac{3}{2}-\log\dfrac{4}{3}\right)+\cdots$
$+\left(\log\dfrac{n-1}{n-2}-\log\dfrac{n}{n-1}\right)+\left(\log\dfrac{n}{n-1}-\log\dfrac{n+1}{n}\right)$

$=\log 2-\log\dfrac{n+1}{n}$

$=\log 2-\log\left(1+\dfrac{1}{n}\right).$

$(与式)=\lim_{n\to\infty}S_n=\log 2.$

よって収束して，和は **$\log 2$.**

［注］ $\sum_{k=2}^{n}\left(\log\dfrac{k}{k-1}-\log\dfrac{k+1}{k}\right)$

$=\sum_{k=2}^{n}\log\dfrac{k}{k-1}-\sum_{k=2}^{n}\log\dfrac{k+1}{k}$

$=\log\dfrac{2}{1}+\log\dfrac{3}{2}+\cdots+\log\dfrac{n}{n-1}$
$-\left(\log\dfrac{3}{2}+\cdots+\log\dfrac{n}{n-1}+\log\dfrac{n+1}{n}\right)$

$=\log 2-\log\dfrac{n+1}{n}$

としてもよい．

［解答2］

$S_n=\sum_{k=2}^{n}\log\left(1+\dfrac{1}{k^2-1}\right)$

$=\sum_{k=2}^{n}\log\dfrac{k^2}{k^2-1}$

$=\sum_{k=2}^{n}\log\dfrac{k}{k-1}\cdot\dfrac{k}{k+1}$

$=\log\left(\dfrac{2}{1}\cdot\dfrac{2}{3}\right)+\log\left(\dfrac{3}{2}\cdot\dfrac{3}{4}\right)+\cdots$
$+\log\left(\dfrac{n}{n-1}\cdot\dfrac{n}{n+1}\right)$

$=\log\left\{\left(\dfrac{2}{1}\cdot\dfrac{2}{3}\right)\cdot\left(\dfrac{3}{2}\cdot\dfrac{3}{4}\right)\cdot\left(\dfrac{4}{3}\cdot\dfrac{4}{5}\right)\cdot\cdots\cdots\left(\dfrac{n}{n-1}\cdot\dfrac{n}{n+1}\right)\right\}$

$=\log\dfrac{2}{1}\cdot\dfrac{n}{n+1}=\log\dfrac{2}{1+\dfrac{1}{n}}.$

（以下略）

18 考え方

無限等比級数

$a+ar+ar^2+\cdots+ar^{n-1}+\cdots$

が収束する条件は，

「$a=0$」，または，「$a\neq 0$，かつ $-1<r<1$」．

このとき，和は，

$$\frac{a}{1-r}.$$

解答

$\tan x+(\tan x)^3+(\tan x)^5+\cdots$
$+(\tan x)^{2n-1}+\cdots$

は，初項 $\tan x$，公比 $(\tan x)^2$ の無限等比級数である．

$0<x<\dfrac{\pi}{2}$ より，$\tan x\neq 0$ であるから，

収束する条件は，

$0<(\tan x)^2<1.$

$\tan x>0$ であるから，

$$0<\tan x<1.$$

$$\boldsymbol{0<x<\frac{\pi}{4}}.$$

このとき，

$$\frac{\tan x}{1-(\tan x)^2}=\frac{\sqrt{3}}{2}$$

より，

$$\sqrt{3}(\tan x)^2+2\tan x-\sqrt{3}=0.$$

$$(\sqrt{3}\tan x-1)(\tan x+\sqrt{3})=0.$$

$\tan x>0$ であるから，

$$\tan x=\frac{1}{\sqrt{3}}.$$

よって，

$$\boldsymbol{x=\frac{\pi}{6}}.$$

19 考え方

$a_n=a^{n-1}$，$b_n=b^{n-1}$ とおくと，

$$\sum_{n=1}^{\infty}a_n=\frac{1}{1-a},\quad \sum_{n=1}^{\infty}b_n=\frac{1}{1-b},$$

$$\sum_{n=1}^{\infty}a_nb_n=\frac{1}{1-ab}.$$

解答

$a_n=a^{n-1}$，$b_n=b^{n-1}$ とおくと，$\sum_{n=1}^{\infty}a_n$，$\sum_{n=1}^{\infty}b_n$ がともに収束するから

$$-1<a<1,\quad -1<b<1.$$

$$\sum_{n=1}^{\infty}(a_n+b_n)=\frac{1}{1-a}+\frac{1}{1-b}=\frac{8}{3}$$

より，

$$8ab-5(a+b)+2=0. \qquad \cdots①$$

$$\sum_{n=1}^{\infty}a_nb_n=\sum_{n=1}^{\infty}(ab)^{n-1}=\frac{1}{1-ab}=\frac{4}{5}$$

より，

$$ab=-\frac{1}{4}. \qquad \cdots②$$

② を ① に代入して，

$$a+b=0. \qquad \cdots③$$

②，③ より，

$$(a,\ b)=\left(\frac{1}{2},\ -\frac{1}{2}\right),\ \left(-\frac{1}{2},\ \frac{1}{2}\right).$$

$$\sum_{n=1}^{\infty}(a_n+b_n)^2$$

$$=\sum_{n=1}^{\infty}\left\{\left(\frac{1}{2}\right)^{n-1}+\left(-\frac{1}{2}\right)^{n-1}\right\}^2$$

$$=\sum_{n=1}^{\infty}\left\{\left(\frac{1}{2}\right)^{2(n-1)}+2\left(\frac{1}{2}\right)^{n-1}\cdot\left(-\frac{1}{2}\right)^{n-1}+\left(-\frac{1}{2}\right)^{2(n-1)}\right\}$$

$$=\sum_{n=1}^{\infty}\left\{\left(\frac{1}{4}\right)^{n-1}+2\left(-\frac{1}{4}\right)^{n-1}+\left(\frac{1}{4}\right)^{n-1}\right\}$$

$$=\sum_{n=1}^{\infty}2\left\{\left(\frac{1}{4}\right)^{n-1}+\left(-\frac{1}{4}\right)^{n-1}\right\}$$

$$=\sum_{n=1}^{\infty}2\left(\frac{1}{4}\right)^{n-1}+\sum_{n=1}^{\infty}2\left(-\frac{1}{4}\right)^{n-1}$$

$$=\frac{2}{1-\frac{1}{4}}+\frac{2}{1-\left(-\frac{1}{4}\right)}=\frac{8}{3}+\frac{8}{5}$$

$$=\boldsymbol{\frac{64}{15}}.$$

20 考え方

(1)　O_2 から O_1A に垂線 O_2H を引き $\angle O_1CA_1=\theta$ とおくと，

$$\angle O_1O_2H=\theta.$$

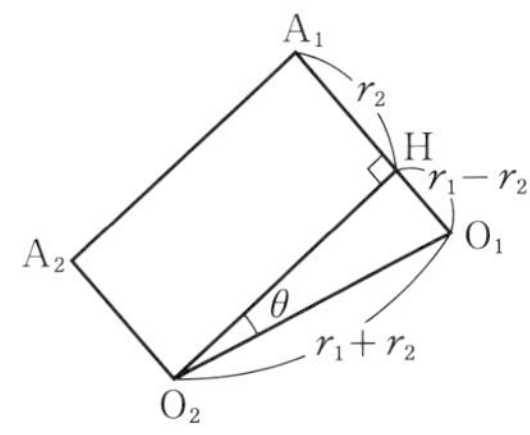

$$\sin\theta=\frac{O_1H}{O_1O_2}=\frac{r_1-r_2}{r_1+r_2}.$$

(2)　(1) と同様にして，

$$\sin\theta=\frac{r_n-r_{n+1}}{r_n+r_{n+1}}.$$

解答

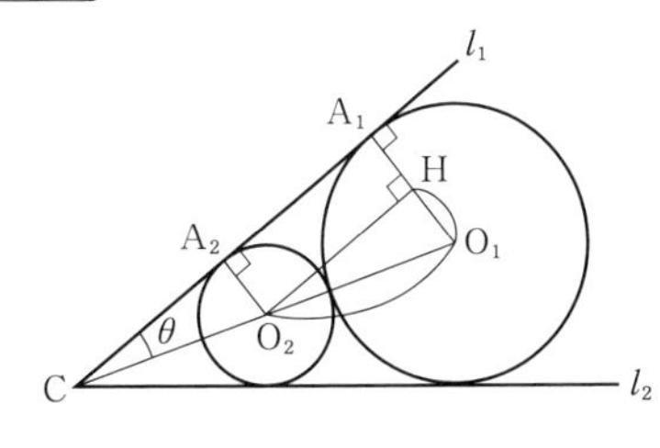

(1) $\angle O_1CA_1=\theta$ とおくと，

$$O_1C=13$$

であるから，

$$\sin\theta=\frac{5}{13}.$$

O_2 の半径を r_2 とおくと，図で

$$O_1H=5-r_2,\ O_1O_2=5+r_2.$$

よって，

$$\sin\theta=\frac{5-r_2}{5+r_2}=\frac{5}{13}.$$

$$r_2=\boldsymbol{\frac{20}{9}}.$$

(2)

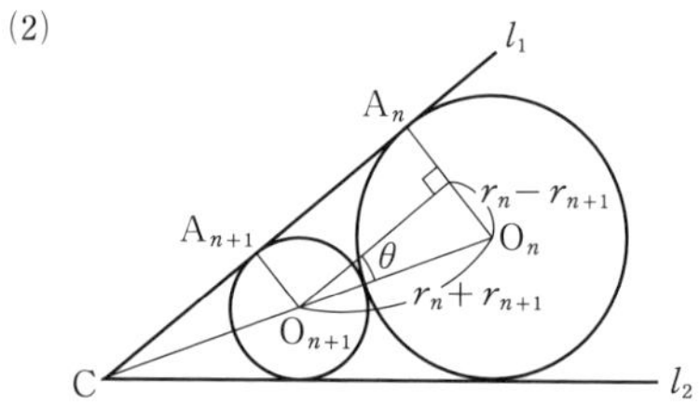

(1) と同様にして，

$$\sin\theta=\frac{r_n-r_{n+1}}{r_n+r_{n+1}}=\frac{5}{13}.$$

$$r_{n+1}=\frac{4}{9}r_n.$$

よって，

$$\boldsymbol{r_n}=r_1\left(\frac{4}{9}\right)^{n-1}\boldsymbol{=5\left(\frac{4}{9}\right)^{n-1}}.$$

$$\boldsymbol{S_n}=\pi(r_n)^2\boldsymbol{=25\pi\left(\frac{16}{81}\right)^{n-1}}.$$

(3)

$$\sum_{n=1}^{\infty}S_n=\frac{25\pi}{1-\frac{16}{81}}$$

$$=\boldsymbol{\frac{405}{13}\pi}.$$

21 考え方

(1) A_n は A_{n-1} の各辺に対して，

としたものである.

(2) A_n は A_{n-1} の各辺に正三角形を1つずつ加えたもので，その1辺の長さは A_0 の1辺の長さを $\left(\frac{1}{3}\right)^n$ 倍したものである.

解答

(1) A_n の辺の数を a_n とすると，

$$a_0=3.$$

A_n は A_{n-1} の各辺に対して，

としたものであるから，

$$a_n=4a_{n-1}.$$

よって，

$$a_n=\boldsymbol{3\cdot4^n}.$$

(2) A_n は A_0 の1辺の長さを $\left(\frac{1}{3}\right)^n$ 倍した（相似な）正三角形を，A_{n-1} の各辺に1つずつつけ加えたものであるから，

$$S_n=S_{n-1}+a_{n-1}\cdot1\cdot\left\{\left(\frac{1}{3}\right)^n\right\}^2$$

$$=S_{n-1}+3\cdot4^{n-1}\cdot\left(\frac{1}{9}\right)^n$$

$$=S_{n-1}+\frac{1}{3}\left(\frac{4}{9}\right)^{n-1}.$$

$$S_n-S_{n-1}=\frac{1}{3}\left(\frac{4}{9}\right)^{n-1}.$$

$n\geqq1$ のとき，

$$S_n=S_0+\sum_{k=1}^{n}\frac{1}{3}\left(\frac{4}{9}\right)^{k-1}$$

$$=1+\frac{\frac{1}{3}\left\{1-\left(\frac{4}{9}\right)^n\right\}}{1-\frac{4}{9}}$$

$$=1+\frac{3}{5}\left\{1-\left(\frac{4}{9}\right)^n\right\}.$$

よって，

$$\lim_{n\to\infty}S_n=1+\frac{3}{5}=\boldsymbol{\frac{8}{5}}.$$

22 考え方

(1)

$$\tan2\theta=\frac{2\tan\theta}{1-\tan^2\theta}$$

を用いる.

(2)

$$\frac{1}{2^{n+1}}a_{n+1}=\frac{1}{2^{n+1}}\left(\frac{1}{a_{n+1}}-\frac{2}{a_n}\right)$$

$$=\frac{1}{2^{n+1}}\cdot\frac{1}{a_{n+1}}-\frac{1}{2^n}\cdot\frac{1}{a_n}.$$

解答

(1)
$$\tan\frac{\pi}{2^{n+1}}=\tan 2\cdot\frac{\pi}{2^{n+2}}$$
$$=\frac{2\tan\frac{\pi}{2^{n+2}}}{1-\tan^2\frac{\pi}{2^{n+2}}}$$

より，

$$a_n=\frac{2a_{n+1}}{1-{a_{n+1}}^2}.$$
$$\frac{1}{a_n}=\frac{1-{a_{n+1}}^2}{2a_{n+1}}=\frac{1}{2}\left(\frac{1}{a_{n+1}}-a_{n+1}\right).$$
$$\frac{2}{a_n}=\frac{1}{a_{n+1}}-a_{n+1}.$$

よって，

$$a_{n+1}=\frac{1}{a_{n+1}}-\frac{2}{a_n}.$$

(2)　$S_n=\sum_{k=1}^{n}\frac{1}{2^k}a_k$ とおくと (1) より $n\geqq 2$ のとき，

$$S_n=\frac{1}{2}a_1+\sum_{k=2}^{n}\frac{1}{2^k}a_k$$
$$=\frac{1}{2}a_1+\sum_{k=1}^{n-1}\frac{1}{2^{k+1}}a_{k+1}$$
$$=\frac{1}{2}a_1+\sum_{k=1}^{n-1}\frac{1}{2^{k+1}}\left(\frac{1}{a_{k+1}}-\frac{2}{a_k}\right)$$
$$=\frac{1}{2}a_1+\sum_{k=1}^{n-1}\left(\frac{1}{2^{k+1}}\cdot\frac{1}{a_{k+1}}-\frac{1}{2^k}\cdot\frac{1}{a_k}\right)$$
$$=\frac{1}{2}a_1+\sum_{k=1}^{n-1}\frac{1}{2^{k+1}}\cdot\frac{1}{a_{k+1}}-\sum_{k=1}^{n-1}\frac{1}{2^k}\cdot\frac{1}{a_k}$$
$$=\frac{1}{2}a_1+\left(\frac{1}{2^2}\cdot\frac{1}{a_2}+\frac{1}{2^3}\cdot\frac{1}{a_3}+\cdots+\frac{1}{2^n}\cdot\frac{1}{a_n}\right)$$
$$-\left(\frac{1}{2^1}\cdot\frac{1}{a_1}+\frac{1}{2^2}\cdot\frac{1}{a_2}+\cdots+\frac{1}{2^{n-1}}\cdot\frac{1}{a_{n-1}}\right)$$
$$=\frac{1}{2}a_1+\frac{1}{2^n}\cdot\frac{1}{a_n}-\frac{1}{2}\cdot\frac{1}{a_1}.$$

（これは $n=1$ のときも成り立つ.）

$\frac{\pi}{2^{n+1}}=\theta_n$ とおくと　$n\to\infty$ のとき $\theta_n\to 0$.

$$2^n a_n=\frac{\pi}{2\theta_n}\tan\theta_n$$
$$=\frac{\pi}{2}\,\frac{\sin\theta_n}{\theta_n}\cdot\frac{1}{\cos\theta_n}\to\frac{\pi}{2}\ (n\to\infty)$$

より，

$$\lim_{n\to\infty}\frac{1}{2^n a_n}=\frac{2}{\pi}.$$
$$a_1=\tan\frac{\pi}{4}=1$$

であるから，

$$(\text{与式})=\lim_{n\to\infty}S_n$$
$$=\frac{1}{2}+\frac{2}{\pi}-\frac{1}{2}$$
$$=\boldsymbol{\frac{2}{\pi}}.$$

第2章　微分法

3　関数の極限

23　考え方

$$\lim_{t\to 0}\frac{e^t-1}{t}=1.$$

解答

$2(x-1)=t$ とおくと,

$$x\to 1 \iff t\to 0.$$

$$(\text{与式})=\lim_{t\to 0}\frac{\frac{t}{2}}{1-e^t}$$
$$=-\frac{1}{2}\lim_{t\to 0}\frac{t}{e^t-1}$$
$$=-\frac{1}{2}\lim_{t\to 0}\frac{1}{\frac{e^t-1}{t}}$$
$$=-\frac{\mathbf{1}}{\mathbf{2}}.$$

24　考え方

$$\lim_{\theta\to 0}\frac{\sin\theta}{\theta}=1.$$

解答

$$(\text{与式})=\lim_{x\to 0}\frac{\sin 2x\cdot(\sqrt{x+1}+1)}{(\sqrt{x+1}-1)(\sqrt{x+1}+1)}$$
$$=\lim_{x\to 0}\frac{\sin 2x}{x}\cdot(\sqrt{x+1}+1)$$
$$=\lim_{x\to 0}2\cdot\frac{\sin 2x}{2x}\cdot(\sqrt{x+1}+1)$$
$$=2\cdot 1\cdot 2=\mathbf{4}.$$

25　考え方

$x=-t$ とおく.

$$\sqrt{A}-\sqrt{B}=\frac{A-B}{\sqrt{A}+\sqrt{B}}$$

を利用する.

解答

$x=-t$ とおくと,

$$x\to -\infty \iff t\to +\infty.$$

$$\text{与式}=\lim_{t\to\infty}\left(\sqrt{4t^2+3t}-2t\right)$$
$$=\lim_{t\to\infty}\frac{\left(\sqrt{4t^2+3t}-2t\right)\left(\sqrt{4t^2+3t}+2t\right)}{\sqrt{4t^2+3t}+2t}$$
$$=\lim_{t\to\infty}\frac{(4t^2+3t)-4t^2}{\sqrt{4t^2+3t}+2t}$$
$$=\lim_{t\to\infty}\frac{3t}{\sqrt{4t^2+3t}+2t}$$
$$=\lim_{t\to\infty}\frac{3}{\sqrt{4+\frac{3}{t}}+2}$$
$$=\frac{\mathbf{3}}{\mathbf{4}}.$$

26　考え方

$x\to -3$ のとき 分母 $\to 0$ であるから, 収束するためには,

分子 $\to 0$.

よって,

$$2-\sqrt{a-3}=0.$$

あるいは, **解答** のようにして, $2-\sqrt{a-3}=0$ を導く.

解答

$$\lim_{x\to -3}\left(2-\sqrt{x+a}\right)$$
$$=\lim_{x\to -3}\frac{2-\sqrt{x+a}}{x+3}\cdot(x+3)$$
$$=b\cdot 0=0.$$

よって,

$$2-\sqrt{a-3}=0.$$
$$\boldsymbol{a=7}.$$

このとき,

$$\boldsymbol{b}=\lim_{x\to -3}\frac{2-\sqrt{x+7}}{x+3}$$
$$=\lim_{x\to -3}\frac{(2-\sqrt{x+7})(2+\sqrt{x+7})}{(x+3)(2+\sqrt{x+7})}$$
$$=\lim_{x\to -3}\frac{4-(x+7)}{(x+3)(2+\sqrt{x+7})}$$
$$=\lim_{x\to -3}\frac{-(x+3)}{(x+3)(2+\sqrt{x+7})}$$
$$=\lim_{x\to -3}\frac{-1}{2+\sqrt{x+7}}$$
$$=-\frac{\mathbf{1}}{\mathbf{4}}.$$

27 考え方

$$\triangle \mathrm{APQ}=\frac{1}{2}\mathrm{AP}\cdot\mathrm{AQ}\sin\angle\mathrm{PAQ}.$$

または，PQ と OA の交点を H とすると，

$$\triangle \mathrm{PAQ}=\mathrm{PH}\cdot\mathrm{AH}.$$

$\displaystyle\lim_{x\to 0}\frac{\sin x}{x}=1$ にもちこむ.

解答

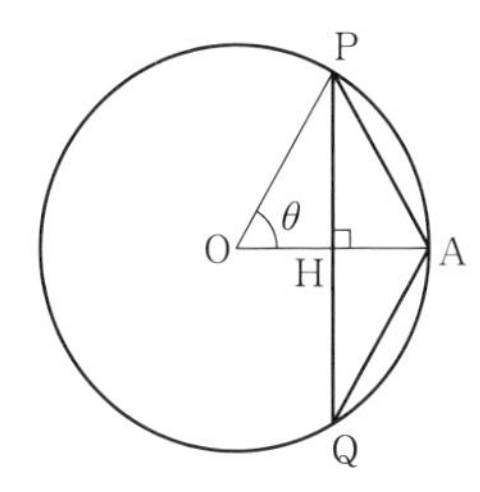

［解答 1］

$\angle\mathrm{PAO}=\dfrac{1}{2}(\pi-\theta)$ であるから，

$$\angle\mathrm{PAQ}=\pi-\theta.$$

また，　$\mathrm{PA}=\mathrm{QA}=2\sin\dfrac{\theta}{2}.$

$$S(\theta)=\frac{1}{2}\cdot\mathrm{PA}^2\cdot\sin(\pi-\theta)$$

$$=2\sin^2\frac{\theta}{2}\cdot\sin\theta.$$

$$S\left(\frac{\theta}{2}\right)=2\sin^2\frac{\theta}{4}\cdot\sin\frac{\theta}{2}.$$

$$\lim_{\theta\to 0}\frac{S(\theta)}{S\left(\frac{\theta}{2}\right)}=\lim_{\theta\to 0}\frac{2\sin^2\frac{\theta}{2}\sin\theta}{2\sin^2\frac{\theta}{4}\sin\frac{\theta}{2}}$$

$$=\lim_{\theta\to 0}\frac{\sin\frac{\theta}{2}\sin\theta}{\sin^2\frac{\theta}{4}}$$

$$=\lim_{\theta\to 0}\frac{\frac{1}{2}\cdot\dfrac{\sin\frac{\theta}{2}}{\frac{\theta}{2}}\cdot\dfrac{\sin\theta}{\theta}}{\left(\frac{1}{4}\cdot\dfrac{\sin\frac{\theta}{4}}{\frac{\theta}{4}}\right)^2}$$

$$=\frac{\frac{1}{2}}{\left(\frac{1}{4}\right)^2}=8.$$

［解答 2］

OA と PQ の交点を H とすると，

$$\mathrm{PH}=\sin\theta,\ \mathrm{OH}=\cos\theta.$$

$$S(\theta)=\mathrm{PH}\cdot\mathrm{AH}=(1-\cos\theta)\sin\theta.$$

$$\frac{S(\theta)}{S\left(\frac{\theta}{2}\right)}=\frac{(1-\cos\theta)\sin\theta}{\left(1-\cos\frac{\theta}{2}\right)\sin\frac{\theta}{2}}$$

$$=\frac{(1-\cos^2\theta)\sin\theta\left(1+\cos\frac{\theta}{2}\right)}{\left(1-\cos^2\frac{\theta}{2}\right)\sin\frac{\theta}{2}(1+\cos\theta)}$$

$$=\frac{\sin^3\theta\left(1+\cos\frac{\theta}{2}\right)}{\sin^3\frac{\theta}{2}(1+\cos\theta)}\qquad\cdots(*)$$

$$=8\cdot\frac{\left(\dfrac{\sin\theta}{\theta}\right)^3\left(1+\cos\frac{\theta}{2}\right)}{\left(\dfrac{\sin\frac{\theta}{2}}{\frac{\theta}{2}}\right)^3(1+\cos\theta)}\longrightarrow 8\ (\theta\to 0).$$

［注］　$\sin\theta=2\sin\dfrac{\theta}{2}\cos\dfrac{\theta}{2}$

を利用すると，

$$(*)=8\cos^3\frac{\theta}{2}\,\frac{1+\cos\frac{\theta}{2}}{1+\cos\theta}\longrightarrow 8\ (\theta\to 0).$$

28 考え方

$x=0$ のときは，

$$f'(0)=\lim_{x\to 0}\frac{f(x)-f(0)}{x}.$$

$x\neq 0$ のときは $f'(x)$ を普通に計算する.

解答

$$f'(0)=\lim_{x\to 0}\frac{f(x)-f(0)}{x}$$

$$=\lim_{x\to 0}\frac{\sin(x^2)}{x^2}=1.$$

$x\neq 0$ のとき，

$$f'(x)=\frac{\{\sin(x^2)\}'\cdot x-\sin(x^2)\cdot(x)'}{x^2}$$

$$=\frac{\cos(x^2)\cdot 2x\cdot x-\sin(x^2)}{x^2}$$

$$=\frac{2x^2\cos(x^2)-\sin(x^2)}{x^2}.$$

$$\boldsymbol{f'(x)=\begin{cases}1 & (x=0),\\ \dfrac{2x^2\cos(x^2)-\sin(x^2)}{x^2} & (x\neq 0).\end{cases}}$$

29 考え方

$x\to\frac{\pi}{2}$ のとき，分母→0 より，

分子→0

が必要であるから，

$$\frac{\pi}{2}a+b=0.$$

あるいは，

$$\lim_{x\to\frac{\pi}{2}}(ax+b)=\lim_{x\to\frac{\pi}{2}}\frac{ax+b}{\cos x}\cdot\cos x$$

$$=3\cdot 0=0$$

より，

$$\frac{\pi}{2}a+b=0.$$

次に，$x-\frac{\pi}{2}=\theta$ とおくと，

$$\lim_{\theta\to 0}\frac{\sin\theta}{\theta}=1$$

にもちこめる．

解答

$$\lim_{x\to\frac{\pi}{2}}(ax+b)=\lim_{x\to\frac{\pi}{2}}\frac{ax+b}{\cos x}\cdot\cos x$$

$$=3\cdot 0=0.$$

よって，

$$\frac{\pi}{2}a+b=0.$$

$$b=-\frac{\pi}{2}a.$$

このとき，

$$I=\lim_{x\to\frac{\pi}{2}}\frac{ax+b}{\cos x}=\lim_{x\to\frac{\pi}{2}}\frac{a\left(x-\frac{\pi}{2}\right)}{\cos x}.$$

$x-\frac{\pi}{2}=\theta$ とおくと，

$$x\to\frac{\pi}{2}\iff\theta\to 0.$$

したがって，

$$I=\lim_{\theta\to 0}\frac{a\theta}{\cos\left(\theta+\frac{\pi}{2}\right)}$$

$$=\lim_{\theta\to 0}\frac{a\theta}{-\sin\theta}$$

$$=\lim_{\theta\to 0}\frac{a}{-\frac{\sin\theta}{\theta}}$$

$$=-a.$$

よって，

$$\boldsymbol{a=-3,\ b=\frac{3}{2}\pi.}$$

30 考え方

$$\lim_{m\to\infty}\left(1+\frac{1}{m}\right)^m=e.$$

解答

［解答 1］ $\displaystyle\lim_{n\to\infty}\left(\frac{2n}{2n-1}\right)^{3n}$

$$=\lim_{n\to\infty}\left(1+\frac{1}{2n-1}\right)^{3n}$$

$$=\lim_{n\to\infty}\left\{\left(1+\frac{1}{2n-1}\right)^{2n-1}\right\}^{\frac{3n}{2n-1}}$$

$$=\lim_{n\to\infty}\left\{\left(1+\frac{1}{2n-1}\right)^{2n-1}\right\}^{\frac{3}{2-\frac{1}{n}}}$$

$$=\boldsymbol{e^{\frac{3}{2}}}.$$

［解答 2］ $a_n=\left(\frac{2n}{2n-1}\right)^{3n}$ とおくと，

$$\log a_n=3n\log\frac{2n}{2n-1}$$

$$=3n\log\left(1+\frac{1}{2n-1}\right).$$

$\dfrac{1}{2n-1}=x$ とすると，

$$n=\frac{1}{2}\left(\frac{1}{x}+1\right).$$

$$\log a_n=\frac{3}{2}\left(\frac{1}{x}+1\right)\log(1+x)$$
$$=\frac{3}{2}(x+1)\cdot\frac{\log(1+x)}{x}.$$

$$\lim_{n\to\infty}\log a_n=\lim_{x\to+0}\frac{3}{2}(x+1)\cdot\frac{\log(1+x)}{x}$$
$$=\frac{3}{2}.$$

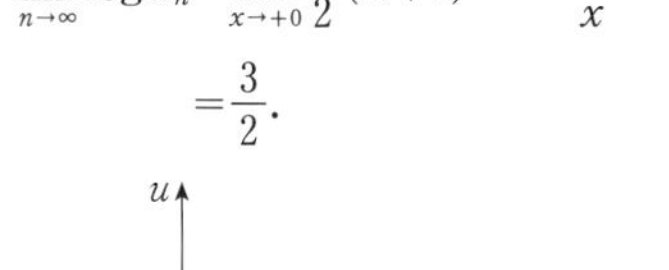

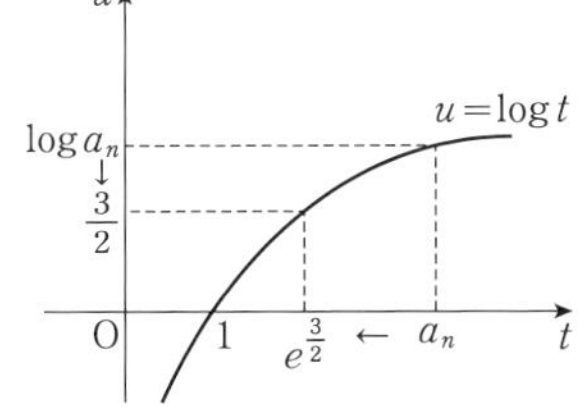

よって，

$$\lim_{n\to\infty}a_n=\boldsymbol{e^{\frac{3}{2}}}.$$

31　考え方

$$x\left\{\sqrt{x^2+3x+1}-(ax+b)\right\}$$
$$=x^2\left\{\sqrt{1+\frac{3}{x}+\frac{1}{x^2}}-\left(a+\frac{b}{x}\right)\right\}$$

が収束し，$\displaystyle\lim_{x\to\infty}x^2=\infty$ であるから，

$$\lim_{x\to\infty}\left\{\sqrt{1+\frac{3}{x}+\frac{1}{x^2}}-\left(a+\frac{b}{x}\right)\right\}=0$$

が必要．

また，

$$\sqrt{A}-\sqrt{B}=\frac{A-B}{\sqrt{A}+\sqrt{B}}$$

を利用する．

解答

［**解答 1**］

$$I=\lim_{x\to\infty}x\left\{\sqrt{x^2+3x+1}-(ax+b)\right\}$$
$$=\lim_{x\to\infty}x^2\left\{\sqrt{1+\frac{3}{x}+\frac{1}{x^2}}-\left(a+\frac{b}{x}\right)\right\}$$

が収束し，$\displaystyle\lim_{x\to\infty}x^2=+\infty$ であるから，

$$\lim_{x\to\infty}\left\{\sqrt{1+\frac{3}{x}+\frac{1}{x^2}}-\left(a+\frac{b}{x}\right)\right\}=0.$$

よって，

$$\boldsymbol{a=1}.$$

このとき，

$$I=\lim_{x\to\infty}x\left\{\sqrt{x^2+3x+1}-(x+b)\right\}$$
$$=\lim_{x\to\infty}\frac{x\left\{\sqrt{x^2+3x+1}-(x+b)\right\}\left\{\sqrt{x^2+3x+1}+x+b\right\}}{\sqrt{x^2+3x+1}+x+b}$$
$$=\lim_{x\to\infty}\frac{x\{(3-2b)x+1-b^2\}}{\sqrt{x^2+3x+1}+x+b}$$
$$=\lim_{x\to\infty}\frac{(3-2b)x+1-b^2}{\sqrt{1+\frac{3}{x}+\frac{1}{x^2}}+1+\frac{b}{x}}.$$

これが収束するから，

$$3-2b=0.$$

よって，

$$\boldsymbol{b=\frac{3}{2}}.$$

このとき，

$$I=\lim_{x\to\infty}\frac{-\frac{5}{4}}{\sqrt{1+\frac{3}{x}+\frac{1}{x^2}}+1+\frac{3}{2x}}$$
$$=-\frac{5}{8}.$$

よって，

$$\boldsymbol{c=-\frac{5}{8}}.$$

［**解答 2**］　$a\leqq0$ のとき，

$$\lim_{x\to\infty}x\left\{\sqrt{x^2+3x+1}+(-a)x-b\right\}=\infty.$$

よって，不適．

$a>0$ のとき，

$$\lim_{x\to\infty}x\left\{\sqrt{x^2+3x+1}-(ax+b)\right\}$$
$$=\lim_{x\to\infty}\frac{x\{(1-a^2)x^2+(3-2ab)x+1-b^2\}}{\sqrt{x^2+3x+1}+ax+b}$$
$$=\lim_{x\to\infty}\frac{(1-a^2)x^2+(3-2ab)x+1-b^2}{\sqrt{1+\frac{3}{x}+\frac{1}{x^2}}+a+\frac{b}{x}}.$$

$\cdots(*)$

収束するから，

$$1-a^2=0,\quad 3-2ab=0.$$

よって，

$$\boldsymbol{a=1,\ b=\frac{3}{2}.}$$

このとき，

$$(*)=\lim_{x\to\infty}\frac{-\frac{5}{4}}{\sqrt{1+\frac{3}{x}+\frac{1}{x^2}}+1+\frac{3}{2x}}$$

$$=-\frac{5}{8}.$$

よって，

$$\boldsymbol{c=-\frac{5}{8}.}$$

32 考え方

(与式) $\iff x+\sin 2x-x\sin x$
$\leqq f(x)-1\leqq x+\sin 2x+x\sin x.$

$x=0$ を代入して，$f(0)=1$ を求める．

次に，$x>0$，$x<0$ に分けて，x で割る．

解答

$$|f(x)-1-x-\sin 2x|\leqq x\sin x$$

より，

$$-x\sin x\leqq f(x)-1-x-\sin 2x\leqq x\sin x.$$

$$x+\sin 2x-x\sin x\leqq f(x)-1$$
$$\leqq x+\sin 2x+x\sin x. \quad \cdots①$$

$x=0$ を代入すると，

$$0\leqq f(x)-1\leqq 0.$$

よって，

$$f(0)=1.$$

① より，

$$x+\sin 2x-x\sin x\leqq f(x)-f(0)$$
$$\leqq x+\sin 2x+x\sin x. \quad \cdots②$$

$x>0$ のとき，② を x で割って，

$$1+\frac{\sin 2x}{x}-\sin x\leqq\frac{f(x)-f(0)}{x}$$
$$\leqq 1+\frac{\sin 2x}{x}+\sin x.$$

$$\lim_{x\to+0}\left(1+\frac{\sin 2x}{x}-\sin x\right)$$
$$=\lim_{x\to+0}\left(1+2\cdot\frac{\sin 2x}{2x}-\sin x\right)=3,$$

$$\lim_{x\to+0}\left(1+\frac{\sin 2x}{x}+\sin x\right)$$
$$=\lim_{x\to+0}\left(1+2\cdot\frac{\sin 2x}{2x}+\sin x\right)=3$$

より，

$$\lim_{x\to+0}\frac{f(x)-f(0)}{x}=3. \quad \cdots③$$

$x<0$ のとき，② を x で割って，

$$1+\frac{\sin 2x}{x}+\sin x\leqq\frac{f(x)-f(0)}{x}$$
$$\leqq 1+\frac{\sin 2x}{x}-\sin x.$$

$$\lim_{x\to-0}\left(1+\frac{\sin 2x}{x}+\sin x\right)$$
$$=\lim_{x\to-0}\left(1+2\cdot\frac{\sin 2x}{2x}+\sin x\right)=3,$$

$$\lim_{x\to-0}\left(1+\frac{\sin 2x}{x}-\sin x\right)$$
$$=\lim_{x\to-0}\left(1+2\cdot\frac{\sin 2x}{2x}-\sin x\right)=3$$

より，

$$\lim_{x\to-0}\frac{f(x)-f(0)}{x}=3. \quad \cdots④$$

③，④ より，

$$\boldsymbol{\lim_{x\to 0}\frac{f(x)-f(0)}{x}=3.}$$

33 考え方

円の中心は Q$(0,\ 1-r)$ とおける．

P$(\theta,\ \cos 2\theta)$ とおいて，QP$=r$ から

$\displaystyle\lim_{\theta\to 0}\frac{\sin\theta}{\theta}=1$ にもちこむ．

解答

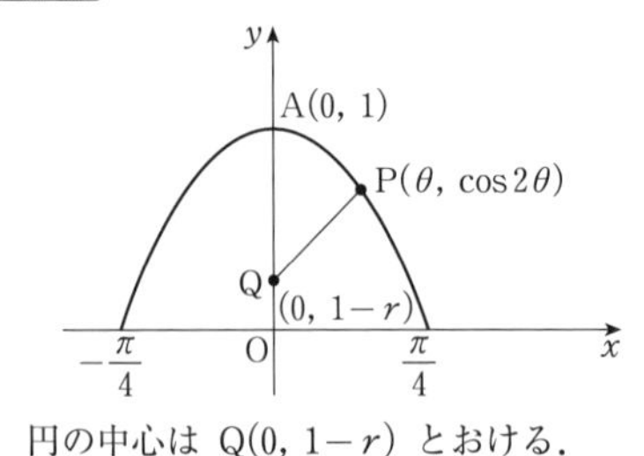

円の中心は Q$(0,\ 1-r)$ とおける．

$P(\theta,\ \cos 2\theta)$ $(\theta \neq 0)$ とすると，$QP=r$ より，

$\theta^2+(1-r-\cos 2\theta)^2=r^2$.

$\theta^2+(1-\cos 2\theta)^2-2r(1-\cos 2\theta)=0$.

$2r(1-\cos 2\theta)=\theta^2+(1-\cos 2\theta)^2$.

$\theta \neq 0$ より，　$1-\cos 2\theta \neq 0$.

よって，

$$\begin{aligned} r&=\frac{1}{2}\left(\frac{\theta^2}{1-\cos 2\theta}+1-\cos 2\theta\right)\\ &=\frac{1}{2}\left(\frac{\theta^2}{2\sin^2\theta}+1-\cos 2\theta\right)\\ &=\frac{1}{2}\left\{\frac{1}{2\left(\dfrac{\sin\theta}{\theta}\right)^2}+1-\cos 2\theta\right\}. \end{aligned}$$

したがって，

$$\lim_{\theta\to 0} r=\frac{1}{2}\left(\frac{1}{2}+0\right)=\boldsymbol{\frac{1}{4}}.$$

34　考え方

$$S_n=\frac{n}{2}\sin\frac{2\pi}{n},\quad T_n=n\tan\frac{\pi}{n}.$$

$\displaystyle\lim_{\theta\to 0}\frac{\sin\theta}{\theta}=1$ を利用する．

解　答

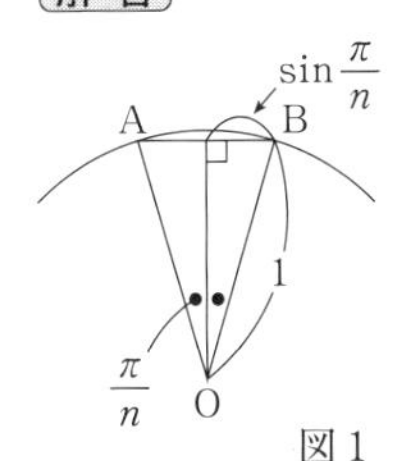

図 1

図 2

半径 1 の円の中心を O，内接する正 n 角形の 1 辺を AB，外接する正 n 角形の 1 辺を PQ とする．

図 1 において，

$$\triangle OAB=\frac{1}{2}\cdot 1^2\cdot\sin\frac{2\pi}{n}=\frac{1}{2}\sin\frac{2\pi}{n}.$$

$$\begin{aligned} S_n&=n\cdot\triangle OAB\\ &=\frac{n}{2}\sin\frac{2\pi}{n}. \end{aligned}$$

図 2 において，

$$\triangle OPQ=1\cdot\tan\frac{\pi}{n}=\tan\frac{\pi}{n}.$$

$$\begin{aligned} T_n&=n\cdot\triangle OPQ\\ &=n\tan\frac{\pi}{n}. \end{aligned}$$

したがって，

$$\begin{aligned} T_n-S_n&=n\tan\frac{\pi}{n}-\frac{n}{2}\sin\frac{2\pi}{n}\\ &=n\cdot\frac{\sin\frac{\pi}{n}}{\cos\frac{\pi}{n}}-n\sin\frac{\pi}{n}\cos\frac{\pi}{n}\\ &=\frac{n\sin\frac{\pi}{n}}{\cos\frac{\pi}{n}}\left(1-\cos^2\frac{\pi}{n}\right)\\ &=\frac{n\sin^3\frac{\pi}{n}}{\cos\frac{\pi}{n}}. \end{aligned}$$

$\dfrac{\pi}{n}=\theta$ とおくと，

$$n=\frac{\pi}{\theta}.$$

$n\to\infty$ のとき，$\theta\to 0$.

$$\begin{aligned} n^2(T_n-S_n)&=\left(\frac{\pi}{\theta}\right)^3\cdot\frac{\sin^3\theta}{\cos\theta}\\ &=\left(\frac{\sin\theta}{\theta}\right)^3\cdot\frac{\pi^3}{\cos\theta}. \end{aligned}$$

よって，

$$\begin{aligned} \lim_{n\to\infty}n^2(T_n-S_n)&=\lim_{\theta\to 0}\left(\frac{\sin\theta}{\theta}\right)^3\cdot\frac{\pi^3}{\cos\theta}\\ &=\boldsymbol{\pi^3}. \end{aligned}$$

35　考え方

$$f'(0)=1 \iff \lim_{h\to 0}\frac{f(h)-f(0)}{h}=1.$$

(1)　$s=t=0$ を代入する．

(3)　$\displaystyle\lim_{h\to 0}\frac{f(x+h)-f(x)}{h}$ を計算する．

解　答

$$f(s+t)=f(s)e^t+f(t)e^s. \quad \cdots①$$

(1)　① に $s=t=0$ を代入して，

$$f(0)=f(0)+f(0).$$

よって，

$$\boldsymbol{f(0)=0}. \qquad \cdots②$$

(2) $\lim_{h\to 0}\frac{f(h)}{h}=\lim_{h\to 0}\frac{f(h)-f(0)}{h}$ (② より)

$=f'(0)$

$=\mathbf{1}.$

(3) ① で $s=x$, $t=h$ とすると,

$$f(x+h)=f(x)e^h+f(h)e^x.$$

よって,

$$\lim_{h\to 0}\frac{f(x+h)-f(x)}{h}$$

$$=\lim_{h\to 0}\frac{f(x)e^h+f(h)e^x-f(x)}{h}$$

$$=\lim_{h\to 0}\frac{f(x)(e^h-1)+f(h)e^x}{h}$$

$$=\lim_{h\to 0}\left\{f(x)\frac{e^h-1}{h}+e^x\frac{f(h)}{h}\right\}. \quad \cdots ③$$

$\lim_{h\to 0}\frac{e^h-1}{h}=1$ であるから, (2) の結果より,

$$③=f(x)+e^x.$$

よって, $f(x)$ はすべての x で微分可能で,

$$\boldsymbol{f'(x)=f(x)+e^x}. \quad \cdots ④$$

(4) $g(x)=f(x)e^{-x}$ より,

$$\boldsymbol{g'(x)}=f'(x)e^{-x}+f(x)(-e^{-x})$$

$$=\{f'(x)-f(x)\}e^{-x}$$

$$=e^x\cdot e^{-x} \quad (④ より)$$

$$=\mathbf{1}.$$

よって,

$$g(x)=x+C \quad (C は定数).$$

$$f(x)e^{-x}=x+C.$$

$$f(x)=(x+C)e^x.$$

$f(0)=0$ より,

$$C=0.$$

したがって,

$$\boldsymbol{f(x)=xe^x}.$$

36 考え方

(1) 数学的帰納法で示す.

(2) $$\cos^2\theta=\frac{1+\cos 2\theta}{2}.$$

(3) $$\lim_{\theta\to 0}\frac{\sin\theta}{\theta}=1.$$

解答

(1) 数学的帰納法で示す.

(I) $n=1$ のとき,

$0<a_0<1$ より,

$$0<1<a_0+1<2.$$

$2{a_1}^2=a_0+1$ であるから,

$$0<2{a_1}^2<2.$$

$$0<{a_1}^2<1.$$

$a_1>0$ であるから,

$$0<a_1<1.$$

よって, 成り立つ.

(II) $n=k$ のとき成り立つと仮定すると,

$$0<a_k<1.$$

$$0<1<a_k+1<2.$$

$2{a_{k+1}}^2=a_k+1$ であるから,

$$0<2{a_{k+1}}^2<2.$$

$$0<{a_{k+1}}^2<1.$$

$a_{k+1}>0$ であるから,

$$0<a_{k+1}<1.$$

よって, 成り立つ.

(I), (II) よりすべての自然数 n に対して,

$$0<a_n<1.$$

(2) $2{a_n}^2=a_{n-1}+1$, $a_n=\cos\theta_n$

より,

$$2\cos^2\theta_n=\cos\theta_{n-1}+1.$$

$$1+\cos 2\theta_n=\cos\theta_{n-1}+1.$$

$$\cos 2\theta_n=\cos\theta_{n-1}.$$

$0<2\theta_n<\pi$, $0<\theta_{n-1}<\pi$ であるから,

$$2\theta_n=\theta_{n-1}.$$

$$\boldsymbol{\theta_n=\frac{1}{2}\theta_{n-1}}.$$

よって,

$$\boldsymbol{\theta_n}=\theta_0\left(\frac{1}{2}\right)^n=\boldsymbol{\frac{\theta_0}{2^n}}.$$

(3) $$4^n(1-a_n)=4^n(1-\cos\theta_n)$$

$$=2^{2n}\cdot\frac{1-\cos^2\theta_n}{1+\cos\theta_n}$$

$$=(2^n)^2\cdot\frac{\sin^2\theta_n}{1+\cos\theta_n}.$$

(2) より,

$$2^n=\frac{\theta_0}{\theta_n}$$

であるから,

$$4^n(1-a_n)=\left(\frac{\theta_0}{\theta_n}\right)^2\cdot\frac{\sin^2\theta_n}{1+\cos\theta_n}$$
$$=\frac{{\theta_0}^2}{1+\cos\theta_n}\cdot\left(\frac{\sin\theta_n}{\theta_n}\right)^2.$$

$n\to\infty$ のとき，$\theta_n\to0$ であるから，

$$\lim_{n\to\infty}\left(\frac{\sin\theta_n}{\theta_n}\right)^2=1.$$

よって，

$$\lim_{n\to\infty}4^n(1-a_n)=\boldsymbol{\frac{{\theta_0}^2}{2}}.$$

4　微分

37　考え方

$$\frac{dy}{dx}=\frac{\frac{dy}{dt}}{\frac{dx}{dt}}.$$

解答

$\begin{cases}x=t-\sin t,\\ y=1-\cos t\end{cases}$ より，

$$\begin{cases}\dfrac{dx}{dt}=1-\cos t,\\ \dfrac{dy}{dt}=\sin t.\end{cases}$$

$$\frac{dy}{dx}=\frac{\frac{dy}{dt}}{\frac{dx}{dt}}=\frac{\sin t}{1-\cos t}.$$

$t=\frac{\pi}{3}$ のとき，

$$\boldsymbol{\frac{dy}{dx}}=\frac{\sin\frac{\pi}{3}}{1-\cos\frac{\pi}{3}}=\frac{\frac{\sqrt{3}}{2}}{1-\frac{1}{2}}=\boldsymbol{\sqrt{3}}.$$

38　考え方

両辺を計算して，係数を比べる．

解答

$f(x)=e^{3x}\cos x$ より，

$$f'(x)=3e^{3x}\cos x+e^{3x}(-\sin x)=e^{3x}(3\cos x-\sin x).$$

$$f''(x)=3e^{3x}(3\cos x-\sin x)+e^{3x}(-3\sin x-\cos x)=e^{3x}(8\cos x-6\sin x).\quad\cdots①$$

$$af(x)+bf'(x)=\{(a+3b)\cos x-b\sin x\}e^{3x}.\quad\cdots②$$

①，② より，

$$a+3b=8,\ b=6.$$

よって，

$$\boldsymbol{a=-10,\ b=6.}$$

39　考え方

$\frac{1}{2}(e^x-e^{-x})=1$ は，$e^x=X$ とおくと，

$$\frac{1}{2}\left(X-\frac{1}{X}\right)=1.$$

分母を払って，

$$X^2-2X-1=0$$

となる．

解答

$y=\frac{1}{2}(e^x+e^{-x})$ より，

$$y'=\frac{1}{2}(e^x-e^{-x}).$$

$\frac{1}{2}(e^x-e^{-x})=1$ より，

$$e^x-\frac{1}{e^x}=2.$$
$$(e^x)^2-2e^x-1=0.$$
$$e^x=1\pm\sqrt{2}.$$

$e^x>0$ であるから，

$$e^x=1+\sqrt{2}.$$

したがって，

$$e^{-x}=\frac{1}{\sqrt{2}+1}=\frac{\sqrt{2}-1}{(\sqrt{2}+1)(\sqrt{2}-1)}=\sqrt{2}-1.$$

よって，P の y 座標は，

$$y=\frac{1}{2}\{(1+\sqrt{2})+(\sqrt{2}-1)\}$$
$$=\sqrt{2}.$$

40 考え方

$(t,\ f(t))$ における $y=f(x)$ の接線の方程式は,

$$y=f'(t)(x-t)+f(t).$$

解答

$y=\dfrac{e^x}{x}$ より,

$$y'=\frac{e^x\cdot x-e^x}{x^2}$$
$$=\frac{(x-1)e^x}{x^2}.$$

$\left(t,\ \dfrac{e^t}{t}\right)$ における $y=\dfrac{e^x}{x}$ の接線の方程式は,

$$y=\frac{(t-1)e^t}{t^2}(x-t)+\frac{e^t}{t}.$$

これが $(0,\ 0)$ を通るとき,

$$0=\frac{(t-1)e^t}{t^2}(-t)+\frac{e^t}{t}$$
$$=\frac{(2-t)e^t}{t}.$$
$$t=2.$$

よって，求める方程式は,

$$\boldsymbol{y=\frac{e^2}{4}x.}$$

41 考え方

$$\log f(x)=(x+1)\log x$$

を微分する.

解答

$f(x)=x^{x+1}$ より,

$$\log f(x)=(x+1)\log x.$$

両辺を x で微分して,

$$\frac{f'(x)}{f(x)}=(x+1)'\log x+(x+1)(\log x)'$$
$$=1\cdot\log x+(x+1)\cdot\frac{1}{x}$$
$$=\log x+1+\frac{1}{x}.$$

よって,

$$f'(x)=\left(\log x+1+\frac{1}{x}\right)f(x)$$
$$=\boldsymbol{\left(\log x+1+\frac{1}{x}\right)x^{x+1}}.$$

42 考え方

$$\begin{cases} x=f(t), \\ y=g(t) \end{cases}$$

の $t=\alpha$ $(g'(\alpha)\neq 0)$ における法線の方程式は,

$$y=-\frac{f'(\alpha)}{g'(\alpha)}\{x-f(\alpha)\}+g(\alpha).$$

解答

(1)

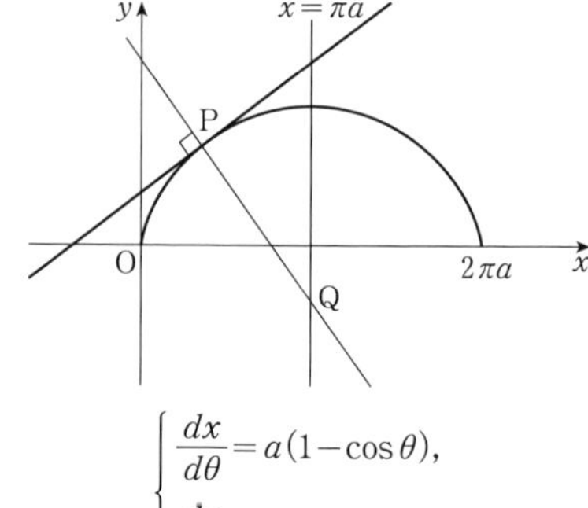

$$\begin{cases} \dfrac{dx}{d\theta}=a(1-\cos\theta), \\ \dfrac{dy}{d\theta}=a\sin\theta \end{cases}$$

より,

$$\frac{dy}{dx}=\frac{\dfrac{dy}{d\theta}}{\dfrac{dx}{d\theta}}=\frac{\sin\theta}{1-\cos\theta}.$$

$\mathrm{P}(a(\theta-\sin\theta),\ a(1-\cos\theta))$ における法線の方程式は,

$$y=-\frac{1-\cos\theta}{\sin\theta}\{x-a(\theta-\sin\theta)\}$$
$$+a(1-\cos\theta).$$

$\mathrm{Q}(\pi a,\ Y)$ とおくと，Q を通るので,

$$Y=-\frac{1-\cos\theta}{\sin\theta}\{\pi a-a(\theta-\sin\theta)\}$$
$$+a(1-\cos\theta)$$
$$=-\frac{a(1-\cos\theta)}{\sin\theta}\{\pi-(\theta-\sin\theta)-\sin\theta\}$$

$$=-\frac{\boldsymbol{a(\pi-\theta)(1-\cos\theta)}}{\boldsymbol{\sin\theta}}.$$

(2)　$\pi-\theta=t$ とおくと，

$$\theta\to\pi \iff t\to 0.$$

$$Y=-\frac{at(1-\cos(\pi-t))}{\sin(\pi-t)}$$

$$=\frac{-a(1+\cos t)}{\frac{\sin t}{t}}.$$

よって，

$$\lim_{t\to 0} Y=-2a.$$

よって，

$$\boldsymbol{(\pi a,\ -2a)}$$

に近づく．

43　考え方

「$y=f(x)$ と $y=g(x)$ の接線が $x=a$ の点で直交する」$\iff \begin{cases} f(a)=g(a), \\ f'(a)\cdot g'(a)=-1. \end{cases}$

解答

$f(x)=x\sin x$，$g(x)=\cos x$ とおくと，

$$f'(x)=(x)'\sin x+x(\sin x)'$$

$$=\sin x+x\cos x.$$

$$g'(x)=-\sin x.$$

交点の x 座標を $x=t$ とおくと，

$f(t)=g(t)$ より，

$$t\sin t=\cos t. \quad \cdots①$$

このとき，

$$f'(t)g'(t)=-\sin t(\sin t+t\cos t)$$

$$=-(\sin^2 t+t\sin t\cos t)$$

$$=-(\sin^2 t+\cos^2 t) \quad (① より)$$

$$=-1.$$

よって，接線は互いに直交する．

44　考え方

「$y=f(x)$ と $y=g(x)$ が $x=t$ で共通の接線をもつ」$\iff \begin{cases} f(t)=g(t), \\ f'(t)=g'(t). \end{cases}$

解答

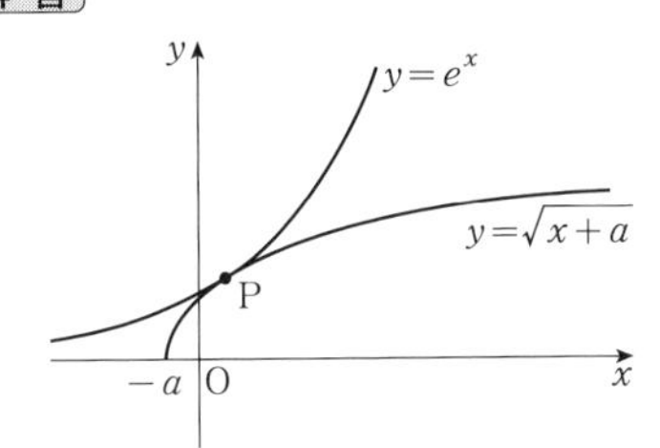

$y=e^x$ より，

$$y'=e^x.$$

$y=\sqrt{x+a}$ より，

$$y'=\frac{1}{2\sqrt{x+a}}.$$

P の x 座標を $x=t$ とおくと，y 座標と接線の傾きが等しいことより，

$$\begin{cases} e^t=\sqrt{t+a}, & \cdots① \\ e^t=\dfrac{1}{2\sqrt{t+a}}. & \cdots② \end{cases}$$

①×② より，

$$(e^t)^2=\frac{1}{2}.$$

$e^t>0$ であるから，

$$e^t=\frac{1}{\sqrt{2}}=2^{-\frac{1}{2}}.$$

よって，

$$t=\log 2^{-\frac{1}{2}}=-\frac{1}{2}\log 2.$$

① に代入して，

$$\frac{1}{\sqrt{2}}=\sqrt{-\frac{1}{2}\log 2+a}.$$

$$\boldsymbol{a=\frac{1}{2}(1+\log 2)}.$$

$\mathrm{P}\left(-\dfrac{1}{2}\log 2,\ \dfrac{1}{\sqrt{2}}\right)$ より，接線の方程式は，

$$\boldsymbol{y}=\frac{1}{\sqrt{2}}\left\{x-\left(-\frac{1}{2}\log 2\right)\right\}+\frac{1}{\sqrt{2}}$$

$$\boldsymbol{=\frac{1}{\sqrt{2}}\left(x+1+\frac{1}{2}\log 2\right)}.$$

45　考え方

(1)　$\left(\sqrt{x^2+1}\right)'=\dfrac{2x}{2\sqrt{x^2+1}}=\dfrac{x}{\sqrt{x^2+1}}$，

$$\{\log g(x)\}' = \frac{g'(x)}{g(x)}$$

より，

$$f'(x) = \frac{1 + \dfrac{x}{\sqrt{x^2+1}}}{x + \sqrt{x^2+1}}.$$

解答

(1)
$$\boldsymbol{f'(x)} = \frac{1 + \dfrac{2x}{2\sqrt{x^2+1}}}{x + \sqrt{x^2+1}}$$
$$= \frac{\sqrt{x^2+1} + x}{\left(x + \sqrt{x^2+1}\right)\sqrt{x^2+1}}$$
$$= \boldsymbol{\frac{1}{\sqrt{x^2+1}}}.$$

(2) (1) より，

$$f'(x) = (x^2+1)^{-\frac{1}{2}}.$$
$$f''(x) = -\frac{1}{2}(x^2+1)^{-\frac{3}{2}} \cdot 2x$$
$$= -x(x^2+1)^{-\frac{3}{2}}.$$

よって，

$$(x^2+1)f''(x) + xf'(x)$$
$$= -x(x^2+1)^{-\frac{1}{2}} + x(x^2+1)^{-\frac{1}{2}} = 0.$$

(3) (I) $n=1$ のとき，

(与式) $\Longleftrightarrow$ $(x^2+1)f^{(2)}(x) + xf^{(1)}(x) = 0.$

よって，(2) より成り立つ．

(II) $n=k$ (k は自然数) のとき成り立つと仮定すると，

$$(x^2+1)f^{(k+1)}(x) + (2k-1)xf^{(k)}(x) + (k-1)^2 f^{(k-1)}(x) = 0.$$

両辺を x で微分して，

$$2xf^{(k+1)}(x) + (x^2+1)f^{(k+2)}(x) + (2k-1)f^{(k)}(x) + (2k-1)xf^{(k+1)}(x) + (k-1)^2 f^{(k)}(x) = 0.$$

$$(x^2+1)f^{(k+2)}(x) + (2k+1)xf^{(k+1)}(x) + k^2 f^{(k)}(x) = 0.$$

よって，$n=k+1$ のときにも成り立つ．

(I)，(II) から数学的帰納法により示された．

(4)
$$f(0) = 0,\ f'(0) = 1.$$

$a_{n-1} = f^{(n-1)}(0)$ とすると，

$$a_0 = f^{(0)}(0) = f(0) = 0,$$
$$a_1 = f^{(1)}(0) = 1.$$

(3) の式に $x=0$ を代入して，

$$f^{(n+1)}(0) + (n-1)^2 f^{(n-1)}(0) = 0.$$
$$a_{n+1} + (n-1)^2 a_{n-1} = 0.$$
$$a_{n+2} = -n^2 a_n \quad (n = 0,\ 1,\ 2,\ \cdots).$$

よって，

$$a_9 = (-7^2)a_7$$
$$= (-7^2)(-5^2)a_5$$
$$= (-7^2)(-5^2)(-3^2)a_3$$
$$= (-7^2)(-5^2)(-3^2)(-1^2)a_1$$
$$= 11025.$$
$$a_{10} = (-8^2)a_8$$
$$= (-8^2)(-6^2)(-4^2)(-2^2)(-0^2)a_0$$
$$= 0.$$

したがって，

$$\boldsymbol{f^{(9)}(0) = 11025,\ f^{(10)}(0) = 0.}$$

5 グラフ

46 解答

真数条件より $x>0$.

$$f'(x) = (x)'(\log x)^2 + x\{(\log x)^2\}' - (x)'\log x - x(\log x)' - 1$$
$$= (\log x)^2 + x \cdot 2\log x \cdot \frac{1}{x} - \log x - x \cdot \frac{1}{x} - 1$$
$$= (\log x)^2 + \log x - 2$$
$$= (\log x + 2)(\log x - 1).$$

$f'(x) = 0$ より，

$$x = e,\ e^{-2}.$$

$f(x)$ の増減は次のようになる．

x	(0)	$\cdots$	e^{-2}	$\cdots$	e	$\cdots$
$f'(x)$		$+$	0	$-$	0	$+$
$f(x)$		↗	$1+\frac{5}{e^2}$	↘	$1-e$	↗

よって，

極大値　$\boldsymbol{1 + \frac{5}{e^2}}$　$\boldsymbol{\left(x = \frac{1}{e^2}\right)}$,

極小値　$\boldsymbol{1 - e}$　$\boldsymbol{(x = e)}$.

x	$\cdots$	-1	$\cdots$	$1-\sqrt{2}$	$\cdots$	$2-\sqrt{3}$	$\cdots$	$1+\sqrt{2}$	$\cdots$	$2+\sqrt{3}$	$\cdots$
y'	$+$	$+$	$+$	0	$-$	$-$	$-$	0	$+$	$+$	$+$
y''	$+$	0	$-$	$-$	$-$	0	$+$	$+$	$+$	0	$-$
y	↗	1	↗	$\dfrac{1+\sqrt{2}}{2}$	↘	$\dfrac{1+\sqrt{3}}{4}$	↘	$\dfrac{1-\sqrt{2}}{2}$	↗	$\dfrac{1-\sqrt{3}}{4}$	↗

47　考え方

$$\cos 2x = 2\cos^2 x - 1$$

を利用する．

解答

$y=2\sin x+\sin 2x$ より，

$$\begin{aligned} y' &= 2\cos x + 2\cos 2x \\ &= 2(\cos x + 2\cos^2 x - 1) \\ &= 2(2\cos x - 1)(\cos x + 1). \end{aligned}$$

$0 \leqq x \leqq 2\pi$ だから，$y'=0$ より，

$$x=\frac{\pi}{3},\ \pi,\ \frac{5}{3}\pi.$$

y の増減は次のようになる．

x	0	$\cdots$	$\dfrac{\pi}{3}$	$\cdots$	π	$\cdots$	$\dfrac{5}{3}\pi$	$\cdots$	2π
y'	4	$+$	0	$-$	0	$-$	0	$+$	4
y	0	↗	$\dfrac{3\sqrt{3}}{2}$	↘	0	↘	$-\dfrac{3\sqrt{3}}{2}$	↗	0

よって，グラフは次のようになる．

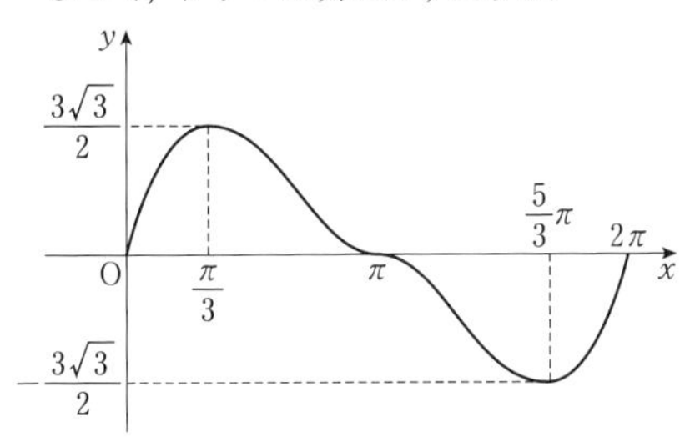

［注］

$$\begin{aligned} y' &= 2(\cos 2x + \cos x) \\ &= 4\cos\frac{3}{2}x\cos\frac{x}{2} \end{aligned}$$

としてもよい．

48　考え方

$$\left\{\frac{f(x)}{g(x)}\right\}' = \frac{f'(x)g(x)-f(x)g'(x)}{\{g(x)\}^2}.$$

凹凸，変曲点は y'' の符号で調べる．

解答

$y=\dfrac{1-x}{1+x^2}$ より，

$$\begin{aligned} y' &= \frac{(1-x)'(1+x^2)-(1-x)(1+x^2)'}{(1+x^2)^2} \\ &= \frac{-(1+x^2)-(1-x)\cdot 2x}{(1+x^2)^2} \\ &= \frac{x^2-2x-1}{(1+x^2)^2}. \end{aligned}$$

$y'=0$ より，

$$x=1\pm\sqrt{2}.$$

$$\begin{aligned} y'' &= \frac{(x^2-2x-1)'(1+x^2)^2-(x^2-2x-1)\{(1+x^2)^2\}'}{\{(1+x^2)^2\}^2} \\ &= \frac{(2x-2)(1+x^2)^2-(x^2-2x-1)2(1+x^2)\cdot 2x}{(1+x^2)^4} \\ &= \frac{2(-x^3+3x^2+3x-1)}{(1+x^2)^3} \\ &= \frac{-2(x+1)(x^2-4x+1)}{(1+x^2)^3}. \end{aligned}$$

$y''=0$ より，

$$x=-1,\ 2\pm\sqrt{3}.$$

y の増減，凹凸は上のようになる．

また，

$$\lim_{x\to\pm\infty} y = 0.$$

よって，グラフの概形は次のようになる．

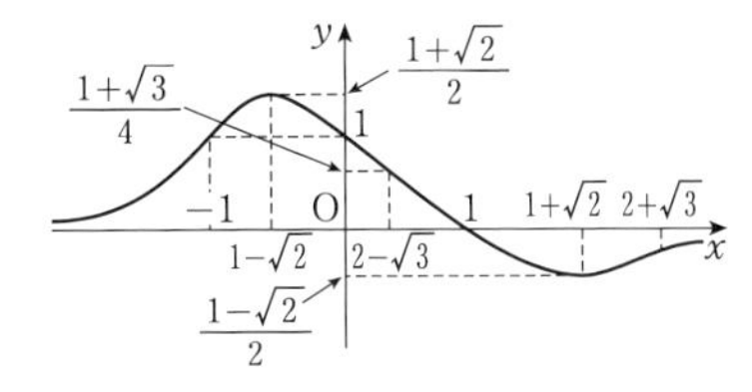

変曲点は，

$$\mathbf{(-1,\ 1)},$$

x	$\cdots$	-3	$\cdots$	$-\frac{1}{3}$	$\cdots$	0	$\cdots$	$\frac{3}{7}$	$\cdots$	1	$\cdots$
$f'(x)$	$+$	／	$+$	0	$-$	／	$-$	0	$+$	$+$	$+$
$f''(x)$	$+$	／	$-$	$-$	$-$	／	$+$	$+$	$+$	0	$-$
$f(x)$	↗	／	↗	-9	↘	／	↘	$-\frac{49}{9}$	↗	-5	↗

$$\left(\mathbf{2-\sqrt{3}},\ \mathbf{\frac{1+\sqrt{3}}{4}}\right),$$

$$\left(\mathbf{2+\sqrt{3}},\ \mathbf{\frac{1-\sqrt{3}}{4}}\right).$$

49 考え方

(1) 「$f(x)$ が $x=a$ で極値をとる」

$$\Longrightarrow f'(a)=0.$$

(2) 分数関数の増減表を考えるとき，(分母)$=0$ となる点がある場合は，その値も増減表に加えて考える．

解 答

(1) $f(x)=\dfrac{px+q}{x^2+3x}$.

$$f'(x)=\frac{(px+q)'(x^2+3x)-(px+q)(x^2+3x)'}{(x^2+3x)^2}$$

$$=\frac{p(x^2+3x)-(px+q)(2x+3)}{(x^2+3x)^2}$$

$$=-\frac{px^2+2qx+3q}{(x^2+3x)^2}.$$

$f'\left(-\dfrac{1}{3}\right)=0$, $f\left(-\dfrac{1}{3}\right)=-9$ より，

$$\begin{cases} p+21q=0, \\ -p+3q=24. \end{cases}$$

よって，

$$\boldsymbol{p=-21,\ q=1.}$$

(2) $$f(x)=\frac{-21x+1}{x^2+3x}.$$

$$f'(x)=\frac{(3x+1)(7x-3)}{(x^2+3x)^2}.$$

$f'(x)=0$ より，

$$x=-\frac{1}{3},\ \frac{3}{7}.$$

$$f''(x)=\frac{-6(x-1)(7x^2+6x+3)}{(x^2+3x)^3}.$$

ここで，

$$7x^2+6x+3=7\left(x+\frac{3}{7}\right)^2+\frac{12}{7}>0$$

だから，$f''(x)=0$ より，

$$x=1.$$

また，(分母)$=0$ より，

$$x=0,\ -3.$$

$f(x)$ の増減，凹凸は次のようになる．

よって，

極大値 $\boldsymbol{-9}$ $\left(\boldsymbol{x=-\frac{1}{3}}\right)$.

極小値 $\boldsymbol{-\frac{49}{9}}$ $\left(\boldsymbol{x=\frac{3}{7}}\right)$.

変曲点 $\boldsymbol{(1,\ -5)}$.

［注］ グラフの概形は，次のようになる．

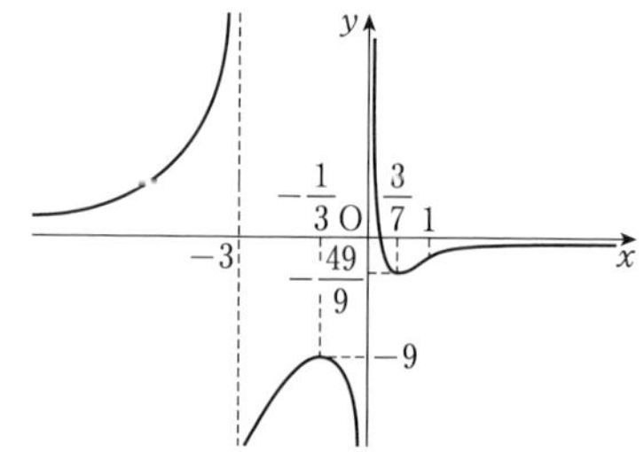

50 考え方

(1) 「$f(x)$ が減少関数」$\Longleftrightarrow f'(x)<0$.

$$f'(x)=\frac{\frac{x}{x+1}-\log(x+1)}{x^2}.$$

$g(x)=\dfrac{x}{x+1}-\log(x+1)$ とおいて，$g(x)$ のグラフを考える．

(2) $f(x)$ は減少関数であるから，

$$m>n \text{ のとき，} f(m)<f(n).$$

また，

$$\frac{1}{n}\log(n+1)=\log(n+1)^{\frac{1}{n}}$$

である．

解答

(1)　$f(x)=\dfrac{1}{x}\log(x+1)$ より，

$$f'(x)=\frac{\{\log(x+1)\}'\cdot x-\{\log(x+1)\}\cdot(x)'}{x^2}$$

$$=\frac{\dfrac{x}{x+1}-\log(x+1)}{x^2}.$$

$g(x)=\dfrac{x}{x+1}-\log(x+1)$ とおくと，

$$g'(x)=\frac{(x)'(x+1)-x\cdot(x+1)'}{(x+1)^2}-\frac{1}{x+1}$$

$$=\frac{-x}{(x+1)^2}<0.$$

$g(x)$ は減少関数で $g(0)=0$ であるから，$x>0$ のとき，

$$g(x)<g(0)=0.$$

したがって，

$$f'(x)<0.$$

よって，$f(x)$ は減少関数である．

(2)　(1)より，$m>n$ のとき，$f(m)<f(n)$．

$$\frac{1}{m}\log(m+1)<\frac{1}{n}\log(n+1).$$

$$\log(m+1)^{\frac{1}{m}}<\log(n+1)^{\frac{1}{n}}.$$

よって，

$$(m+1)^{\frac{1}{m}}<(n+1)^{\frac{1}{n}}.$$

51　考え方

$x>0$ で

「$f(x)$ が極値をもつ」

$\Longleftrightarrow$「$f'(x)$ の符号が変化する」．

$$f'(x)=\frac{1}{x^2}(ax^2e^{-ax}-1).$$

$g(x)=ax^2e^{-ax}-1\ (x>0)$ とおいて，$g(x)$ のグラフから $g(x)$ の符号が変化する a の条件を求める．

解答

$$f'(x)=-\frac{1}{x^2}+ae^{-ax}$$

$$=\frac{1}{x^2}(ax^2e^{-ax}-1).$$

$g(x)=ax^2e^{-ax}-1\ (x>0)$ とおくと，

($f'(x)$ の符号)$=$($g(x)$ の符号)．

よって，$g(x)$ の符号が変化する a の条件を求めればよい．

$$g'(x)=2axe^{-ax}-a^2x^2e^{-ax}$$
$$=ax(2-ax)e^{-ax}.$$

(i)　$a\leqq 0$ のとき．

$$g(x)<0.$$

よって，極値をもたない．

(ii)　$a>0$ のとき．

$g(x)$ の増減は次のようになる．

x	(0)	$\cdots$	$\dfrac{2}{a}$	$\cdots$
$g'(x)$		$+$	0	$-$
$g(x)$	(-1)	$\nearrow$		$\searrow$

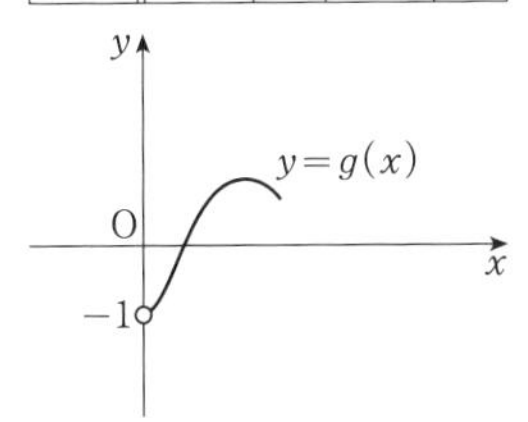

よって，求める a の条件は，

$$g\left(\frac{2}{a}\right)=\frac{4}{a}e^{-2}-1>0.$$

$a>0$ より，

$$\frac{4}{e^2}>a.$$

(i)，(ii)より，a のとり得る値の範囲は，

$$\boldsymbol{0<a<\frac{4}{e^2}}.$$

52　考え方

$f'(x)$ の符号の変化を調べるときに，n に関する偶奇分けがいる．

解答

(1)　$f(x)=\dfrac{(\log x)^n}{x}$ より，

$$f'(x)=\frac{n(\log x)^{n-1}\cdot\dfrac{1}{x}\cdot x-(\log x)^n}{x^2}$$

$$=\frac{(\log x)^{n-1}(n-\log x)}{x^2}.$$

(i) $n=1$ のとき．

$$f'(x)=\frac{1-\log x}{x^2}.$$

$f'(x)=0$ より，

$$x=e.$$

x	(0)	$\cdots$	e	$\cdots$
$f'(x)$		$+$	0	$-$
$f(x)$		$\nearrow$	$\frac{1}{e}$	$\searrow$

よって，

$$a_n=\frac{1}{e}.$$

(ii) $n\geqq 2$ のとき．

$f'(x)=0$ より，

$$x=1,\ e^n.$$

(ア) n が偶数の場合．

x	(0)	$\cdots$	1	$\cdots$	e^n	$\cdots$
$f'(x)$		$-$	0	$+$	0	$-$
$f(x)$		$\searrow$	0	$\nearrow$	$\frac{n^n}{e^n}$	$\searrow$

増減表より，

$$a_n=\frac{n^n}{e^n}.$$

(イ) n が奇数の場合．

x	(0)	$\cdots$	1	$\cdots$	e^n	$\cdots$
$f'(x)$		$+$	0	$+$	0	$-$
$f(x)$		$\nearrow$	0	$\nearrow$	$\frac{n^n}{e^n}$	$\searrow$

増減表より，

$$a_n=\frac{n^n}{e^n}.$$

(i)，(ii) より，

$$\boldsymbol{a_n=\frac{n^n}{e^n}}.$$

(2)
$$\frac{a_{n+1}}{na_n}=\frac{\frac{(n+1)^{n+1}}{e^{n+1}}}{n\cdot\frac{n^n}{e^n}}$$

$$=\frac{(n+1)^{n+1}}{en^{n+1}}$$

$$=\frac{1}{e}\left(1+\frac{1}{n}\right)^{n+1}$$

$$=\frac{1}{e}\left(1+\frac{1}{n}\right)\left(1+\frac{1}{n}\right)^n.$$

$\displaystyle\lim_{n\to\infty}\left(1+\frac{1}{n}\right)^n=e$，$\displaystyle\lim_{n\to\infty}\left(1+\frac{1}{n}\right)=1$ であるから，

$$\lim_{n\to\infty}\frac{a_{n+1}}{na_n}=\mathbf{1}.$$

53 考え方

(1) $$f'(x)=-\sqrt{2}\,e^{-x}\sin\left(x-\frac{\pi}{4}\right)$$

より増減表をかいてみる．

(2) $$e^{-\frac{\pi}{4}-2(n-1)\pi}=e^{-\frac{\pi}{4}}\cdot e^{-2(n-1)\pi}$$

$$=e^{-\frac{\pi}{4}}(e^{-2\pi})^{n-1}.$$

解答

(1) $$f'(x)=-e^{-x}\sin x+e^{-x}\cos x$$

$$=-e^{-x}(\sin x-\cos x)$$

$$=-e^{-x}\cdot\sqrt{2}\sin\left(x-\frac{\pi}{4}\right)$$

$$=-\sqrt{2}\,e^{-x}\sin\left(x-\frac{\pi}{4}\right).$$

$f'(x)=0$ より，

$$x-\frac{\pi}{4}=m\pi\quad(m=0,\ \pm1,\ \pm2,\ \cdots).$$

$$x=m\pi+\frac{\pi}{4}\quad(m=0,\ \pm1,\ \pm2,\ \cdots).$$

$x>0$ であるから，

$$x=m\pi+\frac{\pi}{4}\quad(m=0,\ 1,\ 2,\ \cdots).$$

$f(x)$ の増減は次のようになる．

x	(0)	$\cdots$	$\frac{\pi}{4}$	$\cdots$	$\frac{5}{4}\pi$	$\cdots$	$\frac{9}{4}\pi$	$\cdots$
$f'(x)$		$+$	0	$-$	0	$+$	0	$-$
$f(x)$		$\nearrow$		$\searrow$		$\nearrow$		$\searrow$

よって，$f(x)$ は

$$x=\frac{\pi}{4},\ \frac{\pi}{4}+2\pi,\ \frac{\pi}{4}+4\pi,\ \cdots$$

で極大となるから，

$$\boldsymbol{x_n=\frac{\pi}{4}+2(n-1)\pi}.$$

(2)　$f(x_n)=f\left(\dfrac{\pi}{4}+2(n-1)\pi\right)$

$$=e^{-\frac{\pi}{4}-2(n-1)\pi}\cdot\frac{1}{\sqrt{2}}$$

$$=\frac{1}{\sqrt{2}}e^{-\frac{\pi}{4}}(e^{-2\pi})^{n-1}.$$

よって，$\{f(x_n)\}$ は，初項 $\dfrac{1}{\sqrt{2}}e^{-\frac{\pi}{4}}$，公比 $e^{-2\pi}$ の等比数列である．$0<e^{-2\pi}<1$ であるから，$\sum_{n=1}^{\infty}f(x_n)$ は収束して，

$$\sum_{n=1}^{\infty}f(x_n)=\frac{\frac{1}{\sqrt{2}}e^{-\frac{\pi}{4}}}{1-e^{-2\pi}}$$

$$=\boldsymbol{\frac{e^{\frac{7}{4}\pi}}{\sqrt{2}(e^{2\pi}-1)}}.$$

54　考え方

$\vec{v}=\left(\dfrac{dx}{d\theta},\ \dfrac{dy}{d\theta}\right)$ の符号を調べる．

$\vec{v}$ はパラメーター θ を時間と考えたときの点 $(x,\ y)$ の移動方向を表している（次図参照）．

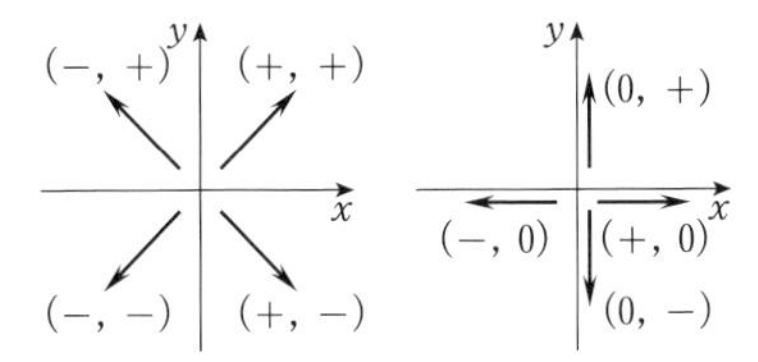

解答

$$\frac{dx}{d\theta}=-\sin\theta\cos\theta+(1+\cos\theta)(-\sin\theta)$$

$$=-\sin\theta(2\cos\theta+1).$$

$\dfrac{dx}{d\theta}=0$ より，

$$\theta=0,\ \frac{2}{3}\pi,\ \pi.$$

$$\frac{dy}{d\theta}=-\sin\theta\sin\theta+(1+\cos\theta)\cos\theta$$

$$=-(1-\cos^2\theta)+(1+\cos\theta)\cos\theta$$

$$=(1+\cos\theta)(2\cos\theta-1).$$

$\dfrac{dy}{d\theta}=0$ より，

$$\theta=\frac{\pi}{3},\ \pi.$$

$\vec{v}=\left(\dfrac{dx}{d\theta},\ \dfrac{dy}{d\theta}\right)$，すなわち点 $(x,\ y)$ の移動方向は次のようになる（・は静止を表す）．

θ	0	…	$\frac{\pi}{3}$	…	$\frac{2}{3}\pi$	…	π
$\frac{dx}{d\theta}$	0	−	−	−	0	+	0
$\frac{dy}{d\theta}$	+	+	0	−	−	−	0
$\vec{v}$	↑	↖	←	↙	↓	↘	・

よって，曲線のグラフの概形は次のようになる．

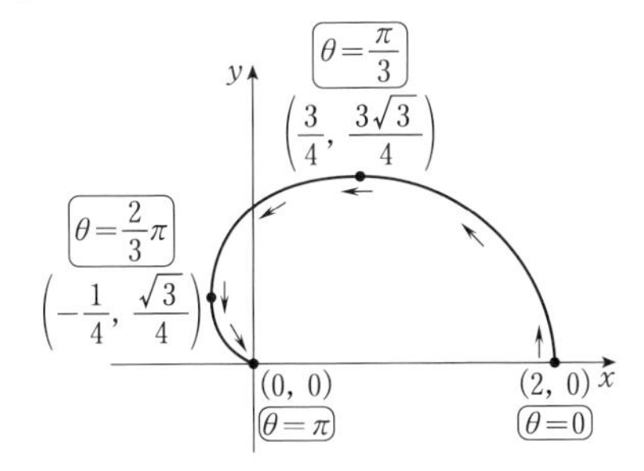

x 座標が最小となる点は，

$$\boldsymbol{\left(-\frac{1}{4},\ \frac{\sqrt{3}}{4}\right)},$$

y 座標が最大となる点は，

$$\boldsymbol{\left(\frac{3}{4},\ \frac{3\sqrt{3}}{4}\right)}.$$

［注］　増減表の書き方は特に決まっていない．

6　最大・最小

55　考え方

$$\{\log f(x)\}'=\frac{f'(x)}{f(x)}.$$

解答

$f(x)=x^2-2x-4\log(x^2+1)$ より，

$$f'(x)=2x-2-4\cdot\frac{2x}{x^2+1}$$

$$=\frac{2(x^3-x^2-3x-1)}{x^2+1}$$

$$=\frac{2(x+1)(x^2-2x-1)}{x^2+1}.$$

$f'(x)=0$ より，

$$x=-1,\ 1\pm\sqrt{2}.$$

$f(x)$ の増減は次のようになる．

x	$\cdots$	-1	$\cdots$	$1-\sqrt{2}$	$\cdots$	$1+\sqrt{2}$	$\cdots$
$f'(x)$	$-$	0	$+$	0	$-$	0	$+$
$f(x)$	↘		↗		↘		↗

ここで，

$$f(-1)=3-4\log 2.$$

$$f\left(1+\sqrt{2}\right)=1-4\log\left(4+2\sqrt{2}\right).$$

$f(-1)>f\left(1+\sqrt{2}\right)$ であるから，最小値は，

$$\boldsymbol{1-4\log\left(4+2\sqrt{2}\right)\quad \left(x=1+\sqrt{2}\right).}$$

56 考え方

$$|\sin x|=\begin{cases}-\sin x & \left(-\frac{\pi}{2}\leqq x\leqq 0\right),\\ \sin x & \left(0<x\leqq\frac{\pi}{2}\right)\end{cases}$$

であるから，$-\frac{\pi}{2}\leqq x\leqq 0$，$0<x\leqq\frac{\pi}{2}$ で場合分けをして微分する．

解答

(i) $-\frac{\pi}{2}\leqq x\leqq 0$ のとき．

$$f(x)=\sin 2x-2\sin x.$$

$$\begin{aligned}f'(x)&=2\cos 2x-2\cos x\\&=2(2\cos^2 x-1)-2\cos x\\&=2(2\cos x+1)(\cos x-1)\leqq 0.\end{aligned}$$

(ii) $0<x\leqq\frac{\pi}{2}$ のとき．

$$f(x)=\sin 2x+2\sin x.$$

$$\begin{aligned}f'(x)&=2\cos 2x+2\cos x\\&=2(2\cos^2 x-1)+2\cos x\\&=2(2\cos x-1)(\cos x+1).\end{aligned}$$

$f'(x)=0$ より，

$$x=\frac{\pi}{3}.$$

したがって，$f(x)$ の増減は次のようになる．

x	$-\frac{\pi}{2}$	$\cdots$	0	$\cdots$	$\frac{\pi}{3}$	$\cdots$	$\frac{\pi}{2}$
$f'(x)$		$-$	／	$+$	0	$-$	
$f(x)$	2	↘	0	↗	$\frac{3\sqrt{3}}{2}$	↘	2

よって，

最大値 $\boldsymbol{\frac{3\sqrt{3}}{2}}$ $\left(\boldsymbol{x=\frac{\pi}{3}}\right)$，

最小値 **0** $\boldsymbol{(x=0)}$.

57 考え方

(1) $$\left\{\frac{f(x)}{g(x)}\right\}'=\frac{f'(x)g(x)-f(x)g'(x)}{\{g(x)\}^2}.$$

$y=f(x)$ 上の $(\alpha,\ f(\alpha))$ における接線の方程式は，

$$y=f'(\alpha)(x-\alpha)+f(\alpha).$$

(2) (1) より，

$$g(a)=\frac{3a^2+1}{(1+a^2)^2}.$$

このまま $g'(a)$ を考えてもよいが，

$$a^2=t\ \text{もしくは}\ 1+a^2=t$$

とおくと簡単になる．

解答

(1) $y=\frac{1}{1+x^2}$ より，

$$y'=-\frac{2x}{(1+x^2)^2}.$$

$\left(a,\ \frac{1}{1+a^2}\right)$ における接線の方程式は，

$$y=-\frac{2a}{(1+a^2)^2}(x-a)+\frac{1}{1+a^2}.$$

$x=0$ を代入して，

$$\boldsymbol{g(a)}=\frac{2a^2}{(1+a^2)^2}+\frac{1}{1+a^2}$$

$$=\boldsymbol{\frac{3a^2+1}{(1+a^2)^2}}.$$

(2) $1+a^2=t$ とおくと，

$$t\geqq 1.$$

このとき，

$$g(a)=\frac{3(t-1)+1}{t^2}=\frac{3t-2}{t^2}.$$

$h(t)=\frac{3t-2}{t^2}$ とおくと，

$$h'(t)=\frac{(3t-2)'\cdot t^2-(3t-2)\cdot(t^2)'}{(t^2)^2}$$
$$=\frac{3t^2-(3t-2)\cdot 2t}{t^4}$$
$$=\frac{4-3t}{t^3}.$$

$h(t)$ の増減は次のようになる．

t	1	$\cdots$	$\frac{4}{3}$	$\cdots$
$h'(t)$		$+$	0	$-$
$h(t)$	1	$\nearrow$	$\frac{9}{8}$	$\searrow$

よって，$t=\frac{4}{3}$ のとき最大．

このとき，

$$1+a^2=\frac{4}{3}.$$
$$a=\pm\frac{1}{\sqrt{3}}.$$

したがって，

最大値　$\boldsymbol{\frac{9}{8}}$　$\left(\boldsymbol{a=\pm\frac{1}{\sqrt{3}}}\right).$

58 解答

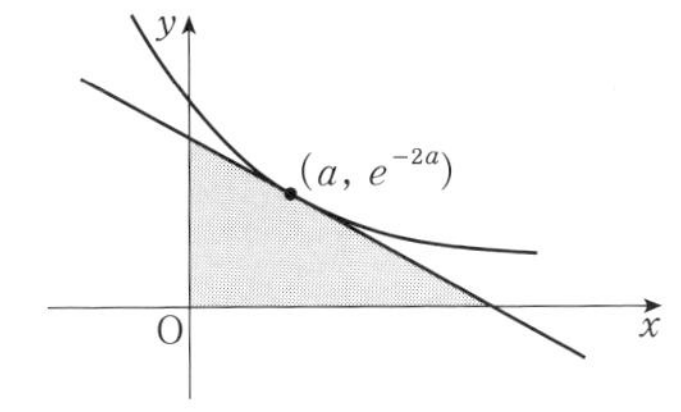

$y=e^{-2x}$ より，

$$y'=-2e^{-2x}.$$

$(a,\ e^{-2a})$ における接線の方程式は，

$$y=-2e^{-2a}(x-a)+e^{-2a}.$$

$x=0$ より，　$y=(2a+1)e^{-2a}.$

$y=0$ より，　$2e^{-2a}(x-a)=e^{-2a}.$

$$x=a+\frac{1}{2}.$$

三角形の面積を $S(a)$ とおくと，

$$S(a)=\frac{1}{2}\left(a+\frac{1}{2}\right)(2a+1)e^{-2a}$$
$$=\frac{1}{4}(2a+1)^2e^{-2a}.$$

$$S'(a)=\frac{1}{4}\{((2a+1)^2)'e^{-2a}+(2a+1)^2(e^{-2a})'\}$$
$$=\frac{1}{4}\{2(2a+1)\cdot 2\cdot e^{-2a}+(2a+1)^2\cdot(-2e^{-2a})\}$$
$$=\frac{1}{2}(2a+1)(1-2a)e^{-2a}.$$

$S(a)$ の増減は次のようになる．

a	0	$\cdots$	$\frac{1}{2}$	$\cdots$
$S'(a)$		$+$	0	$-$
$S(a)$		$\nearrow$	$\frac{1}{e}$	$\searrow$

よって，

$\boldsymbol{a=\frac{1}{2}}$ のとき最大で，最大値　$\boldsymbol{\frac{1}{e}}.$

59 考え方

$\mathrm{P}(\cos\theta,\ \sin\theta)$ とおける．

解答

(1)

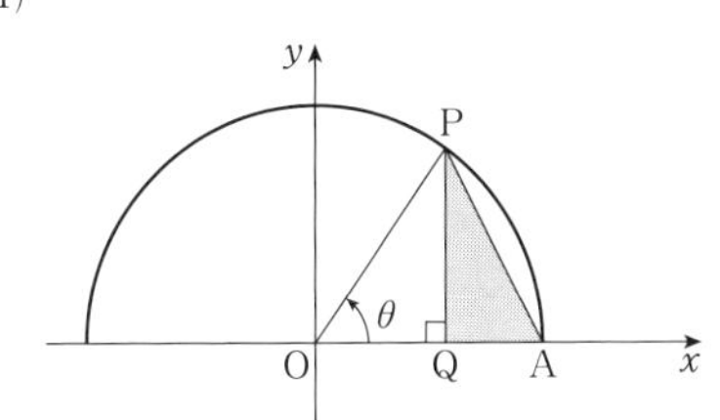

$\mathrm{P}(\cos\theta,\ \sin\theta)$ とおけるので，

$$\mathrm{PQ}=\sin\theta,\ \mathrm{AQ}=1-\cos\theta.$$

よって，

$$\boldsymbol{S(\theta)=\frac{1}{2}\sin\theta(1-\cos\theta).}$$

(2)　$S'(\theta)=\frac{1}{2}\{(\sin\theta)'(1-\cos\theta)+\sin\theta(1-\cos\theta)'\}$

$$=\frac{1}{2}\{\cos\theta(1-\cos\theta)+\sin\theta\cdot\sin\theta\}$$
$$=\frac{1}{2}\{\cos\theta(1-\cos\theta)+(1-\cos^2\theta)\}$$
$$=\frac{1}{2}(1-\cos\theta)(1+2\cos\theta).$$

$0<\theta<\pi$ であるから，$S'(\theta)=0$ より，

$$\theta=\frac{2}{3}\pi.$$

$S(\theta)$ の増減は次のようになる．

θ	(0)	$\cdots$	$\frac{2}{3}\pi$	$\cdots$	(π)
$S'(\theta)$		$+$	0	$-$	
$S(\theta)$		↗	$\frac{3\sqrt{3}}{8}$	↘	

よって，$\boldsymbol{\theta=\frac{2}{3}\pi}$ のとき最大で，

$$最大値\quad S\left(\frac{2}{3}\pi\right)=\boldsymbol{\frac{3\sqrt{3}}{8}}.$$

60 考え方

$$\cos 3x=4\cos^3 x-3\cos x,$$
$$\cos 2x=2\cos^2 x-1.$$

解答

$f(x)=\frac{1}{3}\sin 3x-2\sin 2x+\sin x$ より，

$$\begin{aligned}f'(x)&=\cos 3x-4\cos 2x+\cos x\\&=(4\cos^3 x-3\cos x)-4(2\cos^2 x-1)+\cos x\\&=4\cos^3 x-8\cos^2 x-2\cos x+4\\&=4\cos^2 x(\cos x-2)-2(\cos x-2)\\&=2(\cos x-2)(\sqrt{2}\cos x-1)(\sqrt{2}\cos x+1).\end{aligned}$$

$0\leqq x\leqq\pi$ なので，$f'(x)=0$ より，

$$x=\frac{\pi}{4},\ \frac{3}{4}\pi.$$

$f(x)$ の増減は次のようになる．

x	0	$\cdots$	$\frac{\pi}{4}$	$\cdots$	$\frac{3}{4}\pi$	$\cdots$	π
$f'(x)$		$-$	0	$+$	0	$-$	
$f(x)$	0	↘	$\frac{2\sqrt{2}}{3}-2$	↗	$\frac{2\sqrt{2}}{3}+2$	↘	0

よって，

$$最大値\quad \boldsymbol{\frac{2\sqrt{2}}{3}+2}\quad \left(\boldsymbol{x=\frac{3}{4}\pi}\right),$$

$$最小値\quad \boldsymbol{\frac{2\sqrt{2}}{3}-2}\quad \left(\boldsymbol{x=\frac{\pi}{4}}\right).$$

[注]　$$\begin{aligned}f'(x)&=\cos 3x-4\cos 2x+\cos x\\&=(\cos 3x+\cos x)-4\cos 2x\\&=2\cos 2x\cos x-4\cos 2x\\&=2\cos 2x(\cos x-2)\end{aligned}$$

としてもよい．

61 考え方

$f'(x)=0$ の解 $x=\frac{a}{\sqrt{1-a^2}}$ が $0\leqq x<3$ か $x\geqq 3$ かで場合分けをする．

$\frac{a}{\sqrt{1-a^2}}=3$ より，

$$a^2=9(1-a^2).\qquad a=\pm\frac{3}{\sqrt{10}}.$$

$0<a<\frac{3}{\sqrt{10}}$ のとき，$0<\frac{a}{\sqrt{1-a^2}}<3.$

$a\geqq\frac{3}{\sqrt{10}}$ のとき，　$\frac{a}{\sqrt{1-a^2}}\geqq 3.$

解答

［解答 1］　$f(x)=-ax+\sqrt{x^2+1}$ より，

$$\begin{aligned}f'(x)&=-a+\frac{2x}{2\sqrt{x^2+1}}\\&=\frac{x-a\sqrt{x^2+1}}{\sqrt{x^2+1}}.\end{aligned}$$

$f'(x)=0$ より，

$$x=a\sqrt{x^2+1}.$$

両辺を 2 乗して，

$$x^2=a^2(x^2+1).$$
$$(1-a^2)x^2=a^2.$$

よって，

$$x^2=\frac{a^2}{1-a^2}.$$

$0<a<1$，$x\geqq 0$ であるから

$$x=\frac{a}{\sqrt{1-a^2}}.$$

$\frac{a}{\sqrt{1-a^2}}=3$ より，

$$a^2=9(1-a^2).$$
$$10a^2=9.$$

$0<a<1$ だから，

$$a=\frac{3}{\sqrt{10}}.$$

(i)　$0<\frac{a}{\sqrt{1-a^2}}<3$ すなわち，

$$0<a<\frac{3}{\sqrt{10}}$$

のとき，$f(x)$ の増減は次のようになる．

x	0	$\cdots$	$\frac{a}{\sqrt{1-a^2}}$	$\cdots$	3
$f'(x)$		$-$	0	$+$	
$f(x)$		↘	$\sqrt{1-a^2}$	↗	

よって，$x=\dfrac{a}{\sqrt{1-a^2}}$ のとき最小となり，

最小値　$f\left(\dfrac{a}{\sqrt{1-a^2}}\right)=\boldsymbol{\sqrt{1-a^2}}$.

(ii)　$\dfrac{a}{\sqrt{1-a^2}}\geqq 3$ すなわち，

$$\frac{3}{\sqrt{10}}\leqq a<1$$

のとき，$f(x)$ の増減は次のようになる．

x	0	$\cdots$	3
$f'(x)$		$-$	
$f(x)$		↘	$\sqrt{10}-3a$

よって，$x=3$ のとき最小となり，

最小値　$f(3)=\boldsymbol{\sqrt{10}-3a}$.

［**解答 2**］　$f'(x)=-a+\dfrac{x}{\sqrt{x^2+1}}$.

$g(x)=\dfrac{x}{\sqrt{x^2+1}}=x(x^2+1)^{-\frac{1}{2}}$ とおくと，

$$f'(x)=g(x)-a.$$

$$g'(x)=(x^2+1)^{-\frac{1}{2}}+x\cdot\left(-\frac{1}{2}\right)(x^2+1)^{-\frac{3}{2}}\cdot 2x$$
$$=(x^2+1)^{-\frac{3}{2}}.$$

$g(x)$ の増減は次のようになる．

x	0	$\cdots$	3
$g'(x)$		$+$	
$g(x)$	0	↗	$\frac{3}{\sqrt{10}}$

(i)　$0<a<\dfrac{3}{\sqrt{10}}$ のとき．

$f'(x)=0$ より，

$$\frac{x}{\sqrt{x^2+1}}=a.$$

$$x^2=a^2(x^2+1).$$
$$(1-a^2)x^2=a^2.$$

$x\geqq 0$ より，

$$x=\frac{a}{\sqrt{1-a^2}}.$$

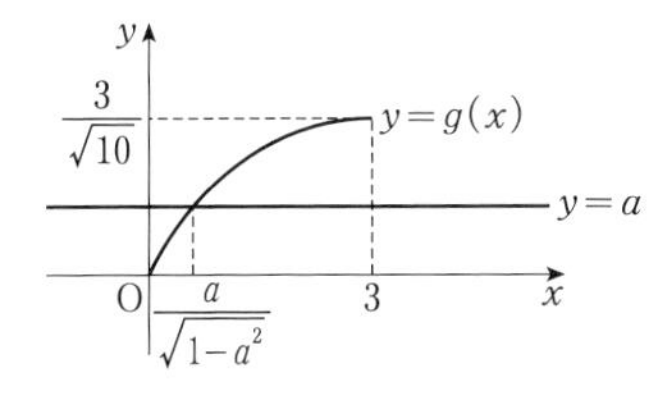

グラフより，$f(x)$ の増減は次のようになる．

x	0	$\cdots$	$\frac{a}{\sqrt{1-a^2}}$	$\cdots$	3
$f'(x)$		$-$	0	$+$	
$f(x)$		↘	$\sqrt{1-a^2}$	↗	

よって，$x=\dfrac{a}{\sqrt{1-a^2}}$ のとき最小．

最小値　$f\left(\dfrac{a}{\sqrt{1-a^2}}\right)=\boldsymbol{\sqrt{1-a^2}}$.

(ii)　$\dfrac{3}{\sqrt{10}}\leqq a<1$ のとき．

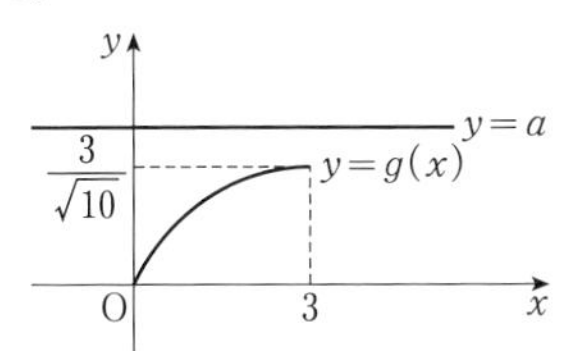

グラフより，$f(x)$ の増減は次のようになる．

x	0	$\cdots$	3
$f'(x)$		$-$	
$f(x)$		↘	$\sqrt{10}-3a$

よって，$x=3$ のとき最小．

最小値　$f(3)=\boldsymbol{\sqrt{10}-3a}$.

62　考え方

(1)　内接円の中心を O とすると，

$$\triangle ABC = \triangle OAB + \triangle OBC + \triangle OCA.$$

よって，

$$\frac{1}{2}\cdot 2x\cdot\sqrt{1-x^2}=\frac{1}{2}(1+2x+1)\cdot r.$$

解答

(1)

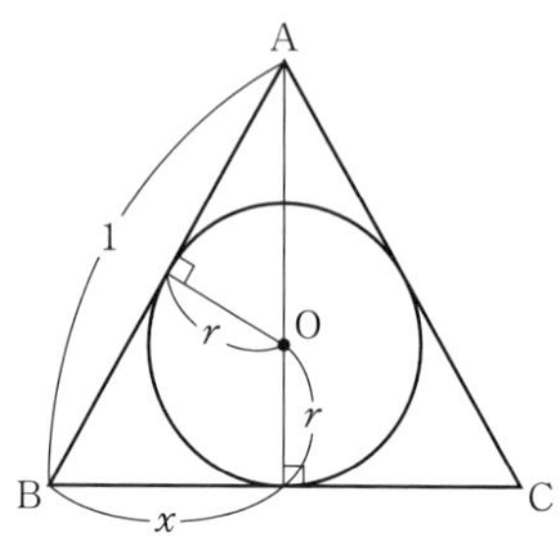

内接円の中心を O とおくと，

$$\triangle ABC = \triangle OAB + \triangle OBC + \triangle OCA$$

より，

$$\frac{1}{2}\cdot 2x\cdot\sqrt{1-x^2}=\frac{1}{2}(1+2x+1)\cdot r.$$

よって，

$$\boldsymbol{r=\frac{x\sqrt{1-x^2}}{1+x}}.$$

(2)
$$\frac{dr}{dx}=\frac{\left(\sqrt{1-x^2}+x\cdot\frac{-2x}{2\sqrt{1-x^2}}\right)\cdot(1+x)-x\sqrt{1-x^2}}{(1+x)^2}$$

$$=\frac{(1+x)(1-x-x^2)}{(1+x)^2\sqrt{1-x^2}}$$

$$=\frac{-(x^2+x-1)}{(1+x)\sqrt{1-x^2}}.$$

三角形が成立する条件より，

$$0<x<1.$$

したがって，$\dfrac{dr}{dx}=0$ より，

$$x=\frac{-1+\sqrt{5}}{2}.$$

r の増減は次のようになる．

x	(0)	$\cdots$	$\frac{-1+\sqrt{5}}{2}$	$\cdots$	(1)
$\frac{dr}{dx}$		$+$	0	$-$	
r		↗		↘	

よって，r は $\boldsymbol{x=\dfrac{-1+\sqrt{5}}{2}}$ のとき最大．

63

考え方

(3)
$$\frac{\log(\log x)}{\sqrt{x}}=\frac{\log(\log x)}{\log x}\cdot\frac{\log x}{\sqrt{x}}.$$

解答

(1)
$$f'(x)=\frac{\frac{1}{x}\cdot\sqrt{x}-\log x\cdot\frac{1}{2\sqrt{x}}}{x}$$

$$=\frac{2-\log x}{2x\sqrt{x}}.$$

よって，$f(x)$ の増減は次のようになる．

x	1	$\cdots$	e^2	$\cdots$
$f'(x)$		$+$	0	$-$
$f(x)$	0	↗	$\frac{2}{e}$	↘

また，$x\geqq 1$ のとき，$f(x)\geqq 0$.

よって，

最大値 $\boldsymbol{\dfrac{2}{e}}$,

最小値 **0.**

(2) $x\to\infty$ だから $x\geqq 1$ としてよい．

(1) より，

$$0\leqq\frac{\log x}{\sqrt{x}}\leqq\frac{2}{e}.$$

$\sqrt{x}$ で割って，

$$0\leqq\frac{\log x}{x}\leqq\frac{2}{e\sqrt{x}}.$$

$\displaystyle\lim_{x\to\infty}\frac{2}{e\sqrt{x}}=0$ であるから，

$$\lim_{x\to\infty}\frac{\log x}{x}=0.$$

(3) $\displaystyle(\text{与式})=\lim_{x\to\infty}\frac{\log(\log x)}{\log x}\cdot\frac{\log x}{\sqrt{x}}.$

$\log x=t$ とおくと，$x\to\infty$ のとき，$t\to\infty$.

$$\lim_{x\to\infty}\frac{\log(\log x)}{\log x}=\lim_{t\to\infty}\frac{\log t}{t}=0.$$

$\sqrt{x}=u$ とおくと，$x=u^2$.

$x\to\infty$ のとき，$u\to\infty$.

$$\lim_{x\to\infty}\frac{\log x}{\sqrt{x}}=\lim_{u\to\infty}\frac{\log u^2}{u}$$

$$=\lim_{u\to\infty}\frac{2\log u}{u}$$

$$=0.$$

よって，

$$(\text{与式})=\mathbf{0}.$$

64 考え方

(1)

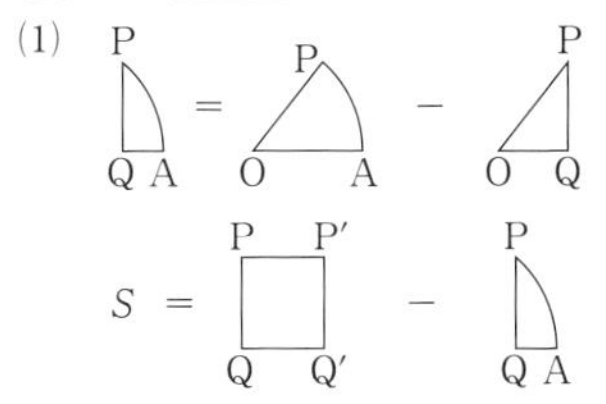

中心角が θ，半径 r の扇形の面積は，

$$\frac{1}{2}r^2\theta.$$

(2) $$\frac{dS}{d\theta}=2\sin\theta\cos\theta-\sin^2\theta.$$

解答

(1)

$$=\frac{1}{2}\cdot1^2\cdot\theta-\frac{1}{2}\cdot\cos\theta\cdot\sin\theta$$

$$=\frac{1}{2}\theta-\frac{1}{2}\cos\theta\sin\theta.$$

よって，

$$S=\boldsymbol{\sin^2\theta-\frac{1}{2}\theta+\frac{1}{2}\cos\theta\sin\theta}.$$

(2) ［**解答1**］

$$\frac{dS}{d\theta}=2\sin\theta\cos\theta-\frac{1}{2}+\frac{1}{2}(-\sin^2\theta+\cos^2\theta)$$

$$=2\sin\theta\cos\theta-\frac{1}{2}(1-\cos^2\theta)-\frac{1}{2}\sin^2\theta$$

$$=2\sin\theta\cos\theta-\frac{1}{2}\sin^2\theta-\frac{1}{2}\sin^2\theta$$

$$=2\sin\theta\cos\theta-\sin^2\theta$$

$$=\sin\theta\cos\theta(2-\tan\theta).$$

$\tan\alpha=2\ \left(0<\alpha<\dfrac{\pi}{2}\right)$ とすると，増減は次のようになる．

θ	(0)	$\cdots$	α	$\cdots$	$\left(\dfrac{\pi}{2}\right)$
$\dfrac{dS}{d\theta}$		$+$	0	$-$	
S		↗		↘	

よって，$\theta=\alpha$ のとき最大となり，このとき，図より，

$$\sin\alpha=\frac{2}{\sqrt{5}}.$$

よって，

$$\mathrm{PQ}=\sin\alpha=\boldsymbol{\frac{2}{\sqrt{5}}}.$$

［**解答2**］

$$\frac{dS}{d\theta}=2\sin\theta\cos\theta-\sin^2\theta$$

$$=-\sin\theta(\sin\theta-2\cos\theta)$$

$$=-\sqrt{5}\sin\theta\sin(\theta-\alpha).$$

ただし，$\cos\alpha=\dfrac{1}{\sqrt{5}}$，$\sin\alpha=\dfrac{2}{\sqrt{5}}$．

$\dfrac{dS}{d\theta}=0$ より，

$$\theta=\alpha.$$

（以下略）

［**注**］

$$\frac{dS}{d\theta}=2\sin\theta\cos\theta+\frac{1}{2}(\cos^2\theta-\sin^2\theta)-\frac{1}{2}$$

$$=\sin2\theta+\frac{1}{2}\cos2\theta-\frac{1}{2}$$

$$=\frac{\sqrt{5}}{2}\sin(2\theta+\beta)-\frac{1}{2}$$

$$\left(\cos\beta=\frac{2}{\sqrt{5}},\ \sin\beta=\frac{1}{\sqrt{5}},\ 0<\beta<\frac{\pi}{2}\right)$$

とすると，$\dfrac{ds}{d\theta}=0$ より，

$$\sin(2\theta+\beta)=\frac{1}{\sqrt{5}}.$$

$\beta<2\theta+\beta<\pi+\beta$ より，

$$2\theta+\beta=\pi-\beta.$$

$$\theta=\frac{\pi}{2}-\beta(=\alpha).$$

（以下略）

65 考え方

(2)
$$f_n(n+1)<f_n(n),$$
$$f_n(n-1)<f_n(n)$$
を変形する．

解答

(1)
$$f_n{}'(x)=nx^{n-1}e^{-x}+x^n(-e^{-x})$$
$$=x^{n-1}(n-x)e^{-x}.$$

$f_n(x)$ の増減は次のようになる．

x	0	$\cdots$	n	$\cdots$
$f_n{}'(x)$		$+$	0	$-$
$f_n(x)$		↗		↘

よって，$f_n(x)$ は $x=n$ のとき最大で，最大値は，
$$f_n(n)=\boldsymbol{n^n e^{-n}}.$$

(2) (i)
$$f_n(n+1)<f_n(n)$$
より，
$$(n+1)^n e^{-(n+1)}<n^n e^{-n}.$$
両辺に $\dfrac{1}{n^n}e^{n+1}$ をかけて，
$$\frac{(n+1)^n}{n^n}<e.$$
よって，
$$\left(1+\frac{1}{n}\right)^n<e.$$

(ii) $n\geqq 2$ のとき，
$$f_n(n-1)<f_n(n)$$
より，
$$(n-1)^n e^{-(n-1)}<n^n e^{-n}.$$
両辺に $\dfrac{1}{(n-1)^n}e^n$ をかけて，
$$e<\frac{n^n}{(n-1)^n}.$$
$$\frac{n^n}{(n-1)^n}=\left(\frac{n}{n-1}\right)^n$$
$$=\left(1+\frac{1}{n-1}\right)^n$$
であるから，
$$e<\left(1+\frac{1}{n-1}\right)^n.$$
(i)，(ii) より，$n\geqq 2$ のとき，
$$\left(1+\frac{1}{n}\right)^n<e<\left(1+\frac{1}{n-1}\right)^n.$$

7 方程式・不等式

66 考え方

「方程式 $(x+4)e^{-\frac{x}{4}}=a$ の解の個数」
$$\iff 「\begin{cases} y=(x+4)e^{-\frac{x}{4}}, \\ y=a \end{cases}$$
の共有点の個数」．

解答

$f(x)=(x+4)e^{-\frac{x}{4}}$ とおくと，
$$\begin{cases} y=f(x), \\ y=a \end{cases}$$
の共有点の個数を求めればよい．
$$f'(x)=(x+4)'e^{-\frac{x}{4}}+(x+4)(e^{-\frac{x}{4}})'$$
$$=e^{-\frac{x}{4}}-\frac{1}{4}(x+4)e^{-\frac{x}{4}}$$
$$=-\frac{1}{4}xe^{-\frac{x}{4}}.$$

$f(x)$ の増減は次のようになる．

x	$\cdots$	0	$\cdots$
$f'(x)$	$+$	0	$-$
$f(x)$	↗	4	↘

また，
$$\lim_{x\to+\infty}f(x)=\lim_{t\to\infty}4(t+1)e^{-t}\quad\left(\frac{x}{4}=t\right)$$
$$=0,$$
$$\lim_{x\to-\infty}f(x)=\lim_{u\to+\infty}(-u+4)e^{\frac{u}{4}}\quad(-x=u)$$
$$=-\infty.$$

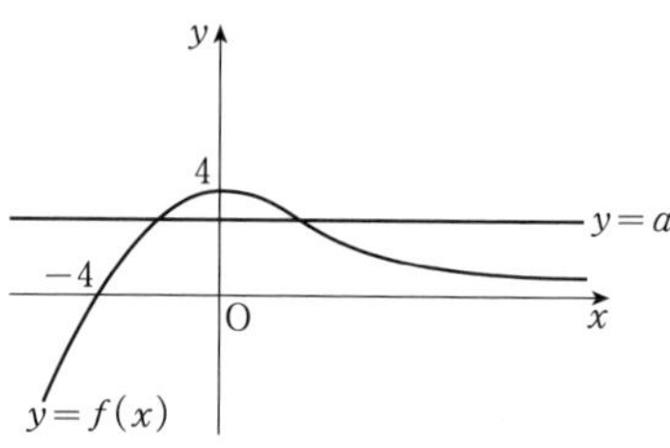

グラフより，
$$\begin{cases} \boldsymbol{a\leqq 0} & \text{のとき，}\boldsymbol{1}\text{ 個，} \\ \boldsymbol{0<a<4} & \text{のとき，}\boldsymbol{2}\text{ 個，} \\ \boldsymbol{a=4} & \text{のとき，}\boldsymbol{1}\text{ 個，} \\ \boldsymbol{a>4} & \text{のとき，}\boldsymbol{0}\text{ 個．} \end{cases}$$

67 考え方

「接線の本数」$\Longleftrightarrow$「接点の個数」

$\Longleftrightarrow$「接点の x 座標がみたす方程式の解の個数」.

$(1,\ a)$ から $y=e^x$ に接線を引く

$\Longleftrightarrow$「$y=e^x$ 上の $(t,\ e^t)$ における接線

$$y=e^t(x-t)+e^t$$

が $(1,\ a)$ を通る」.

解答

$y=e^x$ より，　$y'=e^x$.

$(t,\ e^t)$ における接線の方程式は，

$$y=e^t(x-t)+e^t.$$

これが $(1,\ a)$ を通るので，

$$a=e^t(1-t)+e^t$$
$$=(2-t)e^t.$$

$f(t)=(2-t)e^t$ とおくと

$$\begin{cases} y=f(t), \\ y=a \end{cases}$$

が相異なる2点で交わるような a の値の範囲を求めればよい.

$$f'(t)=(2-t)'e^t+(2-t)(e^t)'$$
$$=-e^t+(2-t)e^t$$
$$=(1-t)e^t.$$

$f(t)$ の増減は次のようになる.

t	$\cdots$	1	$\cdots$
$f'(t)$	$+$	0	$-$
$f(t)$	↗	e	↘

また，

$$\lim_{t\to+\infty} f(t)=-\infty,$$

$$\lim_{t\to-\infty} f(t)=\lim_{u\to\infty}(2+u)e^{-u}\quad (x=-u)$$

$$=\lim_{u\to\infty}\left(\frac{2}{e^u}+\frac{u}{e^u}\right)$$

$$=0.$$

$y=f(t)$ のグラフは次のようになる.

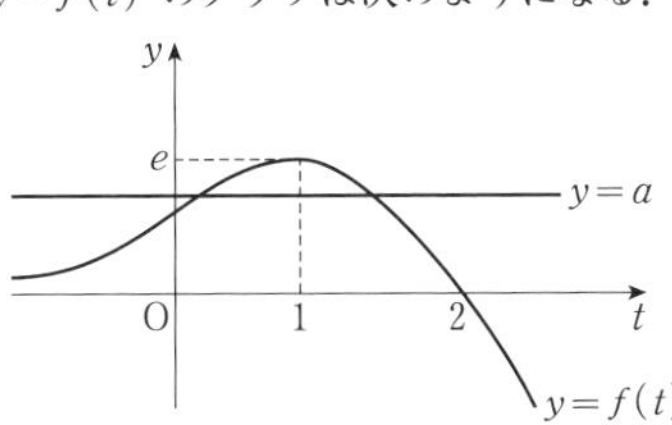

グラフより，

$$0<a<e.$$

［注］　ここでは，

$$\lim_{x\to\infty}\frac{x}{e^x}=0$$

であることを用いた. この事実は覚えておく方がよい.

68 考え方

$$f(x)=x-\left(\tan x-\frac{\tan^3 x}{3}\right)$$

とおいて，$f(x)>0$ を示す.

$$(\tan x)'=\frac{1}{\cos^2 x}=1+\tan^2 x.$$

解答

$$f(x)=x-\left(\tan x-\frac{\tan^3 x}{3}\right)$$

$$=x-\tan x+\frac{\tan^3 x}{3}$$

とおくと，

$$f'(x)=1-\frac{1}{\cos^2 x}+\tan^2 x\cdot\frac{1}{\cos^2 x}$$

$$=1+(\tan^2 x-1)\cdot\frac{1}{\cos^2 x}$$

$$=1+(\tan^2 x-1)\cdot(\tan^2 x+1)$$

$$=\tan^4 x>0.$$

よって，$f(x)$ は増加関数である.

$f(0)=0$ であるから，$0<x<\dfrac{\pi}{2}$ のとき，

$$f(x)>0.$$

よって，

$$x>\tan x-\frac{\tan^3 x}{3}.$$

69 考え方

(1)　$f(t)=t-1-\log t$ の増減を調べる.

(2)　$t=\dfrac{1}{u}$ とすると，

$$\log t\leqq t-1 \Longleftrightarrow \log\frac{1}{u}\leqq\frac{1}{u}-1$$

$$\Longleftrightarrow \log u\geqq 1-\frac{1}{u}.$$

(3) $\dfrac{x}{y}=t$ とおく.

解答

(1) $$f(t)=t-1-\log t \ (t>0)$$
とおくと,
$$f'(t)=1-\frac{1}{t}$$
$$=\frac{t-1}{t}.$$

$f(t)$ の増減は次のようになる.

t	(0)	$\cdots$	1	$\cdots$
$f'(t)$		$-$	0	$+$
$f(t)$		$\searrow$	0	$\nearrow$

よって,
$$f(t)\geqq 0$$
であるから,
$$\log t\leqq t-1.$$

(2) (1)より, $u>0$ のとき,
$$\log u\leqq u-1.$$

$u=\dfrac{1}{t}$ とすると,
$$\log\frac{1}{t}\leqq\frac{1}{t}-1.$$

$\log\dfrac{1}{t}=\log t^{-1}=-\log t$ より,
$$-\log t\leqq\frac{1}{t}-1.$$

よって,
$$\log t\geqq 1-\frac{1}{t}. \quad \cdots①$$

(3) $$x\log x\geqq x\log y+x-y$$
$$\iff x(\log x-\log y)\geqq x-y$$
$$\iff x\log\frac{x}{y}\geqq x-y$$
$$\iff \log\frac{x}{y}\geqq 1-\frac{y}{x}. \quad \cdots②$$

そこで, ① に対し, $t=\dfrac{x}{y}$ とおくと ② が成り立つ. よって, 示された.

70 考え方

$$\log x<a\sqrt{x}\iff\frac{\log x}{\sqrt{x}}<a.$$

$f(x)=\dfrac{\log x}{\sqrt{x}}$ の最大値より a が大きければよい.

解答

$$(\text{与式})\iff a>\frac{\log x}{\sqrt{x}}.$$

$f(x)=\dfrac{\log x}{\sqrt{x}}$ とおくと,
$$f'(x)=\frac{(\log x)'\sqrt{x}-\log x\left(\sqrt{x}\right)'}{\left(\sqrt{x}\right)^2}$$
$$=\frac{\dfrac{1}{x}\cdot\sqrt{x}-\log x\cdot\dfrac{1}{2\sqrt{x}}}{x}$$
$$=\frac{2-\log x}{2x\sqrt{x}}.$$

$f'(x)=0$ より, $x=e^2$.

$f(x)$ の増減は次のようになる.

x	0	$\cdots$	e^2	$\cdots$
$f'(x)$		$+$	0	$-$
$f(x)$		$\nearrow$	$\dfrac{2}{e}$	$\searrow$

よって, $f(x)\leqq\dfrac{2}{e}$.

したがって, $\boldsymbol{a>\dfrac{2}{e}}$.

71 考え方

$$(a-1)e^x-x+2=0$$
$$\iff a=1+(x-2)e^{-x}$$
なので,
$$\begin{cases}y=1+(x-2)e^{-x},\\ y=a\end{cases}$$
の共有点で考える.

解答

$(a-1)e^x-x+2=0$ より,
$$(a-1)e^x=x-2.$$
$$a=1+(x-2)e^{-x}.$$

$f(x)=1+(x-2)e^{-x}$ とおくと,
$$\begin{cases}y=f(x),\\ y=a\end{cases}$$
の共有点の個数を求めればよい.

$$f'(x)=(x-2)'e^{-x}+(x-2)(e^{-x})'$$
$$=e^{-x}-(x-2)e^{-x}$$
$$=(3-x)e^{-x}.$$

$f(x)$ の増減は次のようになる．

x	$\cdots$	3	$\cdots$
$f'(x)$	$+$	0	$-$
$f(x)$	↗	$1+e^{-3}$	↘

また，

$$\lim_{x\to+\infty}f(x)=\lim_{x\to+\infty}\left(1+\frac{x}{e^x}-\frac{2}{e^x}\right)=1,$$
$$\lim_{x\to-\infty}f(x)=-\infty$$

より，$y=f(x)$ のグラフは次のようになる．

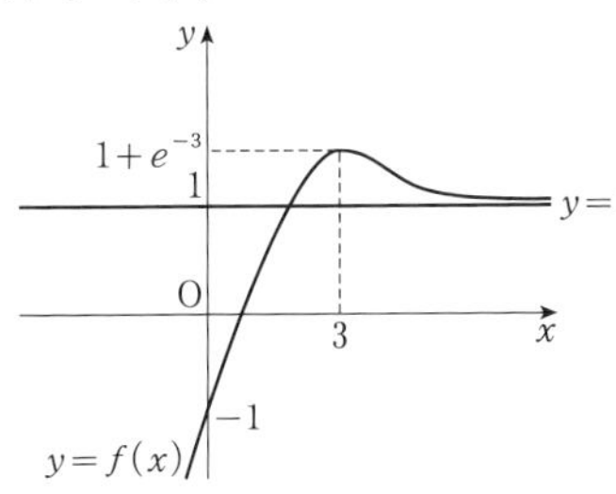

グラフより，

$$\begin{cases} \boldsymbol{a>1+e^{-3}} & \text{のとき，}\mathbf{0}\text{ 個，} \\ \boldsymbol{a=1+e^{-3}} & \text{のとき，}\mathbf{1}\text{ 個，} \\ \boldsymbol{1<a<1+e^{-3}} & \text{のとき，}\mathbf{2}\text{ 個，} \\ \boldsymbol{a\leqq 1} & \text{のとき，}\mathbf{1}\text{ 個．} \end{cases}$$

72　考え方

(1)　$F(x)=\frac{2}{e}\sqrt{x}-\log x$

とおき，$x>0$ のとき，$F(x)\geqq 0$ を示す．
後半は，$x\geqq 1$ のとき，

$$0\leqq \log x\leqq \frac{2}{e}\sqrt{x}$$

であることを利用して，はさみうち．
　$x\to+\infty$ であるから，$x\geqq 1$ としてよい．

(2)　$y=\frac{\log x}{x}$ と $y=c$ の共有点で考える．

解答

(1)　$F(x)=\frac{2}{e}\sqrt{x}-\log x$ とおくと，

$$F'(x)=\frac{2}{e}\cdot\frac{1}{2\sqrt{x}}-\frac{1}{x}$$
$$=\frac{\sqrt{x}-e}{ex}.$$

$F(x)$ の増減は次のようになる．

x	(0)	$\cdots$	e^2	$\cdots$
$F'(x)$		$-$	0	$+$
$F(x)$		↘	0	↗

これより，

$$F(x)\geqq F(e^2)=0.$$

よって，

$$\log x\leqq \frac{2}{e}\sqrt{x}.$$

　$x\to+\infty$ を考えるのだから，$x\geqq 1$ としてよい．このとき，

$$0\leqq \log x\leqq \frac{2}{e}\sqrt{x}.$$

　x で割って，

$$0\leqq \frac{\log x}{x}\leqq \frac{2}{e}\cdot\frac{1}{\sqrt{x}}.$$

$\lim_{x\to\infty}\frac{2}{e}\cdot\frac{1}{\sqrt{x}}=0$ であるから，はさみうちの原理より，

$$\lim_{x\to\infty}\frac{\log x}{x}=0.$$

(2)　$f(x)=\frac{\log x}{x}$ とおき，$y=f(x)$ と $y=c$ との共有点の個数が 2 個であることを示せばよい．

$$f'(x)=\frac{\frac{1}{x}\cdot x-\log x}{x^2}$$
$$=\frac{1-\log x}{x^2}.$$

$f(x)$ の増減は次のようになる．

x	(0)	$\cdots$	e	$\cdots$
$f'(x)$		$+$	0	$-$
$f(x)$		↗	$\frac{1}{e}$	↘

(1) より，　$\lim_{x\to\infty}f(x)=0.$

また，

$$\lim_{x\to+0} f(x)=\lim_{x\to+0}\frac{1}{x}\log x=-\infty.$$

$y=f(x)$ のグラフは次のようになる.

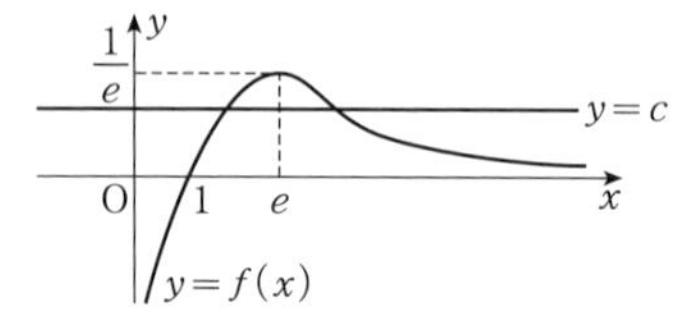

よって，グラフより，$0<c<\dfrac{1}{e}$ の範囲における解の個数は 2 である.

また，$f(\alpha)=f(2\alpha)=c$ より，

$$\frac{\log\alpha}{\alpha}=\frac{\log 2\alpha}{2\alpha}=c.$$

左側の等式より，

$$2\log\alpha=\log 2+\log\alpha.$$
$$\log\alpha=\log 2.$$

よって，

$$\boldsymbol{\alpha=2}.$$

右側の等式より，

$$\boldsymbol{c=\frac{1}{2}\log 2}.$$

73 考え方

(1) $$F(x)=\log(1+x)-\frac{x}{1+x}$$

とおいて，$x>0$ のとき，$F(x)>0$ を示す.

(2) $f'(x)$ の符号に(1)の不等式を利用する.

(3) (2)を利用する.

$0<a<b$ のとき，(2)より，

$$f(a)>f(b).$$

解答

(1) $F(x)=\log(1+x)-\dfrac{x}{1+x}$ とおくと，

$$F'(x)=\frac{1}{1+x}-\frac{(x)'(1+x)-x\cdot(1+x)'}{(1+x)^2}$$
$$=\frac{1}{1+x}-\frac{1+x-x}{(1+x)^2}$$
$$=\frac{x}{(1+x)^2}>0.$$

よって，$x>0$ のとき $F(x)$ は増加関数であるから，

$$F(x)>F(0)=0.$$

したがって，

$$\log(1+x)>\frac{x}{1+x}.$$

(2) $$f'(x)$$
$$=\frac{\{\log(1+x)\}'\cdot x-\log(1+x)\cdot(x)'}{x^2}$$
$$=\frac{\dfrac{x}{1+x}-\log(1+x)}{x^2}.$$

(1)より，

$$\frac{x}{1+x}-\log(1+x)<0.$$

よって，

$$f'(x)<0.$$

よって，**単調に減少する.**

(3) (2)により，$0<a<b$ のとき，

$$f(a)>f(b)$$
$$\iff \frac{1}{a}\log(1+a)>\frac{1}{b}\log(1+b)$$
$$\iff b\log(1+a)>a\log(1+b)$$
$$\iff \log(1+a)^b>\log(1+b)^a$$
$$\iff (1+a)^b>(1+b)^a.$$

したがって，

$$\boldsymbol{(1+a)^b>(1+b)^a}.$$

74 考え方

(2) $g(t)=\dfrac{\sin t}{t}$ $(0<t<\pi)$ の増減を調べる.

(3) 三角形 ABC の外接円の半径を R として正弦定理を用いると，

$$BC=2R\sin\alpha,\ CA=2R\sin\beta,$$
$$AB=2R\sin\gamma$$

となる. そのうえで(2)の結果を利用する.

解答

(1) $f(x)=x\cos x-\sin x$ $(0<x<\pi)$ とおくと，

$$f'(x)=\cos x+x(-\sin x)-\cos x$$
$$=-x\sin x<0.$$

よって，$f(x)$ は単調減少で，$f(0)=0$ より，

$0<x<\pi$ において $f(x)<0$.

したがって，

$$x\cos x-\sin x<0.$$

(2)　$$g(t)=\frac{\sin t}{t}\quad(0<t<\pi)$$

とおくと，(1) より，

$$g'(t)=\frac{t\cos t-\sin t}{t^2}<0.$$

よって，$g(t)$ は $0<t<\pi$ で単調減少．

$0<x<y<\pi$ のとき，

$$g(x)>g(y)$$

であるから，

$$\frac{\sin x}{x}>\frac{\sin y}{y}.$$

(3)

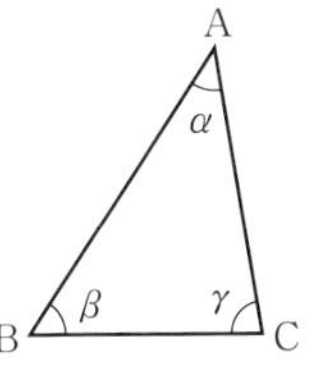

三角形ABCの外接円の半径を R とすると，正弦定理より，

$$\begin{cases}\mathrm{BC}=2R\sin\alpha,\\ \mathrm{CA}=2R\sin\beta,\\ \mathrm{AB}=2R\sin\gamma.\end{cases}$$

したがって，

$$\frac{\mathrm{BC}}{\alpha}>\frac{\mathrm{CA}}{\beta}>\frac{\mathrm{AB}}{\gamma}$$

$$\iff\frac{\sin\alpha}{\alpha}>\frac{\sin\beta}{\beta}>\frac{\sin\gamma}{\gamma}.\quad\cdots(*)$$

$0<\alpha<\beta<\gamma<\pi$ であるから，(2) より (*) が成り立つ．

75　考え方

(2)，(3)　$\frac{\pi}{n}=\theta$ とおいた関数で考える．

(3) は微分を用いる．

解答

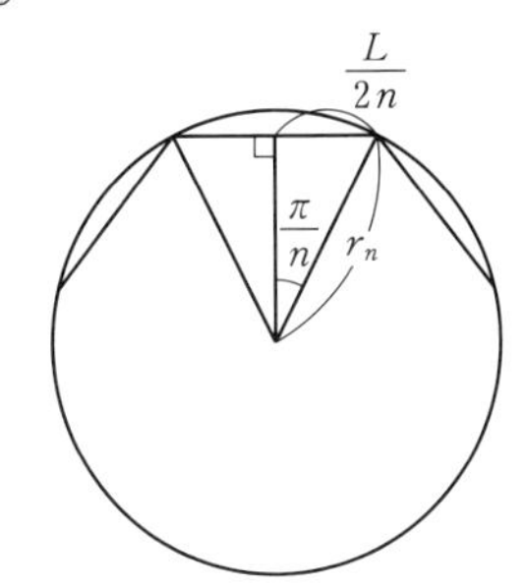

(1)　図より，

$$r_n\sin\frac{\pi}{n}=\frac{L}{2n}.$$

よって，

$$\boldsymbol{r_n=\frac{L}{2n\sin\frac{\pi}{n}}}.$$

(2)　$\theta=\frac{\pi}{n}$ とすると，$n=\frac{\pi}{\theta}$.

$n\to\infty$ のとき，

$$\theta\to+0$$

であるから，

$$\lim_{n\to\infty}r_n=\lim_{\theta\to+0}\frac{L}{\frac{2\pi}{\theta}\sin\theta}$$

$$=\lim_{\theta\to+0}\frac{L}{2\pi\cdot\frac{\sin\theta}{\theta}}$$

$$=\boldsymbol{\frac{L}{2\pi}}.$$

(3)　$f(\theta)=\frac{\theta}{\sin\theta}\left(0<\theta<\frac{\pi}{2}\right)$ とおくと，

$$r_n=\frac{L}{2\pi}f\left(\frac{\pi}{n}\right).$$

$$f'(\theta)=\frac{\sin\theta-\theta\cos\theta}{\sin^2\theta}.$$

$g(\theta)=\sin\theta-\theta\cos\theta\left(0<\theta<\frac{\pi}{2}\right)$ とおくと，

$$g'(\theta)=\theta\sin\theta>0.$$

よって，$g(\theta)$ は増加関数で，$g(0)=0$ であるから，$0<\theta<\frac{\pi}{2}$ で

$$g(\theta)>0.$$

ゆえに，

$$f'(\theta)>0 \quad \left(0<\theta<\frac{\pi}{2}\right).$$

よって，$f(\theta)$ は増加関数．

$\dfrac{\pi}{n}>\dfrac{\pi}{n+1}$ より，

$$f\left(\frac{\pi}{n}\right)>f\left(\frac{\pi}{n+1}\right).$$

よって，

$$r_n>r_{n+1}.$$

76 考え方

$$f(x)=\cos^2 x+2\cos x-(3-2x^2)$$

とおいて，$f'(x)$，$f''(x)$ を考える．

$f''(x)$ は $f'(x)$ の符号を調べるために利用する．

解答

$$\begin{aligned} f(x)&=\cos^2 x+2\cos x-(3-2x^2)\\ &=\cos^2 x+2\cos x-3+2x^2 \end{aligned}$$

とおくと，

$$f'(x)=2\cos x(-\sin x)-2\sin x+4x.$$

$$\begin{aligned} f''(x)&=2(\sin^2 x-\cos^2 x)-2\cos x+4\\ &=2(1-2\cos^2 x)-2\cos x+4\\ &=-4\cos^2 x-2\cos x+6\\ &=-2(2\cos^2 x+\cos x-3)\\ &=-2(2\cos x+3)(\cos x-1)\\ &=2(1-\cos x)(2\cos x+3)\geqq 0. \end{aligned}$$

（等号は $x=2n\pi$（n は整数）のとき成り立つ）

したがって，$f'(x)$ は単調増加で，

$$f'(0)=0$$

より，

$x<0$ のとき，$f'(x)<0$，

$x>0$ のとき，$f'(x)>0$．

よって，$f(x)$ の増減は次のようになる．

x	$\cdots$	0	$\cdots$
$f'(x)$	$-$	0	$+$
$f(x)$	↘	0	↗

$f(0)=0$ であるから，増減表より $x\neq 0$ のとき，

$$f(x)>0.$$

よって，

$$\cos^2 x+2\cos x>3-2x^2.$$

77 考え方

（与式）

$$\iff \frac{2(b-a)}{a+b}<\log b-\log a<\frac{b-a}{\sqrt{ab}}.$$

$$f(x)=\log x-\log a-\frac{2(x-a)}{a+x} \quad (x>a>0),$$

$$g(x)=\frac{x-a}{\sqrt{ax}}-(\log x-\log a) \quad (x>a>0)$$

とおいて，$f(x)>0$，$g(x)>0$ を示す．

解答

［解答1］

（与式）

$$\iff \frac{2}{a+b}<\frac{\log b-\log a}{b-a}<\frac{1}{\sqrt{ab}}$$

$$\iff \frac{2(b-a)}{a+b}<\log b-\log a<\frac{b-a}{\sqrt{ab}}. \quad \cdots(*)$$

(i)　$$f(x)=\log x-\log a-\frac{2(x-a)}{a+x} \quad (x>a>0)$$

とおくと，

$$\begin{aligned} f'(x)&=\frac{1}{x}-\frac{2\{a+x-(x-a)\}}{(a+x)^2}\\ &=\frac{(a+x)^2-4ax}{x(a+x)^2}\\ &=\frac{(x-a)^2}{x(a+x)^2}>0 \quad (x>a>0). \end{aligned}$$

よって，$f(x)$ は $x>a$ で増加関数で，

$$f(a)=0$$

より，$x>a$ のとき $f(x)>0$．

よって，

$$f(b)>0.$$

(ii)　$$g(x)=\frac{x-a}{\sqrt{ax}}-(\log x-\log a) \quad (x>a>0)$$

とおくと，

$$g'(x)=\frac{\sqrt{ax}-(x-a)\cdot\dfrac{a}{2\sqrt{ax}}}{ax}-\frac{1}{x}$$
$$=\frac{2ax-a(x-a)}{2ax\sqrt{ax}}-\frac{1}{x}$$
$$=\frac{x+a}{2x\sqrt{ax}}-\frac{1}{x}$$
$$=\frac{x-2\sqrt{ax}+a}{2x\sqrt{ax}}$$
$$=\frac{(\sqrt{x}-\sqrt{a})^2}{2x\sqrt{ax}}>0\quad(x>a>0).$$

よって，$g(x)$ は $x>a$ で増加関数で，

$$g(a)=0$$

より，$x>a$ のとき $g(x)>0$.

よって，

$$g(b)>0.$$

(i), (ii) より (*) が示された.

［注］ x を用いないで，

$$f(b)=\log b-\log a-\frac{2(b-a)}{a+b}\quad(b>a>0)$$

としてもよい．また，a を変数としてもよい．

［解答２］

（与式）

$$\iff \frac{2(b-a)}{a+b}<\log b-\log a<\frac{b-a}{\sqrt{ab}}$$
$$\iff \frac{2\left(\dfrac{b}{a}-1\right)}{1+\dfrac{b}{a}}<\log\frac{b}{a}<\frac{\dfrac{b}{a}-1}{\sqrt{\dfrac{b}{a}}}$$
$$\iff \frac{2(t-1)}{1+t}<\log t<\frac{t-1}{\sqrt{t}},\quad t=\frac{b}{a}.$$

$$b>a>0 \iff \frac{b}{a}>1,\ a>0.$$

(i)　$$f(t)=\log t-\frac{2(t-1)}{1+t}\quad(t>1)$$

とおくと，

$$f'(t)=\frac{1}{t}-\frac{4}{(1+t)^2}$$
$$=\frac{(1-t)^2}{t(1+t)^2}>0\quad(t>1).$$

よって，$f(x)$ は $t>1$ で増加関数で，$f(1)=0$ より，$t>1$ のとき $f(t)>0$.

よって，

$$\log t>\frac{2(t-1)}{1+t}\quad(t>1).$$

(ii)　$$g(t)=\frac{t-1}{\sqrt{t}}-\log t\quad(t>1)$$

とおくと，

$$g'(t)=\frac{\sqrt{t}-(t-1)\cdot\dfrac{1}{2\sqrt{t}}}{t}-\frac{1}{t}$$
$$=\frac{t+1}{2t\sqrt{t}}-\frac{1}{t}$$
$$=\frac{(\sqrt{t}-1)^2}{2t\sqrt{t}}>0\quad(t>1).$$

よって，$g(t)$ は $t>1$ で増加関数で，$g(1)=0$ より，$t>1$ のとき $g(t)>0$.

よって，

$$\frac{t-1}{\sqrt{t}}>\log t\quad(t>1).$$

(i), (ii) より示された.

78　考え方

(1)　$f''(x)$ の符号の変化から $f'(x)$ の増減を調べる.

(2)　$f(x_n)=0$ より

$$\frac{x_n^2+1}{4n}=1-\cos x_n.$$

$0<x_n<\dfrac{\pi}{2}$ から左側にはさみうちの原理を用いる.

(3)　$$nx_n^2=\frac{(x_n^2+1)x_n^2}{4(1-\cos x_n)}.$$

$\displaystyle\lim_{\theta\to 0}\frac{\sin\theta}{\theta}=1$ を用いる.

解答

(1)　$$f'(x)=2x-4n\sin x.$$
$$f''(x)=2-4n\cos x.$$
$$\cos\alpha=\frac{1}{2n},\ 0<\alpha<\frac{\pi}{2}$$

とすると $f'(x)$ の増減は次のようになる.

x	(0)	$\cdots$	α	$\cdots$	$\left(\frac{\pi}{2}\right)$
$f''(x)$		$-$	0	$+$	
$f'(x)$	(0)	↘		↗	$(\pi-4n)$

$$f'(0)=0,\ f'\left(\frac{\pi}{2}\right)=\pi-4n<0$$

より，$0<x<\frac{\pi}{2}$ で $f'(x)<0$.

よって，$f(x)$ は減少関数で，

$$f(0)=1>0,$$

$$f\left(\frac{\pi}{2}\right)=\frac{\pi^2}{4}+1-4n$$

$$<\frac{3.2^2}{4}+1-4<0$$

より，$0<x<\frac{\pi}{2}$ に $f(x)=0$ となる x がただ1つ存在する.

［注］ $f'(x)=4n\left(\frac{x}{2n}-\sin x\right)$.

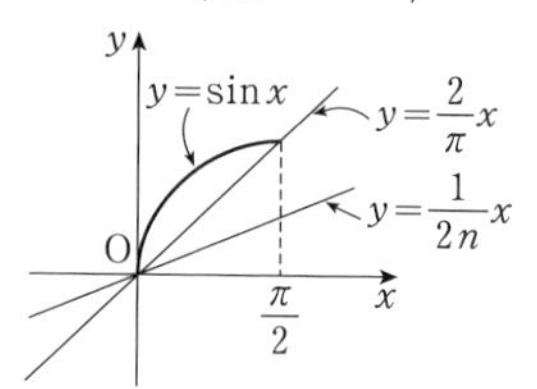

$\frac{2}{\pi}>\frac{1}{2n}$ であるから図より，

$$\frac{x}{2n}<\sin x.$$

よって，

$$f'(x)<0.$$

(2) $f(x_n)=0$ より，

$$x_n^2+4n\cos x_n+1-4n=0.$$

$$x_n^2+1=4n(1-\cos x_n). \qquad \cdots①$$

$$\frac{x_n^2+1}{4n}=1-\cos x_n.$$

$0<x_n<\frac{\pi}{2}$ より，

$$1<x_n^2+1<\frac{\pi^2}{4}+1.$$

$$\frac{1}{4n}<\frac{x_n^2+1}{4n}<\frac{\frac{\pi^2}{4}+1}{4n}.$$

$\lim_{n\to\infty}\frac{1}{4n}=0$, $\lim_{n\to\infty}\frac{\frac{\pi^2}{4}+1}{4n}=0$ より，

$$\lim_{n\to\infty}\frac{x_n^2+1}{4n}=0.$$

$$\lim_{n\to\infty}(1-\cos x_n)=0.$$

$0<x_n<\frac{\pi}{2}$ であるから，

$$\lim_{n\to\infty}x_n=0. \qquad \cdots②$$

(3) ① より，

$$n=\frac{x_n^2+1}{4(1-\cos x_n)}.$$

$$nx_n^2=\frac{(x_n^2+1)x_n^2}{4(1-\cos x_n)}$$

$$=\frac{(x_n^2+1)x_n^2(1+\cos x_n)}{4(1-\cos^2 x_n)}$$

$$=\frac{(x_n^2+1)x_n^2(1+\cos x_n)}{4\sin^2 x_n}$$

$$=\frac{(x_n^2+1)(1+\cos x_n)}{4\left(\frac{\sin x_n}{x_n}\right)^2}.$$

② より，

$$\lim_{n\to\infty}nx_n^2=\frac{1\cdot 2}{4\cdot 1^2}=\boldsymbol{\frac{1}{2}}.$$

79 考え方

(1) $2n\pi\leqq x\leqq 2n\pi+\frac{\pi}{2}$ における $y=f(x)$ のグラフを考える.

(2) $f(a_n)=0$ より，

$$a_n\sin a_n=\cos a_n.$$

$$\tan a_n=\frac{1}{a_n}.$$

解答

(1) $$f(x)=x\sin x-\cos x$$

より，

$$f'(x)=\sin x+x\cos x+\sin x$$

$$=2\sin x+x\cos x.$$

$2n\pi\leqq x\leqq 2n\pi+\frac{\pi}{2}$ において $f'(x)>0$ より $f(x)$ は単調に増加する.

$$f(2n\pi)=-1,$$
$$f\left(2n\pi+\frac{\pi}{2}\right)=2n\pi+\frac{\pi}{2}>0$$

であるから，$y=f(x)$ は

$2n\pi<x<2n\pi+\dfrac{\pi}{2}$ で x 軸とただ1つの共有点をもち，$f(x)=0$ となる x がただ1つ存在する．

［注］ $2n\pi\leqq x<2n\pi+\dfrac{\pi}{2}$ に対し，

$$f(x)=0 \iff \tan x=\frac{1}{x}.$$

$y=\tan x$ と $y=\dfrac{1}{x}$ のグラフは次の図のようになっている．

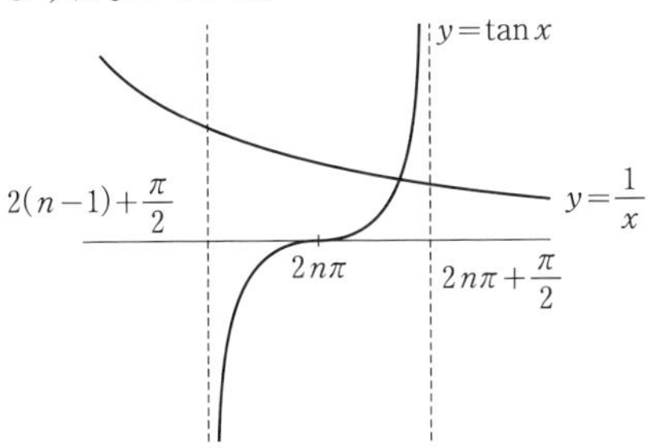

交点の x 座標が a_n である．

(2) $a_n-2n\pi=\theta_n$ とおくと (1) より，

$2n\pi<a_n<2n\pi+\dfrac{\pi}{2}$ であるから，

$$0<\theta_n<\frac{\pi}{2},\ a_n=2n\pi+\theta_n.$$

$f(a_n)=0$ より，

$$a_n\sin a_n-\cos a_n=0.$$
$$a_n\sin a_n=\cos a_n.$$

$\cos a_n\neq 0$ より，

$$\tan a_n=\frac{1}{a_n}.$$

$$\begin{aligned}\tan\theta_n&=\tan(a_n-2n\pi)\\&=\tan a_n\\&=\frac{1}{a_n}\\&=\frac{1}{2n\pi+\theta_n}.\end{aligned}$$

$0<\theta_n<\dfrac{\pi}{2}$ より，

$$\frac{1}{2n\pi+\dfrac{\pi}{2}}<\frac{1}{2n\pi+\theta_n}=\tan\theta_n<\frac{1}{2n\pi}.$$

$\displaystyle\lim_{n\to\infty}\frac{1}{2n\pi+\frac{\pi}{2}}=0$，$\displaystyle\lim_{n\to\infty}\frac{1}{2n\pi}=0$ であるから，

$$\lim_{n\to\infty}\tan\theta_n=0.$$

$0<\theta_n<\dfrac{\pi}{2}$ より，

$$\lim_{n\to\infty}\theta_n=0.$$

したがって，

$$\lim_{n\to\infty}(a_n-2n\pi)=0.$$

80 考え方

$y=e^x$ 上の点 $(t,\ e^t)$ における法線

$$y=-e^{-t}(x-t)+e^t$$

が $\mathrm{P}(a,\ 3)$ を通るとき，

$$3=-e^{-t}(a-t)+e^t.$$
$$a=e^{2t}-3e^t+t.$$

$f(t)=e^{2t}-3e^t+t$ とおいて，$u=f(t)$ と $u=a$ の共有点の個数を求める．

解答

$y=e^x$ より，

$$y'=e^x.$$

$y=e^x$ 上の点 $(t,\ e^t)$ における法線の方程式は，

$$y=-e^{-t}(x-t)+e^t.$$

これが $\mathrm{P}(a,\ 3)$ を通るとき，

$$3=-e^{-t}(a-t)+e^t.$$
$$e^{-t}(a-t)=e^t-3.$$
$$a-t=e^{2t}-3e^t.$$
$$a=e^{2t}-3e^t+t.$$

$f(t)=e^{2t}-3e^t+t$ とおくと，tu 平面上で $u=f(t)$ と $u=a$ の共有点の個数を求めればよい．

$$\begin{aligned}f'(t)&=2e^{2t}-3e^t+1\\&=(2e^t-1)(e^t-1).\end{aligned}$$

$f'(t)=0$ より，

$$e^t=\frac{1}{2},\ 1.$$
$$t=-\log 2,\ 0.$$

$f(t)$ の増減は次のようになる．

t	$\cdots$	$-\log 2$	$\cdots$	0	$\cdots$
$f'(t)$	$+$	0	$-$	0	$+$
$f(t)$	↗		↘		↗

$$f(-\log 2)=\left(\frac{1}{2}\right)^2-3\cdot\frac{1}{2}-\log 2$$
$$=-\frac{5}{4}-\log 2.$$
$$f(0)=-2.$$
$$\lim_{t\to\infty}f(t)=\lim_{t\to\infty}e^t\left(e^t-3+\frac{t}{e^t}\right)$$
$$=\infty.$$
$$\lim_{t\to-\infty}f(t)=-\infty.$$

よって，$u=f(t)$ のグラフは次のようになる．

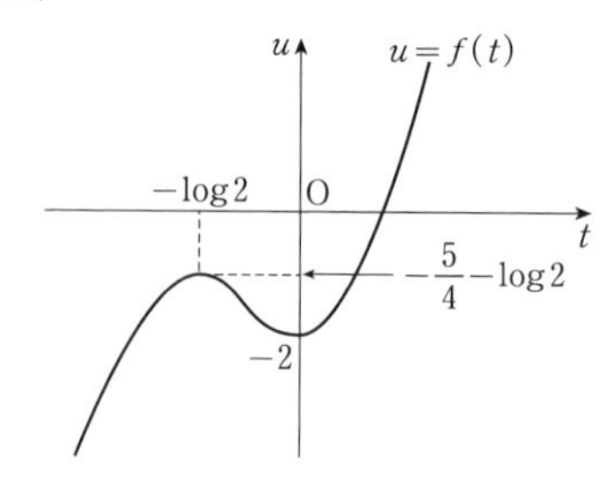

したがって，

$$\boldsymbol{n(a)}=\begin{cases}\mathbf{1} & \left(\boldsymbol{a}<-2,\ \boldsymbol{a}>-\dfrac{5}{4}-\log 2\right),\\ \mathbf{2} & \left(\boldsymbol{a}=-2,\ -\dfrac{5}{4}-\log 2\right),\\ \mathbf{3} & \left(-2<\boldsymbol{a}<-\dfrac{5}{4}-\log 2\right).\end{cases}$$

81　考え方

$y=x\log x$ 上の点 $(t,\ t\log t)$ における接線

$$y-t\log t=(\log t+1)(x-t)$$

と $y=ax^2$ 上の点 $(u,\ au^2)$ における接線

$$y-au^2=2au(x-u)$$

が一致することから．

$$\log t+1=2au\ \text{かつ}\ t=au^2.$$

これより，u を消去した t の方程式の解の個数を求める．

解答

(1)
$$y=x\log x$$
より，
$$y'=\log x+1. \qquad \cdots(*)$$

C_1 上の点 $(t,\ t\log t)$ $(t>0)$ における接線の方程式は，

$$y-t\log t=(\log t+1)(x-t).$$
$$y=(\log t+1)x-t. \qquad \cdots①$$
$$y=ax^2$$
より，
$$y'=2ax.$$

C_2 上の点 $(u,\ au^2)$ における接線の方程式は，

$$y-au^2=2au(x-u).$$
$$y=2aux-au^2. \qquad \cdots②$$

①，②が一致するとき，

$$\begin{cases}\log t+1=2au, & \cdots③\\ t=au^2. & \cdots④\end{cases}$$

④より，
$$u^2=\frac{t}{a}. \qquad \cdots④'$$

③より，
$$(\log t+1)^2=4a^2u^2. \qquad \cdots③'$$

④′を③′に代入して，
$$(\log t+1)^2=4at.$$
$$\frac{(\log t+1)^2}{4t}=a. \qquad \cdots⑤$$

$(*)$ より，$y''=\dfrac{1}{x}>0$ であるから，C_1 は下に凸の曲線である．

よって接線の本数と C_1 上の接点の個数は一致する．

したがって，⑤を満たす t の個数を求めればよい．

$$f(t)=\frac{(\log t+1)^2}{4t}$$

とおくと，それは ts 平面上，曲線 $s=f(t)$ と直線 $s=a$ の共有点の個数である．

$$f'(t)=\frac{1}{4}\cdot\frac{2(\log t+1)\cdot\frac{1}{t}\cdot t-(\log t+1)^2}{t^2}$$
$$=\frac{(\log t+1)(1-\log t)}{4t^2}.$$

$f(t)$ の増減は次のようになる.

t	(0)		$\frac{1}{e}$		e	
$f'(t)$		$-$	0	$+$	0	$-$
$f(t)$		↘		↗		↘

$$\lim_{t\to+0} f(t)=\lim_{t\to+0}\frac{1}{4t}\cdot(\log t+1)^2=\infty.$$

$$f\left(\frac{1}{e}\right)=0,\ f(e)=\frac{1}{e}.$$

$$\lim_{t\to\infty} f(t)=\lim_{t\to\infty}\frac{1}{4}\left\{\frac{(\log t)^2}{t}+2\frac{(\log t)^2}{t}\frac{1}{\log t}+\frac{1}{t}\right\}$$

$$=0.$$

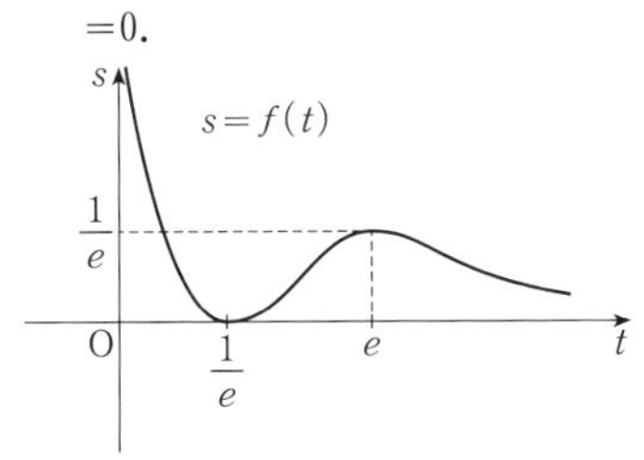

よって, グラフより, 求める本数は,

$$\mathbf{0<a<\frac{1}{e}}\ \textbf{のとき, 3 本.}$$

$$\mathbf{a=\frac{1}{e}}\ \textbf{のとき, 2 本.}$$

$$\mathbf{a>\frac{1}{e}}\ \textbf{のとき, 1 本.}$$

[**注**]　① が C_2 に接するから, x の方程式

$$ax^2=(\log t+1)x-t,$$

すなわち,

$$ax^2-(\log t+1)x+t=0$$

は重解をもつ. したがって,

$$(\text{判別式})=(\log t+1)^2-4at=0.$$

$$a=\frac{(\log t+1)^2}{4t}.$$

82　考え方

t を変数, a, b を定数とみて

$F(t)=(1-t)f(a)+tf(b)-f((1-t)a+tb)$

の増減を調べる.

もしくは, t, a を定数, b を変数とみて

$F(b)=(1-t)f(a)+tf(b)-f((1-t)a+tb)$

の増減を調べる.

解答

[**解答 1**]

$$F(t)=(1-t)f(a)+tf(b)$$
$$-f((1-t)a+tb)\quad(0\leqq t\leqq 1)$$

とおくと

$$F'(t)=-f(a)+f(b)$$
$$-f'((1-t)a+tb)(b-a).$$

$$F''(t)=-f''((1-t)a+tb)(b-a)^2<0.$$

よって, $y=F(t)$ は上に凸で,

$$F(0)=f(a)-f(a)=0,$$
$$F(1)=f(b)-f(b)=0$$

であるから,

$$0\leqq t\leqq 1\ \text{において},\ F(t)\geqq 0.$$

よって,

$$f((1-t)a+tb)\leqq(1-t)f(a)+tf(b).$$

等号が成り立つのは

$$\mathbf{t=0,\ 1}$$

のときである.

[**注 1**]　$F''(t)<0$ より, $F'(t)$ は単調減少であり,

$$F'(0)=f(b)-f(a)-f'(a)(b-a),$$
$$F'(1)=f(b)-f(a)-f'(b)(b-a).$$

平均値の定理より,

$$\frac{f(b)-f(a)}{b-a}=f'(c)\quad(a<c<b)$$

となる c が存在する.

$f''(x)>0$ より, $f'(x)$ は単調増加であるから,

$$f'(a)<f'(c)<f'(b).$$

$$f'(a)<\frac{f(b)-f(a)}{b-a}<f'(b).$$

$b-a>0$ より,

$$f'(a)(b-a)<f(b)-f(a)<f'(b)(b-a).$$

よって,

$$F'(0)>0,$$
$$F'(1)<0.$$

したがって,

$$F'(\alpha)=0,\ 0<\alpha<1$$

となる α がただ 1 つ存在し, $F(t)$ の増減は次のようになる.

t	0		α		1
$F'(t)$		$+$	0	$-$	
$F(t)$	0	↗		↘	0

$F(0)=F(1)=0$ であるから，$0\leqq t\leqq 1$ において $F(t)\geqq 0$ となる．

［解答 2］

$$F(x)=(1-t)f(a)+tf(x)-f((1-t)a+tx) \quad (x>a)$$

とおくと，

$$F'(x)=tf'(x)-tf'((1-t)a+tx)$$
$$=t\{f'(x)-f'((1-t)a+tx)\}.$$

(i) $t=0$ のとき，

$$F(x)=f(a)-f(a)=0.$$

(ii) $t=1$ のとき，

$$F(x)=f(x)-f(x)=0.$$

(iii) $0<t<1$ のとき，

$f''(x)>0$ より，$f'(x)$ は単調増加である．

このとき，

$$x>a \iff (1-t)x>(1-t)a$$
$$\iff x>(1-t)a+tx$$
$$\iff f'(x)>f'((1-t)a+tx)$$
$$\iff F'(x)>0$$

であるから，$F(x)$ は単調増加である．

$$F(a)=(1-t)f(a)+tf(a)-f((1-t)a+ta)$$
$$=f(a)-f(a)$$
$$=0$$

であるから，$x>a$ のとき，$F(x)>0$．

よって，$F(b)>0$

したがって，(i), (ii), (iii)より

$$f((1-t)a+tb)\leqq(1-t)f(a)+tf(b).$$

等号が成り立つのは $t=0$, 1 のときである．

83 考え方

$$f(x)=\cos 2x+cx^2-1$$

とおくと，$f(-x)=f(x)$ であるから，$x\geqq 0$ のすべての x について，$f(x)\geqq 0$ となる c の値の範囲を求めればよい．

解答

$f(x)=\cos 2x+cx^2-1$ とおくと，

$$f(-x)=\cos(-2x)+c(-x)^2-1$$
$$=\cos 2x+cx^2-1=f(x)$$

であるから，$x\geqq 0$ において $f(x)\geqq 0$ となる c の値の範囲を求めればよい．

$$f'(x)=-2\sin 2x+2cx.$$
$$f''(x)=-4\cos 2x+2c$$
$$=2(c-2\cos 2x).$$

(i) $c\geqq 2$ のとき．

$f''(x)\geqq 0$ より $f'(x)$ は単調増加で，$f'(0)=0$ であるから，$x\geqq 0$ で $f'(x)\geqq 0$．

よって，$f(x)$ は単調増加で，$f(0)=0$ であるから，$x\geqq 0$ で $f(x)\geqq 0$．

(ii) $-2<c<2$ のとき．

$$\cos 2x=\frac{c}{2} \quad \left(0<x<\frac{\pi}{2}\right)$$

となる x がただ1つ存在する．これを α とおくと，$f'(x)$ の増減は次のようになる．

x	0	$\cdots$	α	$\cdots$
$f''(x)$		$-$	0	$+$
$f'(x)$	0	↘		↗

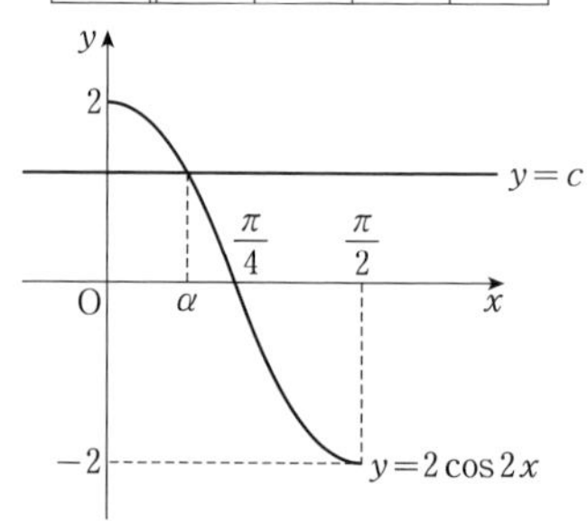

よって，$0<x<\alpha$ で $f'(x)<0$ であるから，$f(x)$ は $0<x<\alpha$ で単調減少．

$f(0)=0$ であるから，

$$f(\alpha)<0.\text{（不適）}$$

(iii) $c\leqq -2$ のとき．

$x=\pi$ とおくと，

$$f(\pi)=\pi^2c<0.\text{（不適）}$$

(i), (ii), (iii) より，求める c の値の範囲は，

$$\boldsymbol{c\geqq 2}.$$

［注 1］

$$\cos 2x+cx^2\geqq 1$$
$$\iff cx^2\geqq 1-\cos 2x$$

$$\iff cx^2 \geqq 2\sin^2 x. \qquad \cdots(*)$$

よって，$c \geqq 0$ が必要．

このとき，

$$(*) \iff \frac{c}{2}x^2 \geqq \sin^2 x$$

$$\iff \sqrt{\frac{c}{2}}|x| \geqq |\sin x|.$$

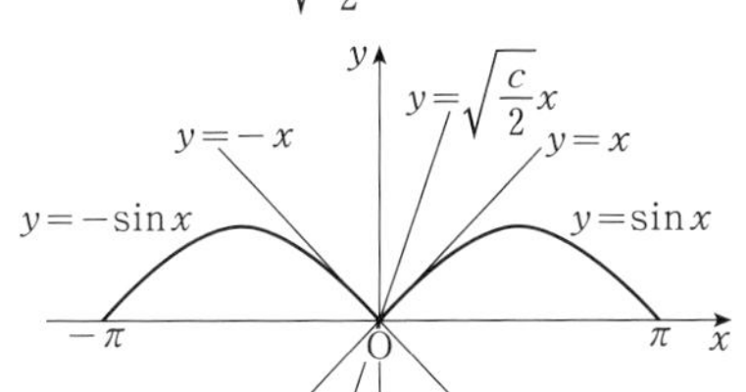

$y=\sin x$ の $(0,\ 0)$ における接線は $y=x$ で，$y=\sin x$ は $0<x<\pi$ で上に凸．

また，$x \geqq \pi$ (>1) のとき $\sin x \leqq 1$ であるから，上のグラフより，

$$|x| \geqq |\sin x|.$$

等号は $x=0$ のときのみ成り立つ．

よって，c の条件は，

$$\sqrt{\frac{c}{2}} \geqq 1.$$

すなわち，

$$c \geqq 2.$$

［注２］ $x \neq 0$ のとき，

$$(*) \iff c \geqq 2\left(\frac{\sin x}{x}\right)^2$$

$x \to 0$ として，$c \geqq 2$.（必要条件）

逆に，$c \geqq 2$ のとき，

$$f(x)=cx^2-1+\cos 2x \quad (x \geqq 0)$$

とおくと，

$$f'(x)=2cx-2\sin 2x.$$

$$f''(x)=2c-4\cos 2x \geqq 0.$$

よって，$x \geqq 0$ で $f'(x)$ は単調増加で，$f'(0)=0$ より，$x \geqq 0$ で $f'(x) \geqq 0$.

よって，$x \geqq 0$ で $f(x)$ は単調増加で，$f(0)=0$ より，$x \geqq 0$ で $f(x) \geqq 0$.

84 考え方

$$f_n(x)=1+\frac{x}{1!}+\frac{x^2}{2!}+\frac{x^3}{3!}+\cdots+\frac{x^{n-1}}{(n-1)!}-\left(1-\frac{x^n}{n!}\right)e^x \quad (x>0)$$

とおいて，数学的帰納法を用いる．

解 答

$$f_n(x)=1+\frac{x}{1!}+\frac{x^2}{2!}+\cdots+\frac{x^{n-1}}{(n-1)!}-\left(1-\frac{x^n}{n!}\right)e^x \quad (x>0)$$

とおくと，$x>0$ のとき，任意の自然数 n に対して，$f_n(x)>0$ が成り立つことを示せばよい．

(I) $n=1$ のとき，

$$f_1(x)=1-(1-x)e^x.$$

$$f_1'(x)=e^x-(1-x)e^x$$

$$=xe^x>0.$$

よって，$f_1(x)$ は $x>0$ で単調増加で，$f_1(0)=0$ であるから，$x>0$ で $f_1(x)>0$.

よって，成り立つ．

(II) $n=k$（k は自然数）のとき成り立つと仮定すると，$x>0$ のとき，

$$f_k(x)=1+\frac{x}{1!}+\frac{x^2}{2!}+\cdots+\frac{x^{k-1}}{(k-1)!}-\left(1-\frac{x^k}{k!}\right)e^x>0.$$

$$f_{k+1}(x)=1+\frac{x}{1!}+\frac{x^2}{2!}+\cdots+\frac{x^k}{k!}-\left\{1-\frac{x^{k+1}}{(k+1)!}\right\}e^x$$

より，

$$f_{k+1}'(x)=1+\frac{x}{1!}+\cdots+\frac{x^{k-1}}{(k-1)!}+\frac{x^k}{k!}e^x-\left\{1-\frac{x^{k+1}}{(k+1)!}\right\}e^x$$

$$=1+\frac{x}{1!}+\cdots+\frac{x^{k-1}}{(k-1)!}-\left\{1-\frac{x^k}{k!}\right\}e^x+\frac{x^{k+1}}{(k+1)!}e^x$$

$$=f_k(x)+\frac{x^{k+1}}{(k+1)!}e^x>0.$$

よって，$f_{k+1}(x)$ は $x>0$ で単調増加で，$f_{k+1}(0)=0$ であるから $x>0$ で $f_{k+1}(x)>0$.

したがって，$n=k+1$ のときも成り立つ．

(I)，(II)から，数学的帰納法により成り立つ．

[別解]

(与式) $\iff$

$$\left\{1+\frac{x}{1!}+\frac{x^2}{2!}+\cdots+\frac{x^{n-1}}{(n-1)!}\right\}e^{-x}>1-\frac{x^n}{n!}.$$

$$f(x)=\left\{1+\frac{x}{1!}+\frac{x^2}{2!}+\cdots+\frac{x^{n-1}}{(n-1)!}\right\}e^{-x}-1+\frac{x^n}{n!}$$

とおくと，$n\geqq 2$ のとき，

$$f'(x)=\left\{1+\frac{x}{1!}+\cdots+\frac{x^{n-2}}{(n-2)!}\right\}e^{-x}$$
$$-\left\{1+\frac{x}{1!}+\cdots+\frac{x^{n-1}}{(n-1)!}\right\}e^{-x}+\frac{x^{n-1}}{(n-1)!}$$
$$=\frac{x^{n-1}}{(n-1)!}(1-e^{-x}).$$

(これは $n=1$ のときも成り立つ)

よって，$x>0$ で $f'(x)>0$ であるから，$f(x)$ は単調増加で $f(0)=0$ より，

$$f(x)>0.$$

よって，示された．

85 考え方

(1)　$f(x)=x(\log x-\log y)-(x-y)$

とおいて，x を正の変数，y を正の定数と考え，微分法を用いて $f(x)>0$ を示す．

(2)　(1) の不等式で

$$x=x_i,\quad y=\frac{1}{n}$$

とし，$i=1,\ \cdots,\ n$ を代入して辺々加える．

解答

(1)　$f(x)=x(\log x-\log y)-(x-y)\ (x>0)$

とおくと，

$$f'(x)=\log x-\log y+x\cdot\frac{1}{x}-1$$
$$=\log x-\log y.$$

よって，$f(x)$ の増減は次のようになる．

x	(0)	$\cdots$	y	$\cdots$
$f'(x)$		$-$	0	$+$
$f(x)$		↘	0	↗

$f(y)=0$ であるから，$f(x)\geqq 0$.

よって，

$$x(\log x-\log y)\geqq x-y.$$

等号成立は，$f(x)=0$ つまり $x=y$ の場合に限る．

(2)　(1) において，$x=x_i$，$y=\dfrac{1}{n}$ とすると，

$$x_i\left(\log x_i-\log\frac{1}{n}\right)\geqq x_i-\frac{1}{n}.\quad\cdots①$$

$i=1,\ 2,\ \cdots,\ n$ を代入して辺々を加えると，

$$\sum_{i=1}^{n}x_i\left(\log x_i-\log\frac{1}{n}\right)\geqq\sum_{i=1}^{n}x_i-\frac{1}{n}\times n.$$
$$\cdots②$$

$$(②\text{ の左辺})=\sum_{i=1}^{n}x_i\log x_i-\log\frac{1}{n}\sum_{i=1}^{n}x_i$$
$$=\sum_{i=1}^{n}x_i\log x_i-\log\frac{1}{n}.$$

$$(②\text{ の右辺})=1-1=0.$$

よって，

$$\sum_{i=1}^{n}x_i\log x_i-\log\frac{1}{n}\geqq 0.$$

$$\sum_{i=1}^{n}x_i\log x_i\geqq\log\frac{1}{n}.$$

等号成立は，① ですべての $i=1,\ \cdots,\ n$ に対して等号が成り立つとき，すなわち

$$x_i=\frac{1}{n}\quad(i=1,\ \cdots,\ n)$$

のときに限る．

[注]　$x=y$ のときは等号が成立する．

$x>y$ のとき，平均値の定理より，

$$\frac{\log x-\log y}{x-y}=\frac{1}{c},\ y<c<x$$

となる c が存在する．

$$\frac{1}{c}>\frac{1}{x}$$

より，

$$\frac{\log x-\log y}{x-y}>\frac{1}{x}.$$

よって，

$$x(\log x-\log y)>x-y.$$

$x<y$ のときも同様である．

86 考え方

(1)　$F(x)=x-f(x)=x-\dfrac{1}{2}\cos x$

とおいて，$y=F(x)$ が x 軸とただ 1 つの共

有点をもつことを示す．

(2)　$f(x)$ に平均値の定理

「$a<b$ のとき

$$\frac{f(b)-f(a)}{b-a}=f'(c),\ a<c<b$$

となる c が存在する」

を用いる．

(3)　(1)の解を α として，

$$|a_n-\alpha|\leqq\frac{1}{2}|a_{n-1}-\alpha|$$

より，

$$|a_n-\alpha|\leqq\left(\frac{1}{2}\right)^{n-1}|a_1-\alpha|.$$

解答

(1)　$F(x)=x-f(x)$

$$=x-\frac{1}{2}\cos x$$

とおくと，

$$F'(x)=1+\frac{1}{2}\sin x$$

$$>0.$$

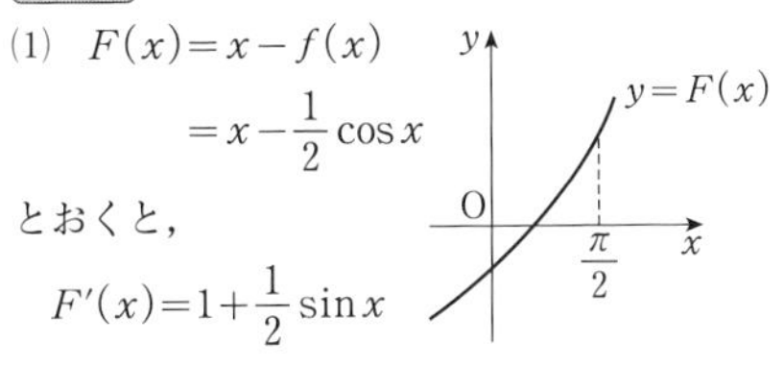

よって，$F(x)$ は単調増加で，

$$F(0)=-\frac{1}{2}<0,\ F\left(\frac{\pi}{2}\right)=\frac{\pi}{2}>0.$$

したがって，$F(x)=0$，すなわち

$x=f(x)$ は $0<x<\dfrac{\pi}{2}$ にただ 1 つの解をもつ．

(2)　(i)　$x=y$ のとき．

与式で，等号が成り立つ．

(ii)　$x\neq y$ のとき．

平均値の定理より，

$$\frac{f(x)-f(y)}{x-y}=f'(c) \qquad \cdots①$$

となる c が x と y の間に存在する．

$$f'(x)=-\frac{1}{2}\sin x$$

であるから，

$$|f'(c)|=\left|\frac{1}{2}\sin c\right|\leqq\frac{1}{2}.$$

① より，

$$\left|\frac{f(x)-f(y)}{x-y}\right|\leqq\frac{1}{2}.$$

よって，

$$|f(x)-f(y)|\leqq\frac{1}{2}|x-y|.$$

(i)，(ii) より，示された．

(3)　(1)の解を α とおくと

$$\alpha=f(\alpha).$$

また，

$$a_n=f(a_{n-1}).$$

よって，

$$a_n-\alpha=f(a_{n-1})-f(\alpha).$$

(2)の結果より，$n\geqq1$ のとき，

$$|a_n-\alpha|=|f(a_{n-1})-f(\alpha)|$$
$$\leqq\frac{1}{2}|a_{n-1}-\alpha|.$$

よって，

$$0\leqq|a_n-\alpha|\leqq\frac{1}{2}|a_{n-1}-\alpha|$$
$$\leqq\left(\frac{1}{2}\right)^2|a_{n-2}-\alpha|$$
$$\vdots$$
$$\leqq\left(\frac{1}{2}\right)^n|a_0-\alpha|.$$

ゆえに，

$$0\leqq|a_n-\alpha|\leqq\left(\frac{1}{2}\right)^n|a_0-\alpha|.$$

ここで，

$$\lim_{n\to\infty}\left(\frac{1}{2}\right)^n|a_0-\alpha|=0$$

であるから，

$$\lim_{n\to\infty}|a_n-\alpha|=0.$$

よって，

$$\lim_{n\to\infty}a_n=\alpha.$$

8　速度・加速度

87　**解答**

$$x=1+2t+t^2$$

より，

$$\frac{dx}{dt}=2+2t,$$

$$\frac{d^2x}{dt^2}=2.$$

よって，$t=3$ のときの速度は，

$$\boxed{8}\ (\text{m/秒}).$$

加速度は，

$$\boxed{2}\ (\text{m/秒}^2).$$

88　解答

$$\begin{cases} x=\cos t+\sin t, \\ y=\dfrac{1}{2}\sin 2t \end{cases}$$

より，

$$\begin{cases} \dfrac{dx}{dt}=-\sin t+\cos t, \\ \dfrac{dy}{dt}=\cos 2t. \end{cases}$$

したがって，

$$\begin{aligned} v^2&=\left(\frac{dx}{dt}\right)^2+\left(\frac{dy}{dt}\right)^2 \\ &=(-\sin t+\cos t)^2+\cos^2 2t \\ &=\sin^2 t+\cos^2 t-2\sin t\cos t+1-\sin^2 2t \\ &=1-\sin 2t+1-\sin^2 2t \\ &=-\left(\sin 2t+\frac{1}{2}\right)^2+\frac{9}{4} \\ &\leqq\frac{9}{4}. \end{aligned}$$

等号成立は，$\sin 2t=-\dfrac{1}{2}$ のとき．

よって，v の最大値は $\boldsymbol{\dfrac{3}{2}}$.

89　考え方

時刻 t における P の座標を $x(t)$ とおくと，

$$x(0)=x(3)=0,\ x'(0)=3,\ x'(3)=0.$$

解答

(1)　時刻 t における P の座標を

$$x=x(t)=at^3+bt^2+ct+d$$

とおくと，

$$x'(t)=3at^2+2bt+c.$$

条件より，

$$x(0)=0,\ x'(0)=3,\ x(3)=0,\ x'(3)=0.$$

$$\begin{cases} d=0, \\ c=3, \\ 27a+9b+3c+d=0, \\ 27a+6b+c=0. \end{cases}$$

$$a=\frac{1}{3},\ b=-2,\ c=3,\ d=0.$$

よって，

$$\boldsymbol{x=x(t)=\frac{1}{3}t^3-2t^2+3t.}$$

(2)　$x'(t)=t^2-4t+3=0$ より，

$$t=1,\ 3.$$

$$x(1)=\frac{4}{3}\ \text{より，}\ \mathrm{A}\left(\frac{4}{3}\right).$$

O と A の中点 $\mathrm{M}\left(\dfrac{2}{3}\right)$ のときの t を求めると，

$$\frac{1}{3}t^3-2t^2+3t=\frac{2}{3}$$

より，

$$\begin{aligned} &t^3-6t^2+9t-2=0. \\ &(t-2)(t^2-4t+1)=0. \\ &t=2,\ 2\pm\sqrt{3}. \end{aligned}$$

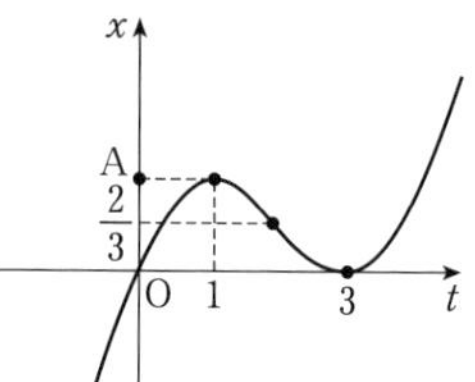

$1<t<3$ であるから，

$$\boldsymbol{t=2.}$$

このとき，

$$\boldsymbol{v=x'(2)=-1.}$$

90　考え方

(2)　$f(p)=\dfrac{1}{a}(p^2+1)^{\frac{1}{2}}+\dfrac{1}{b}\{(1-p)^2+1\}^{\frac{1}{2}}$

とすると計算しやすい．

$f''(p)>0$ を示す．

(3)　$f'(0)<0$，$f'(1)>0$ を示す．

(4)　(3)の p に対し $f'(p)=0$.

解答

(1)　$\boldsymbol{f(p)=\dfrac{\sqrt{p^2+1}}{a}+\dfrac{\sqrt{(1-p)^2+1}}{b}}$.

(2)　$f(p)=\dfrac{1}{a}(p^2+1)^{\frac{1}{2}}+\dfrac{1}{b}\{(1-p)^2+1\}^{\frac{1}{2}}$.

$$f'(p)=\frac{1}{a}\cdot\frac{1}{2}(p^2+1)^{-\frac{1}{2}}\cdot 2p$$

$$+\frac{1}{b}\cdot\frac{1}{2}\{(1-p)^2+1\}^{-\frac{1}{2}}\cdot 2(1-p)\cdot(-1)$$

$$=\frac{1}{a}p(p^2+1)^{-\frac{1}{2}}-\frac{1}{b}(1-p)\{(1-p)^2+1\}^{-\frac{1}{2}}.$$

$$f''(p)=\frac{1}{a}\left\{(p^2+1)^{-\frac{1}{2}}+p\cdot\left(-\frac{1}{2}\right)(p^2+1)^{-\frac{3}{2}}\cdot 2p\right\}$$

$$+\frac{1}{b}\left[\{(1-p)^2+1\}^{-\frac{1}{2}}-(1-p)\cdot\left(-\frac{1}{2}\right)\right.$$

$$\left.\times\{(1-p)^2+1\}^{-\frac{3}{2}}\cdot 2(1-p)(-1)\right]$$

$$=\frac{1}{a}(p^2+1)^{-\frac{3}{2}}\{(p^2+1)-p^2\}$$

$$+\frac{1}{b}\{(1-p)^2+1\}^{-\frac{3}{2}}\{(1-p)^2+1-(1-p)^2\}$$

$$=\frac{1}{a}(p^2+1)^{-\frac{3}{2}}+\frac{1}{b}\{(1-p)^2+1\}^{-\frac{3}{2}}$$

$$>0.$$

よって，$f'(p)$ は単調増加である．

(3)

$$f'(0)=-\frac{1}{\sqrt{2}\,b}<0.$$

$$f'(1)=\frac{1}{\sqrt{2}\,a}>0.$$

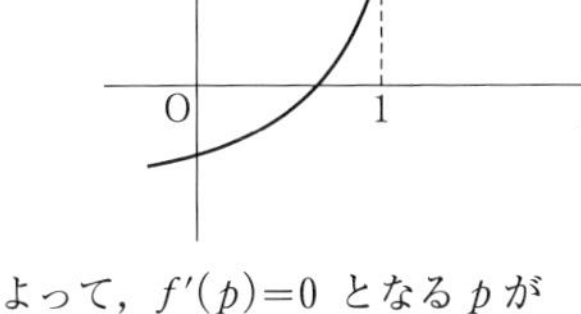

よって，$f'(p)=0$ となる p が

$$0<p<1$$

にただ1つ存在する．それを p_0 とおくと，$f(p)$ の増減は次のようになる．

p	$\cdots$	p_0	$\cdots$
$f'(p)$	$-$	0	$+$
$f(p)$	↘		↗

したがって，$p=p_0$ で $f(p)$ は最小となる．

(4)

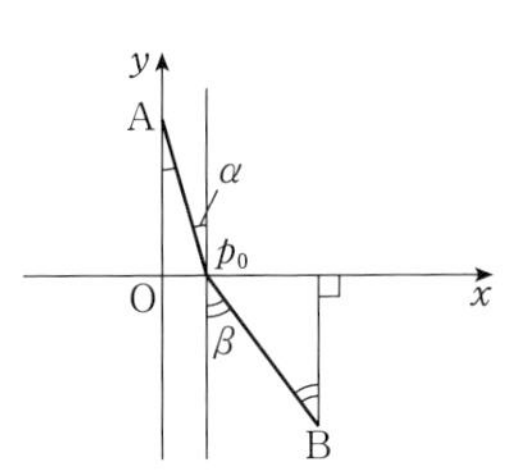

$f'(p_0)=0$ より，

$$\frac{1}{a}p_0({p_0}^2+1)^{-\frac{1}{2}}$$

$$-\frac{1}{b}(1-p_0)\{(1-p_0)^2+1\}^{-\frac{1}{2}}=0.$$

$$\frac{1}{a}\cdot\frac{p_0}{\sqrt{{p_0}^2+1}}=\frac{1}{b}\cdot\frac{1-p_0}{\sqrt{(1-p_0)^2+1}}.$$

$$\frac{1}{a}\cdot\sin\alpha=\frac{1}{b}\cdot\sin\beta.$$

よって，

$$\frac{\sin\alpha}{\sin\beta}=\boldsymbol{\frac{a}{b}}.$$

第3章　積分法

9　不定積分・定積分

91　考え方

(1)　$\sin\alpha\cos\beta$

$$=\frac{1}{2}\{\sin(\alpha+\beta)+\sin(\alpha-\beta)\}$$

を用いる.

(2)　$\sqrt{2x+1}=t$ とおく.

(3)　部分積分を用いる.

$$(\text{与式})=\int_0^1\left(\frac{x^2}{2}\right)'\log(x+1)\,dx,$$

または,

$$\int_0^1\left(\frac{x^2-1}{2}\right)'\log(x+1)\,dx$$

とする.

解答

(1)
$$\int_0^{\frac{\pi}{2}}\sin 3x\cos x\,dx$$
$$=\int_0^{\frac{\pi}{2}}\frac{1}{2}(\sin 4x+\sin 2x)\,dx$$
$$=\frac{1}{2}\left[-\frac{1}{4}\cos 4x-\frac{1}{2}\cos 2x\right]_0^{\frac{\pi}{2}}$$
$$=\frac{1}{2}\left\{-\frac{1}{4}+\frac{1}{2}-\left(-\frac{1}{4}-\frac{1}{2}\right)\right\}$$
$$=\boldsymbol{\frac{1}{2}}.$$

(2)　$\sqrt{2x+1}=t$ とおくと,
$$2x+1=t^2.$$
よって,
$$x=\frac{1}{2}(t^2-1).$$
$$dx=t\,dt.$$

x	$0\to1$
t	$1\to\sqrt{3}$

$$(\text{与式})=\int_1^{\sqrt{3}}\frac{\frac{1}{2}(t^2-1)}{t}\cdot t\,dt$$
$$=\int_1^{\sqrt{3}}\frac{1}{2}(t^2-1)\,dt$$
$$=\frac{1}{2}\left[\frac{t^3}{3}-t\right]_1^{\sqrt{3}}$$
$$=\boldsymbol{\frac{1}{3}}.$$

(3)　［解答 1］
$$(\text{与式})=\int_0^1\left(\frac{x^2-1}{2}\right)'\log(x+1)\,dx$$
$$=\left[\frac{x^2-1}{2}\log(x+1)\right]_0^1-\int_0^1\frac{x^2-1}{2}\cdot\frac{1}{x+1}\,dx$$
$$=-\int_0^1\frac{1}{2}(x-1)\,dx$$
$$=-\frac{1}{2}\left[\frac{1}{2}(x-1)^2\right]_0^1$$
$$=\boldsymbol{\frac{1}{4}}.$$

［解答 2］
$$(\text{与式})=\int_0^1\left(\frac{x^2}{2}\right)'\log(x+1)\,dx$$
$$=\left[\frac{x^2}{2}\log(x+1)\right]_0^1-\int_0^1\frac{x^2}{2}\cdot\frac{1}{x+1}\,dx$$
$$=\frac{1}{2}\log 2-\int_0^1\frac{1}{2}\left(x-1+\frac{1}{x+1}\right)dx$$
$$=\frac{1}{2}\log 2-\frac{1}{2}\left[\frac{1}{2}(x-1)^2+\log(x+1)\right]_0^1$$
$$=\boldsymbol{\frac{1}{4}}.$$

92　考え方

$$(\text{与式})=\int x^2(e^x)'\,dx.$$

部分積分を2回くり返す.

解答

$$\int x^2e^x\,dx=\int x^2(e^x)'\,dx$$
$$=x^2e^x-\int 2xe^x\,dx$$
$$=x^2e^x-2\int x(e^x)'\,dx$$
$$=x^2e^x-2\left\{xe^x-\int e^x\,dx\right\}$$
$$=x^2e^x-2(xe^x-e^x)+C$$
$$=\boldsymbol{(x^2-2x+2)e^x+C}.$$

（C は積分定数）

93　考え方

$$0\leqq y\leqq |e^x-1|,\ -1\leqq x\leqq 1$$

の領域の面積と同じである．

$$|e^x-1|=\begin{cases} e^x-1 & (x\geqq 0), \\ -(e^x-1) & (x<0). \end{cases}$$

解答

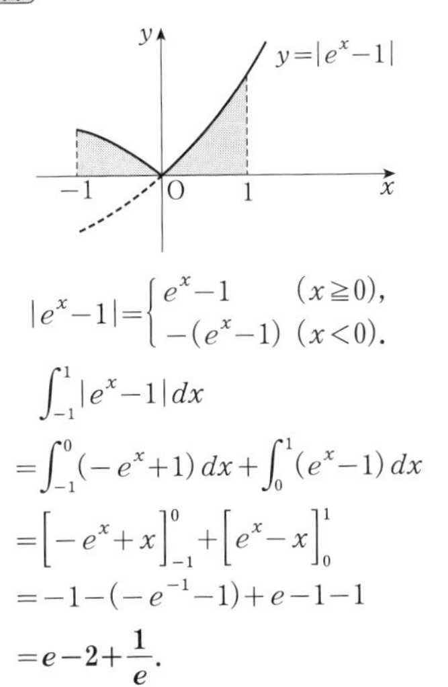

$$|e^x-1|=\begin{cases} e^x-1 & (x\geqq 0), \\ -(e^x-1) & (x<0). \end{cases}$$

$$\int_{-1}^{1}|e^x-1|\,dx$$

$$=\int_{-1}^{0}(-e^x+1)\,dx+\int_{0}^{1}(e^x-1)\,dx$$

$$=\Big[-e^x+x\Big]_{-1}^{0}+\Big[e^x-x\Big]_{0}^{1}$$

$$=-1-(-e^{-1}-1)+e-1-1$$

$$=\boldsymbol{e-2+\frac{1}{e}}.$$

94　考え方

$x=3\sin\theta\ \left(-\dfrac{\pi}{2}\leqq\theta\leqq\dfrac{\pi}{2}\right)$ とおく．

解答

$x=3\sin\theta\ \left(-\dfrac{\pi}{2}\leqq\theta\leqq\dfrac{\pi}{2}\right)$ とおくと，

$$dx=3\cos\theta\,d\theta.$$

x	$0\to 3$
θ	$0\to\dfrac{\pi}{2}$

$$\sqrt{9-x^2}=\sqrt{9(1-\sin^2\theta)}$$

$$=\sqrt{9\cos^2\theta}$$

$$=3|\cos\theta|$$

$$=3\cos\theta.$$

$$\left(-\frac{\pi}{2}\leqq\theta\leqq\frac{\pi}{2}\ \text{より}\ \cos\theta\geqq 0\right)$$

$$(\text{与式})=\int_0^{\frac{\pi}{2}}3\cos\theta\cdot 3\cos\theta\,d\theta$$

$$=\int_0^{\frac{\pi}{2}}9\cdot\frac{1+\cos 2\theta}{2}\,d\theta$$

$$=\frac{9}{2}\left[\theta+\frac{1}{2}\sin 2\theta\right]_0^{\frac{\pi}{2}}$$

$$=\boldsymbol{\frac{9}{4}\pi}.$$

［注］　$y=\sqrt{9-x^2}\iff x^2+y^2=9,\ y\geqq 0.$

求める値は図の 4 分円の面積になる．

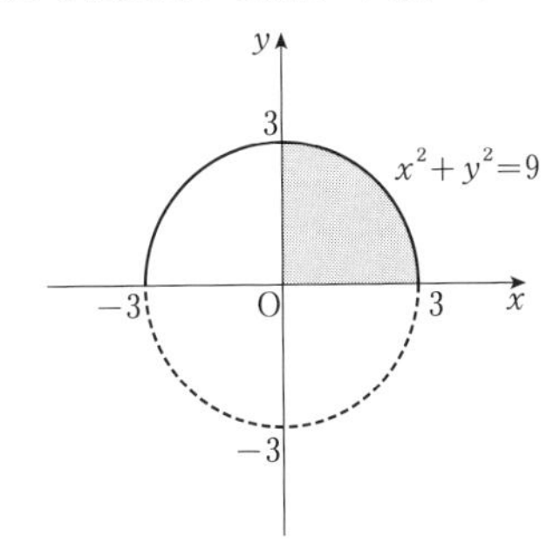

よって，

$$(\text{与式})=\frac{1}{4}\pi\cdot 3^2=\boldsymbol{\frac{9}{4}\pi}.$$

95　考え方

展開して計算する．

解答

$$I=\int_{-1}^{1}\{x^2-(ax+b)\}^2\,dx$$

$$=\int_{-1}^{1}\{x^4-2x^2(ax+b)+(ax+b)^2\}\,dx$$

$$=\int_{-1}^{1}\{x^4-2ax^3+(a^2-2b)x^2+2abx+b^2\}\,dx.$$

$$\int_{-1}^{1}x^{2n}\,dx=2\int_0^1 x^{2n}\,dx\ (n=0,\ 1,\ 2),$$

$$\int_{-1}^{1}x^{2n-1}\,dx=0\ (n=1,\ 2)$$

であるから，

$$I=2\int_0^1\{x^4+(a^2-2b)x^2+b^2\}\,dx$$

$$=2\left[\frac{x^5}{5}+\frac{a^2-2b}{3}x^3+b^2x\right]_0^1$$

$$=2\left(\frac{1}{3}a^2+b^2-\frac{2}{3}b+\frac{1}{5}\right)$$

$$=2\left\{\frac{1}{3}a^2+\left(b-\frac{1}{3}\right)^2+\frac{4}{45}\right\}.$$

よって，I は $\boldsymbol{a=0}$，$\boldsymbol{b=\frac{1}{3}}$ のとき最小で，最小値は $\boldsymbol{\frac{8}{45}}$.

96 考え方

(1) $\cos\alpha\cos\beta$

$$=\frac{1}{2}\{\cos(\alpha+\beta)+\cos(\alpha-\beta)\}$$

を用いる．

(2) $\log x=t$ とおく．

(3) $\sqrt{x}=t$ とおく．

解答

(1) $\cos nx\cos x$

$$=\frac{1}{2}\{\cos(n+1)x+\cos(n-1)x\}.$$

(i) $n=1$ のとき．

$$(\text{与式})=\int_0^{2\pi}\frac{1}{2}(\cos 2x+1)\,dx$$
$$=\frac{1}{2}\left[\frac{1}{2}\sin 2x+x\right]_0^{2\pi}=\boldsymbol{\pi}.$$

(ii) $n\geqq 2$ のとき．

$$(\text{与式})=\int_0^{2\pi}\frac{1}{2}\{\cos(n+1)x+\cos(n-1)x\}\,dx$$
$$=\frac{1}{2}\left[\frac{1}{n+1}\sin(n+1)x+\frac{1}{n-1}\sin(n-1)x\right]_0^{2\pi}$$
$$=\boldsymbol{0}.$$

(2) $\log x=t$ とおくと，

$$\frac{1}{x}\,dx=dt.$$

x	$e\to e^2$
t	$1\to 2$

$$(\text{与式})=\int_1^2\frac{1}{t}\,dt$$
$$=\Big[\log t\Big]_1^2$$
$$=\boldsymbol{\log 2}.$$

(3) $\sqrt{x}=t$ とおくと，

$$x=t^2.$$
$$dx=2t\,dt.$$

x	$1\to 4$
t	$1\to 2$

$$(\text{与式})=\int_1^2 e^t\cdot 2t\,dt$$
$$=2\int_1^2 t(e^t)'\,dt$$
$$=2\left\{\Big[te^t\Big]_1^2-\int_1^2 e^t\,dt\right\}$$
$$=2\left\{2e^2-e-\Big[e^t\Big]_1^2\right\}$$
$$=2\{2e^2-e-(e^2-e)\}$$
$$=\boldsymbol{2e^2}.$$

97 考え方

$$\sin x-2\cos x=0\quad\left(0\leqq x\leqq\frac{\pi}{2}\right)$$

の解を α とすると，

$$\sin\alpha=2\cos\alpha.$$
$$\tan\alpha=2.$$

これより，

$$\sin\alpha=\frac{2}{\sqrt{5}},\quad \cos\alpha=\frac{1}{\sqrt{5}}.$$

求める値は，

$0\leqq x\leqq\alpha$ のとき，$\sin x\leqq y\leqq 2\cos x$，

$\alpha\leqq x\leqq\frac{\pi}{2}$ のとき，$2\cos x\leqq y\leqq\sin x$

の領域の面積の和と同じ．

解答

［解答1］

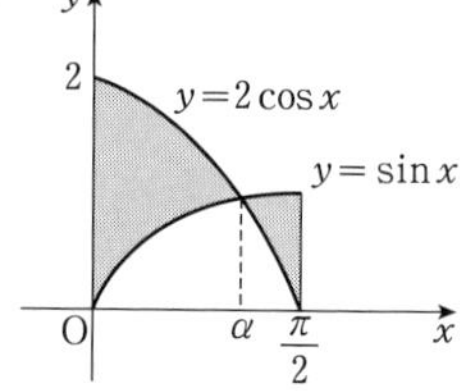

図の網目部分の面積を求めればよい．

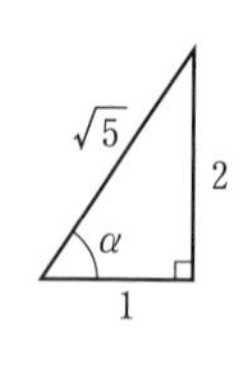

$\sin x-2\cos x=0$ より，

$$\tan x=2.$$

$\tan\alpha=2\ \left(0<\alpha<\frac{\pi}{2}\right)$ とおくと，

$$\cos\alpha=\frac{1}{\sqrt{5}},\ \sin\alpha=\frac{2}{\sqrt{5}}.$$

$$(与式)=\int_0^{\alpha}(2\cos x-\sin x)\,dx+\int_{\alpha}^{\frac{\pi}{2}}(\sin x-2\cos x)\,dx$$

$$=\Big[2\sin x+\cos x\Big]_0^{\alpha}+\Big[-\cos x-2\sin x\Big]_{\alpha}^{\frac{\pi}{2}}$$

$$=2\sin\alpha+\cos\alpha-1-2+\cos\alpha+2\sin\alpha$$

$$=4\sin\alpha+2\cos\alpha-3$$

$$=\frac{8}{\sqrt{5}}+\frac{2}{\sqrt{5}}-3$$

$$=\mathbf{2\sqrt{5}-3}.$$

［**解答 2**］

$\sin x-2\cos x$

$=\sqrt{5}\sin(x-\alpha).$

ただし，$\cos\alpha=\dfrac{1}{\sqrt{5}}$,

$\sin\alpha=\dfrac{2}{\sqrt{5}}.$

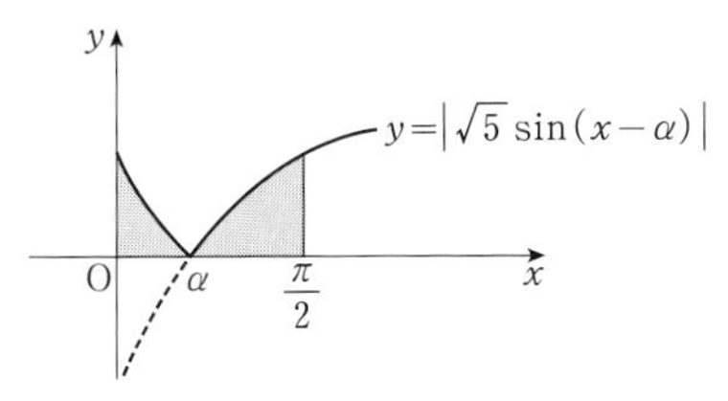

図の網目部分の面積を求めればよい．

$$(与式)=\int_0^{\alpha}\{-\sqrt{5}\sin(x-\alpha)\}\,dx+\int_{\alpha}^{\frac{\pi}{2}}\sqrt{5}\sin(x-\alpha)\,dx$$

$$=\Big[\sqrt{5}\cos(x-\alpha)\Big]_0^{\alpha}+\Big[-\sqrt{5}\cos(x-\alpha)\Big]_{\alpha}^{\frac{\pi}{2}}$$

$$=\sqrt{5}-\sqrt{5}\cos\alpha-\sqrt{5}\cos\left(\frac{\pi}{2}-\alpha\right)+\sqrt{5}$$

$$=2\sqrt{5}-\sqrt{5}\cos\alpha-\sqrt{5}\sin\alpha$$

$$=\mathbf{2\sqrt{5}-3}.$$

98　考え方

$$\begin{cases}e^x\cos x+e^x\sin x=(e^x\sin x)',\\ e^x\cos x-e^x\sin x=(e^x\cos x)'\end{cases}$$

を利用するか，

$$\begin{cases}\displaystyle\int_0^{\frac{\pi}{2}}e^x\cos x\,dx=\int_0^{\frac{\pi}{2}}(e^x)'\cos x\,dx,\\ \displaystyle\int_0^{\frac{\pi}{2}}e^x\sin x\,dx=\int_0^{\frac{\pi}{2}}(e^x)'\sin x\,dx\end{cases}$$

として，部分積分をする．

解答

［**解答 1**］

$$A+B=\int_0^{\frac{\pi}{2}}(e^x\cos x+e^x\sin x)\,dx$$

$$=\int_0^{\frac{\pi}{2}}(e^x\sin x)'\,dx$$

$$=\Big[e^x\sin x\Big]_0^{\frac{\pi}{2}}$$

$$=\boldsymbol{e^{\frac{\pi}{2}}}.$$

$$A-B=\int_0^{\frac{\pi}{2}}(e^x\cos x-e^x\sin x)\,dx$$

$$=\int_0^{\frac{\pi}{2}}(e^x\cos x)'\,dx$$

$$=\Big[e^x\cos x\Big]_0^{\frac{\pi}{2}}$$

$$=\mathbf{-1}.$$

この結果より，

$$\begin{cases}A+B=e^{\frac{\pi}{2}}, & \cdots① \\ A-B=-1. & \cdots②\end{cases}$$

(①＋②)÷2 より，

$$A=\boldsymbol{\frac{1}{2}(e^{\frac{\pi}{2}}-1)}.$$

(①－②)÷2 より，

$$B=\boldsymbol{\frac{1}{2}(e^{\frac{\pi}{2}}+1)}.$$

［**解答 2**］

$$A=\int_0^{\frac{\pi}{2}}e^x\cos x\,dx=\int_0^{\frac{\pi}{2}}(e^x)'\cos x\,dx$$

$$=\Big[e^x\cos x\Big]_0^{\frac{\pi}{2}}-\int_0^{\frac{\pi}{2}}e^x(-\sin x)\,dx$$

$$=-1+B.$$

よって，

$$A-B=\mathbf{-1}.$$

$$B=\int_0^{\frac{\pi}{2}}e^x\sin x\,dx=\int_0^{\frac{\pi}{2}}(e^x)'\sin x\,dx$$

$$=\Big[e^x\sin x\Big]_0^{\frac{\pi}{2}}-\int_0^{\frac{\pi}{2}}e^x\cos x\,dx$$

$$=e^{\frac{\pi}{2}}-A.$$

よって，

$$A+B=\boldsymbol{e^{\frac{\pi}{2}}}.$$

（以下略）

99 考え方

(1) $1-\sin x=t$ とおく．

(2) $\displaystyle\sum_{n=1}^{\infty}a_n \iff$「$S_n=\displaystyle\sum_{k=1}^{n}a_k$，$\displaystyle\lim_{n\to\infty}S_n$」．

ここで，

$$a_k=\frac{1}{k+1}-\frac{2}{k+2}+\frac{1}{k+3}$$
$$=\left(\frac{1}{k+1}-\frac{1}{k+2}\right)-\left(\frac{1}{k+2}-\frac{1}{k+3}\right)$$
$$=\frac{1}{(k+1)(k+2)}-\frac{1}{(k+2)(k+3)}.$$

解答

(1) $1-\sin x=t$ とおくと，

$$-\cos x\,dx=dt.$$

x	$0\to\frac{\pi}{2}$
t	$1\to 0$

$$\boldsymbol{a_n}=\int_1^0(1-t)^2\cdot t^n\cdot(-dt)$$
$$=\int_0^1(t^n-2t^{n+1}+t^{n+2})\,dt$$
$$=\left[\frac{t^{n+1}}{n+1}-\frac{2}{n+2}t^{n+2}+\frac{t^{n+3}}{n+3}\right]_0^1$$
$$=\boldsymbol{\frac{1}{n+1}-\frac{2}{n+2}+\frac{1}{n+3}}.$$

(2) $S_n=\displaystyle\sum_{k=1}^{n}a_k$

$$=\sum_{k=1}^{n}\left\{\left(\frac{1}{k+1}-\frac{1}{k+2}\right)-\left(\frac{1}{k+2}-\frac{1}{k+3}\right)\right\}$$
$$=\sum_{k=1}^{n}\left\{\frac{1}{(k+1)(k+2)}-\frac{1}{(k+2)(k+3)}\right\}$$
$$=\left(\frac{1}{2\cdot3}-\frac{1}{3\cdot4}\right)+\left(\frac{1}{3\cdot4}-\frac{1}{4\cdot5}\right)+\cdots$$
$$+\left\{\frac{1}{(n+1)(n+2)}-\frac{1}{(n+2)(n+3)}\right\}$$
$$=\frac{1}{6}-\frac{1}{(n+2)(n+3)}.$$

$$(\text{与式})=\lim_{n\to\infty}S_n=\boldsymbol{\frac{1}{6}}.$$

100 考え方

(1) $\displaystyle\int_0^{\frac{a}{2}}f(a-x)\,dx$ で $a-x=t$ とおいてみる．

もしくは，$F'(x)=f(x)$ とすると，

$$\int_0^{\frac{a}{2}}\{f(x)+f(a-x)\}\,dx$$
$$=\Big[F(x)-F(a-x)\Big]_0^{\frac{a}{2}}.$$

(2) (1)で $f(x)=\dfrac{\cos x}{\sin x+\cos x}$，$a=\dfrac{\pi}{2}$ とする．

解答

(1) ［解答 1］ $\displaystyle\int_0^{\frac{a}{2}}\{f(x)+f(a-x)\}\,dx$

$$=\int_0^{\frac{a}{2}}f(x)\,dx+\int_0^{\frac{a}{2}}f(a-x)\,dx.$$

$a-x=t$ とおくと，

$$dx=-dt.$$

x	$0\to\frac{a}{2}$
t	$a\to\frac{a}{2}$

$$\int_0^{\frac{a}{2}}f(a-x)\,dx=\int_a^{\frac{a}{2}}f(t)(-dt)$$
$$=\int_{\frac{a}{2}}^{a}f(t)\,dt$$
$$=\int_{\frac{a}{2}}^{a}f(x)\,dx.$$

$$(\text{右辺})=\int_0^{\frac{a}{2}}f(x)\,dx+\int_{\frac{a}{2}}^{a}f(x)\,dx$$
$$=\int_0^a f(x)\,dx=(\text{左辺}).$$

［解答 2］ $F'(x)=f(x)$ とおくと，

$$\int_0^a f(x)\,dx=\Big[F(x)\Big]_0^a=F(a)-F(0).$$

$$\int_0^{\frac{a}{2}}\{f(x)+f(a-x)\}\,dx$$
$$=\Big[F(x)-F(a-x)\Big]_0^{\frac{a}{2}}$$
$$=-F(0)+F(a).$$

よって，

$$\int_0^a f(x)\,dx$$

$$=\int_0^{\frac{a}{2}}\{f(x)+f(a-x)\}\,dx.$$

(2)　(1) より，

$$(\text{与式})=\int_0^{\frac{\pi}{4}}\left\{\frac{\cos x}{\sin x+\cos x}+\frac{\cos\left(\frac{\pi}{2}-x\right)}{\sin\left(\frac{\pi}{2}-x\right)+\cos\left(\frac{\pi}{2}-x\right)}\right\}dx$$

$$=\int_0^{\frac{\pi}{4}}\left\{\frac{\cos x}{\sin x+\cos x}+\frac{\sin x}{\cos x+\sin x}\right\}dx$$

$$=\int_0^{\frac{\pi}{4}}\frac{\sin x+\cos x}{\sin x+\cos x}\,dx$$

$$=\int_0^{\frac{\pi}{4}}dx=\boldsymbol{\frac{\pi}{4}}.$$

101 考え方

(1)　$(n-1)\pi\leqq x\leqq n\pi$ で

$$|\sin x|=(-1)^{n-1}\sin x.$$

また，m が整数のとき，

$$\sin m\pi=0,\ \cos m\pi=(-1)^m.$$

(2)　$nx=t$ とおく．

解答

(1)　$(n-1)\pi\leqq x\leqq n\pi$ で，

$$|\sin x|=(-1)^{n-1}\sin x.$$

$$(\text{与式})=(-1)^{n-1}\int_{(n-1)\pi}^{n\pi}x\sin x\,dx$$

$$=(-1)^{n-1}\int_{(n-1)\pi}^{n\pi}x(-\cos x)'\,dx$$

$$=(-1)^{n-1}\left\{\Big[-x\cos x\Big]_{(n-1)\pi}^{n\pi}+\int_{(n-1)\pi}^{n\pi}\cos x\,dx\right\}$$

$$=(-1)^{n-1}\left\{-n\pi\cdot(-1)^n+(n-1)\pi\cdot(-1)^{n-1}+\Big[\sin x\Big]_{(n-1)\pi}^{n\pi}\right\}$$

$$=(-1)^{n-1}\{(-1)^{n-1}\cdot n\pi+(-1)^{n-1}(n-1)\pi\}$$

$$=\boldsymbol{(2n-1)\pi}.$$

(2)　$nx=t$ とおくと，$x=\dfrac{1}{n}t$.

$$dx=\frac{1}{n}\,dt.$$

x	$0\ \to\ \pi$
t	$0\ \to\ n\pi$

$$(\text{与式})=\int_0^{n\pi}\frac{1}{n}t|\sin t|\frac{1}{n}\,dt$$

$$=\frac{1}{n^2}\int_0^{n\pi}t|\sin t|\,dt$$

$$=\frac{1}{n^2}\left(\int_0^{\pi}t|\sin t|\,dt+\cdots+\int_{(n-1)\pi}^{n\pi}t|\sin t|\,dt\right)$$

$$=\frac{1}{n^2}\sum_{k=1}^{n}\int_{(k-1)\pi}^{k\pi}t|\sin t|\,dt$$

$$=\frac{1}{n^2}\sum_{k=1}^{n}(2k-1)\pi$$

$$=\frac{1}{n^2}\left\{2\cdot\frac{1}{2}n(n+1)-n\right\}\pi$$

$$=\boldsymbol{\pi}.$$

102 考え方

(2)　$e^x=t$ とおいて置換積分法を用いる．

解 答

(1)　分母を払って，

$$1=at(t+1)+b(t+1)+ct^2.$$

$$1=(a+c)t^2+(a+b)t+b.$$

両辺の係数を比べて，

$$\begin{cases}a+c=0,\\ a+b=0,\\ b=1.\end{cases}$$

よって，

$$\boldsymbol{a=-1,\ b=1,\ c=1.}$$

(2)　$e^x=t$ とおくと，

x	$0\ \to\ 1$
t	$1\ \to\ e$

$$\frac{dt}{dx}=e^x=t.$$

$$dx=\frac{1}{t}\,dt.$$

$$(\text{与式})=\int_1^e\frac{1}{t(1+t)}\cdot\frac{1}{t}\,dt$$

$$=\int_1^e\frac{dt}{t^2(t+1)}$$

$$=\int_1^e\left(-\frac{1}{t}+\frac{1}{t^2}+\frac{1}{t+1}\right)dt$$

((1) より)

$$=\left[-\log t-\frac{1}{t}+\log(t+1)\right]_1^e$$

$$=-1-\frac{1}{e}+\log(e+1)+1-\log 2$$

$$=\log\frac{e+1}{2}-\frac{1}{e}.$$

103 考え方

(1), (2) $f(-x)=f(x)$ のとき,

$$\int_{-a}^{a}f(x)\,dx=2\int_0^a f(x)\,dx$$

であるから,

$$\int_{-\pi}^{\pi}x\sin mx\,dx=2\int_0^{\pi}x\sin mx\,dx,$$

$$\int_{-\pi}^{\pi}\sin mx\sin nx\,dx=2\int_0^{\pi}\sin mx\sin nx\,dx.$$

m を整数とするとき,

$\sin m\pi=0.$

$$\cos m\pi=(-1)^m=\begin{cases}1 & (m:\text{偶数}),\\ -1 & (m:\text{奇数}).\end{cases}$$

(2) $\sin\alpha\sin\beta$

$$=-\frac{1}{2}\{\cos(\alpha+\beta)-\cos(\alpha-\beta)\}$$

を用いる.

(3) 与式を展開して, (1), (2) の結果を用いる.

解答

(1) $\displaystyle\int_{-\pi}^{\pi}x\sin mx\,dx$

$$=2\int_0^{\pi}x\left(-\frac{1}{m}\cos mx\right)'dx$$

$$=2\left[x\left(-\frac{1}{m}\cos mx\right)\right]_0^{\pi}-2\int_0^{\pi}\left(-\frac{1}{m}\cos mx\right)dx$$

$$=2\left(-\frac{\pi}{m}\right)(-1)^m+\frac{2}{m}\left[\frac{1}{m}\sin mx\right]_0^{\pi}$$

$$=\boldsymbol{\frac{2\pi}{m}(-1)^{m+1}}.$$

(2) $J=\displaystyle\int_{-\pi}^{\pi}\sin mx\sin nx\,dx$ とおくと,

$$J=2\int_0^{\pi}\sin mx\sin nx\,dx$$

$$=2\int_0^{\pi}\left(-\frac{1}{2}\right)\{\cos(m+n)x-\cos(m-n)x\}\,dx$$

$$=-\int_0^{\pi}\{\cos(m+n)x-\cos(m-n)x\}\,dx.$$

(i) $\boldsymbol{m\neq n}$ のとき.

$$J=-\left[\frac{1}{m+n}\sin(m+n)x-\frac{1}{m-n}\sin(m-n)x\right]_0^{\pi}$$

$$=\mathbf{0}.$$

(ii) $\boldsymbol{m=n}$ のとき.

$$J=-\int_0^{\pi}(\cos 2mx-1)\,dx$$

$$=-\left[\frac{1}{2m}\sin 2mx-x\right]_0^{\pi}$$

$$=\boldsymbol{\pi}.$$

(3) $I=\displaystyle\int_{-\pi}^{\pi}(x^2+a^2\sin^2x+b^2\sin^2 2x-2ax\sin x$

$\qquad -2bx\sin 2x+2ab\sin x\sin 2x)\,dx$

$$=\int_{-\pi}^{\pi}x^2\,dx+a^2\int_{-\pi}^{\pi}\sin^2x\,dx$$

$$+b^2\int_{-\pi}^{\pi}\sin^2 2x\,dx-2a\int_{-\pi}^{\pi}x\sin x\,dx$$

$$-2b\int_{-\pi}^{\pi}x\sin 2x\,dx+2ab\int_{-\pi}^{\pi}\sin x\sin 2x\,dx$$

$$=2\left[\frac{x^3}{3}\right]_0^{\pi}+\pi a^2+\pi b^2$$

$$-2a\cdot\frac{2\pi}{1}(-1)^2-2b\cdot\frac{2\pi}{2}(-1)^3$$

$$=\boldsymbol{\frac{2}{3}\pi^3+\pi a^2+\pi b^2-4\pi a+2\pi b}.$$

(4) $I=\pi(a-2)^2+\pi(b+1)^2+\dfrac{2}{3}\pi^3-5\pi.$

よって, $\boldsymbol{a=2}$, $\boldsymbol{b=-1}$ のとき I は最小で, 最小値は,

$$\boldsymbol{\frac{2}{3}\pi^3-5\pi}.$$

104 考え方

$$I=\int_0^{\pi}xf(\sin x)\,dx$$

に対し, $\pi-x=t$ とおく.

解答

$\pi-x=t$ とおくと,

$$\frac{dt}{dx}=-1.$$

$$dx=-dt.$$

x	$0 \to \pi$
t	$\pi \to 0$

$I=\int_0^{\pi} xf(\sin x)\,dx$ とおくと,

$$I=\int_{\pi}^{0}(\pi-t)f(\sin(\pi-t))(-dt)$$
$$=\int_0^{\pi}(\pi-t)f(\sin t)\,dt$$
$$=\pi\int_0^{\pi}f(\sin t)\,dt-\int_0^{\pi}tf(\sin t)\,dt$$
$$=\pi\int_0^{\pi}f(\sin t)\,dt-I.$$

これより,

$$2I=\pi\int_0^{\pi}f(\sin t)\,dt.$$

よって,

$$I=\frac{\pi}{2}\int_0^{\pi}f(\sin t)\,dt.$$

したがって,

$$\int_0^{\pi}xf(\sin x)\,dx=\frac{\pi}{2}\int_0^{\pi}f(\sin x)\,dx. \quad \cdots①$$

$f(x)=\dfrac{x}{3+x^2}$ とおくと, ① より,

$$\int_0^{\pi}\frac{x\sin x}{3+\sin^2 x}\,dx=\int_0^{\pi}xf(\sin x)\,dx$$
$$=\frac{\pi}{2}\int_0^{\pi}f(\sin x)\,dx$$
$$=\frac{\pi}{2}\int_0^{\pi}\frac{\sin x}{3+\sin^2 x}\,dx$$
$$=\frac{\pi}{2}\int_0^{\pi}\frac{\sin x}{4-\cos^2 x}\,dx. \quad \cdots(*)$$

$\cos x=u$ とおくと,

$$\frac{du}{dx}=-\sin x.$$
$$\sin x\,dx=-du.$$

x	$0 \to \pi$
u	$1 \to -1$

$$(*)=\frac{\pi}{2}\int_1^{-1}\frac{1}{4-u^2}(-du)$$
$$=\frac{\pi}{2}\int_{-1}^{1}\frac{1}{(2-u)(2+u)}\,du$$
$$=\pi\int_0^{1}\frac{1}{(2-u)(2+u)}\,du$$

$\left(\dfrac{1}{(2-u)(2+u)}\right.$ は偶関数より$\left.\right)$

$$=\pi\int_0^{1}\frac{1}{4}\left(\frac{1}{2-u}+\frac{1}{2+u}\right)du$$
$$=\frac{\pi}{4}\Big[-\log|2-u|+\log|2+u|\Big]_0^1$$
$$=\frac{\pi}{4}\left[\log\left|\frac{2+u}{2-u}\right|\right]_0^1$$
$$=\frac{\pi}{4}(\log 3-\log 1)$$
$$=\boldsymbol{\frac{\pi}{4}\log 3.}$$

［注］ 一般に,

$$\int_0^{a}f(x)\,dx=\int_0^{a}f(a-x)\,dx$$

$\left(\begin{array}{l} a-x=t \text{ とおくと,} \\ \int_0^{a}f(a-x)\,dx=\int_a^{0}f(t)(-dt)=\int_0^{a}f(t)\,dt. \end{array}\right)$

であるから,

$$\int_0^{a}f(x)\,dx=\frac{1}{2}\int_0^{a}\{f(x)+f(a-x)\}\,dx.$$

よって,

$$\int_0^{\pi}xf(\sin x)\,dx$$
$$=\frac{1}{2}\int_0^{\pi}\{xf(\sin x)+(\pi-x)f(\sin(\pi-x))\}\,dx$$
$$=\frac{1}{2}\int_0^{\pi}\{xf(\sin x)+(\pi-x)f(\sin x)\}\,dx$$
$$=\frac{\pi}{2}\int_0^{\pi}f(\sin x)\,dx.$$

10　積分で定義された数列・関数

105　考え方

(2)　$\int_0^{\pi}f(t)\sin t\,dt=a$ とおく.

解 答

(1)　$\int_0^{\pi}x\sin x\,dx=\int_0^{\pi}x(-\cos x)'\,dx$

$$=\Big[-x\cos x\Big]_0^{\pi}+\int_0^{\pi}\cos x\,dx$$
$$=\pi+\Big[\sin x\Big]_0^{\pi}$$
$$=\boldsymbol{\pi}.$$

(2)　$\int_0^{\pi}f(t)\sin t\,dt=a$ とおくと,

$$f(x)=2x-a.$$

よって,

$$a=\int_0^{\pi}(2t-a)\sin t\,dt$$
$$=2\int_0^{\pi}t\sin t\,dt-a\int_0^{\pi}\sin t\,dt$$
$$=2\pi-a\Big[-\cos t\Big]_0^{\pi}$$
$$=2\pi-2a.$$
$$a=\frac{2}{3}\pi.$$

よって,

$$\boldsymbol{f(x)=2x-\frac{2}{3}\pi.}$$

106 考え方

$$\int_0^x f(t)(x-t)\,dt=x\int_0^x f(t)\,dt-\int_0^x tf(t)\,dt$$

と変形する.

$$\frac{d}{dx}\int_0^x f(t)\,dt=f(x),$$
$$\frac{d}{dx}\int_0^x tf(t)\,dt=xf(x)$$

などを利用し, 与式の両辺を 2 回微分する.

解答

$$\int_0^x f(t)(x-t)\,dt$$
$$=x\int_0^x f(t)\,dt-\int_0^x tf(t)\,dt.$$

よって,

$$(\text{与式})\iff x\int_0^x f(t)\,dt-\int_0^x tf(t)\,dt=\log(1+x^2).$$

両辺を x で微分して,

$$(x)'\int_0^x f(t)\,dt+x\left(\int_0^x f(t)\,dt\right)'-xf(x)=\frac{2x}{1+x^2}.$$

$$\int_0^x f(t)\,dt+xf(x)-xf(x)=\frac{2x}{1+x^2}.$$

$$\int_0^x f(t)\,dt=\frac{2x}{1+x^2}.$$

さらに, x で微分して,

$$\boldsymbol{f(x)}=\frac{(2x)'(1+x^2)-2x\cdot(1+x^2)'}{(1+x^2)^2}$$
$$=\frac{2(1+x^2)-2x\cdot 2x}{(1+x^2)^2}$$
$$=\boldsymbol{\frac{2(1-x^2)}{(1+x^2)^2}}.$$

107 考え方

(1) $f(x)$ は ty 平面上で,

$$0\leqq y\leqq|\sin t-\sin x|,\ 0\leqq t\leqq\frac{\pi}{2}$$

の領域の面積.

$$|\sin t-\sin x|=\begin{cases}\sin x-\sin t & (0\leqq t\leqq x),\\ \sin t-\sin x & \left(x\leqq t\leqq\dfrac{\pi}{2}\right)\end{cases}$$

より, グラフをかいてみる.

解答

(1)

$$|\sin t-\sin x|=\begin{cases}\sin x-\sin t & (0\leqq t\leqq x),\\ \sin t-\sin x & \left(x\leqq t\leqq\dfrac{\pi}{2}\right).\end{cases}$$

図の網目部分の面積を求めればよい.

$$\boldsymbol{f(x)}=\int_0^x(\sin x-\sin t)\,dt+\int_x^{\frac{\pi}{2}}(\sin t-\sin x)\,dt$$
$$=\Big[t\sin x+\cos t\Big]_0^x+\Big[-\cos t-t\sin x\Big]_x^{\frac{\pi}{2}}$$
$$=x\sin x+\cos x-1-\frac{\pi}{2}\sin x+\cos x+x\sin x$$
$$=\boldsymbol{\left(2x-\frac{\pi}{2}\right)\sin x+2\cos x-1.}$$

(2) $$f'(x)=\left(2x-\frac{\pi}{2}\right)'\sin x+\left(2x-\frac{\pi}{2}\right)(\sin x)'-2\sin x$$
$$=2\sin x+\left(2x-\frac{\pi}{2}\right)\cos x-2\sin x$$

$=\left(2x-\dfrac{\pi}{2}\right)\cos x.$

$f'(x)=0$ より，$x=\dfrac{\pi}{4}$，$\dfrac{\pi}{2}$.

$f(x)$ の増減は次のようになる.

x	0	$\cdots$	$\dfrac{\pi}{4}$	$\cdots$	$\dfrac{\pi}{2}$
$f'(x)$		$-$	0	$+$	
$f(x)$	1	↘	$\sqrt{2}-1$	↗	$\dfrac{\pi}{2}-1$

よって，

最大値　$\mathbf{1}$　$(\boldsymbol{x=0})$.

最小値　$\boldsymbol{\sqrt{2}-1}$　$\left(\boldsymbol{x=\dfrac{\pi}{4}}\right)$.

108　考え方

(2)　$I_{n+1}=\displaystyle\int_1^e (x)'(\log x)^{n+1}dx$ として，部分積分法を用いる.

解答

(1)　$$\boldsymbol{I_1}=\int_1^e \log x\,dx$$
$$=\int_1^e (x)'\log x\,dx$$
$$=\Big[x\log x\Big]_1^e-\int_1^e x\cdot\frac{1}{x}dx$$
$$=e-\Big[x\Big]_1^e$$
$$=\mathbf{1}.$$

［注］　$\displaystyle\int\log x\,dx=x\log x-x$ は覚えてしまう方がよい.

(2)　$$\boldsymbol{I_{n+1}}=\int_1^e (\log x)^{n+1}dx$$
$$=\int_1^e (x)'(\log x)^{n+1}dx$$
$$=\Big[x(\log x)^{n+1}\Big]_1^e-\int_1^e x\cdot(n+1)(\log x)^n\cdot\frac{1}{x}dx$$
$$=e-(n+1)\int_1^e (\log x)^n dx$$
$$=\boldsymbol{e-(n+1)I_n}.$$

(3)　$$\boldsymbol{I_4}=e-4I_3$$
$$=e-4(e-3I_2)$$
$$=-3e+12I_2$$
$$=-3e+12(e-2I_1)$$
$$=9e-24I_1$$
$$=\mathbf{9}\boldsymbol{e}\mathbf{-24}.$$

109　考え方

(1)　$\displaystyle\int_0^\pi f(t)\,dt=a$ とおくと，
$$f(x)=\sin x+a.$$

(2)　第2式を x で微分すると，
$h'(x)=\cos x+g(x)$ より，
$$g(x)=\sin x+\int_0^\pi\{\cos t+g(t)\}dt$$
$$=\sin x+\int_0^\pi g(t)\,dt.$$

(1)が利用できる.

解答

(1)　$\displaystyle\int_0^\pi f(t)\,dt=a$ とおくと，
$$f(x)=\sin x+a.$$

このとき，
$$a=\int_0^\pi(\sin t+a)\,dt$$
$$=\Big[-\cos t+at\Big]_0^\pi$$
$$=2+\pi a.$$
$$a=\frac{2}{1-\pi}.$$

よって，
$$\boldsymbol{f(x)=\sin x+\frac{2}{1-\pi}}.$$

(2)　第2式の両辺を x で微分すると，
$$h'(x)=\cos x+g(x).$$

よって，
$$g(x)=\sin x+\int_0^\pi\{\cos t+g(t)\}dt$$
$$=\sin x+\Big[\sin t\Big]_0^\pi+\int_0^\pi g(t)\,dt$$
$$=\sin x+\int_0^\pi g(t)\,dt.$$

(1)より，
$$\boldsymbol{g(x)=\sin x+\frac{2}{1-\pi}}.$$

また，
$$\boldsymbol{h(x)}=\sin x+\int_0^x\left(\sin t+\frac{2}{1-\pi}\right)dt$$

$$=\sin x+\left[-\cos t+\frac{2}{1-\pi}t\right]_0^x$$

$$=\mathbf{\sin x-\cos x+1+\frac{2}{1-\pi}x}.$$

110 考え方

$$G(x)=\int_a^x g(t)\,dt$$

$\Longleftrightarrow$ $G(a)=0$ かつ $G'(x)=g(x)$.

解答

(1) $\boldsymbol{f(0)}=0-\int_0^0(0-t)f'(t)\,dt\boldsymbol{=0}.$

$$f(x)=x^2-x\int_0^x f'(t)\,dt+\int_0^x tf'(t)\,dt$$

より,

$$f'(x)=2x-\int_0^x f'(t)\,dt-xf'(x)+xf'(x)$$

$$=2x-\Big[f(t)\Big]_0^x$$

$$=2x-f(x)+f(0)$$

$$=2x-f(x).$$

(2) $\{e^xf(x)\}'=e^xf(x)+e^xf'(x)$

$=e^x\{f(x)+2x-f(x)\}$ ((1) より)

$=2xe^x.$

(3) $e^xf(x)=\int 2xe^x\,dx$

$=2xe^x-\int 2e^x\,dx$

$=2xe^x-2e^x+C.$ (C は積分定数)

よって,

$$f(x)=2x-2+Ce^{-x}.$$

$f(0)=0$ より,

$$-2+C=0.$$
$$C=2.$$

よって,

$$\boldsymbol{f(x)=2x-2+2e^{-x}}.$$

111 考え方

$$f(x)=\int_0^x\frac{d\theta}{\cos\theta}-\int_{\frac{\pi}{2}}^x\frac{d\theta}{\sin\theta}.$$

$\dfrac{d}{dx}\int_a^x g(t)\,dt=g(x)$ より,

$$f'(x)=\frac{1}{\cos x}-\frac{1}{\sin x}.$$

また,

$$\int_0^{\frac{\pi}{4}}\frac{d\theta}{\cos\theta}=\int_0^{\frac{\pi}{4}}\frac{\cos\theta}{\cos^2\theta}d\theta$$

$$=\int_0^{\frac{\pi}{4}}\frac{\cos\theta}{1-\sin^2\theta}d\theta$$

の計算は, $\sin\theta=t$ とおく.

解答

$$f(x)=\int_0^x\frac{d\theta}{\cos\theta}-\int_{\frac{\pi}{2}}^x\frac{d\theta}{\sin\theta}$$

より,

$$f'(x)=\frac{1}{\cos x}-\frac{1}{\sin x}$$

$$=\frac{\sin x-\cos x}{\cos x\sin x}$$

$$=\frac{\sqrt{2}\sin\left(x-\frac{\pi}{4}\right)}{\cos x\sin x}.$$

$f(x)$ の増減は次のようになる.

x	(0)	$\cdots$	$\frac{\pi}{4}$	$\cdots$	$\left(\frac{\pi}{2}\right)$
$f'(x)$		$-$	0	$+$	
$f(x)$		↘		↗	

よって, $x=\dfrac{\pi}{4}$ のとき最小で, 最小値は,

$$f\left(\frac{\pi}{4}\right)=\int_0^{\frac{\pi}{4}}\frac{d\theta}{\cos\theta}+\int_{\frac{\pi}{4}}^{\frac{\pi}{2}}\frac{d\theta}{\sin\theta}.$$

$\dfrac{\pi}{2}-\theta=u$ とおくと,

$$d\theta=-du.$$

θ	$\frac{\pi}{4}\to\frac{\pi}{2}$
u	$\frac{\pi}{4}\to 0$

$$\int_{\frac{\pi}{4}}^{\frac{\pi}{2}}\frac{d\theta}{\sin\theta}=\int_{\frac{\pi}{4}}^0\frac{-du}{\sin\left(\frac{\pi}{2}-u\right)}$$

$$=\int_0^{\frac{\pi}{4}}\frac{du}{\cos u}.$$

よって,

$$f\left(\frac{\pi}{4}\right)=2\int_0^{\frac{\pi}{4}}\frac{d\theta}{\cos\theta}$$
$$=2\int_0^{\frac{\pi}{4}}\frac{\cos\theta}{\cos^2\theta}d\theta$$
$$=2\int_0^{\frac{\pi}{4}}\frac{\cos\theta}{1-\sin^2\theta}d\theta. \quad \cdots(*)$$

$\sin\theta=t$ とおくと，

$$\cos\theta\, d\theta=dt.$$

θ	$0 \to \frac{\pi}{4}$
t	$0 \to \frac{1}{\sqrt{2}}$

よって，求める最小値は，

$$f\left(\frac{\pi}{4}\right)=2\int_0^{\frac{1}{\sqrt{2}}}\frac{1}{1-t^2}dt$$
$$=\int_0^{\frac{1}{\sqrt{2}}}\left(\frac{1}{1+t}+\frac{1}{1-t}\right)dt$$
$$=\Big[\log|1+t|-\log|1-t|\Big]_0^{\frac{1}{\sqrt{2}}}$$
$$=\log\left(1+\frac{1}{\sqrt{2}}\right)-\log\left(1-\frac{1}{\sqrt{2}}\right)$$
$$=\log\frac{1+\frac{1}{\sqrt{2}}}{1-\frac{1}{\sqrt{2}}}$$
$$=\log\frac{\sqrt{2}+1}{\sqrt{2}-1}$$
$$=\log(\sqrt{2}+1)^2$$
$$=\mathbf{2\log(\sqrt{2}+1)}.$$

［**注**］　一般に，

$$\int\frac{g'(x)}{g(x)}dx=\log|g(x)|$$

であるから，次のようにしてもよい．

$$(*)=\int_0^{\frac{\pi}{4}}\left(\frac{\cos\theta}{1+\sin\theta}+\frac{\cos\theta}{1-\sin\theta}\right)d\theta$$
$$=\Big[\log|1+\sin\theta|-\log|1-\sin\theta|\Big]_0^{\frac{\pi}{4}}$$
$$=\log\left(1+\frac{1}{\sqrt{2}}\right)-\log\left(1-\frac{1}{\sqrt{2}}\right).$$

（以下略）

112　考え方

(2)　$f(t)=\int_0^{\frac{\pi}{2}}|\cos x-t\sin x|dx$

$$=\int_0^{\theta}|\cos x-t\sin x|dx+\int_{\theta}^{\frac{\pi}{2}}|\cos x-t\sin x|dx$$

は図の網目部分の面積である．

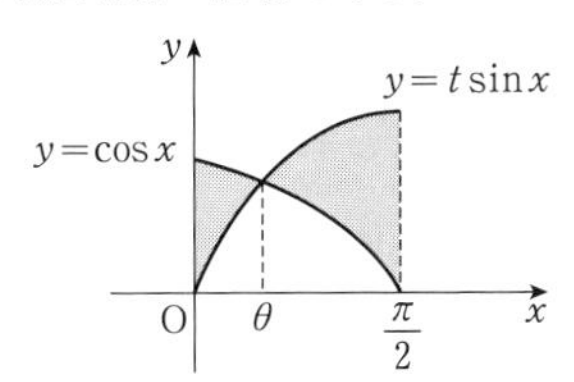

$$\begin{cases} 0\leqq x\leqq\theta \text{ のとき} & \cos x\geqq t\sin x, \\ \theta\leqq x\leqq\frac{\pi}{2} \text{ のとき} & \cos x\leqq t\sin x \end{cases}$$

であるから，

$$f(t)=\int_0^{\theta}(\cos x-t\sin x)dx+\int_{\theta}^{\frac{\pi}{2}}(-\cos x+t\sin x)dx.$$

解答

(1)　$\cos\theta=t\sin\theta\ \left(0<\theta<\frac{\pi}{2}\right)$ のとき，

$$\tan\theta=\frac{1}{t}.$$

（図：斜辺 $\sqrt{t^2+1}$，底辺 t，高さ 1，角 θ の直角三角形）

よって，図より，

$$\boldsymbol{\sin\theta=\frac{1}{\sqrt{t^2+1}},\quad \cos\theta=\frac{t}{\sqrt{t^2+1}}}.$$

(2)　$f(t)=\int_0^{\theta}|\cos x-t\sin x|dx+\int_{\theta}^{\frac{\pi}{2}}|\cos x-t\sin x|dx$

$$=\int_0^{\theta}(\cos x-t\sin x)dx+\int_{\theta}^{\frac{\pi}{2}}(-\cos x+t\sin x)dx$$

（考え方の図より）

$$=\Big[\sin x+t\cos x\Big]_0^{\theta}+\Big[-\sin x-t\cos x\Big]_{\theta}^{\frac{\pi}{2}}$$
$$=\sin\theta+t\cos\theta-t-1+\sin\theta+t\cos\theta$$

$$=2\sin\theta+2t\cos\theta-t-1 \qquad \cdots(*)$$

$$=\frac{2}{\sqrt{t^2+1}}+\frac{2t^2}{\sqrt{t^2+1}}-t-1 \quad ((1)\text{より})$$

$$=\frac{2(t^2+1)}{\sqrt{t^2+1}}-t-1$$

$$=2\sqrt{t^2+1}-t-1.$$

$$f'(t)=2\cdot\frac{2t}{2\sqrt{t^2+1}}-1$$

$$=\frac{2t-\sqrt{t^2+1}}{\sqrt{t^2+1}}$$

$$=\frac{3t^2-1}{\sqrt{t^2+1}\left(2t+\sqrt{t^2+1}\right)}.$$

$f(t)$ の増減は次のようになる.

t	(0)	$\cdots$	$\frac{1}{\sqrt{3}}$	$\cdots$
$f'(t)$		$-$	0	$+$
$f(t)$		↘		↗

よって，$t=\frac{1}{\sqrt{3}}$ のとき最小で，最小値は，

$$f\left(\frac{1}{\sqrt{3}}\right)=\sqrt{3}-1.$$

［**注 1**］ $t=\frac{\cos\theta}{\sin\theta}$ であるから，$(*)$ より，

$$f(t)=2\sin\theta+2t\cos\theta-t-1$$

$$=2\sin\theta+(2\cos\theta-1)\cdot\frac{\cos\theta}{\sin\theta}-1.$$

この式を $F(\theta)$ とおくと，

$$F'(\theta)=2\cos\theta+(-2\sin\theta)\cdot\frac{\cos\theta}{\sin\theta}$$

$$+(2\cos\theta-1)\cdot\frac{(-\sin\theta)\sin\theta-\cos\theta\cos\theta}{\sin^2\theta}$$

$$=2\cos\theta-2\cos\theta+\frac{1-2\cos\theta}{\sin^2\theta}$$

$$=\frac{1-2\cos\theta}{\sin^2\theta}.$$

$F(\theta)$ の増減は次のようになる.

θ	(0)	$\cdots$	$\frac{\pi}{3}$	$\cdots$	$\left(\frac{\pi}{2}\right)$
$F'(\theta)$		$-$	0	$+$	
$F(\theta)$		↘		↗	

よって，$\theta=\frac{\pi}{3}$ のとき最小で，最小値は，

$$F\left(\frac{\pi}{3}\right)=\sqrt{3}-1.$$

［**注 2**］ $\cos\theta=t\sin\theta\ \left(0<\theta<\frac{\pi}{2}\right)$ のとき，

$$\tan\theta=\frac{1}{t}.$$

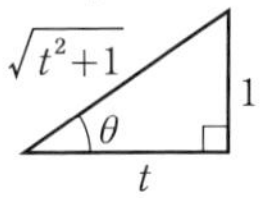

よって，図より，

$$\sin\theta=\frac{1}{\sqrt{t^2+1}},\quad \cos\theta=\frac{t}{\sqrt{t^2+1}}.$$

このとき，

$$t\sin x-\cos x=\sqrt{t^2+1}\sin(x-\theta).$$

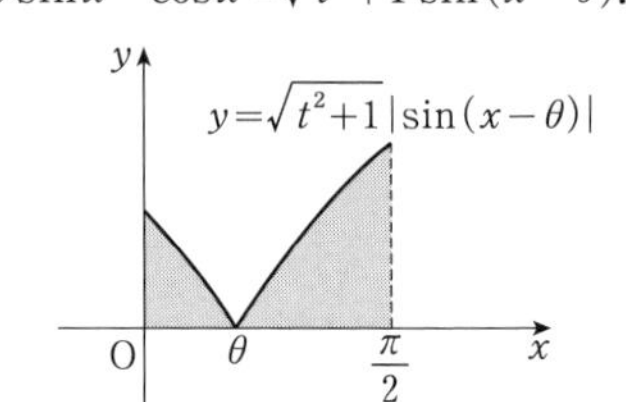

よって，

$$f(t)=\int_0^{\frac{\pi}{2}}|t\sin x-\cos x|\,dx$$

（図の網目部分の面積）

$$=\sqrt{t^2+1}\int_0^{\frac{\pi}{2}}|\sin(x-\theta)|\,dx$$

$$=\sqrt{t^2+1}\int_0^{\theta}\{-\sin(x-\theta)\}\,dx$$

$$+\sqrt{t^2+1}\int_\theta^{\frac{\pi}{2}}\sin(x-\theta)\,dx$$

$$=\sqrt{t^2+1}\Big[\cos(x-\theta)\Big]_0^{\theta}$$

$$+\sqrt{t^2+1}\Big[-\cos(x-\theta)\Big]_\theta^{\frac{\pi}{2}}$$

$$=\sqrt{t^2+1}\,(1-\cos\theta)$$

$$+\sqrt{t^2+1}\left\{-\cos\left(\frac{\pi}{2}-\theta\right)+1\right\}$$

$$=\sqrt{t^2+1}\,(1-\cos\theta)$$

$$+\sqrt{t^2+1}\,(-\sin\theta+1)$$

$$=\sqrt{t^2+1}\left(1-\frac{t}{\sqrt{t^2+1}}\right)$$
$$+\sqrt{t^2+1}\left(-\frac{1}{\sqrt{t^2+1}}+1\right)$$
$$=2\sqrt{t^2+1}-t-1.$$

113　考え方

被積分関数の全体に絶対値が付いている積分ではないので，面積とみなすことは難しい．一般的には次のように考えることができる．

公式
$$\lim_{n\to\infty}\frac{1}{n}\sum_{k=1}^{n}f\left(\frac{k}{n}\right)=\int_0^1 f(x)\,dx$$
が示しているように，

$\int_a^b f(x)\,dx=$「$a\leqq x\leqq b$ のすべての x を代入した $f(x)$ の和」

と考えることができる．

したがって，
$$f(x)=\int_0^{\pi}\sin\left(|t-x|+\frac{\pi}{4}\right)dt$$
は，$0\leqq t\leqq\pi$ のすべてを代入した．
$$\sin\left(|t-x|+\frac{\pi}{4}\right)$$
の和である．

その際
$$|t-x|=\begin{cases}-t+x & (t\leqq x)\\ t-x & (t\geqq x)\end{cases}$$
に注意すると，

(i)　$x\geqq\pi$ のとき，

$0\leqq t\leqq\pi$ を代入するときつねに $t\leqq x$ であるから，
$$\sin\left(|t-x|+\frac{\pi}{4}\right)=\sin\left(-t+x+\frac{\pi}{4}\right).$$

よって，
$$\int_0^{\pi}\sin\left(|t-x|+\frac{\pi}{4}\right)dt$$
$$=\int_0^{\pi}\sin\left(-t+x+\frac{\pi}{4}\right)dt.$$

(ii)　$0\leqq x\leqq\pi$ のとき，

$0\leqq t\leqq x$ を代入するとき，
$$\sin\left(|t-x|+\frac{\pi}{4}\right)=\sin\left(-t+x+\frac{\pi}{4}\right),$$
$x\leqq t\leqq\pi$ を代入するとき，
$$\sin\left(|t-x|+\frac{\pi}{4}\right)=\sin\left(t-x+\frac{\pi}{4}\right)$$
であるから，公式
$$\int_a^b f(x)\,dx=\int_a^c f(x)\,dx+\int_c^b f(x)\,dx$$
を用いると，
$$\int_0^{\pi}\sin\left(|t-x|+\frac{\pi}{4}\right)dt$$
$$=\int_0^{x}\sin\left(|t-x|+\frac{\pi}{4}\right)dt+\int_x^{\pi}\sin\left(|t-x|+\frac{\pi}{4}\right)dt$$
（$0\leqq t\leqq x$ の和）　　（$x\leqq t\leqq\pi$ の和）
$$=\int_0^{x}\sin\left(-t+x+\frac{\pi}{4}\right)dt+\int_x^{\pi}\sin\left(t-x+\frac{\pi}{4}\right)dt.$$

解答

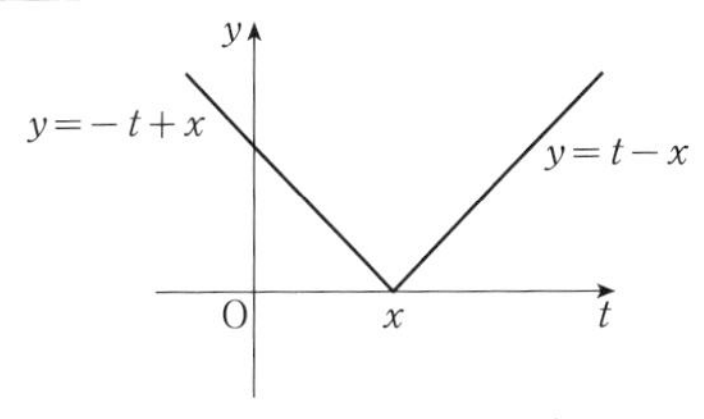

$$|t-x|=\begin{cases}-t+x & (t\leqq x),\\ t-x & (t\geqq x).\end{cases}$$

(i)　$\pi\leqq x\leqq 2\pi$ のとき．
$$f(x)=\int_0^{\pi}\sin\left(-t+x+\frac{\pi}{4}\right)dt$$
$$=\left[\cos\left(-t+x+\frac{\pi}{4}\right)\right]_0^{\pi}$$
$$=\cos\left(x-\frac{3}{4}\pi\right)-\cos\left(x+\frac{\pi}{4}\right)\cdots①$$
$$=-2\sin\left(x-\frac{\pi}{4}\right)\sin\left(-\frac{\pi}{2}\right)$$
$$=2\sin\left(x-\frac{\pi}{4}\right).$$

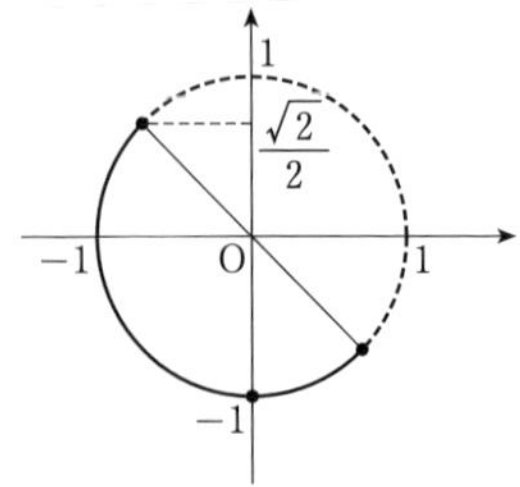

$\dfrac{3}{4}\pi \leqq x-\dfrac{\pi}{4} \leqq \dfrac{7}{4}\pi$ より，

$$-1 \leqq \sin\left(x-\frac{\pi}{4}\right) \leqq \frac{\sqrt{2}}{2}.$$

$$-2 \leqq f(x) \leqq \sqrt{2}.$$

(ii) $0 \leqq x \leqq \pi$ のとき．

$$f(x)=\int_0^x \sin\left(|t-x|+\frac{\pi}{4}\right)dt + \int_x^\pi \sin\left(|t-x|+\frac{\pi}{4}\right)dt$$

$$=\int_0^x \sin\left(-t+x+\frac{\pi}{4}\right)dt + \int_x^\pi \sin\left(t-x+\frac{\pi}{4}\right)dt$$

$$=\left[\cos\left(-t+x+\frac{\pi}{4}\right)\right]_0^x + \left[-\cos\left(t-x+\frac{\pi}{4}\right)\right]_x^\pi$$

$$=\cos\frac{\pi}{4}-\cos\left(x+\frac{\pi}{4}\right) -\cos\left(\frac{5}{4}\pi-x\right)+\cos\frac{\pi}{4}$$

$$=2\cos\frac{\pi}{4}-\left\{\cos\left(x+\frac{\pi}{4}\right)+\cos\left(\frac{5}{4}\pi-x\right)\right\} \quad \cdots ②$$

$$=\sqrt{2}-2\cos\frac{3}{4}\pi\cos\left(x-\frac{\pi}{2}\right)$$

$$=\sqrt{2}+\sqrt{2}\cos\left(x-\frac{\pi}{2}\right)$$

$$=\sqrt{2}+\sqrt{2}\sin x.$$

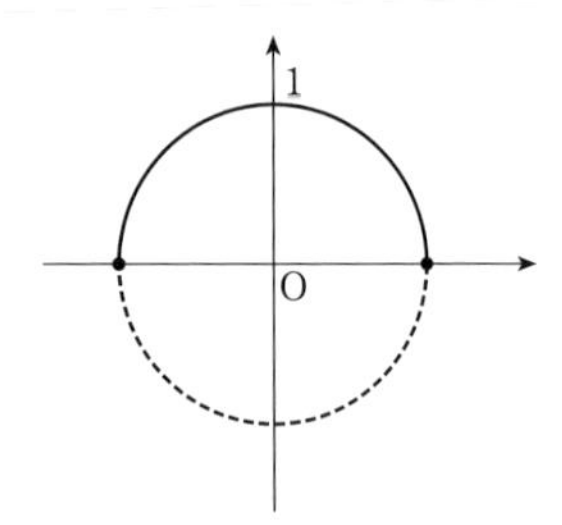

$0 \leqq x \leqq \pi$ より，

$$0 \leqq \sin x \leqq 1.$$

$$\sqrt{2} \leqq f(x) \leqq 2\sqrt{2}.$$

(i)(ii) より，

最大値 $2\sqrt{2}$ $\left(x=\dfrac{\pi}{2}\right)$，

最小値 -2 $\left(x=\dfrac{7}{4}\pi\right)$.

［**注**］ $①=\cos x\cos\dfrac{3}{4}\pi+\sin x\sin\dfrac{3}{4}\pi -\left(\cos x\cos\dfrac{\pi}{4}-\sin x\sin\dfrac{\pi}{4}\right)$

$$=-\frac{\sqrt{2}}{2}\cos x+\frac{\sqrt{2}}{2}\sin x -\left(\frac{\sqrt{2}}{2}\cos x-\frac{\sqrt{2}}{2}\sin x\right)$$

$$=-\sqrt{2}\cos x+\sqrt{2}\sin x$$

$$=\sqrt{2}\,(\sin x \quad \cos x)$$

$$=2\sin\left(x-\frac{\pi}{4}\right)$$

$$②=2\cdot\frac{\sqrt{2}}{2}-\left(\cos x\cos\frac{\pi}{4}-\sin x\sin\frac{\pi}{4} +\cos\frac{5}{4}\pi\cos x+\sin\frac{5}{4}\pi\sin x\right)$$

$$=\sqrt{2}-\left(\frac{\sqrt{2}}{2}\cos x-\frac{\sqrt{2}}{2}\sin x -\frac{\sqrt{2}}{2}\cos x-\frac{\sqrt{2}}{2}\sin x\right)$$

$$=\sqrt{2}+\sqrt{2}\sin x.$$

114 考え方

(2) $I_{p,q}=\displaystyle\int_0^1\left(\frac{t^{p+1}}{p+1}\right)'(1-t)^q\,dt$ として，部分積分法を用いる．

(3) (2)の式をくり返し用いる．

解 答

(1) $\boldsymbol{I_{p,0}}=\int_0^1 t^p\,dt$

$=\left[\dfrac{1}{p+1}t^{p+1}\right]_0^1$

$=\boldsymbol{\dfrac{1}{p+1}}.$

(2) $I_{p,q}=\int_0^1\left(\dfrac{t^{p+1}}{p+1}\right)'(1-t)^q\,dt$

$=\left[\dfrac{t^{p+1}}{p+1}(1-t)^q\right]_0^1$

$-\int_0^1\dfrac{t^{p+1}}{p+1}q(1-t)^{q-1}\cdot(-1)\,dt$

$=\dfrac{q}{p+1}\int_0^1 t^{p+1}(1-t)^{q-1}\,dt$

$=\dfrac{q}{p+1}I_{p+1,q-1}.$

(3) $I_{p,q}=\dfrac{q}{p+1}I_{p+1,q-1}$

$=\dfrac{q}{p+1}\cdot\dfrac{q-1}{p+2}I_{p+2,q-2}$

$=\dfrac{q}{p+1}\cdot\dfrac{q-1}{p+2}\cdot\dfrac{q-2}{p+3}I_{p+3,q-3}$

$=\cdots$

$=\dfrac{q}{p+1}\cdot\dfrac{q-1}{p+2}\cdot\cdots\cdot\dfrac{1}{p+q}I_{p+q,0}$

$=\dfrac{q}{p+1}\cdot\dfrac{q-1}{p+2}\cdot\cdots$

$\cdots\cdot\dfrac{1}{p+q}\cdot\dfrac{1}{p+q+1}$　((1) より)

$=\dfrac{1\cdot2\cdot\cdots\cdot p}{1\cdot2\cdot\cdots\cdot p}$

$\times\dfrac{q\cdot(q-1)\cdot\cdots\cdot1}{(p+1)(p+2)\cdot\cdots\cdot(p+q+1)}$

$=\boldsymbol{\dfrac{p!q!}{(p+q+1)!}}.$

11　定積分と極限・不等式

115　考え方

$$\lim_{n\to\infty}\frac{1}{n}\sum_{k=1}^{n}f\left(\frac{k}{n}\right)=\int_0^1 f(x)\,dx.$$

解 答

$$(\text{与式})=\int_0^1\frac{1}{(1+x)^2}\,dx$$

$$=\left[-\frac{1}{1+x}\right]_0^1=\boldsymbol{\frac{1}{2}}.$$

116　考え方

(1) $x=\tan\theta\left(-\dfrac{\pi}{2}<\theta<\dfrac{\pi}{2}\right)$ とおく.

(2) $0<x<1$ のとき, $0<x^4<x^2<1$.

解 答

(1) $x=\tan\theta\left(-\dfrac{\pi}{2}<\theta<\dfrac{\pi}{2}\right)$ とおくと,

$$dx=\frac{1}{\cos^2\theta}\,d\theta.$$

x	$0\to1$
θ	$0\to\dfrac{\pi}{4}$

$$(\text{与式})=\int_0^{\frac{\pi}{4}}\frac{1}{1+\tan^2\theta}\cdot\frac{1}{\cos^2\theta}\,d\theta$$

$$=\int_0^{\frac{\pi}{4}}\frac{1}{\cos^2\theta+\sin^2\theta}\,d\theta$$

$$=\int_0^{\frac{\pi}{4}}d\theta$$

$$=\Big[\theta\Big]_0^{\frac{\pi}{4}}$$

$$=\boldsymbol{\frac{\pi}{4}}.$$

(2) $0\leqq x\leqq1$ のとき,

$$0\leqq x^4\leqq x^2\leqq1.$$

$$\frac{1}{1+x^2}\leqq\frac{1}{1+x^4}\leqq1.$$

等号は, $x=0$ または 1 のときのみ成り立つので,

$$\int_0^1\frac{1}{1+x^2}\,dx<\int_0^1\frac{1}{1+x^4}\,dx<\int_0^1 dx.$$

よって,

$$\frac{\pi}{4}<\int_0^1\frac{1}{1+x^4}\,dx<1.$$

117　考え方

$y=\dfrac{1}{x}$ のグラフと面積の関係で考える.

(1)

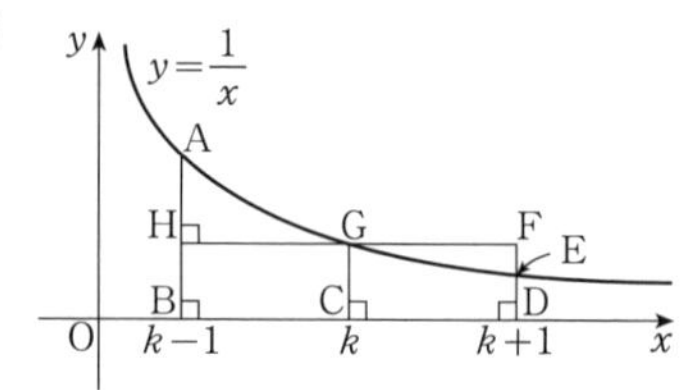

グラフより，

よって，

$$\int_k^{k+1}\frac{dx}{x}<\frac{1}{k}<\int_{k-1}^{k}\frac{dx}{x}. \qquad \cdots①$$

(2)　① の 各 辺 に $k=n+1,\ n+2,\ \cdots,\ 2n$ を代入して辺々加えると，

$$\int_{n+1}^{n+2}\frac{dx}{x}+\cdots+\int_{2n}^{2n+1}\frac{dx}{x}$$
$$<\frac{1}{n+1}+\cdots+\frac{1}{2n}$$
$$<\int_{n}^{n+1}\frac{dx}{x}+\cdots+\int_{2n-1}^{2n}\frac{dx}{x}. \qquad \cdots②$$

$$(② の左側)=\int_{n+1}^{2n+1}\frac{dx}{x},$$
$$(② の右側)=\int_{n}^{2n}\frac{dx}{x}$$

より，

$$\boldsymbol{\int_{n+1}^{2n+1}\frac{dx}{x}<\frac{1}{n+1}+\cdots+\frac{1}{2n}<\int_{n}^{2n}\frac{dx}{x}.}$$

118　考え方

(1)　$\displaystyle\lim_{n\to\infty}\frac{1}{n}\sum_{k=1}^{n}f\left(\frac{k}{n}\right)=\int_0^1 f(x)\,dx.$

解答

(1)　$\displaystyle(与式)=\int_0^1\log\left(1+\frac{x}{3}\right)dx$

$$=\int_0^1(x+3)'\log\left(1+\frac{x}{3}\right)dx$$
$$=\left[(x+3)\log\left(1+\frac{x}{3}\right)\right]_0^1$$
$$-\int_0^1(x+3)\cdot\frac{\frac{1}{3}}{1+\frac{x}{3}}dx$$
$$=4\log\frac{4}{3}-\int_0^1 1\,dx$$
$$=4\log\frac{4}{3}-\Big[x\Big]_0^1$$
$$\boldsymbol{=4\log\frac{4}{3}-1.}$$

(2)　$\displaystyle a_n=\frac{1}{n}\sqrt[n]{(3n+1)(3n+2)\cdots(4n)}$

$$=\sqrt[n]{\left(\frac{1}{n}\right)^n(3n+1)(3n+2)\cdots(3n+n)}$$
$$=\sqrt[n]{\left(3+\frac{1}{n}\right)\left(3+\frac{2}{n}\right)\cdots\left(3+\frac{n}{n}\right)}$$
$$=3\sqrt[n]{\left(1+\frac{1}{3n}\right)\left(1+\frac{2}{3n}\right)\cdots\left(1+\frac{n}{3n}\right)}$$

とおくと，

$\log a_n$

$$=\log 3+\frac{1}{n}\log\left\{\left(1+\frac{1}{3n}\right)\left(1+\frac{2}{3n}\right)\cdots\left(1+\frac{n}{3n}\right)\right\}$$
$$=\log 3+\frac{1}{n}\sum_{k=1}^{n}\log\left(1+\frac{k}{3n}\right).$$

(1) より，

$$\lim_{n\to\infty}\log a_n=\log 3+4\log\frac{4}{3}-1$$
$$=\log 3\cdot\left(\frac{4}{3}\right)^4\cdot\frac{1}{e}$$
$$=\log\frac{256}{27e}.$$

よって，

$$(与式)=\lim_{n\to\infty}a_n=\boldsymbol{\frac{256}{27e}.}$$

[注]

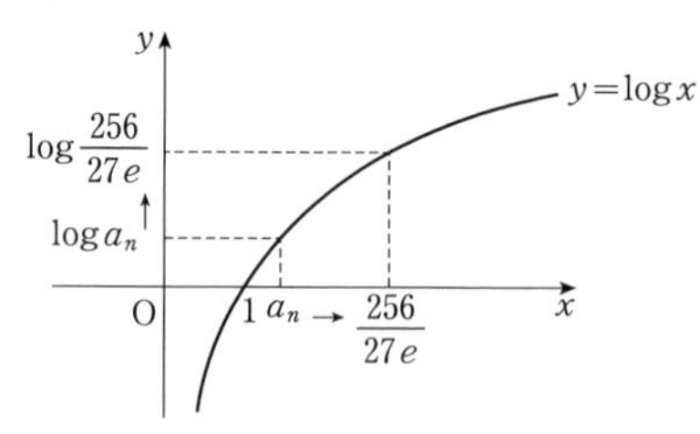

119　考え方

$$=\frac{1}{2}r^2\theta.$$

$$=\frac{1}{2}ab\sin\theta.$$

$$S_k=\quad-\quad$$

$$=\frac{1}{2}a^2\frac{k}{n}\pi-\frac{1}{2}a^2\sin\frac{k}{n}\pi.$$

解答

(1)

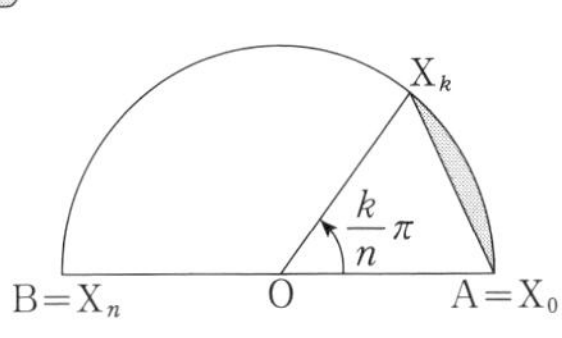

$$S_k=\quad-\quad$$

$$=\frac{1}{2}a^2\frac{k}{n}\pi-\frac{1}{2}a^2\sin\frac{k}{n}\pi$$

$$=\boldsymbol{\frac{1}{2}a^2\left(\frac{k}{n}\pi-\sin\frac{k}{n}\pi\right)}.$$

(2)　$(\text{与式})=\frac{1}{2}a^2\int_0^1(\pi x-\sin\pi x)\,dx$

$$=\frac{a^2}{2}\left[\frac{\pi}{2}x^2+\frac{1}{\pi}\cos\pi x\right]_0^1$$

$$=\frac{a^2}{2}\left(\frac{\pi}{2}-\frac{2}{\pi}\right)$$

$$=\boldsymbol{\frac{a^2}{4\pi}(\pi^2-4)}.$$

120　考え方

(1)

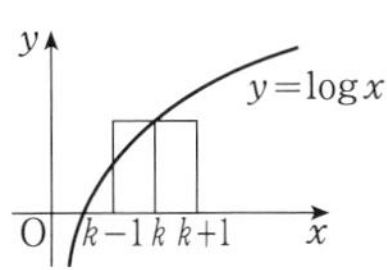

$\log k$ は，図の長方形

$\log k$ および $\log k$

の面積になる．

(2)　(1)の不等式を利用してはさみうちの原理で求める．

解答

(1)　**［解答 1］**

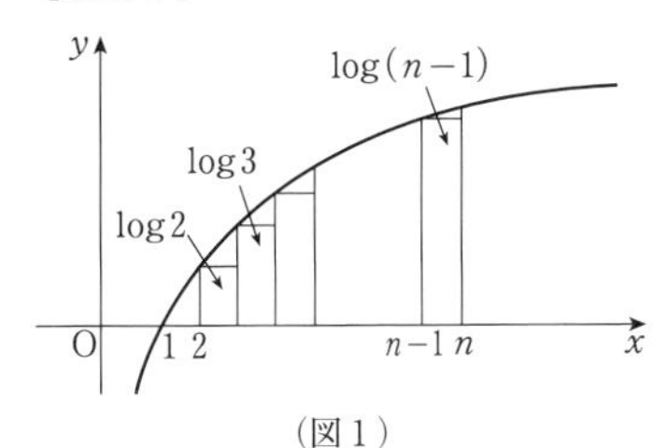

（図 1）

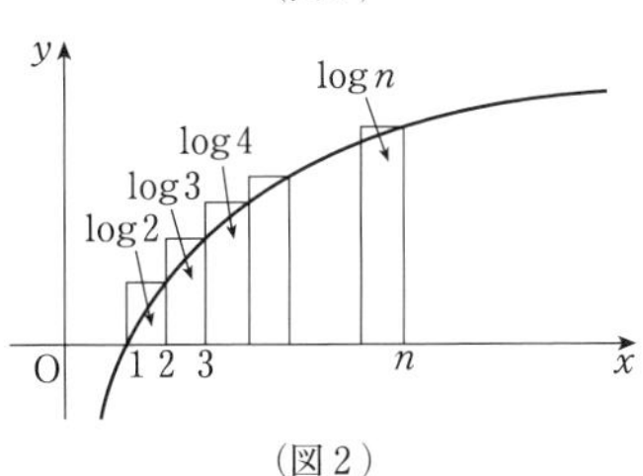

（図 2）

図 1 より，各長方形の面積の和との比較から，$n\geqq3$ のとき，

$$\log2+\log3+\cdots+\log(n-1)<\int_1^n\log x\,dx.$$

$\log1=0$ であるから，

$$a_{n-1}<\int_1^n\log x\,dx.$$

同様にして，図 2 より，$n\geqq3$ のとき，

$$\int_1^n\log x\,dx<\log2+\log3+\cdots+\log n.$$

$$\int_1^n\log x\,dx<a_n.$$

［解答 2］

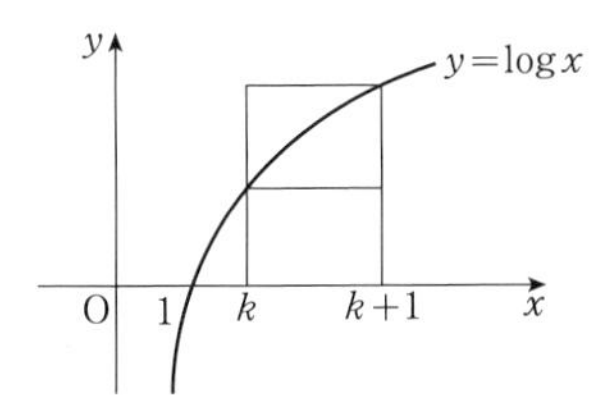

図より，

$\log k$ k $k+1$ ＜ $y=\log x$ k $k+1$ ＜ $\log(k+1)$ k $k+1$

であるから，

$$\log k<\int_k^{k+1}\log x\,dx<\log(k+1)\quad\cdots(*)$$

が成り立つ．

$n\geqq3$ のとき，各辺に $k=1,\ 2,\ \cdots,\ n-1$ を代入して辺々加えると，

$$\begin{aligned}(\text{左側})&=\log1+\log2+\cdots+\log(n-1)\\&=a_{n-1},\end{aligned}$$

$$\begin{aligned}(\text{中央})&=\int_1^2\log x\,dx+\int_2^3\log x\,dx+\cdots\\&\qquad\cdots+\int_{n-1}^n\log x\,dx\\&=\int_1^n\log x\,dx,\end{aligned}$$

$$\begin{aligned}(\text{右側})&=\log2+\log3+\cdots+\log n\\&=\log1+\log2+\log3+\cdots+\log n\\&\qquad(\log1=0\ \text{より})\\&=a_n.\end{aligned}$$

よって，

$$a_{n-1}<\int_1^n\log x\,dx<a_n.$$

［**注**］ (*) は次のように示すこともできる．

$k\leqq x\leqq k+1$ のとき，

$$\log k\leqq\log x\leqq\log(k+1).$$

$k<x<k+1$ のとき，

$$\log k<\log x<\log(k+1).$$

よって，

$$\int_k^{k+1}\log k\,dx<\int_k^{k+1}\log x\,dx<\int_k^{k+1}\log(k+1)\,dx.$$

$$(\text{左側})=\log k,$$

$$(\text{右側})=\log(k+1)$$

より，

$$\log k<\int_k^{k+1}\log x\,dx<\log(k+1).$$

(2)
$$\begin{aligned}\int_1^n\log x\,dx&=\int_1^n(x)'\log x\,dx\\&=\Big[x\log x\Big]_1^n-\int_1^n x\cdot\frac{1}{x}\,dx\\&=n\log n-\Big[x\Big]_1^n\\&=n\log n-n+1.\end{aligned}$$

(1) より，

$$a_n-\log n<n\log n-n+1<a_n.$$

$$n\log n-n+1<a_n<(n+1)\log n-n+1.$$

$n\log n$ で割って，

$$1-\frac{1}{\log n}+\frac{1}{n\log n}<\frac{a_n}{n\log n}<1+\frac{1}{n}-\frac{1}{\log n}+\frac{1}{n\log n}.$$

ここで，

$$\lim_{n\to\infty}\left(1-\frac{1}{\log n}+\frac{1}{n\log n}\right)=1,$$

$$\lim_{n\to\infty}\left(1+\frac{1}{n}-\frac{1}{\log n}+\frac{1}{n\log n}\right)=1$$

であるから，はさみうちの原理より，

$$\lim_{n\to\infty}\frac{a_n}{n\log n}=\mathbf{1}.$$

［**別解**］ (1) より，

$$\int_1^n\log x\,dx<a_n<\int_1^{n+1}\log x\,dx.$$

$$\begin{aligned}\int\log x\,dx&=\int(x)'\log x\,dx\\&=x\log x-\int x\cdot\frac{1}{x}\,dx\\&=x\log x-x+C\\&\qquad(C\text{ は積分定数})\end{aligned}$$

であるから，

$$\begin{aligned}\int_1^n\log x\,dx&=\Big[x\log x-x\Big]_1^n\\&=n\log n-n+1.\end{aligned}$$

$$\begin{aligned}\int_1^{n+1}\log x\,dx&=\Big[x\log x-x\Big]_1^{n+1}\\&=(n+1)\log(n+1)-n.\end{aligned}$$

よって，

$$n\log n-n+1<a_n<(n+1)\log(n+1)-n.$$

$n\log n$ で割って，

$$1-\frac{1}{\log n}+\frac{1}{n\log n}<\frac{a_n}{n\log n}<\frac{(n+1)\log(n+1)}{n\log n}-\frac{1}{\log n}.$$

ここで，

$$\lim_{n\to\infty}\left(1-\frac{1}{\log n}+\frac{1}{n\log n}\right)=1.$$

また，

$$\lim_{n\to\infty}\left\{\frac{(n+1)\log(n+1)}{n\log n}-\frac{1}{\log n}\right\}$$

$$=\lim_{n\to\infty}\left\{\left(1+\frac{1}{n}\right)\cdot\frac{\log n\left(1+\frac{1}{n}\right)}{\log n}-\frac{1}{\log n}\right\}$$

$$=\lim_{n\to\infty}\left\{\left(1+\frac{1}{n}\right)\frac{\log n+\log\left(1+\frac{1}{n}\right)}{\log n}-\frac{1}{\log n}\right\}$$

$$=\lim_{n\to\infty}\left\{\left(1+\frac{1}{n}\right)\left(1+\frac{\log\left(1+\frac{1}{n}\right)}{\log n}\right)-\frac{1}{\log n}\right\}$$

$=1.$

よって，

$$\lim_{n\to\infty}\frac{a_n}{n\log n}=\mathbf{1}.$$

121　考え方

(1)　$y=\dfrac{1}{x}$ のグラフをかき，与式の各辺を面積で表して，その大小関係を考える．

解答

(1)　$y=\dfrac{1}{x}$ $(x>0)$ は下に凸の減少関数である．

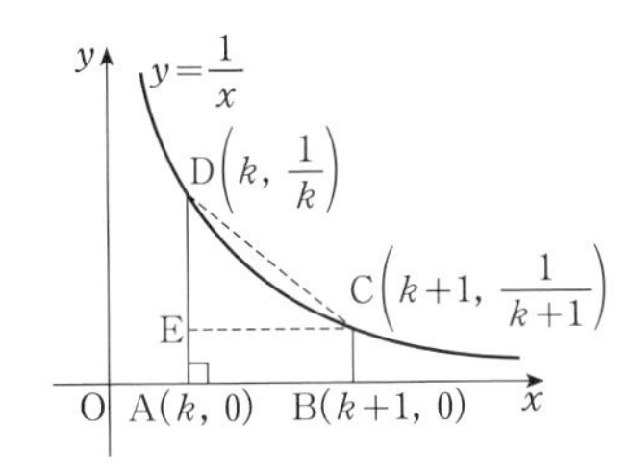

図より，

よって，

$$\frac{1}{k+1}<\int_k^{k+1}\frac{1}{x}\,dx<\frac{1}{2}\left(\frac{1}{k}+\frac{1}{k+1}\right).$$

(2)

$$\frac{1}{k+1}<\int_k^{k+1}\frac{1}{x}\,dx \qquad \cdots①$$

に $k=1,\ 2,\ 3,\ \cdots,\ n-1$ $(n\geqq2)$ を代入して辺々加えると，

$$(\text{左側})=\frac{1}{2}+\frac{1}{3}+\cdots+\frac{1}{n}.$$

$$(\text{右側})=\int_1^2\frac{1}{x}\,dx+\int_2^3\frac{1}{x}\,dx+\cdots+\int_{n-1}^n\frac{1}{x}\,dx$$

$$=\int_1^n\frac{1}{x}\,dx$$

$$=\Big[\log x\Big]_1^n$$

$$=\log n.$$

よって，

$$\frac{1}{2}+\frac{1}{3}+\cdots+\frac{1}{n}<\log n.$$

したがって，

$$a_n>0. \qquad \cdots②$$

次に，

$$a_{n+1}-a_n$$

$$=\log(n+1)-\left(\frac{1}{2}+\frac{1}{3}+\cdots+\frac{1}{n}+\frac{1}{n+1}\right)-\left\{\log n-\left(\frac{1}{2}+\frac{1}{3}+\cdots+\frac{1}{n}\right)\right\}$$

$$=\Big[\log x\Big]_n^{n+1}-\frac{1}{n+1}$$

$$=\int_n^{n+1}\frac{1}{x}\,dx-\frac{1}{n+1}.$$

① より，

$$\int_n^{n+1}\frac{1}{x}\,dx-\frac{1}{n+1}>0$$

であるから，

$$a_{n+1}>a_n. \qquad \cdots③$$

また，

$$\int_k^{k+1}\frac{1}{x}\,dx<\frac{1}{2}\left(\frac{1}{k}+\frac{1}{k+1}\right)$$

に $k=1,\ 2,\ \cdots,\ n$ を代入して辺々加えると，

$$(\text{左側})=\int_1^2\frac{1}{x}\,dx+\int_2^3\frac{1}{x}\,dx+\cdots+\int_n^{n+1}\frac{1}{x}\,dx$$

$$=\int_1^{n+1}\frac{1}{x}\,dx$$

$$=\Big[\log x\Big]_1^{n+1}$$

$$=\log(n+1).$$

$$(\text{右側})=\frac{1}{2}\left(1+\frac{1}{2}\right)+\frac{1}{2}\left(\frac{1}{2}+\frac{1}{3}\right)+\cdots+\frac{1}{2}\left(\frac{1}{n}+\frac{1}{n+1}\right)$$

$$=\frac{1}{2}+\left(\frac{1}{2}+\frac{1}{3}+\cdots+\frac{1}{n}\right)+\frac{1}{2(n+1)}$$
$$=\frac{1}{2}+\left(\frac{1}{2}+\frac{1}{3}+\cdots+\frac{1}{n}+\frac{1}{n+1}\right)-\frac{1}{2(n+1)}.$$

よって，

$$\log(n+1)<\left(\frac{1}{2}+\frac{1}{3}+\cdots+\frac{1}{n+1}\right)+\frac{1}{2}-\frac{1}{2(n+1)}.$$

$$a_{n+1}<\frac{1}{2}-\frac{1}{2(n+1)}. \qquad \cdots④$$

②，③，④ より示された.

［注１］

(1) $F(k)=\int_k^{k+1}\frac{1}{x}dx-\frac{1}{k+1}$
$$=\log(k+1)-\log k-\frac{1}{k+1}$$

とおくと，

$$F'(k)=\frac{1}{k+1}-\frac{1}{k}+\frac{1}{(k+1)^2}$$
$$=\frac{-1}{k(k+1)^2}<0.$$

よって，$F(k)$ は単調減少で，

$$\lim_{k\to\infty}F(k)=\lim_{k\to\infty}\left\{\log\left(1+\frac{1}{k}\right)-\frac{1}{k+1}\right\}=0$$

であるから，$k>0$ で $F(k)>0$.

$$G(k)=\frac{1}{2}\left(\frac{1}{k}+\frac{1}{k+1}\right)-\int_k^{k+1}\frac{1}{x}dx$$
$$=\frac{1}{2}\left(\frac{1}{k}+\frac{1}{k+1}\right)-\log(k+1)+\log k$$

とおくと，

$$G'(k)=\frac{1}{2}\left\{-\frac{1}{k^2}-\frac{1}{(k+1)^2}\right\}-\frac{1}{k+1}+\frac{1}{k}$$
$$=\frac{-1}{2k^2(k+1)^2}<0.$$

よって，$G(k)$ は単調減少で，

$$\lim_{k\to\infty}G(k)=\lim_{k\to\infty}\left\{\frac{1}{2}\left(\frac{1}{k}+\frac{1}{k+1}\right)-\log\left(1+\frac{1}{k}\right)\right\}$$
$$=0$$

であるから，$k>0$ で $G(k)>0$.

［注２］ 2点 $\left(k,\ \frac{1}{k}\right)$，$\left(k+1,\ \frac{1}{k+1}\right)$ を通る直線の方程式は，

$$y=\frac{\frac{1}{k+1}-\frac{1}{k}}{k+1-k}(x-k)+\frac{1}{k}$$
$$=-\frac{1}{k(k+1)}(x-k)+\frac{1}{k}.$$

$y=\frac{1}{x}$ は下に凸の減少関数であるから，

$$k\leqq x\leqq k+1$$

で，

$$\frac{1}{k+1}\leqq\frac{1}{x}\leqq-\frac{1}{k(k+1)}(x-k)+\frac{1}{k}.$$

（等号は $x=k$ または $x=k+1$ のとき成り立つ）

よって，

$$\underbrace{\int_k^{k+1}\frac{1}{k+1}dx}_{（左側）}<\int_k^{k+1}\frac{1}{x}dx<\underbrace{\int_k^{k+1}\left\{-\frac{1}{k(k+1)}(x-k)+\frac{1}{k}\right\}dx}_{（右側）}.$$

$$（左側）=\frac{1}{k+1}.$$

$$（右側）=\left[-\frac{1}{2k(k+1)}(x-k)^2+\frac{1}{k}x\right]_k^{k+1}$$
$$=-\frac{1}{2k(k+1)}+\frac{1}{k}$$
$$=\frac{2k+1}{2k(k+1)}$$
$$=\frac{1}{2}\left(\frac{1}{k}+\frac{1}{k+1}\right).$$

したがって，

$$\frac{1}{k+1}<\int_k^{k+1}\frac{1}{x}dx<\frac{1}{2}\left(\frac{1}{k}+\frac{1}{k+1}\right).$$

122 考え方

(1) $f(x)=e^x+e^{-x}-(2+x^2)$ とおくと
$$f(-x)=f(x)$$
であるから，$x\geqq0$ で $f(x)\geqq0$ を示せばよい.

(2) (1)より，
$$e^{\cos t}+e^{-\cos t}\geqq2+\cos^2 t.$$

$\int_0^\pi e^{-\cos t}dt$ に対し，$\pi-t=u$ とおく.

一般に，

$a\leqq x\leqq b$ のとき，$f(x)\geqq g(x)$
$$\Rightarrow \int_a^b f(x)\,dx\geqq\int_a^b g(x)\,dx.$$

解答

(1) $f(x)=e^x+e^{-x}-(2+x^2)$ とおくと，

$$f(-x)=f(x).$$

よって，$x\geqq 0$ で $f(x)\geqq 0$ を示せばよい．

$$f'(x)=e^x-e^{-x}-2x.$$
$$f''(x)=e^x+e^{-x}-2.$$

相加平均，相乗平均の不等式より，

$$\frac{1}{2}(e^x+e^{-x})\geqq\sqrt{e^x\cdot e^{-x}}.$$
$$e^x+e^{-x}\geqq 2.$$

等号成立は，$e^x=e^{-x}$ すなわち $x=0$ のとき．

よって，

$$f''(x)\geqq 0$$

であるから，$f'(x)$ は単調に増加する．

$$f'(0)=0$$

であるから，$x\geqq 0$ のとき，

$$f'(x)\geqq 0.$$

よって，$f(x)$ は単調に増加する．

$$f(0)=0$$

であるから $x\geqq 0$ のとき，

$$f(x)\geqq 0.$$

以上より，すべての実数 x に対し，

$$e^x+e^{-x}\geqq 2+x^2.$$

(2)　(1)の不等式に $x=\cos t$ を代入して，

$$e^{\cos t}+e^{-\cos t}\geqq 2+\cos^2 t.$$
$$\int_0^{\pi}e^{\cos t}\,dt+\int_0^{\pi}e^{-\cos t}\,dt\geqq\int_0^{\pi}(2+\cos^2 t)\,dt.$$

$\pi-t=u$ とおくと，

t	$0\to\pi$
u	$\pi\to 0$

$dt=-du.$

$\cos t=\cos(\pi-u)=-\cos u.$

$$\int_0^{\pi}e^{-\cos t}\,dt=\int_{\pi}^{0}e^{\cos u}(-du)$$
$$=\int_0^{\pi}e^{\cos t}\,dt.$$

$$\int_0^{\pi}(2+\cos^2 t)\,dt$$
$$=\int_0^{\pi}\left(2+\frac{1+\cos 2t}{2}\right)dt$$
$$=\left[\frac{5}{2}t+\frac{1}{4}\sin 2t\right]_0^{\pi}$$
$$=\frac{5}{2}\pi.$$

よって，

$$2\int_0^{\pi}e^{\cos t}\,dt\geqq\frac{5}{2}\pi.$$
$$\int_0^{\pi}e^{\cos t}\,dt\geqq\frac{5}{4}\pi.$$

123　考え方

(2)　k が整数のとき，

$\sin k\pi=0,$

$$\cos k\pi=(-1)^k=\begin{cases}1 & (k：偶数),\\ -1 & (k：奇数).\end{cases}$$

(3)　$S_n=\int_0^{\pi}e^{-x}|\sin x|\,dx+\int_{\pi}^{2\pi}e^{-x}|\sin x|\,dx+\cdots+\int_{(n-1)\pi}^{n\pi}e^{-x}|\sin x|\,dx$

$$=\sum_{k=1}^{n}\int_{(k-1)\pi}^{k\pi}e^{-x}|\sin x|\,dx.$$

$(k-1)\pi\leqq x\leqq k\pi$ のとき，

$$e^{-x}|\sin x|=(-1)^{k-1}e^{-x}\sin x.$$

解答

(1)　$\boldsymbol{f'(x)=-e^{-x}\sin x+e^{-x}\cos x,}$　…①

$\boldsymbol{g'(x)=-e^{-x}\cos x-e^{-x}\sin x.}$　…②

(2)　I_k+J_k

$$=\int_{(k-1)\pi}^{k\pi}(e^{-x}\sin x+e^{-x}\cos x)\,dx$$
$$=-\left[e^{-x}\cos x\right]_{(k-1)\pi}^{k\pi}$$
$$=-\{e^{-k\pi}(-1)^k-e^{-(k-1)\pi}(-1)^{k-1}\}$$
$$=(-1)^{k-1}\{e^{-k\pi}+e^{-(k-1)\pi}\}$$
$$\boldsymbol{=(-1)^{k-1}(e^{-\pi}+1)(e^{-\pi})^{k-1}.}$$

I_k-J_k

$$=\int_{(k-1)\pi}^{k\pi}(e^{-x}\sin x-e^{-x}\cos x)\,dx$$
$$=-\left[e^{-x}\sin x\right]_{(k-1)\pi}^{k\pi}$$
$$\boldsymbol{=0.}$$

(3)　$S_n=\int_0^{\pi}e^{-x}|\sin x|\,dx+\int_{\pi}^{2\pi}e^{-x}|\sin x|\,dx+\cdots+\int_{(n-1)\pi}^{n\pi}e^{-x}|\sin x|\,dx$

$$=\sum_{k=1}^{n}\int_{(k-1)\pi}^{k\pi}e^{-x}|\sin x|\,dx.$$

$(k-1)\pi\leqq x\leqq k\pi$ のとき，

$$e^{-x}|\sin x|=(-1)^{k-1}e^{-x}\sin x$$

より，

$$S_n=\sum_{k=1}^{n}(-1)^{k-1}I_k.$$

(2)より，

$$I_k=J_k=\frac{1}{2}(I_k+J_k)$$
$$=\frac{(-1)^{k-1}(e^{-\pi}+1)}{2}(e^{-\pi})^{k-1}$$

であるから,

$$S_n=\sum_{k=1}^{n}\frac{e^{-\pi}+1}{2}(e^{-\pi})^{k-1}$$
$$=\frac{e^{-\pi}+1}{2}\cdot\frac{1-(e^{-\pi})^n}{1-e^{-\pi}}.$$

$0<e^{-\pi}<1$ より,

$$\lim_{n\to\infty}S_n=\frac{e^{-\pi}+1}{2}\cdot\frac{1}{1-e^{-\pi}}$$
$$=\boldsymbol{\frac{e^{\pi}+1}{2(e^{\pi}-1)}}.$$

124 考え方

(2) $1-x^2+x^4-\cdots+(-1)^{n-1}x^{2n-2}=\dfrac{1-(-1)^nx^{2n}}{1+x^2}$

の両辺を0から1まで積分する.

(3) $x=\tan\theta\ \left(-\dfrac{\pi}{2}<\theta<\dfrac{\pi}{2}\right)$ とおく.

(4) $0\leqq x\leqq 1$ のとき,

$$0\leqq\frac{1}{1+x^2}\leqq 1$$

より,

$$0\leqq\frac{x^{2n}}{1+x^2}\leqq x^{2n}.$$

よって,

$$0\leqq\int_0^1\frac{x^{2n}}{1+x^2}dx\leqq\int_0^1 x^{2n}dx.$$

解答

(1) $-x^2\neq 1$ であるから,

$$1-x^2+x^4-x^6+\cdots+(-1)^{n-1}x^{2n-2}$$
$$=1+(-x^2)+(-x^2)^2+\cdots+(-x^2)^{n-1}$$
$$=\frac{1-(-x^2)^n}{1-(-x^2)}$$
$$=\boldsymbol{\frac{1-(-1)^nx^{2n}}{1+x^2}}.$$

(2) (1)の結果より,

$$\int_0^1\frac{1-(-1)^nx^{2n}}{1+x^2}dx$$
$$=\int_0^1\{1-x^2+x^4-x^6+\cdots+(-1)^{n-1}x^{2n-2}\}dx$$
$$=\left[x-\frac{x^3}{3}+\frac{x^5}{5}-\frac{x^7}{7}+\cdots+(-1)^{n-1}\frac{x^{2n-1}}{2n-1}\right]_0^1$$
$$=1-\frac{1}{3}+\frac{1}{5}-\frac{1}{7}+\cdots+(-1)^{n-1}\frac{1}{2n-1}$$
$$=S_n.$$

よって,

$$S_n=\int_0^1\frac{1-(-1)^nx^{2n}}{1+x^2}dx$$
$$=\int_0^1\frac{1}{1+x^2}dx-(-1)^n\int_0^1\frac{x^{2n}}{1+x^2}dx.$$

(3) $x=\tan\theta\ \left(-\dfrac{\pi}{2}<\theta<\dfrac{\pi}{2}\right)$ とおくと,

$$\frac{dx}{d\theta}=\frac{1}{\cos^2\theta}.$$
$$dx=\frac{1}{\cos^2\theta}d\theta.$$

x	$0\ \to\ 1$
θ	$0\ \to\ \dfrac{\pi}{4}$

$$1+x^2=1+\tan^2\theta=\frac{1}{\cos^2\theta}.$$

よって,

$$\int_0^1\frac{1}{1+x^2}dx=\int_0^{\frac{\pi}{4}}\frac{1}{\frac{1}{\cos^2\theta}}\cdot\frac{1}{\cos^2\theta}d\theta$$
$$=\int_0^{\frac{\pi}{4}}d\theta$$
$$=\Big[\theta\Big]_0^{\frac{\pi}{4}}$$
$$=\boldsymbol{\frac{\pi}{4}}.$$

(4) $0\leqq x\leqq 1$ のとき,

$$0\leqq\frac{1}{1+x^2}\leqq 1.$$
$$0\leqq\frac{x^{2n}}{1+x^2}\leqq x^{2n}.$$
$$0\leqq\int_0^1\frac{x^{2n}}{1+x^2}dx\leqq\int_0^1x^{2n}dx.$$

$$\int_0^1x^{2n}dx=\left[\frac{1}{2n+1}x^{2n+1}\right]_0^1=\frac{1}{2n+1}$$

であるから,

$$0 \leqq \int_0^1 \frac{x^{2n}}{1+x^2}\,dx \leqq \frac{1}{2n+1}.$$

(5)　$\displaystyle\lim_{n\to\infty}\frac{1}{2n+1}=0$ であるから，(4) より，

$$\lim_{n\to\infty}\int_0^1 \frac{x^{2n}}{1+x^2}\,dx=0.$$

よって，(2)，(3) より，

$$\lim_{n\to\infty} S_n=\int_0^1 \frac{1}{1+x^2}\,dx$$

$$=\boldsymbol{\frac{\pi}{4}}.$$

125　考え方

(1)
$$x_n=\int_0^{\frac{\pi}{2}} \cos\theta\cdot\cos^{n-1}\theta\,d\theta$$
$$=\int_0^{\frac{\pi}{2}} (\sin\theta)'\cos^{n-1}\theta\,d\theta$$

に部分積分法を用いる．

(3)　$0\leqq\theta\leqq\dfrac{\pi}{2}$ のとき，

$$\cos^n\theta \geqq \cos^{n+1}\theta.$$

（等号は $\theta=0$ または $\dfrac{\pi}{2}$ のときのみ成り立つ）

よって，

$$\int_0^{\frac{\pi}{2}}\cos^n\theta\,d\theta > \int_0^{\frac{\pi}{2}}\cos^{n+1}\theta\,d\theta.$$

(4)　(3) の結果より，$n\geqq1$ のとき，

$$x_{n-1}>x_n>x_{n+1}.$$
$$x_nx_{n-1}>{x_n}^2>x_nx_{n+1}.$$

これに (2) の結果を用いる．

解答

(1)
$$x_n=\int_0^{\frac{\pi}{2}} (\sin\theta)'\cos^{n-1}\theta\,d\theta$$
$$=\Big[\sin\theta\cos^{n-1}\theta\Big]_0^{\frac{\pi}{2}}$$
$$-\int_0^{\frac{\pi}{2}}\sin\theta\cdot(n-1)\cos^{n-2}\theta(-\sin\theta)\,d\theta$$
$$=\int_0^{\frac{\pi}{2}}(n-1)(1-\cos^2\theta)\cos^{n-2}\theta\,d\theta$$
$$=(n-1)\left(\int_0^{\frac{\pi}{2}}\cos^{n-2}\theta\,d\theta-\int_0^{\frac{\pi}{2}}\cos^n\theta\,d\theta\right)$$
$$=(n-1)(x_{n-2}-x_n).$$

$$nx_n=(n-1)x_{n-2}. \qquad \cdots①$$

よって，

$$x_n=\frac{n-1}{n}x_{n-2}.$$

(2)　① より，$n\geqq2$ のとき，両辺に x_{n-1} をかけて，

$$nx_nx_{n-1}=(n-1)x_{n-1}x_{n-2}.$$

よって，数列 $\{nx_nx_{n-1}\}$ は公差が 0 の等差数列だから，

$$nx_nx_{n-1}=x_1x_0.$$

ここで，

$$x_0=\int_0^{\frac{\pi}{2}}d\theta=\frac{\pi}{2},$$
$$x_1=\int_0^{\frac{\pi}{2}}\cos\theta\,d\theta=\Big[\sin\theta\Big]_0^{\frac{\pi}{2}}=1.$$

よって，

$$nx_nx_{n-1}=\frac{\pi}{2}.$$
$$x_nx_{n-1}=\boldsymbol{\frac{\pi}{2n}}. \qquad \cdots②$$

(3)　$0\leqq\theta\leqq\dfrac{\pi}{2}$ のとき，

$$\cos^n\theta \geqq \cos^{n+1}\theta$$

（等号は $\theta=0$ または $\dfrac{\pi}{2}$ のときのみ成り立つ）

よって，

$$\int_0^{\frac{\pi}{2}}\cos^n\theta\,d\theta > \int_0^{\frac{\pi}{2}}\cos^{n+1}\theta\,d\theta.$$

したがって，$n\geqq0$ のとき，

$$x_n>x_{n+1}. \qquad \cdots③$$

(4)　③ より，

$$x_{n-1}>x_n>x_{n+1}.$$

$x_n>0$ より，

$$x_nx_{n-1}>{x_n}^2>x_nx_{n+1}.$$

② より，

$$\frac{\pi}{2n}>{x_n}^2>\frac{\pi}{2(n+1)}.$$
$$\frac{\pi}{2}>n{x_n}^2>\frac{n\pi}{2(n+1)}.$$
$$\lim_{n\to\infty}\frac{n\pi}{2(n+1)}=\lim_{n\to\infty}\frac{\pi}{2}\cdot\frac{1}{1+\frac{1}{n}}=\frac{\pi}{2}$$

であるから，

$$\lim_{n\to\infty} n{x_n}^2=\frac{\pi}{2}.$$

126 考え方

(1) $0\leqq t\leqq 1$ のとき，$0\leqq t^n\leqq 1$ より，

$$0\leqq t^n e^{-t}\leqq e^{-t}.$$

$$0\leqq \int_0^1 t^n e^{-t}dt\leqq \int_0^1 e^{-t}dt.$$

(3) $a_{n+1}=\dfrac{1}{(n+1)!}\displaystyle\int_0^1 t^{n+1}e^{-t}dt$

$$=\frac{1}{(n+1)!}\int_0^1 t^{n+1}(-e^{-t})'dt$$

として，部分積分法を用いる．

(4) (3) より，

$$\frac{1}{(k+1)!}=e(a_k-a_{k+1}).$$

$k=1,\ 2,\ \cdots,\ n-1$ を代入して辺々加える．

解答

(1) $0\leqq t\leqq 1$ のとき，

$$0\leqq t^n\leqq 1.$$

$$0\leqq t^n e^{-t}\leqq e^{-t}.$$

$$0\leqq \int_0^1 t^n e^{-t}dt\leqq \int_0^1 e^{-t}dt.$$

ここで，

$$\int_0^1 e^{-t}dt=\Big[-e^{-t}\Big]_0^1=1-e^{-1}$$

であるから，$n\geqq 1$ のとき，

$$0\leqq \int_0^1 t^n e^{-t}dt\leqq 1-e^{-1}. \quad \cdots①$$

(2) ① の各辺を $n!$ で割って，

$$0\leqq \frac{1}{n!}\int_0^1 t^n e^{-t}dt\leqq \frac{1}{n!}(1-e^{-1}).$$

$$0\leqq a_n\leqq \frac{1}{n!}(1-e^{-1}).$$

$\displaystyle\lim_{n\to\infty}\frac{1}{n!}(1-e^{-1})=0$ であるから，

$$\lim_{n\to\infty}a_n=0.$$

(3) $a_{n+1}=\dfrac{1}{(n+1)!}\displaystyle\int_0^1 t^{n+1}e^{-t}dt$

$$=\frac{1}{(n+1)!}\int_0^1 t^{n+1}(-e^{-t})'dt$$

$$=\frac{1}{(n+1)!}\left\{\Big[t^{n+1}(-e^{-t})\Big]_0^1-\int_0^1(n+1)t^n(-e^{-t})dt\right\}$$

$$=\frac{1}{(n+1)!}\left\{-e^{-1}+(n+1)\int_0^1 t^n e^{-t}dt\right\}$$

$$=-\frac{e^{-1}}{(n+1)!}+\frac{1}{n!}\int_0^1 t^n e^{-t}dt$$

$$=a_n-\frac{1}{(n+1)!e}\quad (n\geqq 1).$$

(4) (3) より，$k=1,\ 2,\ 3,\ \cdots$ のとき，

$$\frac{1}{(k+1)!e}=a_k-a_{k+1}.$$

$$\frac{1}{(k+1)!}=e(a_k-a_{k+1}). \quad \cdots②$$

$n\to\infty$ だから $n\geqq 2$ としてよい．

このとき，② に $k=1,\ 2,\ 3,\ \cdots,\ n-1$ を代入して辺々加えると，

$$(\text{左辺})=\frac{1}{2!}+\frac{1}{3!}+\cdots+\frac{1}{n!},$$

$$(\text{右辺})=e(a_1-a_2)+e(a_2-a_3)+\cdots+e(a_{n-1}-a_n)$$

$$=e(a_1-a_n)$$

であるから，

$$\sum_{k=2}^{n}\frac{1}{k!}=e(a_1-a_n).$$

ここで，

$$a_1=\int_0^1 te^{-t}dt$$

$$=\int_0^1 t(-e^{-t})'dt$$

$$=\Big[t(-e^{-t})\Big]_0^1-\int_0^1(-e^{-t})dt$$

$$=-e^{-1}-\Big[e^{-t}\Big]_0^1$$

$$=-e^{-1}-(e^{-1}-1)$$

$$=-2e^{-1}+1$$

であるから，

$$\sum_{k=2}^{n}\frac{1}{k!}=-2+e-ea_n.$$

$$e=2+\sum_{k=2}^{n}\frac{1}{k!}+ea_n$$

$$=1+\sum_{k=1}^{n}\frac{1}{k!}+ea_n.$$

($1!=1$ より)

$n\to\infty$ とすると，(2) より，

$$e=1+\sum_{k=1}^{\infty}\frac{1}{k!}.$$

よって,

$$e=1+\sum_{n=1}^{\infty}\frac{1}{n!}.$$

127 考え方

(1) $$\int\frac{f'(x)}{f(x)}dx=\log|f(x)|+C.$$

（C は積分定数）

(2) $0\leqq\theta\leqq\dfrac{\pi}{4}$ のとき $0\leqq\tan\theta\leqq1$ であるから,

$$\tan^n\theta\geqq\tan^{n+1}\theta.$$

一般に,

$$a\leqq x\leqq b \text{ のとき } f(x)\leqq g(x)$$
$$\Rightarrow \int_a^b f(x)\,dx\leqq\int_a^b g(x)\,dx.$$

(3) (1), (2) よりハサミウチの原理を考える.

解答

(1)
$$\boldsymbol{I_1}=\int_0^{\frac{\pi}{4}}\tan\theta\,d\theta$$
$$=\Big[-\log|\cos\theta|\Big]_0^{\frac{\pi}{4}}$$
$$=-\log\frac{1}{\sqrt{2}}$$
$$=\boldsymbol{\frac{1}{2}\log 2}.$$

$$\boldsymbol{I_n+I_{n+2}}=\int_0^{\frac{\pi}{4}}(\tan^n\theta+\tan^{n+2}\theta)\,d\theta$$
$$=\int_0^{\frac{\pi}{4}}(1+\tan^2\theta)\tan^n\theta\,d\theta$$
$$=\int_0^{\frac{\pi}{4}}\frac{1}{\cos^2\theta}\cdot\tan^n\theta\,d\theta \quad\cdots①$$
$$=\left[\frac{1}{n+1}\tan^{n+1}\theta\right]_0^{\frac{\pi}{4}}$$
$$=\boldsymbol{\frac{1}{n+1}}.$$

［注］ $\tan\theta=t$ とおくと,

$$\frac{1}{\cos^2\theta}d\theta=dt.$$

θ	$0\to\dfrac{\pi}{4}$
t	$0\to1$

$$①=\int_0^1 t^n\,dt$$
$$=\left[\frac{1}{n+1}t^{n+1}\right]$$
$$=\frac{1}{n+1}.$$

(2) $0\leqq\theta\leqq\dfrac{\pi}{4}$ のとき,

$$0\leqq\tan\theta\leqq1$$

であるから,

$$\tan^n\theta\geqq\tan^{n+1}\theta.$$
$$\int_0^{\frac{\pi}{4}}\tan^n\theta\,d\theta\geqq\int_0^{\frac{\pi}{4}}\tan^{n+1}\theta\,d\theta.$$
$$I_n\geqq I_{n+1}.$$

(3) (2) より,

$$2I_{n+1}\leqq I_n+I_{n+1}\leqq2I_n.$$

(1) より,

$$2I_{n+1}\leqq\frac{1}{n+1}\leqq2I_n.$$

右側の不等式より,

$$\frac{n}{2(n+1)}\leqq nI_n. \quad\cdots②$$

左側の不等式より,

$$(n+1)I_{n+1}\leqq\frac{1}{2}.$$

よって,

$$nI_n\leqq\frac{1}{2}.\ (n=2,\ 3,\ \cdots) \quad\cdots③$$

②, ③ より, $n\geqq2$ のとき,

$$\frac{n}{2(n+1)}\leqq nI_n\leqq\frac{1}{2}.$$
$$\lim_{n\to\infty}\frac{n}{2(n+1)}=\lim_{n\to\infty}\frac{1}{2\left(1+\frac{1}{n}\right)}=\frac{1}{2}$$

であるから,

$$\lim_{n\to\infty}nI_n=\boldsymbol{\frac{1}{2}}.$$

128 考え方

(1) $$I_{n+1}=\int_0^1 x^{n+1}(e^x)'\,dx.$$

(2) $0<I_{n+1}<I_n$ を示して, (1) を用いる.

(3) (2) の不等式を利用する.

(4) (1) より,

$$nI_n-e=-(I_n+I_{n+1}).$$
$$n(nI_n-e)=-(nI_n+nI_{n+1}).$$

解 答

(1) $\boldsymbol{I_{n+1}}=\int_0^1 x^{n+1}e^x\,dx$

$$=\int_0^1 x^{n+1}(e^x)'\,dx$$

$$=\Big[x^{n+1}e^x\Big]_0^1-\int_0^1 (x^{n+1})'e^x\,dx$$

$$=e-\int_0^1 (n+1)\cdot x^n e^x\,dx$$

$$=\boldsymbol{e-(n+1)I_n}.$$

(2) $0\leqq x\leqq 1$ のとき，

$$0\leqq x^{n+1}\leqq x^n.$$

$$0\leqq x^{n+1}e^x\leqq x^n e^x.$$

等号成立は $x=0,\ 1$ のときのみだから，

$$0<\int_0^1 x^{n+1}e^x\,dx<\int_0^1 x^n e^x\,dx.$$

$$0<I_{n+1}<I_n.$$

(1) より，

$$0<e-(n+1)I_n<I_n.$$

左側の不等式より，

$$(n+1)I_n<e.$$

$$I_n<\frac{e}{n+1}.$$

右側の不等式より，

$$e<(n+2)I_n.$$

$$\frac{e}{n+2}<I_n.$$

したがって，

$$\frac{e}{n+2}<I_n<\frac{e}{n+1}.$$

[別解] $0\leqq x\leqq 1$ のとき，

$$e^x\leqq e.$$

$$x^n e^x\leqq e\cdot x^n.$$

等号成立は $x=0,\ 1$ のときのみ．

よって，

$$\int_0^1 x^n e^x\,dx<\int_0^1 e\cdot x^n\,dx.$$

$$\int_0^1 e\cdot x^n\,dx=\left[\frac{e}{n+1}x^{n+1}\right]_0^1$$

$$=\frac{e}{n+1}$$

であるから，

$$I_n<\frac{e}{n+1}.$$

次に，この式より，

$$I_{n+1}<\frac{e}{n+2}.$$

(1) より，

$$e-(n+1)I_n<\frac{e}{n+2}.$$

$$\left(1-\frac{1}{n+2}\right)e<(n+1)I_n.$$

よって，

$$\frac{e}{n+2}<I_n.$$

したがって，

$$\frac{e}{n+2}<I_n<\frac{e}{n+1}.$$

(3) (2) より，

$$\frac{en}{n+2}<nI_n<\frac{en}{n+1}.$$

$$\lim_{n\to\infty}\frac{en}{n+2}=\lim_{n\to\infty}\frac{e}{1+\frac{2}{n}}=e,$$

$$\lim_{n\to\infty}\frac{en}{n+1}=\lim_{n\to\infty}\frac{e}{1+\frac{1}{n}}=e$$

であるから，

$$\lim_{n\to\infty}nI_n=\boldsymbol{e}.$$

[別解] $\lim_{n\to\infty}\frac{e}{n+2}=0,\ \lim_{n\to\infty}\frac{e}{n+1}=0$

であるから (2) より，

$$\lim_{n\to\infty}I_n=0.$$

(1) より，

$$nI_n=e-(I_n+I_{n+1}).$$

$$\lim_{n\to\infty}(I_n+I_{n+1})=0$$

であるから，

$$\lim_{n\to\infty}nI_n=\boldsymbol{e}.$$

(4) (1) より，

$$I_{n+1}=e-nI_n-I_n.$$

$$nI_n-e=-(I_n+I_{n+1}).$$

$$n(nI_n-e)=-(nI_n+nI_{n+1}).$$

(3) より，

$$\lim_{n\to\infty}nI_n=e.$$

$$\lim_{n\to\infty}nI_{n+1}=\lim_{n\to\infty}\frac{n}{n+1}\cdot(n+1)I_{n+1}$$

$$=\lim_{n\to\infty}\frac{1}{1+\frac{1}{n}}\cdot(n+1)I_{n+1}$$

$$=e$$

であるから，

$$\lim_{n\to\infty}n(nI_n-e)=\boldsymbol{-2e}.$$

12　面積

129

考え方

$\sin^2 x=\dfrac{1-\cos 2x}{2}$ を用いる．

解答

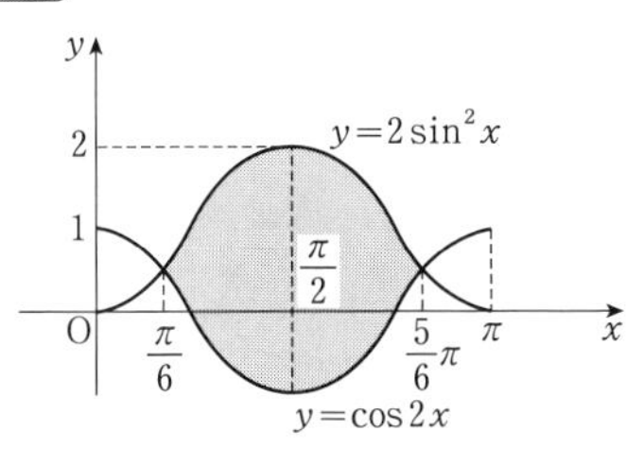

$2\sin^2 x=\cos 2x$ より，

$$1-\cos 2x=\cos 2x.$$

$$\cos 2x=\frac{1}{2}.$$

$0\leqq 2x\leqq 2\pi$ であるから，

$$2x=\frac{\pi}{3},\ \frac{5}{3}\pi.$$

$$x=\frac{\pi}{6},\ \frac{5}{6}\pi.$$

求める面積を S とすると，

$$S=2\int_{\frac{\pi}{6}}^{\frac{\pi}{2}}(2\sin^2 x-\cos 2x)\,dx$$

$$=2\int_{\frac{\pi}{6}}^{\frac{\pi}{2}}(1-2\cos 2x)\,dx$$

$$=2\Big[x-\sin 2x\Big]_{\frac{\pi}{6}}^{\frac{\pi}{2}}$$

$$=2\left\{\left(\frac{\pi}{2}-\frac{\pi}{6}\right)-\left(0-\frac{\sqrt{3}}{2}\right)\right\}$$

$$=\boldsymbol{\frac{2\pi}{3}+\sqrt{3}}.$$

130

考え方

(1)　C_2：$y=\sin(x+a)$.

$$\sin(x+a)-\sin x=2\cos\left(x+\frac{a}{2}\right)\sin\frac{a}{2}.$$

(2)　$$S_1=2\int_0^{\frac{\pi-a}{2}}\sin x\,dx,$$

$$S_1+S_2=\int_0^{\pi}\sin x\,dx$$

より，$S_1=S_2$ のとき，

$$\frac{1}{2}\int_0^{\pi}\sin x\,dx=2\int_0^{\frac{\pi-a}{2}}\sin x\,dx.$$

解答

(1)

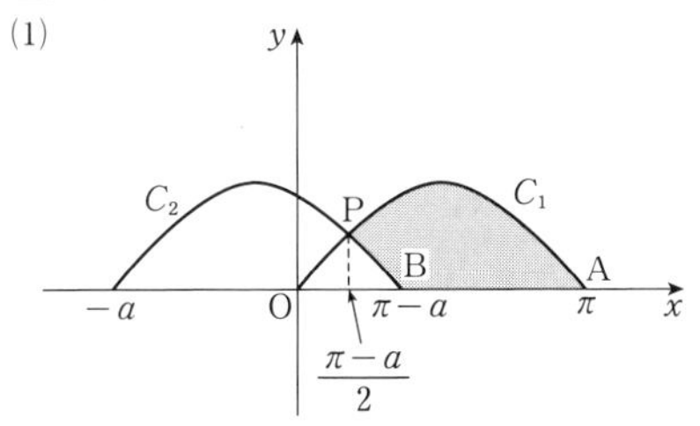

C_2：$y=\sin(x+a)$.

$\sin(x+a)=\sin x$ より，

$$2\cos\left(x+\frac{a}{2}\right)\sin\frac{a}{2}=0.$$

$\dfrac{a}{2}\leqq x+\dfrac{a}{2}\leqq\pi+\dfrac{a}{2}$ であるから，

$$x+\frac{a}{2}=\frac{\pi}{2}.$$

$$x=\frac{1}{2}(\pi-a).$$

よって，

$$\mathbf{P}\left(\boldsymbol{\frac{1}{2}(\pi-a),\ \cos\frac{a}{2}}\right).$$

［注］ P の x 座標が $\dfrac{\pi-a}{2}$ であることは，図よりただちにわかる．

(2)　$S_1=S_2$ より，

$$\frac{1}{2}\int_0^{\pi}\sin x\,dx=2\int_0^{\frac{\pi-a}{2}}\sin x\,dx.$$

$$(\text{左辺})=\frac{1}{2}\Big[-\cos x\Big]_0^{\pi}=1.$$

$$(\text{右辺})=2\Big[-\cos x\Big]_0^{\frac{\pi-a}{2}}$$

$$=2\left\{1-\cos\left(\frac{\pi}{2}-\frac{a}{2}\right)\right\}$$

$$=2\left(1-\sin\frac{a}{2}\right).$$

$2\left(1-\sin\dfrac{a}{2}\right)=1$ より，

$$\sin\frac{a}{2}=\frac{1}{2}.$$

$$\frac{a}{2}=\frac{\pi}{6}.$$

よって，

$$\boldsymbol{a=\frac{\pi}{3}}.$$

131 考え方

$y=\pm\dfrac{\sqrt{3}}{2}\sqrt{4-x^2}$ より，

$$(\text{面積})=4\int_0^1\frac{\sqrt{3}}{2}\sqrt{4-x^2}\,dx.$$

$x=2\sin\theta$ とおくか，円の面積を利用.

解答

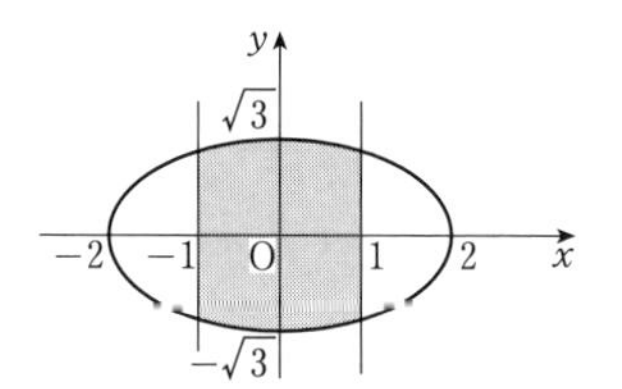

$\dfrac{x^2}{4}+\dfrac{y^2}{3}=1$ より，

$$y^2=\frac{3}{4}(4-x^2).$$

$$y=\pm\frac{\sqrt{3}}{2}\sqrt{4-x^2}.$$

求める面積を S とすると，

$$S=4\int_0^1\frac{\sqrt{3}}{2}\sqrt{4-x^2}\,dx$$

$$=2\sqrt{3}\int_0^1\sqrt{4-x^2}\,dx.$$

$x=2\sin\theta$ $\left(-\dfrac{\pi}{2}\leqq\theta\leqq\dfrac{\pi}{2}\right)$ とおくと，

$$dx=2\cos\theta\,d\theta.$$

x	$0\ \to\ 1$
θ	$0\ \to\ \dfrac{\pi}{6}$

$$S=2\sqrt{3}\int_0^{\frac{\pi}{6}}\sqrt{4(1-\sin^2\theta)}\cdot2\cos\theta\,d\theta$$

$$=2\sqrt{3}\int_0^{\frac{\pi}{6}}4\cos^2\theta\,d\theta$$

$$=2\sqrt{3}\int_0^{\frac{\pi}{6}}2(1+\cos2\theta)\,d\theta$$

$$=4\sqrt{3}\left[\theta+\frac{1}{2}\sin2\theta\right]_0^{\frac{\pi}{6}}$$

$$=4\sqrt{3}\left(\frac{\pi}{6}+\frac{\sqrt{3}}{4}\right)$$

$$\boldsymbol{=\frac{2\sqrt{3}}{3}\pi+3}.$$

［注］

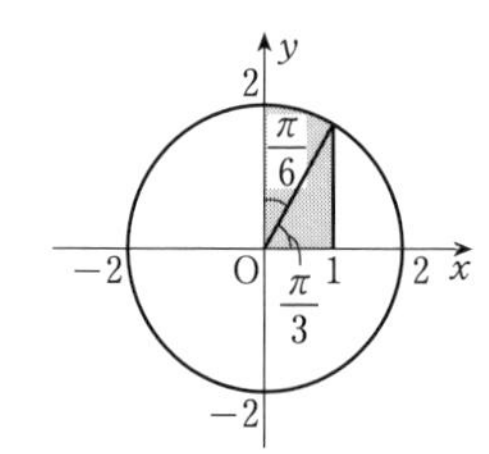

$y=\sqrt{4-x^2}$ とおくと，

$$x^2+y^2=4,\ \ y\geqq0.$$

図で，

$\displaystyle\int_0^1\sqrt{4-x^2}\,dx=$ （2，$\dfrac{\pi}{6}$）＋（$\dfrac{\pi}{3}$，1，$\sqrt{3}$）

$$=\frac{1}{2}\cdot2^2\cdot\frac{\pi}{6}+\frac{1}{2}\cdot1\cdot\sqrt{3}$$

$$=\frac{\pi}{3}+\frac{\sqrt{3}}{2}.$$

よって，

$$S=\frac{2\sqrt{3}}{3}\pi+3.$$

132 考え方

2 曲線 $y=f(x)$ と $y=g(x)$ が $x=t$ の点で接する

$$\Longleftrightarrow\begin{cases}f(t)=g(t),\\f'(t)=g'(t).\end{cases}$$

解答

(1)

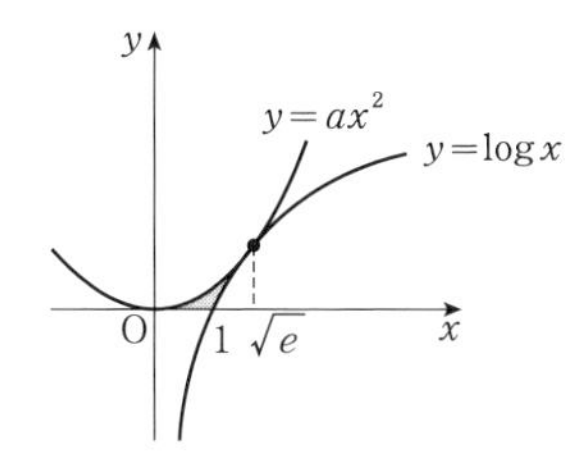

$$y=\log x \text{ より， } y'=\frac{1}{x},$$
$$y=ax^2 \text{ より， } y'=2ax$$

であるから，接点の x 座標を $x=t$ とおくと，y 座標と接線の傾きの関係より，

$$\begin{cases} at^2=\log t, & \cdots① \\ 2at=\dfrac{1}{t}. & \cdots② \end{cases}$$

② より，$a=\dfrac{1}{2t^2}$ を ① に代入して，

$$\log t=\frac{1}{2}.$$
$$t=\sqrt{e}.$$
$$\boldsymbol{a=\frac{1}{2e}}.$$

このとき，接点の座標は，

$$\boldsymbol{\left(\sqrt{e},\ \frac{1}{2}\right)}.$$

(2)　求める面積を S とすると，

$$\begin{aligned} S&=\int_0^{\sqrt{e}}\frac{1}{2e}x^2\,dx-\int_1^{\sqrt{e}}\log x\,dx \\ &=\left[\frac{1}{6e}x^3\right]_0^{\sqrt{e}}-\int_1^{\sqrt{e}}(x)'\log x\,dx \\ &=\frac{\sqrt{e}}{6}-\left\{\Big[x\log x\Big]_1^{\sqrt{e}}-\int_1^{\sqrt{e}}dx\right\} \\ &=\frac{\sqrt{e}}{6}-\left\{\frac{\sqrt{e}}{2}-\Big[x\Big]_1^{\sqrt{e}}\right\} \\ &=\frac{\sqrt{e}}{6}-\frac{\sqrt{e}}{2}+\sqrt{e}-1 \\ &=\boldsymbol{\frac{2}{3}\sqrt{e}-1}. \end{aligned}$$

133　考え方

(1)　点 $(t,\ e^{t-2n})$ における接線

$$y=e^{t-2n}(x-t)+e^{t-2n}$$

が $(n,\ 0)$ を通ると考える．

(3)　$a\neq 0$，$-1<r<1$ のとき，

$$\sum_{n=1}^{\infty}ar^{n-1}=\frac{a}{1-r}.$$

解答

(1)

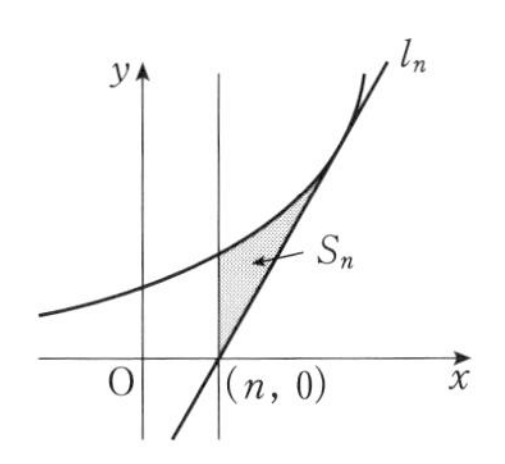

$y=e^{x-2n}$ より，

$$y'=e^{x-2n}.$$

$(t,\ e^{t-2n})$ における接線の方程式は，

$$y=e^{t-2n}(x-t)+e^{t-2n}.$$

これが $(n,\ 0)$ を通るとき，

$$\begin{aligned} 0&=e^{t-2n}(n-t)+e^{t-2n} \\ &=e^{t-2n}(n-t+1). \end{aligned}$$
$$t=n+1.$$

よって，l_n は，

$$y=e^{1-n}(x-n-1)+e^{1-n}$$

すなわち，

$$\boldsymbol{y=e^{1-n}(x-n)}.$$

(2)
$$\begin{aligned} S_n&=\int_n^{n+1}\{e^{x-2n}-e^{1-n}(x-n)\}\,dx \\ &=\left[e^{x-2n}-\frac{1}{2}e^{1-n}(x-n)^2\right]_n^{n+1} \\ &=e^{1-n}-e^{-n}-\frac{1}{2}e^{1-n} \\ &=\frac{1}{2}e^{1-n}-e^{-n} \\ &=\boldsymbol{\frac{1}{2}(1-2e^{-1})(e^{-1})^{n-1}}. \end{aligned}$$

(3)　(2) より，S は，初項 $\dfrac{1}{2}(1-2e^{-1})$，公比 e^{-1} の無限等比級数．$0<e^{-1}<1$ であるから，収束して，

$$\boldsymbol{S}=\frac{\frac{1}{2}(1-2e^{-1})}{1-e^{-1}}=\boldsymbol{\frac{e-2}{2(e-1)}}.$$

134 考え方

(1) グラフをかいて考える.

$$S(a)=\int_a^1(-\log x)\,dx+\int_1^{a+\frac{3}{2}}\log x\,dx.$$

解答

(1)

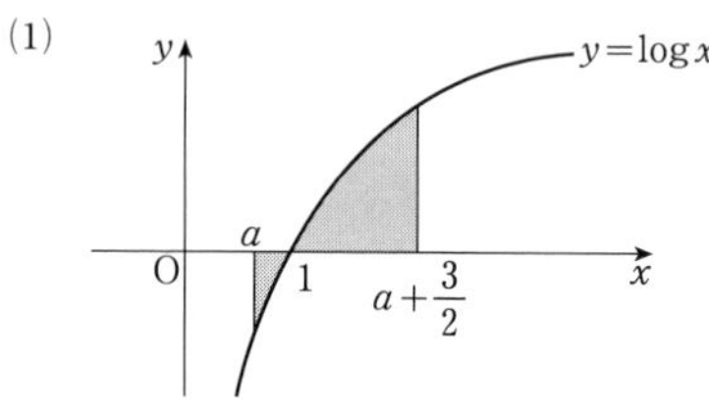

$$S(a)=\int_a^1(-\log x)\,dx+\int_1^{a+\frac{3}{2}}\log x\,dx.$$

ここで,

$$\int\log x\,dx=\int(x)'\log x\,dx$$

$$=x\log x-\int x\cdot\frac{1}{x}\,dx$$

$$=x\log x-x+C$$

(C は積分定数)

であるから,

$$\boldsymbol{S(a)}=\Big[x-x\log x\Big]_a^1+\Big[x\log x-x\Big]_1^{a+\frac{3}{2}}$$

$$=1-a+a\log a$$

$$+\left(a+\frac{3}{2}\right)\log\left(a+\frac{3}{2}\right)$$

$$-\left(a+\frac{3}{2}\right)+1$$

$$\boldsymbol{=a\log a+\left(a+\frac{3}{2}\right)\log\left(a+\frac{3}{2}\right)}$$

$$\boldsymbol{-2a+\frac{1}{2}}.$$

(2) $S'(a)=(a)'\log a+a(\log a)'$

$$+\left(a+\frac{3}{2}\right)'\log\left(a+\frac{3}{2}\right)$$

$$+\left(a+\frac{3}{2}\right)\left\{\log\left(a+\frac{3}{2}\right)\right\}'-2$$

$$=\log a+1+\log\left(a+\frac{3}{2}\right)+1-2$$

$$=\log a\left(a+\frac{3}{2}\right).$$

$S'(a)=0$ より,

$$a\left(a+\frac{3}{2}\right)=1.$$

$$2a^2+3a-2=0.$$

$$(2a-1)(a+2)=0.$$

$0<a<1$ より,

$$a=\frac{1}{2}.$$

$S(a)$ の増減は次のようになる.

a	(0)	…	$\frac{1}{2}$	…	(1)
$S'(a)$		−	0	+	
$S(a)$		↘		↗	

よって, $\boldsymbol{a=\frac{1}{2}}$ のとき最小となり, 最小値は,

$$S\left(\frac{1}{2}\right)=\boldsymbol{\frac{1}{2}(3\log 2-1)}.$$

135 考え方

(2) $\sqrt{x+1}=t$ とおく.

解答

(1) $x+1\geqq 0$ より, $x\geqq -1$.

$y=x\sqrt{x+1}$ より,

$$y'=(x)'\sqrt{x+1}+x\left(\sqrt{x+1}\right)'$$

$$=\sqrt{x+1}+x\frac{1}{2\sqrt{x+1}}$$

$$=\frac{3x+2}{2\sqrt{x+1}}.$$

よって, 増減は次のようになる.

x	-1	…	$-\frac{2}{3}$	…
y'		−	0	+
y	0	↘	$-\frac{2\sqrt{3}}{9}$	↗

また,

$$\lim_{x\to\infty}y=\infty.$$

したがって, グラフの概形は図のようになる.

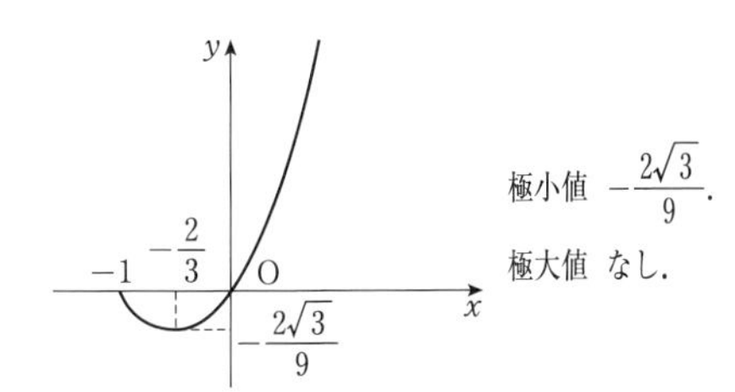

極小値 $-\frac{2\sqrt{3}}{9}$.
極大値 なし.

(2)　$x\sqrt{x+1}=\sqrt{x+1}$ より，

$$(x-1)\sqrt{x+1}=0.$$
$$x=\pm 1.$$

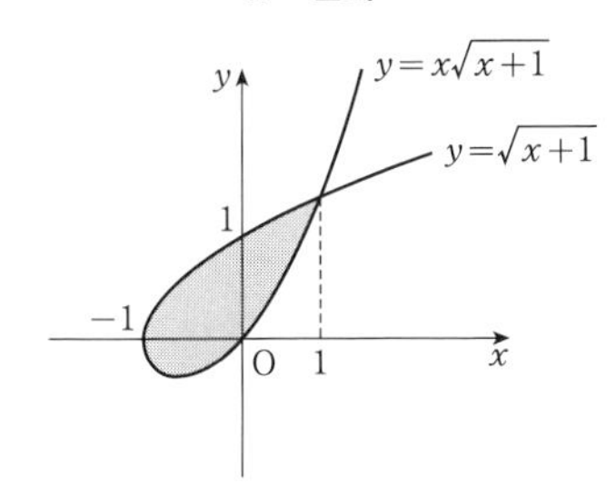

求める面積を S とすると，

$$S=\int_{-1}^{1}\left(\sqrt{x+1}-x\sqrt{x+1}\right)dx$$
$$=\int_{-1}^{1}(1-x)\sqrt{x+1}\,dx.$$

$\sqrt{x+1}=t$ とおくと，

$$x=t^2-1.$$
$$dx=2t\,dt.$$

x	$-1\ \to\ 1$
t	$0\ \to\sqrt{2}$

$$S=\int_0^{\sqrt{2}}(2-t^2)t\cdot 2t\,dt$$
$$=2\int_0^{\sqrt{2}}(2t^2-t^4)\,dt$$
$$=2\left[\frac{2}{3}t^3-\frac{1}{5}t^5\right]_0^{\sqrt{2}}$$
$$=2\left(\frac{4}{3}\sqrt{2}-\frac{4}{5}\sqrt{2}\right)$$
$$=\frac{16}{15}\sqrt{2}.$$

［注］　$\int_{-1}^{1}(1-x)\sqrt{x+1}\,dx$

$$=\int_{-1}^{1}\{2-(x+1)\}(x+1)^{\frac{1}{2}}dx$$
$$=\int_{-1}^{1}\left\{2(x+1)^{\frac{1}{2}}-(x+1)^{\frac{3}{2}}\right\}dx$$
$$=\left[\frac{4}{3}(x+1)^{\frac{3}{2}}-\frac{2}{5}(x+1)^{\frac{5}{2}}\right]_{-1}^{1}$$
$$=\frac{8}{3}\sqrt{2}-\frac{8}{5}\sqrt{2}$$
$$=\frac{16}{15}\sqrt{2}.$$

136　考え方

(1)
$$y=2\sin t\cos t$$
$$=\pm 2\cos t\sqrt{1-\cos^2 t}$$
$$=\pm 2x\sqrt{1-x^2}.$$

そこで，$f(x)=2x\sqrt{1-x^2}$ を考える．

C は $y=f(x)$ のグラフと，これを x 軸に関して対称移動したグラフをあわせたもの．

解答

(1)
$$\boldsymbol{y}=2\sin t\cos t$$
$$=\pm 2\cos t\sqrt{1-\cos^2 t}$$
$$\boldsymbol{=\pm 2x\sqrt{1-x^2}}.$$

$f(x)=2x\sqrt{1-x^2}$ とおくと，

$$f'(x)=2\sqrt{1-x^2}+2x\cdot\frac{-2x}{2\sqrt{1-x^2}}$$
$$=\frac{2(1-2x^2)}{\sqrt{1-x^2}}.$$

$f'(x)=0$ より，

$$x=\pm\frac{1}{\sqrt{2}}.$$

$f(x)$ の増減は次のようになる．

x	-1	$\cdots$	$-\frac{1}{\sqrt{2}}$	$\cdots$	$\frac{1}{\sqrt{2}}$	$\cdots$	1
$f'(x)$		$-$	0	$+$	0	$-$	
$f(x)$	0	↘	-1	↗	1	↘	0

また，C は x 軸，y 軸に関して対称である．
よって，グラフは次のようになる．

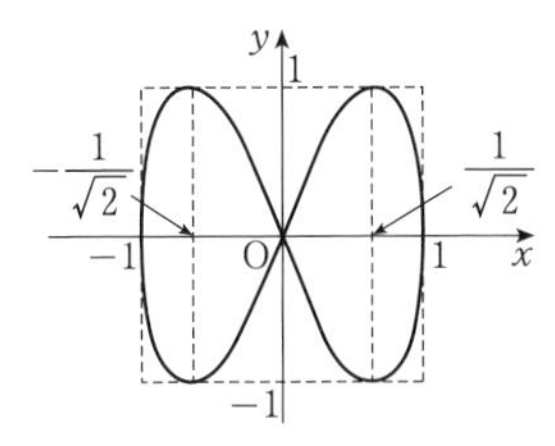

［注］ $\lim_{x\to -1+0} f'(x) = -\infty$,
$\lim_{x\to 1-0} f'(x) = -\infty$ より，$y=f(x)$ は直線 $x=\pm 1$ に接する．

(2) 求める面積を S とおくと，

$$S=4\int_0^1 2x\sqrt{1-x^2}\,dx$$
$$=8\left[-\frac{1}{3}(1-x^2)^{\frac{3}{2}}\right]_0^1$$
$$=\boldsymbol{\frac{8}{3}}.$$

［別解］ $\sqrt{1-x^2}=t$ とおくと，$1-x^2=t^2$.

$$x\,dx=-t\,dt.$$

x	$0 \to 1$
t	$1 \to 0$

$$S=8\int_1^0 t(-t)\,dt$$
$$=8\int_0^1 t^2\,dt$$
$$=\boldsymbol{\frac{8}{3}}.$$

［注］ 媒介変数の積分にすると次のようになる．

$$S=4\int_0^1 y\,dx.$$

$x=\cos t$ より，

$$dx=-\sin t\,dt.$$

x	$0 \to 1$
t	$\frac{\pi}{2} \to 0$

$$S=4\int_{\frac{\pi}{2}}^0 \sin 2t(-\sin t)\,dt$$
$$=4\int_0^{\frac{\pi}{2}} \sin 2t\sin t\,dt$$
$$=4\int_0^{\frac{\pi}{2}} 2\sin^2 t\cos t\,dt$$
$$=4\left[\frac{2}{3}\sin^3 t\right]_0^{\frac{\pi}{2}}$$
$$=\frac{8}{3}.$$

137 考え方

曲線 $y=\dfrac{1}{x}$ は下に凸であるから接線は曲線の下側にある．

解答

$y=\dfrac{1}{x}$ より，

$$y'=-\frac{1}{x^2}.$$

$\mathrm{A}\left(a,\ \dfrac{1}{a}\right)$ における接線の方程式は，

$$y=-\frac{1}{a^2}(x-a)+\frac{1}{a}.$$

したがって，

$$y=-\frac{x}{a^2}+\frac{2}{a}. \qquad \cdots ①$$

同様にして，$\mathrm{B}\left(b,\ \dfrac{1}{b}\right)$ における接線の方程式は，

$$y=-\frac{x}{b^2}+\frac{2}{b}. \qquad \cdots ②$$

①，② の交点の x 座標を求めると，

$$-\frac{x}{a^2}+\frac{2}{a}=-\frac{x}{b^2}+\frac{2}{b}$$

より，

$$\left(\frac{1}{b^2}-\frac{1}{a^2}\right)x=\frac{2}{b}-\frac{2}{a}.$$
$$\frac{(a-b)(a+b)}{a^2b^2}x=\frac{2(a-b)}{ab}.$$

よって，

$$x=\frac{2ab}{a+b}.$$

$y'=-\dfrac{1}{x^2}$ より，

$$y''=\frac{2}{x^3}>0.$$

よって，曲線は下に凸であるから接線は曲線の下側にある．

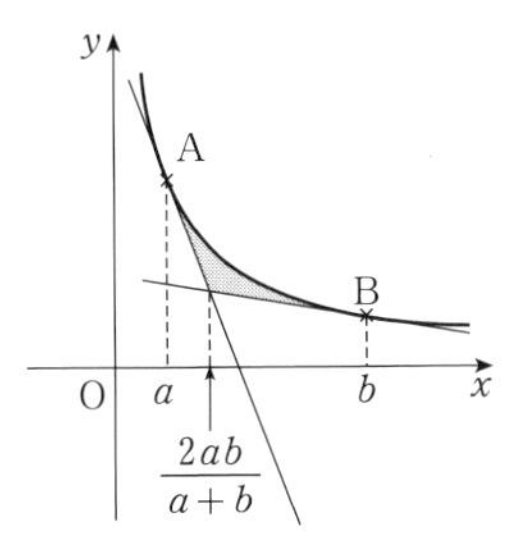

したがって，

$$S=\int_a^{\frac{2ab}{a+b}}\left\{\frac{1}{x}-\left(-\frac{x}{a^2}+\frac{2}{a}\right)\right\}dx+\int_{\frac{2ab}{a+b}}^{b}\left\{\frac{1}{x}-\left(-\frac{x}{b^2}+\frac{2}{b}\right)\right\}dx$$

$$=\left[\log x+\frac{x^2}{2a^2}-\frac{2}{a}x\right]_a^{\frac{2ab}{a+b}}+\left[\log x+\frac{x^2}{2b^2}-\frac{2}{b}x\right]_{\frac{2ab}{a+b}}^{b}$$

$$=\log\frac{2ab}{a+b}+\frac{2b^2}{(a+b)^2}-\frac{4b}{a+b}-\left(\log a+\frac{1}{2}-2\right)$$

$$+\log b+\frac{1}{2}-2-\left(\log\frac{2ab}{a+b}+\frac{2a^2}{(a+b)^2}-\frac{4a}{a+b}\right)$$

$$=\frac{2(b^2-a^2)}{(a+b)^2}+\frac{4(a-b)}{a+b}+\log b-\log a$$

$$=\frac{2(b-a)}{a+b}+\frac{4(a-b)}{a+b}+\log\frac{b}{a}$$

$$=\frac{2(a-b)}{a+b}+\log\frac{b}{a}$$

$$=\frac{2\left(1-\frac{b}{a}\right)}{1+\frac{b}{a}}+\log\frac{b}{a}$$

$$=\frac{2(1-k)}{1+k}+\log k.$$

よって，示された．

138 考え方

(1)　単に〝概形〞となっているが，計算がやさしいので，凹凸も調べる．

(2)　(面積)$=2\int_0^2\left(\frac{8}{x^2+4}-\frac{x^2}{4}\right)dx.$

$\int_0^2\frac{1}{x^2+4}dx$ は $x=2\tan\theta$ で置換積分．

解 答

(1)　$y=\frac{8}{x^2+4}$ より，

$$y'=\frac{-8\cdot 2x}{(x^2+4)^2}=\frac{-16x}{(x^2+4)^2}.$$

$y'=0$ より，$x=0$.

$$y''=\frac{-16(x^2+4)^2-(-16x)\cdot 2(x^2+4)\cdot 2x}{(x^2+4)^4}$$

$$=\frac{16(3x^2-4)}{(x^2+4)^3}.$$

$y''=0$ より，$x=\pm\frac{2}{\sqrt{3}}$.

y の増減，凹凸は次のようになる．

x	$\cdots$	$-\frac{2}{\sqrt{3}}$	$\cdots$	0	$\cdots$	$\frac{2}{\sqrt{3}}$	$\cdots$
y'	$+$	$+$	$+$	0	$-$	$-$	$-$
y''	$+$	0	$-$	$-$	$-$	0	$+$
y	⤴	$\frac{3}{2}$	↷	2	↘	$\frac{3}{2}$	↘

$\lim_{x\to\pm\infty}y=0$ であり，グラフは y 軸に関して対称であるから，概形は次のようになる．

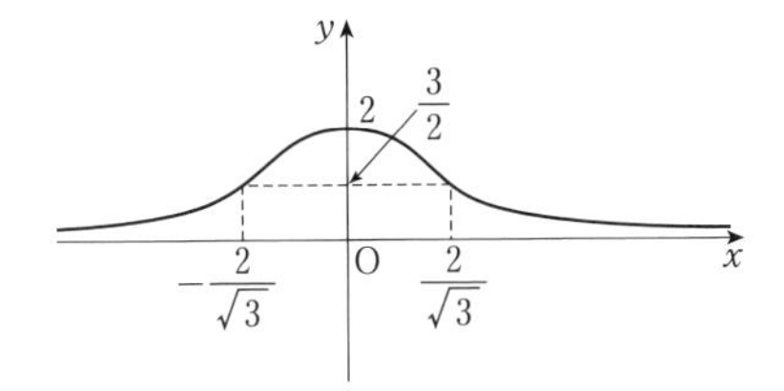

(2)　$\frac{8}{x^2+4}=\frac{x^2}{4}$ より，

$$x^4+4x^2=32.$$
$$(x^2+8)(x^2-4)=0.$$
$$x=\pm 2.$$

求める面積を S とおくと，

$$S=2\int_0^2\left(\frac{8}{x^2+4}-\frac{x^2}{4}\right)dx$$

$$=2\left\{\int_0^2\frac{8}{x^2+4}dx-\int_0^2\frac{x^2}{4}dx\right\}.$$

$x=2\tan\theta$ $\left(-\frac{\pi}{2}<\theta<\frac{\pi}{2}\right)$ とおくと，

$$dx=\frac{2}{\cos^2\theta}d\theta.$$

x	$0 \to 2$
θ	$0 \to \frac{\pi}{4}$

$$\int_0^2 \frac{8}{x^2+4}\,dx = \int_0^{\frac{\pi}{4}} \frac{8}{4(\tan^2\theta+1)} \cdot \frac{2}{\cos^2\theta}\,d\theta$$

$$= 4\int_0^{\frac{\pi}{4}} d\theta = \pi.$$

よって，

$$S = 2\left\{\pi - \left[\frac{x^3}{12}\right]_0^2\right\}$$

$$= \mathbf{2\left(\pi - \frac{2}{3}\right)}.$$

139 考え方

$y=\sin x$，$y=a\cos x$ の交点の x 座標を $x=t$ とおくと，

$\sqrt{a^2+1}$　a　t　1

$$\cos t = \frac{1}{\sqrt{a^2+1}},\quad \sin t = \frac{a}{\sqrt{a^2+1}}.$$

条件より，

$y=\sin x$　$y=a\cos x$　$\frac{\pi}{2}$　$=\ \frac{1}{2}\times$　$y=\sin x$　O　$\frac{\pi}{2}$

解答

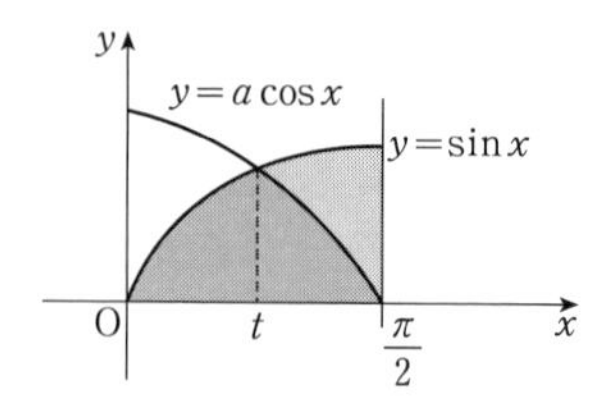

明らかに $a>0$.

$$\sin t = a\cos t \quad \left(0<t<\frac{\pi}{2}\right)$$

とおくと，

$$\tan t = a.$$

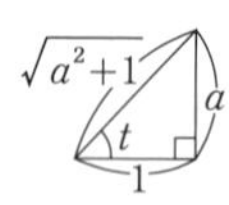

図より，

$$\cos t = \frac{1}{\sqrt{a^2+1}},\quad \sin t = \frac{a}{\sqrt{a^2+1}}.$$

条件より，

$$\frac{1}{2}\int_0^{\frac{\pi}{2}} \sin x\,dx = \int_t^{\frac{\pi}{2}} (\sin x - a\cos x)\,dx. \quad \cdots ①$$

$$(①\text{の左辺}) = \frac{1}{2}\Big[-\cos x\Big]_0^{\frac{\pi}{2}} = \frac{1}{2},$$

$$(①\text{の右辺}) = \Big[-\cos x - a\sin x\Big]_t^{\frac{\pi}{2}}$$

$$= -a + \cos t + a\sin t$$

$$= -a + \frac{1}{\sqrt{a^2+1}} + \frac{a^2}{\sqrt{a^2+1}}$$

$$= -a + \sqrt{a^2+1}.$$

よって，

$$\frac{1}{2} = -a + \sqrt{a^2+1}.$$

$$a + \frac{1}{2} = \sqrt{a^2+1}.$$

$$\left(a+\frac{1}{2}\right)^2 = a^2+1.$$

したがって，

$$\boldsymbol{a = \frac{3}{4}}.$$

140 考え方

(1)　$P_{n-1}(e^{-y_{n-1}},\ y_{n-1})$ における接線

$$y = -\frac{1}{e^{-y_{n-1}}}(x - e^{-y_{n-1}}) + y_{n-1}$$

が $Q_n(0,\ y_n)$ を通ると考える．

(2)　$S_n = \int_{n-1}^{n} e^{-y}\,dy - \frac{1}{2}e^{-(n-1)}$.

(3)　$a \neq 0$，$-1<r<1$ のとき，

$$\sum_{n=1}^{\infty} ar^{n-1} = \frac{a}{1-r}.$$

解答

(1)

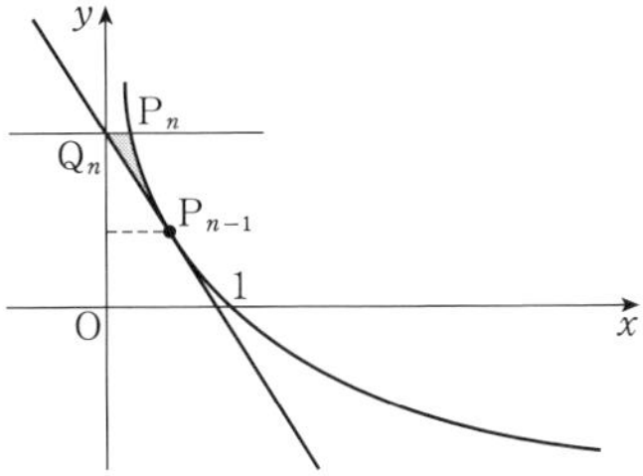

$y=-\log x$ より，$y'=-\dfrac{1}{x}$.

したがって，$\mathrm{P}_{n-1}(e^{-y_{n-1}},\ y_{n-1})$ における接線の方程式は，

$$y=-\frac{1}{e^{-y_{n-1}}}(x-e^{-y_{n-1}})+y_{n-1}.$$

これが $\mathrm{Q}_n(0,\ y_n)$ を通るので，

$$y_n=1+y_{n-1}.$$

$\{y_n\}$ は初項が $y_0=0$，公差が1の等差数列であるから，

$$\boldsymbol{y_n=0+n\cdot1=n.}$$

［**注**］　初項が $y_1=1$，公差が1の等差数列として，

$$y_n=1+1\cdot(n-1)=n$$

としてもよい．

(2)　$y=-\log x \iff x=e^{-y}$.

$S_n=$ 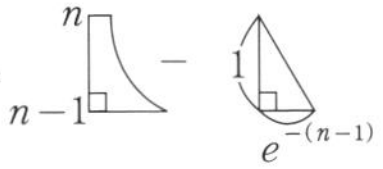

$$=\int_{n-1}^{n}e^{-y}\,dy-\frac{1}{2}e^{-(n-1)}$$

$$=\Big[-e^{-y}\Big]_{n-1}^{n}-\frac{1}{2}e^{-(n-1)}$$

$$=-e^{-n}+e^{-(n-1)}-\frac{1}{2}e^{-(n-1)}$$

$$=\frac{1}{2}e^{-(n-1)}-e^{-n}$$

$$\boldsymbol{=\frac{e-2}{2e}(e^{-1})^{n-1}}.$$

(3)　与式は，初項 $\dfrac{e-2}{2e}$，公比 e^{-1} の無限等比級数．$0<e^{-1}<1$ であるから，収束して，

$$S=\frac{\dfrac{e-2}{2e}}{1-e^{-1}}$$

$$\boldsymbol{=\frac{e-2}{2(e-1)}}.$$

141　考え方

(1)　$S(t)=\displaystyle\int_a^t\{f(t)-f(x)\}\,dx$

$$+\int_t^b\{f(x)-f(t)\}\,dx$$

$$=f(t)(2t-a-b)$$

$$-\int_a^t f(x)\,dx-\int_b^t f(x)\,dx$$

ここで，

$$\frac{d}{dt}\int_a^t f(x)\,dx=f(t)$$

を利用して $S'(t)$ を計算する．

解答

(1)　$f'(x)>0$ より，$y=f(x)$ は $a\leqq x\leqq b$ で単調増加．

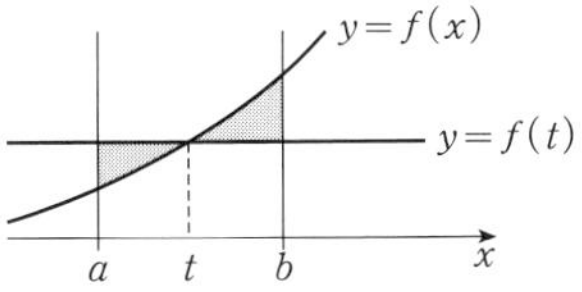

$S(t)=\displaystyle\int_a^t\{f(t)-f(x)\}\,dx$

$$+\int_t^b\{f(x)-f(t)\}\,dx$$

$$=f(t)(t-a)-\int_a^t f(x)\,dx$$

$$-\int_b^t f(x)\,dx+f(t)(t-b)$$

$S'(t)=f'(t)(t-a)+f(t)-f(t)-f(t)$

$$+f'(t)(t-b)+f(t)$$

$$=f'(t)(2t-a-b).$$

$S(t)$ の増減は次のようになる．

t	a	$\cdots$	$\dfrac{a+b}{2}$	$\cdots$	b
$S'(t)$		$-$	0	$+$	
$S(t)$		↘	極小	↗	

よって，$S(t)$ を最小にする t の値は，

$$\boldsymbol{t=\frac{a+b}{2}}.$$

(2)　(1)より，$S(t)$ を最小にする t の値は，

$$t=\frac{1}{2}(1+3)=2.$$

最小値は，

$$S(2)=\int_1^2(\log 2-\log x)\,dx$$
$$+\int_2^3(\log x-\log 2)\,dx.$$

ここで，

$$\int \log x\,dx=\int (x)'\log x\,dx$$
$$=x\log x-\int x\cdot\frac{1}{x}\,dx$$
$$=x\log x-x+C$$

（C は積分定数）

であるから，

$$S(2)=\Big[x\log 2-x\log x+x\Big]_1^2$$
$$+\Big[x\log x-x-x\log 2\Big]_2^3$$
$$=2\log 2-2\log 2+2-\log 2$$
$$-1+3\log 3-3-3\log 2$$
$$-(2\log 2-2-2\log 2)$$
$$=3\log 3-4\log 2$$
$$=\boldsymbol{\log\frac{27}{16}}.$$

142 考え方

(1)　$0\leqq x\leqq 1$ で，C は上に凸だから，接線は C の上方．

よって，

$$S(t)=\int_0^1\{(1-t)e^{-t}(x-t)$$
$$+te^{-t}-xe^{-x}\}\,dx.$$

解答

(1)　$y=xe^{-x}$ より，

$$y'=e^{-x}-xe^{-x}=(1-x)e^{-x}.$$
$$y''=-e^{-x}-(1-x)e^{-x}$$
$$=(x-2)e^{-x}.$$

y の増減，凹凸は，次のようになる．

x	$\cdots$	1	$\cdots$	2	$\cdots$
y'	$+$	0	$-$	$-$	$-$
y''	$-$	$-$	$-$	0	$+$
y	↗	$\frac{1}{e}$	↘	$\frac{2}{e^2}$	↘

よって，グラフの概形は次のようになる．

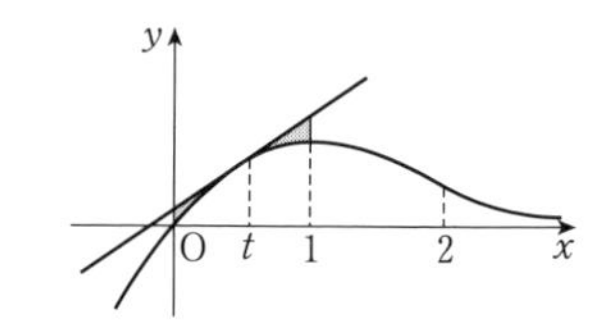

P における接線の方程式は，

$$y=(1-t)e^{-t}(x-t)+te^{-t}.$$

$0\leqq x\leqq 1$ で C は上に凸であるから，

$$S(t)=\int_0^1\{(1-t)e^{-t}(x-t)$$
$$+te^{-t}-xe^{-x}\}\,dx.$$

ここで，

$$\int xe^{-x}\,dx=\int x(-e^{-x})'\,dx$$
$$=-xe^{-x}-\int(-e^{-x})\,dx$$
$$=-xe^{-x}-e^{-x}+K$$

（K は積分定数）

であるから，

$$\boldsymbol{S(t)}=\Big[\frac{1}{2}(1-t)e^{-t}(x-t)^2+te^{-t}\cdot x$$
$$+(x+1)e^{-x}\Big]_0^1$$
$$=\frac{1}{2}(1-t)e^{-t}\{(1-t)^2-t^2\}$$
$$+te^{-t}+2e^{-1}-1$$
$$\boldsymbol{=\frac{1}{2}(2t^2-t+1)e^{-t}+2e^{-1}-1.}$$

(2)　$S'(t)=\frac{1}{2}(4t-1)e^{-t}$

$$-\frac{1}{2}(2t^2-t+1)e^{-t}$$
$$=-\frac{1}{2}(2t^2-5t+2)e^{-t}$$
$$=-\frac{1}{2}(2t-1)(t-2)e^{-t}.$$

$0\leqq t\leqq 1$ であるから，$S'(t)=0$ より，

$$t=\frac{1}{2}.$$

$S(t)$ の増減は次のようになる．

t	0	$\cdots$	$\frac{1}{2}$	$\cdots$	1
$S'(t)$		$-$	0	$+$	
$S(t)$		↘	極小	↗	

よって，$S(t)$ を最小にする t の値は，

$$\boldsymbol{t=\frac{1}{2}}.$$

143 考え方

$a\sin t=1$ とすると，

$$S_1=\int_t^{\frac{\pi}{2}}(a\sin x-1)\,dx,$$

$$S_2=\int_0^t a\sin x\,dx+\int_t^{\frac{\pi}{2}}dx.$$

そこで，S_2-S_1 を t だけで表す．

解答

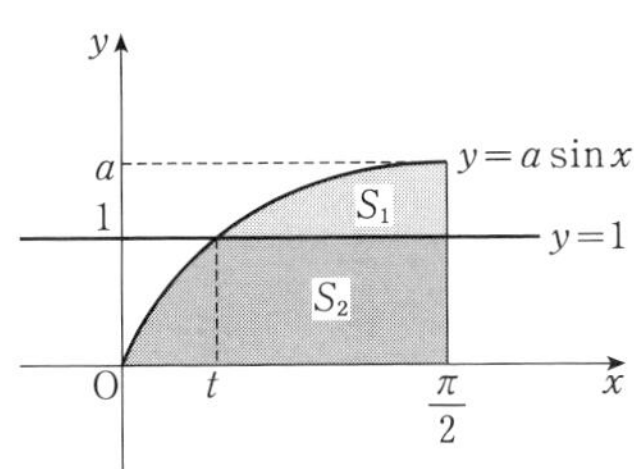

$a\sin t=1\ \left(0<t\leqq\frac{\pi}{2}\right)$ とおくと，

$$a=\frac{1}{\sin t}.$$

$$S_1=\int_t^{\frac{\pi}{2}}(a\sin x-1)\,dx$$
$$=\Big[-a\cos x-x\Big]_t^{\frac{\pi}{2}}$$
$$=-\frac{\pi}{2}+a\cos t+t.$$

$$S_2=\int_0^t a\sin x\,dx+\left(\frac{\pi}{2}-t\right)\cdot 1$$
$$=\Big[-a\cos x\Big]_0^t+\frac{\pi}{2}-t$$
$$=-a\cos t+a+\frac{\pi}{2}-t.$$

$$S_2-S_1=-a\cos t+a+\frac{\pi}{2}-t$$
$$-\left(-\frac{\pi}{2}+a\cos t+t\right)$$
$$=-2a\cos t+a-2t+\pi$$
$$=\frac{1-2\cos t}{\sin t}-2t+\pi.$$

$S_2-S_1=S(t)$ とおくと，

$$S'(t)=\frac{2\sin t\cdot\sin t-(1-2\cos t)\cdot\cos t}{\sin^2 t}-2$$
$$=\frac{2\sin^2 t+(2\cos t-1)\cos t-2\sin^2 t}{\sin^2 t}$$
$$=\frac{\cos t(2\cos t-1)}{\sin^2 t}.$$

$0<t\leqq\frac{\pi}{2}$ であるから $S'(t)=0$ より，

$$t=\frac{\pi}{3},\ \frac{\pi}{2}.$$

$S(t)$ の増減は次のようになる．

t	(0)	$\cdots$	$\frac{\pi}{3}$	$\cdots$	$\frac{\pi}{2}$
$S'(t)$		$+$	0	$-$	0
$S(t)$		↗	極大	↘	

よって，$t=\frac{\pi}{3}$ のとき最大で，このとき，

$$\boldsymbol{a=\frac{2}{\sqrt{3}}}.$$

最大値　$S\left(\frac{\pi}{3}\right)=\boldsymbol{\frac{\pi}{3}}.$

144 考え方

(2)　まずグラフの概形をかいてみる．

解答

(1)　(与式)$=\Big[e^{-t}\sin t\Big]_0^k=\boldsymbol{e^{-k}\sin k}.$

[注]

$$(\text{与式})=\int_0^k e^{-t}\cos t\,dt-\int_0^k e^{-t}\sin t\,dt$$
$$=\int_0^k e^{-t}(\sin t)'\,dt-\int_0^k e^{-t}\sin t\,dt$$
$$=\Big[e^{-t}\sin t\Big]_0^k$$
$$-\int_0^k(-e^{-t})\sin t\,dt$$

$$-\int_0^k e^{-t}\sin t\,dt$$
$$=\boldsymbol{e^{-k}\sin k}.$$

(2) $\dfrac{dx}{dt}=-e^{-t}\cos t+e^{-t}(-\sin t)$

$=-e^{-t}(\sin t+\cos t)$

$=-\sqrt{2}\,e^{-t}\sin\left(t+\dfrac{\pi}{4}\right).$

$\dfrac{dy}{dt}=-e^{-t}\sin t+e^{-t}\cos t$

$=-e^{-t}(\sin t-\cos t)$

$=-\sqrt{2}\,e^{-t}\sin\left(t-\dfrac{\pi}{4}\right).$

t	0	$\cdots$	$\frac{\pi}{4}$	$\cdots$	$\frac{3}{4}\pi$	$\cdots$	π
$\frac{dx}{dt}$		$-$	$-$	$-$	0	$+$	
$\frac{dy}{dt}$		$+$	0	$-$	$-$	$-$	
$(x,\ y)$		↖	←	↙	↓	↘	

よって，グラフの概形は次のようになる．

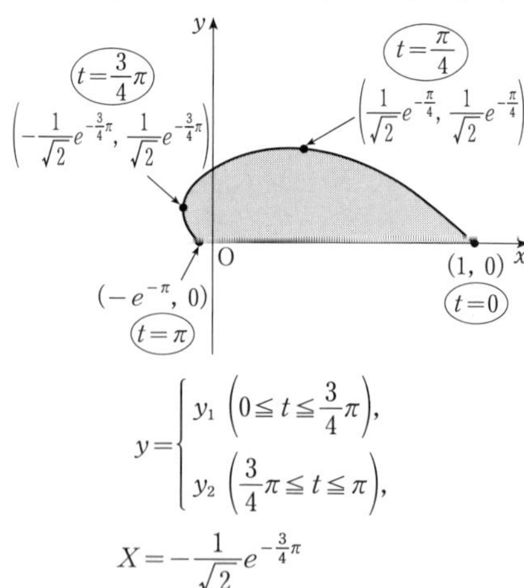

$$y=\begin{cases} y_1 & \left(0\leqq t\leqq \dfrac{3}{4}\pi\right), \\ y_2 & \left(\dfrac{3}{4}\pi\leqq t\leqq \pi\right), \end{cases}$$

$$X=-\frac{1}{\sqrt{2}}e^{-\frac{3}{4}\pi}$$

とし，求める面積を S とすると，

$$S=\int_X^1 y_1\,dx-\int_X^{-e^{-\pi}} y_2\,dx$$
$$=\int_{\frac{3}{4}\pi}^0 y\frac{dx}{dt}\,dt-\int_{\frac{3}{4}\pi}^{\pi} y\frac{dx}{dt}\,dt$$
$$=\int_{\frac{3}{4}\pi}^0 y\frac{dx}{dt}\,dt+\int_{\pi}^{\frac{3}{4}\pi} y\frac{dx}{dt}\,dt$$
$$=\int_{\pi}^0 y\frac{dx}{dt}\,dt$$
$$=\int_{\pi}^0 e^{-t}\sin t\cdot(-e^{-t})(\sin t+\cos t)\,dt$$
$$=\int_0^{\pi} e^{-2t}(\sin^2 t+\sin t\cos t)\,dt$$
$$=\int_0^{\pi} e^{-2t}\left(\frac{1-\cos 2t}{2}+\frac{1}{2}\sin 2t\right)dt.$$

$2t=u$ とおくと，

$$dt=\frac{1}{2}\,du.$$

t	$0\ \to\ \pi$
u	$0\ \to 2\pi$

$$S=\int_0^{2\pi} e^{-u}\left(\frac{1-\cos u}{2}+\frac{1}{2}\sin u\right)\frac{1}{2}\,du$$
$$=\frac{1}{4}\int_0^{2\pi} e^{-u}du$$
$$-\frac{1}{4}\int_0^{2\pi} e^{-u}(\cos u-\sin u)\,du$$
$$=\frac{1}{4}\Big[-e^{-u}\Big]_0^{2\pi}-\frac{1}{4}\Big[e^{-u}\sin u\Big]_0^{2\pi}$$
$$=\boldsymbol{\frac{1}{4}(1-e^{-2\pi})}.$$

［**注**］

$$\begin{cases} x=e^{-t}\cos t, \\ y=e^{-t}\sin t \end{cases}\qquad (0\leqq t\leqq \pi)$$

は極座標

$$r=e^{-\theta},\ 0\leqq\theta\leqq\pi.$$

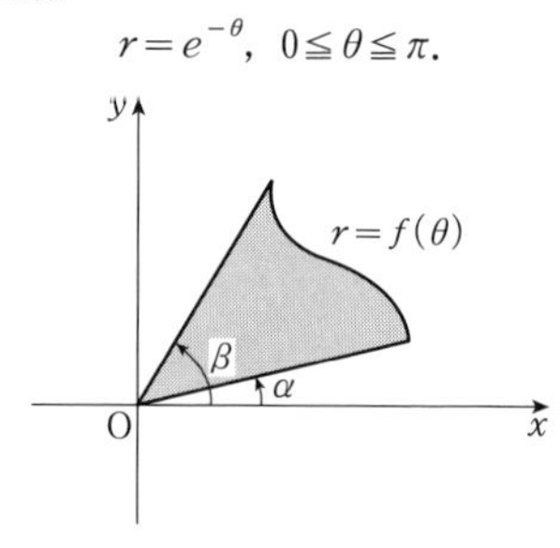

一般に，極座標 $r=f(\theta)$ に対し，図の網目部分の面積は，

$$\int_{\alpha}^{\beta}\frac{1}{2}r^2\,d\theta$$

である．

したがって，求める面積 S に対して，

$$S=\int_0^{\pi}\frac{1}{2}(e^{-t})^2\,dt$$
$$=\int_0^{\pi}\frac{1}{2}e^{-2t}\,dt$$

$$=\left[-\frac{1}{4}e^{-2t}\right]_0^{\pi}$$
$$=\frac{1}{4}(1-e^{-2\pi}).$$

145 考え方

(1) $\vec{a}$ の大きさが r で，x 軸の正方向とのなす角が θ のとき，
$$\vec{a}=(r\cos\theta,\ r\sin\theta).$$

解答

(1) $\overrightarrow{\mathrm{OA}}=(0,\ 1).$

$|\overrightarrow{\mathrm{AQ}}|=1$ で，$\overrightarrow{\mathrm{AQ}}$ と x 軸の正方向とのなす角が $\dfrac{\pi}{2}-t$ であるから，
$$\overrightarrow{\mathrm{AQ}}=\left(\cos\left(\frac{\pi}{2}-t\right),\ \sin\left(\frac{\pi}{2}-t\right)\right)$$
$$=(\sin t,\ \cos t).$$
$$|\overrightarrow{\mathrm{QP}}|=\overset{\frown}{\mathrm{BQ}}=t.$$

$\overrightarrow{\mathrm{QP}}$ と x 軸の正方向とのなす角は，
$$\frac{\pi}{2}-t+\frac{\pi}{2}=\pi-t$$
であるから，
$$\overrightarrow{\mathrm{QP}}=(t\cos(\pi-t),\ t\sin(\pi-t))$$
$$=(-t\cos t,\ t\sin t).$$

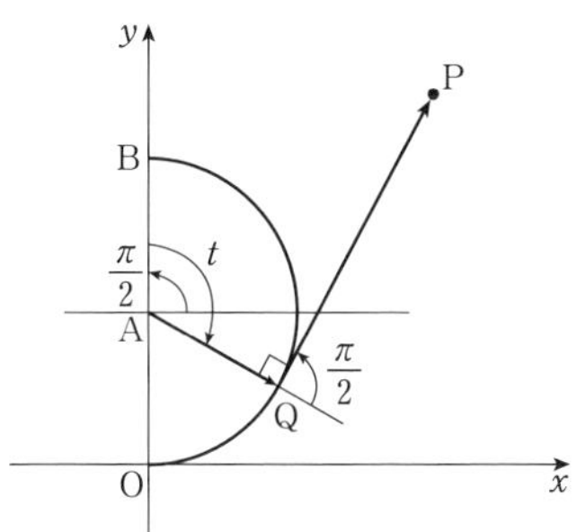

したがって，
$$\overrightarrow{\mathrm{OP}}=\overrightarrow{\mathrm{OA}}+\overrightarrow{\mathrm{AQ}}+\overrightarrow{\mathrm{QP}}$$
$$=\boldsymbol{(\sin t-t\cos t,\ 1+\cos t+t\sin t)}.$$

(2) P を $(x,\ y)$ とすると，
$$\begin{cases} x=\sin t-t\cos t, \\ y=1+\cos t+t\sin t. \end{cases}\quad (0\leqq t\leqq\pi)$$
$$\frac{dx}{dt}=\cos t-\cos t-t(-\sin t)$$
$$=t\sin t\geqq 0.$$

求める面積を S とすると，
$$S=\int_0^{\pi}y\,dx$$
$$=\int_0^{\pi}y\frac{dx}{dt}\,dt$$
$$=\int_0^{\pi}(1+\cos t+t\sin t)t\sin t\,dt$$
$$=\int_0^{\pi}(t\sin t+t\sin t\cos t+t^2\sin^2 t)\,dt$$
$$=\int_0^{\pi}\left(t\sin t+\frac{t}{2}\sin 2t+t^2\cdot\frac{1-\cos 2t}{2}\right)dt$$
$$=\int_0^{\pi}t\sin t\,dt+\frac{1}{2}\int_0^{\pi}t^2\,dt+\frac{1}{2}\int_0^{\pi}t\sin 2t\,dt-\frac{1}{2}\int_0^{\pi}t^2\cos 2t\,dt.$$

$$\int_0^{\pi}t\sin t\,dt=\int_0^{\pi}t(-\cos t)'\,dt$$
$$=\Big[t(-\cos t)\Big]_0^{\pi}-\int_0^{\pi}(-\cos t)\,dt$$
$$=\pi+\Big[\sin t\Big]_0^{\pi}=\pi.$$

$$\int_0^{\pi}t^2\,dt=\left[\frac{1}{3}t^3\right]_0^{\pi}=\frac{\pi^3}{3}.$$

$$\int_0^{\pi}t\sin 2t\,dt=\int_0^{\pi}t\left(-\frac{1}{2}\cos 2t\right)'dt$$
$$=\left[t\left(-\frac{1}{2}\cos 2t\right)\right]_0^{\pi}-\int_0^{\pi}\left(-\frac{1}{2}\cos 2t\right)dt$$
$$=-\frac{\pi}{2}+\left[\frac{1}{4}\sin 2t\right]_0^{\pi}=-\frac{\pi}{2}.$$

$$\int_0^{\pi}t^2\cos 2t\,dt=\int_0^{\pi}t^2\left(\frac{1}{2}\sin 2t\right)'dt$$
$$=\left[t^2\cdot\frac{1}{2}\sin 2t\right]_0^{\pi}-\int_0^{\pi}2t\cdot\frac{1}{2}\sin 2t\,dt$$
$$=-\int_0^{\pi}t\sin 2t\,dt=\frac{\pi}{2}.$$

よって，
$$S=\pi+\frac{1}{2}\cdot\frac{\pi^3}{3}+\frac{1}{2}\left(-\frac{\pi}{2}\right)-\frac{1}{2}\cdot\frac{\pi}{2}$$
$$=\boldsymbol{\frac{\pi}{2}+\frac{\pi^3}{6}}.$$

146 解答

(1)

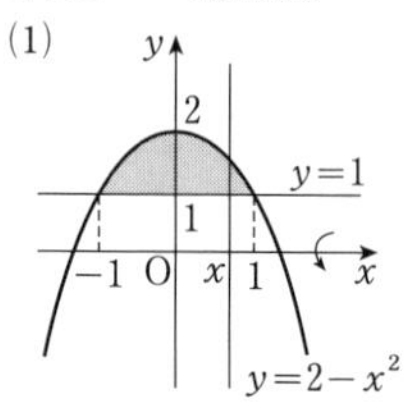

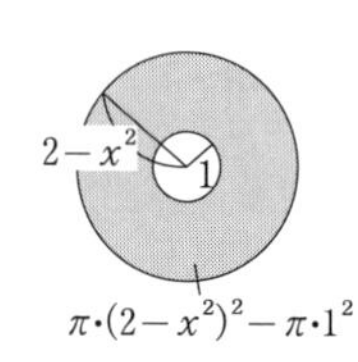

求める体積を V_1 とおくと,

$$V_1=\int_{-1}^{1}\{\pi(2-x^2)^2-\pi\cdot 1^2\}\,dx$$

$$=\pi\int_{-1}^{1}(x^4-4x^2+3)\,dx$$

$$=2\pi\int_{0}^{1}(x^4-4x^2+3)\,dx$$

$$=2\pi\left[\frac{x^5}{5}-\frac{4}{3}x^3+3x\right]_0^1$$

$$=\boldsymbol{\frac{56}{15}\pi}.$$

(2)

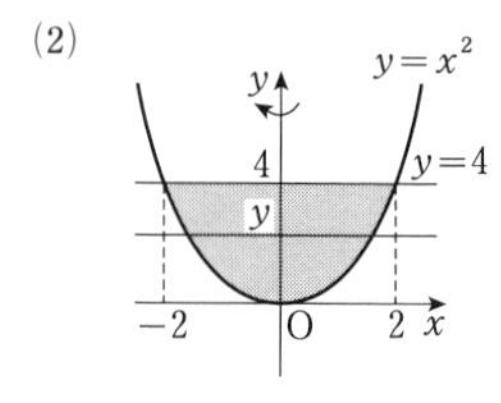

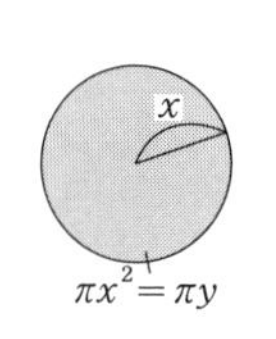

求める体積を V_2 とおくと,

$$V_2=\int_0^4 \pi x^2\,dy$$

$$=\int_0^4 \pi y\,dy$$

$$=\pi\left[\frac{y^2}{2}\right]_0^4$$

$$=\boldsymbol{8\pi}.$$

147 考え方

$$V=\int_1^e \pi\left(\frac{\log x}{x}\right)^2 dx$$

$$=\int_1^e \pi\left(-\frac{1}{x}\right)'(\log x)^2\,dx$$

で部分積分.

解答

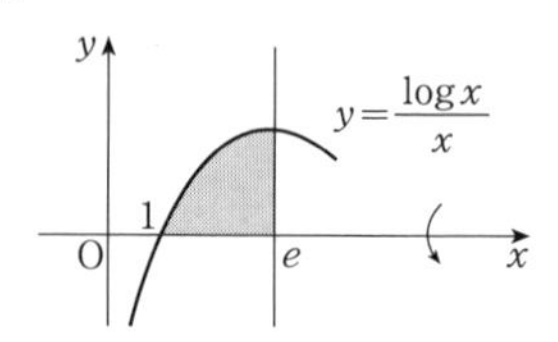

求める体積を V とおくと,

$$V=\int_1^e \pi y^2\,dx$$

$$=\int_1^e \pi\cdot\frac{(\log x)^2}{x^2}\,dx$$

$$=\int_1^e \pi\left(-\frac{1}{x}\right)'(\log x)^2\,dx$$

$$=\left[-\frac{\pi}{x}(\log x)^2\right]_1^e$$

$$-\int_1^e \pi\left(-\frac{1}{x}\right)\cdot 2\cdot\log x\cdot\frac{1}{x}\,dx$$

$$=-\frac{\pi}{e}+2\pi\int_1^e\left(-\frac{1}{x}\right)'\log x\,dx$$

$$=-\frac{\pi}{e}+2\pi\left\{\left[-\frac{1}{x}\log x\right]_1^e\right.$$

$$\left.-\int_1^e\left(-\frac{1}{x}\right)\cdot\frac{1}{x}\,dx\right\}$$

$$=-\frac{\pi}{e}+2\pi\left\{-\frac{1}{e}+\int_1^e\frac{1}{x^2}\,dx\right\}$$

$$=-\frac{3\pi}{e}+2\pi\left[-\frac{1}{x}\right]_1^e$$

$$=-\frac{5\pi}{e}+2\pi$$

$$=\boldsymbol{\pi\left(2-\frac{5}{e}\right)}.$$

148 考え方

$V(a)=$ [A, O, 1, x] + [A, $y=\frac{1}{x}$, P, 1, a, x] − [P, O, a, x]

解答

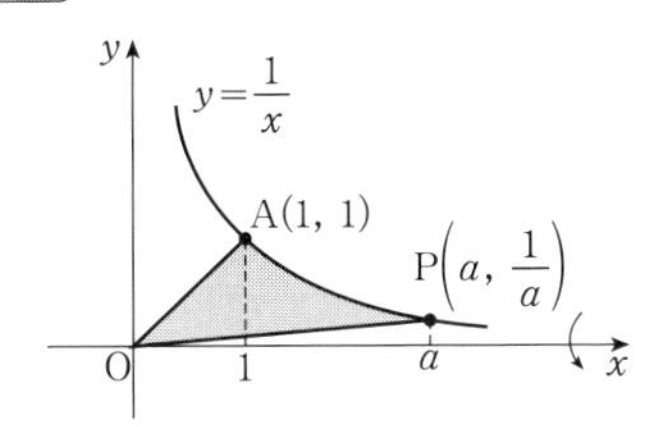

$V(a)=$

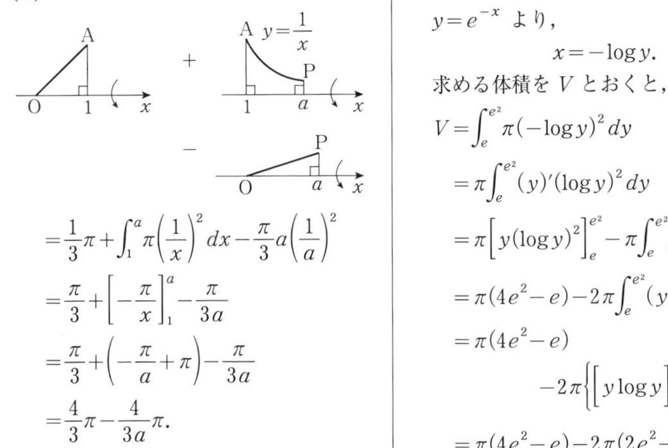

$$=\frac{1}{3}\pi+\int_1^a \pi\left(\frac{1}{x}\right)^2 dx-\frac{\pi}{3}a\left(\frac{1}{a}\right)^2$$

$$=\frac{\pi}{3}+\left[-\frac{\pi}{x}\right]_1^a-\frac{\pi}{3a}$$

$$=\frac{\pi}{3}+\left(-\frac{\pi}{a}+\pi\right)-\frac{\pi}{3a}$$

$$=\frac{4}{3}\pi-\frac{4}{3a}\pi.$$

よって，

$$\lim_{a\to\infty}V(a)=\boldsymbol{\frac{4}{3}\pi}.$$

149　考え方

$$V=\int_e^{e^2}\pi x^2\,dy$$

$$=\int_e^{e^2}\pi(-\log y)^2\,dy$$

$$=\int_e^{e^2}\pi(y)'(\log y)^2\,dy$$

で部分積分.

解答

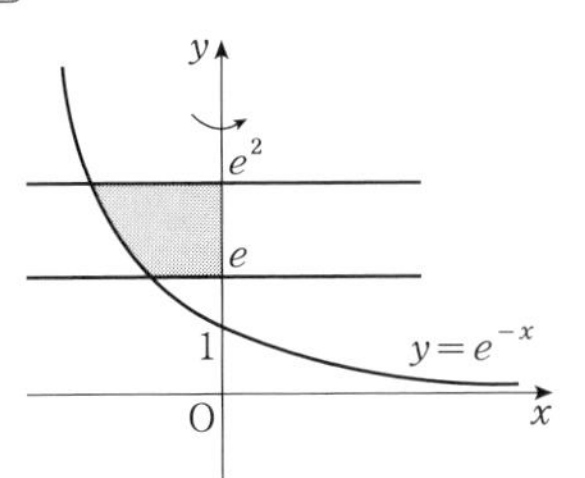

$y=e^{-x}$ より，

$$x=-\log y.$$

求める体積を V とおくと，

$$V=\int_e^{e^2}\pi(-\log y)^2\,dy$$

$$=\pi\int_e^{e^2}(y)'(\log y)^2\,dy$$

$$=\pi\Big[y(\log y)^2\Big]_e^{e^2}-\pi\int_e^{e^2}y\cdot 2\log y\cdot\frac{1}{y}\,dy$$

$$=\pi(4e^2-e)-2\pi\int_e^{e^2}(y)'\log y\,dy$$

$$=\pi(4e^2-e)$$

$$\qquad-2\pi\left\{\Big[y\log y\Big]_e^{e^2}-\int_e^{e^2}y\cdot\frac{1}{y}\,dy\right\}$$

$$=\pi(4e^2-e)-2\pi(2e^2-e)+2\pi\Big[y\Big]_e^{e^2}$$

$$=\pi(4e^2-e)-2\pi(2e^2-e)+2\pi(e^2-e)$$

$$=\boldsymbol{(2e^2-e)\pi}.$$

［注］ $y=e^{-x}$ より，

$$dy=-e^{-x}\,dx,$$

y	$e\ \to\ e^2$
x	$-1\ \to\ -2$

であるから，

$$V=\int_e^{e^2}\pi x^2\,dy$$

$$=\int_{-1}^{-2}\pi x^2(-e^{-x})\,dx$$

$$=\int_{-2}^{-1}\pi x^2 e^{-x}\,dx.$$

以下，部分積分.

150　考え方

三角形ABCの面積を $S(x)$ とおくと，

$$V=2\int_0^1 S(x)\,dx.$$

解答

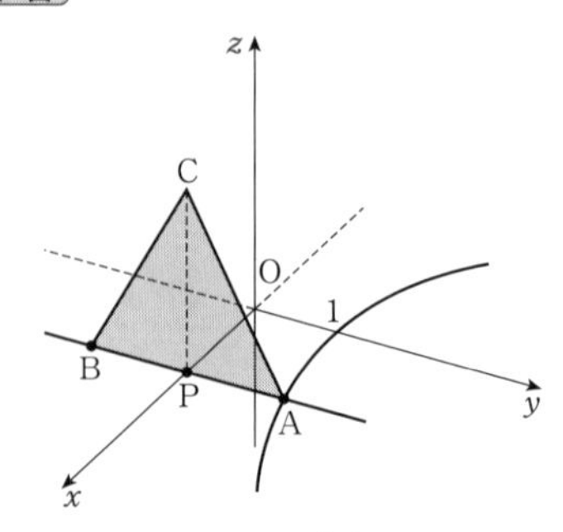

$$\mathrm{AB}=2f(x).$$

三角形ABCの面積を $S(x)$ とおくと，

$$S(x)=\frac{1}{2}\mathrm{AB}^2\cdot\sin 60^\circ$$
$$=\frac{\sqrt{3}}{4}\{2f(x)\}^2$$
$$=\frac{\sqrt{3}}{4}(e^{2x}+2+e^{-2x}).$$

$$V=2\int_0^1 S(x)\,dx$$
$$=\frac{\sqrt{3}}{2}\left[\frac{1}{2}e^{2x}+2x-\frac{1}{2}e^{-2x}\right]_0^1$$
$$=\boldsymbol{\frac{\sqrt{3}}{4}\left(e^2+4-\frac{1}{e^2}\right)}.$$

151 考え方

(1) $x=t$ とすると，

$0\leqq t\leqq\pi$，$0\leqq y\leqq\pi$，$0\leqq z\leqq\sin(y+t)$.

これを yz 平面上で図示してみる．

解答

(1) $x=t$ を代入して，

$0\leqq t\leqq\pi$，$0\leqq y\leqq\pi$，$0\leqq z\leqq\sin(y+t)$.

切り口を yz 平面上で考えると，次の図の網目部分のようになる．

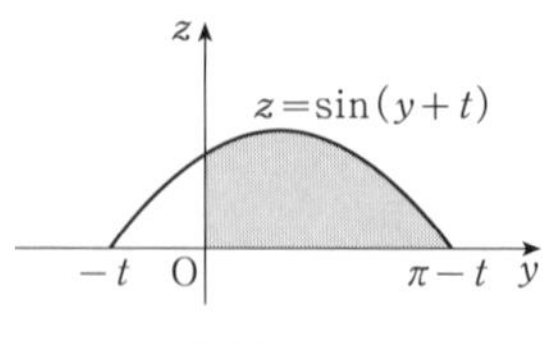

$$\boldsymbol{S(t)}=\int_0^{\pi-t}\sin(y+t)\,dy$$
$$=\Big[-\cos(y+t)\Big]_0^{\pi-t}$$
$$\boldsymbol{=1+\cos t.}$$

(2) $$\boldsymbol{V}=\int_0^{\pi}S(t)\,dt=\Big[t+\sin t\Big]_0^{\pi}$$
$$\boldsymbol{=\pi.}$$

152 考え方

(2) $(\text{体積})=\displaystyle\int_1^e\left\{\pi\left(\frac{\log x}{\sqrt{x}}\right)^2-\pi\left(\frac{(\log x)^2}{\sqrt{x}}\right)^2\right\}dx.$

解答

(1) $f(x)=\dfrac{(\log x)^2}{\sqrt{x}}$ とすると，

$$f'(x)=\frac{2\log x\cdot\frac{1}{x}\cdot\sqrt{x}-(\log x)^2\cdot\frac{1}{2\sqrt{x}}}{x}$$
$$=\frac{\log x(4-\log x)}{2x\sqrt{x}}.$$

$\dfrac{1}{e}\leqq x\leqq e$ であるから，$f'(x)=0$ より，

$$x=1.$$

$f(x)$ の増減は次のようになる．

x	$\frac{1}{e}$	$\cdots$	1	$\cdots$	e
y'		$-$	0	$+$	
y	$\sqrt{e}$	↘	0	↗	$\frac{1}{\sqrt{e}}$

$g(x)=\dfrac{\log x}{\sqrt{x}}$ とすると，

$$g'(x)=\frac{\frac{1}{x}\cdot\sqrt{x}-\log x\cdot\frac{1}{2\sqrt{x}}}{x}$$
$$=\frac{2-\log x}{2x\sqrt{x}}.$$

$\dfrac{1}{e}\leqq x\leqq e$ であるから，$g(x)\geqq 0$.

$g(x)$ の増減は次のようになる．

x	$\frac{1}{e}$	$\cdots$	e
y'		$+$	
y	$-\sqrt{e}$	↗	$\frac{1}{\sqrt{e}}$

$$f(x)-g(x)=\frac{(\log x)^2}{\sqrt{x}}-\frac{\log x}{\sqrt{x}}$$

$$=\frac{\log x}{\sqrt{x}}(\log x-1).$$

$f(x)-g(x)=0$ より，

$$x=1,\ e.$$

$1\leqq x\leqq e$ のとき，

$$f(x)-g(x)\leqq 0.$$

よって，2 つの曲線が囲む部分は図の斜線部分である．

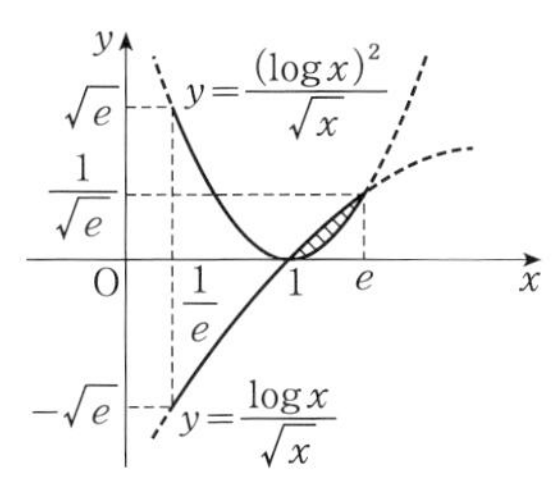

(2)　$(\text{体積})=\int_1^e\left\{\pi\left(\frac{\log x}{\sqrt{x}}\right)^2-\pi\left(\frac{(\log x)^2}{\sqrt{x}}\right)^2\right\}dx$

$$=\pi\int_1^e\frac{1}{x}\{(\log x)^2-(\log x)^4\}\,dx$$

$$=\pi\left[\frac{1}{3}(\log x)^3-\frac{1}{5}(\log x)^5\right]_1^e$$

$$=\pi\left(\frac{1}{3}-\frac{1}{5}\right)$$

$$=\boldsymbol{\frac{2}{15}\pi}.$$

153　考え方

$(\text{体積})=\int_0^3\left\{\pi\left(1-\frac{x^2}{9}\right)-\pi\left(1-\sqrt{\frac{x}{3}}\right)^4\right\}dx.$

$\int_0^3\left(1-\sqrt{\frac{x}{3}}\right)^4dx$ は，$1-\sqrt{\frac{x}{3}}=t$ として置換積分．

解答

$\frac{x^2}{9}+y^2=1$ より，　$y^2=1-\frac{x^2}{9}.$

$\sqrt{\frac{x}{3}}+\sqrt{y}=1$ より，　$\sqrt{y}=1-\sqrt{\frac{x}{3}}.$

よって，

$$y=\left(1-\sqrt{\frac{x}{3}}\right)^2.$$

求める体積を V とおくと，

$$V=\int_0^3\left\{\pi\left(1-\frac{x^2}{9}\right)-\pi\left(1-\sqrt{\frac{x}{3}}\right)^4\right\}dx$$

$$=\pi\left[x-\frac{1}{27}x^3\right]_0^3-\pi\int_0^3\left(1-\sqrt{\frac{x}{3}}\right)^4dx$$

$$=2\pi-\pi\int_0^3\left(1-\sqrt{\frac{x}{3}}\right)^4dx.$$

$I=\int_0^3\left(1-\sqrt{\frac{x}{3}}\right)^4dx$ に対して，

$1-\sqrt{\frac{x}{3}}=t$ とおくと，

$$x=3(1-t)^2.$$
$$dx=-6(1-t)\,dt.$$

x	$0\ \to\ 3$
t	$1\ \to\ 0$

$$I=\int_1^0 t^4\{-6(1-t)\}\,dt$$

$$=6\int_0^1(t^4-t^5)\,dt$$

$$=6\left(\frac{1}{5}-\frac{1}{6}\right)=\frac{1}{5}.$$

よって，

$$V=2\pi-\frac{\pi}{5}=\boldsymbol{\frac{9}{5}\pi}.$$

154　考え方

(2)　$y\leqq 0$ の部分の図形を $y\geqq 0$ の領域に対称移動して考える．

$(\text{体積})=\int_0^{\frac{2}{3}\pi}\pi\cos^2\frac{x}{2}\,dx-\int_0^{\frac{\pi}{2}}\pi\cos^2x\,dx$

$$+\int_{\frac{2}{3}\pi}^{\pi}\pi(-\cos x)^2\,dx.$$

ここで，

$$\int_a^b\cos^2\theta\,d\theta=\int_a^b\frac{1}{2}(1+\cos 2\theta)\,d\theta$$

を用いる．

解答

(1)

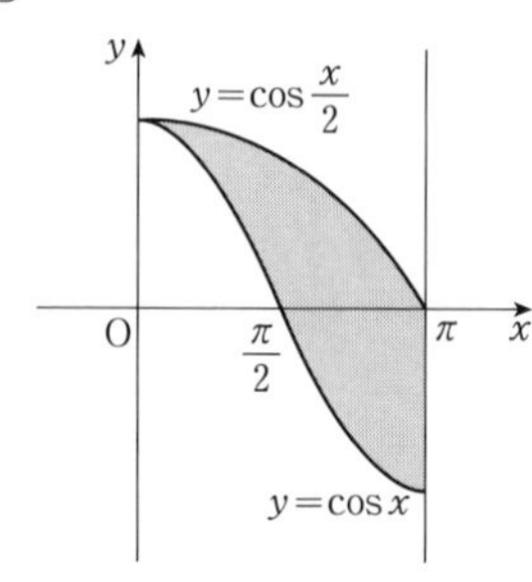

図の網目部分．

(2)

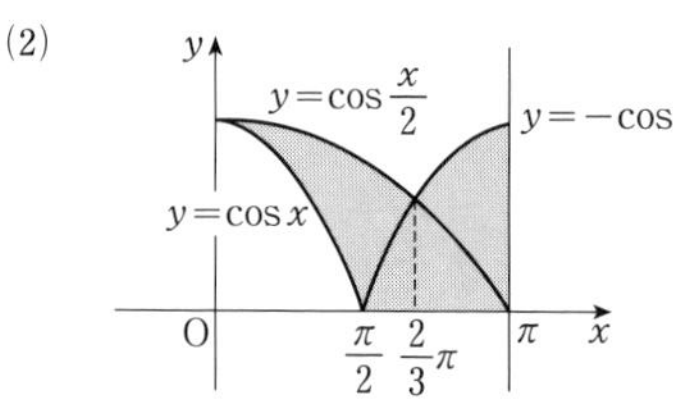

図の網目部分を x 軸の周りに 1 回転した立体の体積を求めればよい．

$\cos\frac{x}{2}=-\cos x$ より，

$$2\cos^2\frac{x}{2}+\cos\frac{x}{2}-1=0.$$

$$\left(2\cos\frac{x}{2}-1\right)\left(\cos\frac{x}{2}+1\right)=0.$$

$0\leqq\frac{x}{2}\leqq\frac{\pi}{2}$ より，

$$\cos\frac{x}{2}=\frac{1}{2}.$$

$$\frac{x}{2}=\frac{\pi}{3}.$$

$$x=\frac{2}{3}\pi.$$

体積を V とすると，

$$V=\int_0^{\frac{2}{3}\pi}\pi\cos^2\frac{x}{2}\,dx-\int_0^{\frac{\pi}{2}}\pi\cos^2x\,dx+\int_{\frac{2}{3}\pi}^{\pi}\pi(-\cos x)^2\,dx$$

$$=\int_0^{\frac{2}{3}\pi}\frac{\pi}{2}(1+\cos x)\,dx-\int_0^{\frac{\pi}{2}}\frac{\pi}{2}(1+\cos 2x)\,dx+\int_{\frac{2}{3}\pi}^{\pi}\frac{\pi}{2}(1+\cos 2x)\,dx$$

$$=\frac{\pi}{2}\Big[x+\sin x\Big]_0^{\frac{2}{3}\pi}-\frac{\pi}{2}\Big[x+\frac{1}{2}\sin 2x\Big]_0^{\frac{\pi}{2}}+\frac{\pi}{2}\Big[x+\frac{1}{2}\sin 2x\Big]_{\frac{2}{3}\pi}^{\pi}$$

$$=\frac{\pi}{2}\left(\frac{2}{3}\pi+\frac{\sqrt{3}}{2}\right)-\frac{\pi}{2}\cdot\frac{\pi}{2}+\frac{\pi}{2}\left\{\pi-\frac{2}{3}\pi-\frac{1}{2}\left(-\frac{\sqrt{3}}{2}\right)\right\}$$

$$=\frac{\pi^2}{3}+\frac{\sqrt{3}}{4}\pi-\frac{\pi^2}{4}+\frac{\pi^2}{6}+\frac{\sqrt{3}}{8}\pi$$

$$=\boldsymbol{\frac{\pi^2}{4}+\frac{3\sqrt{3}}{8}\pi}.$$

155 考え方

条件式は，

$$\int_0^{\frac{\pi}{2}}\pi y^2\,dx=\int_0^k\pi x^2\,dy.$$

右側を $y=k\cos x$ で置換積分する．

解答

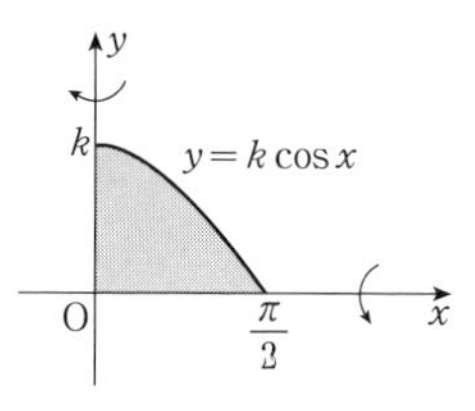

x 軸，y 軸の周りに 1 回転してできる図形の体積をそれぞれ V_x，V_y とする．

$$V_x=\int_0^{\frac{\pi}{2}}\pi y^2\,dx$$

$$=\int_0^{\frac{\pi}{2}}\pi k^2\cos^2x\,dx$$

$$=\pi k^2\int_0^{\frac{\pi}{2}}\frac{1+\cos 2x}{2}\,dx$$

$$=\pi k^2\Big[\frac{x}{2}+\frac{1}{4}\sin 2x\Big]_0^{\frac{\pi}{2}}$$

$$=\frac{\pi^2}{4}k^2.$$

$$V_y=\int_0^k\pi x^2\,dy.$$

$y=k\cos x$ より，

$$dy=-k\sin x\,dx.$$

y	$0 \to k$
x	$\frac{\pi}{2} \to 0$

$$V_y=\int_{\frac{\pi}{2}}^{0}\pi x^2(-k\sin x)\,dx$$
$$=\int_{\frac{\pi}{2}}^{0}k\pi x^2(\cos x)'\,dx$$
$$=\Big[k\pi x^2\cos x\Big]_{\frac{\pi}{2}}^{0}-\int_{\frac{\pi}{2}}^{0}2k\pi x\cos x\,dx$$
$$=\int_{0}^{\frac{\pi}{2}}2k\pi x\cos x\,dx \qquad \cdots①$$
$$=\int_{0}^{\frac{\pi}{2}}2k\pi x(\sin x)'\,dx$$
$$=\Big[2k\pi x\sin x\Big]_{0}^{\frac{\pi}{2}}-\int_{0}^{\frac{\pi}{2}}2k\pi\sin x\,dx$$
$$=k\pi^2-\Big[2k\pi(-\cos x)\Big]_{0}^{\frac{\pi}{2}}$$
$$=(\pi^2-2\pi)k.$$

$V_x=V_y$ より，

$$\frac{\pi^2}{4}k^2=(\pi^2-2\pi)k.$$

$k\neq0$ より，

$$\frac{\pi^2}{4}k=\pi^2-2\pi.$$

よって，

$$\boldsymbol{k=4-\frac{8}{\pi}}.$$

［注］

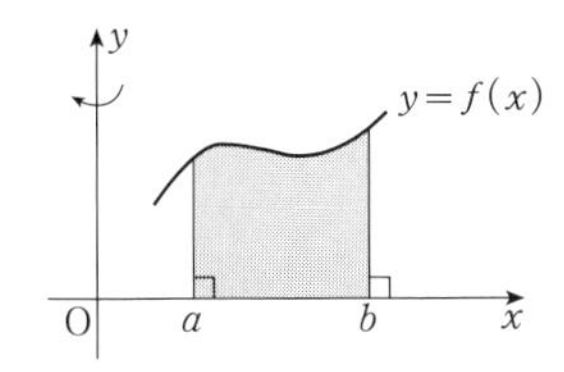

$0\leqq a<b$ とする．

$a\leqq x\leqq b$ で $f(x)\geqq0$ のとき，図の網目部分を y 軸の周りに1回転してできる立体の体積は，

$$V=\int_a^b 2\pi x f(x)\,dx.$$

これを用いると ① がただちに求まる．

156 考え方

(2)　$y=\frac{1}{4}x^2$ と $x^2+(y-a)^2=9$ が接するとき，x を消去した y の2次方程式

$$y^2+2(2-a)y+a^2-9=0$$

が重解をもつ．

解答

(1)

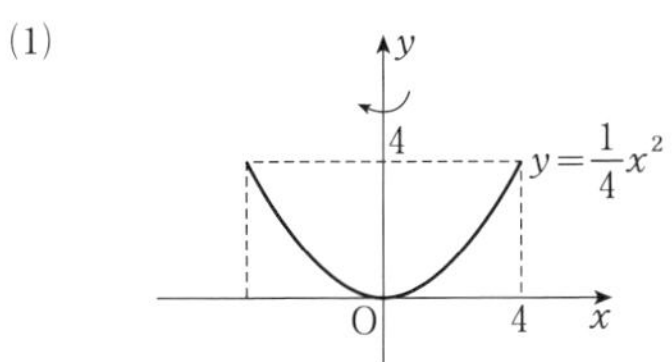

体積を V_1 とおくと，

$$V_1=\int_0^4\pi x^2\,dy$$
$$=\int_0^4 4\pi y\,dy$$
$$=\Big[2\pi y^2\Big]_0^4$$
$$=\boldsymbol{32\pi}.$$

(2)

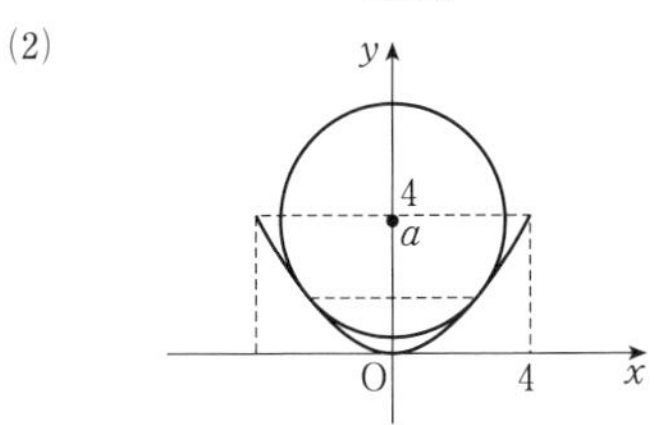

$$x^2+(y-a)^2=9 \qquad \cdots①$$

が

$$y=\frac{1}{4}x^2 \qquad \cdots②$$

に図のように接するときを考える．

② より，

$$x^2=4y.$$

① に代入して，

$$4y+(y-a)^2=9.$$
$$y^2+2(2-a)y+a^2-9=0. \qquad \cdots③$$

判別式を D とすると，

$$\frac{D}{4}=(2-a)^2-(a^2-9)=0.$$
$$13-4a=0.$$
$$a=\frac{13}{4}.$$

① に代入して，

$$x^2+\left(y-\frac{13}{4}\right)^2=9.$$

$x=0$ のとき，

$$y-\frac{13}{4}=\pm 3.$$

$$y=\frac{1}{4},\ \frac{25}{4}.$$

求める体積を V_2 とすると，

$$V_2=\int_{\frac{1}{4}}^{4}\pi x^2\,dy$$

$$=\int_{\frac{1}{4}}^{4}\pi\left\{9-\left(y-\frac{13}{4}\right)^2\right\}dy$$

$$=\pi\left[9y-\frac{1}{3}\left(y-\frac{13}{4}\right)^3\right]_{\frac{1}{4}}^{4}$$

$$=\boldsymbol{\frac{1575}{64}\pi}.$$

［注］

$$\begin{cases} y=\frac{1}{4}x^2 & \cdots ① \\ x^2+(y-a)^2=9 & \cdots ② \end{cases}$$

が接する場合を考える．

接点を $\mathrm{P}\left(t,\ \frac{t^2}{4}\right)$ とすると，Pが②上にあるから，

$$t^2+\left(\frac{t^2}{4}-a\right)^2=9. \qquad \cdots ③$$

①より，　$y'=\frac{x}{2}.$

Pにおける接線が一致するから，円の中心とPを通る直線がPにおける接線と直交する．

よって，

$$\frac{a-\frac{t^2}{4}}{0-t}\cdot\frac{t}{2}=-1. \qquad \cdots ④$$

④より，

$$a-\frac{t^2}{4}=2. \qquad \cdots ④'$$

④′を③に代入して，

$$t^2=5.$$

$$t=\pm\sqrt{5}.$$

④′に代入して，

$$a=\frac{13}{4}.$$

157　考え方

$$(y-k)(y-\sin x)\leqq 0$$

$$\iff \begin{cases} y\geqq k, \\ y\leqq \sin x \end{cases} \text{ または } \begin{cases} y\leqq k, \\ y\geqq \sin x. \end{cases}$$

$\sin\alpha=k$ とおくと，

$$(\text{体積})=2\int_0^{\alpha}(\pi k^2-\pi\sin^2 x)\,dx$$

$$+2\int_{\alpha}^{\frac{\pi}{2}}(\pi\sin^2 x-\pi k^2)\,dx$$

$$=2\pi\left(2\alpha-\frac{\pi}{2}\right)\sin^2\alpha$$

$$-2\pi\int_0^{\alpha}\sin^2 x\,dx-2\pi\int_{\frac{\pi}{2}}^{\alpha}\sin^2 x\,dx.$$

これを α で微分する．このとき，

$$\frac{d}{d\alpha}\int_a^{\alpha}f(x)\,dx=f(\alpha)$$

を用いる．

解答

$$(y-k)(y-\sin x)\leqq 0$$

$$\iff \begin{cases} y\geqq k, \\ y\leqq \sin x \end{cases} \text{ または } \begin{cases} y\leqq k, \\ y\geqq \sin x. \end{cases}$$

よって，与えられた領域は，次の図の網目部分である．

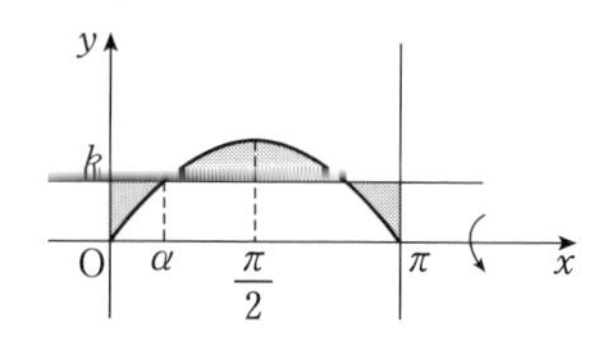

$$\sin\alpha=k \quad \left(0\leqq\alpha\leqq\frac{\pi}{2}\right)$$

とし，体積を V とすると，

$$V=2\int_0^{\alpha}(\pi k^2-\pi\sin^2 x)\,dx$$

$$+2\int_{\alpha}^{\frac{\pi}{2}}(\pi\sin^2 x-\pi k^2)\,dx$$

$$=2\pi\alpha k^2-2\pi\int_0^{\alpha}\sin^2 x\,dx$$

$$+2\pi\int_{\alpha}^{\frac{\pi}{2}}\sin^2 x\,dx-2\pi k^2\left(\frac{\pi}{2}-\alpha\right)$$

$$=2\pi\alpha\sin^2\alpha-2\pi\int_0^{\alpha}\sin^2 x\,dx$$

$$-2\pi\int_{\frac{\pi}{2}}^{\alpha}\sin^2 x\,dx+2\pi\left(\alpha-\frac{\pi}{2}\right)\sin^2\alpha.$$

$$\frac{dV}{d\alpha}=2\pi\sin^2\alpha+2\pi\alpha\cdot 2\sin\alpha\cos\alpha-2\pi\sin^2\alpha$$
$$-2\pi\sin^2\alpha+2\pi\sin^2\alpha$$
$$+2\pi\left(\alpha-\frac{\pi}{2}\right)2\sin\alpha\cos\alpha$$
$$=2\pi\alpha\sin 2\alpha+2\pi\left(\alpha-\frac{\pi}{2}\right)\sin 2\alpha$$
$$=2\pi\left(2\alpha-\frac{\pi}{2}\right)\sin 2\alpha.$$

$0\leqq\alpha\leqq\dfrac{\pi}{2}$ であるから,

$\dfrac{dV}{d\alpha}=0$ より, $\alpha=\dfrac{\pi}{4}$, 0, $\dfrac{\pi}{2}$.

V の増減は次のようになる.

α	0	$\cdots$	$\frac{\pi}{4}$	$\cdots$	$\frac{\pi}{2}$
$\frac{dV}{d\alpha}$		$-$	0	$+$	
V		↘	極小	↗	

よって, $\alpha=\dfrac{\pi}{4}$ のとき最小.

このとき, $\boldsymbol{k}=\sin\dfrac{\pi}{4}=\boldsymbol{\dfrac{1}{\sqrt{2}}}$.

［注］ V の積分を具体的に実行して求めてもよいが, 最小値は不要なので無駄である.

158 考え方

(1) $\mathrm{P}_{n-1}(x_{n-1},\ e^{-x_{n-1}})$ における接線
$$y=-e^{-x_{n-1}}(x-x_{n-1})+e^{-x_{n-1}}$$
が $\mathrm{Q}_n(x_n,\ 0)$ を通ることより $\{x_n\}$ の漸化式が得られる.

(2) $V_n=\displaystyle\int_{n-1}^{n}\pi(e^{-x})^2\,dx-\frac{\pi}{3}\{e^{-(n-1)}\}^2$

(3) $a\neq 0$, $-1<r<1$ のとき,
$$\sum_{n=1}^{\infty}ar^{n-1}=\frac{a}{1-r}.$$

解答

(1)

$\mathrm{Q}_0(0,\ 0)$ とする.

$\mathrm{Q}_n(x_n,\ 0)$ とおくと,
$$\mathrm{P}_{n-1}(x_{n-1},\ e^{-x_{n-1}}).$$
$y=e^{-x}$ より, $y'=-e^{-x}$.

よって, P_{n-1} における接線の方程式は,
$$y=-e^{-x_{n-1}}(x-x_{n-1})+e^{-x_{n-1}}.$$
これが Q_n を通るから,
$$0=-e^{-x_{n-1}}(x_n-x_{n-1})+e^{-x_{n-1}}.$$
よって,
$$x_n-x_{n-1}=1.$$
$\{x_n\}$ は, 初項 $x_0=0$, 公差 1 の等差数列であるから,
$$x_n=0+n\cdot 1=n.$$
$$\boldsymbol{\mathrm{Q}_n(n,\ 0)}.$$

(2) $\boldsymbol{V_n}=$

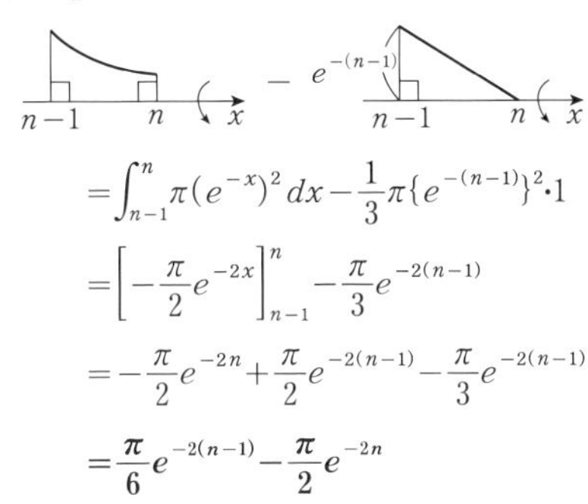

$$=\int_{n-1}^{n}\pi(e^{-x})^2\,dx-\frac{1}{3}\pi\{e^{-(n-1)}\}^2\cdot 1$$
$$=\left[-\frac{\pi}{2}e^{-2x}\right]_{n-1}^{n}-\frac{\pi}{3}e^{-2(n-1)}$$
$$=-\frac{\pi}{2}e^{-2n}+\frac{\pi}{2}e^{-2(n-1)}-\frac{\pi}{3}e^{-2(n-1)}$$
$$=\boldsymbol{\frac{\pi}{6}e^{-2(n-1)}-\frac{\pi}{2}e^{-2n}}$$

(3) $$V_k=\frac{\pi}{6}(1-3e^{-2})(e^{-2})^{k-1}$$

より, V は初項 $\dfrac{\pi}{6}(1-3e^{-2})$, 公比 e^{-2} の無限等比級数である.

$0<e^{-2}<1$ より収束して,
$$V=\frac{\frac{\pi}{6}(1-3e^{-2})}{1-e^{-2}}=\boldsymbol{\frac{\pi(e^2-3)}{6(e^2-1)}}.$$

159 考え方

l 上の任意の点を P とすると,
$$\overrightarrow{\mathrm{OP}}=\overrightarrow{\mathrm{OA}}+t\overrightarrow{\mathrm{AB}}=(1-t,\ 2t,\ t)$$
(t は実数)

とおける. 回転軸が y 軸であるから y 軸に垂直な平面 $y=u$ $(0\leqq u\leqq 2)$ で切った切り口の面積 T を u で表し

$$\int_0^2 T du$$

を計算する．

解答

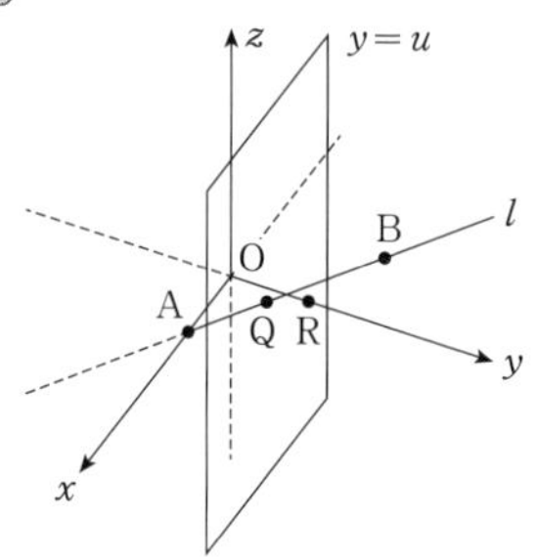

l 上の任意の点を P とすると実数 t を用いて，

$$\overrightarrow{\mathrm{AP}}=t\overrightarrow{\mathrm{AB}}$$

とおける．このとき，

$$\begin{aligned}\overrightarrow{\mathrm{OP}}&=\overrightarrow{\mathrm{OA}}+t\overrightarrow{\mathrm{AB}}\\&=(1,\ 0,\ 0)+t(-1,\ 2,\ 1)\\&=(1-t,\ 2t,\ t).\end{aligned}$$

y 軸に垂直な平面 α：$y=u$ $(0\leqq u\leqq 2)$ と l との交点を Q，y 軸との交点を R とすると，

$$2t=u$$

より，

$$t=\frac{u}{2}.$$

よって，

$$\mathrm{Q}\left(1-\frac{u}{2},\ u,\ \frac{u}{2}\right).$$

R$(0,\ u,\ 0)$ であるから，

$$\begin{aligned}\mathrm{QR}^2&=\left(1-\frac{u}{2}\right)^2+\left(\frac{u}{2}\right)^2\\&=1-u+\frac{u^2}{2}.\end{aligned}$$

よって，S を α で切った切り口の面積は半径 QR の円だから，

$$\pi\mathrm{QR}^2=\pi\left(1-u+\frac{u^2}{2}\right).$$

体積を V とすると，

$$\begin{aligned}V&=\int_0^2 \pi\mathrm{QR}^2 du\\&=\pi\left[u-\frac{u^2}{2}+\frac{u^3}{6}\right]_0^2\\&=\frac{4}{3}\pi.\end{aligned}$$

［注］ t で考えると

$$\begin{aligned}\mathrm{QR}^2&=(1-t)^2+t^2\\&=1-2t+2t^2.\end{aligned}$$

$$V=\int_0^2 \pi\mathrm{QR}^2 du$$

$u=2t$ より，$du=2\,dt$.

u	$0\to 2$
t	$0\to 1$

$$V=\int_0^1 \pi\mathrm{QR}^2\cdot 2\,dt.$$

$$\left(V=\int_0^1 \pi\mathrm{QR}^2 dt\ \text{ではない．}\right)$$

160 **考え方**

P$(t,\ 0,\ 0)$ とおくと，

$$\mathrm{Q}(t,\ 0,\ t),\ \mathrm{R}\left(t,\ \sqrt{1-t^2},\ 0\right).$$

また，P を通り x 軸に垂直な平面による立体の切り口の面積を $S(t)$ とすると，

(1) $S(t)=\dfrac{1}{2}t\sqrt{1-t^2}$.

(2) 切り口は三角形 PQR を平面 PQR 上で P の周りに回転した円板である．PQ と PR の大小でその半径が決まり，

$$S(t)=\begin{cases}\pi(1-t^2) & \left(0\leqq t\leqq \dfrac{1}{\sqrt{2}}\right),\\ \pi t^2 & \left(\dfrac{1}{\sqrt{2}}\leqq t\leqq 1\right).\end{cases}$$

解答

(1)

z
Q$(t,\ 0,\ t)$
O
y
P$(t,\ 0,\ 0)$
R$\left(t,\ \sqrt{1-t^2},\ 0\right)$
x

P$(t,\ 0,\ 0)$ $(0\leqq t\leqq 1)$ とすると，条件より，

$$\mathrm{Q}(t,\ 0,\ t),\ \mathrm{R}\left(t,\ \sqrt{1-t^2},\ 0\right).$$

三角形 PQR の面積は，

$$\frac{1}{2}t\sqrt{1-t^2}.$$

求める体積 V_1 は，

$$V_1=\int_0^1 \frac{1}{2}t\sqrt{1-t^2}\,dt$$
$$=\left[-\frac{1}{6}(1-t^2)^{\frac{3}{2}}\right]_0^1$$
$$=\boldsymbol{\frac{1}{6}}.$$

［注 1］ $\sqrt{1-t^2}=u$，または $1-t^2=u$ とおいて，置換積分してもよい．

［注 2］ $\mathrm{P}(t,\ 0,\ 0)$ に対し，$t=0$ のときは $\mathrm{P}=\mathrm{Q}$，$\triangle\mathrm{PQR}=\mathrm{PR}$，$t=1$ のときは $\mathrm{P}=\mathrm{R}$，$\triangle\mathrm{PQR}=\mathrm{PQ}$ として考えた．

(2) P を通り x 軸に垂直な平面による立体の切り口は，三角形 PQR をこの平面上で P の周りに回転した円板である．切り口の面積を $S(t)$ とおくと，

$$\mathrm{PQ}^2-\mathrm{PR}^2=t^2-\left(\sqrt{1-t^2}\right)^2$$
$$=2t^2-1$$

であるから，

$0\leqq t\leqq\dfrac{1}{\sqrt{2}}$ のとき，

$$\mathrm{PQ}\leqq\mathrm{PR}.$$

$\dfrac{1}{\sqrt{2}}\leqq t\leqq 1$ のとき，

$$\mathrm{PQ}\geqq\mathrm{PR}.$$

よって，

$$S(t)=\begin{cases}\pi(1-t^2) & \left(0\leqq t\leqq\dfrac{1}{\sqrt{2}}\right),\\ \pi t^2 & \left(\dfrac{1}{\sqrt{2}}\leqq t\leqq 1\right).\end{cases}$$

求める体積 V_2 は，

$$V_2=\int_0^{\frac{1}{\sqrt{2}}}\pi(1-t^2)\,dt+\int_{\frac{1}{\sqrt{2}}}^1 \pi t^2\,dt$$
$$=\left[\pi\left(t-\frac{1}{3}t^3\right)\right]_0^{\frac{1}{\sqrt{2}}}+\left[\frac{\pi}{3}t^3\right]_{\frac{1}{\sqrt{2}}}^1$$
$$=\pi\left(1-\frac{1}{6}\right)\frac{1}{\sqrt{2}}+\frac{\pi}{3}\left(1-\frac{1}{2\sqrt{2}}\right)$$
$$=\boldsymbol{\frac{1+\sqrt{2}}{3}\pi}.$$

161 考え方

直線 AB 上に変数をとり，AB に垂直な平面で切った切り口の図形の面積を求める．

解答

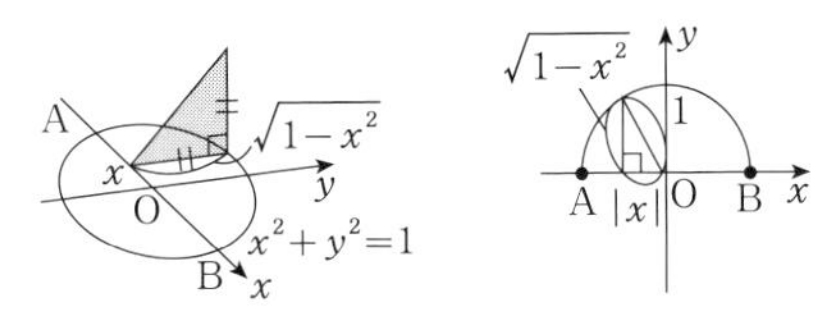

図のように

$$\mathrm{A}(-1,\ 0),\ \mathrm{O}(0,\ 0),\ \mathrm{B}(1,\ 0)$$

となるように座標をとる．

x 軸上の点

$$\mathrm{P}(x,\ 0)\ (-1\leqq x\leqq 1)$$

を通り，x 軸に垂直な平面による切り口の図形の面積を $S(x)$ とすると，

$$S(x)=\frac{1}{2}\left(\sqrt{1-x^2}\right)^2$$
$$=\frac{1}{2}(1-x^2).$$

求める体積を V とおくと，

$$V=\int_{-1}^1 S(x)\,dx$$
$$=2\int_0^1\frac{1}{2}(1-x^2)\,dx$$
$$=\left[x-\frac{x^3}{3}\right]_0^1$$
$$=\boldsymbol{\frac{2}{3}}.$$

162 考え方

$$y=\begin{cases}y_1 & \left(0\leqq\theta\leqq\dfrac{\pi}{4}\right),\\ y_2 & \left(\dfrac{\pi}{4}\leqq\theta\leqq\dfrac{\pi}{3}\right)\end{cases}\quad とする．$$

(2) $S=$

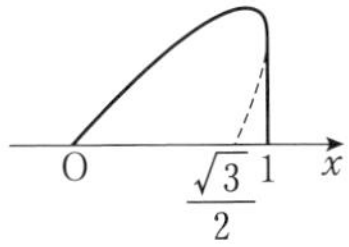

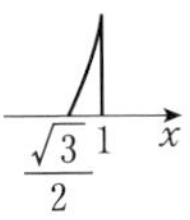

$$=\int_0^1 y_1\,dx-\int_{\frac{\sqrt{3}}{2}}^1 y_2\,dx$$
$$=\int_0^{\frac{\pi}{4}} y\frac{dx}{d\theta}\,d\theta-\int_{\frac{\pi}{3}}^{\frac{\pi}{4}} y\frac{dx}{d\theta}\,d\theta.$$

(3) $V=$ 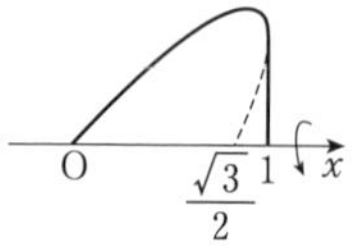 $-$ 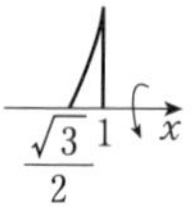

$$=\int_0^1 \pi(y_1)^2\,dx-\int_{\frac{\sqrt{3}}{2}}^1 \pi(y_2)^2\,dx$$

$$=\int_0^{\frac{\pi}{4}} \pi y^2\frac{dx}{d\theta}\,d\theta-\int_{\frac{\pi}{3}}^{\frac{\pi}{4}} \pi y^2\frac{dx}{d\theta}\,d\theta.$$

解 答

(1) $\sin 2\theta=1$ をみたす θ を求める.

$0\leqq 2\theta\leqq\dfrac{2}{3}\pi$ より，$2\theta=\dfrac{\pi}{2}$ であるから，

$$\theta=\frac{\pi}{4}.$$

よって，求める座標は，

$$\boldsymbol{\left(1,\ \frac{\sqrt{2}}{2}\right)}.$$

(2)
$$y=\begin{cases} y_1 & \left(0\leqq\theta\leqq\dfrac{\pi}{4}\right), \\ y_2 & \left(\dfrac{\pi}{4}\leqq\theta\leqq\dfrac{\pi}{3}\right) \end{cases}$$

とおくと，

$$S=\int_0^1 y_1\,dx-\int_{\frac{\sqrt{3}}{2}}^1 y_2\,dx$$

（考え方 の図より）

$$=\int_0^{\frac{\pi}{4}} y\frac{dx}{d\theta}\,d\theta-\int_{\frac{\pi}{3}}^{\frac{\pi}{4}} y\frac{dx}{d\theta}\,d\theta$$

$$=\int_0^{\frac{\pi}{4}} y\frac{dx}{d\theta}\,d\theta+\int_{\frac{\pi}{4}}^{\frac{\pi}{3}} y\frac{dx}{d\theta}\,d\theta$$

$$=\int_0^{\frac{\pi}{3}} y\frac{dx}{d\theta}\,d\theta$$

$$=\int_0^{\frac{\pi}{3}} \sin 3\theta\cdot 2\cos 2\theta\,d\theta$$

$$=\int_0^{\frac{\pi}{3}} (\sin 5\theta+\sin\theta)\,d\theta$$

$$=\left[-\frac{1}{5}\cos 5\theta-\cos\theta\right]_0^{\frac{\pi}{3}}$$

$$=-\frac{1}{5}\cdot\frac{1}{2}-\frac{1}{2}+\frac{1}{5}+1$$

$$=\boldsymbol{\frac{3}{5}}.$$

(3) $V=\displaystyle\int_0^1 \pi(y_1)^2\,dx-\int_{\frac{\sqrt{3}}{2}}^1 \pi(y_2)^2\,dx$

（考え方 の図より）

$$=\int_0^{\frac{\pi}{4}} \pi y^2\frac{dx}{d\theta}\,d\theta-\int_{\frac{\pi}{3}}^{\frac{\pi}{4}} \pi y^2\frac{dx}{d\theta}\,d\theta$$

$$=\int_0^{\frac{\pi}{4}} \pi y^2\frac{dx}{d\theta}\,d\theta+\int_{\frac{\pi}{4}}^{\frac{\pi}{3}} \pi y^2\frac{dx}{d\theta}\,d\theta$$

$$=\int_0^{\frac{\pi}{3}} \pi y^2\frac{dx}{d\theta}\,d\theta$$

$$=\int_0^{\frac{\pi}{3}} \pi\sin^2 3\theta\cdot 2\cos 2\theta\,d\theta$$

$$=\int_0^{\frac{\pi}{3}} \pi\cdot\frac{1-\cos 6\theta}{2}\cdot 2\cos 2\theta\,d\theta$$

$$=\int_0^{\frac{\pi}{3}} \pi(\cos 2\theta-\cos 6\theta\cos 2\theta)\,d\theta$$

$$=\int_0^{\frac{\pi}{3}} \pi\left\{\cos 2\theta-\frac{1}{2}(\cos 8\theta+\cos 4\theta)\right\}d\theta$$

$$=\pi\left[\frac{1}{2}\sin 2\theta-\frac{1}{16}\sin 8\theta-\frac{1}{8}\sin 4\theta\right]_0^{\frac{\pi}{3}}$$

$$=\pi\left\{\frac{1}{2}\cdot\frac{\sqrt{3}}{2}-\frac{1}{16}\cdot\frac{\sqrt{3}}{2}-\frac{1}{8}\left(-\frac{\sqrt{3}}{2}\right)\right\}$$

$$=\boldsymbol{\frac{9\sqrt{3}}{32}\pi}.$$

163 考え方

(1) $\displaystyle\int_0^1 \frac{t^2}{1+t^2}\,dt=\int_0^1 dt-\int_0^1 \frac{1}{1+t^2}\,dt$

とし，$t=\tan\theta\ \left(-\dfrac{\pi}{2}<\theta<\dfrac{\pi}{2}\right)$ とおく.

(2) 平面 $z=t$ による切り口の図形の面積を求める.

解 答

(1) $$\int_0^1 \frac{t^2}{1+t^2}\,dt=\int_0^1\left(1-\frac{1}{1+t^2}\right)dt$$
$$=1-\int_0^1 \frac{1}{1+t^2}\,dt.$$

$t=\tan\theta\ \left(-\dfrac{\pi}{2}<\theta<\dfrac{\pi}{2}\right)$ とおくと，

$$\frac{dt}{d\theta}=\frac{1}{\cos^2\theta}.$$

$$dt=\frac{1}{\cos^2\theta}\,d\theta.$$

$$1+t^2=1+\tan^2\theta=\frac{1}{\cos^2\theta}.$$

t	$0 \to 1$
θ	$0 \to \dfrac{\pi}{4}$

よって，

$$\int_0^1 \frac{t^2}{1+t^2}\,dt = 1 - \int_0^{\frac{\pi}{4}} \frac{1}{\frac{1}{\cos^2\theta}} \cdot \frac{1}{\cos^2\theta}\,d\theta$$

$$= 1 - \Big[\theta\Big]_0^{\frac{\pi}{4}}$$

$$= \mathbf{1 - \frac{\pi}{4}}.$$

(2) 平面 $z=t$ による切り口は，

$$x^2+y^2 \leqq \log 2 - \log(1+t^2).$$

$\log 2 - \log(1+t^2) \geqq 0$ より，

$$2 \geqq 1+t^2.$$

$$-1 \leqq t \leqq 1.$$

切り口の面積は，半径が

$$\sqrt{\log 2 - \log(t^2+1)}$$

の円であるから，

$$\pi\{\log 2 - \log(1+t^2)\}.$$

体積を V とすると，

$$V = \int_{-1}^1 \pi\{\log 2 - \log(1+t^2)\}\,dt$$

$$= 2\pi \int_0^1 \{\log 2 - \log(1+t^2)\}\,dt$$

（$\log 2 - \log(1+t^2)$ は偶関数より）

$$= 2\pi \log 2 - 2\pi \int_0^1 \log(1+t^2)\,dt.$$

ここで，

$$\int_0^1 \log(1+t^2)\,dt$$

$$= \int_0^1 (t)' \log(1+t^2)\,dt$$

$$= \Big[t\log(1+t^2)\Big]_0^1 - \int_0^1 t \cdot \frac{2t}{1+t^2}\,dt$$

$$= \log 2 - 2\int_0^1 \frac{t^2}{1+t^2}\,dt$$

$$= \log 2 - 2\left(1 - \frac{\pi}{4}\right)$$

$$= \log 2 - 2 + \frac{\pi}{2}.$$

よって，

$$V = 2\pi \log 2 - 2\pi\left(\log 2 - 2 + \frac{\pi}{2}\right)$$

$$= \mathbf{4\pi - \pi^2}.$$

164 考え方

(1) s は Q と直線 $x+y=0$ の距離に等しい．

(2) PQ は Q と直線 $x-y=0$ の距離に等しい．

(3) $V = \int_0^{\sqrt{2}} S\,ds$ を t の式に変える．

解答

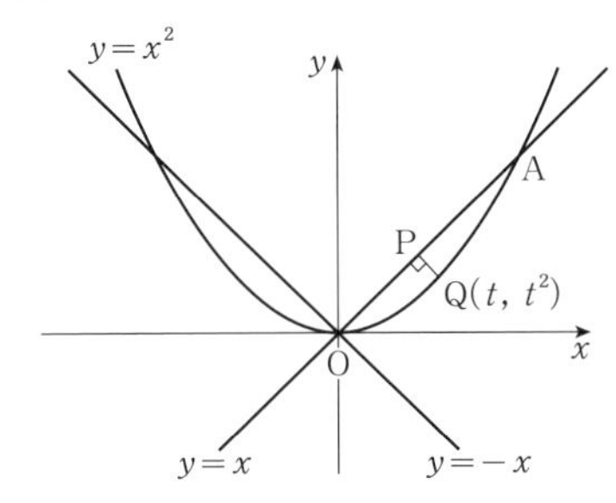

(1) $0 \leqq t \leqq 1$ であり，s は Q と直線 $x+y=0$ の距離に等しいから，

$$\boldsymbol{s} = \frac{|t+t^2|}{\sqrt{1^2+1^2}} = \boldsymbol{\frac{1}{\sqrt{2}}(t+t^2)}.$$

$\mathbf{0 \leqq t \leqq 1}$ であるから，

$$\mathbf{0 \leqq s \leqq \sqrt{2}}.$$

(2) $0 \leqq t \leqq 1$ であり，PQ は Q と直線 $x-y=0$ の距離に等しいから，

$$\mathrm{PQ} = \frac{|t-t^2|}{\sqrt{1^2+(-1)^2}} = \frac{1}{\sqrt{2}}(t-t^2).$$

よって，

$$\boldsymbol{S} = \pi \mathrm{PQ}^2 = \boldsymbol{\frac{\pi}{2}(t-t^2)^2}.$$

(3) $$V = \int_0^{\sqrt{2}} S\,ds.$$

s	$0 \to \sqrt{2}$
t	$0 \to 1$

$\dfrac{ds}{dt} = \dfrac{1}{\sqrt{2}}(1+2t)$ より，

$$ds = \frac{1}{\sqrt{2}}(1+2t)\,dt.$$

よって，

$$\boldsymbol{V} = \int_0^1 \frac{\pi}{2}(t-t^2)^2 \cdot \frac{1}{\sqrt{2}}(1+2t)\,dt$$

$$=\frac{\pi}{2\sqrt{2}}\int_0^1(t^2-2t^3+t^4)(1+2t)\,dt$$
$$=\frac{\pi}{2\sqrt{2}}\int_0^1(t^2-3t^4+2t^5)\,dt$$
$$=\frac{\pi}{2\sqrt{2}}\left[\frac{1}{3}t^3-\frac{3}{5}t^5+\frac{1}{3}t^6\right]_0^1$$
$$=\boldsymbol{\frac{\pi}{30\sqrt{2}}}.$$

14 曲線の長さ

165 考え方

(2) $t-\log s(t)=\log e^t-\log s(t)$

$$=\log\frac{e^t}{s(t)}.$$

解答

(1) $y=\dfrac{1}{2}(e^x+e^{-x})$ より,

$$y'=\frac{1}{2}(e^x-e^{-x}).$$
$$1+(y')^2=1+\frac{1}{4}(e^x-e^{-x})^2$$
$$=\frac{1}{4}(e^x+e^{-x})^2.$$

よって,

$$s(t)=\int_0^t\sqrt{1+(y')^2}\,dx$$
$$=\int_0^t\frac{1}{2}(e^x+e^{-x})\,dx$$
$$=\left[\frac{1}{2}(e^x-e^{-x})\right]_0^t$$
$$=\boldsymbol{\frac{1}{2}(e^t-e^{-t})}.$$

(2) $t-\log s(t)=\log e^t-\log s(t)$

$$=\log\frac{e^t}{s(t)}$$
$$=\log\frac{2e^t}{e^t-e^{-t}}$$
$$=\log\frac{2}{1-\dfrac{1}{e^{2t}}}.$$

よって,

$$\lim_{t\to\infty}\{t-\log s(t)\}=\boldsymbol{\log 2}.$$

166 考え方

(2) $x=x(\theta)$, $y=y(\theta)$ の $\theta=\theta_0$ における接線の方程式は,

$$y-y(\theta_0)=\frac{y'(\theta_0)}{x'(\theta_0)}(x-x(\theta_0)).$$

解答

(1) $x=e^{-\theta}\cos\theta$ より,

$$\frac{dx}{d\theta}=-e^{-\theta}\cos\theta+e^{-\theta}(-\sin\theta)$$
$$=\boldsymbol{-e^{-\theta}(\cos\theta+\sin\theta)}.$$

$y=e^{-\theta}\sin\theta$ より,

$$\frac{dy}{d\theta}=-e^{-\theta}\sin\theta+e^{-\theta}\cos\theta$$
$$=\boldsymbol{-e^{-\theta}(\sin\theta-\cos\theta)}.$$

(2) $\dfrac{dy}{dx}=\dfrac{\dfrac{dy}{d\theta}}{\dfrac{dx}{d\theta}}=\dfrac{\sin\theta-\cos\theta}{\cos\theta+\sin\theta}.$

$\theta=\dfrac{\pi}{6}$ のとき,

$$x=\frac{\sqrt{3}}{2}e^{-\frac{\pi}{6}},\ y=\frac{1}{2}e^{-\frac{\pi}{6}},$$
$$\frac{dy}{dx}=\frac{\dfrac{1}{2}-\dfrac{\sqrt{3}}{2}}{\dfrac{\sqrt{3}}{2}+\dfrac{1}{2}}=\frac{1-\sqrt{3}}{\sqrt{3}+1}$$
$$=\frac{-(\sqrt{3}-1)^2}{(\sqrt{3}+1)(\sqrt{3}-1)}$$
$$=\sqrt{3}-2.$$

求める接線の方程式は,

$$y-\frac{1}{2}e^{-\frac{\pi}{6}}=(\sqrt{3}-2)\left(x-\frac{\sqrt{3}}{2}e^{-\frac{\pi}{6}}\right).$$

よって,

$$\boldsymbol{y=(\sqrt{3}-2)x+(\sqrt{3}-1)e^{-\frac{\pi}{6}}}.$$

(3) $\left(\dfrac{dx}{d\theta}\right)^2+\left(\dfrac{dy}{d\theta}\right)^2$

$=(e^{-\theta})^2\{(\cos\theta+\sin\theta)^2+(\sin\theta-\cos\theta)^2\}$
$=2(e^{-\theta})^2.$

$$l(a)=\int_0^a\sqrt{\left(\frac{dx}{d\theta}\right)^2+\left(\frac{dy}{d\theta}\right)^2}\,d\theta$$
$$=\int_0^a\sqrt{2}\,e^{-\theta}\,d\theta$$
$$=\left[-\sqrt{2}\,e^{-\theta}\right]_0^a$$

$$=\sqrt{2}\,(1-e^{-a}).$$

よって,

$$\lim_{a\to\infty} l(a)=\sqrt{2}.$$

167 考え方

(2) $f(x)=\dfrac{1}{2}(e^{x}+e^{-x})$ とおくと,

$$1+\{f'(x)\}^2=\{f(x)\}^2.$$

P における接線に平行なベクトルは

$$k(1,\ f'(a))\ (k \text{ は実数}).$$

解答

(1)

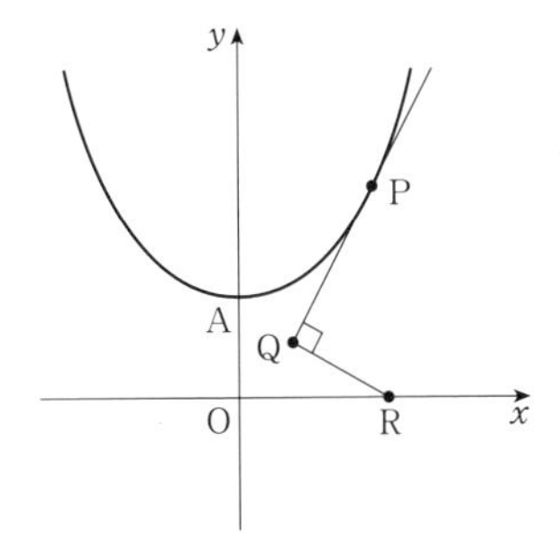

$f(x)=\dfrac{1}{2}(e^{x}+e^{-x})$ とおくと,

$$f'(x)=\frac{1}{2}(e^{x}-e^{-x}).$$

$$1+\{f'(x)\}^2=1+\frac{1}{4}(e^{x}-e^{-x})^2$$

$$=\frac{1}{4}(e^{x}+e^{-x})^2.$$

よって,

$$l=\int_0^a \sqrt{1+\{f'(x)\}^2}\,dx$$

$$=\int_0^a \frac{1}{2}(e^{x}+e^{-x})\,dx$$

$$=\left[\frac{1}{2}(e^{x}-e^{-x})\right]_0^a$$

$$=\boldsymbol{\frac{1}{2}(e^{a}-e^{-a})}.$$

(2) P における接線に平行なベクトルで x 成分が負のものの1つを

$$\vec{v}=(-1,\ -f'(a))$$

とすると,

$$|\vec{v}|^2=1+\{f'(a)\}^2=\{f(a)\}^2.\quad \cdots①$$

よって,

$$\overrightarrow{\mathrm{PQ}}=\frac{l}{|\vec{v}|}\vec{v}$$

$$=\frac{f'(a)}{f(a)}(-1,\ -f'(a)).$$

$$\overrightarrow{\mathrm{OQ}}=\overrightarrow{\mathrm{OP}}+\overrightarrow{\mathrm{PQ}}$$

$$=(a,\ f(a))+\frac{f'(a)}{f(a)}(-1,\ -f'(a))$$

$$=\left(a-\frac{f'(a)}{f(a)},\ f(a)-\frac{\{f'(a)\}^2}{f(a)}\right).$$

$$f(a)-\frac{\{f'(a)\}^2}{f(a)}=\frac{\{f(a)\}^2-\{f'(a)\}^2}{f(a)}$$

$$=\frac{1}{f(a)}\quad (① \text{より})$$

であるから,

$$\overrightarrow{\mathrm{OQ}}=\left(a-\frac{f'(a)}{f(a)},\ \frac{1}{f(a)}\right).$$

$\mathrm{R}(X,\ 0)$ とすると,

$$\overrightarrow{\mathrm{QR}}=\left(X-a+\frac{f'(a)}{f(a)},\ -\frac{1}{f(a)}\right).$$

$\overrightarrow{\mathrm{QR}}\perp\vec{v}$ より,

$$\overrightarrow{\mathrm{QR}}\cdot\vec{v}=\left(X-a+\frac{f'(a)}{f(a)}\right)\cdot(-1)$$

$$+\left(-\frac{1}{f(a)}\right)(-f'(a))=0.$$

$$X=a.$$

よって,

$$\overrightarrow{\mathrm{QR}}=\left(\frac{f'(a)}{f(a)},\ -\frac{1}{f(a)}\right).$$

したがって,

$$|\overrightarrow{\mathrm{QR}}|^2=\left\{\frac{f'(a)}{f(a)}\right\}^2+\left\{-\frac{1}{f(a)}\right\}^2$$

$$=\frac{\{f'(a)\}^2+1}{\{f(a)\}^2}$$

$$=\frac{\{f(a)\}^2}{\{f(a)\}^2}\quad (① \text{より})$$

$$=1\ (\text{一定}).$$

[注] $1+\{f'(a)\}^2=\{f(a)\}^2$ であるから, $f'(a)>0$ のとき,

$$1,\ f'(a),\ f(a)$$

は図のような直角三角形の3

辺の長さである．

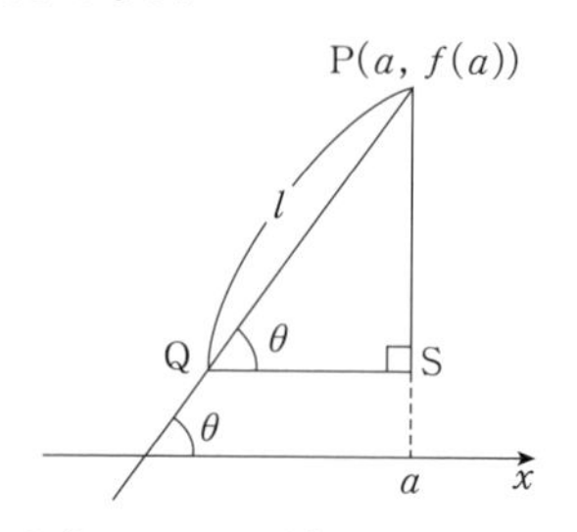

図のようにθおよび点S をとる．

$$\tan\theta=f'(a)$$

であるから，

$$\cos\theta=\frac{1}{f(a)},$$

$$\sin\theta=\frac{f'(a)}{f(a)}.$$

図より Q$(x,\ y)$ に対し(1)の結果から PQ$=l=f'(a)$ より，

$$x=a-\mathrm{QS}$$
$$=a-f'(a)\cos\theta$$
$$=a-\frac{f'(a)}{f(a)}.$$
$$y=f(a)-\mathrm{PS}$$
$$=f(a)-f'(a)\sin\theta$$
$$=f(a)-f'(a)\frac{f'(a)}{f(a)}$$
$$=\frac{\{f(a)\}^2-\{f'(a)\}^2}{f(a)}$$
$$=\frac{1}{f(a)}.$$

168 考え方

(1) 「$y=m_1x+n_1$，$y=m_2x+n_2$ が垂直」

$\iff$「$m_1m_2=-1$」.

解 答

(1) $x=t-\sin t$ より，

$$\frac{dx}{dt}=1-\cos t.$$

$y=1-\cos t$ より，

$$\frac{dy}{dt}=\sin t.$$

$$\frac{dy}{dx}=\frac{\frac{dy}{dt}}{\frac{dx}{dt}}=\frac{\sin t}{1-\cos t}.$$

したがって，$t=a$，$t=a+\pi$ における接線の傾きの積は，

$$\frac{\sin a}{1-\cos a}\cdot\frac{\sin(a+\pi)}{1-\cos(a+\pi)}$$
$$=\frac{\sin a}{1-\cos a}\cdot\frac{-\sin a}{1+\cos a}$$
$$=\frac{-\sin^2 a}{1-\cos^2 a}$$
$$=-\frac{\sin^2 a}{\sin^2 a}$$
$$=-1.$$

よって，示された．

(2) $$\left(\frac{dx}{dt}\right)^2+\left(\frac{dy}{dt}\right)^2=(1-\cos t)^2+\sin^2 t$$
$$=2(1-\cos t)$$
$$=4\sin^2\frac{t}{2}.$$

$$l(a)=\int_a^{a+\pi}\sqrt{\left(\frac{dx}{dt}\right)^2+\left(\frac{dy}{dt}\right)^2}\,dt$$
$$=\int_a^{a+\pi}\left|2\sin\frac{t}{2}\right|dt$$
$$=\int_a^{a+\pi}2\sin\frac{t}{2}\,dt \quad (0<a<\pi \text{ より})$$
$$=\left[-4\cos\frac{t}{2}\right]_a^{a+\pi}$$
$$=-4\left\{\cos\left(\frac{a}{2}+\frac{\pi}{2}\right)-\cos\frac{a}{2}\right\}$$
$$=-4\left(-\sin\frac{a}{2}-\cos\frac{a}{2}\right)$$
$$=4\left(\sin\frac{a}{2}+\cos\frac{a}{2}\right)$$
$$=4\sqrt{2}\sin\left(\frac{a}{2}+\frac{\pi}{4}\right).$$

$0<a<\pi$ より，$a=\boldsymbol{\frac{\pi}{2}}$ **のとき最大**で，

最大値は，$l\left(\frac{\pi}{2}\right)=\boldsymbol{4\sqrt{2}}$**.**

169 考え方

(1) $|\vec{a}|=r(>0)$，$\vec{a}$ が x 軸の正方向とな

す角を θ とすると，

$$\vec{a}=(r\cos\theta,\ r\sin\theta).$$

解答

(1)

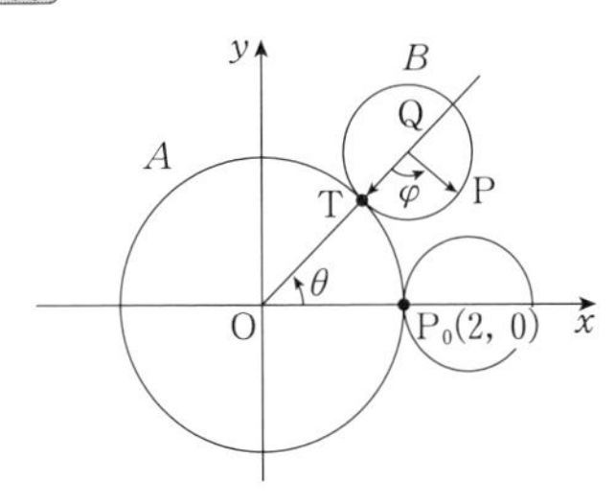

$P_0(2,\ 0)$ とする．

$\overrightarrow{OQ}$ が x 軸の正方向となす角が θ のときの A，B の接点を T とする．$\overrightarrow{QT}$ から反時計まわりに測った $\overrightarrow{QP}$ までの角を φ とするとき，滑らずにころがるから，

$$\overset{\frown}{P_0T}=\overset{\frown}{TP}.$$

$$2\cdot\theta=1\cdot\varphi.$$

よって，

$$\varphi=2\theta.$$

したがって，$\overrightarrow{QP}$ が x 軸の正方向となす角は，

$$\theta+\pi+2\theta=\pi+3\theta$$

であるから，

$$\overrightarrow{QP}=(\cos(\pi+3\theta),\ \sin(\pi+3\theta))$$
$$=(-\cos3\theta,\ -\sin3\theta).$$
$$\overrightarrow{OQ}=(3\cos\theta,\ 3\sin\theta).$$

より，

$$\overrightarrow{OP}=\overrightarrow{OQ}+\overrightarrow{QP}$$
$$=(3\cos\theta-\cos3\theta,\ 3\sin\theta-\sin3\theta).$$

よって，

$$\mathbf{P(3\cos\theta-\cos3\theta,\ 3\sin\theta-\sin3\theta)}.$$

(2) $P(x,\ y)$ とすると，

$$\begin{cases}x=3\cos\theta-\cos3\theta,\\ y=3\sin\theta-\sin3\theta.\end{cases}$$

$$\frac{dx}{d\theta}=-3\sin\theta+3\sin3\theta$$
$$=3(-\sin\theta+\sin3\theta).$$

$$\frac{dy}{d\theta}=3\cos\theta-3\cos3\theta$$
$$=3(\cos\theta-\cos3\theta).$$

よって，

$$\left(\frac{dx}{d\theta}\right)^2+\left(\frac{dy}{d\theta}\right)^2=9(-\sin\theta+\sin3\theta)^2$$
$$+9(\cos\theta-\cos3\theta)^2$$
$$=9\{(\sin^2\theta+\cos^2\theta)$$
$$+(\sin^23\theta+\cos^23\theta)$$
$$-2(\cos3\theta\cos\theta+\sin3\theta\sin\theta)\}$$
$$=9\{2-2\cos(3\theta-\theta)\}$$
$$=18(1-\cos2\theta)$$
$$=36\sin^2\theta.$$

求める長さを l とすると，

$$l=\int_0^{2\pi}\sqrt{\left(\frac{dx}{d\theta}\right)^2+\left(\frac{dy}{d\theta}\right)^2}\,d\theta$$
$$=\int_0^{2\pi}6|\sin\theta|\,d\theta$$
$$=2\int_0^{\pi}6\sin\theta\,d\theta$$
$$=12\Big[-\cos\theta\Big]_0^{\pi}$$
$$=\mathbf{24}.$$

15 物理への応用

170

考え方

t 秒後の薬品の量を V とおくと，

$$\frac{dV}{dt}=1+\frac{t}{50}.$$

解答

t 秒後の薬品の量を V とおくと，

$$\frac{dV}{dt}=1+\frac{t}{50}.$$

$$V=t+\frac{t^2}{100}+C.\ (C\text{ は定数})$$

最初は空だから $t=0$ のとき，

$$V=0.$$
$$C=0.$$

よって，

$$V=t+\frac{t^2}{100}.$$

求める時間を T とおくと，

$$T+\frac{T^2}{100}=200.$$
$$T^2+100T-20000=0.$$
$$(T+200)(T-100)=0.$$

$T>0$ であるから,

$$T=100.$$

よって，求める時間は,

100 秒.

171 考え方

$$S(t)=\int_0^t v(u)\,du.$$

解 答

$S(0)=0$ より,

$$\begin{aligned}S(t)&=\int_0^t v(u)\,du\\&=\int_0^t ue^{-2u}du\\&=\int_0^t u\left(-\frac{1}{2}e^{-2u}\right)'du\\&=\left[u\left(-\frac{1}{2}e^{-2u}\right)\right]_0^t-\int_0^t\left(-\frac{1}{2}e^{-2u}\right)du\\&=-\frac{1}{2}te^{-2t}-\left[\frac{1}{4}e^{-2u}\right]_0^t\\&=-\frac{1}{2}te^{-2t}-\left(\frac{1}{4}e^{-2t}-\frac{1}{4}\right)\\&=\boldsymbol{\frac{1}{4}-\frac{1}{4}(2t+1)e^{-2t}}.\end{aligned}$$

172 考え方

(1) 道のりは $\int_0^2|v|\,dt$.

解 答

(1) 求める道のりを l とすると,

$$\begin{aligned}l&=\int_0^2|v|\,dt=\int_0^2|t-1|e^{-t}dt\\&=\int_0^1|t-1|e^{-t}dt+\int_1^2|t-1|e^{-t}dt\\&=-\int_0^1(t-1)e^{-t}dt+\int_1^2(t-1)e^{-t}dt.\end{aligned}$$

$$\begin{aligned}\int(t-1)e^{-t}dt&=\int(t-1)(-e^{-t})'\,dt\\&=(t-1)(-e^{-t})-\int(-e^{-t})\,dt\\&=(t-1)(-e^{-t})-e^{-t}+C\\&=-te^{-t}+C\end{aligned}$$

(C は積分定数)

より,

$$\begin{aligned}l&=\left[te^{-t}\right]_0^1+\left[-te^{-t}\right]_1^2\\&=e^{-1}-2e^{-2}+e^{-1}\\&=\boldsymbol{\frac{2(e-1)}{e^2}}.\end{aligned}$$

(2) 時刻 t における P の x 座標を $x(t)$ とすると,

$$x'(t)=(t-1)e^{-t}.$$
$$\begin{aligned}x(t)&=\int(t-1)e^{-t}dt\\&=-te^{-t}+C.\ (C\text{ は定数})\end{aligned}$$

$x(0)=0$ より，$C=0$.

よって,

$$x(t)=-te^{-t}.$$

したがって,

$$x(1)=-e^{-1}=\boldsymbol{-\frac{1}{e}}.$$

[別解]
$$\begin{aligned}x(1)-x(0)&=\int_0^1(t-1)e^{-t}dt\\&=\left[-te^{-t}\right]_0^1\\&=-\frac{1}{e}.\end{aligned}$$

$x(0)=0$ より,

$$x(1)=\boldsymbol{-\frac{1}{e}}.$$

173 考え方

(2) $\int_0^1\frac{5}{2}t\sqrt{1+t}\,dt$ は $u=\sqrt{1+t}$ とおく.

解 答

(1) $x=1+\frac{5}{4}t^2$ より,

$$\frac{dx}{dt}=\frac{5}{2}t.$$

$y=1+t^{\frac{5}{2}}$ より,

$$\frac{dy}{dt}=\frac{5}{2}t^{\frac{3}{2}}.$$

よって,

$$\frac{dy}{dx}=\frac{\frac{dy}{dt}}{\frac{dx}{dt}}=\frac{\frac{5}{2}t^{\frac{3}{2}}}{\frac{5}{2}t}=t^{\frac{1}{2}}.$$

$t^{\frac{1}{2}}=1$ より，$t=1$.

よって，

$$t_0=\mathbf{1}.$$

(2) 求める道のりを l とする．

$$\left(\frac{dx}{dt}\right)^2+\left(\frac{dy}{dt}\right)^2=\left(\frac{5}{2}t\right)^2+\left(\frac{5}{2}t^{\frac{3}{2}}\right)^2$$

$$=\frac{25}{4}t^2(1+t)$$

より，

$$l=\int_0^1\sqrt{\left(\frac{dx}{dt}\right)^2+\left(\frac{dy}{dt}\right)^2}\,dt$$

$$=\int_0^1\frac{5}{2}t\sqrt{1+t}\,dt.$$

$\sqrt{1+t}=u$ とおくと，

$$t=u^2-1.$$
$$dt=2u\,du.$$

t	$0\to1$
u	$1\to\sqrt{2}$

よって，

$$l=\int_1^{\sqrt{2}}\frac{5}{2}(u^2-1)\cdot u\cdot 2u\,du$$

$$=\int_1^{\sqrt{2}}5(u^4-u^2)\,du$$

$$=\left[u^5-\frac{5}{3}u^3\right]_1^{\sqrt{2}}$$

$$=\mathbf{\frac{2}{3}(\sqrt{2}+1)}.$$

174 考え方

(1) $V=\int_0^h\pi(20y-y^2)\,dy.$

(2) $\dfrac{dV}{dt}=\dfrac{dV}{dh}\cdot\dfrac{dh}{dt}=\pi(20h-h^2)\dfrac{dh}{dt}.$

解答

(1) 図のように座標をとる．

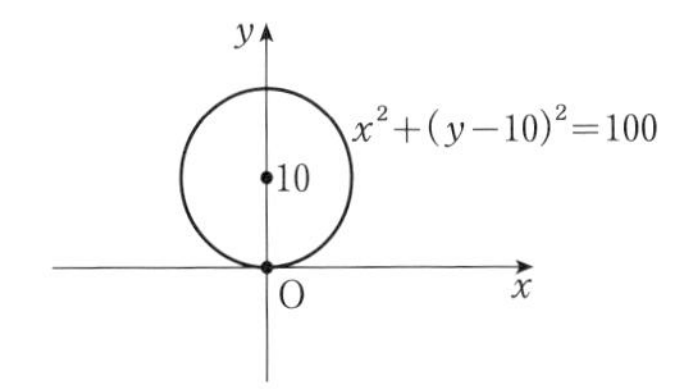

球形の容器を

$$x^2+(y-10)^2=100$$

を y 軸のまわりに1回転したものとすると，

$$x^2=20y-y^2$$

より，

$$V=\int_0^h\pi x^2\,dy$$

$$=\int_0^h\pi(20y-y^2)\,dy$$

$$=\left[\pi\left(10y^2-\frac{1}{3}y^3\right)\right]_0^h$$

$$=\boldsymbol{\pi\left(10h^2-\frac{1}{3}h^3\right)}\quad(\mathrm{cm}^3).$$

(2) $\dfrac{dV}{dt}=\dfrac{dV}{dh}\cdot\dfrac{dh}{dt}=\pi(20h-h^2)\dfrac{dh}{dt}.$

$\dfrac{dV}{dt}=4$ より，

$$\frac{dh}{dt}=\frac{4}{\pi(20h-h^2)}.$$

$h=5$ のとき，

$$\frac{dh}{dt}=\frac{4}{\pi(20\cdot5-5^2)}$$

$$=\mathbf{\frac{4}{75\pi}}\quad(\mathrm{cm/s}).$$

175 考え方

時刻 t のPの位置を $(x,\ y)$ とおくと，

$$\frac{dx}{dt}=\sin t.$$

$x(0)=0$ より，$x=1-\cos t$.

$$y=x^2=(1-\cos t)^2.$$

速度ベクトル $\vec{v}=\left(\dfrac{dx}{dt},\ \dfrac{dy}{dt}\right).$

加速度ベクトル $\vec{\alpha}=\left(\dfrac{d^2x}{dt^2},\ \dfrac{d^2y}{dt^2}\right).$

解答

$\dfrac{dx}{dt}=\sin t$ より，

$$x=-\cos t+a\quad(a\ \text{は定数}).$$

$x(0)=0$ であるから，$a=1$.

よって，

$$x=1-\cos t.$$

$y=x^2=(1-\cos t)^2$ であるから，

$$\frac{dy}{dt}=2(1-\cos t)\cdot\sin t.$$

$f(t)=2(1-\cos t)\sin t$ とおくと，

$$f'(t)=2\{\sin^2t+(1-\cos t)\cdot\cos t\}$$

$$=2\{1-\cos^2 t+(1-\cos t)\cos t\}$$
$$=2(1-\cos t)(1+2\cos t).$$

$0\leqq t\leqq 2\pi$ で考えればよい．

$f'(t)=0$ より，

$$t=0,\ \frac{2}{3}\pi,\ \frac{4}{3}\pi,\ 2\pi.$$

よって，$f(t)$ の増減は次のようになる．

t	0	$\cdots$	$\frac{2}{3}\pi$	$\cdots$	$\frac{4}{3}\pi$	$\cdots$	2π
$f'(t)$	0	$+$	0	$-$	0	$+$	0
$f(t)$	0	↗	極大	↘	極小	↗	0

よって，$t=\frac{2}{3}\pi$ のとき最大．

このとき，$x=\frac{3}{2}$，$y=\frac{9}{4}$ より，

$$\mathbf{P}\left(\frac{3}{2},\ \frac{9}{4}\right).$$

また，速度ベクトルは，

$$\vec{v}=\left(\frac{\sqrt{3}}{2},\ \frac{3\sqrt{3}}{2}\right).$$

次に，

$$\begin{cases}\dfrac{d^2x}{dt^2}=\cos t,\\ \dfrac{d^2y}{dt^2}=2(1-\cos t)(1+2\cos t)\end{cases}$$

より，加速度ベクトルは，

$$\vec{\alpha}=\left(-\frac{1}{2},\ 0\right).$$

176 考え方

(2) t 秒後の点P，Qの x 座標をそれぞれ $p(t)$，$q(t)$ とおくとき，$p(t)\geqq q(t)$ となる t が存在する v の条件を考える．

解答

(1) t 秒後のQの x 座標を $q(t)$ とおくと，

$$\begin{cases}q(0)=18, & \cdots ①\\ q'(t)=t^2. & \cdots ②\end{cases}$$

② より，

$$q(t)=\frac{t^3}{3}+a \quad (a\text{ は定数}).$$

このとき ① より，$a=18$．

よって，

$$q(t)=\frac{t^3}{3}+18.$$

(2) t 秒後のPの x 座標を $p(t)$ とおくと，

$$\begin{cases}p(0)=0,\\ p'(t)=v.\end{cases}$$

よって，

$$p(t)=vt.$$

$p(t)\geqq q(t)$ となる t が存在する v の条件，すなわち，ty 平面上で，$y=p(t)$ と $y=q(t)$ が $t\geqq 0$ で共有点をもつ条件を考える．

$y=q(t)$ 上の $(u,\ q(u))$ における接線

$$y=u^2(t-u)+\frac{u^3}{3}+18$$

が $(0,\ 0)$ を通るとき，

$$0=u^2(-u)+\frac{u^3}{3}+18.$$

$u^3=27$ より，$u=3$．

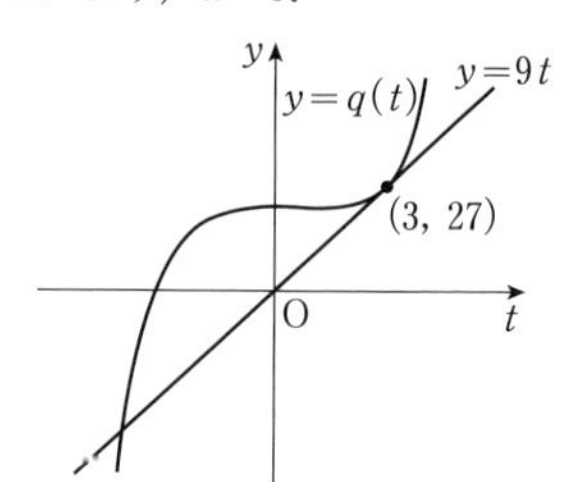

グラフより v の条件は，

$$v\geqq 9.$$

求める最小値は，

$$\mathbf{9}.$$

［注］ $y=vt$ と $y=\frac{t^3}{3}+18$ が $t>0$ で共有点をもつ v の条件を次のように求めてもよい．

$t>0$ のとき，

$$vt=\frac{t^3}{3}+18 \iff v=\frac{t^2}{3}+\frac{18}{t}.$$

$f(t)=\frac{t^2}{3}+\frac{18}{t}$ $(t>0)$ とおくと，

$$f'(t)=\frac{2}{3}t-\frac{18}{t^2}=\frac{2(t^3-27)}{3t^2}.$$

$f(t)$ の増減は次のようになる．

t	(0)	$\cdots$	3	$\cdots$
$f'(t)$		$-$	0	$+$
$f(t)$		↘	9	↗

$$\lim_{t\to+0}f(t)=+\infty,\ \lim_{t\to\infty}f(t)=+\infty.$$

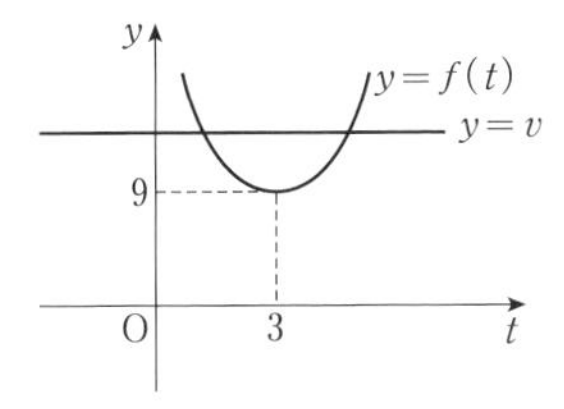

ty 平面上で $y=f(t)$ と $y=v$ が共有点をもつ条件より，

$$v\geqq 9.$$

177 考え方

(1) t 秒後の位置を $x(t)$ とすると，

$$x(t)-x(0)=\int_0^t e^u\sin u\,du.$$

解答

(1) t 秒後のPの位置を $x(t)$ とすると

$$x(t)-x(0)=\int_0^t e^u\sin u\,du.$$

$$\begin{cases}(e^u\sin u)'=e^u\sin u+e^u\cos u, & \cdots① \\ (e^u\cos u)'=e^u\cos u+e^u(-\sin u). & \cdots②\end{cases}$$

$(①-②)\div 2$ より，

$$e^u\sin u=\frac{1}{2}\{(e^u\sin u)'-(e^u\cos u)'\}.$$

よって，

$$\int e^u\sin u\,du=\frac{1}{2}e^u(\sin u-\cos u)+C.$$

（C は積分定数）

$x(0)=0$ より，

$$x(t)=\left[\frac{1}{2}e^u(\sin u-\cos u)\right]_0^t$$

$$=\boldsymbol{\frac{1}{2}e^t(\sin t-\cos t)+\frac{1}{2}}.$$

(2) $x'(t)=e^t\sin t.$

$x(t)$ の増減は次のようになる．

t	0	$\cdots$	π	$\cdots$	2π
$x'(t)$		$+$	0	$-$	
$x(t)$		↗		↘	

$$x(0)=0.$$

$$x(\pi)=\frac{1}{2}(1+e^\pi).$$

$$x(2\pi)=\frac{1}{2}(1-e^{2\pi})\ (<0).$$

よって，

$$\boldsymbol{\frac{1}{2}(1-e^{2\pi})\leqq x(t)\leqq\frac{1}{2}(1+e^\pi)}.$$

(3) 求める道のりを l とすると，

$$l=\int_0^{2\pi}|v|dt$$

$$=\int_0^\pi e^t|\sin t|dt+\int_\pi^{2\pi}e^t|\sin t|dt$$

$$=\int_0^\pi e^t\sin t\,dt+\int_\pi^{2\pi}(-e^t\sin t)\,dt$$

$$=\left[\frac{1}{2}e^t(\sin t-\cos t)\right]_0^\pi+\left[-\frac{1}{2}e^t(\sin t-\cos t)\right]_\pi^{2\pi}$$

$$=\frac{1}{2}(e^\pi+1)+\frac{1}{2}(e^{2\pi}+e^\pi)$$

$$=\frac{1}{2}(e^{2\pi}+2e^\pi+1)$$

$$=\boldsymbol{\frac{1}{2}(e^\pi+1)^2}.$$

［注］ (3) (2)より，

$$l=x(\pi)-x(0)+x(\pi)-x(2\pi)$$

$$=\frac{1}{2}(1+e^\pi)+\frac{1}{2}(1+e^\pi)-\frac{1}{2}(1-e^{2\pi})$$

$$=\frac{1}{2}(e^{2\pi}+2e^\pi+1)$$

$$=\boldsymbol{\frac{1}{2}(e^\pi+1)^2}.$$

178 考え方

(1) $|\vec{a}|=r$，$\vec{a}$ が x 軸の正方向となす角を θ とすると，

$$\vec{a}=(r\cos\theta,\ r\sin\theta).$$

(1)

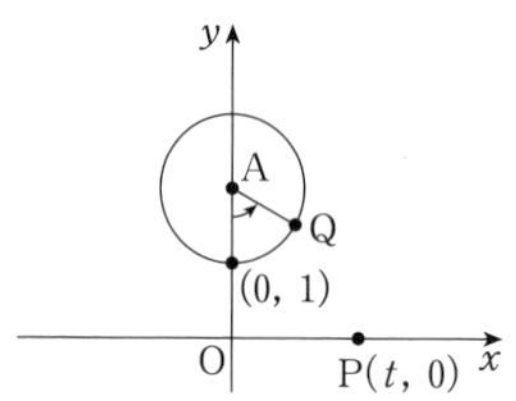

A(0, 2) とする．

時刻 t において，P$(t,\ 0)$．

$\overrightarrow{\mathrm{AQ}}$ が x 軸の正方向となす角は

$$-\frac{\pi}{2}+t$$

であるから，

$$\begin{aligned}\overrightarrow{\mathrm{AQ}}&=\left(\cos\left(-\frac{\pi}{2}+t\right),\ \sin\left(-\frac{\pi}{2}+t\right)\right)\\&=(\sin t,\ -\cos t).\end{aligned}$$

$$\begin{aligned}\overrightarrow{\mathrm{OQ}}&=\overrightarrow{\mathrm{OA}}+\overrightarrow{\mathrm{AQ}}\\&=(\sin t,\ 2-\cos t).\end{aligned}$$

よって，

$$\begin{aligned}\overrightarrow{\mathrm{OM}}&=\frac{1}{2}(\overrightarrow{\mathrm{OP}}+\overrightarrow{\mathrm{OQ}})\\&=\left(\frac{t}{2}+\frac{1}{2}\sin t,\ 1-\frac{1}{2}\cos t\right).\end{aligned}$$

M$(x,\ y)$ とすると，

$$\begin{cases}x=\dfrac{1}{2}(t+\sin t),\\ y=1-\dfrac{1}{2}\cos t.\end{cases}$$

よって，

$$\frac{dx}{dt}=\frac{1}{2}(1+\cos t),$$

$$\frac{dy}{dt}=\frac{1}{2}\sin t.$$

$$\begin{aligned}\left(\frac{dx}{dt}\right)^2+\left(\frac{dy}{dt}\right)^2&=\frac{1}{4}(1+\cos t)^2+\frac{1}{4}\sin^2 t\\&=\frac{1}{2}(1+\cos t)\\&=\cos^2\frac{t}{2}.\end{aligned}$$

求める大きさは，

$$\sqrt{\left(\frac{dx}{dt}\right)^2+\left(\frac{dy}{dt}\right)^2}=\left|\boldsymbol{\cos\frac{t}{2}}\right|.$$

(2)　求める道のりを l とすると，

$$\begin{aligned}l&=\int_0^{\frac{3}{2}\pi}\left|\cos\frac{t}{2}\right|dt\\&=\int_0^{\pi}\left|\cos\frac{t}{2}\right|dt+\int_{\pi}^{\frac{3}{2}\pi}\left|\cos\frac{t}{2}\right|dt\\&=\int_0^{\pi}\cos\frac{t}{2}\,dt+\int_{\pi}^{\frac{3}{2}\pi}\left(-\cos\frac{t}{2}\right)dt\\&=\left[2\sin\frac{t}{2}\right]_0^{\pi}+\left[-2\sin\frac{t}{2}\right]_{\pi}^{\frac{3}{2}\pi}\\&=2-\sqrt{2}+2\\&=\boldsymbol{4-\sqrt{2}}.\end{aligned}$$

179　考え方

(1)　水の深さが h のときの水面の面積を S，水の体積を V とすると，

$$V=\int_0^h S\,dy.$$

$$\frac{dV}{dt}=\frac{dV}{dh}\cdot\frac{dh}{dt}=S\frac{dh}{dt}.$$

(2)　$h=f(t)$ に対し，$t=f^{-1}(h)$．

$$\frac{dt}{dh}=\frac{1}{\dfrac{dh}{dt}}.$$

h	$0\ \to\ 1$
t	$T\ \to\ 0$

$$\int_0^1\frac{dt}{dh}dh=\int_T^0 dt=-T$$

解答

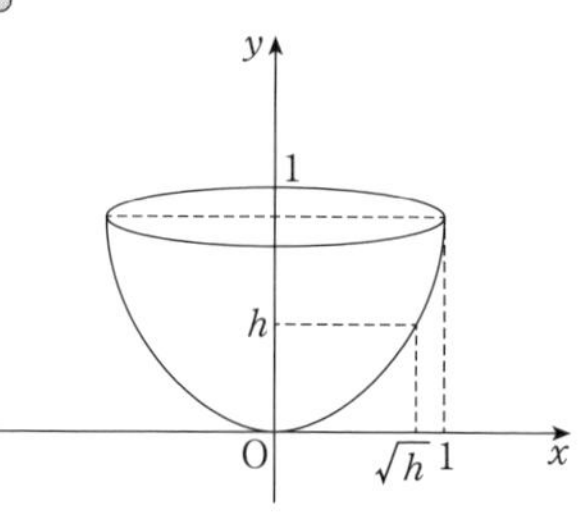

(1)　水の深さが y のときの水面の面積は半径が $\sqrt{y}$ の円であるから，

$$\pi\left(\sqrt{y}\right)^2=\pi y.$$

よって，

$$V=\int_0^h\pi y\,dy.$$

$$\frac{dV}{dt}=\frac{dV}{dh}\cdot\frac{dh}{dt}$$

$$=\pi h\cdot\frac{dh}{dt}.$$

$$\frac{dV}{dt}=-\sqrt{h}$$

であるから，

$$\pi h\frac{dh}{dt}=-\sqrt{h}.$$

$$\boldsymbol{\frac{dh}{dt}=-\frac{1}{\pi\sqrt{h}}}.$$

［注］

$$V=\int_0^h \pi y\,dy$$
$$=\left[\frac{\pi}{2}y^2\right]_0^h$$
$$=\frac{\pi}{2}h^2.$$

$$\frac{dV}{dt}=\frac{dV}{dh}\cdot\frac{dh}{dt}=\pi h\frac{dh}{dt}.$$

(2)　(1)より，逆関数を考えて，

$$\frac{dt}{dh}=\frac{1}{\frac{dh}{dt}}=-\pi\sqrt{h}.$$

$$\int_0^1\frac{dt}{dh}dh=\int_0^1(-\pi\sqrt{h})\,dh.$$

$$(\text{左辺})=\int_T^0 dt=-T.$$

h	$0 \to 1$
t	$T \to 0$

$$(\text{右辺})=-\pi\left[\frac{2}{3}h^{\frac{3}{2}}\right]_0^1$$
$$=-\frac{2}{3}\pi.$$

よって，

$$\boldsymbol{T=\frac{2}{3}\pi}.$$

［注］

$$\frac{dt}{dh}=-\pi\sqrt{h}.$$

$$t=\int\left(-\pi\sqrt{h}\right)dh$$
$$=-\frac{2}{3}\pi h^{\frac{3}{2}}+C.\ (C\text{ は積分定数})$$

$t=0$ のとき $h=1$ より，

$$C=\frac{2}{3}\pi.$$

よって，

$$t=\frac{2}{3}\pi(1-h^{\frac{3}{2}}).$$

$h=0$ を代入して，

$$T=\frac{2}{3}\boldsymbol{\pi}.$$

第4章　いろいろな曲線

16　2次曲線

180　考え方

原点が中心，焦点が x 軸上にある楕円の方程式は，

$$\frac{x^2}{a^2}+\frac{y^2}{b^2}=1,\ a>b>0.$$

解答

条件より，求める楕円の方程式は，

$$\frac{x^2}{a^2}+\frac{y^2}{b^2}=1,\ a>b>0$$

とおける．

$2a=2\sqrt{3}$ より，

$$a=\sqrt{3}.$$

また，$\sqrt{a^2-b^2}=1$ より，

$$b^2=2.$$

$b>0$ であるから，$b=\sqrt{2}$.

よって，求める方程式は，

$$\boxed{\frac{\boldsymbol{x}^2}{3}+\frac{\boldsymbol{y}^2}{2}=1}.$$

181　解答

求める双曲線の方程式は，

$$\frac{x^2}{a^2}-\frac{y^2}{b^2}=1,\ a>0,\ b>0$$

とおける．

漸近線は，$y=\pm\frac{b}{a}x$ であるから，

$$\frac{b}{a}=\frac{3}{4}. \qquad \cdots①$$

焦点は，$\left(\pm\sqrt{a^2+b^2},\ 0\right)$ であるから，

$$a^2+b^2=25. \qquad \cdots②$$

① より，$b=\frac{3}{4}a$ を ② に代入して，

$$a^2=16.$$

$a>0$ であるから，$a=4$.

よって，

$$b=3.$$

求める方程式は，

$$\frac{\boldsymbol{x}^2}{16}-\frac{\boldsymbol{y}^2}{9}=1.$$

182　解答

P を $(x,\ y)$ とおくと，$\frac{x^2}{4}+\frac{y^2}{3}=1$ より，

$$y^2=3\left(1-\frac{x^2}{4}\right).$$

このとき，

$$\begin{aligned}PA^2&=(x-1)^2+y^2\\&=(x-1)^2+3\left(1-\frac{x^2}{4}\right)\\&=\frac{1}{4}(x^2-8x+16)\\&=\frac{1}{4}(x-4)^2.\end{aligned}$$

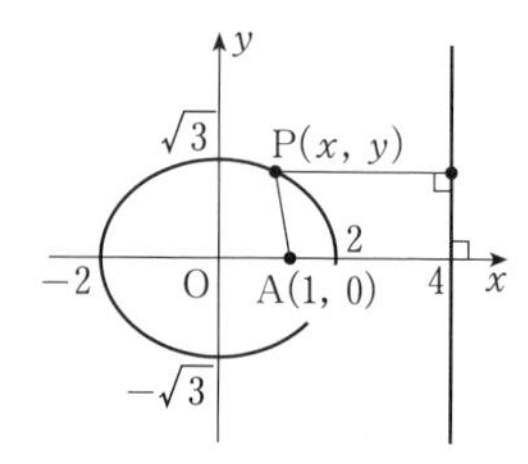

$4-x>0$ であるから，

$$PA=\frac{1}{2}(4-x).$$

P と直線 $x=4$ の距離を d とすると，

$$d=|4-x|=4-x.$$

よって，

$$d=2PA.$$

183　考え方

(1)　$4x^2+9(2x+k)^2=36$ が相異なる 2 実数解をもてばよい．

(2)　交点を $A(\alpha,\ 2\alpha+k)$，$B(\beta,\ 2\beta+k)$ とおくと，

$$(\alpha-\beta)^2+\{(2\alpha+k)-(2\beta+k)\}^2=4^2.$$

この式に解と係数の関係を用いる．

解答

(1)
$$y=2x+k, \qquad \cdots①$$
$$4x^2+9y^2=36. \qquad \cdots②$$

① を ② に代入して，

$$4x^2+9(2x+k)^2=36.$$
$$40x^2+36kx+9k^2-36=0. \qquad \cdots③$$

③ が相異なる 2 実数解をもてばよい．

よって，

$$(18k)^2-40\cdot(9k^2-36)>0.$$

$$k^2-40<0.$$

$$\boldsymbol{-2\sqrt{10}<k<2\sqrt{10}.}$$

(2) 交点を $A(\alpha,\ 2\alpha+k)$，$B(\beta,\ 2\beta+k)$ とおくと $AB=4$ より，

$$\begin{aligned}16&=AB^2\\&=(\alpha-\beta)^2+\{(2\alpha+k)-(2\beta+k)\}^2\\&=5(\alpha-\beta)^2\\&=5\{(\alpha+\beta)^2-4\alpha\beta\}.\end{aligned} \quad\cdots④$$

α，β は ③ の 2 解だから，解と係数の関係から，

$$\alpha+\beta=-\frac{9}{10}k,\ \alpha\beta=\frac{9k^2-36}{40}.$$

④ に代入して，

$$5\left\{\left(-\frac{9}{10}k\right)^2-4\cdot\frac{9k^2-36}{40}\right\}=16.$$

$$k^2=\frac{40}{9}.$$

よって，

$$\boldsymbol{k=\pm\frac{2\sqrt{10}}{3}.}$$

184 考え方

円：$(x-a)^2+(y-b)^2=r^2$

の外部の点 $(X,\ Y)$ と円との距離は，

$$\sqrt{(X-a)^2+(Y-b)^2}-r.$$

解 答

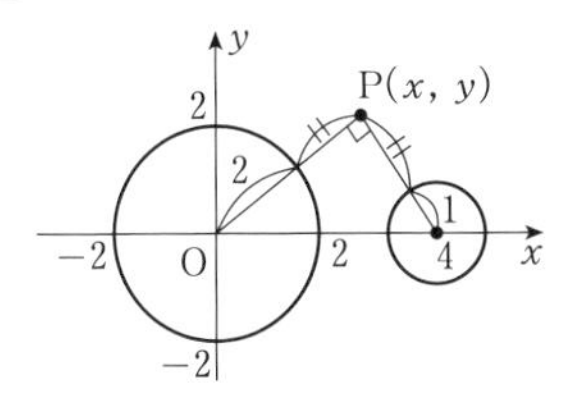

$O(0,\ 0)$，$A(4,\ 0)$ とおくと，条件より，

$$OP-2=AP-1.$$

$$\sqrt{(x-4)^2+y^2}=\sqrt{x^2+y^2}-1.$$

両辺を 2 乗して，

$$(x-4)^2+y^2=x^2+y^2-2\sqrt{x^2+y^2}+1.$$

$$2\sqrt{x^2+y^2}=8x-15.$$

$8x-15\geqq 0$ の下に，さらに 2 乗して，

$$4(x^2+y^2)=(8x-15)^2.$$

$$60x^2-240x-4y^2+225=0.$$

$$60(x-2)^2-4y^2=15.$$

$$\boldsymbol{\frac{(x-2)^2}{\left(\frac{1}{2}\right)^2}-\frac{y^2}{\left(\frac{\sqrt{15}}{2}\right)^2}=1.}$$

$x\geqq\dfrac{15}{8}$ であるから，求める軌跡は次の図の実線部分．

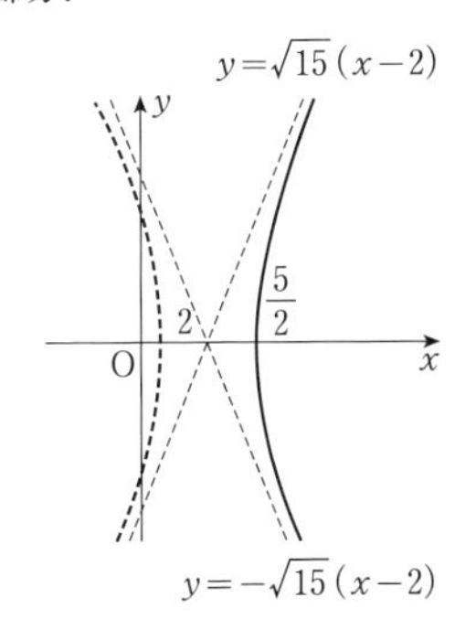

185 考え方

与えられた楕円は，$\dfrac{x^2}{25}+\dfrac{y^2}{9}=1$ を x 軸方向に 3，y 軸方向に -2 平行移動したもの．

解 答

$$\frac{(x-3)^2}{25}+\frac{(y+2)^2}{9}=1 \quad\cdots①$$

は，楕円

$$\frac{x^2}{25}+\frac{y^2}{9}=1 \quad\cdots②$$

を x 軸方向に 3，y 軸方向に -2 平行移動したものである．

② の焦点は，

$$\left(\pm\sqrt{25-9},\ 0\right)=(\pm4,\ 0)$$

であるから，① の焦点は，

$$(\pm4+3,\ -2),$$

すなわち，$(7,\ -2)$，$(-1,\ -2)$．

求める焦点は，$\boldsymbol{(-1,\ -2)}$．

186 考え方

$y^2=4px$ $(p\neq0)$ の焦点は $(p,\ 0)$ である

から，(1, 0) を焦点とする放物線は x 軸方向に $-p+1$ だけ平行移動して，

$$y^2=4p(x+p-1)$$

とおける．

解答

x 軸を軸とし，(1, 0) を焦点とする放物線は，

$$y^2=4p(x+p-1) \quad (p \neq 0) \quad \cdots①$$

とおける．

これが $y=x+k$ に接するから，

$$(x+k)^2=4p(x+p-1),$$

すなわち，

$$x^2+2(k-2p)x+k^2-4p(p-1)=0$$

は重解をもつ．

よって，

$$(k-2p)^2-\{k^2-4p(p-1)\}=0.$$

$$8p^2-4p(k+1)=0.$$

$p \neq 0$ より，

$$p=\frac{k+1}{2}. \quad \cdots②$$

$y^2=4px$ の準線の方程式が $x=-p$ だから，x 軸方向に $-p+1$ だけ平行移動すると ① の放物線の準線は，

$$x-(-p+1)=-p.$$

$$x=1-2p.$$

② を代入して，求める方程式は，

$$\boldsymbol{x=-k}.$$

[**注**] ② より，

$$k \neq -1 \iff p \neq 0.$$

187 考え方

接線の方程式は $\dfrac{sx}{25}+\dfrac{ty}{49}=1$.

解答

P(s, t) における接線の方程式は，

$$\frac{sx}{25}+\frac{ty}{49}=1.$$

x 軸，y 軸との交点をそれぞれ A，B とすると，$st \neq 0$ としてよいので，

$$\mathrm{A}\left(\frac{25}{s},\ 0\right),\ \mathrm{B}\left(0,\ \frac{49}{t}\right).$$

原点を O とすると，

$$\triangle \mathrm{OAB}=\frac{1}{2}\cdot\left|\frac{25}{s}\right|\cdot\left|\frac{49}{t}\right|. \quad \cdots(*)$$

P は楕円上の点であるから，

$$\frac{s^2}{25}+\frac{t^2}{49}=1.$$

(相加平均)≧(相乗平均) の関係から，

$$\frac{1}{2}=\frac{1}{2}\left(\frac{s^2}{25}+\frac{t^2}{49}\right) \geqq \sqrt{\frac{s^2}{25}\cdot\frac{t^2}{49}}=\frac{|st|}{35}.$$

$$\frac{1}{|st|} \geqq \frac{2}{35}.$$

$$\triangle \mathrm{OAB} \geqq 35.$$

等号は，$\dfrac{s^2}{25}=\dfrac{t^2}{49}=\dfrac{1}{2}$

つまり

$$(s,\ t)=\left(\pm\frac{5}{\sqrt{2}},\ \pm\frac{7}{\sqrt{2}}\right) \quad (\text{複号任意})$$

のとき成り立つ．

求める最小値は，**35.**

[**別解**] ((*) の続き)

$$s=5\cos\theta,\ t=7\sin\theta$$

$$\left(\begin{array}{l} 0<\theta<\dfrac{\pi}{2},\ \dfrac{\pi}{2}<\theta<\pi, \\ \pi<\theta<\dfrac{3}{2}\pi,\ \dfrac{3}{2}\pi<\theta<2\pi \end{array}\right)$$

とおける．このとき，

$$\triangle \mathrm{OAB}=\frac{35}{2|\cos\theta\sin\theta|}=\frac{35}{|\sin 2\theta|} \geqq 35.$$

等号は，$\sin 2\theta=\pm 1$,

つまり $\theta=\dfrac{\pi}{4},\ \dfrac{3}{4}\pi,\ \dfrac{5}{4}\pi,\ \dfrac{7}{4}\pi$ のとき成り立つ．

(以下略)

188 考え方

(2) 2つの漸近線 $y=\pm\dfrac{b}{a}x$ と l との交点 A，B の座標を求める．

(3) O(0, 0)，A$(a_1,\ a_2)$，B$(b_1,\ b_2)$ のとき

$$\triangle \mathrm{OAB}=\frac{1}{2}|a_1b_2-a_2b_1|.$$

(4) d，d' を成分計算により求める．

解答

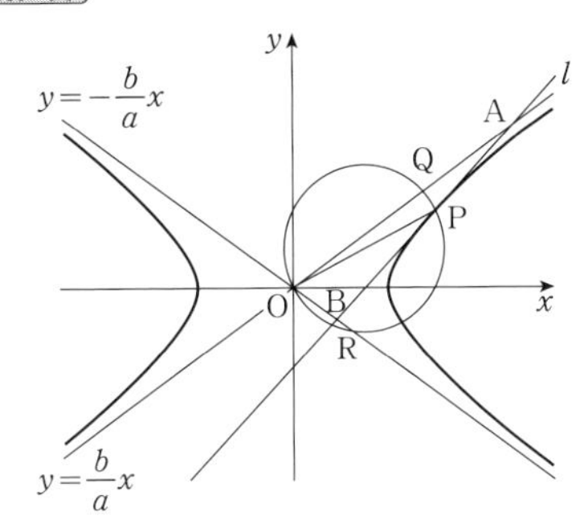

(1) l の方程式は，

$$\boldsymbol{\frac{x_1x}{a^2}-\frac{y_1y}{b^2}=1.} \quad \cdots①$$

(2) $y=\frac{b}{a}x$ を ① に代入して，

$$\frac{x_1x}{a^2}-\frac{y_1}{ab}x=1.$$

$$\frac{bx_1-ay_1}{a^2b}x=1.$$

$$x=\frac{a^2b}{bx_1-ay_1}.$$

また，

$$y=\frac{b}{a}x=\frac{ab^2}{bx_1-ay_1}.$$

よって，

$$\mathrm{A}\left(\frac{a^2b}{bx_1-ay_1},\ \frac{ab^2}{bx_1-ay_1}\right).$$

$y=-\frac{b}{a}x$ を ① に代入して，

$$\frac{x_1x}{a^2}+\frac{y_1}{ab}x=1.$$

$$\frac{bx_1+ay_1}{a^2b}x=1.$$

$$x=\frac{a^2b}{bx_1+ay_1}.$$

また，

$$y=-\frac{b}{a}x=\frac{-ab^2}{bx_1+ay_1}.$$

よって，

$$\mathrm{B}\left(\frac{a^2b}{bx_1+ay_1},\ \frac{-ab^2}{bx_1+ay_1}\right).$$

P は C 上の点だから，

$$\frac{{x_1}^2}{a^2}-\frac{{y_1}^2}{b^2}=1.$$

$$b^2{x_1}^2-a^2{y_1}^2=a^2b^2. \quad \cdots②$$

線分 AB の中点の座標を $(X,\ Y)$ とすると，

$$X=\frac{1}{2}\left(\frac{a^2b}{bx_1-ay_1}+\frac{a^2b}{bx_1+ay_1}\right)$$

$$=\frac{1}{2}\cdot\frac{a^2b(bx_1+ay_1+bx_1-ay_1)}{b^2{x_1}^2-a^2{y_1}^2}$$

$$=\frac{a^2b^2}{b^2{x_1}^2-a^2{y_1}^2}x_1$$

$$=\frac{a^2b^2}{a^2b^2}x_1=x_1. \ (②\text{ より})$$

$$Y=\frac{1}{2}\left(\frac{ab^2}{bx_1-ay_1}-\frac{ab^2}{bx_1+ay_1}\right)$$

$$=\frac{1}{2}\cdot\frac{ab^2(bx_1+ay_1-bx_1+ay_1)}{b^2{x_1}^2-a^2{y_1}^2}$$

$$=\frac{a^2b^2}{b^2{x_1}^2-a^2{y_1}^2}y_1$$

$$=\frac{a^2b^2}{a^2b^2}y_1=y_1. \ (②\text{ より})$$

よって，線分 AB の中点は P である．

［注］ P は直線 ① 上の点であるから，x 座標または y 座標の一方のみを調べればよい．

(3) △OAB

$$=\frac{1}{2}\left|\frac{a^2b}{bx_1-ay_1}\cdot\frac{-ab^2}{bx_1+ay_1}-\frac{ab^2}{bx_1-ay_1}\cdot\frac{a^2b}{bx_1+ay_1}\right|$$

$$=\frac{1}{2}\left|\frac{-2a^3b^3}{b^2{x_1}^2-a^2{y_1}^2}\right|$$

$$=\frac{1}{2}\left|\frac{-2a^3b^3}{a^2b^2}\right| \quad (②\text{ より})$$

$=ab$. (一定)

(4) OP を直径とする円の中心は $\left(\frac{x_1}{2},\ \frac{y_1}{2}\right)$，半径は $\sqrt{\frac{{x_1}^2}{4}+\frac{{y_1}^2}{4}}$ であるから，円の方程式は，

$$\left(x-\frac{x_1}{2}\right)^2+\left(y-\frac{y_1}{2}\right)^2=\frac{1}{4}({x_1}^2+{y_1}^2).$$

$$x^2-x_1x+y^2-y_1y=0. \quad \cdots③$$

③ に $y=\dfrac{b}{a}x$ を代入して，

$$x^2-x_1x+\frac{b^2}{a^2}x^2-\frac{b}{a}y_1x=0.$$

$x \neq 0$ より，

$$\frac{a^2+b^2}{a^2}x=\frac{ax_1+by_1}{a}.$$

$$x=\frac{a(ax_1+by_1)}{a^2+b^2}.$$

$$y=\frac{b}{a}x=\frac{b(ax_1+by_1)}{a^2+b^2}.$$

よって，

$$\mathrm{Q}\left(\frac{a(ax_1+by_1)}{a^2+b^2},\ \frac{b(ax_1+by_1)}{a^2+b^2}\right).$$

③ に $y=-\dfrac{b}{a}x$ を代入して，

$$x^2-x_1x+\frac{b^2}{a^2}x^2+\frac{b}{a}y_1x=0.$$

$x \neq 0$ より，

$$\frac{a^2+b^2}{a^2}x=\frac{ax_1-by_1}{a}.$$

$$x=\frac{a(ax_1-by_1)}{a^2+b^2}.$$

$$y=-\frac{b}{a}x=-\frac{b(ax_1-by_1)}{a^2+b^2}.$$

よって，

$$\mathrm{R}\left(\frac{a(ax_1-by_1)}{a^2+b^2},\ -\frac{b(ax_1-by_1)}{a^2+b^2}\right).$$

このとき，

$$\begin{aligned}\mathrm{PQ}^2&=\left(x_1-\frac{a(ax_1+by_1)}{a^2+b^2}\right)^2+\left(y_1-\frac{b(ax_1+by_1)}{a^2+b^2}\right)^2\\&=\left(\frac{b(bx_1-ay_1)}{a^2+b^2}\right)^2+\left(\frac{a(-bx_1+ay_1)}{a^2+b^2}\right)^2\\&=\frac{(bx_1-ay_1)^2}{a^2+b^2}.\end{aligned}$$

よって，

$$d=\frac{|bx_1-ay_1|}{\sqrt{a^2+b^2}}.$$

同様にして，

$$d'=\frac{|bx_1+ay_1|}{\sqrt{a^2+b^2}}.$$

よって，

$$\begin{aligned}dd'&=\frac{|b^2x_1{}^2-a^2y_1{}^2|}{a^2+b^2}\\&=\frac{a^2b^2}{a^2+b^2}.\ (一定)(②\ より)\end{aligned}$$

［別解］

(2)　曲線 C の 2 つの漸近線の方程式は，

$$\frac{x^2}{a^2}-\frac{y^2}{b^2}=0. \qquad \cdots ㋐$$

(i)　$y_1=0$ のとき．

$$\mathrm{P}(\pm a,\ 0).$$

このとき，

$$l : x=\pm a.$$

したがって，A，B の座標は，

P が $(a,\ 0)$ のとき，

$$(a,\ b),\ (a,\ -b)$$

P が $(-a,\ 0)$ のとき，

$$(-a,\ b),\ (-a,\ -b)$$

となり，線分 AB の中点は P である．

(ii)　$y_1 \neq 0$ のとき．

① より，

$$y=\frac{b^2}{a^2y_1}(x_1x-a^2). \qquad \cdots ①'$$

①′ を ㋐ に代入して，

$$\frac{x^2}{a^2}-\frac{b^2}{a^4y_1{}^2}(x_1x-a^2)^2=0.$$

$$(b^2x_1{}^2-a^2y_1{}^2)x^2-2a^2b^2x_1x+a^4b^2=0. \qquad \cdots ㋑$$

P は C 上の点だから，

$$\frac{x_1{}^2}{a^2}-\frac{y_1{}^2}{b^2}=1.$$

$$b^2x_1{}^2-a^2y_1{}^2=a^2b^2. \qquad \cdots ㋒$$

㋑，㋒ より，

$$a^2b^2x^2-2a^2b^2x_1x+a^4b^2=0.$$

$$x^2-2x_1x+a^2=0.$$

$\mathrm{A}\left(\alpha,\ \dfrac{b}{a}\alpha\right)$，$\mathrm{B}\left(\beta,\ -\dfrac{b}{a}\beta\right)$ とすると，解と係数の関係より，

$$\alpha+\beta=2x_1,\ \alpha\beta=a^2. \qquad \cdots ㋓$$

よって，

$$\frac{\alpha+\beta}{2}=x_1.$$

したがって，線分 AB の中点は P である．

(i)，(ii) より示された．

(3) (2) の (ii) のとき，

$$\triangle \mathrm{OAB}=\frac{1}{2}\left|\alpha\cdot\left(-\frac{b}{a}\beta\right)-\beta\cdot\frac{b}{a}\alpha\right|$$
$$=\frac{b}{a}|\alpha\beta|$$
$$=ab.\ (\text{㊁ より})$$

これは (2)(i) のときも成り立つ．

(4) OP を直径とする円周上に Q，R があるので，

$$\angle\mathrm{OQP}=\angle\mathrm{ORP}=90^\circ.$$

よって，d，d' はそれぞれ P と漸近線との距離であり，2 つの漸近線は，

$$bx-ay=0,\ bx+ay=0$$

であるから，

$$dd'=\frac{|bx_1-ay_1|}{\sqrt{a^2+b^2}}\cdot\frac{|bx_1+ay_1|}{\sqrt{a^2+b^2}}$$
$$=\frac{|b^2{x_1}^2-a^2{y_1}^2|}{a^2+b^2}$$
$$=\frac{a^2b^2}{a^2+b^2}.\ (\text{㋒ より})$$

189 考え方

(1) P$(x,\ y)$ とすると，

$$\sqrt{x^2+y^2}:|x-2|=\sqrt{r}:1.$$
$$\sqrt{x^2+y^2}=\sqrt{r}|x-2|.$$

両辺を 2 乗して整理する．

解答

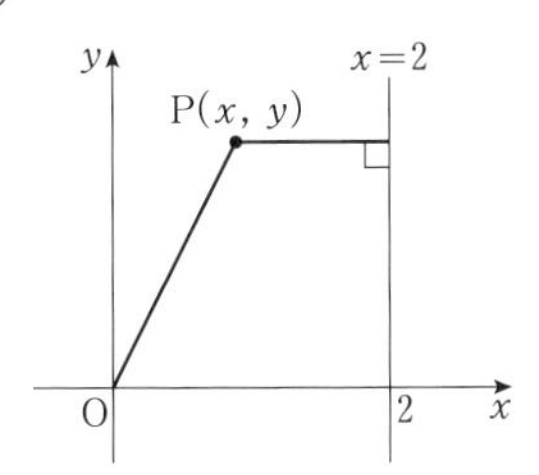

(1) P$(x,\ y)$ とすると，

$$\mathrm{OP}=\sqrt{x^2+y^2}.$$

P と直線 $x=2$ の距離は $|x-2|$ であるから，条件より，

$$\sqrt{x^2+y^2}:|x-2|=\sqrt{r}:1.$$
$$\sqrt{x^2+y^2}=\sqrt{r}|x-2|.$$
$$x^2+y^2=r(x^2-4x+4).$$

よって，

$$\boldsymbol{(r-1)x^2-4rx-y^2+4r=0.}\quad\cdots①$$

(2) $r=2$ のとき，① より，

$$x^2-8x-y^2+8=0.$$
$$(x-4)^2-y^2=8.$$

よって，

$$\boldsymbol{\frac{(x-4)^2}{8}-\frac{y^2}{8}=1.}$$

したがって，C は**双曲線**で，その概形は次のようになる．

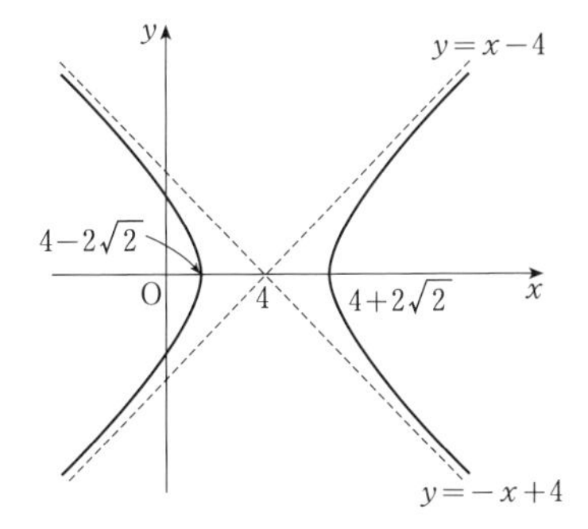

(3) $r>0$ であり，C が楕円のとき，① より $r-1<0$ であるから，

$$0<r<1.$$

このとき，① より，

$$x^2+\frac{4r}{1-r}x+\frac{y^2}{1-r}-\frac{4r}{1-r}=0.$$
$$\left(x+\frac{2r}{1-r}\right)^2+\frac{y^2}{1-r}=\frac{4r}{(1-r)^2}.$$
$$\frac{\left(x+\frac{2r}{1-r}\right)^2}{\left(\frac{2\sqrt{r}}{1-r}\right)^2}+\frac{y^2}{\left(\frac{2\sqrt{r}}{\sqrt{1-r}}\right)^2}=1.$$

$0<r<1$ より，$1-r<\sqrt{1-r}$ であるから，

$$\frac{2\sqrt{r}}{1-r}>\frac{2\sqrt{r}}{\sqrt{1-r}}.$$

したがって，条件より，

$$\frac{4\sqrt{r}}{1-r}=\sqrt{5}.$$
$$16r=5(1-2r+r^2).$$

$$5r^2-26r+5=0.$$
$$(5r-1)(r-5)=0.$$

$0<r<1$ より，

$$\boldsymbol{r=\frac{1}{5}}.$$

190 考え方

準線 $y=-p$ 上の任意の点 $(k,\ -p)$ を通る直線

$$y=m(x-k)-p$$

が $x^2=4py$ に接すると考える．

したがって，

$$x^2=4p\{m(x-k)-p\}$$

すなわち，

$$x^2-4pmx+4p(km+p)=0$$

は重解をもつ．

解答

(1)
$$x^2=4py \qquad \cdots①$$

は放物線であるから，$p\neq0$．

準線の方程式は，

$$y=-p. \qquad \cdots②$$

① の接線は y 軸に平行ではないので，② 上の任意の点 $(k,\ -p)$ (k は任意の実数) を通る接線は，

$$y=m(x-k)-p$$

とおける．これを ① に代入して得られる 2 次方程式

$$x^2=4p\{m(x-k)-p\},$$

すなわち，

$$x^2-4pmx+4p(km+p)=0 \quad \cdots③$$

は重解をもつ．

よって，

$$4p^2m^2-4p(km+p)=0.$$

$p\neq0$ だから，

$$pm^2-km-p=0. \qquad \cdots④$$

$k^2+4p^2>0$ より，④ は相異なる 2 実数解をもつ．この 2 解を m_1，m_2 とおくと，解と係数の関係から，

$$m_1m_2=-1. \qquad \cdots⑤$$

⑤ より，2 本の接線は直交する．

よって，なす角はつねに **90°** である．

(2) m_1，m_2 に対応する接点をそれぞれ

$$\mathrm{A}\left(\alpha,\ \frac{\alpha^2}{4p}\right),\ \mathrm{B}\left(\beta,\ \frac{\beta^2}{4p}\right)$$

とおくと，③ より，

$$\alpha=2pm_1,\ \beta=2pm_2. \qquad \cdots⑥$$

線分 AB の中点を $\mathrm{M}(X,\ Y)$ とすると，

$$X=\frac{\alpha+\beta}{2}. \qquad \cdots⑦$$

$$\begin{aligned}Y&=\frac{1}{2}\left(\frac{\alpha^2}{4p}+\frac{\beta^2}{4p}\right)\\&=\frac{1}{8p}\{(\alpha+\beta)^2-2\alpha\beta\}\\&=\frac{1}{8p}\{(2X)^2-8p^2m_1m_2\}\end{aligned}$$

(⑥，⑦ より)

$$=\frac{X^2}{2p}+p. \quad (⑤ より)$$

よって，求める軌跡は，

$$\boldsymbol{y=\frac{1}{2p}x^2+p}.$$

191 考え方

$a=\pm\sqrt{17}$ のとき．

楕円の接線は，

$$x=\pm\sqrt{17}.$$

これに直交する接線は，

$$y=\pm2\sqrt{2}$$

であるから，

$$\mathrm{P}\left(\pm\sqrt{17},\ \pm2\sqrt{2}\right).$$

$a\neq\pm\sqrt{17}$ のとき．

楕円の接線は y 軸に平行ではないので，

$$y=m(x-a)+b$$

とおける．

これを $\dfrac{x^2}{17}+\dfrac{y^2}{8}=1$ に代入した x の 2 次方程式

$$\frac{x^2}{17}+\frac{1}{8}\{m(x-a)+b\}^2=1$$

が重解をもつ．

解答

(i) $a=\pm\sqrt{17}$ のとき．

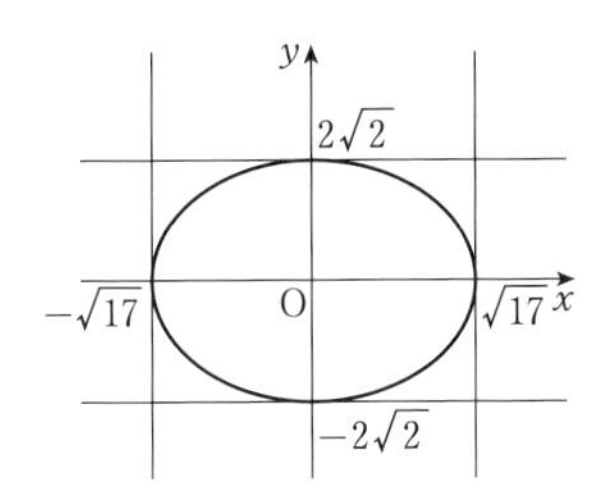

図より，

$$b=\pm 2\sqrt{2}.$$

(ii) $a\neq\pm\sqrt{17}$ のとき．

Pを通る接線を

$$y=m(x-a)+b$$

とおいて $\dfrac{x^2}{17}+\dfrac{y^2}{8}=1$ に代入すると，

$$\frac{x^2}{17}+\frac{1}{8}\{m(x-a)+b\}^2=1.$$

$$8x^2+17\{m^2x^2+2m(-am+b)x+(-am+b)^2\}=17\cdot 8.$$

$$(17m^2+8)x^2+2\cdot 17m(-am+b)x+17\{(-am+b)^2-8\}=0.$$

接するから，判別式を D とすると，

$$\frac{D}{4}=17^2m^2(-am+b)^2-17(17m^2+8)\{(-am+b)^2-8\}=0.$$

$$-17\{-17\cdot 8m^2+8(-am+b)^2-64\}=0.$$

$$-17m^2+(-am+b)^2-8=0.$$

$$(a^2-17)m^2-2abm+b^2-8=0. \quad \cdots①$$

$a^2-17\neq 0$ であるから，m の2次方程式①の判別式を D' とすると，

$$\frac{D'}{4}=a^2b^2-(a^2-17)(b^2-8)$$
$$=8a^2+17b^2-17\cdot 8$$
$$=17\cdot 8\left(\frac{a^2}{17}+\frac{b^2}{8}-1\right).$$

Pは楕円の外部の点であるから，

$$\frac{a^2}{17}+\frac{b^2}{8}-1>0.$$

よって，①は相異なる2つの実数解をもつ．それらを m_1，m_2 とすると直交条件より，

$$m_1m_2=\frac{b^2-8}{a^2-17}=-1.$$

$$a^2+b^2-25=0.$$

よって，

$$a^2+b^2=25.$$

(i)，(ii) より，求める軌跡は，

$$\boldsymbol{x^2+y^2=25}.$$

[別解] 接点を $\mathrm{Q}(17p,\ 8q)$ とすると，Qは楕円上にあるから，

$$17p^2+8q^2=1. \quad \cdots①$$

接線の方程式は，

$$\frac{17p}{17}x+\frac{8q}{8}y=1.$$

$$px+qy=1.$$

これがPを通るから，

$$ap+bq=1. \quad \cdots②$$

(i) $b\neq 0$ のとき．

②より，

$$q=\frac{1-ap}{b}.$$

①に代入して，

$$17p^2+\frac{8}{b^2}(1-2ap+a^2p^2)=1.$$

$$(17b^2+8a^2)p^2-16ap+8-b^2=0.$$

これが異なる2つの実数解をもつとき，2解を p_1，p_2 とすると，

$$p_1+p_2=\frac{16a}{17b^2+8a^2},\quad p_1p_2=\frac{8-b^2}{17b^2+8a^2}. \quad \cdots③$$

$q_1=\dfrac{1-ap_1}{b}$，$q_2=\dfrac{1-ap_2}{b}$ とおくと，直交条件より，

$$p_1p_2+q_1q_2=0.$$

$$p_1p_2+\frac{(1-ap_1)(1-ap_2)}{b^2}=0.$$

$$(a^2+b^2)p_1p_2-a(p_1+p_2)+1=0.$$

③を代入して，

$$\frac{8-b^2}{17b^2+8a^2}(a^2+b^2)-\frac{16a^2}{17b^2+8a^2}+1=0.$$

$$(8-b^2)(a^2+b^2)-16a^2+17b^2+8a^2=0.$$

$$25b^2-b^2(a^2+b^2)=0.$$

$$b^2(a^2+b^2-25)=0.$$

$b^2\neq 0$ より，

$$a^2+b^2=25. \quad \cdots④$$

(ii) $b=0$ のとき．

② より，

$$p=\frac{1}{a}.$$

① に代入して，

$$8q^2=1-\frac{17}{a^2}.$$

$$q=\pm\sqrt{\frac{1}{8}-\frac{17}{8a^2}}.$$

直交条件より，

$$\frac{1}{a}\cdot\frac{1}{a}-\frac{1}{8}+\frac{17}{8a^2}=0.$$

$$8-a^2+17=0.$$

$$a^2=25.$$

$$a=\pm5.$$

これは ④ をみたす．

(i)，(ii) より，求める軌跡は，

$$\boldsymbol{x^2+y^2=25.}$$

192 考え方

2 直線

$$l_1:\ a_1x+b_1y+c_1=0,$$
$$l_2:\ a_2x+b_2y+c_2=0$$

に対し

$$l_1\perp l_2 \iff a_1a_2+b_1b_2=0.$$

解答

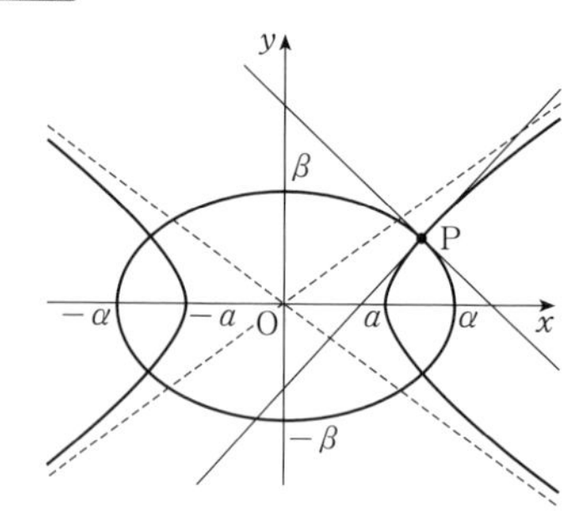

$\alpha>0$，$\beta>0$，$a>0$，$b>0$ としてよい．

C_2 の焦点は $\left(\pm\sqrt{a^2+b^2},\ 0\right)$．

よって，C_1 の焦点は x 軸上にあるから $\alpha>\beta$ で，

C_1 の焦点は $\left(\pm\sqrt{\alpha^2-\beta^2},\ 0\right)$．

C_1，C_2 の焦点が一致するので，

$$a^2+b^2=\alpha^2-\beta^2. \qquad \cdots①$$

$$\begin{cases}\dfrac{x^2}{\alpha^2}+\dfrac{y^2}{\beta^2}=1, & \cdots②\\[2mm] \dfrac{x^2}{a^2}-\dfrac{y^2}{b^2}=1 & \cdots③\end{cases}$$

とする．

②$\times\beta^2+$③$\times b^2$ より，

$$\left(\frac{\beta^2}{\alpha^2}+\frac{b^2}{a^2}\right)x^2=\beta^2+b^2.$$

$$\frac{a^2\beta^2+\alpha^2b^2}{\alpha^2a^2}x^2=\beta^2+b^2.$$

$$x^2=\frac{\alpha^2a^2(\beta^2+b^2)}{a^2\beta^2+\alpha^2b^2}.$$

$$x=\pm\frac{\alpha a\sqrt{\beta^2+b^2}}{\sqrt{a^2\beta^2+\alpha^2b^2}}.$$

② に代入して，

$$\frac{a^2(\beta^2+b^2)}{a^2\beta^2+\alpha^2b^2}+\frac{y^2}{\beta^2}=1.$$

$$\frac{y^2}{\beta^2}=1-\frac{a^2(\beta^2+b^2)}{a^2\beta^2+\alpha^2b^2}$$

$$=\frac{b^2(\alpha^2-a^2)}{a^2\beta^2+\alpha^2b^2}=\frac{b^2(\beta^2+b^2)}{a^2\beta^2+\alpha^2b^2}.$$

（① より）

$$y^2=\frac{\beta^2b^2(\beta^2+b^2)}{a^2\beta^2+\alpha^2b^2}.$$

$$y=\pm\frac{\beta b\sqrt{\beta^2+b^2}}{\sqrt{a^2\beta^2+\alpha^2b^2}}.$$

C_1，C_2 はそれぞれ x 軸，y 軸に関して対称であるから，$x>0$，$y>0$ の領域で考えればよい．

$$\mathrm{P}\left(\frac{\alpha a\sqrt{\beta^2+b^2}}{\sqrt{a^2\beta^2+\alpha^2b^2}},\ \frac{\beta b\sqrt{\beta^2+b^2}}{\sqrt{a^2\beta^2+\alpha^2b^2}}\right)$$

とする．

P における C_1，C_2 の接線は，

$$\begin{cases}\dfrac{\alpha a\sqrt{\beta^2+b^2}}{\sqrt{a^2\beta^2+\alpha^2b^2}}\cdot\dfrac{x}{\alpha^2}+\dfrac{\beta b\sqrt{\beta^2+b^2}}{\sqrt{a^2\beta^2+\alpha^2b^2}}\cdot\dfrac{y}{\beta^2}=1, & \cdots④\\[2mm] \dfrac{\alpha a\sqrt{\beta^2+b^2}}{\sqrt{a^2\beta^2+\alpha^2b^2}}\cdot\dfrac{x}{a^2}-\dfrac{\beta b\sqrt{\beta^2+b^2}}{\sqrt{a^2\beta^2+\alpha^2b^2}}\cdot\dfrac{y}{b^2}=1. & \cdots⑤\end{cases}$$

ここで，

$$\frac{a\sqrt{\beta^2+b^2}}{\alpha\sqrt{a^2\beta^2+\alpha^2b^2}}\cdot\frac{\alpha\sqrt{\beta^2+b^2}}{a\sqrt{a^2\beta^2+\alpha^2b^2}}+\frac{b\sqrt{\beta^2+b^2}}{\beta\sqrt{a^2\beta^2+\alpha^2b^2}}\cdot\left(-\frac{\beta\sqrt{\beta^2+b^2}}{b\sqrt{a^2\beta^2+\alpha^2b^2}}\right)$$

$$=\frac{\beta^2+b^2}{a^2\beta^2+\alpha^2b^2}-\frac{\beta^2+b^2}{a^2\beta^2+\alpha^2b^2}=0.$$

よって，④⊥⑤ で示された．

[**別解**] ① までは同じ．

交点を $P(p,\ q)$ とすると，

$$\begin{cases}\dfrac{p^2}{\alpha^2}+\dfrac{q^2}{\beta^2}=1, & \cdots②'\\[2mm] \dfrac{p^2}{a^2}-\dfrac{q^2}{b^2}=1. & \cdots③'\end{cases}$$

P における接線は，

$$\begin{cases}\dfrac{p}{\alpha^2}x+\dfrac{q}{\beta^2}y=1, & \cdots④'\\[2mm] \dfrac{p}{a^2}x-\dfrac{q}{b^2}y=1. & \cdots⑤'\end{cases}$$

②′，③′ より，

$$\frac{p^2}{\alpha^2}+\frac{q^2}{\beta^2}=\frac{p^2}{a^2}-\frac{q^2}{b^2}.$$

$$\frac{a^2-\alpha^2}{a^2\alpha^2}p^2+\frac{b^2+\beta^2}{b^2\beta^2}q^2=0.$$

① より，

$$b^2+\beta^2=\alpha^2-a^2\neq 0$$

であるから，

$$(a^2-\alpha^2)\left(\frac{p^2}{a^2\alpha^2}-\frac{q^2}{b^2\beta^2}\right)=0.$$

$$\frac{p^2}{a^2\alpha^2}-\frac{q^2}{b^2\beta^2}=0.$$

$$\frac{p}{a^2}\cdot\frac{p}{\alpha^2}+\left(-\frac{q}{b^2}\right)\cdot\frac{q}{\beta^2}=0.$$

よって，④′，⑤′ は直交する．

193 考え方

(1) $x^2+\dfrac{y^2}{3}=1$ 上の点 $(x_1,\ y_1)$ における接線の方程式は，

$$x_1x+\frac{y_1}{3}y=1\quad\left(x_1^2+\frac{y_1^2}{3}=1\right).$$

(3) BC の傾きは $\dfrac{1}{m}$ であるから，O と BC との距離は (2) の結果に対し，$-m$ を $\dfrac{1}{m}$ で置き換えたものである．

解答

(1) $(x_1,\ y_1)$ における接線の方程式は，

$$x_1x+\frac{y_1}{3}y=1.$$

問題の図より，$y_1\neq 0$ であるから，

$$y=-\frac{3x_1}{y_1}x+\frac{3}{y_1}.$$

よって，条件より，

$$-m=-\frac{3x_1}{y_1}.$$

$$y_1=\frac{3x_1}{m}. \qquad \cdots①$$

$x_1^2+\dfrac{y_1^2}{3}=1$ であるから，

$$x_1^2+\frac{3}{m^2}x_1^2=1.$$

$$(m^2+3)x_1^2=m^2.$$

$$x_1^2=\frac{m^2}{m^2+3}.$$

問題の図より，$x_1>0$ であるから，

$$\boldsymbol{x_1=\frac{m}{\sqrt{m^2+3}}}.$$

また，① より，

$$\boldsymbol{y_1=\frac{3}{\sqrt{m^2+3}}}.$$

(2) O と AB の距離を d とすると，

$$\mathrm{AB}:x_1x+\frac{y_1}{3}y-1=0$$

であるから，

$$d=\frac{1}{\sqrt{x_1^2+\dfrac{y_1^2}{9}}}=\frac{1}{\sqrt{\dfrac{m^2}{m^2+3}+\dfrac{1}{m^2+3}}}=\boldsymbol{\sqrt{\frac{m^2+3}{m^2+1}}}.$$

(3)　BC の傾きは $\dfrac{1}{m}$ であるから，O と BC の距離を d' とすると，

$$d'=\sqrt{\frac{\left(-\frac{1}{m}\right)^2+3}{\left(-\frac{1}{m}\right)^2+1}}=\sqrt{\frac{3m^2+1}{m^2+1}}.$$

長方形 ABCD の面積を S とおくと，

$$\begin{aligned}S&=2d\cdot 2d'\\&=4\sqrt{\frac{(m^2+3)(3m^2+1)}{(m^2+1)^2}}\\&=4\sqrt{\frac{3m^4+10m^2+3}{m^4+2m^2+1}}\\&=4\sqrt{3+\frac{4m^2}{m^4+2m^2+1}}\\&=4\sqrt{3+\frac{4}{m^2+2+\frac{1}{m^2}}}.\end{aligned}$$

(相加平均)≧(相乗平均) より，

$$\frac{1}{2}\left(m^2+\frac{1}{m^2}\right)\geqq\sqrt{m^2\cdot\frac{1}{m^2}}=1.$$

$$m^2+\frac{1}{m^2}\geqq 2.$$

$$m^2+2+\frac{1}{m^2}\geqq 4.$$

$$\frac{4}{m^2+2+\frac{1}{m^2}}\leqq 1.$$

よって，

$$S\leqq 8.$$

等号成立は $m^2=\dfrac{1}{m^2}$ すなわち $m=1$ のとき．

よって，$\boldsymbol{m=1}$ **のとき最大で，最大値は 8.**

194　考え方

(1)　$\vec{d}\perp\overrightarrow{\mathrm{HA}}$.

(2)　$\cos\angle\mathrm{AOH}=\dfrac{\mathrm{OH}}{\mathrm{OA}}$.

(3)　$\overrightarrow{\mathrm{OP}}\cdot\vec{d}=|\overrightarrow{\mathrm{OP}}||\vec{d}|\cos\angle\mathrm{AOH}$ を成分計算する．

解答

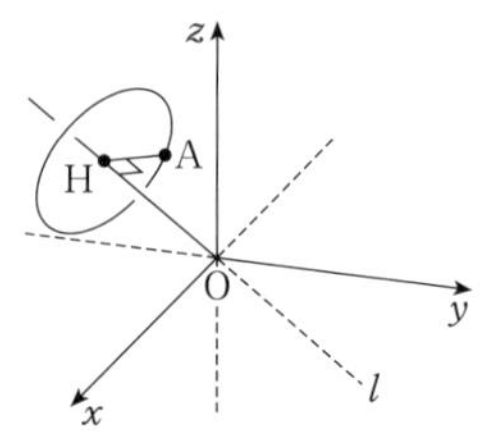

(1)　H は l 上の点であるから，t を実数として，

$$\begin{aligned}\overrightarrow{\mathrm{OH}}&=t\vec{d}\\&=(t,\ 0,\ \sqrt{3}\,t)\end{aligned}$$

とおける．このとき，

$$\overrightarrow{\mathrm{HA}}=\left(\frac{2\sqrt{3}}{3}-t,\ \frac{4\sqrt{2}}{3},\ \frac{10}{3}-\sqrt{3}\,t\right).$$

$\overrightarrow{\mathrm{HA}}\perp\vec{d}$ より，

$$\begin{aligned}\overrightarrow{\mathrm{HA}}\cdot\vec{d}&=\left(\frac{2\sqrt{3}}{3}-t\right)\cdot 1+\left(\frac{10}{3}-\sqrt{3}\,t\right)\cdot\sqrt{3}\\&=4\sqrt{3}-4t\\&=0.\end{aligned}$$

$$t=\sqrt{3}.$$

よって，

$$\mathbf{H}(\sqrt{3},\ 0,\ 3).$$

(2)　$\mathrm{OH}=\sqrt{3+9}=2\sqrt{3}$,

$$\begin{aligned}\mathrm{OA}&=\sqrt{\frac{12}{9}+\frac{32}{9}+\frac{100}{9}}\\&=4\end{aligned}$$

より，

$$\cos\angle\mathrm{AOH}=\frac{\sqrt{3}}{2}.$$

よって，

$$\angle\mathbf{AOH}=\frac{\pi}{6}.$$

(3)　$\overrightarrow{\mathrm{OP}}=(x,\ y,\ \sqrt{3})$,

$\vec{d}=(1,\ 0,\ \sqrt{3})$

のなす角が $\dfrac{\pi}{6}$ であるから，

$$\overrightarrow{\mathrm{OP}}\cdot\vec{d}=|\overrightarrow{\mathrm{OP}}||\vec{d}|\cos\frac{\pi}{6}.$$

$$x+3=\sqrt{x^2+y^2+3}\cdot 2\cdot\frac{\sqrt{3}}{2}.$$

$x \geqq -3$ の下で両辺を 2 乗して，

$$x^2+6x+9=3(x^2+y^2+3).$$
$$2x^2-6x+3y^2=0.$$
$$2\left(x-\frac{3}{2}\right)^2+3y^2=\frac{9}{2}.$$
$$\frac{\left(\boldsymbol{x}-\frac{\mathbf{3}}{\mathbf{2}}\right)^2}{\left(\frac{\mathbf{3}}{\mathbf{2}}\right)^2}+\frac{\boldsymbol{y}^2}{\left(\frac{\sqrt{\mathbf{6}}}{\mathbf{2}}\right)^2}=\mathbf{1}.$$

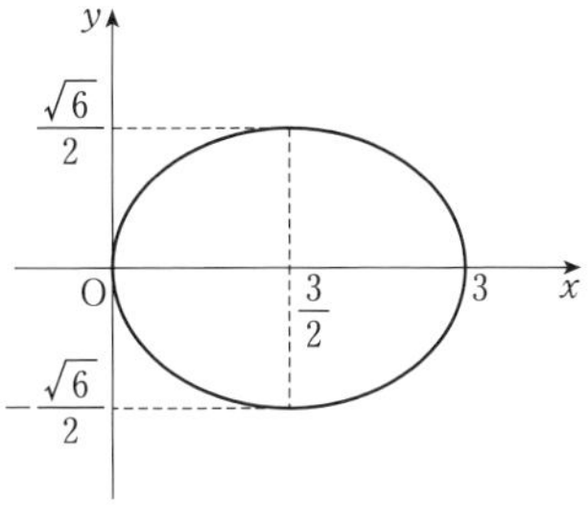

これは $x \geqq -3$ をみたす．

曲線の概形は図のようになる．

17　媒介変数表示と極座標

195　考え方

$$(\cos t-\sin t)^2=\cos^2 t-2\cos t\sin t+\sin^2 t$$
$$=1-2\sin t\cos t.$$

解 答

(1)　$x^2=(\cos t-\sin t)^2$

$=\cos^2 t-2\cos t\sin t+\sin^2 t$

$=1-2y.$　($\cos^2 t+\sin^2 t=1$ より)

よって，

$$\boldsymbol{y}=\frac{\mathbf{1}}{\mathbf{2}}(\mathbf{1}-\boldsymbol{x}^2).$$

(2)　(1) より，$y=\dfrac{1}{2}(1-x^2)$.

ここで，$x=-\sqrt{2}\sin\left(t-\dfrac{\pi}{4}\right)$.

$0 \leqq t \leqq \dfrac{3}{4}\pi$ より，

$$-\frac{\pi}{4} \leqq t-\frac{\pi}{4} \leqq \frac{\pi}{2}.$$

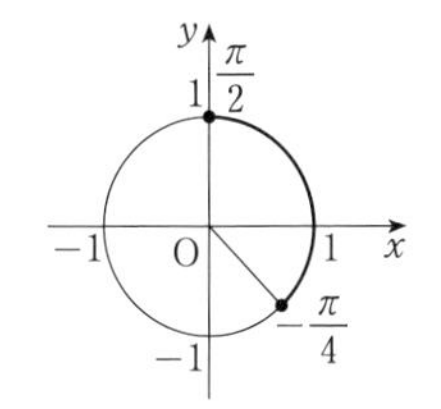

$$-\frac{1}{\sqrt{2}} \leqq \sin\left(t-\frac{\pi}{4}\right) \leqq 1.$$
$$-\sqrt{2} \leqq x \leqq 1.$$

また，$y=\dfrac{1}{2}\sin 2t$.

$0 \leqq 2t \leqq \dfrac{3}{2}\pi$ より，

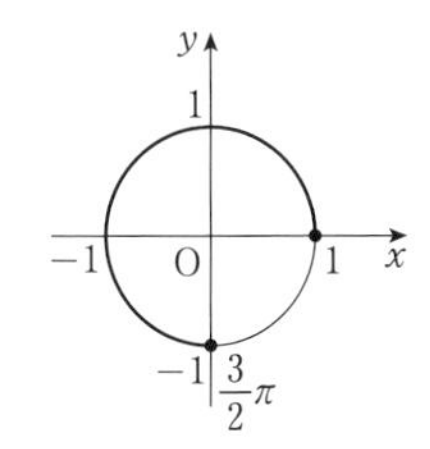

$$-1 \leqq \sin 2t \leqq 1.$$
$$-\frac{1}{2} \leqq y \leqq \frac{1}{2}.$$

求める曲線は次の図の太線部分．

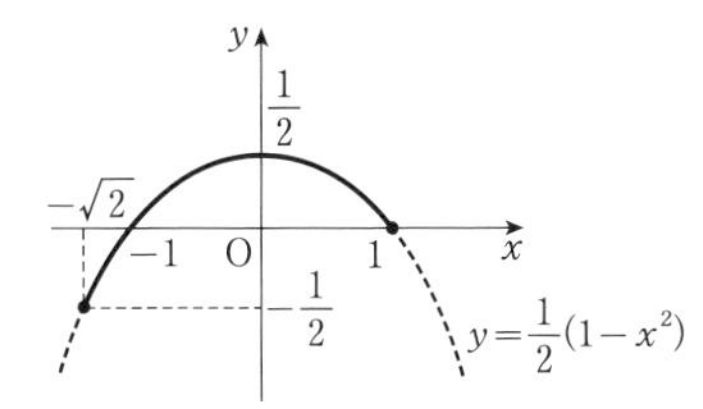

［注］　x が決まれば y が一意的に決まるので，x の範囲だけ求めてもよい．

196　考え方

(2)　$\dfrac{x^2}{a^2}-\dfrac{y^2}{b^2}=1$ 上の点 $(x_0,\ y_0)$ における接線の方程式は，

$$\frac{x_0x}{a^2}-\frac{y_0y}{b^2}=1\quad\left(\frac{x_0{}^2}{a^2}-\frac{y_0{}^2}{b^2}=1\right)$$

解 答

(1)　$x^2-y^2=\left(t+\dfrac{1}{t}\right)^2-\left(t-\dfrac{1}{t}\right)^2$

$=4$

より，

$$\boldsymbol{x^2-y^2=4.}$$

[(1) の別解]

$$x+y=2t,\ x-y=\frac{2}{t}$$

の辺々をかけて，

$$\boldsymbol{x^2-y^2=4.}$$

(2) $\left(t+\frac{1}{t},\ t-\frac{1}{t}\right)$ における接線の方程式は，

$$\left(t+\frac{1}{t}\right)x-\left(t-\frac{1}{t}\right)y=4.$$

$$(t^2+1)x-(t^2-1)y=4t.$$

$$(t^2-1)y=(t^2+1)x-4t.$$

$t^2\neq 1$ より，

$$y=\frac{t^2+1}{t^2-1}x-\frac{4t}{t^2-1}.$$

よって，

傾きは，$\boldsymbol{\dfrac{t^2+1}{t^2-1}}$,

y 切片は，$\boldsymbol{-\dfrac{4t}{t^2-1}}$.

197

考え方

$$x=r\cos\theta,\ y=r\sin\theta,$$

$$\cos 2\theta=\cos^2\theta-\sin^2\theta.$$

解答

$r\cos 2\theta=\cos\theta$ より，

$$r(\cos^2\theta-\sin^2\theta)=\cos\theta.$$

$$r^2(\cos^2\theta-\sin^2\theta)=r\cos\theta.$$

$r\cos\theta=x,\ r\sin\theta=y$ を代入して，

$$\boxed{\boldsymbol{x^2-y^2=x}}.$$

198

考え方

(1) $\cos^2\dfrac{\theta}{2}=\dfrac{1}{2}(1+\cos\theta)$.

(2) $\dfrac{(x-x_0)^2}{a^2}+\dfrac{(y-y_0)^2}{b^2}=1$ 上の点 $(p,\ q)$ における接線の方程式は，

$$\frac{(p-x_0)(x-x_0)}{a^2}+\frac{(q-y_0)(y-y_0)}{b^2}=1.$$

解答

(1)

$$x=a(2+\sin\theta).$$

$$y=2b\cos^2\frac{\theta}{2}$$

$$=b(1+\cos\theta).$$

よって，

$$\boldsymbol{\frac{(x-2a)^2}{a^2}+\frac{(y-b)^2}{b^2}=1.}$$

(2) 接点を $(p,\ q)$ とすると，

$$\frac{(p-2a)^2}{a^2}+\frac{(q-b)^2}{b^2}=1. \quad \cdots①$$

$$\frac{(p-2a)(x-2a)}{a^2}+\frac{(q-b)(y-b)}{b^2}=1. \quad \cdots②$$

これが $(0,\ 0)$ を通るから，

$$\frac{(p-2a)\cdot(-2a)}{a^2}+\frac{(q-b)(-b)}{b^2}=1.$$

$$p-2a=-\frac{a}{2b}q. \quad \cdots③$$

③ を ① に代入して，

$$\frac{1}{a^2}\cdot\frac{a^2}{4b^2}q^2+\frac{(q-b)^2}{b^2}=1$$

$$q^2+4(q^2-2bq+b^2)=4b^2$$

$$5q^2-8bq=0.$$

$$q=0,\ \frac{8}{5}b.$$

③ より，

$q=0$ のとき，　$p=2a$.

$q=\dfrac{8}{5}b$ のとき，$p=\dfrac{6}{5}a$.

② より，求める接線は，

$$\boldsymbol{y=0,\ y=\frac{4b}{3a}x.}$$

199

考え方

$$r=\left|\frac{\sqrt{3}}{2}\sin\theta-\frac{1}{2}\cos\theta\right|$$

の両辺に r をかけて，

$$r^2=x^2+y^2,\ r\cos\theta=x,\ r\sin\theta=y$$

を代入する．

解答

$$r=\left|\sin\theta\cos\frac{\pi}{6}-\cos\theta\sin\frac{\pi}{6}\right|$$

$$=\left|\frac{\sqrt{3}}{2}\sin\theta-\frac{1}{2}\cos\theta\right|$$

より,

$$r^2=\left|\frac{\sqrt{3}}{2}r\sin\theta-\frac{1}{2}r\cos\theta\right|.$$

ここで,

$r^2=x^2+y^2$, $r\cos\theta=x$, $r\sin\theta=y$

であるから,

$$x^2+y^2=\left|\frac{\sqrt{3}}{2}y-\frac{1}{2}x\right|.$$

(i) $\frac{\sqrt{3}}{2}y-\frac{1}{2}x\geqq 0$ $\left(y\geqq\frac{1}{\sqrt{3}}x\right)$ のとき.

$$x^2+y^2=\frac{\sqrt{3}}{2}y-\frac{1}{2}x.$$

$$x^2+\frac{1}{2}x+y^2-\frac{\sqrt{3}}{2}y=0.$$

$$\left(x+\frac{1}{4}\right)^2+\left(y-\frac{\sqrt{3}}{4}\right)^2=\frac{1}{4}.$$

(ii) $\frac{\sqrt{3}}{2}y-\frac{1}{2}x<0$ $\left(y<\frac{1}{\sqrt{3}}x\right)$ のとき.

$$x^2+y^2=-\frac{\sqrt{3}}{2}y+\frac{1}{2}x.$$

$$x^2-\frac{1}{2}x+y^2+\frac{\sqrt{3}}{2}y=0.$$

$$\left(x-\frac{1}{4}\right)^2+\left(y+\frac{\sqrt{3}}{4}\right)^2=\frac{1}{4}.$$

(i), (ii) より，次の図のようになる.

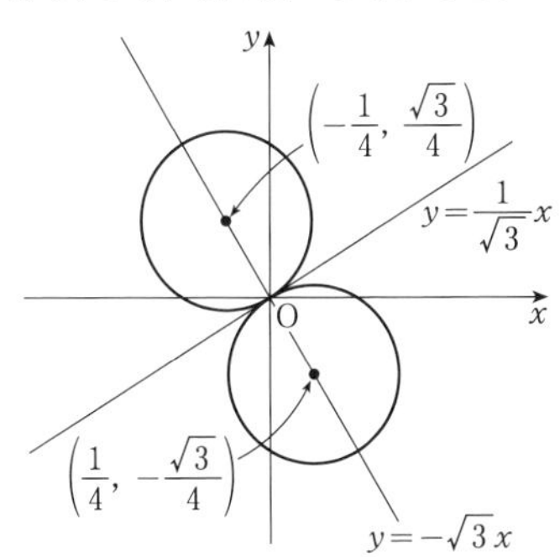

200 考え方

(2) $\triangle POQ=\frac{1}{2}OP\cdot OQ.$

解答

(1) $x=r\cos\theta$, $y=r\sin\theta$ を C に代入して,

$$\frac{r^2\cos^2\theta}{a^2}+\frac{r^2\sin^2\theta}{b^2}=1.$$

$$r^2=\frac{a^2b^2}{b^2\cos^2\theta+a^2\sin^2\theta}.$$

$$\mathrm{OP}^2=\frac{a^2b^2}{b^2\cos^2\theta+a^2\sin^2\theta}$$

$$=\boldsymbol{\frac{a^2b^2}{b^2+(a^2-b^2)\sin^2\theta}}.$$

θ を $\theta+\frac{\pi}{2}$ にかえると,

$$\cos\left(\theta+\frac{\pi}{2}\right)=-\sin\theta,\ \sin\left(\theta+\frac{\pi}{2}\right)=\cos\theta$$

より,

$$\mathrm{OQ}^2=\frac{a^2b^2}{b^2\sin^2\theta+a^2\cos^2\theta}$$

$$=\boldsymbol{\frac{a^2b^2}{b^2+(a^2-b^2)\cos^2\theta}}.$$

(2) $\triangle POQ=\frac{1}{2}\cdot OP\cdot OQ$ であるから,

$$(2\triangle POQ)^2=OP^2\cdot OQ^2$$

$$=\frac{(ab)^4}{\{b^2+(a^2-b^2)\sin^2\theta\}\{b^2+(a^2-b^2)\cos^2\theta\}}$$

$$=\frac{(ab)^4}{b^4+b^2(a^2-b^2)(\sin^2\theta+\cos^2\theta)+(a^2-b^2)^2(\sin\theta\cos\theta)^2}$$

$$=\frac{(ab)^4}{(ab)^2+\frac{1}{4}(a^2-b^2)^2\sin^2 2\theta}.$$

$0\leqq\theta\leqq\frac{\pi}{2}$ より，$0\leqq 2\theta\leqq\pi$.

$$0\leqq\sin 2\theta\leqq 1.$$

したがって，$\sin 2\theta=0$ のとき最大で，このとき，$(2\triangle POQ)^2=(ab)^2$.

よって,

最大値 $\boldsymbol{\frac{1}{2}ab}$.

$\sin 2\theta=1$ のとき最小で，このとき,

$$(2\triangle POQ)^2=\frac{(ab)^4}{\left(\frac{a^2+b^2}{2}\right)^2}.$$

よって，

$$\text{最小値}\quad \boldsymbol{\frac{a^2b^2}{a^2+b^2}}.$$

201 考え方

(1)　$x=r\cos\theta$，$y=r\sin\theta$ を代入する．

(2)　$f(\theta)$ の分母・分子を $\cos^2\theta$ で割る．

解 答

(1)　$x=r\cos\theta$，$y=r\sin\theta$ を代入して，

$$r^4\left(\sqrt{3}\cos^2\theta+\sin^2\theta\right)=r^2(\cos\theta+\sin\theta)^2.$$

　$x>0$，$y>0$ より，$r\neq 0$ であるから，

$$\boldsymbol{r^2=\frac{(\cos\theta+\sin\theta)^2}{\sqrt{3}\cos^2\theta+\sin^2\theta}}.$$

(2)
$$r^2=\frac{\left(1+\dfrac{\sin\theta}{\cos\theta}\right)^2}{\sqrt{3}+\left(\dfrac{\sin\theta}{\cos\theta}\right)^2}$$

$$=\frac{(1+t)^2}{\sqrt{3}+t^2}.$$

　$f(t)=\dfrac{(t+1)^2}{\sqrt{3}+t^2}$ $(t>0)$ とおくと，

$$f'(t)=\frac{2(t+1)\left(\sqrt{3}+t^2\right)-(t+1)^2\cdot 2t}{\left(\sqrt{3}+t^2\right)^2}$$

$$=\frac{2(t+1)\left(\sqrt{3}-t\right)}{\left(\sqrt{3}+t^2\right)^2}.$$

　$f(t)$ の増減は次のようになる．

t	(0)	$\cdots$	$\sqrt{3}$	$\cdots$
$f'(t)$		$+$	0	$-$
$f(t)$		$\nearrow$		$\searrow$

　よって，$t=\sqrt{3}$ のとき最大で，最大値は，

$$f\left(\sqrt{3}\right)=\frac{\left(\sqrt{3}+1\right)^2}{3+\sqrt{3}}=\frac{\sqrt{3}+1}{\sqrt{3}}$$

$$\boldsymbol{=1+\frac{1}{\sqrt{3}}}.$$

　このとき，$\tan\theta=\sqrt{3}$ より，

$$\boldsymbol{\theta=\frac{\pi}{3}}.$$

202 考え方

(2)　$x=\sqrt{3}+r\cos\theta$，$y=r\sin\theta$ を (1) の結果に代入する．

(3)　R を $r=f(\theta)$，Q を $r=f(\theta+\pi)$ とおく．

解 答

(1)

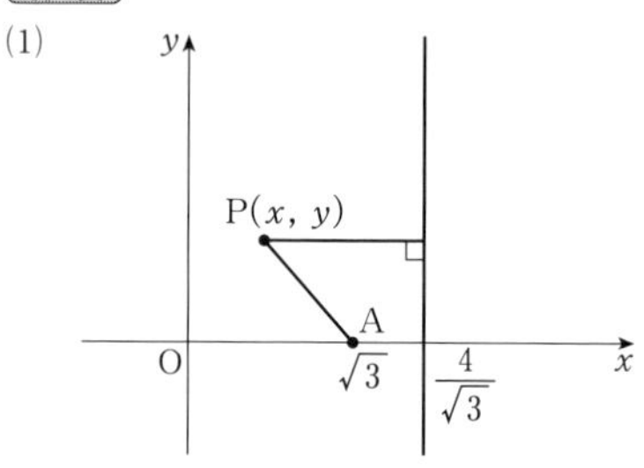

　条件より，

$$\sqrt{\left(x-\sqrt{3}\right)^2+y^2}:\left|x-\frac{4}{\sqrt{3}}\right|=\sqrt{3}:2.$$

$$\sqrt{3}\left|x-\frac{4}{\sqrt{3}}\right|=2\sqrt{\left(x-\sqrt{3}\right)^2+y^2}.$$

$$3\left(x-\frac{4}{\sqrt{3}}\right)^2=4\left\{\left(x-\sqrt{3}\right)^2+y^2\right\}.$$

$$3\left(x^2-\frac{8}{\sqrt{3}}x+\frac{16}{3}\right)$$

$$=4\left(x^2-2\sqrt{3}x+3+y^2\right).$$

$$x^2+4y^2=4. \qquad \cdots ①$$

　よって，

$$\boldsymbol{\frac{x^2}{4}+y^2=1}.$$

(2)

$$\begin{cases} x=\sqrt{3}+r\cos\theta, \\ y=r\sin\theta \end{cases}$$

を ① に代入して，

$$\left(\sqrt{3}+r\cos\theta\right)^2+4(r\sin\theta)^2=4.$$

$$3+2\sqrt{3}\,r\cos\theta+r^2\cos^2\theta+4r^2\sin^2\theta=4.$$

$$\{\cos^2\theta+4(1-\cos^2\theta)\}r^2 +2\sqrt{3}\,r\cos\theta-1=0.$$

$$(4-3\cos^2\theta)r^2+2\sqrt{3}\,r\cos\theta-1=0.$$

$$\{(2-\sqrt{3}\cos\theta)r+1\} \times\{(2+\sqrt{3}\cos\theta)r-1\}=0.$$

$(2-\sqrt{3}\cos\theta)r+1>0$ であるから,

$$(2+\sqrt{3}\cos\theta)r-1=0.$$

よって,

$$\boldsymbol{r=\frac{1}{2+\sqrt{3}\cos\theta}}.$$

(3)

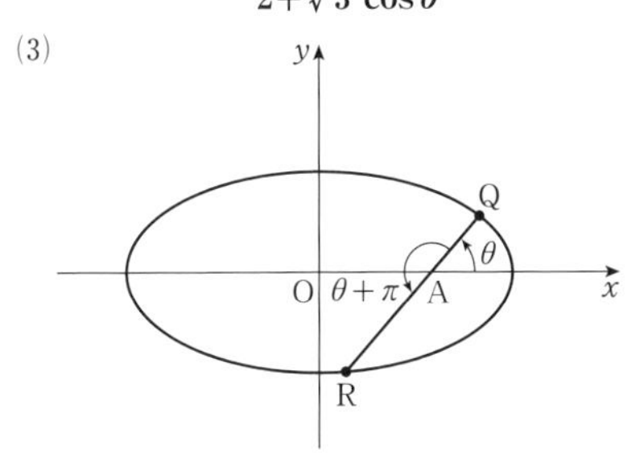

A を極とする Q, R の極座標をそれぞれ

$$r=\frac{1}{2+\sqrt{3}\cos\theta},$$

$$r=\frac{1}{2+\sqrt{3}\cos(\theta+\pi)} =\frac{1}{2-\sqrt{3}\cos\theta}$$

とおくと,

$$\frac{1}{\mathrm{RA}}+\frac{1}{\mathrm{QA}} =2+\sqrt{3}\cos\theta+2-\sqrt{3}\cos\theta =4\quad(一定).$$

203 考え方

(2) Q の直交座標は

$$(r_0\cos\theta_0,\ r_0\sin\theta_0).$$

l 上の任意の点 R$(x,\ y)$ に対し,

$$\overrightarrow{\mathrm{QR}}\cdot\overrightarrow{\mathrm{OQ}}=0.$$

(3) $(a,\ 0)$ と(2)の直線 l との距離を計算する.

解 答

(1)

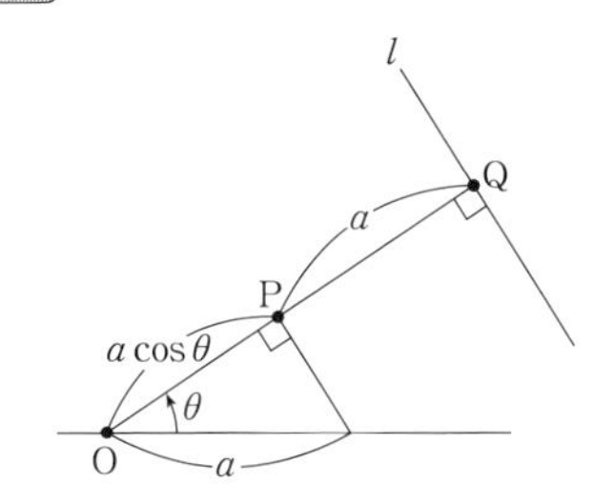

図より,

$$\boldsymbol{r}=a\cos\theta+a =\boldsymbol{a(\cos\theta+1)}.$$

(2) 極を原点, 始線を x 軸とする直交座標で考えると,

$$\mathrm{Q}(r_0\cos\theta_0,\ r_0\sin\theta_0).$$

l 上の任意の点 R$(x,\ y)$ に対し,

$$\overrightarrow{\mathrm{QR}}=(x-r_0\cos\theta_0,\ y-r_0\sin\theta_0),$$

$$\overrightarrow{\mathrm{OQ}}\parallel(\cos\theta_0,\ \sin\theta_0)$$

で, $\overrightarrow{\mathrm{OQ}}\perp\overrightarrow{\mathrm{QR}}$ より,

$$(x-r_0\cos\theta_0)\cdot\cos\theta_0 +(y-r_0\sin\theta_0)\cdot\sin\theta_0=0.$$

$$x\cos\theta_0+y\sin\theta_0 -r_0(\cos^2\theta_0+\sin^2\theta_0)=0.$$

よって,

$$l:\boldsymbol{x\cos\theta_0+y\sin\theta_0-r_0=0}.$$

(3) $(a,\ 0)$ と l の距離を d とすると,

$$d=\frac{|a\cos\theta_0-r_0|}{\sqrt{\cos^2\theta_0+\sin^2\theta_0}} =|a\cos\theta_0-r_0|.$$

$r_0=a(\cos\theta_0+1)$ であるから,

$$d=a.$$

よって, 直線 l は, 点 Q に関係なくつねに点 $(a,\ 0)$ を中心とし, 半径が a の円に接している.

第5章　複素数平面

18　複素数平面と極形式

204　考え方

(1)　$|z^5|=|z|^5=1$ より，$|z|=1$.

(2)　$z^5-1=(z-1)(z^4+z^3+z^2+z+1)$.

(3)　$(z+1)(\overline{z}+1)=|z+1|^2$.

解答

(1)　$z^5=1$ より，

$$|z^5|=|z|^5=1.$$
$$|z|=1.$$
$$|z|^2=z\overline{z}=1.$$

よって，

$$\overline{z}=\frac{1}{z}.$$

(2)　$z^5-1=(z-1)(z^4+z^3+z^2+z+1)=0$.

$z\neq 1$ より，

$$z^4+z^3+z^2+z+1=0.$$

z^2 で割って，

$$z^2+z+1+\frac{1}{z}+\frac{1}{z^2}=0.$$

$$z+\frac{1}{z}=z+\overline{z}=t,$$

$$z^2+\frac{1}{z^2}=\left(z+\frac{1}{z}\right)^2-2$$
$$=t^2-2$$

より，

$$t^2+t-1=0.$$

(3)　(2) より，

$$t=\frac{-1\pm\sqrt{5}}{2}.$$

$$(z+1)(\overline{z}+1)=z\overline{z}+z+\overline{z}+1$$
$$=t+2$$
$$=\frac{3\pm\sqrt{5}}{2}$$
$$=\frac{6\pm2\sqrt{5}}{4}$$
$$=\left(\frac{\sqrt{5}\pm1}{2}\right)^2.$$

$$(z+1)(\overline{z}+1)=(z+1)(\overline{z+1})$$
$$=|z+1|^2$$

より，

$$|z+1|=\frac{\sqrt{5}\pm1}{2}.$$

205　考え方

$|\alpha-(1+i)|^2=\{\alpha-(1+i)\}\{\overline{\alpha}-(1-i)\}$,

$|1-\overline{\alpha}(1+i)|^2=\{1-\overline{\alpha}(1+i)\}\{1-\alpha(1-i)\}$

が等しいことを示す.

解答

$$|\alpha-(1+i)|^2=\{\alpha-(1+i)\}\{\overline{\alpha-(1+i)}\}$$
$$=\{\alpha-(1+i)\}\{\overline{\alpha}-(1-i)\}$$
$$=\alpha\overline{\alpha}-(1-i)\alpha-(1+i)\overline{\alpha}+(1+i)(1-i)$$
$$=|\alpha|^2-(1-i)\alpha-(1+i)\overline{\alpha}+2$$
$$=3-(1-i)\alpha-(1+i)\overline{\alpha}.$$

（$|\alpha|=1$ より）

$$|1-\overline{\alpha}(1+i)|^2=\{1-\overline{\alpha}(1+i)\}\{\overline{1-\overline{\alpha}(1+i)}\}$$
$$=\{1-\overline{\alpha}(1+i)\}\{1-\alpha(1-i)\}$$
$$=1-\alpha(1-i)-\overline{\alpha}(1+i)+\alpha\overline{\alpha}(1+i)(1-i)$$
$$=1-(1-i)\alpha-(1+i)\overline{\alpha}+|\alpha|^2\cdot2$$
$$=3-(1-i)\alpha-(1+i)\overline{\alpha}.$$

（$|\alpha|=1$ より）

よって，

$$|\alpha-(1+i)|^2=|1-\overline{\alpha}(1+i)|^2.$$

したがって，

$$|\alpha-(1+i)|=|1-\overline{\alpha}(1+i)|.$$

[別解]

$|\alpha|=1$ より，

$$|\alpha|^2=\alpha\overline{\alpha}=1.$$
$$\overline{\alpha}=\frac{1}{\alpha}.$$

よって，

$$|1-\overline{\alpha}(1+i)|=\left|1-\frac{1+i}{\alpha}\right|$$
$$=\left|\frac{\alpha-(1+i)}{\alpha}\right|$$
$$=\frac{|\alpha-(1+i)|}{|\alpha|}$$
$$=|\alpha-(1+i)|.$$

206　考え方

(1)　$|\alpha+\beta|^2=(\alpha+\beta)(\overline{\alpha}+\overline{\beta})$

を計算する.

(2)　$\alpha^2-\alpha\beta+\beta^2=0$ を導き，

$$\alpha^3+\beta^3=(\alpha+\beta)(\alpha^2-\alpha\beta+\beta^2)$$

を用いる.

(3) $\alpha^2+\beta^2=\alpha\beta$.

解答

(1) $|\alpha+\beta|^2=(\alpha+\beta)(\overline{\alpha}+\overline{\beta})$

$$=|\alpha|^2+\alpha\overline{\beta}+\overline{\alpha}\beta+|\beta|^2$$

$$=8+\alpha\overline{\beta}+\overline{\alpha}\beta.$$

($|\alpha|=|\beta|=2$ より)

$|\alpha-\beta|^2=4$ より,

$$(\alpha-\beta)(\overline{\alpha}-\overline{\beta})=4.$$

$$|\alpha|^2-\alpha\overline{\beta}-\overline{\alpha}\beta+|\beta|^2=4.$$

$|\alpha|=|\beta|=2$ より,

$$\alpha\overline{\beta}+\overline{\alpha}\beta=4. \quad \cdots①$$

よって,

$$|\alpha+\beta|^2=12.$$

したがって,

$$|\alpha+\beta|=\mathbf{2\sqrt{3}}.$$

(2) $|\alpha|=2$ より,

$$|\alpha|^2=\alpha\overline{\alpha}=4.$$

よって,

$$\overline{\alpha}=\frac{4}{\alpha}. \quad \cdots②$$

同様に, $|\beta|=2$ より,

$$\overline{\beta}=\frac{4}{\beta}. \quad \cdots③$$

① に代入して,

$$\alpha\cdot\frac{4}{\beta}+\frac{4}{\alpha}\cdot\beta=4.$$

$$\alpha^2+\beta^2=\alpha\beta. \quad \cdots④$$

$$\alpha^2-\alpha\beta+\beta^2=0.$$

$$(\alpha+\beta)(\alpha^2-\alpha\beta+\beta^2)=0.$$

$$\alpha^3+\beta^3=0.$$

よって,

$$\frac{\alpha^3}{\beta^3}=\mathbf{-1}.$$

(3) ④ より,

$$|\alpha^2+\beta^2|=|\alpha\beta|$$

$$=|\alpha||\beta|=\mathbf{4}.$$

[別解]

(1) $|\alpha|=|\beta|=|\alpha-\beta|=2$.

より 0, α, β は一辺の長さが 2 の正三角形の頂点を表す複素数である.

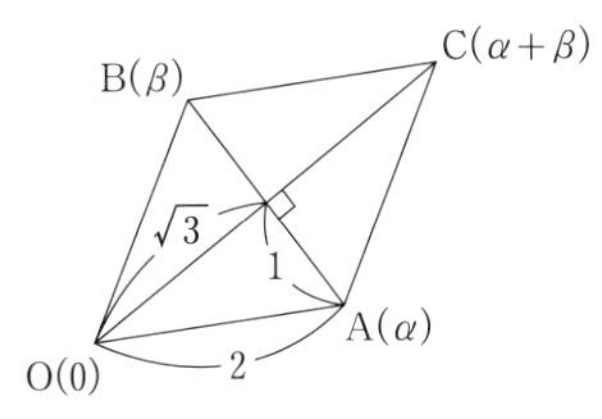

図において,

$$|\alpha+\beta|=\mathrm{OC}=\mathbf{2\sqrt{3}}.$$

(2) $\dfrac{\alpha^3}{\beta^3}=\left(\dfrac{\alpha}{\beta}\right)^3$

$$\frac{\alpha}{\beta}=\cos\left(\pm\frac{\pi}{3}\right)+i\sin\left(\pm\frac{\pi}{3}\right) \quad (複号同順)$$

より,

$$\left(\frac{\alpha}{\beta}\right)^3=\cos(\pm\pi)+i\sin(\pm\pi)=\mathbf{-1}.$$

(3) $\left(\dfrac{\alpha}{\beta}\right)^2=\cos\left(\pm\dfrac{2}{3}\pi\right)+i\sin\left(\pm\dfrac{2}{3}\pi\right)$

(複号同順)

$$=\frac{-1\pm\sqrt{3}\,i}{2}.$$

$$|\alpha^2+\beta^2|=\left|\beta^2\left\{\left(\frac{\alpha}{\beta}\right)^2+1\right\}\right|$$

$$=|\beta|^2\left|\frac{1\pm\sqrt{3}\,i}{2}\right|^2$$

$$=\mathbf{4}.$$

207

考え方

$$z=\frac{3}{2}+\frac{\sqrt{3}}{2}i$$

$$=\sqrt{3}\left(\frac{\sqrt{3}}{2}+\frac{1}{2}i\right).$$

解答

[解答 1]

$$z=\frac{\sqrt{3}+3i}{\sqrt{3}+i}$$

$$=\frac{(\sqrt{3}+3i)(\sqrt{3}-i)}{(\sqrt{3}+i)(\sqrt{3}-i)}$$

$$=\frac{3-\sqrt{3}\,i+3\sqrt{3}\,i+3}{3+1}$$

$$=\frac{3}{2}+\frac{\sqrt{3}}{2}i$$

$$=\sqrt{3}\left(\cos\frac{\pi}{6}+i\sin\frac{\pi}{6}\right).$$

よって,

$$\boldsymbol{r=\sqrt{3},\ \theta=\frac{\pi}{6}.}$$

また,

$$\boldsymbol{z}^5=\sqrt{3}^{\,5}\left(\cos\frac{5\pi}{6}+i\sin\frac{5\pi}{6}\right)$$

$$=9\sqrt{3}\left(-\frac{\sqrt{3}}{2}+\frac{1}{2}i\right)$$

$$=\boldsymbol{-\frac{27}{2}+\frac{9\sqrt{3}}{2}i.}$$

［解答 2］

$$\sqrt{3}+3i=2\sqrt{3}\left(\frac{1}{2}+\frac{\sqrt{3}}{2}i\right)$$

$$=2\sqrt{3}\left(\cos\frac{\pi}{3}+i\sin\frac{\pi}{3}\right).$$

$$\sqrt{3}+i=2\left(\frac{\sqrt{3}}{2}+\frac{1}{2}i\right)$$

$$=2\left(\cos\frac{\pi}{6}+i\sin\frac{\pi}{6}\right).$$

よって,

$$z=\frac{2\sqrt{3}}{2}\left\{\cos\left(\frac{\pi}{3}-\frac{\pi}{6}\right)+i\sin\left(\frac{\pi}{3}-\frac{\pi}{6}\right)\right\}$$

$$=\sqrt{3}\left(\cos\frac{\pi}{6}+i\sin\frac{\pi}{6}\right).$$

（以下略）

208 考え方

$$\frac{i}{\sqrt{3}-i}=\frac{1}{2}\left(\cos\frac{2}{3}\pi+i\sin\frac{2}{3}\pi\right).$$

解答

$$\frac{i}{\sqrt{3}-i}=\frac{i(\sqrt{3}+i)}{(\sqrt{3}-i)(\sqrt{3}+i)}$$

$$=\frac{-1+\sqrt{3}i}{4}$$

$$=\frac{1}{2}\left(\cos\frac{2}{3}\pi+i\sin\frac{2}{3}\pi\right)$$

より,

$$z=\frac{1}{2^{n-4}}\left\{\cos\frac{2(n-4)}{3}\pi+i\sin\frac{2(n-4)}{3}\pi\right\}.$$

これが実数となるのは,

$$\sin\frac{2(n-4)}{3}\pi=0$$

すなわち,

$$\frac{2(n-4)}{3}\pi=m\pi\ \ (m\text{ は整数})$$

のときである.

このとき,

$$n=4+\frac{3m}{2}.$$

これをみたす最小の自然数は,

$$\boldsymbol{n=1.}$$

このとき,

$$\boldsymbol{z}=\frac{1}{2^{-3}}\{\cos(-2\pi)+i\sin(-2\pi)\}$$

$$=\boldsymbol{8.}$$

［注］ $i=\cos\dfrac{\pi}{2}+i\sin\dfrac{\pi}{2}$,

$$\sqrt{3}-i=2\left(\frac{\sqrt{3}}{2}-\frac{1}{2}i\right)$$

$$=2\left\{\cos\left(-\frac{\pi}{6}\right)+i\sin\left(-\frac{\pi}{6}\right)\right\}$$

より,

$$\frac{i}{\sqrt{3}-i}=\frac{1}{2}\left\{\cos\left(\frac{\pi}{2}+\frac{\pi}{6}\right)+i\sin\left(\frac{\pi}{2}+\frac{\pi}{6}\right)\right\}$$

$$=\frac{1}{2}\left(\cos\frac{2}{3}\pi+i\sin\frac{2}{3}\pi\right).$$

209 考え方

$$\alpha=2\left(\cos\frac{\pi}{3}+i\sin\frac{\pi}{3}\right),$$

$$\beta=2\left\{\cos\left(-\frac{\pi}{3}\right)+i\sin\left(-\frac{\pi}{3}\right)\right\}.$$

解答

［解答 1］

(1) $\alpha=1+\sqrt{3}i,\ \beta=1-\sqrt{3}i$ より,

$$\alpha=2\left(\cos\frac{\pi}{3}+i\sin\frac{\pi}{3}\right),$$

$$\beta=2\left\{\cos\left(-\frac{\pi}{3}\right)+i\sin\left(-\frac{\pi}{3}\right)\right\}.$$

$$\frac{1}{\alpha^2}=\frac{1}{4}\left\{\cos\left(-\frac{2}{3}\pi\right)+i\sin\left(-\frac{2}{3}\pi\right)\right\}$$

$$=\frac{1}{4}\left(-\frac{1}{2}-\frac{\sqrt{3}}{2}i\right)=-\frac{1}{8}(1+\sqrt{3}i).$$

$$\frac{1}{\beta^2}=\frac{1}{4}\left\{\cos\frac{2}{3}\pi+i\sin\frac{2}{3}\pi\right\}$$
$$=\frac{1}{4}\left(-\frac{1}{2}+\frac{\sqrt{3}}{2}i\right)=\frac{1}{8}\left(-1+\sqrt{3}\,i\right).$$

よって，

$$\frac{1}{\alpha^2}+\frac{1}{\beta^2}=\boldsymbol{-\frac{1}{4}}.$$

(2) $$\frac{\alpha^8}{\beta^7}=\frac{2^8\left\{\cos\frac{8}{3}\pi+i\sin\frac{8}{3}\pi\right\}}{2^7\left\{\cos\left(-\frac{7}{3}\pi\right)+i\sin\left(-\frac{7}{3}\pi\right)\right\}}$$
$$=2\left\{\cos\left(\frac{8}{3}\pi+\frac{7}{3}\pi\right)+i\sin\left(\frac{8}{3}\pi+\frac{7}{3}\pi\right)\right\}$$
$$=2(\cos 5\pi+i\sin 5\pi)$$
$$=\boldsymbol{-2}.$$

［**解答 2**］

(1) $\alpha=1+\sqrt{3}\,i$，$\beta=1-\sqrt{3}\,i$ より，

$$\alpha+\beta=2,\ \alpha\beta=4.$$
$$\frac{1}{\alpha^2}+\frac{1}{\beta^2}=\frac{\alpha^2+\beta^2}{\alpha^2\beta^2}$$
$$=\frac{(\alpha+\beta)^2-2\alpha\beta}{(\alpha\beta)^2}$$
$$=\frac{4-8}{16}$$
$$=\boldsymbol{-\frac{1}{4}}.$$

(2) α，β は，

$$t^2-2t+4=0$$

の 2 解である．

$$(t+2)(t^2-2t+4)=t^3+8=0$$

より，

$$\alpha^3=\beta^3=-8.$$
$$\frac{\alpha^8}{\beta^7}=\frac{(\alpha^3)^2\alpha^2}{(\beta^3)^2\beta}=\frac{64\alpha^2}{64\beta}$$
$$=\frac{\alpha^2}{\beta}$$
$$=\frac{-2\left(1-\sqrt{3}\,i\right)}{1-\sqrt{3}\,i}$$
$$=\boldsymbol{-2}.$$

(3) $|z^4|=|z|^4=|-8\beta|=16$

より，

$$|z|=2.$$
$$z=2(\cos\theta+i\sin\theta)\ (0\leqq\theta<2\pi)$$

とおくと，

$$z^4=16(\cos 4\theta+i\sin 4\theta).$$
$$-8\beta=8\left(-1+\sqrt{3}\,i\right)$$
$$=16\left(\cos\frac{2}{3}\pi+i\sin\frac{2}{3}\pi\right).$$

よって，

$$4\theta=\frac{2\pi}{3}+2n\pi\ (n\text{ は整数}).$$

$0\leqq 4\theta<8\pi$ より，

$$4\theta=\frac{2}{3}\pi,\ \frac{8}{3}\pi,\ \frac{14}{3}\pi,\ \frac{20}{3}\pi.$$
$$\theta=\frac{\pi}{6},\ \frac{2}{3}\pi,\ \frac{7}{6}\pi,\ \frac{5}{3}\pi.$$

したがって，

$$z=\boldsymbol{\sqrt{3}+i,\ -1+\sqrt{3}\,i,\ -\sqrt{3}-i,\ 1-\sqrt{3}\,i}.$$

210 考え方

(1) $z^5+1=0$ を示し，

$$(1+z)(1-z+z^2-z^3+z^4)$$

を展開する．

また，

$$\frac{1}{z}=-z^4,\ \frac{1}{z^2}=-z^3$$

より，

$$z+\frac{1}{z}-\left(z^2+\frac{1}{z^2}\right)=z-z^2+z^3-z^4.$$

(2) $z^2+\dfrac{1}{z^2}=w^2-2.$

(3) $z+\dfrac{1}{z}=2\cos\dfrac{\pi}{5}.$

解答

(1) $z=\cos\dfrac{\pi}{5}+i\sin\dfrac{\pi}{5}$ より，

$$z^5=\cos\pi+i\sin\pi=-1.$$

よって，

$$(1+z)(1-z+z^2-z^3+z^4)$$
$$=(1-z+z^2-z^3+z^4)+(z-z^2+z^3-z^4+z^5)$$
$$=1+z^5=\boldsymbol{0}.$$

$1+z\neq 0$ より，

$$1-z+z^2-z^3+z^4=0.$$

z^2 で割って，

$$\frac{1}{z^2}-\frac{1}{z}+1-z+z^2=0.$$

したがって，

$$z+\frac{1}{z}-\left(z^2+\frac{1}{z^2}\right)=\mathbf{1}.$$

(2) (1) より，

$$w-(w^2-2)=1.$$
$$w^2-w-1=0.$$

よって，

$$w=\frac{1\pm\sqrt{5}}{2}.$$

$$w=\cos\frac{\pi}{5}+i\sin\frac{\pi}{5}+\cos\left(-\frac{\pi}{5}\right)+i\sin\left(-\frac{\pi}{5}\right)$$
$$=2\cos\frac{\pi}{5}>0$$

であるから，

$$w=\frac{\mathbf{1+\sqrt{5}}}{\mathbf{2}}.$$

(3) (2) より，

$$\cos\frac{\pi}{5}=\frac{\mathbf{1+\sqrt{5}}}{\mathbf{4}}.$$

211 考え方

(1)，(2)

$|z|=1$ より，

$$z=\cos\theta+i\sin\theta\ \ (0\leqq\theta<2\pi)$$

とおける．

(3) $z+\frac{1}{z}=t$ とおくと，

$$z^3+\frac{1}{z^3}=\left(z+\frac{1}{z}\right)^3-3z\cdot\frac{1}{z}\left(z+\frac{1}{z}\right)$$
$$=t^3-3t,$$
$$z^2+\frac{1}{z^2}=\left(z+\frac{1}{z}\right)^2-2\cdot z\cdot\frac{1}{z}$$
$$=t^2-2.$$

解答

(1)

$|z|=1$ より，

$$z=\cos\theta+i\sin\theta\ \ (0\leqq\theta<2\pi)$$

とおける．このとき，

$$z+\frac{1}{z}=\cos\theta+i\sin\theta+\cos(-\theta)+i\sin(-\theta)$$
$$=2\cos\theta.$$

よって，実数である．

[(1) の別解]

$|z|=1$ より，

$$|z|^2=z\cdot\overline{z}=1.$$
$$\overline{z}=\frac{1}{z}.$$

したがって，

$$\overline{z+\frac{1}{z}}=\overline{z}+\frac{1}{\overline{z}}$$
$$=\frac{1}{z}+z.$$

よって，$z+\frac{1}{z}$ は実数である．

(2) $-1\leqq\cos\theta\leqq1$ であるから (1) より，

$$\mathbf{-2\leqq z+\frac{1}{z}\leqq2.}$$

(3) $t=z+\frac{1}{z}$ とおくと，(2) より，

$$-2\leqq t\leqq2.$$

$$f(t)=\left(z^3+\frac{1}{z^3}\right)+2\left(z^2+\frac{1}{z^2}\right)+3\left(z+\frac{1}{z}\right)$$

とおくと，

$$f(t)=\left\{\left(z+\frac{1}{z}\right)^3-3z\cdot\frac{1}{z}\left(z+\frac{1}{z}\right)\right\}$$
$$+2\left\{\left(z+\frac{1}{z}\right)^2-2z\cdot\frac{1}{z}\right\}+3\left(z+\frac{1}{z}\right)$$
$$=t^3-3t+2(t^2-2)+3t$$
$$=t^3+2t^2-4.$$
$$f'(t)=3t^2+4t$$
$$=3t\left(t+\frac{4}{3}\right).$$

$f(t)$ の増減は次のようになる．

t	-2	$\cdots$	$-\frac{4}{3}$	$\cdots$	0	$\cdots$	2
$f'(t)$		$+$	0	$-$	0	$+$	
$f(t)$	-4	↗	$-\frac{76}{27}$	↘	-4	↗	12

よって，

最大値　12，
最小値　−4.

212 考え方

(1) 「$z^2-\overline{z}$ が実数」$\Longleftrightarrow$ $z^2-\overline{z}=\overline{z^2-\overline{z}}$.

(2) $$|z^2-\overline{z}|=\left|z^2-\frac{1}{z}\right|$$
$$=\frac{|z^3-1|}{|z|}$$
$$=|z^3-1|.$$

解答

(1) 条件より,

$$z^2-\overline{z}=\overline{z^2-\overline{z}}.$$
$$z^2-\overline{z}=\overline{z}^2-z.$$
$$z^2-\overline{z}^2+z-\overline{z}=0.$$
$$(z-\overline{z})(z+\overline{z})+z-\overline{z}=0$$
$$(z-\overline{z})(z+\overline{z}+1)=0.$$
$$z-\overline{z}=0,\ \text{または}\ z+\overline{z}+1=0.$$

(i) $z-\overline{z}=0$ のとき.

$$|z|^2=z\overline{z}=z^2=1.$$
$$z=\pm1.$$

(ii) $z+\overline{z}+1=0$ のとき.

$|z|^2=z\cdot\overline{z}=1$ より,

$$\overline{z}=\frac{1}{z}. \quad \cdots①$$
$$z+\frac{1}{z}+1=0.$$
$$z^2+z+1=0.$$
$$z=\frac{-1\pm\sqrt{3}\,i}{2}.$$

(i), (ii) より,

$$\boldsymbol{z=\pm1,\ \frac{-1\pm\sqrt{3}\,i}{2}}.$$

［注］

$$z+\overline{z}=-1,$$
$$z\overline{z}=1$$

より, z, $\overline{z}$ は

$$t^2+t+1=0$$

の2解.

これより,

$$t=\frac{-1\pm\sqrt{3}\,i}{2}.$$

［(1)の別解］

$|z|=1$ より,

$$z=\cos\theta+i\sin\theta\ (0\leqq\theta<2\pi)$$

とおける. このとき

$$z^2-\overline{z}=\cos2\theta+i\sin2\theta-(\cos\theta-i\sin\theta)$$
$$=\cos2\theta-\cos\theta+i(\sin2\theta+\sin\theta)$$

が実数より,

$$\sin2\theta+\sin\theta=0.$$
$$2\sin\theta\cos\theta+\sin\theta=0.$$
$$\sin\theta(2\cos\theta+1)=0.$$
$$\sin\theta=0,\ \cos\theta=-\frac{1}{2}.$$

(i) $\sin\theta=0$ のとき.

$$\cos^2\theta=1-\sin^2\theta=1.$$
$$\cos\theta=\pm1.$$
$$\boldsymbol{z=\pm1}.$$

(ii) $\cos\theta=-\dfrac{1}{2}$ のとき.

$$\sin^2\theta=1-\cos^2\theta=\frac{3}{4}.$$
$$\sin\theta=\pm\frac{\sqrt{3}}{2}.$$
$$\boldsymbol{z=\frac{-1\pm\sqrt{3}\,i}{2}}.$$

(2) ① より,

$$|z^2-\overline{z}|=\left|z^2-\frac{1}{z}\right|$$
$$=\left|\frac{z^3-1}{z}\right|$$
$$=\frac{|z^3-1|}{|z|}$$
$$=|z^3-1|.$$

$|z^3|=|z|^3=1$

より, z^3 は原点Oを中心とする半径1の円周上にあり, $|z^3-1|$ は z^3 と1の距離であるから, $z^3=-1$ のとき最大となる. このとき,

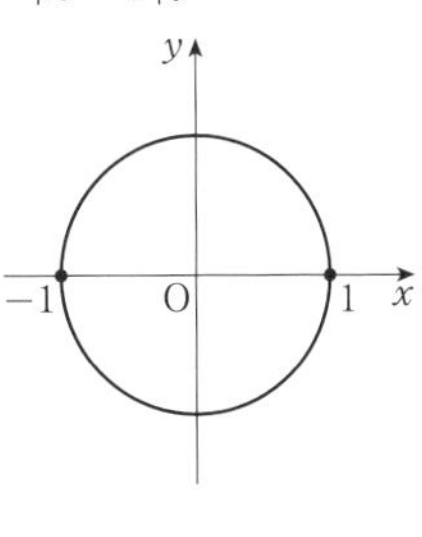

$$(z+1)(z^2-z+1)=0.$$
$$\boldsymbol{z=-1,\ \frac{1\pm\sqrt{3}\,i}{2}}.$$

[(2) の別解]

$|z|=1$ より,

$$z=\cos\theta+i\sin\theta\ (0\leqq\theta<2\pi)$$

とおける. このとき,

$$z^3=\cos3\theta+i\sin3\theta.$$

$$\begin{aligned}|z^3-1|^2&=|\cos3\theta-1+i\sin3\theta|^2\\&=(\cos3\theta-1)^2+\sin^2 3\theta\\&=2(1-\cos3\theta).\end{aligned}$$

よって, $\cos3\theta=-1$ のとき $|z^3-1|$ は最大となる.

$0\leqq3\theta<6\pi$ より, このとき,

$$3\theta=\pi,\ 3\pi,\ 5\pi.$$

$$\theta=\frac{\pi}{3},\ \pi,\ \frac{5}{3}\pi.$$

よって,

$$\boldsymbol{z=-1,\ \frac{1\pm\sqrt{3}\,i}{2}}.$$

213 考え方

(1) $\dfrac{\alpha}{\beta}=t$ (t は正の実数) とおくと,

$$\alpha=t\beta.$$

(2) $\gamma=r(\cos\theta+i\sin\theta)$, $r>0$, $0\leqq\theta<2\pi$ とおく.

(3) $\dfrac{\alpha}{\beta}=\gamma$ とおいて,

$$\gamma+\overline{\gamma}=2|\gamma|$$

を示す.

解答

(1) 条件より,

$$\frac{\alpha}{\beta}=t\ (t \text{ は正の実数})$$

とおける. このとき,

$$\alpha=t\beta.$$

$$\begin{aligned}|\alpha+\beta|-(|\alpha|+|\beta|)&=|(1+t)\beta|-(|t\beta|+|\beta|)\\&=(1+t)|\beta|-(t|\beta|+|\beta|)\\&=0.\end{aligned}$$

よって,

$$|\alpha+\beta|=|\alpha|+|\beta|.$$

(2) $\gamma=r(\cos\theta+i\sin\theta)$ ($r>0$, $0\leqq\theta<2\pi$) とおくと,

$$\begin{aligned}\gamma+\overline{\gamma}&=r(\cos\theta+i\sin\theta)+r(\cos\theta-i\sin\theta)\\&=2r\cos\theta.\end{aligned}$$

$\gamma+\overline{\gamma}=2|\gamma|$ より,

$$2r\cos\theta=2r.$$

$$\cos\theta=1.$$

$$\theta=0.$$

よって,

$$\gamma=r.$$

したがって γ は正の実数である.

(3) $$\frac{\alpha}{\beta}+\overline{\left(\frac{\alpha}{\beta}\right)}=\frac{\alpha}{\beta}+\frac{\overline{\alpha}}{\overline{\beta}}=\frac{\alpha\overline{\beta}+\overline{\alpha}\beta}{|\beta|^2}. \quad\cdots①$$

$|\alpha+\beta|^2=(|\alpha|+|\beta|)^2$ より,

$$(\alpha+\beta)(\overline{\alpha}+\overline{\beta})=(|\alpha|+|\beta|)^2.$$

$$|\alpha|^2+\alpha\overline{\beta}+\overline{\alpha}\beta+|\beta|^2=|\alpha|^2+2|\alpha||\beta|+|\beta|^2.$$

$$\alpha\overline{\beta}+\overline{\alpha}\beta=2|\alpha||\beta|.$$

したがって,

$$①=\frac{2|\alpha||\beta|}{|\beta|^2}=2\frac{|\alpha|}{|\beta|}=2\left|\frac{\alpha}{\beta}\right|.$$

よって,

$$\frac{\alpha}{\beta}+\overline{\left(\frac{\alpha}{\beta}\right)}=2\left|\frac{\alpha}{\beta}\right|.$$

したがって, (2) より $\dfrac{\alpha}{\beta}$ は正の実数である.

[(3) の別解]

$$|\alpha+\beta|=|\alpha|+|\beta|$$

の両辺を $|\beta|$ で割ると,

$$\frac{|\alpha+\beta|}{|\beta|}=\frac{|\alpha|}{|\beta|}+1.$$

$$(\text{左辺})=\left|\frac{\alpha+\beta}{\beta}\right|=\left|\frac{\alpha}{\beta}+1\right|.$$

$$(\text{右辺})=\left|\frac{\alpha}{\beta}\right|+1.$$

$\dfrac{\alpha}{\beta}=\gamma$ とおくと,

$$|\gamma+1|=|\gamma|+1.$$

$$|\gamma+1|^2=(|\gamma|+1)^2.$$

$$(\gamma+1)(\overline{\gamma}+1)=|\gamma|^2+2|\gamma|+1.$$

$$|\gamma|^2+\gamma+\overline{\gamma}+1=|\gamma|^2+2|\gamma|+1.$$

$$\gamma+\overline{\gamma}=2|\gamma|.$$

よって, (2) より $\gamma=\dfrac{\alpha}{\beta}$ は実数である.

214 考え方

$$\left|\frac{\alpha+z}{1+\overline{\alpha}z}\right|^2<1$$

すなわち，

$$1-\left(\frac{\alpha+z}{1+\overline{\alpha}z}\right)\cdot\overline{\left(\frac{\alpha+z}{1+\overline{\alpha}z}\right)}>0$$

を考える．

解答

$$\left|\frac{\alpha+z}{1+\overline{\alpha}z}\right|<1$$

$$\iff \left|\frac{\alpha+z}{1+\overline{\alpha}z}\right|^2<1$$

$$\iff \frac{\alpha+z}{1+\overline{\alpha}z}\cdot\overline{\frac{\alpha+z}{1+\overline{\alpha}z}}<1$$

$$\iff \frac{(\alpha+z)(\overline{\alpha}+\overline{z})}{(1+\overline{\alpha}z)(1+\alpha\overline{z})}<1$$

$$\iff \frac{|\alpha|^2+\alpha\overline{z}+\overline{\alpha}z+|z|^2}{1+\alpha\overline{z}+\overline{\alpha}z+|\alpha|^2|z|^2}<1$$

$$\iff 1-\frac{|\alpha|^2+\alpha\overline{z}+\overline{\alpha}z+|z|^2}{1+\alpha\overline{z}+\overline{\alpha}z+|\alpha|^2|z|^2}>0$$

$$\iff \frac{|\alpha|^2|z|^2-|\alpha|^2-|z|^2+1}{|1+\overline{\alpha}z|^2}>0$$

$$\iff \frac{(1-|\alpha|^2)(1-|z|^2)}{|1+\overline{\alpha}z|^2}>0. \qquad \cdots(*)$$

よって，$|\alpha|<1$ のとき，

$$(*) \iff |z|<1.$$

215 考え方

(2) $\alpha^{2m}-\sqrt{2}\,\alpha^m+1=0$

は $x^2-\sqrt{2}\,x+1=0$

で $x=\alpha^m$ したもの．

解答

(1) $$x^2-\sqrt{2}\,x+1=0$$

より，

$$x=\frac{\sqrt{2}\pm\sqrt{2}\,i}{2}.$$

よって，

$$\boldsymbol{\alpha}=\frac{\sqrt{2}+\sqrt{2}\,i}{2}$$

$$=\cos\frac{\pi}{4}+i\sin\frac{\pi}{4}.$$

$$\alpha^n=\cos\frac{n}{4}\pi+i\sin\frac{n}{4}\pi.$$

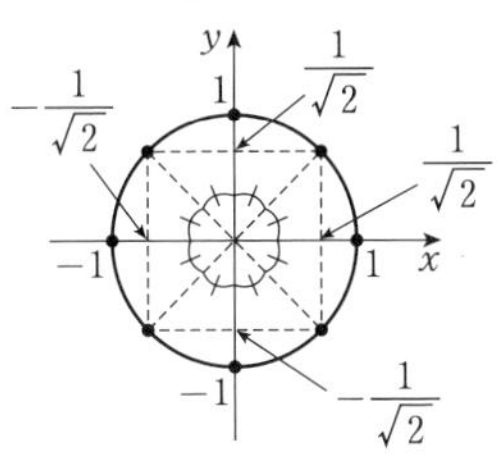

α^n は図の・の点．

(2) $$(\alpha^m)^2-\sqrt{2}\,\alpha^m+1=0$$

より，

$$\alpha^m=\frac{\sqrt{2}\pm\sqrt{2}\,i}{2}$$

$$=\cos\left(\pm\frac{\pi}{4}\right)+i\sin\left(\pm\frac{\pi}{4}\right).\ \text{（複号同順）}.$$

よって，

$$\frac{m\pi}{4}=\pm\frac{\pi}{4}+2k\pi\ \text{（}k\text{ は整数）}.$$

このとき，

$$\boldsymbol{m=\pm1+8k}\ \textbf{（}\boldsymbol{k}\textbf{ は整数）}.$$

216 考え方

(1) $\alpha^5-1=(\alpha-1)(\alpha^4+\alpha^3+\alpha^2+\alpha+1)$.

(2) $|\alpha^5|=|\alpha|^5=1$ より，

$$|\alpha|=1.$$
$$|\alpha|^2=\alpha\overline{\alpha}=1.$$

(3) $\alpha=\cos\frac{2}{5}\pi+i\sin\frac{2}{5}\pi$ とおける．

解答

(1) $\alpha^5=1$ より，

$$(\alpha-1)(\alpha^4+\alpha^3+\alpha^2+\alpha+1)=0.$$

$\alpha\neq1$ より，

$$\alpha^4+\alpha^3+\alpha^2+\alpha+1=0.$$

α^2 で割って，

$$\alpha^2+\alpha+1+\frac{1}{\alpha}+\frac{1}{\alpha^2}=0. \qquad \cdots①$$

(2) ① より，

$$\alpha^2+\frac{1}{\alpha^2}+\alpha+\frac{1}{\alpha}+1=0.$$

$$\left(\alpha+\frac{1}{\alpha}\right)^2-2+\alpha+\frac{1}{\alpha}+1=0. \quad \cdots②$$

$|\alpha^5|=|\alpha|^5=1$ より，

$$|\alpha|=1.$$

$$|\alpha|^2=\alpha\cdot\overline{\alpha}=1.$$

$$\overline{\alpha}=\frac{1}{\alpha}.$$

② より，

$$(\alpha+\overline{\alpha})^2+\alpha+\overline{\alpha}-1=0.$$

よって，

$$t^2+t-1=0. \qquad \cdots③$$

(3)　③ より，

$$t=\frac{-1\pm\sqrt{5}}{2}.$$

$\alpha=\cos\frac{2}{5}\pi+i\sin\frac{2}{5}\pi$ とすると，

$$\alpha^5=\cos 2\pi+i\sin 2\pi=1$$

であるから，α は ① の解である．

$t=\alpha+\overline{\alpha}$ とおくと ③ が成り立ち，

$$t=\cos\frac{2}{5}\pi+i\sin\frac{2}{5}\pi+\cos\frac{2}{5}\pi-i\sin\frac{2}{5}\pi$$

$$=2\cos\frac{2}{5}\pi.$$

$\cos\frac{2}{5}\pi>0$ より，

$$2\cos\frac{2}{5}\pi=\frac{-1+\sqrt{5}}{2}.$$

よって，

$$\cos\frac{2}{5}\pi=\mathbf{\frac{-1+\sqrt{5}}{4}}.$$

217　考え方

(1)　$\alpha^7-1=(\alpha-1)(\alpha^6+\alpha^5+\alpha^4+\alpha^3+\alpha^2+\alpha+1)=0.$

(2)　$\dfrac{1}{1-\alpha^6}=\dfrac{\alpha}{\alpha-\alpha^7}=\dfrac{\alpha}{\alpha-1}.$

(3)　$\dfrac{1}{1-\alpha^5}=\dfrac{\alpha^2}{\alpha^2-\alpha^7}=\dfrac{\alpha^2}{\alpha^2-1},$

$\dfrac{1}{1-\alpha^4}=\dfrac{\alpha^3}{\alpha^3-\alpha^7}=\dfrac{\alpha^3}{\alpha^3-1}.$

(4)　$\dfrac{\alpha^{2n}}{1-\alpha^n}=\dfrac{1}{1-\alpha^n}-(1+\alpha^n).$

$(n=1,\ 2,\ 3,\ 4,\ 5,\ 6)$

解答

(1)　$\alpha^7=\cos 2\pi+i\sin 2\pi=1$ より，

$$(\alpha-1)(\alpha^6+\alpha^5+\alpha^4+\alpha^3+\alpha^2+\alpha+1)=0.$$

$\alpha\neq 1$ より，

$$\alpha^6+\alpha^5+\alpha^4+\alpha^3+\alpha^2+\alpha+1=0.$$

よって，

$$\alpha+\alpha^2+\alpha^3+\alpha^4+\alpha^5+\alpha^6=\mathbf{-1}.$$

(2)
$$\frac{1}{1-\alpha}+\frac{1}{1-\alpha^6}=\frac{1}{1-\alpha}+\frac{\alpha}{\alpha-\alpha^7}$$
$$=\frac{1}{1-\alpha}+\frac{\alpha}{\alpha-1}\quad(\alpha^7=1 \text{ より})$$
$$=\frac{1-\alpha}{1-\alpha}=\mathbf{1}.$$

(3)
$$\frac{1}{1-\alpha^2}+\frac{1}{1-\alpha^5}=\frac{1}{1-\alpha^2}+\frac{\alpha^2}{\alpha^2-\alpha^7}$$
$$=\frac{1}{1-\alpha^2}+\frac{\alpha^2}{\alpha^2-1}\quad(\alpha^7=1 \text{ より})$$
$$=\frac{1-\alpha^2}{1-\alpha^2}=1.$$

$$\frac{1}{1-\alpha^3}+\frac{1}{1-\alpha^4}=\frac{1}{1-\alpha^3}+\frac{\alpha^3}{\alpha^3-\alpha^7}$$
$$=\frac{1}{1-\alpha^3}+\frac{\alpha^3}{\alpha^3-1}\quad(\alpha^7=1 \text{ より})$$
$$=\frac{1-\alpha^3}{1-\alpha^3}=1.$$

よって，

$$(\text{与式})=\left(\frac{1}{1-\alpha}+\frac{1}{1-\alpha^6}\right)+\left(\frac{1}{1-\alpha^2}+\frac{1}{1-\alpha^5}\right)+\left(\frac{1}{1-\alpha^3}+\frac{1}{1-\alpha^4}\right)$$
$$=\mathbf{3}.$$

(4)
$$\frac{\alpha^2}{1-\alpha}=\frac{1}{1-\alpha}-(1+\alpha),$$
$$\frac{\alpha^4}{1-\alpha^2}=\frac{1}{1-\alpha^2}-(1+\alpha^2),$$
$$\frac{\alpha^6}{1-\alpha^3}=\frac{1}{1-\alpha^3}-(1+\alpha^3),$$
$$\frac{\alpha^8}{1-\alpha^4}=\frac{1}{1-\alpha^4}-(1+\alpha^4),$$

$$\frac{\alpha^{10}}{1-\alpha^5}=\frac{1}{1-\alpha^5}-(1+\alpha^5),$$

$$\frac{\alpha^{12}}{1-\alpha^6}=\frac{1}{1-\alpha^6}-(1+\alpha^6).$$

よって，

$$(与式)=\left(\frac{1}{1-\alpha}+\frac{1}{1-\alpha^2}+\frac{1}{1-\alpha^3}+\frac{1}{1-\alpha^4}+\frac{1}{1-\alpha^5}+\frac{1}{1-\alpha^6}\right)$$
$$-6-(\alpha+\alpha^2+\alpha^3+\alpha^4+\alpha^5+\alpha^6)$$
$$=3-6-(-1)$$
$$=\mathbf{-2}.$$

218 考え方

(1) $1-z^N=(1-z)(1+z+z^2+\cdots+z^{N-1})$
$=0.$

$z\neq1$，$z=1$ に分けて考える．

(2) $z^n=\cos n\theta+i\sin n\theta.$
$(n=0,\ 1,\ \cdots,\ N-1)$

(3) $\cos^2 n\theta=\frac{1}{2}(1+\cos 2n\theta).$
$(n=0,\ 1,\ \cdots,\ N-1)$

解答

(1) $z^N=1$ より，$1-z^N=0.$

$(1-z)(1+z+z^2+\cdots+z^{N-1})=0.$

$z=1$ のとき，

$$S_1=\boldsymbol{N}.$$

$z\neq1$ のとき，

$$S_1=1+z+z^2+\cdots+z^{N-1}=\mathbf{0}.\ \cdots①$$

(2) $z^n=\cos n\theta+i\sin n\theta$
$(n=0,\ 1,\ 2,\ \cdots,\ N-1)$

であるから，(1) より，

$$S_1=1+\cos\theta+\cos 2\theta+\cdots+\cos(N-1)\theta$$
$$+i\{\sin\theta+\sin 2\theta+\cdots+\sin(N-1)\theta\}.$$

よって，

$z=1$ のとき，

$$S_2=\boldsymbol{N},$$

$z\neq1$ のとき，① より，

$$S_2=\mathbf{0}.$$

(3) $\cos^2 n\theta=\frac{1}{2}(1+\cos 2n\theta)$
$(n=0,\ 1,\ 2,\ \cdots,\ N-1)$

であるから，

$$S_3=1+\frac{1}{2}(1+\cos 2\theta)+\frac{1}{2}(1+\cos 4\theta)$$
$$+\cdots+\frac{1}{2}\{1+\cos 2(N-1)\theta\}$$
$$=\frac{N}{2}+\frac{1}{2}\{1+\cos 2\theta+\cos 4\theta$$
$$+\cdots+\cos 2(N-1)\theta\}.$$

$T=1+z^2+z^4+\cdots+z^{2(N-1)}$

とすると，

$z=\pm1$ のとき，

$$T=N.$$

$z\neq\pm1$ のとき，

$$T=\frac{1-z^{2N}}{1-z^2}=\frac{1-(z^N)^2}{1-z^2}=0.$$

$$T=1+\cos 2\theta+\cos 4\theta+\cdots+\cos 2(N-1)\theta$$
$$+i\{\sin 2\theta+\sin 4\theta+\cdots+\sin 2(N-1)\theta\}$$

であるから，

$z=\pm1$ のとき （Tの実部）$=N.$

$$S_3=\frac{N}{2}+\frac{1}{2}（T\text{の実部}）=\boldsymbol{N}.$$

$z\neq\pm1$ のとき （Tの実部）$=0.$

$$S_3=\frac{N}{2}+\frac{1}{2}（T\text{の実部}）=\boldsymbol{\frac{N}{2}}.$$

19 図形への応用 1

219 考え方

z を α の周りに θ 回転したものを w とすると，

$$w-\alpha=(z-\alpha)(\cos\theta+i\sin\theta).$$

解答

求める値を z とすると，

$$z-(\sqrt{3}-i\sqrt{3})$$
$$=\{-1-i-(\sqrt{3}-i\sqrt{3})\}\left\{\cos\left(-\frac{\pi}{3}\right)+i\sin\left(-\frac{\pi}{3}\right)\right\}$$
$$=\{-1-\sqrt{3}+(\sqrt{3}-1)i\}\left(\frac{1}{2}-\frac{\sqrt{3}}{2}i\right)$$
$$=-\frac{1+\sqrt{3}}{2}+\frac{3-\sqrt{3}}{2}+\left(\frac{\sqrt{3}-1}{2}+\frac{\sqrt{3}+3}{2}\right)i$$
$$=1-\sqrt{3}+(\sqrt{3}+1)i.$$

よって，

$$z=\mathbf{1+i}.$$

220 考え方

O(0)，A(α)，B(β) が正三角形の 3 頂点

$$\iff \beta=\alpha\left\{\cos\left(\pm\frac{\pi}{3}\right)+i\sin\left(\pm\frac{\pi}{3}\right)\right\}$$

（複号同順），$\alpha \neq 0$.

解答

「△OAB が正三角形」

$$\iff 「\beta=\alpha\left\{\cos\left(\pm\frac{\pi}{3}\right)+i\sin\left(\pm\frac{\pi}{3}\right)\right\}$$

（複号同順），$\alpha \neq 0$」

$$\iff 「\beta=\alpha\left(\frac{1}{2}\pm\frac{\sqrt{3}}{2}i\right),\ \alpha\neq 0」$$

$$\iff 「\beta-\frac{\alpha}{2}=\pm\frac{\sqrt{3}}{2}i\alpha,\ \alpha\neq 0」$$

$$\iff 「\left(\beta-\frac{\alpha}{2}\right)^2=-\frac{3}{4}\alpha^2,\ \alpha\neq 0」$$

$$\iff 「\beta^2-\alpha\beta+\frac{\alpha^2}{4}=-\frac{3}{4}\alpha^2,\ \alpha\neq 0」$$

$$\iff 「\alpha^2+\beta^2=\alpha\beta,\ \alpha\neq 0」.$$

221 考え方

$\beta(\neq 0)$ を O(0) のまわりに θ 回転して，r 倍した点を α とすると，

$$\frac{\alpha}{\beta}=r(\cos\theta+i\sin\theta).$$

解答

(1) $3\alpha^2-6\alpha\beta+4\beta^2=0$ より，

$$3\left(\frac{\alpha}{\beta}\right)^2-6\frac{\alpha}{\beta}+4=0.$$

よって，

$$\frac{\alpha}{\beta}=\frac{3\pm\sqrt{3}\,i}{3}$$

$$=\frac{2}{\sqrt{3}}\left(\frac{\sqrt{3}}{2}\pm\frac{1}{2}i\right)$$

$$=\boldsymbol{\frac{2}{\sqrt{3}}\left\{\cos\left(\pm\frac{\pi}{6}\right)+i\sin\left(\pm\frac{\pi}{6}\right)\right\}}.$$

（複号同順）

(2)

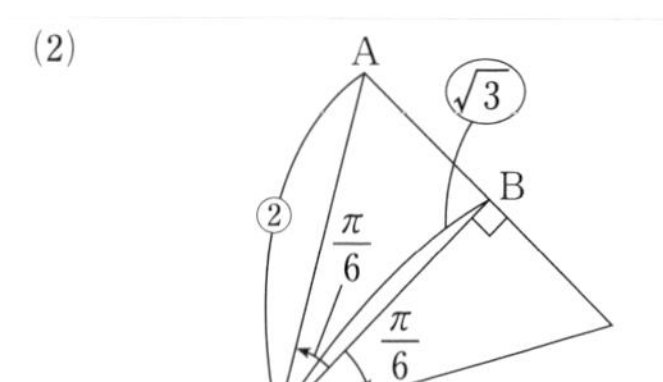

図より，

$$\boldsymbol{\angle \mathrm{AOB}=\frac{\pi}{6}},\ \boldsymbol{\angle \mathrm{OAB}=\frac{\pi}{3}}.$$

222 考え方

$\angle \mathrm{CAB}=\dfrac{\pi}{2}$ より，$\dfrac{z^3-z}{z^2-z}=ki$（k は実数）

とおける．

解答

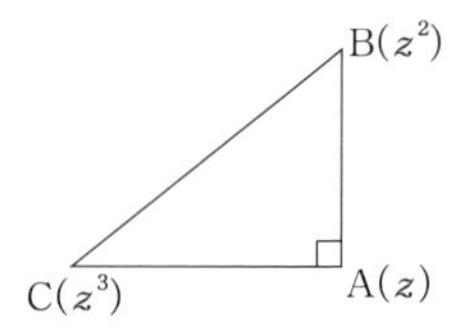

z，z^2，z^3 は互いに異なるから，

$z\neq z^2$ かつ $z\neq z^3$ かつ $z^2\neq z^3$.

したがって，

$$z\neq 0,\ \pm 1 \qquad \cdots①$$

$\angle \mathrm{CAB}=\dfrac{\pi}{2}$ より，

$$\frac{z^3-z}{z^2-z}=\frac{z(z+1)(z-1)}{z(z-1)}$$

$$=z+1=ki\ （k \text{ は実数}）$$

とおける．このとき，

$$z+1+(\overline{z+1})=0.$$

$$z+1+\overline{z}+1=0.$$

$$z+\overline{z}=-2. \qquad \cdots②$$

$|z|=2$ より，

$$z^2=z\overline{z}=4. \qquad \cdots③$$

②，③ より，z は，

$$t^2+2t+4=0 \qquad \cdots④$$

の解である．

④ より，

$$t=-1\pm\sqrt{3}\,i.$$

これは ① をみたす．

よって，

$$z=\boldsymbol{-1\pm\sqrt{3}\,i}.$$

［注］ ③ より $\overline{z}=\dfrac{4}{z}$ を ② に代入して，

$$z+\frac{4}{z}=-2.$$

$$z^2+2z+4=0.$$

$$z=\boldsymbol{-1\pm\sqrt{3}\,i}.$$

［別解］ ② までは同じ．

$z=x+yi$ （x，y は実数）

とおくと，

$$x+yi+x-yi=-2.$$

$$2x=-2.$$

$$x=-1.$$

よって，

$$z=-1+yi.$$

$|z|=\sqrt{1+y^2}=2$ より，

$$y=\pm\sqrt{3}.$$

したがって，

$$z=\boldsymbol{-1\pm\sqrt{3}\,i}.$$

223 考え方

$$1+i=\sqrt{2}\left(\cos\frac{\pi}{4}+i\sin\frac{\pi}{4}\right).$$

解答

(1) $(1+i)z$

$$=\sqrt{2}\left(\cos\frac{\pi}{4}+i\sin\frac{\pi}{4}\right)z,$$

$$\frac{z}{1+i}=\frac{1}{\sqrt{2}}\left\{\cos\left(-\frac{\pi}{4}\right)+i\sin\left(-\frac{\pi}{4}\right)\right\}z.$$

$\angle\mathrm{AOB}=\angle\mathrm{AOC}=\dfrac{\pi}{4}$ より，

$$\angle\mathrm{BOC}=\angle\mathrm{AOB}+\angle\mathrm{AOC}=\boldsymbol{\frac{\pi}{2}}.$$

(2) $\mathrm{OB}=\sqrt{2}\,\mathrm{OA}$，$\mathrm{OC}=\dfrac{1}{\sqrt{2}}\mathrm{OA}$ より，

$$\triangle\mathrm{OAB}=\frac{1}{2}\mathrm{OA}\cdot\mathrm{OB}\cdot\sin\frac{\pi}{4}=\frac{1}{2}\mathrm{OA}^2.$$

$$\triangle\mathrm{OAC}=\frac{1}{2}\mathrm{OA}\cdot\mathrm{OC}\cdot\sin\frac{\pi}{4}=\frac{1}{4}\mathrm{OA}^2.$$

四角形 OBAC の面積は，

$$\triangle\mathrm{OAB}+\triangle\mathrm{OAC}=\frac{3}{4}\mathrm{OA}^2=\boldsymbol{\frac{3}{4}|z|^2}.$$

(3) 対角線の交点を D とすると，

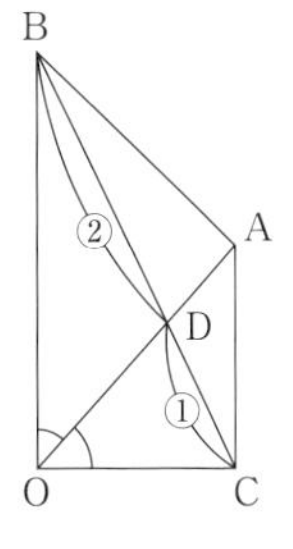

$$\angle\mathrm{BOD}=\angle\mathrm{COD}\left(=\frac{\pi}{4}\right)$$

より，

$$\mathrm{BD}:\mathrm{DC}=\mathrm{OB}:\mathrm{OC}=\sqrt{2}\,\mathrm{OA}:\frac{1}{\sqrt{2}}\mathrm{OA}=2:1.$$

よって，D を表す複素数は，

$$\frac{1\cdot(1+i)z+2\cdot\dfrac{1}{1+i}z}{2+1}=\frac{1+i+1-i}{3}z=\boldsymbol{\frac{2}{3}z}.$$

224 考え方

(1) z_0，z_1，z_2 が一直線上 $\Longleftrightarrow$ $\dfrac{z_2-z_0}{z_1-z_0}$ が実数．

(2) z_0，z_1，z_2 が正三角形の 3 頂点 $\Longleftrightarrow$

$$z_2-z_0=(z_1-z_0)\left\{\cos\left(\pm\frac{\pi}{3}\right)+i\sin\left(\pm\frac{\pi}{3}\right)\right\}.$$

（複号同順）

解答

(1) 条件より，

$$\frac{z_2-z_0}{z_1-z_0}=\frac{b+1+(b-1)i}{a-1-2i}$$

は実数であるから，

$$\frac{b+1+(b-1)i}{a-1-2i}=\overline{\left(\frac{b+1+(b-1)i}{a-1-2i}\right)}.$$

$$\frac{b+1+(b-1)i}{a-1-2i}=\frac{b+1-(b-1)i}{a-1+2i}.$$

$$\{b+1+(b-1)i\}(a-1+2i)$$
$$=(a-1-2i)\{b+1-(b-1)i\}.$$
$$(a-1)(b+1)-2(b-1)+\{(a-1)(b-1)+2(b+1)\}i$$
$$=(a-1)(b+1)-2(b-1)+\{-(a-1)(b-1)-2(b+1)\}i.$$

a, b は実数であるから,

$$(a-1)(b-1)+2(b+1)=-(a-1)(b-1)-2(b+1).$$
$$(1-b)a=3+b.$$

$b=1$ は不適であるから, $b\neq1$.

よって,

$$\boldsymbol{a=\frac{3+b}{1-b}}.$$

[(1)の別解]

$$\frac{z_2-z_0}{z_1-z_0}=\frac{b+1+(b-1)i}{a-1-2i}$$
$$=\frac{\{b+1+(b-1)i\}(a-1+2i)}{(a-1)^2+4}$$
$$=\frac{(a-1)(b+1)-2(b-1)+\{(a-1)(b-1)+2(b+1)\}i}{(a-1)^2+4}$$

が実数であるから,

$$(a-1)(b-1)+2(b+1)=0.$$
$$(1-b)a=3+b.$$

$b=1$ は不適であるから, $b\neq1$.

よって,

$$\boldsymbol{a=\frac{3+b}{1-b}}.$$

(2) $z_2-z_0=(z_1-z_0)\left\{\cos\left(\pm\frac{\pi}{3}\right)+i\sin\left(\pm\frac{\pi}{3}\right)\right\}$

(複号同順)

より,

$$b+1+(b-1)i=(a-1-2i)\left(\frac{1}{2}\pm\frac{\sqrt{3}}{2}i\right).$$
$$b+1+(b-1)i=\frac{a-1}{2}\pm\sqrt{3}+\left\{-1\pm\frac{\sqrt{3}}{2}(a-1)\right\}i.$$

(複号同順)

a, b は実数であるから,

$$\begin{cases} b+1=\dfrac{a-1}{2}\pm\sqrt{3}, \\ b-1=-1\pm\dfrac{\sqrt{3}}{2}(a-1). \end{cases}$$

(複号同順)

よって,

$$(a,\ b)=(3,\ \sqrt{3}),\ (3,\ -\sqrt{3}).$$

したがって,

$$\boldsymbol{z_1=3-i,\ z_2=\pm\sqrt{3}+2\pm\sqrt{3}\,i.}$$

(複号同順)

225 考え方

(1) $3\alpha^2-6\alpha\beta+5\beta^2=0$ を β^2 で割る.

(2) $\dfrac{\beta-\alpha}{\beta}=1-\dfrac{\alpha}{\beta}$.

(4) $\dfrac{\beta-\alpha}{\beta}=\pm\dfrac{\sqrt{6}}{3}$ より, $|\beta-\alpha|=\dfrac{\sqrt{6}}{3}|\beta|$.

解答

(1) $3\alpha^2-6\alpha\beta+5\beta^2=0.$ …①

$\beta=0$ とすると $\alpha=0$ でこれは $|\alpha+\beta|=1$ に反する.

よって, $\beta\neq0$.

① を β^2 で割って,

$$3\left(\frac{\alpha}{\beta}\right)^2-6\frac{\alpha}{\beta}+5=0.$$

よって,

$$\frac{\alpha}{\beta}=\boldsymbol{\frac{3\pm\sqrt{6}\,i}{3}}. \quad \cdots②$$

(2) $\dfrac{\beta-\alpha}{\beta}=1-\dfrac{\alpha}{\beta}=\pm\dfrac{\sqrt{6}}{3}i$.

よって,

$$\arg\left(\frac{\beta-\alpha}{\beta}\right)=\boldsymbol{\pm\frac{\pi}{2}}.$$

(3) ② より,

$$\alpha=\left(1\pm\frac{\sqrt{6}}{3}i\right)\beta.$$
$$\alpha+\beta=\left(2\pm\frac{\sqrt{6}}{3}i\right)\beta.$$
$$|\alpha+\beta|=\left|2\pm\frac{\sqrt{6}}{3}i\right||\beta|$$
$$=1.$$

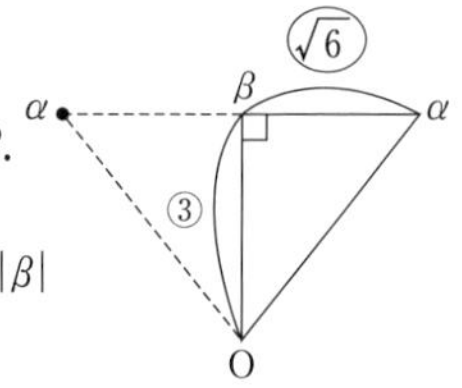

よって, $\sqrt{\dfrac{14}{3}}|\beta|=1$.

ゆえに,

$$|\beta|=\boldsymbol{\sqrt{\frac{3}{14}}}.$$

(4) (2)より, $\arg\left(\dfrac{\alpha-\beta}{-\beta}\right)=\pm\dfrac{\pi}{2}$ であるか

ら，

$$\angle \mathrm{O}\beta\alpha=\pm\frac{\pi}{2}.$$

また，$\dfrac{\beta-\alpha}{\beta}=\pm\dfrac{\sqrt{6}}{3}i$ より，

$$|\alpha-\beta|=\frac{\sqrt{6}}{3}|\beta|.$$

よって，

$$(\text{面積})=\frac{1}{2}|\beta|\cdot\frac{\sqrt{6}}{3}|\beta|$$

$$=\frac{\sqrt{6}}{6}\cdot\left(\sqrt{\frac{3}{14}}\right)^2$$

$$=\frac{\sqrt{6}}{\mathbf{28}}.$$

226 考え方

(1) 異なる3点 α，β，γ に対し

「α，β，γ が正三角形の3頂点」

$$\iff \frac{\gamma-\alpha}{\beta-\alpha}=\cos\left(\pm\frac{\pi}{3}\right)+i\sin\left(\pm\frac{\pi}{3}\right)$$

（複号同順）

(2) $\gamma^2-(\alpha+\beta)\gamma+\alpha^2-\alpha\beta+\beta^2=0$ を γ について解く．

解答

［解答1］ (1) 条件より，

$$\frac{\gamma-\alpha}{\beta-\alpha}=\cos\left(\pm\frac{\pi}{3}\right)+i\sin\left(\pm\frac{\pi}{3}\right)$$

（複号同順）

$$=\frac{1}{2}\pm\frac{\sqrt{3}}{2}i.$$

$$\frac{\gamma-\alpha}{\beta-\alpha}-\frac{1}{2}=\pm\frac{\sqrt{3}}{2}i.$$

$$\left(\frac{\gamma-\alpha}{\beta-\alpha}-\frac{1}{2}\right)^2=-\frac{3}{4}.$$

$$\frac{(\gamma-\alpha)^2}{(\beta-\alpha)^2}-\frac{\gamma-\alpha}{\beta-\alpha}+1=0.$$

$$(\gamma-\alpha)^2-(\gamma-\alpha)(\beta-\alpha)+(\beta-\alpha)^2=0.$$

$$\gamma^2-2\alpha\gamma+\alpha^2-(\beta\gamma-\gamma\alpha-\alpha\beta+\alpha^2)+\beta^2-2\alpha\beta+\alpha^2=0.$$

よって，

$$\alpha^2+\beta^2+\gamma^2-\alpha\beta-\beta\gamma-\gamma\alpha=0.\quad\cdots(*)$$

(2) $(*)$ のとき，

$$\gamma^2-(\alpha+\beta)\gamma+\alpha^2-\alpha\beta+\beta^2=0.$$

$$\left(\gamma-\frac{\alpha+\beta}{2}\right)^2-\left(\frac{\alpha+\beta}{2}\right)^2+\alpha^2-\alpha\beta+\beta^2=0.$$

$$\left(\gamma-\frac{\alpha+\beta}{2}\right)^2=-\frac{3}{4}(\beta^2-2\alpha\beta+\alpha^2)=\left\{\frac{\sqrt{3}}{2}i(\beta-\alpha)\right\}^2.$$

$$\gamma-\frac{\alpha+\beta}{2}=\pm\frac{\sqrt{3}}{2}i(\beta-\alpha).$$

$$\gamma-\alpha=\left(\frac{1}{2}\pm\frac{\sqrt{3}}{2}i\right)(\beta-\alpha)$$

$$=\left\{\cos\left(\pm\frac{\pi}{3}\right)+i\sin\left(\pm\frac{\pi}{3}\right)\right\}(\beta-\alpha).$$

（複号同順）

$\alpha=\beta$ のとき，$\alpha=\gamma$.

よって，A＝B＝C.

$\alpha\neq\beta$ のとき，

$$\frac{\gamma-\alpha}{\beta-\alpha}=\cos\left(\pm\frac{\pi}{3}\right)+i\sin\left(\pm\frac{\pi}{3}\right).$$

（複号同順）

よって，A，B，C は正三角形の3頂点となる．

［解答2］

(1) 条件より，

$$\frac{\gamma-\alpha}{\beta-\alpha}=\frac{\alpha-\beta}{\gamma-\beta}$$

$$=\cos\left(\pm\frac{\pi}{3}\right)+i\sin\left(\pm\frac{\pi}{3}\right).$$

（複号同順）

$$(\gamma-\alpha)(\gamma-\beta)=(\beta-\alpha)(\alpha-\beta).$$

$$\gamma^2-\beta\gamma-\gamma\alpha+\alpha\beta=\alpha\beta-\beta^2-\alpha^2+\alpha\beta.$$

よって，

$$\alpha^2+\beta^2+\gamma^2-\alpha\beta-\beta\gamma-\gamma\alpha=0.\quad\cdots①$$

(2) ① のとき，

$$(\gamma-\alpha)^2=-\beta^2+(\gamma+\alpha)\beta-\gamma\alpha.$$

$$(\gamma-\alpha)^2=-(\beta-\alpha)(\beta-\gamma).\quad\cdots②$$

$\gamma-\alpha=0$ のとき，

$$\alpha=\beta \text{ または } \beta=\gamma.$$

よって，

$$\mathrm{A}=\mathrm{B}=\mathrm{C}.$$

$\gamma-\alpha\neq0$ のとき，

$$\beta-\alpha\neq0 \text{ かつ } \beta-\gamma\neq0.$$

② より，

$$\frac{\gamma-\alpha}{\beta-\alpha}=-\frac{\beta-\gamma}{\gamma-\alpha}$$

$$=\frac{\beta-\gamma}{\alpha-\gamma}.$$

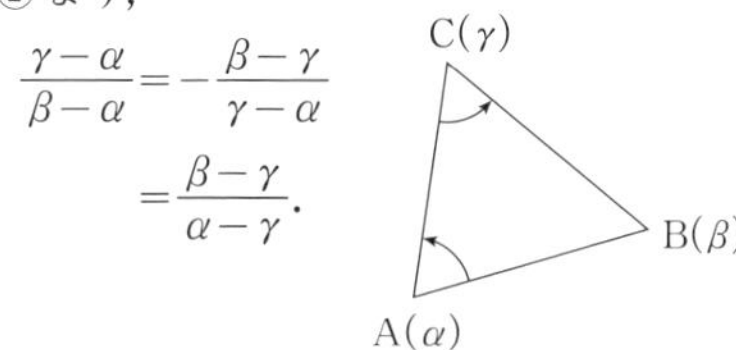

よって，

$\angle \mathrm{BAC}=\angle \mathrm{ACB}.$

同様にして，

$$\angle \mathrm{BAC}=\angle \mathrm{ABC}.$$

したがって，正三角形である．

227 考え方

(1)　$\angle \mathrm{ACB}=\frac{\pi}{2}$ より，$\frac{z^2-z^3}{z-z^3}=ki$ (k は実数，$k\neq 0$)．

(2)　AC=BC より，$|z-z^3|=|z^2-z^3|$.

解答

(1)　$z\neq z^2$，$z\neq z^3$，$z^2\neq z^3$ より，

$z\neq 0,\ \pm 1.$

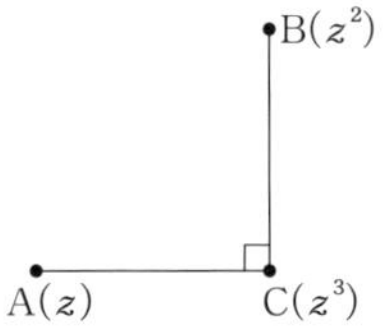

$\angle \mathrm{ACB}=\frac{\pi}{2}$ より，

$$\frac{z^2-z^3}{z-z^3}=ki\ (k \text{ は実数，} k\neq 0).$$

$$(\text{左辺})=\frac{z^2(1-z)}{z(1-z)(1+z)}=\frac{z}{1+z}$$

より，

$$\frac{z}{1+z}=ki.$$

$$\frac{z}{1+z}+\overline{\left(\frac{z}{1+z}\right)}=0.$$

$$\frac{z}{1+z}+\frac{\overline{z}}{1+\overline{z}}=0.$$

$$z(1+\overline{z})+\overline{z}(1+z)=0.$$

$$2z\overline{z}+z+\overline{z}=0.$$

$$z\overline{z}+\frac{1}{2}z+\frac{1}{2}\overline{z}=0.$$

$$\left(z+\frac{1}{2}\right)\left(\overline{z}+\frac{1}{2}\right)-\frac{1}{4}=0.$$

$$\left|z+\frac{1}{2}\right|^2-\frac{1}{4}=0.$$

$$\left|z+\frac{1}{2}\right|=\frac{1}{2}.$$

よって，**中心 $-\frac{1}{2}$，半径 $\frac{1}{2}$ の円．**

ただし 0，-1 は除く．

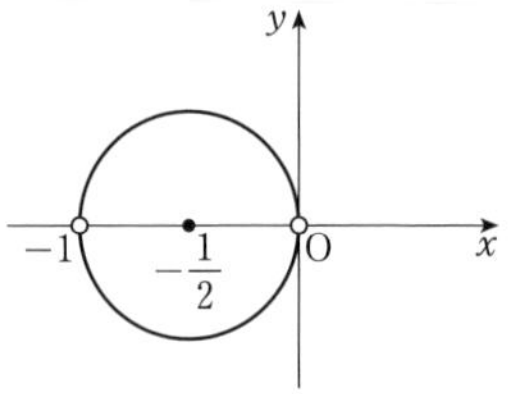

(2)　AC=BC より，

$|z-z^3|=|z^2-z^3|$.

$|z(1-z)(1+z)|=|z^2(1-z)|$.

$z\neq 0,\ 1$ より，

$|1+z|=|z|$.

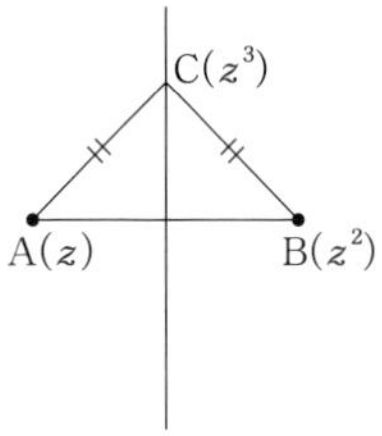

よって，z は 0 と -1 の垂直 2 等分線上の点である．

したがって (1) の結果とあわせて，

$$z=-\frac{1}{2}\pm\frac{1}{2}i.$$

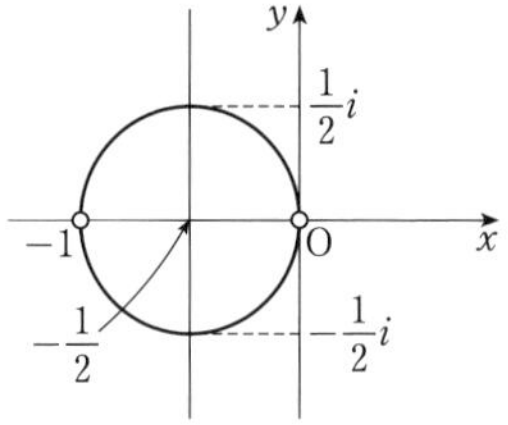

「別解」

(1)　$\frac{z}{1+z}=ki$

までは同じ．これより，

$$z=(1+z)ki.$$

$$(1-ki)z=ki.$$

$$z=\frac{ki}{1-ki}$$

$$=\frac{ki(1+ki)}{(1-ki)(1+ki)}$$

$$=\frac{-k^2+ki}{1+k^2}.$$

$z=x+yi$ (x，y は実数) とおくと，

$$x=-\frac{k^2}{1+k^2}=-1+\frac{1}{1+k^2}.$$

$$y=\frac{k}{1+k^2}.$$

$k=\tan\theta\left(-\dfrac{\pi}{2}<\theta<0,\ 0<\theta<\dfrac{\pi}{2}\right)$ とおくと，

$$x=-1+\frac{1}{1+\tan^2\theta}$$
$$=-1+\cos^2\theta$$
$$=-1+\frac{1}{2}(1+\cos2\theta)$$
$$=-\frac{1}{2}+\frac{1}{2}\cos2\theta.$$
$$y=\frac{\tan\theta}{1+\tan^2\theta}$$
$$=\sin\theta\cos\theta$$
$$=\frac{1}{2}\sin2\theta.$$

よって，図のようになる．

［注］

$$\begin{cases} x=-1+\dfrac{1}{1+k^2}, \\ y=\dfrac{k}{1+k^2} \end{cases}$$

までは同じ．

$$\frac{1}{k^2+1}=x+1$$

より，

$$y=k(x+1).$$

$x\neq-1$ より，

$$k=\frac{y}{x+1}.$$

よって，

$$y=\frac{\dfrac{y}{x+1}}{1+\left(\dfrac{y}{x+1}\right)^2}=\frac{(x+1)y}{(x+1)^2+y^2}$$

$k\neq0$ より，$y\neq0$.

よって，

$$1=\frac{x+1}{(x+1)^2+y^2}.$$
$$(x+1)^2+y^2=x+1.$$
$$x^2+x+y^2=0.$$

したがって，

$$\left(x+\frac{1}{2}\right)^2+y^2=\frac{1}{4}.$$

(2) **解答** と同様にして，

$$|1+z|=|z|.$$
$$\left|\frac{1}{2}\cos2\theta+\frac{1}{2}+\frac{1}{2}i\sin2\theta\right|^2$$
$$=\left|\frac{1}{2}\cos2\theta-\frac{1}{2}+\frac{1}{2}i\sin2\theta\right|^2.$$
$$(\cos2\theta+1)^2+\sin^22\theta=(\cos2\theta-1)^2+\sin^22\theta.$$
$$\cos2\theta=0.$$

よって，

$$\sin2\theta=\pm1.$$

したがって，

$$z=-\boldsymbol{\frac{1}{2}\pm\frac{1}{2}i}.$$

［注］

$$|1+z|=|z|$$

までは同じ．

$z=x+yi$ を代入して，

$$|x+1+yi|=|x+yi|.$$
$$|x+1+yi|^2=|x+yi|^2.$$
$$(x+1)^2+y^2=x^2+y^2.$$

よって，

$$x=-\frac{1}{2}.$$

$\left(x+\dfrac{1}{2}\right)^2+y^2=\dfrac{1}{4}$ に代入して，

$$y^2=\frac{1}{4}.$$
$$y=\pm\frac{1}{2}.$$

よって，

$$z=-\frac{1}{2}\pm\frac{1}{2}i.$$

228 考え方

(1) $z_{k+1}-z_k=(z_1-z_0)\alpha^k$.

$k\geqq1$ のとき，$z_k=z_0+\displaystyle\sum_{l=0}^{k-1}(z_{l+1}-z_l)$.

(2)(3) $\mathrm{AP}_k=\left|\dfrac{1-\alpha^k}{1-\alpha}-\dfrac{1}{1-\alpha}\right|$

$$=\left|\frac{-\alpha^k}{1-\alpha}\right|.$$

解答

(1) $z_k-z_{k-1}=\alpha(z_{k-1}-z_{k-2})$

より，

$$z_{k+1}-z_k=(z_1-z_0)\alpha^k=\alpha^k.$$

$k\geqq1$ のとき，$\alpha\neq1$ であるから，

$$z_k=z_0+\sum_{l=0}^{k-1}\alpha^l$$

$$=\frac{1-\alpha^k}{1-\alpha}.$$

これは $k=0$ のときも成り立つ．

よって，

$$z_k=\boldsymbol{\frac{1-\alpha^k}{1-\alpha}}.$$

[(1) の別解]

$$z_k-z_{k-1}=\alpha(z_{k-1}-z_{k-2}) \quad \cdots①$$

より，

$$z_{k+1}-z_k=(z_1-z_0)\alpha^k=\alpha^k. \quad \cdots②$$

また，① より，

$$z_k-\alpha z_{k-1}=z_{k-1}-\alpha z_{k-2}.$$

$$z_{k+1}-\alpha z_k=z_1-\alpha z_0=1. \quad \cdots③$$

③−② より，

$$(1-\alpha)z_k=1-\alpha^k.$$

$\alpha\neq1$ より，

$$z_k=\boldsymbol{\frac{1-\alpha^k}{1-\alpha}}.$$

(2) $\mathrm{AP}_0=\dfrac{1}{|1-\alpha|}$.

$$\mathrm{AP}_1=\left|1-\frac{1}{1-\alpha}\right|=\frac{|\alpha|}{|1-\alpha|}=\frac{1}{|1-\alpha|}.$$

（$|\alpha|=1$ より）

$$\mathrm{AP}_2=\left|\frac{1-\alpha^2}{1-\alpha}-\frac{1}{1-\alpha}\right|=\left|\frac{-\alpha^2}{1-\alpha}\right|=\frac{|\alpha|^2}{|1-\alpha|}$$

$$=\frac{1}{|1-\alpha|}.\ （|\alpha|=1 より）$$

よって，

$$\mathrm{AP}_0=\mathrm{AP}_1=\mathrm{AP}_2.$$

(3)

$$\mathrm{AP}_k=\left|\frac{1-\alpha^k}{1-\alpha}-\frac{1}{1-\alpha}\right|$$

$$=\left|\frac{-\alpha^k}{1-\alpha}\right|$$

$$=\frac{|\alpha|^k}{|1-\alpha|}$$

$$=\frac{1}{|1-\alpha|}.\ （|\alpha|=1 より）$$

よって，P_0，P_1，…，P_k は A を中心とする半径 $\dfrac{1}{|1-\alpha|}$ の円周上にある．

229 考え方

$\mathrm{P}_n(z_n)$ とすると

$$z_{n+2}-z_{n+1}=(z_{n+1}-z_n)\cdot\frac{1}{\sqrt{2}}\left(\cos\frac{\pi}{4}+i\sin\frac{\pi}{4}\right).$$

$$(n=0,\ 1,\ 2,\ \cdots)$$

解答

$\mathrm{P}_n(z_n)$ とする．

$$\alpha=\frac{1}{\sqrt{2}}\left(\cos\frac{\pi}{4}+i\sin\frac{\pi}{4}\right)$$

$$=\frac{1+i}{2}$$

とおくと条件より，

$$z_{n+2}-z_{n+1}=\alpha(z_{n+1}-z_n).$$

$$z_{n+1}-z_n=(z_1-z_0)\alpha^n.$$

$z_0=0$，$z_1=1$ より，

$$z_{n+1}-z_n=\alpha^n.$$

$n\geqq1$ のとき，$\alpha\neq1$ より，

$$z_n=z_0+\sum_{k=0}^{n-1}\alpha^k$$

$$=\frac{1-\alpha^n}{1-\alpha}.$$

これは $n=0$ のときも成り立つ．

よって，

$$z_n=\frac{1-\alpha^n}{1-\alpha}.$$

$$z_{10}=\frac{1-\alpha^{10}}{1-\alpha}.$$

$$\alpha^{10}=\left(\frac{1}{\sqrt{2}}\right)^{10}\left(\cos\frac{10\pi}{4}+i\sin\frac{10}{4}\pi\right)$$

$$=\frac{1}{32}(0+i)$$

$$=\frac{i}{32}$$

より，

$$z_{10}=\frac{1-\dfrac{i}{32}}{1-\dfrac{1+i}{2}}$$

$$=\frac{32-i}{16(1-i)}$$

$$=\frac{(32-i)(1+i)}{16(1-i)(1+i)}$$
$$=\frac{\mathbf{33+31}\boldsymbol{i}}{\mathbf{32}}.$$

［注］ $z_{n+2}-z_{n+1}=\alpha(z_{n+1}-z_n)$. …①

①より,
$$z_{n+1}-z_n=(z_1-z_0)\alpha^n=\alpha^n. \quad \cdots②$$

①より,
$$z_{n+2}-\alpha z_{n+1}=z_{n+1}-\alpha z_n.$$

よって,
$$z_{n+1}-\alpha z_n=z_1-\alpha z_0=1. \quad \cdots③$$

③−② より,
$$(1-\alpha)z_n=1-\alpha^n.$$

$\alpha \neq 1$ より,
$$z_n=\frac{1-\alpha^n}{1-\alpha}.$$

230 考え方

(1) $\dfrac{1-\sqrt{3}i}{4}=\dfrac{1}{2}\left\{\cos\left(-\dfrac{\pi}{3}\right)+i\sin\left(-\dfrac{\pi}{3}\right)\right\}$.

(2) $-1=\cos\pi+i\sin\pi$.

(3) $\angle \mathrm{P_0OP_1}=\dfrac{\pi}{3}$, $\dfrac{\mathrm{OP_1}}{\mathrm{OP_0}}=\dfrac{1}{2}$ より,

$\angle \mathrm{OP_1P_0}=\dfrac{\pi}{2}$.

解 答

(1) $z_1=\dfrac{1}{2}\left(\dfrac{1}{2}-\dfrac{\sqrt{3}}{2}i\right)z_0$

$$=\frac{1}{2}\left\{\cos\left(-\frac{\pi}{3}\right)+i\sin\left(-\frac{\pi}{3}\right)\right\}\cdot 2(\cos\theta+i\sin\theta)$$
$$=\boldsymbol{\cos\left(\theta-\frac{\pi}{3}\right)+i\sin\left(\theta-\frac{\pi}{3}\right)}.$$

(2) $z_2=-\dfrac{1}{2}\{\cos(-\theta)+i\sin(-\theta)\}$

$$=\frac{1}{2}(\cos\pi+i\sin\pi)\{\cos(-\theta)+i\sin(-\theta)\}$$
$$=\boldsymbol{\frac{1}{2}\{\cos(\pi-\theta)+i\sin(\pi-\theta)\}}.$$

(3)

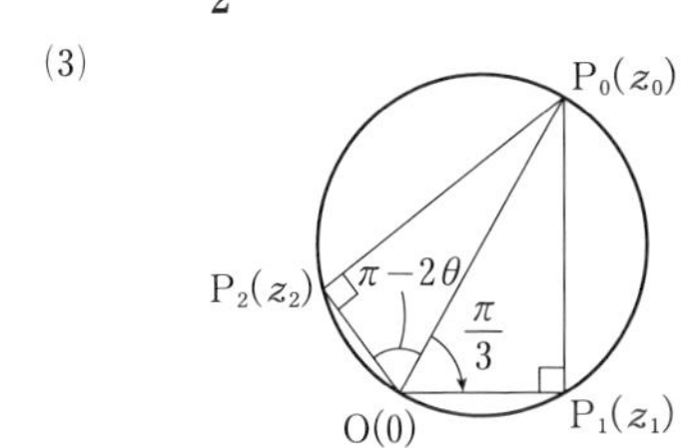

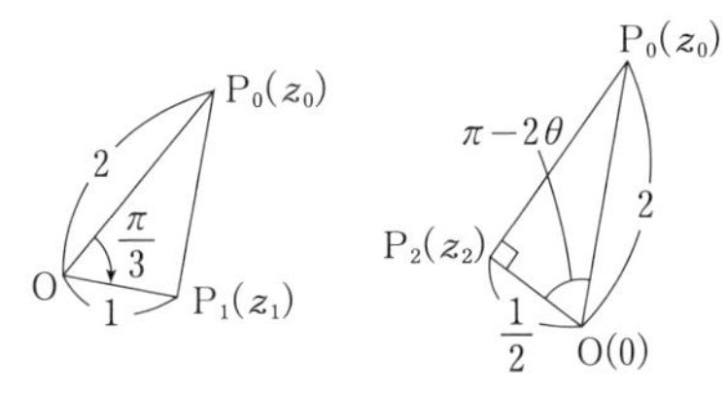

$$\frac{z_1}{z_0}=\frac{1}{2}\left\{\cos\left(-\frac{\pi}{3}\right)+i\sin\left(-\frac{\pi}{3}\right)\right\} \text{ より},$$
$$\frac{\mathrm{OP_1}}{\mathrm{OP_0}}=\frac{1}{2},\ \angle \mathrm{P_0OP_1}=\frac{\pi}{3}$$

であるから,
$$\angle \mathrm{OP_1P_0}=\frac{\pi}{2}.$$

よって, $\mathrm{OP_0}$ は直径で円の半径は1である.

$$\frac{z_2}{z_0}=\frac{1}{4}\{\cos(\pi-2\theta)+i\sin(\pi-2\theta)\}$$

であり, $\mathrm{P_2}$ はこの円周上にあるから,
$$\angle \mathrm{OP_2P_0}=\frac{\pi}{2}.$$

図より,
$$\mathrm{OP_0}\cos(\pi-2\theta)=\mathrm{OP_2}.$$
$$-2\cos2\theta=\frac{1}{2}.$$
$$\cos2\theta=-\frac{1}{4}.$$
$$2\cos^2\theta-1=-\frac{1}{4}.$$
$$\cos^2\theta=\frac{3}{8}.$$
$$0<\theta<\frac{\pi}{2} \text{ より, } \cos\theta>0.$$

よって,
$$\cos\theta=\sqrt{\frac{3}{8}}=\frac{\sqrt{6}}{4}.$$
$$\sin\theta=\sqrt{1-\frac{3}{8}}=\frac{\sqrt{10}}{4}.$$

したがって,
$$z_0=\boldsymbol{\frac{\sqrt{6}}{2}+\frac{\sqrt{10}}{2}i}.$$

231 考え方

(1) KはBを中心にAを $\dfrac{\pi}{4}$ 回転して,

$\dfrac{1}{\sqrt{2}}$ 倍したもの.

(2) L, M, N を表す複素数は (1) の z_1, z_2 を z_2, z_3, z_4 などに換えると得られる.

(3) 「$z_2-z_1=z_3-z_4$」
$\Longleftrightarrow$「AB=DC, AB∥DC」.

解答

(1)

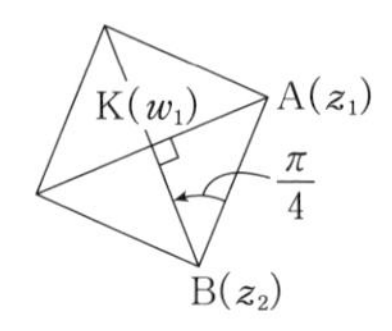

K は B を中心に A を $\dfrac{\pi}{4}$ 回転して $\dfrac{1}{\sqrt{2}}$ 倍したものであるから,

$$w_1-z_2=(z_1-z_2)\frac{1}{\sqrt{2}}\left(\cos\frac{\pi}{4}+i\sin\frac{\pi}{4}\right)$$
$$=\frac{1+i}{2}(z_1-z_2).$$

よって,

$$w_1=z_2+\frac{1+i}{2}(z_1-z_2)$$
$$=\boldsymbol{\frac{1+i}{2}z_1+\frac{1-i}{2}z_2}.$$

(2) L, M, N を表す複素数をそれぞれ w_2, w_3, w_4 とすると (1) と同様にして,

$$w_2=\frac{1+i}{2}z_2+\frac{1-i}{2}z_3.$$
$$w_3=\frac{1+i}{2}z_3+\frac{1-i}{2}z_4.$$
$$w_4=\frac{1+i}{2}z_4+\frac{1-i}{2}z_1.$$
$$w_3-w_1=\frac{1+i}{2}(z_3-z_1)+\frac{1-i}{2}(z_4-z_2).$$
$$w_4-w_2=\frac{1+i}{2}(z_4-z_2)+\frac{1-i}{2}(z_1-z_3)$$
$$=i(w_3-w_1)$$
$$=(w_3-w_1)\left(\cos\frac{\pi}{2}+i\sin\frac{\pi}{2}\right).$$

よって,

KM=LN, KM⊥LN.

(3) KM, LN の中点を表す複素数をそれぞれ u, v とおくと,

$$u=\frac{1+i}{2}\cdot\frac{z_1+z_3}{2}+\frac{1-i}{2}\cdot\frac{z_2+z_4}{2}.$$
$$v=\frac{1+i}{2}\cdot\frac{z_2+z_4}{2}+\frac{1-i}{2}\cdot\frac{z_1+z_3}{2}.$$

$u=v$ のとき,

$$-\frac{i}{2}(z_2+z_4)=-\frac{i}{2}(z_1+z_3).$$
$$z_2+z_4=z_1+z_3.$$
$$z_2-z_1=z_3-z_4.$$
$$\overrightarrow{AB}=\overrightarrow{DC}.$$

よって, **平行四辺形.**

232 考え方

(1) z が OA の垂直二等分線上の点
$\Longleftrightarrow |z|=|z-\alpha|$.

(2) (1) の α を β に換えれば, OB の垂直二等分線が得られる.

(3) $\left(\dfrac{\beta}{\alpha}\right)^2=\overline{\left(\dfrac{\beta}{\alpha}\right)}$ を導き, $\dfrac{\beta}{\alpha}=x+yi$ (x, y は実数) とおく.

解答

(1) $|z|=|z-\alpha|$

より,

$$|z|^2=|z-\alpha|^2.$$
$$z\overline{z}=(z-\alpha)(\overline{z}-\overline{\alpha}).$$
$$z\overline{z}=z\overline{z}-\overline{\alpha}z-\alpha\overline{z}+\alpha\overline{\alpha}.$$

よって,

$$\overline{\alpha}z+\alpha\overline{z}-\alpha\overline{\alpha}=0. \quad \cdots①$$

[注]

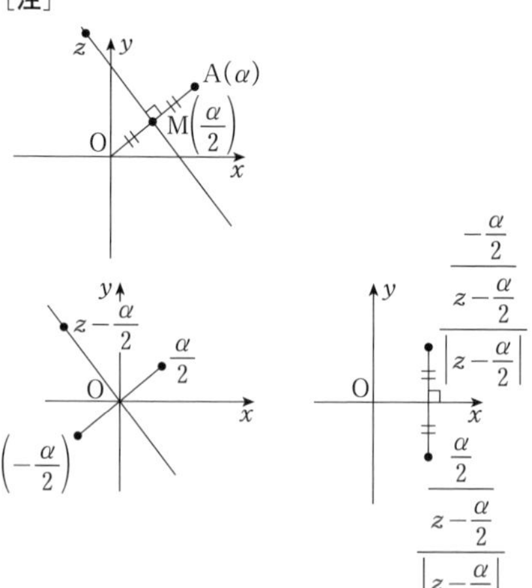

$z \neq \dfrac{\alpha}{2}$ のとき,

$$\frac{\frac{\alpha}{2}}{\frac{z-\frac{\alpha}{2}}{\left|z-\frac{\alpha}{2}\right|}} \quad と \quad \frac{-\frac{\alpha}{2}}{\frac{z-\frac{\alpha}{2}}{\left|z-\frac{\alpha}{2}\right|}}$$

が互いに共役だから,

$$\frac{\frac{\alpha}{2}}{\frac{z-\frac{\alpha}{2}}{\left|z-\frac{\alpha}{2}\right|}}=\overline{\left(\frac{-\frac{\alpha}{2}}{\frac{z-\frac{\alpha}{2}}{\left|z-\frac{\alpha}{2}\right|}}\right)}.$$

$$\frac{\alpha}{z-\frac{\alpha}{2}}=\frac{-\overline{\alpha}}{\overline{z}-\frac{\overline{\alpha}}{2}}.$$

$$\alpha\left(\overline{z}-\frac{\overline{\alpha}}{2}\right)+\overline{\alpha}\left(z-\frac{\alpha}{2}\right)=0.$$

$$\alpha\overline{z}+\overline{\alpha}z-\alpha\overline{\alpha}=0.$$

これは $z=\dfrac{\alpha}{2}$ のときも成り立つ.

(2) (1)と同様にしてOBの垂直2等分線上の複素数 z は,

$$\overline{\beta}z+\beta\overline{z}-\beta\overline{\beta}=0. \qquad \cdots②$$

①, ② を同時にみたす z が外心を表す複素数である.

①$\times\beta-$②$\times\alpha$ より,

$$(\overline{\alpha}\beta-\alpha\overline{\beta})z-|\alpha|^2\beta+|\beta|^2\alpha=0.$$

$$(\overline{\alpha}\beta-\alpha\overline{\beta})z=|\alpha|^2\beta-|\beta|^2\alpha.$$

$\overline{\alpha}\beta-\alpha\overline{\beta}=0$ のとき,

$$\overline{\alpha}\beta=\alpha\overline{\beta}.$$

$$\frac{\beta}{\alpha}=\overline{\left(\frac{\beta}{\alpha}\right)}.$$

これは $\dfrac{\beta}{\alpha}$ が実数, すなわちO, A, Bが一直線上にあることを示している.

よって,

$$\overline{\alpha}\beta-\alpha\overline{\beta}\neq 0.$$

したがって,

$$z=\boldsymbol{\frac{|\alpha|^2\beta-|\beta|^2\alpha}{\overline{\alpha}\beta-\alpha\overline{\beta}}}.$$

(3)
$$\alpha+\beta=\frac{|\alpha|^2\beta-|\beta|^2\alpha}{\overline{\alpha}\beta-\alpha\overline{\beta}}$$

より,

$$(\overline{\alpha}\beta-\alpha\overline{\beta})(\alpha+\beta)=|\alpha|^2\beta-|\beta|^2\alpha.$$

$$|\alpha|^2\beta-\alpha^2\overline{\beta}+\overline{\alpha}\beta^2-\alpha|\beta|^2=|\alpha|^2\beta-|\beta|^2\alpha.$$

$$\alpha^2\overline{\beta}=\overline{\alpha}\beta^2.$$

$$\left(\frac{\beta}{\alpha}\right)^2=\overline{\left(\frac{\beta}{\alpha}\right)}.$$

$\dfrac{\beta}{\alpha}=x+yi$ (x, y は実数) とおくと,

$$x^2-y^2+2xyi=x-yi.$$

よって,

$$\begin{cases} x^2-y^2=x, & \cdots③ \\ 2xy=-y. & \cdots④ \end{cases}$$

④ より,

$$y(2x+1)=0.$$

$$y=0,\ x=-\frac{1}{2}.$$

$y=0$ のとき, ③ より,

$$x=0,\ 1.$$

$x=-\dfrac{1}{2}$ のとき, ③ より,

$$y^2=\frac{3}{4}.$$

$$y=\pm\frac{\sqrt{3}}{2}.$$

0, α, β は三角形の3頂点を表す複素数より,

$$\frac{\beta}{\alpha}\neq 0,\ \frac{\beta}{\alpha}\neq 1.$$

よって,

$$\boldsymbol{\frac{\beta}{\alpha}=-\frac{1}{2}\pm\frac{\sqrt{3}}{2}i}.$$

[**(3) の別解**]

$$\left(\frac{\beta}{\alpha}\right)^2=\overline{\left(\frac{\beta}{\alpha}\right)}$$

までは同じ.

$w=\dfrac{\beta}{\alpha}$ とおくと,

$$w^2=\overline{w}.$$

$$|w^2|=|\overline{w}|.$$

$$(左辺)=|w|^2,\ (右辺)=|w|$$

であるから,

$$|w|^2=|w|.$$

$|w|\neq 0$ より,

$$|w|=1.$$

よって，

$$w^3=w^2\cdot w$$
$$=\overline{w}w$$
$$=|w|^2=1.$$
$$(w-1)(w^2+w+1)=0.$$

$\alpha \neq \beta$ より，$w \neq 1$.

よって，

$$w^2+w+1=0.$$

したがって，

$$w=\frac{\boldsymbol{-1\pm\sqrt{3}\,i}}{\boldsymbol{2}}.$$

［**注**］ 0 でない複素数 α と実数 r に対し，O(0)，A(α) とするとき，

$$\overline{\alpha}z+\alpha\overline{z}=r \qquad \cdots(*)$$

は $\dfrac{r}{2\overline{\alpha}}$ を通り OA に垂直な直線を表す．

（証明） $(*)$ より

$$\frac{z}{\alpha}+\frac{\overline{z}}{\overline{\alpha}}=\frac{r}{|\alpha|^2}.$$

$$\left(\frac{z}{\alpha}-\frac{r}{2\alpha\overline{\alpha}}\right)+\left(\frac{\overline{z}}{\overline{\alpha}}-\frac{r}{2\alpha\overline{\alpha}}\right)=0.$$

$$\frac{z-\dfrac{r}{2\overline{\alpha}}}{\alpha}+\frac{\overline{z}-\dfrac{r}{2\alpha}}{\overline{\alpha}}=0.$$

よって，$\dfrac{z-\dfrac{r}{2\overline{\alpha}}}{\alpha}$ は 0 または純虚数であるから，

$$\frac{z-\dfrac{r}{2\overline{\alpha}}}{\alpha}=ki \ （k \text{ は実数}）$$

とおける．このとき，

$$z=\frac{r}{2\overline{\alpha}}+ki\alpha.$$

これは z が $\dfrac{r}{2\overline{\alpha}}$ を通り α に垂直な直線上にあることを示している．

233 考え方

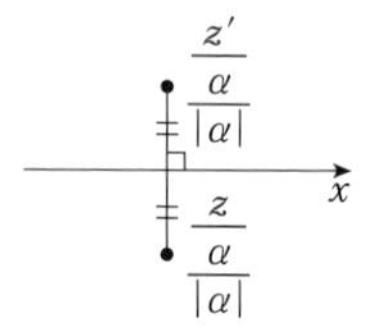

(1) z を原点を中心に $-\arg(\alpha)$ だけ回転した点は，

$$\frac{z}{\dfrac{\alpha}{|\alpha|}}.$$

直線 l に関して点 z と点 z' が対称

$\iff$ $\dfrac{z}{\dfrac{\alpha}{|\alpha|}}$ と $\dfrac{z'}{\dfrac{\alpha}{|\alpha|}}$ が互いに共役.

(2)(イ) 直線 l に関して，2 点 B，C は同じ側にあるから，

$$\angle \text{AQB}=\angle \text{CQO}=\angle \text{B}'\text{QA}$$

のとき，3 点 B′，Q，C は同一直線上にある．

解答

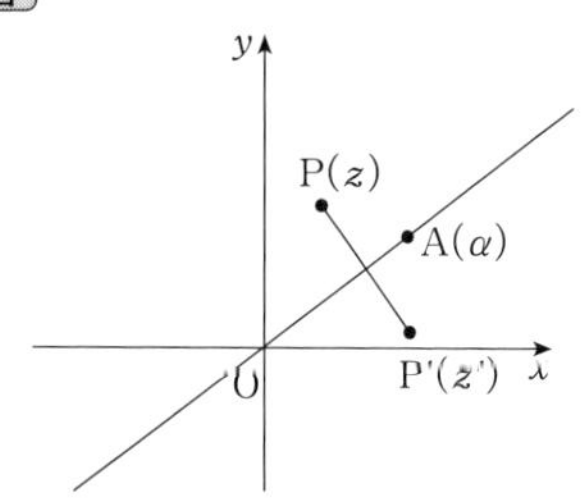

(1) 原点を中心に z を $-\arg(\alpha)$ だけ回転した点と z' を $-\arg(\alpha)$ だけ回転した点が互いに共役だから，

$$\overline{\left(\frac{z}{\dfrac{\alpha}{|\alpha|}}\right)}=\frac{z'}{\dfrac{\alpha}{|\alpha|}}.$$

$$\frac{\overline{z}}{\overline{\alpha}}=\frac{z'}{\alpha}.$$

よって，

$$z'=\frac{\alpha}{\overline{\alpha}}\overline{z}.$$

(2)(ア) (1) より，

$$\beta'=\frac{\alpha}{\overline{\alpha}}\overline{\beta}=\frac{3+i}{3-i}(2-4i)$$
$$=\frac{(3+i)^2}{(3-i)(3+i)}(2-4i)$$

$$=\frac{9+6i-1}{9+1}(2-4i)$$
$$=\frac{4+3i}{5}(2-4i)$$
$$=\mathbf{4-2i}.$$

(イ)

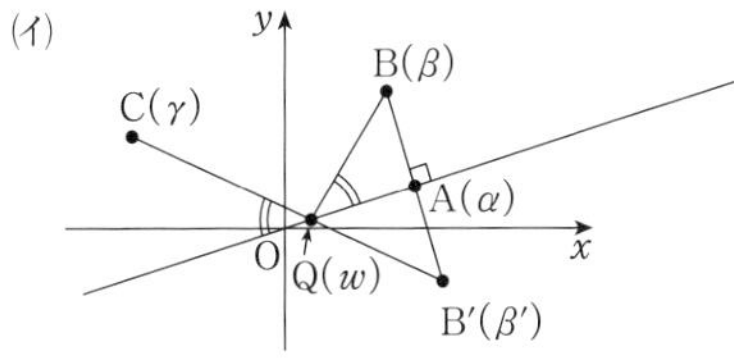

直線 l に関して，2 点 B，C は同じ側に，点 B′ はその反対側にあるから 考え方 より点 Q は l と直線 B′C との交点である．

$w=\alpha t$（t は実数）とすると

$$\gamma-\beta'=k(w-\beta')\ (k \text{ は実数})$$

とおける．このとき，

$$-8+7i-(4-2i)=k\{(3+i)t-(4-2i)\}.$$
$$-12+9i=k\{3t-4+(t+2)i\}.$$

よって，

$$\begin{cases}(3t-4)k=-12,\\(t+2)k=9.\end{cases}$$

これより，

$$k=\frac{39}{10},\ t=\frac{4}{13}.$$

ゆえに，

$$\boldsymbol{w=\frac{4}{13}(3+i)}.$$

234 考え方

(1) $|z|=1 \iff z\overline{z}=1$.

(2) $\overline{z_k}=\dfrac{1}{z_k}$ $(k=1,\ 2,\ 3,\ 4)$ を用いて，$\overline{w}=w$ を示す．

(3) $\overline{w}=w$ に $\overline{z_k}=\dfrac{1}{z_k}$ $(k=1,\ 2,\ 3)$ を代入する．

解 答

(1) 「z が単位円上にある」

$$\iff |z|=1$$
$$\iff |z|^2=z\overline{z}=1$$
$$\iff \overline{z}=\frac{1}{z}.$$

よって，示された．

(2) $$\overline{w}=\overline{\left(\frac{(z_1-z_3)(z_2-z_4)}{(z_1-z_4)(z_2-z_3)}\right)}$$
$$=\frac{(\overline{z_1}-\overline{z_3})(\overline{z_2}-\overline{z_4})}{(\overline{z_1}-\overline{z_4})(\overline{z_2}-\overline{z_3})}.$$

(1) より，

$$\overline{z}_k=\frac{1}{z_k}\ (k=1,\ 2,\ 3,\ 4)$$

であるから，

$$\overline{w}=\frac{\left(\dfrac{1}{z_1}-\dfrac{1}{z_3}\right)\left(\dfrac{1}{z_2}-\dfrac{1}{z_4}\right)}{\left(\dfrac{1}{z_1}-\dfrac{1}{z_4}\right)\left(\dfrac{1}{z_2}-\dfrac{1}{z_3}\right)}$$
$$=\frac{(z_3-z_1)(z_4-z_2)}{(z_4-z_1)(z_3-z_2)}=w.$$

よって，w は実数である．

(3) $w=\overline{w}$ より，

$$\frac{(z_1-z_3)(z_2-z_4)}{(z_1-z_4)(z_2-z_3)}=\frac{(\overline{z_1}-\overline{z_3})(\overline{z_2}-\overline{z_4})}{(\overline{z_1}-\overline{z_4})(\overline{z_2}-\overline{z_3})}.\quad\cdots①$$

$\overline{z_k}=\dfrac{1}{z_k}$ $(k=1,\ 2,\ 3)$ より，

$$(① \text{ の右辺})=\frac{\left(\dfrac{1}{z_1}-\dfrac{1}{z_3}\right)\left(\dfrac{1}{z_2}-\overline{z_4}\right)}{\left(\dfrac{1}{z_1}-\overline{z_4}\right)\left(\dfrac{1}{z_2}-\dfrac{1}{z_3}\right)}$$
$$=\frac{(z_3-z_1)(1-z_2\overline{z_4})}{(1-z_1\overline{z_4})(z_3-z_2)}$$

であるから，

$$\frac{z_2-z_4}{z_1-z_4}=\frac{1-z_2\overline{z_4}}{1-z_1\overline{z_4}}.$$

$$(1-z_1\overline{z_4})(z_2-z_4)=(1-z_2\overline{z_4})(z_1-z_4).$$
$$z_2-z_4-z_1z_2\overline{z_4}+z_1|z_4|^2=z_1-z_4-z_1z_2\overline{z_4}+z_2|z_4|^2.$$
$$z_2-z_1+(z_1-z_2)|z_4|^2=0.$$
$$(z_2-z_1)(1-|z_4|^2)=0.$$

$z_2-z_1\neq 0$ より，

$$|z_4|^2=1.$$

よって，

$$|z_4|=1.$$

したがって，z_4 は単位円上にある．

［注］「相異なる 4 点 z_1，z_2，z_3，z_4 が同一

円周上にある」

$\iff$「$\dfrac{(z_1-z_3)(z_2-z_4)}{(z_1-z_4)(z_2-z_3)}=k$

(k は実数, $k\neq0$)」

$\iff$「$\dfrac{z_2-z_4}{z_1-z_4}=k\dfrac{z_2-z_3}{z_1-z_3}$

(k は実数, $k\neq0$)」.

(証明) z_1, z_2, z_3, z_4 がつくる四角形において

(i) z_1, z_4 と z_2, z_3 が対角線をなすとき,

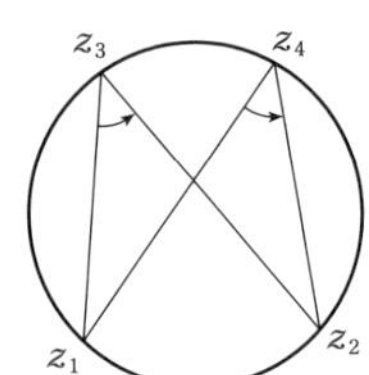

$$\arg\frac{z_2-z_3}{z_1-z_3}=\arg\frac{z_2-z_4}{z_1-z_4}$$

$\iff \dfrac{z_2-z_4}{z_1-z_4}=k\dfrac{z_2-z_3}{z_1-z_3}$, k は実数, $k>0$.

(ii) z_1, z_2 と z_3, z_4 が対角線をなすとき,

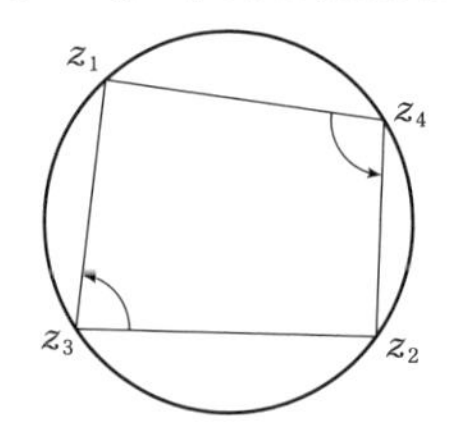

$$\arg\frac{z_1-z_3}{z_2-z_3}+\arg\frac{z_2-z_4}{z_1-z_4}=\pi$$

$\iff \dfrac{z_1-z_3}{z_2-z_3}\cdot\dfrac{z_2-z_4}{z_1-z_4}=k$, k は実数, $k<0$.

235 考え方

(2) $\left|\dfrac{\overline{z}-\beta}{z-\alpha}\right|=1$ より,

$$|z-\alpha|=|\overline{z}-\beta|=|z-\overline{\beta}|.$$

z は α, $\overline{\beta}$ を結ぶ線分の垂直2等分線上にある.

(3) $z=(1-k)z_1+kz_2$ (k は実数) とおける.

解答

(1) $\alpha=i\beta$ のとき,

$$\left|\frac{\overline{z}-\beta}{z-\alpha}\right|=\left|\frac{\overline{z}-\beta}{z-i\beta}\right|.$$

$$\overline{z}=t(1-i)=t(-i^2-i)$$
$$=-t(1+i)i=-iz$$

より,

$$z=-\frac{1}{i}\overline{z}=i\overline{z}.$$

よって,

$$\left|\frac{\overline{z}-\beta}{z-\alpha}\right|=\left|\frac{\overline{z}-\beta}{i\overline{z}-i\beta}\right|=\left|\frac{1}{i}\right|=1.$$

$\alpha=\overline{\beta}$ のとき,

$$\left|\frac{\overline{z}-\beta}{z-\alpha}\right|=\left|\frac{\overline{z}-\beta}{z-\overline{\beta}}\right|=\frac{|\overline{\overline{z}-\beta}|}{|z-\overline{\beta}|}$$
$$=\frac{|z-\overline{\beta}|}{|z-\overline{\beta}|}=1.$$

(2) $\left|\dfrac{\overline{z}-\beta}{z-\alpha}\right|=1$ より,

$$|\overline{z}-\beta|=|z-\alpha|.$$

$|\overline{z}-\beta|=|\overline{\overline{z}-\beta}|=|z-\overline{\beta}|$ より,

$$|z-\alpha|=|z-\overline{\beta}|.$$

$\alpha=\overline{\beta}$ のときは成り立つ.

$\alpha\neq\overline{\beta}$ のときは z は α, $\overline{\beta}$ の垂直2等分線上の点である.

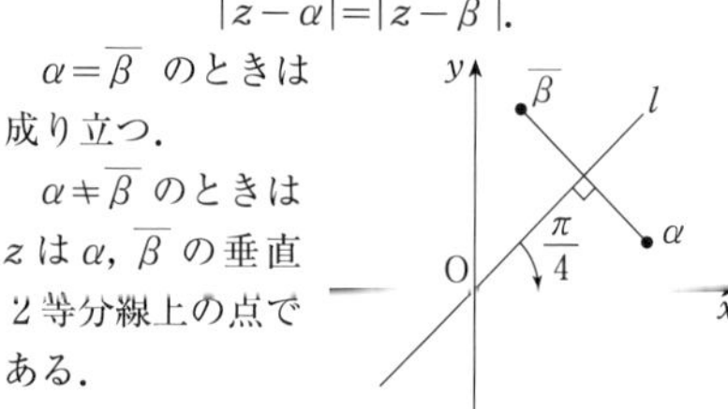

$$u=\cos\left(-\frac{\pi}{4}\right)+i\sin\left(-\frac{\pi}{4}\right)=\frac{1-i}{\sqrt{2}}$$

とすると,

$$u\alpha=\overline{u\overline{\beta}}=\overline{u}\beta.$$

$$\frac{1-i}{\sqrt{2}}\alpha=\frac{1+i}{\sqrt{2}}\beta.$$

よって,

$$\alpha=\frac{1+i}{1-i}\beta$$
$$=i\beta.$$

したがって,

$$\alpha=i\beta \text{ または } \alpha=\overline{\beta}.$$

(3) $z=(1-k)z_1+kz_2$ (k は実数) とおける. このとき,

$$\frac{\overline{z}-\beta}{z-\alpha}=\frac{(1-k)\overline{z_1}+k\overline{z_2}-\beta}{(1-k)z_1+kz_2-\alpha}$$

$$=\frac{(1-k)(\overline{z_1}-\beta)+k(\overline{z_2}-\beta)}{(1-k)(z_1-\alpha)+k(z_2-\alpha)}\cdots①$$

$$\overline{z_1}-\beta=\gamma(z_1-\alpha),\ \overline{z_2}-\beta=\gamma(z_2-\alpha)$$

であるから,

$$①=\frac{\gamma\{(1-k)(z_1-\alpha)+k(z_2-\alpha)\}}{(1-k)(z_1-\alpha)+k(z_2-\alpha)}=\gamma.$$

また, $z=0$, $1+i$ のときより,

$$\frac{-\beta}{-\alpha}=\frac{1-i-\beta}{1+i-\alpha}(=\gamma).$$

$$(1+i-\alpha)\beta=(1-i-\beta)\alpha.$$

$$(1+i)\beta=(1-i)\alpha.$$

$$\beta=\frac{1-i}{1+i}\alpha=-i\alpha.$$

よって,

$$\gamma=\frac{\beta}{\alpha}=\boldsymbol{-i}.$$

[別解]

(2) $\alpha=x+yi$ (x, y は実数). $\beta=p+qi$ (p, q は実数)

とおくと,

$$\left|\frac{\overline{z}-\beta}{z-\alpha}\right|=1$$

より,

$$|\overline{z}-\beta|^2=|z-\alpha|^2.$$

$$|t(1-i)-(p+qi)|^2=|t(1+i)-(x+yi)|^2.$$

$$|t-p-(t+q)i|^2=|t-x+(t-y)i|^2.$$

$$(t-p)^2+(t+q)^2=(t-x)^2+(t-y)^2.$$

$$-2(p-q)t+p^2+q^2=-2(x+y)t+x^2+y^2.$$

これがすべての実数 t で成り立つから,

$$\begin{cases} p-q=x+y, & \cdots① \\ p^2+q^2=x^2+y^2. & \cdots② \end{cases}$$

② より,

$$(p-x)(p+x)=(y-q)(y+q).\quad\cdots②'$$

① より,

$$p-x=y+q.\quad\cdots①'$$

①′, ②′ より,

$$(y+q)(p+x)=(y+q)(y-q).$$

(i) $y+q=0$ のとき, ①′ より $p=x$.

このとき, $\alpha=\overline{\beta}$.

(ii) $y+q\neq0$ のとき,

$$p+x=y-q.\quad\cdots③$$

①′, ③ より,

$$x=-q,\ y=p.$$

このとき, $\alpha=i\beta$.

20 図形への応用 2

236

考え方

$4|z-i|^2=|z+2i|^2$ を $|z-\alpha|^2=r^2$ に変形する.

解答

$2|z-i|=|z+2i|$ より,

$$4|z-i|^2=|z+2i|^2.$$

$$4(z-i)(\overline{z-i})=(z+2i)(\overline{z+2i}).$$

$$4(z-i)(\overline{z}+i)=(z+2i)(\overline{z}-2i).$$

$$4(z\overline{z}+iz-i\overline{z}+1)=z\overline{z}-2iz+2i\overline{z}+4.$$

$$3z\overline{z}+6iz-6i\overline{z}=0.$$

$$z\overline{z}+2iz-2i\overline{z}=0.$$

$$(z-2i)(\overline{z}+2i)-4=0.$$

$$(z-2i)(\overline{z-2i})=4.$$

$$|z-2i|^2=4.$$

$$|z-2i|=2.$$

よって,

中心 $2i$, 半径 2 の円

であるから,

$$\boldsymbol{\alpha=2i,\ r=2.}$$

[別解]

$z=x+yi$ (x, y は実数) とおくと,

$$|z-i|=|x+(y-1)i|$$

$$=\sqrt{x^2+(y-1)^2}.$$

$$|z+2i|=|x+(y+2)i|$$

$$=\sqrt{x^2+(y+2)^2}.$$

条件より,

$$2\sqrt{x^2+(y-1)^2}=\sqrt{x^2+(y+2)^2}.$$

$$4(x^2+y^2-2y+1)=x^2+y^2+4y+4.$$

$$3x^2+3y^2-12y=0.$$

$$x^2+y^2-4y=0.$$

$$x+(y-2)^2=4.$$

よって,

中心 $2i$, 半径 2 の円.

237 考え方

$w+2i=(1-i)z$ より,

$$|w+2i|=|1-i||z|.$$

解 答

$w=(1-i)z-2i$ より,

$$w+2i=(1-i)z.$$

$$|w+2i|=|(1-i)z|$$

$$=|1-i||z|.$$

$|z|=1$ より,

$$|w+2i|=|1-i|.$$

$$|w+2i|=\sqrt{2}.$$

よって,

中心 $-2i$, 半径 $\sqrt{2}$ の円.

[注]

$$w=\sqrt{2}\left\{\cos\left(-\frac{\pi}{4}\right)+i\sin\left(-\frac{\pi}{4}\right)\right\}z-2i$$

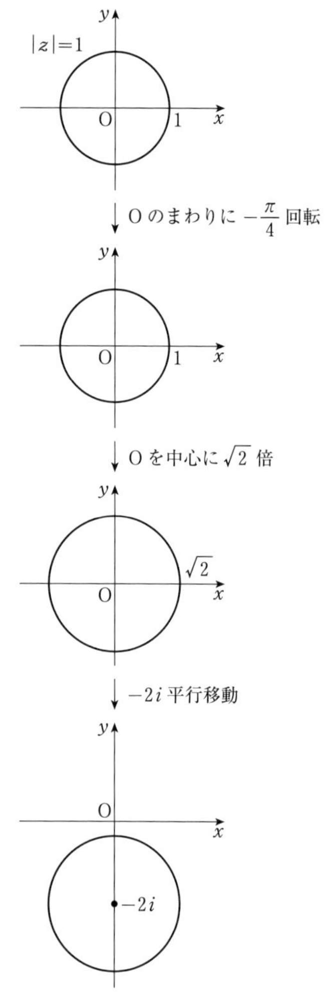

[別解] $z=a+bi$, $w=x+yi$ (a, b, x, y は実数) とおくと,

$$x+yi=(1-i)(a+bi)-2i$$

$$=a+b+(-a+b-2)i.$$

$$\begin{cases} x=a+b, \\ y=-a+b-2. \end{cases}$$

よって,

$$\begin{cases} a=\dfrac{1}{2}(x-y-2), \\ b=\dfrac{1}{2}(x+y+2). \end{cases}$$

$a^2+b^2=1$ より,

$$\frac{1}{4}(x-y-2)^2+\frac{1}{4}(x+y+2)^2=1.$$

$$x^2+y^2+4y+2=0.$$

$$x^2+(y+2)^2=2.$$

よって,

中心 $-2i$, 半径 $\sqrt{2}$ の円.

238 考え方

$\left|\dfrac{z+3i}{z}\right|^2<4$ を $|z-\alpha|^2>r^2$ に変形する.

解答

$$\left|\frac{z+3i}{z}\right|<2.$$

$$|z+3i|^2<4|z|^2.$$

$$(z+3i)(\overline{z+3i})<4|z|^2.$$

$$(z+3i)(\overline{z}-3i)<4|z|^2.$$

$$|z|^2-3iz+3i\overline{z}+9<4|z|^2.$$

$$3|z|^2+3iz-3i\overline{z}-9>0.$$

$$|z|^2+iz-i\overline{z}-3>0.$$

$$(z-i)(\overline{z}+i)-4>0.$$

$$(z-i)(\overline{z-i})>4.$$

$$|z-i|^2>4.$$

$$|z-i|>2.$$

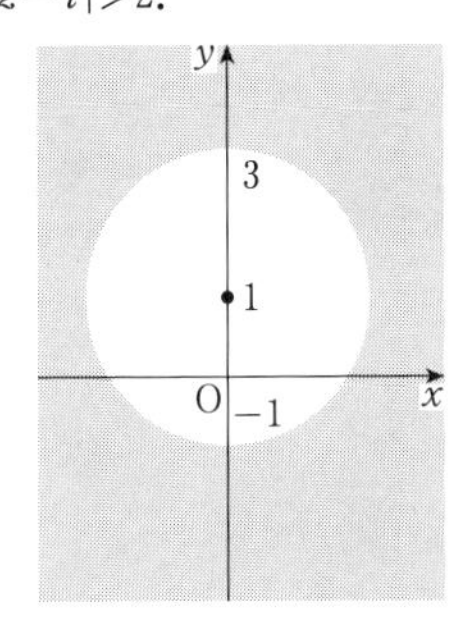

図の網目部分, 境界は含まない.

［別解］ $z=x+yi$ (x, y は実数) とおくと,

$$|z+3i|^2<4|z|^2$$

より,

$$|x+(y+3)i|^2<4|x+yi|^2.$$

$$x^2+(y+3)^2<4(x^2+y^2).$$

$$3x^2+3y^2-6y-9>0.$$

$$x^2+y^2-2y-3>0.$$

$$x^2+(y-1)^2>4.$$

よって,

中心 i, 半径 2 の円の外側.

239 考え方

(1) $\overline{z^2+az+b}=\overline{z}^2+a\overline{z}+b$.

(2) 解と係数の関係を用いる.

(4) $z=\dfrac{1}{w}$ を (3) の結果の式に代入する.

解答

(1) $z^2+az+b=0$ より,

$$\overline{z^2+az+b}=\overline{0}.$$

$$\overline{z}^2+\overline{a}\ \overline{z}+\overline{b}=0.$$

a, b は実数であるから,

$$(\overline{z})^2+a\overline{z}+b=0.$$

よって, $\overline{z}$ も解である.

(2) 解と係数の関係より,

$$z+\overline{z}=-a,\ z\overline{z}=b.$$

よって

$$\boldsymbol{a=-(z+\overline{z}),\ b=z\overline{z}}.$$

(3) $b-a\leqq 1$ より,

$$z\overline{z}+z+\overline{z}\leqq 1.$$

$$(z+1)(\overline{z}+1)\leqq 2.$$

$$|z+1|^2\leqq 2.$$

$$|z+1|\leqq\sqrt{2}. \quad \cdots(*)$$

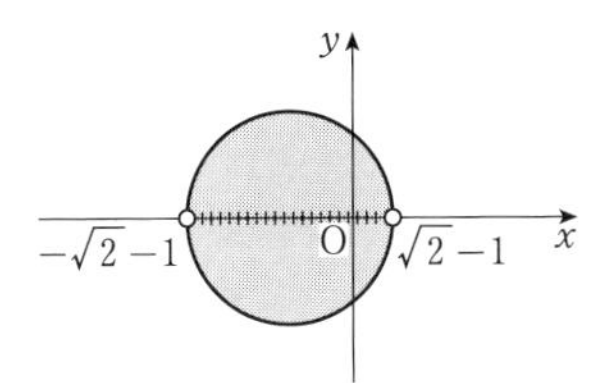

図の網目部分. $\pm\sqrt{2}-1$ 以外の円周上の点は含み, 実軸上の点は含まない.

(4) $w=\dfrac{1}{z}$ より, $z=\dfrac{1}{w}$.

(*) に代入して,

$$\left|\frac{1}{w}+1\right|\leqq\sqrt{2}.$$

$$|1+w|^2\leqq 2|w|^2.$$

$$(w+1)(\overline{w}+1)\leqq 2|w|^2.$$

$$|w|^2+w+\overline{w}+1\leqq 2|w|^2.$$

$$|w|^2-w-\overline{w}-1\geqq 0.$$

$$(w-1)(\overline{w}-1)\geqq 2.$$

$|w-1|^2 \geqq 2.$

$|w-1| \geqq \sqrt{2}.$

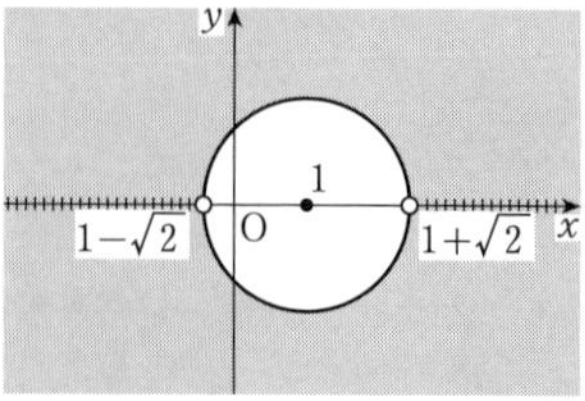

図の網目部分，$1\pm\sqrt{2}$ 以外の円周上の点は含み，実軸上の点は含まない．

［**別解**］

(1)　虚数解をもつから，

$$a^2-4b<0.$$

$x^2+ax+b=0$ より，

$$x=\frac{-a\pm\sqrt{a^2-4b}}{2}$$

$$=\frac{-a\pm\sqrt{-a^2+4b}\,i}{2}.$$

$z=\dfrac{-a\pm\sqrt{-a^2+4b}\,i}{2}$ のとき，

$\overline{z}=\dfrac{-a\mp\sqrt{-a^2+4b}\,i}{2}$（複号同順）．

よって，$\overline{z}$ も解である．

(3)　$b-a\leqq 1$ より，

$$z\overline{z}+z+\overline{z}\leqq 1.$$

$z=x+yi$（x，y は実数，$y\neq 0$）とおくと，

$$x^2+y^2+2x\leqq 1.$$

$$(x+1)^2+y^2\leqq 2. \qquad \cdots①$$

以下同じ．

(4)　$w=u+vi$（u，v は実数）とおくと，

$$z=\frac{1}{w}=\frac{u-vi}{u^2+v^2}$$

より，

$$x=\frac{u}{u^2+v^2},\quad y=\frac{-v}{u^2+v^2}.$$

①に代入して，

$$\left(\frac{u}{u^2+v^2}+1\right)^2+\left(\frac{v}{u^2+v^2}\right)^2\leqq 2.$$

$$\frac{u^2}{(u^2+v^2)^2}+\frac{2u}{u^2+v^2}+1+\frac{v^2}{(u^2+v^2)^2}\leqq 2.$$

$$\frac{u^2+v^2}{(u^2+v^2)^2}+\frac{2u}{u^2+v^2}\leqq 1.$$

$$\frac{1}{u^2+v^2}+\frac{2u}{u^2+v^2}\leqq 1.$$

$$1+2u\leqq u^2+v^2.$$

$$(u-1)^2+v^2\geqq 2.$$

以下同じ．

240　考え方

(1)　有理化．

(3)　(2)の結果を用いて，t を消去する．

解答

(1)　$z=\dfrac{t-2+i}{t+i}$

$$=\frac{(t-2+i)(t-i)}{(t+i)(t-i)}$$

$$=\frac{t^2-2t+1+2i}{t^2+1}$$

$$=\frac{(t-1)^2+2i}{t^2+1}.$$

$z=x+yi$ より，

$$\boldsymbol{x=\frac{(t-1)^2}{t^2+1},\quad y=\frac{2}{t^2+1}}.$$

よって，$y>0$．

(2)　$\dfrac{x-1}{y}=\left(\dfrac{t^2-2t+1}{t^2+1}-1\right)\cdot\dfrac{t^2+1}{2}$

$$=\boldsymbol{-t}.$$

(3)　(2)より，

$$t=-\frac{x-1}{y}.$$

(1)より，

$$y(t^2+1)=2.$$

$$y\left\{\frac{(x-1)^2}{y^2}+1\right\}=2.$$

$$(x-1)^2+y^2=2y.$$

$$(x-1)^2+(y-1)^2=1.$$

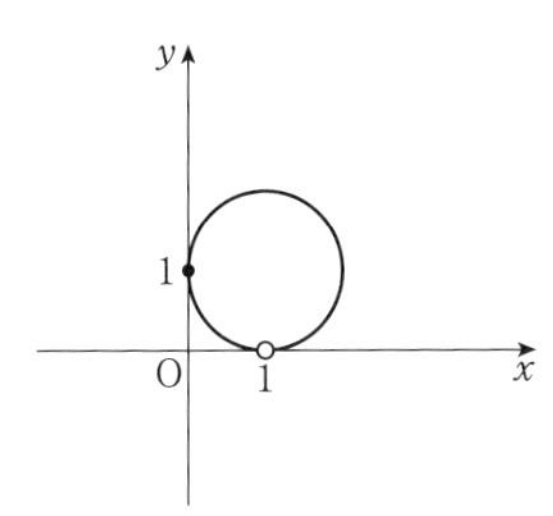

図の実線部分．ただし，1 は除く．

［**別解**］

(1)　$x+yi=\dfrac{t-2+i}{t+i}$ より，

$$(x+yi)(t+i)=t-2+i.$$
$$tx-y+(x+ty)i=t-2+i.$$

t，x，y は実数であるから，

$$\begin{cases} tx-y=t-2, & \cdots① \\ x+ty=1. & \cdots② \end{cases}$$

$(①\times t+②)\div(t^2+1)$ より，

$$\boldsymbol{x=\frac{(t-1)^2}{t^2+1}}.$$

$(②\times t-①)\div(t^2+1)$ より，

$$\boldsymbol{y=\frac{2}{t^2+1}}\ (>0).$$

(3)　$x=1-\dfrac{2t}{t^2+1}$，$y=\dfrac{2}{t^2+1}$．

$t=\tan\dfrac{\theta}{2}$ $(-\pi<\theta<\pi)$ とおくと，

$$x=1-\frac{2\tan\frac{\theta}{2}}{\tan^2\frac{\theta}{2}+1}$$
$$=1-2\cos^2\frac{\theta}{2}\tan\frac{\theta}{2}$$
$$=1-2\cos\frac{\theta}{2}\sin\frac{\theta}{2}$$
$$=1-\sin\theta.$$
$$y=\frac{2}{\tan^2\frac{\theta}{2}+1}$$
$$=2\cos^2\frac{\theta}{2}$$
$$=1+\cos\theta.$$

よって，

$$(x-1)^2+(y-1)^2=1.$$

ただし，$(x,\ y)\neq(1,\ 0)$．

241　考え方

(1)「w が実数」$\Longleftrightarrow$「$w=\overline{w}$」．

(2)　$z=\overline{z}$ のとき，$z=x$（x は実数），

$|z|=1$ のとき，$z=\cos\theta+i\sin\theta$

$(0\leqq\theta<2\pi)$

として考える．

解答

(1)「$w=z+\dfrac{1}{z}$ が実数」

$$\Longleftrightarrow z+\frac{1}{z}=\overline{z+\frac{1}{z}}$$
$$\Longleftrightarrow z+\frac{1}{z}=\overline{z}+\frac{1}{\overline{z}}$$
$$\Longleftrightarrow z-\overline{z}-\frac{z-\overline{z}}{z\overline{z}}=0$$
$$\Longleftrightarrow (z-\overline{z})(|z|^2-1)=0$$
$$\Longleftrightarrow z=\overline{z}\ \text{または}\ |z|=1.$$

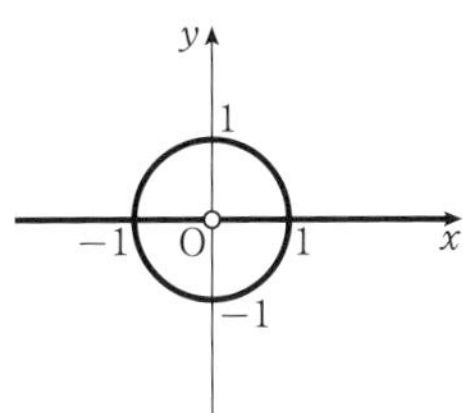

図の実線部分．O は除く．

［**(1) の別解 1**］

$z=r(\cos\theta+i\sin\theta)$，$r>0$，$0\leqq\theta<2\pi$

とおくと，

$$w=r(\cos\theta+i\sin\theta)+\frac{1}{r}\{\cos(-\theta)+i\sin(-\theta)\}$$
$$=\left(r+\frac{1}{r}\right)\cos\theta+i\left(r-\frac{1}{r}\right)\sin\theta.$$

w が実数のとき，

$$\left(r-\frac{1}{r}\right)\sin\theta=0.$$

$$r-\frac{1}{r}=0\ \text{より，}\ r=1.$$

$$\sin\theta=0\ \text{より，}\ \theta=0,\ \pi.$$

よって，図のようになる．

[(1)の別解２]

$z=x+yi$ (x, y は実数) とおくと $z \neq 0$ より,

$$(x,\ y) \neq (0,\ 0).$$

$$\begin{aligned} w &= z+\frac{1}{z} \\ &= x+yi+\frac{1}{x+yi} \\ &= x+yi+\frac{x-yi}{x^2+y^2} \\ &= x\left(1+\frac{1}{x^2+y^2}\right)+y\left(1-\frac{1}{x^2+y^2}\right)i. \end{aligned}$$

w が実数のとき,

$$y\left(1-\frac{1}{x^2+y^2}\right)=0.$$

よって,

$$y=0 \quad \text{または} \quad x^2+y^2=1.$$

以下略.

(2) (i) $z=\overline{z}$ のとき,

$$z=x \ (x \text{ は実数})$$

とおくと,

$$1 \leqq x+\frac{1}{x} \leqq \frac{10}{3}.$$

左側より,

$$\frac{x^2-x+1}{x} \geqq 0.$$

$$x^2-x+1=\left(x-\frac{1}{2}\right)^2+\frac{3}{4}>0$$

であるから,

$$x>0.$$

このとき，右側より,

$$3x^2-10x+3 \leqq 0.$$

$$(3x-1)(x-3) \leqq 0.$$

$$\frac{1}{3} \leqq x \leqq 3.$$

(ii) $|z|=1$ のとき,

$$z=\cos\theta+i\sin\theta \ (0 \leqq \theta < 2\pi)$$

とおくと,

$$\begin{aligned} w &= \cos\theta+i\sin\theta+\cos(-\theta)+i\sin(-\theta) \\ &= 2\cos\theta. \end{aligned}$$

$1 \leqq w \leqq \dfrac{10}{3}$ より,

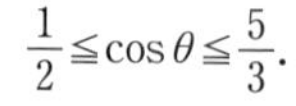

$$\frac{1}{2} \leqq \cos\theta \leqq \frac{5}{3}.$$

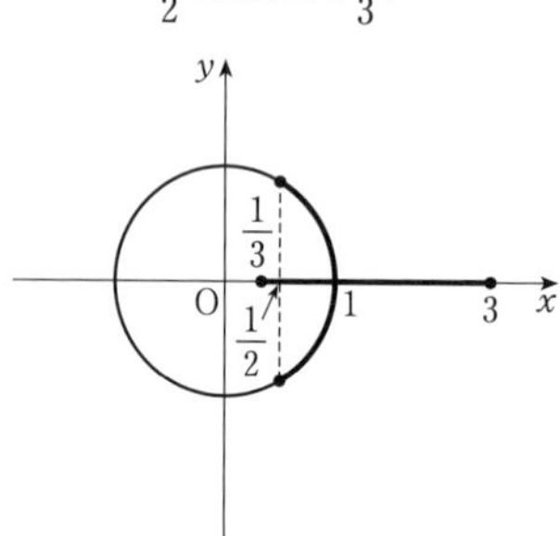

図の実線部分.

[(2)の別解]

(i) $y=0$ のとき,

$$z=x.$$

以下，解答と同じ.

(ii) $x^2+y^2=1$ のとき,

$$w=2x.$$

$1 \leqq 2x \leqq \dfrac{10}{3}$ より,

$$\frac{1}{2} \leqq x \leqq \frac{5}{3}.$$

以下，解答と同じ.

242 考え方

(1) $|z-3i|^2=4|z|^2$ を $|z-\alpha|^2=r^2$ に変形する.

(2) $z=\dfrac{i(w+1)}{w-1}$ を(1)の結果に代入する.

解答

(1) $|z-3i|=2|z|$ より,

$$|z-3i|^2=4|z|^2.$$

$$(z-3i)(\overline{z}+3i)=4|z|^2.$$

$$|z|^2+3iz-3i\overline{z}+9=4|z|^2.$$

$$3|z|^2-3iz+3i\overline{z}-9=0.$$

$$|z|^2-iz+i\overline{z}-3=0.$$

$$(z+i)(\overline{z}-i)=4.$$

$$|z+i|^2=4.$$

よって, $|z+i|=2.$ …①

中心 $-i$，半径２の円.

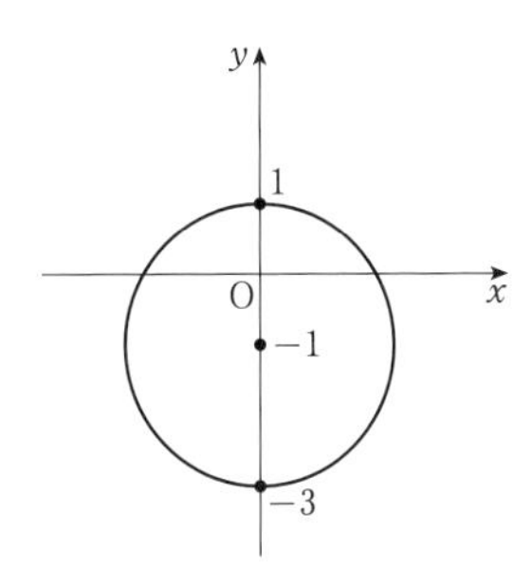

(2)　$w=\dfrac{z+i}{z-i}$ より，

$$w(z-i)=z+i.$$
$$(w-1)z=i(w+1).$$

$w=1$ は不適だから，$w\neq 1$.

よって，　　$z=\dfrac{i(w+1)}{w-1}$.

①に代入して，

$$\left|\frac{i(w+1)}{w-1}+i\right|=2.$$
$$|2iw|=2|w-1|.$$
$$|w|=|w-1|.$$

よって，　**直線 $w=\dfrac{1}{2}$.**

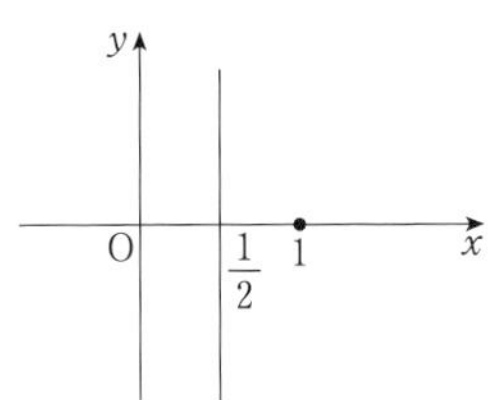

［別解］

(1)　$z=x+yi$（x，y は実数）とおくと，

$$|z-3i|^2=4|z|^2$$

より，

$$|x+(y-3)i|^2=4|x+yi|^2.$$
$$x^2+(y-3)^2=4(x^2+y^2).$$
$$3x^2+3y^2+6y-9=0.$$
$$x^2+y^2+2y-3=0.$$
$$x^2+(y+1)^2=4. \quad \cdots①$$

よって，

中心 $-i$，半径 2 の円.

(2)　$w=\dfrac{z+i}{z-i}$ より，

$$z=\frac{i(w+1)}{w-1}.$$

$w=X+Yi$（X，Y は実数）とおくと，

$$z=\frac{i(X+1+Yi)}{X-1+Yi}$$
$$=\frac{i(X+1+Yi)(X-1-Yi)}{(X-1)^2+Y^2}$$
$$=\frac{2Y+(X^2+Y^2-1)i}{(X-1)^2+Y^2}.$$

よって，

$$x=\frac{2Y}{(X-1)^2+Y^2},$$
$$y=\frac{X^2+Y^2-1}{(X-1)^2+Y^2}=1+\frac{2(X-1)}{(X-1)^2+Y^2}.$$

①に代入して，

$$\left\{\frac{2Y}{(X-1)^2+Y^2}\right\}^2+\left\{2+\frac{2(X-1)}{(X-1)^2+Y^2}\right\}^2=4.$$
$$\frac{4Y^2}{\{(X-1)^2+Y^2\}^2}+\frac{8(X-1)}{(X-1)^2+Y^2}+\frac{4(X-1)^2}{\{(X-1)^2+Y^2\}^2}=0.$$
$$4\{(X-1)^2+Y^2\}+8(X-1)\{(X-1)^2+Y^2\}=0.$$
$$\{(X-1)^2+Y^2\}(2X-1)=0.$$

$(X-1)^2+Y^2\neq 0$ より，

$$X=\frac{1}{2}.$$

243　考え方

(1)　$z=-\dfrac{i(w+1)}{w-1}$ を $|z-1|=1$ に代入する.

(2)　$u=iw+3i-4$ とおくと，

$w=-iu-3-4i$.

これを(1)の結果に代入する.

解答

(1)　$w=\dfrac{z-i}{z+i}$ より，

$$w(z+i)=z-i.$$
$$(w-1)z=-i(w+1).$$

$w=1$ は不適であるから　$w\neq 1$.

よって，　　$z=-\dfrac{i(w+1)}{w-1}$.

$|z-1|=1$ に代入して，

$$\left|-\frac{i(w+1)}{w-1}-1\right|=1.$$

$|i(w+1)+w-1|=|w-1|.$

$|(i+1)w+i-1|^2=|w-1|^2.$

$\{(i+1)w+i-1\}\{(-i+1)\overline{w}-i-1\}=(w-1)(\overline{w}-1).$

$2|w|^2-2iw+2i\overline{w}+2=|w|^2-w-\overline{w}+1.$

$|w|^2+(1-2i)w+(1+2i)\overline{w}+1=0.$

$\{w+1+2i\}\{\overline{w}+(1-2i)\}=4.$

$|w+1+2i|^2=4.$

$|w+1+2i|=2.$ …①

よって，**中心 $-1-2i$，半径 2 の円.**

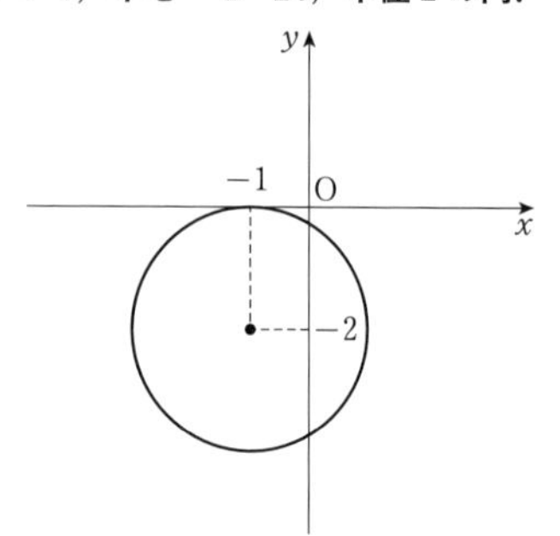

(2) $u=iw+3i-4$ とおくと，

$$w=\frac{1}{i}(u-3i+4)=-i(u-3i+4)$$
$$=-iu-3-4i.$$

① に代入して，

$$|-iu-2-2i|=2.$$
$$|-i(u+2-2i)|=2.$$
$$|-i||u+2-2i|=2.$$
$$|u-(-2+2i)|=2.$$

よって，図より，

$$\boldsymbol{\frac{\pi}{2}\leqq\theta\leqq\pi.}$$

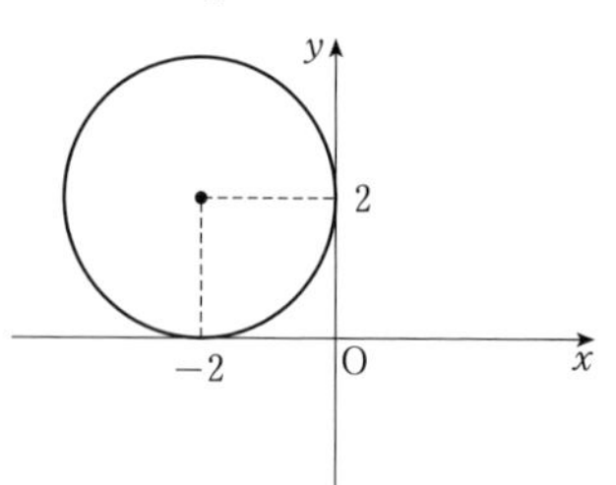

［注］

(2)

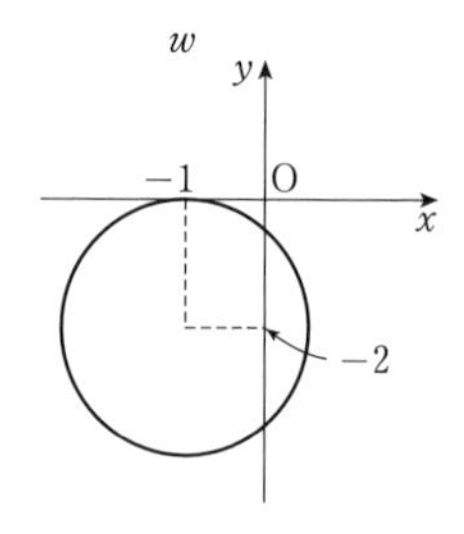

↓ O 中心の $\frac{\pi}{2}$ 回転

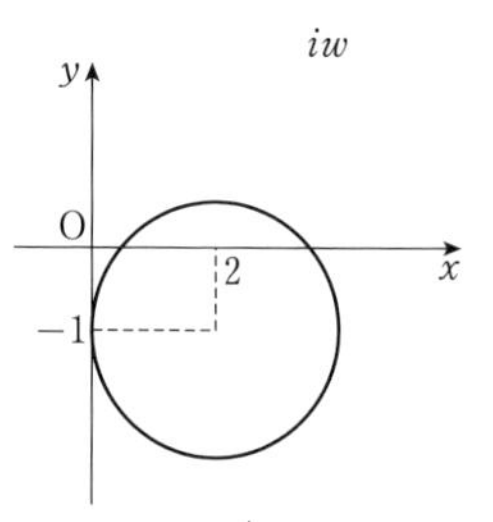

↓ $3i-4$ 平行移動

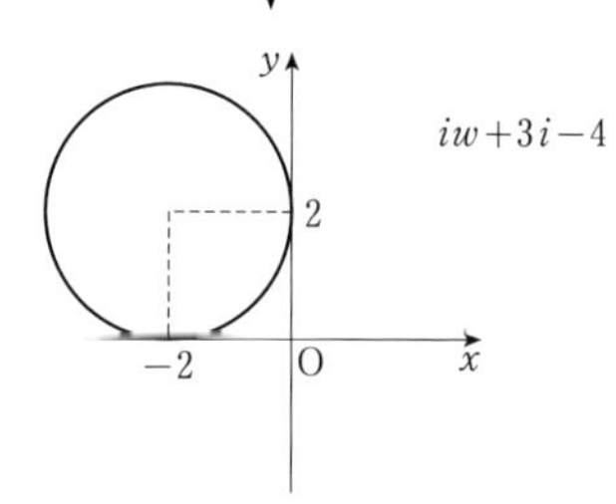

［別解］

(1) $w=\dfrac{z-i}{z+i}$ より，

$$z=-\frac{i(w+1)}{w-1}.$$

$z=x+yi$，$w=X+Yi$（x，y，X，Y は実数）とおくと，

$$x+yi=-\frac{i(X+1+Yi)}{X-1+Yi}$$
$$=-\frac{2Y+(X^2+Y^2-1)i}{(X-1)^2+Y^2}.$$

よって，

$$x=-\frac{2Y}{(X-1)^2+Y^2},$$

$$y=-\frac{X^2+Y^2-1}{(X-1)^2+Y^2}=-1-\frac{2(X-1)}{(X-1)^2+Y^2}.$$

$(x-1)^2+y^2=1$ に代入して，

$$\left\{-1-\frac{2Y}{(X-1)^2+Y^2}\right\}^2+\left\{-1-\frac{2(X-1)}{(X-1)^2+Y^2}\right\}^2=1.$$

$$1+\frac{4Y}{(X-1)^2+Y^2}+\frac{4Y^2}{\{(X-1)^2+Y^2\}^2}$$
$$+\frac{4(X-1)}{(X-1)^2+Y^2}+\frac{4(X-1)^2}{\{(X-1)^2+Y^2\}^2}=0.$$

$$1+\frac{4(X+Y)}{(X-1)^2+Y^2}=0.$$

$$X^2-2X+1+Y^2+4(X+Y)=0.$$
$$X^2+2X+Y^2+4Y+1=0.$$
$$(X+1)^2+(Y+2)^2=4. \quad \cdots②$$

よって，

中心 $-1-2i$，半径 2 の円.

(2) $u=iw+3i-4$ とおくと，

$$w=-iu-3-4i.$$

$u=p+qi$ (p，q は実数) とおくと，

$$X+Yi=-i(p+qi)-3-4i$$
$$=q-3-(p+4)i.$$
$$\begin{cases}X=q-3,\\ Y=-(p+4).\end{cases}$$

② に代入して，

$$(q-2)^2+(-p-2)^2=4.$$
$$(p+2)^2+(q-2)^2=4.$$

よって，u は，

中心 $-2+2i$，半径 2 の円をえがく.

以下，略.

244 考え方

(1) $\dfrac{w-(-2i)}{z-(-2i)}=\dfrac{-1+3i-(-2i)}{1-i-(-2i)}.$

(2) z を w で表して，$|z-(1+i)|=1$ に代入する.

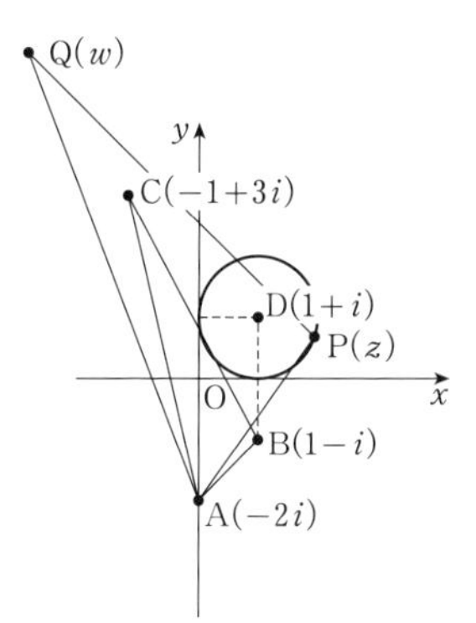

解答

(1) 条件より，

$$\frac{w-(-2i)}{z-(-2i)}=\frac{-1+3i-(-2i)}{1-i-(-2i)}$$
$$=\frac{-1+5i}{1+i}$$
$$=\frac{(-1+5i)(1-i)}{(1+i)(1-i)}$$
$$=2+3i.$$
$$w=-2i+(2+3i)(z+2i).$$

よって，

$$\boldsymbol{w=(2+3i)z-6+2i.}$$

(2) (1) より，

$$(2+3i)z=w+6-2i.$$
$$z=\frac{w+6-2i}{2+3i}.$$

$|z-(1+i)|=1$ に代入して，

$$\left|\frac{w+6-2i}{2+3i}-(1+i)\right|=1.$$
$$|w+6-2i-(1+i)(2+3i)|=|2+3i|.$$
$$|w+7-7i|=\sqrt{13}.$$

よって，

中心 $-7+7i$，半径 $\sqrt{13}$ の円.

[(2) の別解]

$$w=(2+3i)z-6+2i$$
$$=(2+3i)\{z-(1+i)+(1+i)\}-6+2i$$
$$=(2+3i)\{z-(1+i)\}+(2+3i)(1+i)-6+2i$$
$$=(2+3i)\{z-(1+i)\}-7+7i.$$
$$w+7-7i=(2+3i)\{z-(1+i)\}.$$

$|z-(1+i)|=1$ であるから，

$$|w+7-7i|=|(2+3i)\{z-(1+i)\}|$$

$$=|2+3i||z-(1+i)|$$
$$=\sqrt{13}.$$

245 考え方

(1) $(1+2i)(b+i)=a(b-i)$

の実部，虚部を比べる．

(2) $(x+yi)(c+i)=-3+3(1+c)i$

の実部，虚部を比べて，x，y，c の関係式を作り c を消去する．

解答

(1) $1+2i=\dfrac{a(b-i)}{b+i}$ より，

$$(1+2i)(b+i)=ab-ai.$$
$$b-2+(2b+1)i=ab-ai.$$

a，b は実数であるから，

$$\begin{cases} b-2=ab, & \cdots① \\ 2b+1=-a. & \cdots② \end{cases}$$

② より，　$a=-2b-1.$ 　…②′

① に代入して，

$$b-2=-2b^2-b.$$
$$2b^2+2b-2=0.$$
$$b^2+b-1=0.$$
$$b=\frac{-1\pm\sqrt{5}}{2}.$$

②′ より，

$$a=1\mp\sqrt{5}-1=\mp\sqrt{5}.$$

$$\boldsymbol{(a,\ b)=\left(\pm\sqrt{5},\ \frac{-1\mp\sqrt{5}}{2}\right)}\ \text{(複号同順)}.$$

(2) $x+yi=\dfrac{-3+3(1+c)i}{c+i}$ より，

$$(x+yi)(c+i)=-3+3(1+c)i.$$
$$cx-y+(x+cy)i=-3+3(1+c)i.$$

c，x，y は実数であるから，

$$\begin{cases} cx-y=-3, & \cdots③ \\ x+cy=3(1+c). & \cdots④ \end{cases}$$

③ より，　$cx=y-3.$ 　…③′

$x=0$ のとき $y=3$.

これは ④ をみたさない．

$x\neq0$ のとき，$c=\dfrac{y-3}{x}$.

④ に代入して，

$$x+\frac{(y-3)y}{x}=3\left(1+\frac{y-3}{x}\right).$$
$$x^2+y(y-3)=3(x+y-3).$$
$$\left(x-\frac{3}{2}\right)^2+(y-3)^2=\frac{9}{4}.$$

よって，

中心 $\dfrac{3}{2}+3i$　半径 $\dfrac{3}{2}$ の円．

ただし，$3i$ は除く．

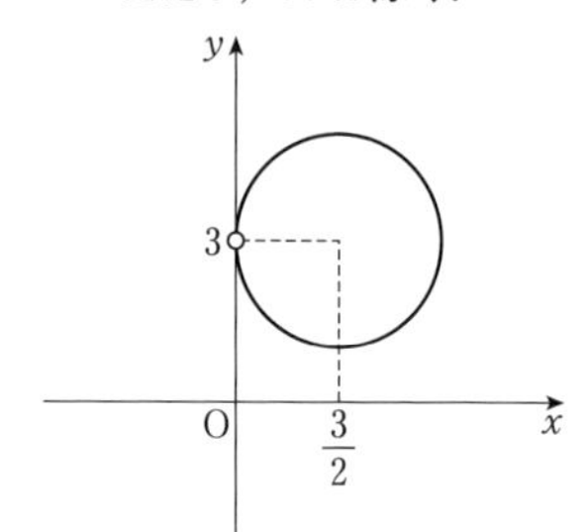

［注］ $z=\dfrac{-3+3(1+c)i}{c+i}$

$$=\frac{\{-3+3(1+c)i\}(c-i)}{(c+i)(c-i)}$$
$$=\frac{3+3(c^2+c+1)i}{c^2+1}$$
$$=\frac{3}{c^2+1}+3\left(1+\frac{c}{c^2+1}\right)i.$$

$c=\tan\dfrac{\theta}{2}$ $(-\pi<\theta<\pi)$ とおくと，

$$x=\frac{3}{c^2+1}=\frac{3}{\tan^2\frac{\theta}{2}+1}$$
$$=3\cos^2\frac{\theta}{2}$$
$$=\frac{3}{2}(1+\cos\theta).$$

$$y=3\left(1+\frac{c}{c^2+1}\right)=3\left(1+\frac{\tan\frac{\theta}{2}}{\tan^2\frac{\theta}{2}+1}\right)$$
$$=3\left(1+\cos\frac{\theta}{2}\sin\frac{\theta}{2}\right)$$
$$=3+\frac{3}{2}\sin\theta.$$

よって，

$$\begin{cases} x=\dfrac{3}{2}+\dfrac{3}{2}\cos\theta, \\ y=3+\dfrac{3}{2}\sin\theta. \end{cases} \quad (-\pi<\theta<\pi)$$

(3)

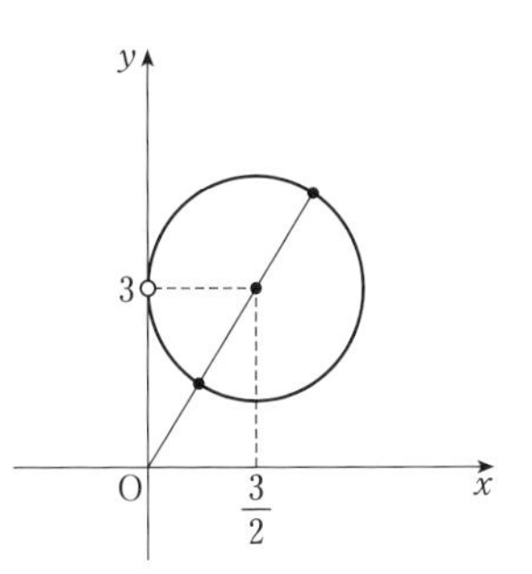

$$\left|\frac{3}{2}+3i\right|=\sqrt{\frac{9}{4}+9}=\frac{3}{2}\sqrt{5}.$$

よって，図より，

最大値 $\dfrac{3}{2}\sqrt{5}+\dfrac{3}{2}$.

最小値 $\dfrac{3}{2}\sqrt{5}-\dfrac{3}{2}$.

［別解］

(1) $1+2i=\dfrac{a(b-i)}{b+i}$

$$=\frac{a(b-i)^2}{b^2+1}$$

$$=\frac{a(b^2-1-2bi)}{b^2+1}.$$

a，b は実数であるから，

$$\begin{cases} \dfrac{a(b^2-1)}{b^2+1}=1, & \cdots① \\ -\dfrac{2ab}{b^2+1}=2. & \cdots② \end{cases}$$

② ÷ ① より，

$$-\frac{2b}{b^2-1}=2.$$

$$b^2+b-1=0.$$

$$b=\frac{-1\pm\sqrt{5}}{2}.$$

② に代入して，

$\boldsymbol{b=\dfrac{-1+\sqrt{5}}{2}}$ **のとき，**$\boldsymbol{a=-\sqrt{5}}$**.**

$\boldsymbol{b=\dfrac{-1-\sqrt{5}}{2}}$ **のとき，**$\boldsymbol{a=\sqrt{5}}$**.**

(2) $x+yi=\dfrac{-3+3(1+c)i}{c+i}$

$$=\frac{3\{-1+(1+c)i\}(c-i)}{c^2+1}$$

$$=\frac{3\{1+(c^2+c+1)i\}}{c^2+1}$$

$$=\frac{3}{c^2+1}+3\left(1+\frac{c}{c^2+1}\right)i.$$

$$\begin{cases} x=\dfrac{3}{c^2+1}, & \cdots㋑ \\ y=3\left(1+\dfrac{c}{c^2+1}\right). & \cdots㋺ \end{cases}$$

$$\left(\frac{x}{3}\right)^2+\left(\frac{y}{3}-1\right)^2=\frac{1+c^2}{(c^2+1)^2}=\frac{1}{c^2+1}=\frac{x}{3}.$$

$$x^2+(y-3)^2=3x.$$

$$\left(x-\frac{3}{2}\right)^2+(y-3)^2=\frac{9}{4}. \quad \cdots㋩$$

$$\frac{dx}{dc}=\frac{-6c}{(c^2+1)^2}.$$

$$\frac{dy}{dc}=\frac{3(c^2+1-2c^2)}{(c^2+1)^2}=\frac{3(1-c^2)}{(c^2+1)^2}.$$

c	$\cdots$	-1	$\cdots$	0	$\cdots$	1	$\cdots$
$\dfrac{dx}{dc}$	$+$	$+$	$+$	0	$-$	$-$	$-$
$\dfrac{dy}{dc}$	$-$	0	$+$	$+$	$+$	0	$-$
$(x,\ y)$	↘	→	↗	↑	↖	←	↙

$c\to\pm\infty$ のとき，

$$x\to 0,\ y\to 3$$

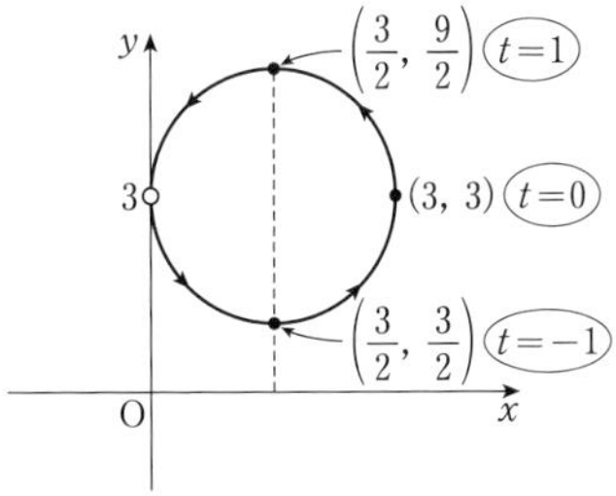

よって，図を得る．

［注］

㋑ より，$c^2 \geqq 0$ であるから，

$$0 < x \leqq 3.$$

㋑，㋺ より，

$$y-3=3cx.$$

$(0,\ 3)$ を通る傾き $3c$ の直線と円 ㋩ との交点を考えると，図を得る．

246 考え方

(1) $|w-2ia|=|a|$，$0<a\leqq 2$ は xy 平面上 2直線 $y=\pm\sqrt{3}\,x$ に接する円である．

解答

(1) $|z-2|\leqq 1$ より，

$$|ia||z-2|\leqq|ia|.$$
$$|iaz-2ia|\leqq|a|.$$
$$|w-2ia|\leqq|a|.$$

$0\leqq a\leqq 2$ で a を変化させると w の存在範囲は図の網目部分．境界を含む．

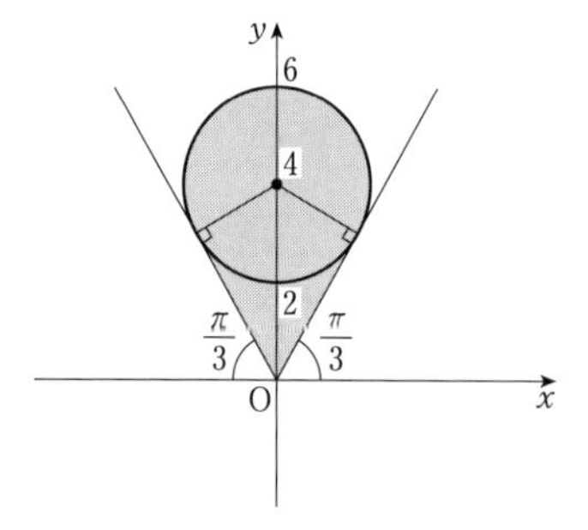

(2) 図より，

$$\boldsymbol{\frac{\pi}{3}\leqq \arg w \leqq \frac{2}{3}\pi.}$$

［注］ $w=iaz$ は O を中心に z を a 倍して $\dfrac{\pi}{2}$ 回転したもの．

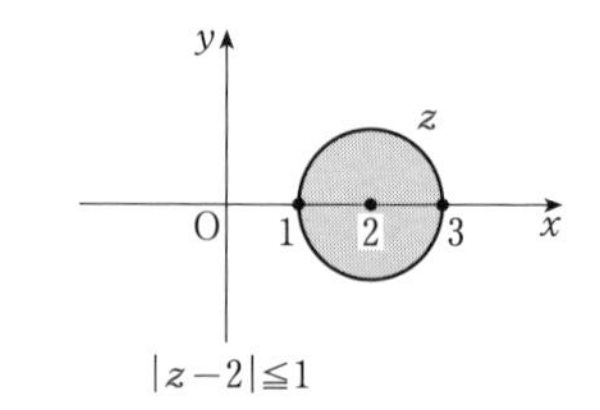

↓ a $(0\leqq a\leqq 2)$ 倍

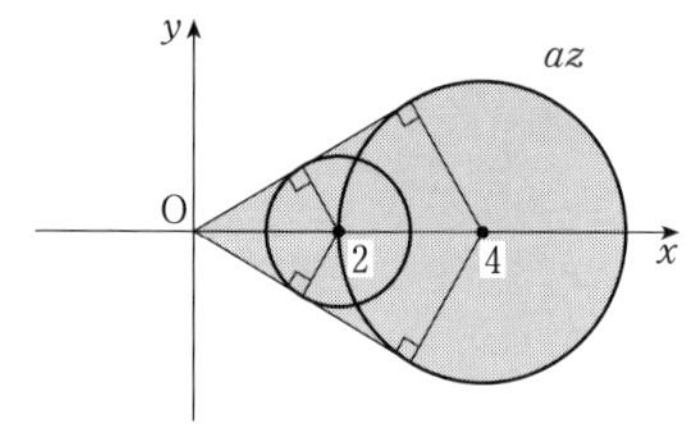

↓ $i=\cos\dfrac{\pi}{2}+i\sin\dfrac{\pi}{2}$ 倍
$\left(\text{O 中心の } \dfrac{\pi}{2} \text{ 回転}\right)$

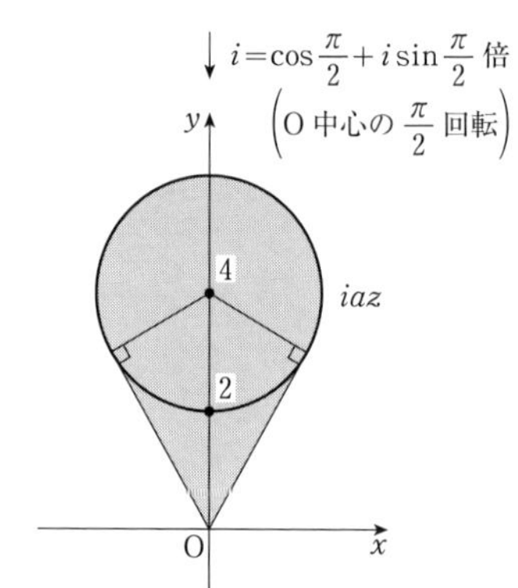

［別解］

(1) $z=x+yi$ (x，y は実数) とおくと，

$$|z-2|\leqq 1$$

より，

$$(x-2)^2+y^2\leqq 1. \qquad \cdots①$$

$w=X+Yi$ (X，Y は実数) とおくと，$w=iaz$ より，

$$X+Yi=ia(x+yi)$$
$$=-ay+axi.$$

$$\begin{cases} X=-ay, \\ Y=ax. \end{cases}$$

$a=0$ のとき，$X=0$，$Y=0$．

$a\neq 0$ のとき，$x=\dfrac{Y}{a}$，$y=\dfrac{-X}{a}$ を ① に

代入して，

$$\left(\frac{Y}{a}-2\right)^2+\left(-\frac{X}{a}\right)^2\leqq 1.$$

$$X^2+(Y-2a)^2\leqq a^2.$$

以下同じ．

247 考え方

$z=\dfrac{w+i}{w-1}$ を $1\leqq|z|\leqq 2$ に代入する．

解答

$w=\dfrac{z+i}{z-1}$ より，

$$(z-1)w=z+i.$$

$$(w-1)z=w+i.$$

$w=1$ は不適だから　$w\neq 1$.

よって，

$$z=\frac{w+i}{w-1}.$$

$1\leqq|z|\leqq 2$ より，

$$1\leqq\left|\frac{w+i}{w-1}\right|\leqq 2.$$

左側より，

$$|w-1|\leqq|w+i|.$$

右側より，

$|w+i|\leqq 2|w-1|$.

$|w+i|^2\leqq 4|w-1|^2$.

$(w+i)(\overline{w}-i)\leqq 4(w-1)(\overline{w}-1)$.

$|w|^2-iw+i\overline{w}+1\leqq 4(|w|^2-w-\overline{w}+1)$.

$3|w|^2+(i-4)w-(i+4)\overline{w}+3\geqq 0$.

$|w|^2+\dfrac{-4+i}{3}w+\dfrac{-4-i}{3}\overline{w}+1\geqq 0$.

$\left(w-\dfrac{4+i}{3}\right)\left(\overline{w}-\dfrac{4-i}{3}\right)\geqq\dfrac{8}{9}$.

$\left|w-\dfrac{4+i}{3}\right|^2\geqq\dfrac{8}{9}$.

$\left|w-\dfrac{4+i}{3}\right|\geqq\dfrac{2\sqrt{2}}{3}$.

よって，$(-i)$，(1) の垂直 2 等分線の (1) 側かつ，中心 $\dfrac{4+i}{3}$，半径 $\dfrac{2\sqrt{2}}{3}$ の円の外側の領域で図の網目部分，境界を含む．

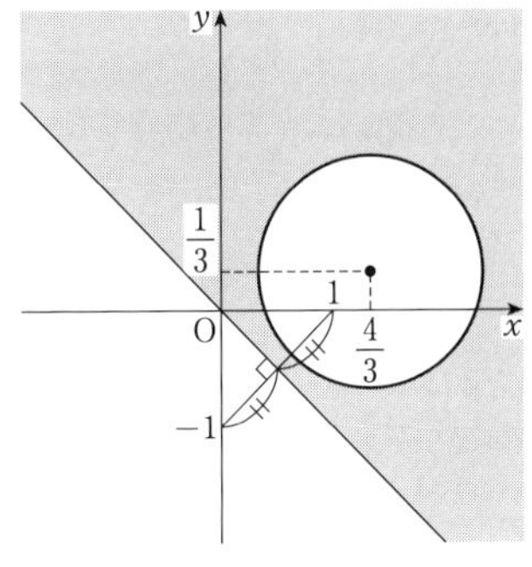

［別解］

$1\leqq\left|\dfrac{w+i}{w-1}\right|\leqq 2$ までは同じ．これより，

$$|w-1|^2\leqq|w+i|^2\leqq 4|w-1|^2.$$

$w=x+yi$（x，y は実数）とおくと，

$|x-1+yi|^2\leqq|x+(y+1)i|^2\leqq 4|x-1+yi|^2$.

$(x-1)^2+y^2\leqq x^2+(y+1)^2\leqq 4\{(x-1)^2+y^2\}$.

左側の不等式より，

$$x^2-2x+1+y^2\leqq x^2+y^2+2y+1.$$

$$-x\leqq y. \quad\cdots ㋑$$

右側の不等式より，

$x^2+y^2+2y+1\leqq 4(x^2-2x+1+y^2)$.

$3x^2-8x+3y^2-2y+3\geqq 0$.

$x^2-\dfrac{8}{3}x+y^2-\dfrac{2}{3}y+1\geqq 0$.

$\left(x-\dfrac{4}{3}\right)^2+\left(y-\dfrac{1}{3}\right)^2\geqq\dfrac{8}{9}. \quad\cdots ㋺$

㋑，㋺ より，図のようになる．

248 考え方

(3)「w が純虚数」$\Longleftrightarrow$「$w=ai$，a は 0 でない実数」．

解答

(1)　$w=x+iy-\dfrac{1}{x+iy}$

$$=x+iy-\frac{x-iy}{x^2+y^2}$$

$$=x\left(1-\frac{1}{x^2+y^2}\right)+iy\left(1+\frac{1}{x^2+y^2}\right).$$

よって，

実部 $\boldsymbol{x\left(1-\dfrac{1}{x^2+y^2}\right)}$，**虚部** $\boldsymbol{y\left(1+\dfrac{1}{x^2+y^2}\right)}$.

(2) $x\left(1-\dfrac{1}{x^2+y^2}\right)>0$ より,

$$x(x^2+y^2-1)>0.$$

よって,

$x>0$ のとき, $x^2+y^2>1$.

$x<0$ のとき, $x^2+y^2<1$.

また, $y\left(1+\dfrac{1}{x^2+y^2}\right)>0$ より,

$$y>0.$$

したがって, 図の網目部分, 境界は含まない.

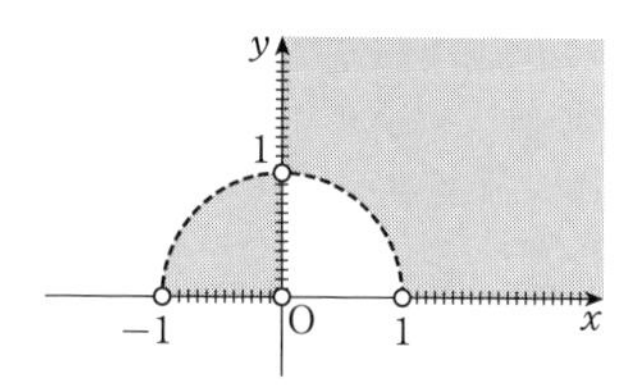

(3) w が純虚数より, $y\neq 0$ かつ,

$$x=0 \quad \text{または} \quad x^2+y^2=1.$$

$x=0$ のとき,

$$w=\frac{y^2+1}{y}i.$$

$|w|\leqq 1$ より,

$$\left|\frac{y^2+1}{y}\right|\leqq 1.$$

$$y^2+1\leqq |y|.$$

$$|y|^2-|y|+1\leqq 0.$$

これは,

$|y|^2-|y|+1=\left(|y|-\dfrac{1}{2}\right)^2+\dfrac{3}{4}>0$ より不成立.

$x^2+y^2=1$ のとき,

$$w=2iy.$$

$|w|\leqq 1$ より,

$$|y|\leqq\frac{1}{2}.$$

よって, 図の太線部分. ± 1 は除く.

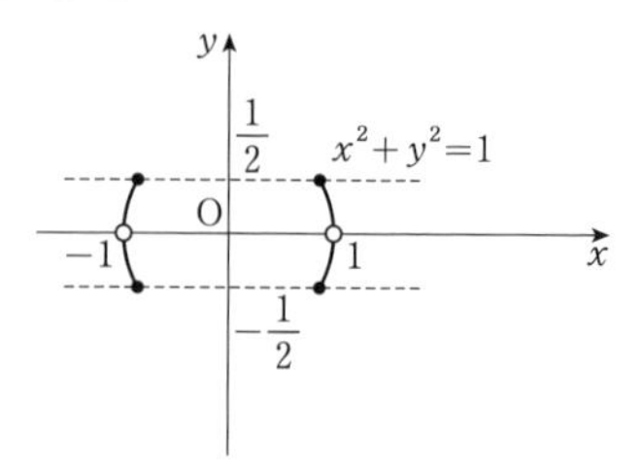

249 考え方

(1) 「z が AB 上」$\Longleftrightarrow$「$z=t+i$, $0\leqq t\leqq 1$」.

「z が BC 上」$\Longleftrightarrow$「$z=1-t+ti$, $0\leqq t\leqq 1$」.

「z が CA 上」$\Longleftrightarrow$「$z=1+ti$, $0\leqq t\leqq 1$」.

解 答

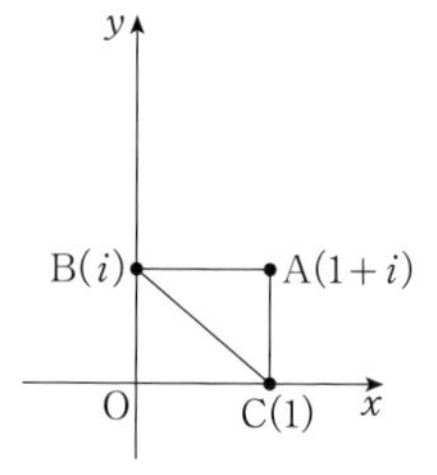

(1) $w=iz^2=x+yi$ (x, y は実数) とする.

(i) z が AB 上のとき.

$$z=t+i \ (0\leqq t\leqq 1)$$

とすると,

$$w=i(t^2-1+2ti)$$
$$=-2t+(t^2-1)i.$$
$$x=-2t, \ y=t^2-1.$$

よって,

$$y=\frac{x^2}{4}-1, \ -2\leqq x\leqq 0.$$

(ii) z が BC 上のとき.

$$z=1-t+ti \ (0\leqq t\leqq 1)$$

とすると,

$$w=i\{(1-t)^2-t^2+2t(1-t)i\}$$
$$=-2t(1-t)+(1-2t)i.$$
$$x=-2t(1-t), \ y=1-2t,$$

よって,

$$x=\frac{1}{2}(y^2-1), \ -1\leqq y\leqq 1.$$

(iii) z が CA 上のとき.

$$z=1+ti \ (0\leqq t\leqq 1)$$

とすると，

$$w=i(1-t^2+2ti)$$
$$=-2t+(1-t^2)i.$$
$$x=-2t,\ y=1-t^2.$$

よって，

$$y=1-\frac{x^2}{4},\ -2\leqq x\leqq 0.$$

(i)，(ii)，(iii) より図の実線部分.

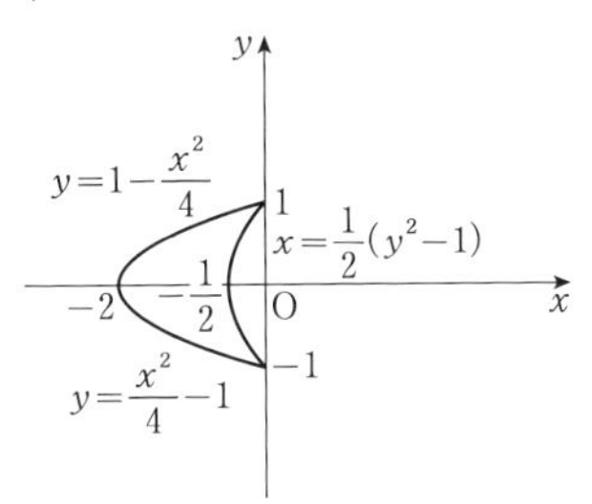

(2) 面積を S とすると，

$$\frac{1}{2}S=\int_{-2}^{0}\left(1-\frac{x^2}{4}\right)dx+\int_0^1\frac{1}{2}(y^2-1)\,dy$$
$$=\left[x-\frac{1}{12}x^3\right]_{-2}^{0}+\frac{1}{2}\left[\frac{y^2}{3}-y\right]_0^1$$
$$=\frac{4}{3}-\frac{1}{3}$$
$$=1.$$

よって，

$$S=2.$$

250 考え方

(1) $z=\frac{1}{2}+\frac{t}{2}i\ (-\sqrt{3}\leqq t\leqq\sqrt{3})$ とすると，

$$w=\frac{2}{1+t^2}-\frac{2t}{1+t^2}i.$$

そこで，$t=\tan\theta\left(-\frac{\pi}{3}\leqq\theta\leqq\frac{\pi}{3}\right)$ とおく.

(2) BC，CA は AB を O(0) を中心に時計まわりに $\frac{2}{3}\pi$，$\frac{4}{3}\pi$ 回転したものである.

解答

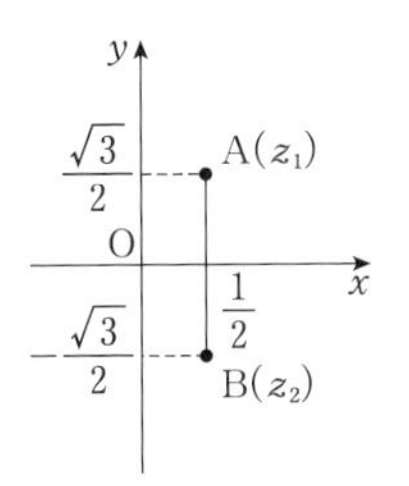

(1) $z=\frac{1}{2}+\frac{t}{2}i\ \left(-\sqrt{3}\leqq t\leqq\sqrt{3}\right)$ とすると

$$w=\frac{1}{\frac{1}{2}+\frac{t}{2}i}=\frac{2(1-ti)}{1+t^2}$$
$$=\frac{2}{1+t^2}-\frac{2t}{1+t^2}i.$$

$t=\tan\theta\left(-\frac{\pi}{3}\leqq\theta\leqq\frac{\pi}{3}\right)$ とおくと，

$$w=\frac{2}{1+\tan^2\theta}-\frac{2\tan\theta}{1+\tan^2\theta}i$$
$$=2\cos^2\theta-2\cos^2\theta\tan\theta i$$
$$=1+\cos 2\theta-\sin 2\theta i.$$
$$=1+\cos(-2\theta)+i\sin(-2\theta)$$

よって，Q が描く曲線は，図の太線部分.

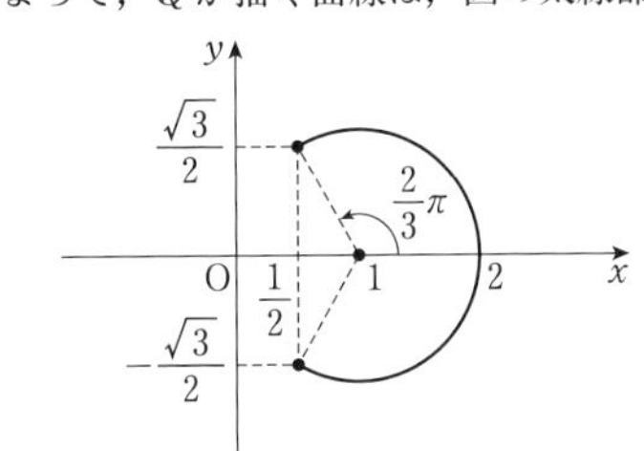

(2)

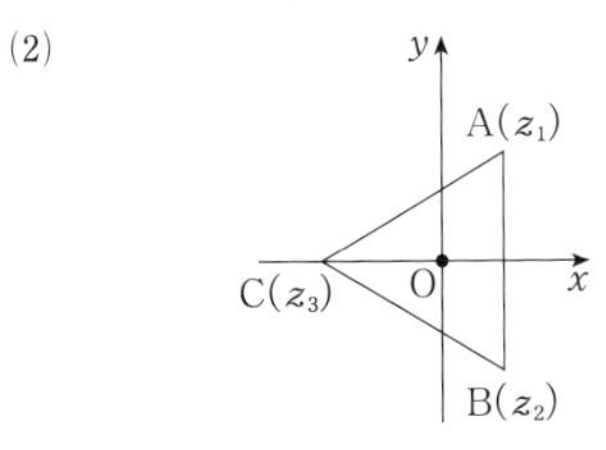

$\alpha=\cos\frac{2}{3}\pi+i\sin\frac{2}{3}\pi$ とすると AC，BC 上の z'，z'' に対し (1) のある z が存在し，$z'=\alpha z$，$z''=\alpha^2 z$. 対応する w を w'，w'' とすると，

$$w'=\frac{1}{z'}=\frac{1}{\alpha z}=\alpha^{-1}w,$$

$$w''=\frac{1}{z''}=\frac{1}{\alpha^2 z}=\alpha^{-2}w.$$

よって，(1)の結果をOを中心に $-\frac{2}{3}\pi$，$-\frac{4}{3}\pi$ 回転したものとあわせて，求める曲線は図の太線のようになる．

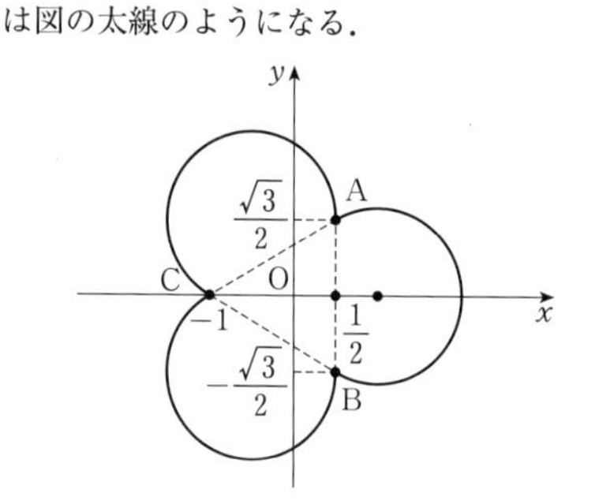

［注］

(1)　$z=\frac{1}{2}+\frac{t}{2}i\ \left(-\sqrt{3}\leqq t\leqq\sqrt{3}\right)$ とする．

$w=x+yi$ (x，y は実数) とおくと，

$$\begin{cases} x=\dfrac{2}{1+t^2}, & \cdots① \\ y=-\dfrac{2t}{1+t^2}. & \cdots② \end{cases}$$

①，② より，

$$y=-tx.$$

$x>0$ より，　$t=-\frac{y}{x}.$　　$\cdots③$

③ を ① に代入して，

$$x=\frac{2}{1+\frac{y^2}{x^2}}=\frac{2x^2}{x^2+y^2}.$$

$$x(x^2+y^2)=2x^2.$$

$x\neq 0$ より，

$$x^2+y^2=2x.$$

$$(x-1)^2+y^2=1. \quad \cdots④$$

ここで，

$$\frac{dx}{dt}=\frac{-4t}{(1+t^2)^2}.$$

$$\frac{dy}{dt}=-2\frac{1+t^2-2t^2}{(1+t^2)^2}$$

$$=\frac{2(t^2-1)}{(1+t^2)^2}.$$

t	$-\sqrt{3}$	$\cdots$	-1	$\cdots$	0	$\cdots$	1	$\cdots$	$\sqrt{3}$
$\frac{dx}{dt}$		$+$	$+$	$+$	0	$-$	$-$	$-$	
$\frac{dy}{dt}$		$+$	0	$-$	$-$	$-$	0	$+$	
$(x,\ y)$		↗	→	↘	↓	↙	←	↖	

よって，図のようになる．

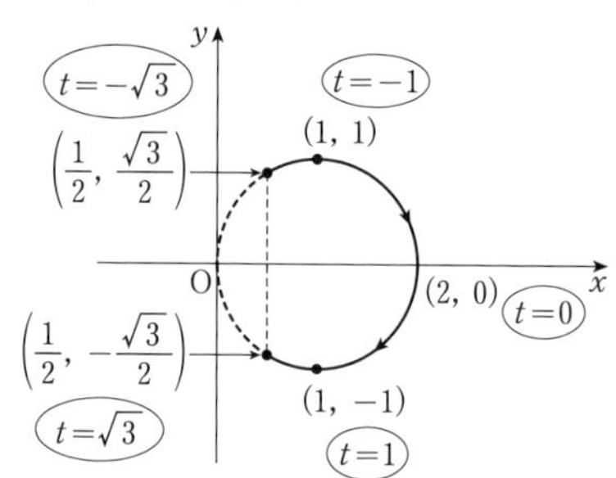

［**注の注**］　$-\sqrt{3}\leqq t\leqq\sqrt{3}$ であるから ③ より，

$$-\sqrt{3}\leqq-\frac{y}{x}\leqq\sqrt{3}.$$

$x>0$ より，

$$-\sqrt{3}\,x\leqq y\leqq\sqrt{3}\,x. \quad \cdots⑤$$

したがって，求める曲線は

④ かつ ⑤

としてもよい．

(2)　P が CA 上のとき，

$$z=-(1-t)+t\left(\frac{1}{2}+\frac{\sqrt{3}}{2}i\right)\quad 0\leqq t\leqq 1$$

とおける．このとき，

$$w=\frac{1}{\frac{3t-2}{2}+\frac{\sqrt{3}}{2}ti}=\frac{\frac{3t-2}{2}-\frac{\sqrt{3}}{2}ti}{\frac{(3t-2)^2}{4}+\frac{3}{4}t^2}$$

$$=\frac{\frac{3t-2}{2}-\frac{\sqrt{3}}{2}ti}{3t^2-3t+1}$$

$$=\frac{2(3t-2)}{12\left(t-\frac{1}{2}\right)^2+1}-\frac{2\sqrt{3}\,t}{12\left(t-\frac{1}{2}\right)^2+1}i.$$

$$t-\frac{1}{2}=\frac{1}{2\sqrt{3}}\tan\theta\ \left(-\frac{\pi}{3}\leqq\theta\leqq\frac{\pi}{3}\right)$$

とおくと，

$$w=\frac{\sqrt{3}\tan\theta-1}{\tan^2\theta+1}-\frac{\tan\theta+\sqrt{3}}{\tan^2\theta+1}i$$

$$=\sqrt{3}\cos\theta\sin\theta-\cos^2\theta-\left(\sin\theta\cos\theta+\sqrt{3}\cos^2\theta\right)i$$

$$=\frac{\sqrt{3}}{2}\sin2\theta-\frac{1}{2}(1+\cos2\theta)-\left\{\frac{1}{2}\sin2\theta+\frac{\sqrt{3}}{2}(1+\cos2\theta)\right\}i$$

$$=-\frac{1}{2}-\cos\left(2\theta+\frac{\pi}{3}\right)-\left\{\frac{\sqrt{3}}{2}+\sin\left(2\theta+\frac{\pi}{3}\right)\right\}i.$$

P が BC 上のとき，

CA 上のときを実軸に関して対称移動して

$$w=-\frac{1}{2}-\cos\left(2\theta+\frac{\pi}{3}\right)+\left\{\frac{\sqrt{3}}{2}+\sin\left(2\theta+\frac{\pi}{3}\right)\right\}i.$$

これより，図を得る．

［**別解**］

(1)　$w=\frac{1}{z}$ より，$z=\frac{1}{w}$.

$z=X+Yi$ (X, Y は実数，$(X,\ Y)\neq(0,\ 0)$)

$w=x+yi$ (x, y は実数，$(x,\ y)\neq(0,\ 0)$)

とおくと，

$$X+Yi=\frac{1}{x+yi}=\frac{x-yi}{x^2+y^2}.$$

よって，

$$\begin{cases} X=\dfrac{x}{x^2+y^2}, & \cdots① \\ Y=\dfrac{-y}{x^2+y^2}. & \cdots② \end{cases}$$

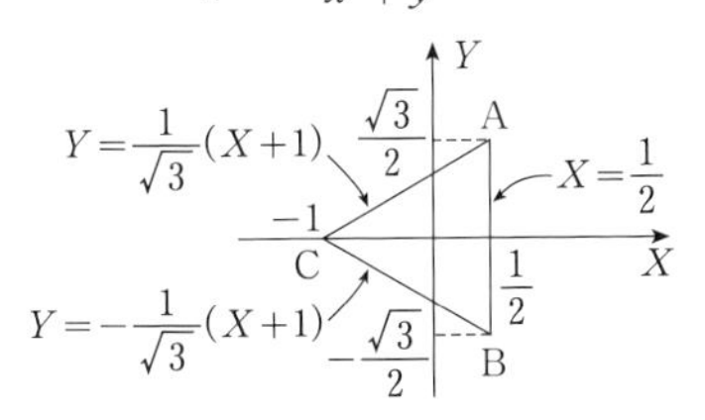

P が線分 AB 上を動くとき，

$$\begin{cases} X=\dfrac{1}{2}, & \cdots③ \\ -\dfrac{\sqrt{3}}{2}\leqq Y\leqq\dfrac{\sqrt{3}}{2}. & \cdots④ \end{cases}$$

① を ② に代入して，

$$\frac{x}{x^2+y^2}=\frac{1}{2}.$$

$$x^2+y^2=2x. \quad \cdots⑤$$

$$(x-1)^2+y^2=1. \quad \cdots⑤'$$

②，⑤ より，

$$Y=-\frac{y}{2x}.$$

④ より，

$$-\frac{\sqrt{3}}{2}\leqq-\frac{y}{2x}\leqq\frac{\sqrt{3}}{2}.$$

⑤ より，$2x>0$ であるから，

$$-\sqrt{3}x\leqq-y\leqq\sqrt{3}x.$$

$$\sqrt{3}x\geqq y\geqq-\sqrt{3}x. \quad \cdots④'$$

④′，⑤′ より，Q が描く曲線は，図の太線部分．

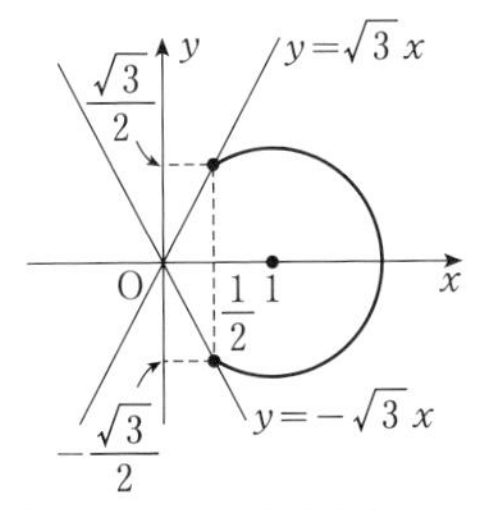

(2)　P が線分 BC 上を動くとき，

$$\begin{cases} Y=-\dfrac{1}{\sqrt{3}}(X+1), & \cdots⑥ \\ -\dfrac{\sqrt{3}}{2}\leqq Y\leqq0. & \cdots⑦ \end{cases}$$

①，② を ⑥ に代入して，

$$\frac{-y}{x^2+y^2}=-\frac{1}{\sqrt{3}}\left(\frac{x}{x^2+y^2}+1\right).$$

$$\sqrt{3}y=x+x^2+y^2.$$

$$x^2+y^2=\sqrt{3}y-x. \quad \cdots⑧$$

$$\left(x+\frac{1}{2}\right)^2+\left(y-\frac{\sqrt{3}}{2}\right)^2=1. \quad \cdots⑧'$$

②，⑧ より，

$$Y=-\frac{y}{\sqrt{3}y-x}.$$

⑦ より，

$$-\frac{\sqrt{3}}{2}\leqq-\frac{y}{\sqrt{3}y-x}\leqq0.$$

⑧ より，$\sqrt{3}y-x>0$ であるから，

$$-\frac{\sqrt{3}}{2}\left(\sqrt{3}y-x\right)\leqq-y\leqq0.$$

$$\frac{3}{2}y-\frac{\sqrt{3}}{2}x \geqq y \geqq 0.$$

よって，

$$y \geqq 0 \text{ かつ } y \geqq \sqrt{3}\,x. \qquad \cdots⑦'$$

Pが線分CA上を動くとき，

$$\begin{cases} Y=\dfrac{1}{\sqrt{3}}(x+1), & \cdots⑨ \\ 0 \leqq Y \leqq \dfrac{\sqrt{3}}{2}. & \cdots⑩ \end{cases}$$

①，② を ⑨ に代入して，

$$\frac{-y}{x^2+y^2}=\frac{1}{\sqrt{3}}\left(\frac{x}{x^2+y^2}+1\right).$$

$$-\sqrt{3}\,y=x+x^2+y^2.$$

$$x^2+y^2=-x-\sqrt{3}\,y. \qquad \cdots⑪$$

$$\left(x+\frac{1}{2}\right)^2+\left(y+\frac{\sqrt{3}}{2}\right)^2=1. \qquad \cdots⑪'$$

②，⑪ より，

$$Y=\frac{y}{x+\sqrt{3}\,y}.$$

⑩ より，

$$0 \leqq \frac{y}{x+\sqrt{3}\,y} \leqq \frac{\sqrt{3}}{2}.$$

⑪ より，$x+\sqrt{3}\,y<0$ であるから，

$$0 \geqq y \geqq \frac{\sqrt{3}}{2}(x+\sqrt{3}\,y).$$

よって，

$$y \leqq 0 \text{ かつ } y \leqq -\sqrt{3}\,x. \qquad \cdots⑩'$$

(1)の結果と ⑦′，⑧′，⑩′，⑪′ より，求める曲線は図の太線部分.

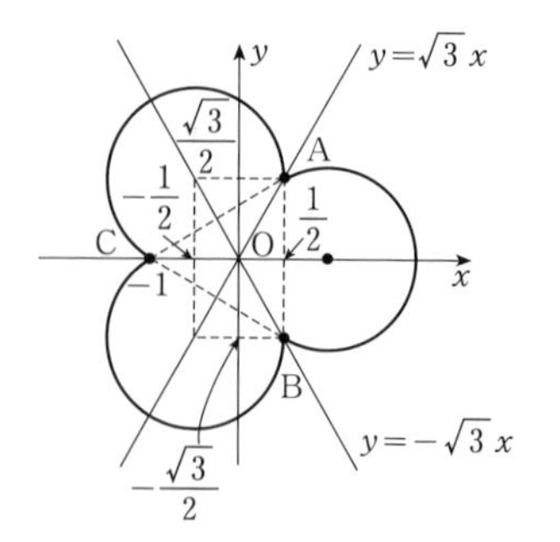

［注］ Pが線分CA上を動く場合は，線分BC上を動く場合を X 軸（x 軸）に関して対称移動してもよい.

251 考え方

(1) 実数解を $z=t$ として ① に代入し，α を t で表す.

(2) $z=\cos\theta+i\sin\theta$ $(0 \leqq \theta < 2\pi)$ を ① に代入し，α を θ で表す.

また，

$$\beta=\left(\cos\frac{\pi}{4}+i\sin\frac{\pi}{4}\right)\alpha$$

である.

解答

(1) 実数解を $z=t$ とすると ① より，

$$t^2-\alpha t+2i=0.$$

$$\alpha t=t^2+2i.$$

$t=0$ は不適より $t \neq 0$ であるから，

$$\alpha=t+\frac{2}{t}i.$$

$\alpha=x+yi$（x，y は実数）とすると，

$$\begin{cases} x=t, \\ y=\dfrac{2}{t}. \end{cases}$$

よって，

$$\boldsymbol{xy=2.}$$

t は 0 以外のすべての実数をとるので，次の図のような双曲線を描く.

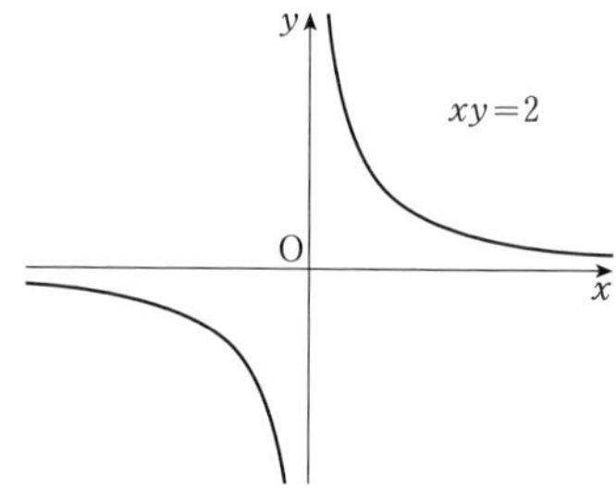

(2) ① の解を

$$z=\cos\theta+i\sin\theta \quad (0 \leqq \theta < 2\pi)$$

とおくと，① に代入して，

$$\cos 2\theta+i\sin 2\theta-\alpha(\cos\theta+i\sin\theta)+2i=0.$$

$$(\cos\theta+i\sin\theta)\alpha=\cos 2\theta+(\sin 2\theta+2)i.$$

$$\alpha=\frac{\cos 2\theta+(\sin 2\theta+2)i}{\cos\theta+i\sin\theta}$$

$$=\frac{\{\cos 2\theta+(\sin 2\theta+2)i\}(\cos\theta-i\sin\theta)}{(\cos\theta+i\sin\theta)(\cos\theta-i\sin\theta)}$$

$$=\frac{\{\cos 2\theta\cos\theta+(\sin 2\theta+2)\sin\theta\}+\{(\sin 2\theta+2)\cos\theta-\cos 2\theta\sin\theta\}i}{\cos^2\theta+\sin^2\theta}$$

$$=\cos(2\theta-\theta)+2\sin\theta+\{\sin(2\theta-\theta)+2\cos\theta\}i$$
$$=\cos\theta+2\sin\theta+(\sin\theta+2\cos\theta)i.$$

$$\beta=\left(\cos\frac{\pi}{4}+i\sin\frac{\pi}{4}\right)\alpha$$
$$=\frac{1}{\sqrt{2}}(1+i)\{\cos\theta+2\sin\theta+(\sin\theta+2\cos\theta)i\}$$
$$=\frac{1}{\sqrt{2}}\{\sin\theta-\cos\theta+3(\sin\theta+\cos\theta)i\}.$$

$\beta=x+yi$（x，y は実数）とすると，

$$x=\frac{1}{\sqrt{2}}(\sin\theta-\cos\theta)$$
$$=-\left(\cos\theta\cos\frac{\pi}{4}-\sin\theta\sin\frac{\pi}{4}\right)$$
$$=-\cos\left(\theta+\frac{\pi}{4}\right).$$
$$y=\frac{3}{\sqrt{2}}(\sin\theta+\cos\theta)$$
$$=3\left(\sin\theta\cos\frac{\pi}{4}+\cos\theta\sin\frac{\pi}{4}\right)$$
$$=3\sin\left(\theta+\frac{\pi}{4}\right).$$

よって，

$$\boldsymbol{x^2+\frac{y^2}{9}=1.}$$

$0\leqq\theta<2\pi$ であるから，次の図のような楕円を描く．

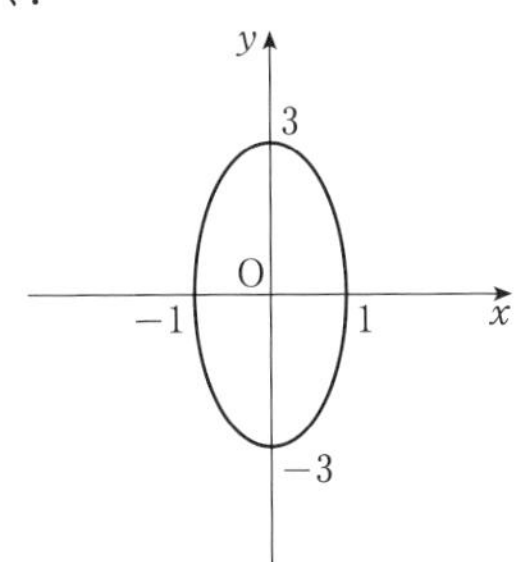

252 考え方

(1) 条件より，

$$|z||w|=1,\quad z=kw\ (k>0).$$

(2)
$$|z-(1-i)|=\sqrt{2}$$

に $z=\dfrac{1}{\overline{w}}$ を代入する．

(3)
$$|z-\beta|=r$$

に $z=\dfrac{1}{\overline{w}}$ を代入する．

解答

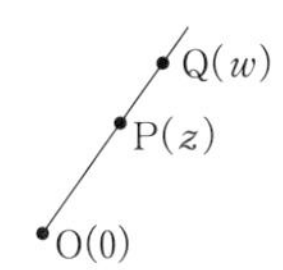

(1) O を端とする半直線 OP 上に Q があるから，

$$z=kw\ (k>0)$$

とおける．このとき，OP・OQ=1 より，

$$|w||z|=1$$

であるから，

$$|w||kw|=1.$$
$$k|w|^2=1.$$
$$k=\frac{1}{|w|^2}.$$

よって，$|w|^2=w\overline{w}$ より，

$$z=\frac{1}{|w|^2}w=\boldsymbol{\frac{1}{\overline{w}}}.$$

(2)
$$|z-(1-i)|=\sqrt{2}$$

に $z=\dfrac{1}{\overline{w}}$ を代入して，

$$\left|\frac{1}{\overline{w}}-(1-i)\right|=\sqrt{2}.$$
$$\left|\frac{1-(1-i)\overline{w}}{\overline{w}}\right|=\sqrt{2}.$$
$$|1-(1-i)\overline{w}|=\sqrt{2}\,|\overline{w}|.\qquad\cdots①$$
$$\left|(1-i)\left(\frac{1}{1-i}-\overline{w}\right)\right|=\sqrt{2}\,|\overline{w}|.$$
$$|1-i|\left|\frac{1}{1-i}-\overline{w}\right|=\sqrt{2}\,|\overline{w}|.$$
$$\sqrt{2}\left|\frac{1+i}{2}-\overline{w}\right|=\sqrt{2}\,|\overline{w}|.$$
$$\left|\overline{w}-\frac{1+i}{2}\right|=|\overline{w}|.$$
$$\left|w-\frac{1-i}{2}\right|=|w|.$$

よって，Q の軌跡は原点 O と点 $\dfrac{1-i}{2}$ を結ぶ線分の垂直 2 等分線である．

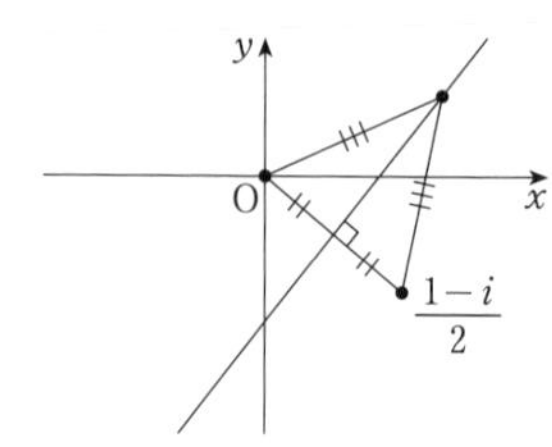

［注］ ① より，

$$|1-(1-i)\overline{w}|^2=2|\overline{w}|^2.$$

$w=x+yi$（x，y は実数）とおくと，

$$1-(1-i)\overline{w}=1-(1-i)(x-yi)$$
$$=1-(x-y)+(x+y)i$$

であるから，

$$\{1-(x-y)\}^2+(x+y)^2=2(x^2+y^2).$$
$$1-2(x-y)+(x-y)^2+(x+y)^2=2(x^2+y^2).$$
$$y=x-\frac{1}{2}.$$

(3) $$|z-\beta|=r$$

に $z=\dfrac{1}{w}$ を代入して，

$$\left|\frac{1}{\overline{w}}-\beta\right|=r.$$
$$\left|\frac{1}{\overline{w}}-\beta\right|^2=r^2.$$
$$\left(\frac{1}{\overline{w}}-\beta\right)\left(\frac{1}{w}-\overline{\beta}\right)=r^2.$$
$$\frac{1}{\overline{w}w}-\frac{\overline{\beta}}{\overline{w}}-\frac{\beta}{w}+\beta\overline{\beta}=r^2.$$
$$1-\overline{\beta}w-\beta\overline{w}+\beta\overline{\beta}w\overline{w}=r^2w\overline{w}.$$
$$(r^2-|\beta|^2)|w|^2+\overline{\beta}w+\beta\overline{w}-1=0. \quad \cdots②$$

$r^2-|\beta|^2\neq 0$ であるから，

$$|w|^2+\frac{\overline{\beta}}{r^2-|\beta|^2}w+\frac{\beta}{r^2-|\beta|^2}\overline{w}-\frac{1}{r^2-|\beta|^2}=0.$$
$$\left(w+\frac{\beta}{r^2-|\beta|^2}\right)\left(\overline{w}+\frac{\overline{\beta}}{r^2-|\beta|^2}\right)$$
$$=\frac{1}{r^2-|\beta|^2}+\frac{|\beta|^2}{(r^2-|\beta|^2)^2}.$$
$$\left|w+\frac{\beta}{r^2-|\beta|^2}\right|^2=\frac{r^2}{(r^2-|\beta|^2)^2}.$$
$$\left|w-\frac{\beta}{|\beta|^2-r^2}\right|=\frac{r}{||\beta|^2-r^2|}.$$

よって，Q の軌跡は，$\dfrac{\beta}{|\beta|^2-r^2}$ を中心とする半径 $\dfrac{r}{||\beta|^2-r^2|}$ の円周である．

［注］ $w=x+yi$（x，y は実数），$\beta=a+bi$（a，b は実数）とおくと，② より，

$$(r^2-a^2-b^2)(x^2+y^2)+(a-bi)(x+yi)$$
$$+(a+bi)(x-yi)-1=0.$$
$$(r^2-a^2-b^2)(x^2+y^2)+ax+by+(-bx+ay)i$$
$$+ax+by+(bx-ay)i-1=0.$$
$$(r^2-a^2-b^2)(x^2+y^2)+2ax+2by-1=0.$$

$r^2-a^2-b^2\neq 0$ より，

$$x^2+y^2+\frac{2a}{r^2-a^2-b^2}x+\frac{2b}{r^2-a^2-b^2}y$$
$$-\frac{1}{r^2-a^2-b^2}=0.$$
$$\left(x+\frac{a}{r^2-a^2-b^2}\right)^2+\left(y+\frac{b}{r^2-a^2-b^2}\right)^2$$
$$=\frac{1}{r^2-a^2-b^2}+\frac{a^2+b^2}{(r^2-a^2-b^2)^2}.$$
$$\left(x-\frac{a}{a^2+b^2-r^2}\right)^2+\left(y-\frac{b}{a^2+b^2-r^2}\right)^2$$
$$=\frac{r^2}{(a^2+b^2-r^2)^2}.$$

第6章　ベクトルと図形

21　平面ベクトル

253 考え方

(1)　3点A，P，Dが同一直線上

$$\iff \overrightarrow{\mathrm{PD}}=k\overrightarrow{\mathrm{PA}}\ (k\text{は実数}).$$

(2)，(3)　O，A，Bが同一直線上にないとき，線分AB上の点Cと自然数m，nに対し，
AC：CB$=m:n$

$$\iff \overrightarrow{\mathrm{OC}}=\frac{1}{m+n}(n\overrightarrow{\mathrm{OA}}+m\overrightarrow{\mathrm{OB}}).$$

(4)

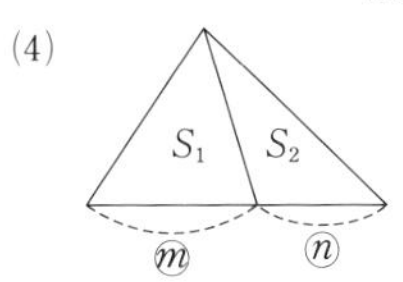

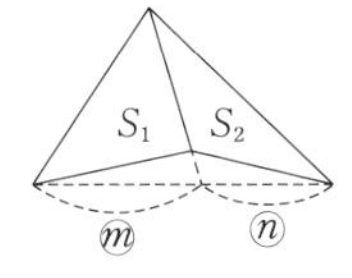

図において，

$$S_1:S_2=m:n.$$

解答

(1)

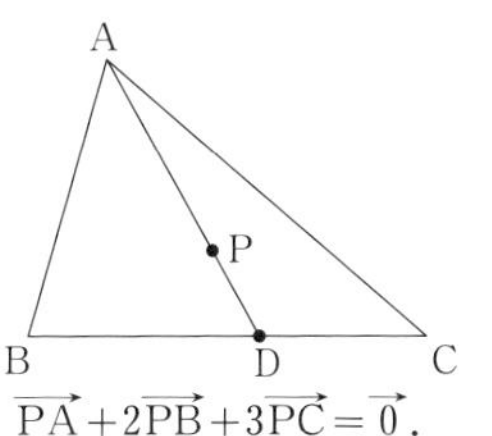

$$\overrightarrow{\mathrm{PA}}+2\overrightarrow{\mathrm{PB}}+3\overrightarrow{\mathrm{PC}}=\vec{0}. \qquad \cdots①$$

3点A，P，Dは一直線上にあるから，

$$\overrightarrow{\mathrm{PD}}=k\overrightarrow{\mathrm{PA}}\ (k\text{は実数})$$

とおける．①より，

$$\overrightarrow{\mathrm{PD}}=k(-2\overrightarrow{\mathrm{PB}}-3\overrightarrow{\mathrm{PC}})$$
$$=-2k\overrightarrow{\mathrm{PB}}-3k\overrightarrow{\mathrm{PC}}. \qquad \cdots②$$

また，点Dは辺BC上の点であるから，tを実数として，

$$\overrightarrow{\mathrm{PD}}=t\overrightarrow{\mathrm{PB}}+(1-t)\overrightarrow{\mathrm{PC}} \qquad \cdots③$$

とおける．$\overrightarrow{\mathrm{PB}}\neq\vec{0}$，$\overrightarrow{\mathrm{PC}}\neq\vec{0}$ かつ $\overrightarrow{\mathrm{PB}}$，$\overrightarrow{\mathrm{PC}}$ は平行でないから②，③より，

$$t=-2k,\ 1-t=-3k.$$

よって，

$$k=-\frac{1}{5},\ t=\frac{2}{5}.$$

したがって，

$$\mathbf{\overrightarrow{PD}=\frac{2}{5}\overrightarrow{PB}+\frac{3}{5}\overrightarrow{PC}.}$$

［注］　$\overrightarrow{\mathrm{PA}}+2\overrightarrow{\mathrm{PB}}+3\overrightarrow{\mathrm{PC}}=\vec{0}.$

$$2\overrightarrow{\mathrm{PB}}+3\overrightarrow{\mathrm{PC}}=-\overrightarrow{\mathrm{PA}}.$$

$$\frac{1}{5}(2\overrightarrow{\mathrm{PB}}+3\overrightarrow{\mathrm{PC}})=-\frac{1}{5}\overrightarrow{\mathrm{PA}}.$$

$\overrightarrow{\mathrm{PX}}=\dfrac{1}{5}(2\overrightarrow{\mathrm{PB}}+3\overrightarrow{\mathrm{PC}})$ とすると，

$$\overrightarrow{\mathrm{PX}}=-\frac{1}{5}\overrightarrow{\mathrm{PA}}.$$

Xは直線APと辺BC上の点であるから X=D.

よって，

$$\mathbf{\overrightarrow{PD}=\frac{1}{5}(2\overrightarrow{PB}+3\overrightarrow{PC}).}$$

(2)

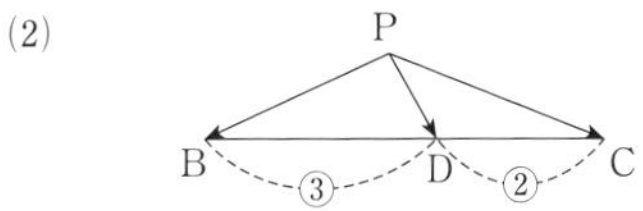

(1)より，

BD：DC＝3：2.

(3)　(1)より，

$$\overrightarrow{\mathrm{PD}}=-\frac{1}{5}\overrightarrow{\mathrm{PA}}.$$

よって，

AP：PD＝5：1.

(4)

$$\triangle\mathbf{ABP}=5\triangle\mathrm{BPD}=\mathbf{15},$$

$$\triangle\mathrm{CPD}=\frac{2}{3}\triangle\mathrm{BPD}=2.$$

よって，

$$\triangle\mathbf{BCP}=\triangle\mathrm{BPD}+\triangle\mathrm{CPD}=\mathbf{5}.$$

また，

$$\triangle\mathbf{CAP}=\frac{2}{3}\triangle\mathrm{ABP}=\mathbf{10}.$$

254 考え方

(1)　点Pは直線ACにあるから，

$$\overrightarrow{\mathrm{AP}}=k\overrightarrow{\mathrm{AC}}\ (k\text{は実数}),$$

直線BD上にあるから，

$$\overrightarrow{\mathrm{AP}}=t\overrightarrow{\mathrm{AB}}+(1-t)\overrightarrow{\mathrm{AD}}\ (t\text{ は実数})$$

とおける．

(2)　点 P が直線 EF 上

$$\iff \overrightarrow{\mathrm{EP}}=k\overrightarrow{\mathrm{EF}}\ (k\text{ は実数}).$$

解答

(1)

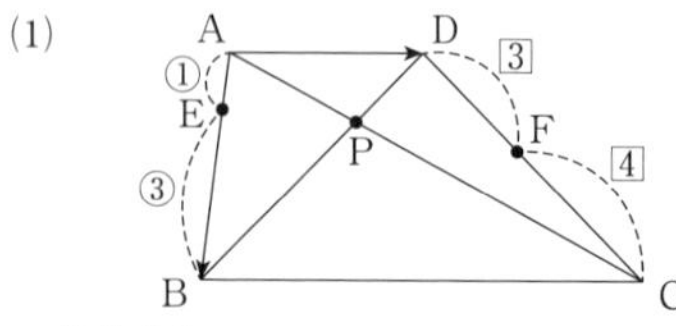

条件より，

$$\overrightarrow{\mathrm{AE}}=\frac{1}{4}\vec{a}.$$

$$\overrightarrow{\mathrm{BC}}=2\vec{b}.$$

$$\overrightarrow{\mathrm{AC}}=\overrightarrow{\mathrm{AB}}+\overrightarrow{\mathrm{BC}}=\vec{a}+2\vec{b}.$$

点 F は辺 CD を 4：3 に内分する点であるから，

$$\overrightarrow{\mathrm{AF}}=\frac{1}{7}(4\overrightarrow{\mathrm{AD}}+3\overrightarrow{\mathrm{AC}})=\frac{1}{7}\{4\vec{b}+3(\vec{a}+2\vec{b})\}=\boldsymbol{\frac{1}{7}(3\vec{a}+10\vec{b})}.$$

点 P は直線 AC 上の点であるから，

$\overrightarrow{\mathrm{AP}}=k\overrightarrow{\mathrm{AC}}=k\vec{a}+2k\vec{b}$ (k は実数) …①

とおける．

また，点 P は直線 BD 上の点であるから，

$\overrightarrow{\mathrm{AP}}=t\vec{a}+(1-t)\vec{b}$ (t は実数) …②

とおける．

$\vec{a}\neq\vec{0}$，$\vec{b}\neq\vec{0}$ かつ $\vec{a}$，$\vec{b}$ は平行でないから ①，② より，

$$k=t,\ 2k=1-t.$$

$$k=t=\frac{1}{3}.$$

よって，

$$\boldsymbol{\overrightarrow{\mathrm{AP}}=\frac{1}{3}(\vec{a}+2\vec{b})}.$$

[注]　AD∥BC より，

$$\triangle\mathrm{PAD}\backsim\triangle\mathrm{PCB}.$$

よって，

$$\mathrm{PA}:\mathrm{PC}=\mathrm{AD}:\mathrm{CB}=1:2.$$

したがって，

$$\overrightarrow{\mathrm{AP}}=\frac{1}{3}\overrightarrow{\mathrm{AC}}=\boldsymbol{\frac{1}{3}(\vec{a}+2\vec{b})}.$$

(2)　(1) より，

$$\overrightarrow{\mathrm{EP}}=\overrightarrow{\mathrm{AP}}-\overrightarrow{\mathrm{AE}}=\frac{1}{3}\vec{a}+\frac{2}{3}\vec{b}-\frac{1}{4}\vec{a}=\frac{1}{12}(\vec{a}+8\vec{b}).$$

$$\overrightarrow{\mathrm{EF}}=\overrightarrow{\mathrm{AF}}-\overrightarrow{\mathrm{AE}}=\frac{1}{7}(3\vec{a}+10\vec{b})-\frac{1}{4}\vec{a}=\frac{1}{28}(5\vec{a}+40\vec{b})=\frac{5}{28}(\vec{a}+8\vec{b}).$$

すなわち，

$$\overrightarrow{\mathrm{EP}}=\frac{1}{12}\cdot\frac{28}{5}\overrightarrow{\mathrm{EF}}=\frac{7}{15}\overrightarrow{\mathrm{EF}}.$$

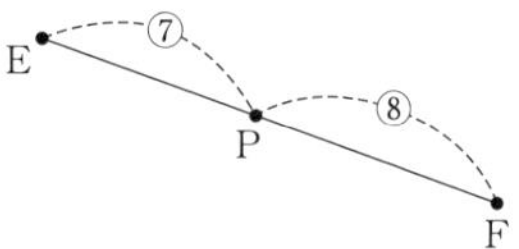

よって，点 P は直線 EF 上にあり，

$$\mathbf{EP}:\mathbf{PF}=\mathbf{7}:\mathbf{8}.$$

255　考え方

(2)　$\vec{p}$ が $\vec{q}$ と平行

$$\iff \vec{p}=k\vec{q}\ (k\text{ は実数}).$$

解答

(1)
$$\vec{a}+t\vec{b}=(-3,\ 2)+t(2,\ 1)=(-3+2t,\ 2+t).$$

$$|\vec{a}+t\vec{b}|^2=(-3+2t)^2+(2+t)^2=9-12t+4t^2+4+4t+t^2=5t^2-8t+13=5\left(t-\frac{4}{5}\right)^2+\frac{49}{5}.$$

よって，$\boldsymbol{t=\frac{4}{5}}$ のとき最小で，最小値は，

$$\frac{7}{\sqrt{5}}=\boldsymbol{\frac{7\sqrt{5}}{5}}.$$

[注]　$|\vec{a}|^2=9+4=13$，$|\vec{b}|^2=4+1=5$，

$\vec{a}\cdot\vec{b}=-6+2=-4$ より，

$$|\vec{a}+t\vec{b}|^2=|\vec{a}|^2+2t\vec{a}\cdot\vec{b}+t^2|\vec{b}|^2$$
$$=13-8t+5t^2.$$

(2) $\vec{a}+t\vec{b}=k\vec{c}$ （k は実数）

より，

$$\begin{cases}-3+2t=3k, & \cdots① \\ 2+t=k. & \cdots②\end{cases}$$

①−②×2 より，

$$-7=k.$$

② に代入して，

$$t=\mathbf{-9}.$$

256 考え方

$$\overrightarrow{OR}=-(\overrightarrow{OP}+\overrightarrow{OQ})$$

より，

$$|\overrightarrow{OR}|^2=|\overrightarrow{OP}+\overrightarrow{OQ}|^2.$$

また，

$$\overrightarrow{OP}\cdot\overrightarrow{OR}=-\overrightarrow{OP}\cdot(\overrightarrow{OP}+\overrightarrow{OQ}).$$

解 答

$$OP=2,\ OQ=3,\ \angle POQ=60^\circ$$

より，

$$\overrightarrow{OP}\cdot\overrightarrow{OQ}=2\cdot3\cdot\cos60^\circ=2\cdot3\cdot\frac{1}{2}=3.$$

$$\overrightarrow{OP}+\overrightarrow{OQ}+\overrightarrow{OR}=\vec{0}$$

より，

$$\overrightarrow{OR}=-(\overrightarrow{OP}+\overrightarrow{OQ}).$$

$$|\overrightarrow{OR}|^2=|\overrightarrow{OP}+\overrightarrow{OQ}|^2$$
$$=|\overrightarrow{OP}|^2+2\overrightarrow{OP}\cdot\overrightarrow{OQ}+|\overrightarrow{OQ}|^2$$
$$=4+6+9$$
$$=19.$$

よって，

$$\mathbf{OR=\sqrt{19}}.$$

また，

$$\overrightarrow{OP}\cdot\overrightarrow{OR}=\overrightarrow{OP}\cdot\{-(\overrightarrow{OP}+\overrightarrow{OQ})\}$$
$$=-|\overrightarrow{OP}|^2-\overrightarrow{OP}\cdot\overrightarrow{OQ}$$
$$=-4-3$$
$$=-7.$$

よって，

$$\mathbf{\cos\angle POR}=\frac{\overrightarrow{OP}\cdot\overrightarrow{OR}}{|\overrightarrow{OP}||\overrightarrow{OR}|}$$
$$=\frac{-7}{2\cdot\sqrt{19}}$$
$$=\mathbf{-\frac{7\sqrt{19}}{38}}.$$

257 考え方

(1) $\tan(\beta-\alpha)=\dfrac{\tan\beta-\tan\alpha}{1+\tan\beta\tan\alpha}.$

(2) $a>0$，$b>0$ のとき，

$$\frac{a+b}{2}\geqq\sqrt{ab}.$$

等号成立は $a=b$ のとき．

解 答

(1) $\overrightarrow{OP}\perp\overrightarrow{OQ}$ より，

$$\overrightarrow{OP}\cdot\overrightarrow{OQ}=\sqrt{3}\cos\alpha\cdot\sqrt{3}\cos\beta+\sin\alpha\cdot\sin\beta$$
$$=0.$$

$$\sin\alpha\sin\beta=-3\cos\alpha\cdot\cos\beta.$$

両辺を $\cos\alpha\cdot\cos\beta\neq0$ で割って，

$$\tan\alpha\cdot\tan\beta=-3.$$

$$\tan\beta=-\frac{3}{\tan\alpha}.$$

よって，

$$\tan\theta=\tan(\beta-\alpha)$$
$$=\frac{\tan\beta-\tan\alpha}{1+\tan\beta\cdot\tan\alpha}$$
$$=\frac{-\dfrac{3}{\tan\alpha}-\tan\alpha}{1-3}$$
$$=\mathbf{\frac{1}{2}\left(\tan\alpha+\frac{3}{\tan\alpha}\right)}.$$

(2) $0<\alpha<\dfrac{\pi}{2}$ より，$\tan\alpha>0$.

相加平均，相乗平均の不等式より，

$$\frac{1}{2}\left(\tan\alpha+\frac{3}{\tan\alpha}\right)\geqq\sqrt{\tan\alpha\cdot\frac{3}{\tan\alpha}}=\sqrt{3}.$$

$$\tan\theta\geqq\sqrt{3}.$$

$0<\alpha<\dfrac{\pi}{2}<\beta<\pi$ より，$0<\theta<\pi$ であり，

$\tan\theta>0$ であるから，$0<\theta<\dfrac{\pi}{2}$.

よって，

$$\theta\geqq\frac{\pi}{3}.$$

等号が成り立つのは，

$$\tan\alpha=\frac{3}{\tan\alpha},$$

すなわち，$\tan\alpha>0$ より，

$$\tan\alpha=\sqrt{3}$$

のときで，$\alpha=\dfrac{\pi}{3}$ のときである．

したがって $\alpha=\dfrac{\pi}{3}$，$\beta=\dfrac{2}{3}\pi$ のときθは最小で，最小値は，

$$\theta=\boldsymbol{\frac{\pi}{3}}.$$

258 考え方

$$\overrightarrow{PB}\cdot\overrightarrow{PC}=(\overrightarrow{AB}-\overrightarrow{AP})\cdot(\overrightarrow{AC}-\overrightarrow{AP})$$
$$=\overrightarrow{AB}\cdot\overrightarrow{AC}-(\overrightarrow{AB}+\overrightarrow{AC})\cdot\overrightarrow{AP}+|AP|^2.$$

(1) $\overrightarrow{AP}=t\overrightarrow{AD}$ $(0\leqq t\leqq1)$ を代入する．

(2) $\overrightarrow{AB}+\overrightarrow{AC}$ と $\overrightarrow{AP}$ のなす角を θ $(0\leqq\theta\leqq\pi)$ として考える．

別解として図のような座標で考えてもよい．

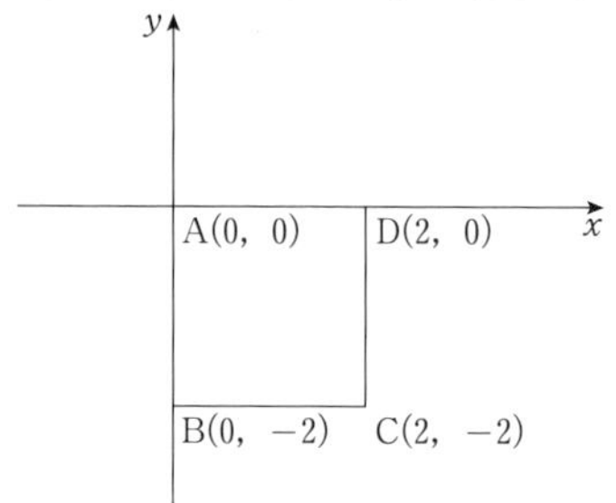

(1) $\quad P(t,\ 0)\quad(0\leqq t\leqq2)$,

(2) $\quad P(\cos\theta,\ \sin\theta)\quad(0\leqq\theta<2\pi)$

として，内積を計算する．

解答

(1) $\overrightarrow{AP}=t\overrightarrow{AD}$ $(0\leqq t\leqq1)$ とする．

$$\overrightarrow{PB}\cdot\overrightarrow{PC}=(\overrightarrow{AB}-\overrightarrow{AP})\cdot(\overrightarrow{AC}-\overrightarrow{AP})$$
$$=\overrightarrow{AB}\cdot\overrightarrow{AC}-\overrightarrow{AB}\cdot\overrightarrow{AP}-\overrightarrow{AC}\cdot\overrightarrow{AP}+|\overrightarrow{AP}|^2.$$

$$\overrightarrow{AB}\cdot\overrightarrow{AC}=2\cdot2\sqrt{2}\cos\frac{\pi}{4}=4,$$

$$\overrightarrow{AB}\cdot\overrightarrow{AP}=0,$$

$$\overrightarrow{AC}\cdot\overrightarrow{AP}=2\sqrt{2}\cdot2t\cdot\cos\frac{\pi}{4}=4t,$$

$$|\overrightarrow{AP}|^2=4t^2$$

であるから，

$$\overrightarrow{PB}\cdot\overrightarrow{PC}=4-4t+4t^2=4\left(t-\frac{1}{2}\right)^2+3.$$

よって，$t=\dfrac{1}{2}$ のとき最小で，

最小値は 3.

(2) $\overrightarrow{PB}\cdot\overrightarrow{PC}=\overrightarrow{AB}\cdot\overrightarrow{AC}-(\overrightarrow{AB}+\overrightarrow{AC})\cdot\overrightarrow{AP}+|\overrightarrow{AP}|^2.$

$$|\overrightarrow{AB}+\overrightarrow{AC}|^2=|\overrightarrow{AB}|^2+2\overrightarrow{AB}\cdot\overrightarrow{AC}+|AC|^2=20$$

より，

$$|\overrightarrow{AB}+\overrightarrow{AC}|=2\sqrt{5}.$$

$\overrightarrow{AB}+\overrightarrow{AC}$ と $\overrightarrow{AP}$ のなす角を θ とすると，$0\leqq\theta\leqq\pi$ で，

$$\overrightarrow{PB}\cdot\overrightarrow{PC}=4-2\sqrt{5}\cos\theta+1$$
$$=5-2\sqrt{5}\cos\theta.$$

よって，$\theta=0$ のとき最小で，

最小値は，$\boldsymbol{5-2\sqrt{5}}$.

［注］

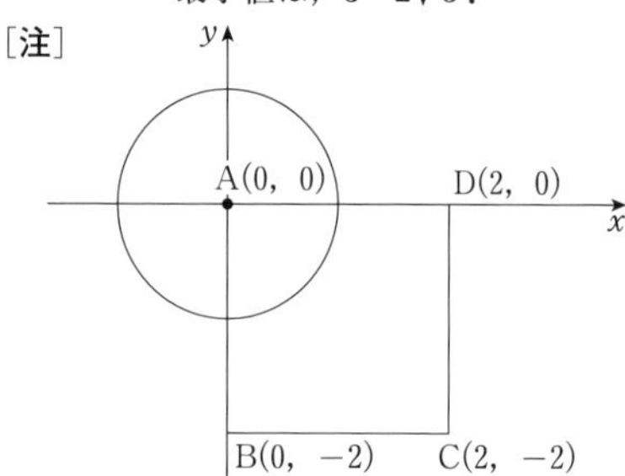

図のような座標を考える．

(1) $P(t,\ 0)$ $(0\leqq t\leqq2)$ とすると，

$$\overrightarrow{PB}=(-t,\ -2),$$
$$\overrightarrow{PC}=(2-t,\ -2).$$
$$\overrightarrow{PB}\cdot\overrightarrow{PC}=-t(2-t)+(-2)\cdot(-2)$$
$$=t^2-2t+4=(t-1)^2+3.$$

(2) $P(\cos\theta,\ \sin\theta)$ $(0\leqq\theta<2\pi)$ とすると，

$$\overrightarrow{PB}=(-\cos\theta,\ -2-\sin\theta),$$
$$\overrightarrow{PC}=(2-\cos\theta,\ -2-\sin\theta).$$
$$\overrightarrow{PB}\cdot\overrightarrow{PC}=-\cos\theta\cdot(2-\cos\theta)+(-2-\sin\theta)^2$$
$$=\cos^2\theta-2\cos\theta+4+4\sin\theta+\sin^2\theta$$
$$=5+2(2\sin\theta-\cos\theta)$$
$$=5+2\sqrt{5}\sin(\theta+\alpha).$$

$\left(\text{ただし，}\cos\alpha=\dfrac{2}{\sqrt{5}},\ \sin\alpha=-\dfrac{1}{\sqrt{5}}\right)$

259 考え方

(1) 図において,

$$\overrightarrow{PQ}=\frac{1}{m+n}(m\overrightarrow{PA}+n\overrightarrow{PB}).$$

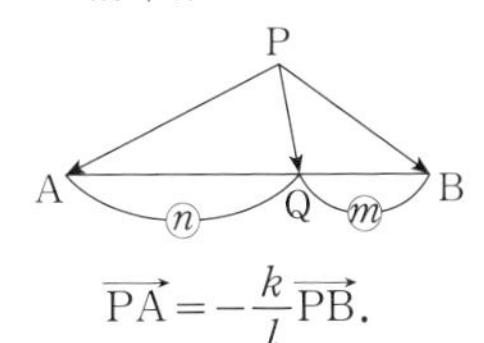

$$\overrightarrow{PA}=-\frac{k}{l}\overrightarrow{PB}.$$

A
k
P
l
B

(2)(3)

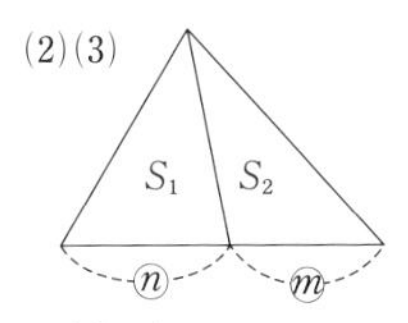

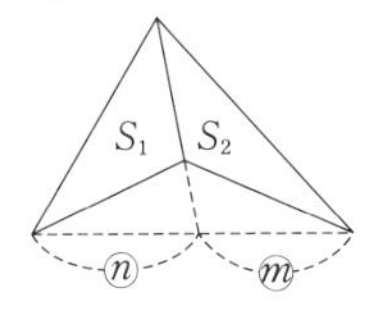

図において,

$$S_1:S_2=n:m$$

解答

(1) $$l\overrightarrow{PA}+m\overrightarrow{PB}+n\overrightarrow{PC}=\overrightarrow{0}$$

より,

$$-l\overrightarrow{PA}=m\overrightarrow{PB}+n\overrightarrow{PC}.$$

$$-\frac{l}{m+n}\overrightarrow{PA}=\frac{m\overrightarrow{PB}+n\overrightarrow{PC}}{m+n}.$$

$\overrightarrow{PX}=\dfrac{m\overrightarrow{PB}+n\overrightarrow{PC}}{m+n}$ とおくと,

$$-\frac{l}{m+n}\overrightarrow{PA}=\overrightarrow{PX}.$$

X は直線 AP かつ BC 上の点であるから Q=X.

よって,

$$\overrightarrow{PQ}=\frac{m\overrightarrow{PB}+n\overrightarrow{PC}}{m+n},\quad \overrightarrow{PA}=-\frac{m+n}{l}\overrightarrow{PQ}.$$

Q は BC を $n:m$ に内分する点であるから,

$$\overrightarrow{AQ}=\boldsymbol{\frac{m\overrightarrow{AB}+n\overrightarrow{AC}}{m+n}}.$$

(2)

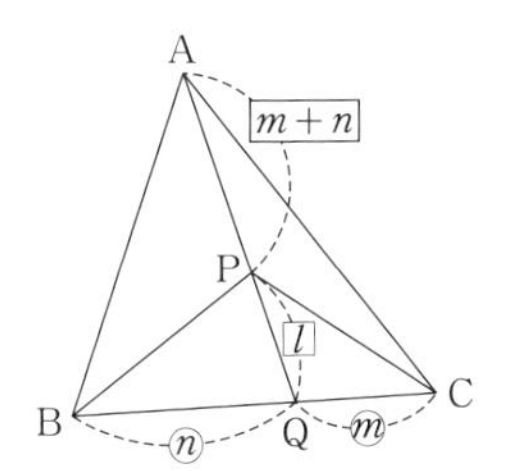

Q は BC を $n:m$ に内分する点であるから,

$$\triangle ABQ=\frac{n}{m+n}\triangle ABC=\boldsymbol{\frac{n}{m+n}S}.$$

(3) P は AQ を $m+n:l$ に内分する点であるから,

$$\triangle PAB=\triangle ABQ\cdot\frac{m+n}{m+n+l}$$
$$=\frac{m+n}{m+n+l}\cdot\frac{n}{m+n}S$$
$$=\frac{n}{m+n+l}S.$$

$$\triangle PBC=\triangle ABC\cdot\frac{l}{m+n+l}=\frac{l}{m+n+l}S.$$

$$\triangle PCA=\triangle PAB\cdot\frac{m}{n}=\frac{m}{m+n+l}S.$$

よって,

$$\triangle PAB:\triangle PBC:\triangle PCA=n:l:m$$
$$=3:2:5$$

より,

$$\boldsymbol{l:m:n=2:5:3.}$$

260 考え方

(1) 点 P は直線 AL 上かつ CN 上にあるから,

$$\overrightarrow{BP}=k\overrightarrow{BA}+(1-k)\overrightarrow{BL}\ (k \text{ は実数})$$
$$=l\overrightarrow{BN}+(1-l)\overrightarrow{BC}\ (l \text{ は実数})$$

とおける.

(2) 3 点 P, M, D が一直線上にあるとき,

$$\overrightarrow{DP}=\alpha\overrightarrow{DM}\ (\alpha \text{ は実数})$$

とおける.

解 答

(1)

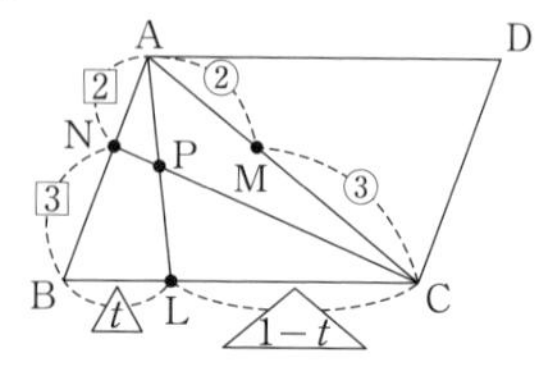

条件より，

$$\overrightarrow{BM}=\frac{3}{5}\vec{a}+\frac{2}{5}\vec{c}.$$

$$\overrightarrow{BN}=\frac{3}{5}\vec{a}.$$

$$\overrightarrow{BL}=t\vec{c}.$$

点Pは直線AL上にあるから，kを実数として，

$$\begin{aligned}\overrightarrow{BP}&=k\overrightarrow{BA}+(1-k)\overrightarrow{BL}\\&=k\vec{a}+t(1-k)\vec{c}\qquad\cdots①\end{aligned}$$

とおける．また，点Pは直線CN上にあるからlを実数として，

$$\begin{aligned}\overrightarrow{BP}&=l\overrightarrow{BN}+(1-l)\overrightarrow{BC}\\&=\frac{3}{5}l\vec{a}+(1-l)\vec{c}\qquad\cdots②\end{aligned}$$

とおける．$\vec{a}\neq\vec{0}$，$\vec{c}\neq\vec{0}$ かつ $\vec{a}$，$\vec{c}$ は平行でないから，①，② より，

$$k=\frac{3}{5}l,\ t(1-k)=1-l.$$

よって，

$$l=\frac{5(1-t)}{5-3t},\ k=\frac{3(1-t)}{5-3t},$$

$$\boldsymbol{\overrightarrow{BP}=\frac{3(1-t)}{5-3t}\vec{a}+\frac{2t}{5-3t}\vec{c}}.$$

［**注**］ ① を

$$\overrightarrow{BP}=\frac{5}{3}k\overrightarrow{BN}+t(1-k)\overrightarrow{BC}$$

と変形し，Pが直線CN上の点であるから，

$$\frac{5}{3}k+t(1-k)=1.$$

$$k=\frac{3(1-t)}{5-3t}.$$

これを ① に代入してもよい．

(2)

$$\begin{aligned}\overrightarrow{DM}&=\overrightarrow{BM}-\overrightarrow{BD}\\&=\frac{3}{5}\vec{a}+\frac{2}{5}\vec{c}-(\vec{a}+\vec{c})\\&=-\left(\frac{2}{5}\vec{a}+\frac{3}{5}\vec{c}\right).\end{aligned}$$

$$\begin{aligned}\overrightarrow{DP}&=\overrightarrow{BP}-\overrightarrow{BD}\\&=\frac{3-3t}{5-3t}\vec{a}+\frac{2t}{5-3t}\vec{c}-(\vec{a}+\vec{c})\\&=\frac{-2}{5-3t}\vec{a}+\frac{5t-5}{5-3t}\vec{c}.\end{aligned}$$

3点P，M，Dが一直線上にあるとき，αを実数として，

$$\overrightarrow{DP}=\alpha\overrightarrow{DM}$$

とおける．$\vec{a}\neq\vec{0}$，$\vec{c}\neq\vec{0}$ かつ $\vec{a}$，$\vec{c}$ は平行でないから，

$$\frac{-2}{5-3t}=-\frac{2}{5}\alpha,\ \frac{5t-5}{5-3t}=-\frac{3}{5}\alpha.$$

よって，

$$\frac{-6}{5-3t}=\frac{10t-10}{5-3t}.$$

$$-6=10t-10.$$

ゆえに，

$$t=\boldsymbol{\frac{2}{5}}.$$

261 考え方

(1)

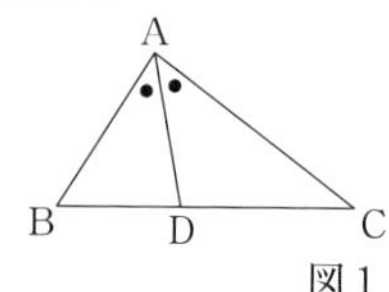

図1

図1において，$\angle BAD=\angle CAD$ のとき，

$$BD:DC=AB:AC.$$

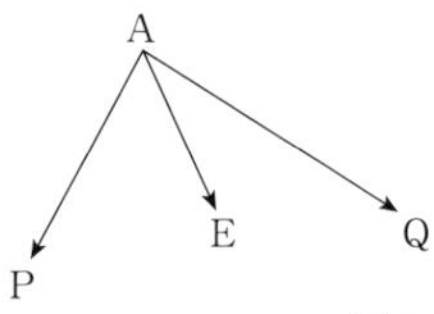

図2

図2において3点A，P，Qが同一直線上にないとき，

$$\overrightarrow{AE}=\alpha\overrightarrow{AP}+\beta\overrightarrow{AQ}$$

に対し，

Eが直線PQ上 $\iff \alpha+\beta=1.$

(2) $a>0$，$b>0$ のとき，

$$\frac{a+b}{2}\geqq\sqrt{ab}.$$

等号が成立するのは，$a=b$ のとき．

解 答

(1)

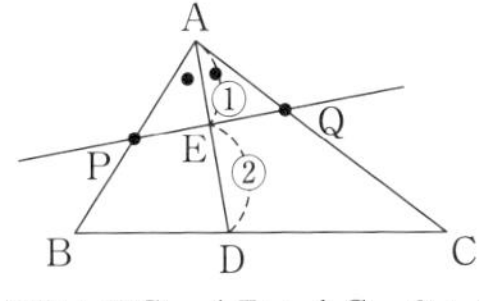

$$\mathrm{BD}:\mathrm{DC}=\mathrm{AB}:\mathrm{AC}=3:4$$

より，

$$\overrightarrow{\mathrm{AD}}=\frac{1}{7}(4\overrightarrow{\mathrm{AB}}+3\overrightarrow{\mathrm{AC}}).$$

$$\overrightarrow{\mathrm{AE}}=\frac{1}{3}\overrightarrow{\mathrm{AD}}=\frac{1}{21}(4\overrightarrow{\mathrm{AB}}+3\overrightarrow{\mathrm{AC}}).$$

点Eは三角形の内部にあり，Eを通る直線が辺AB，ACと交わっているので，

$$\mathrm{P}\neq\mathrm{A},\ \mathrm{Q}\neq\mathrm{A}.$$

よって，$s\neq0$，$t\neq0$ であるから，

$$\overrightarrow{\mathrm{AB}}=\frac{1}{s}\overrightarrow{\mathrm{AP}},\ \overrightarrow{\mathrm{AC}}=\frac{1}{t}\overrightarrow{\mathrm{AQ}}.$$

したがって，

$$\overrightarrow{\mathrm{AE}}=\frac{1}{21}\left(\frac{4}{s}\overrightarrow{\mathrm{AP}}+\frac{3}{t}\overrightarrow{\mathrm{AQ}}\right).$$

Eは直線PQ上の点であるから，

$$\frac{1}{21}\left(\frac{4}{s}+\frac{3}{t}\right)=1.$$

よって，

$$\frac{4}{s}+\frac{3}{t}=21. \qquad \cdots①$$

(2) $\mathrm{AP}=3s$，$\mathrm{AQ}=4t$ であるから，

$$\mathrm{AP}+\mathrm{AQ}=3s+4t.$$

①より，

$$4t+3s=21st. \qquad \cdots②$$

相加平均，相乗平均の不等式より，

$$\frac{1}{2}(4t+3s)\geqq\sqrt{4t\cdot3s}. \qquad \cdots③$$

②，③より，

$$\frac{21}{2}st\geqq2\sqrt{3st}.$$

$$\sqrt{st}\geqq\frac{4\sqrt{3}}{21}.$$

$$st\geqq\frac{16}{147}.$$

よって，

$$\mathrm{AP}+\mathrm{AQ}=21st\geqq\frac{16}{7}.$$

$$\mathrm{AP}+\mathrm{AQ}\geqq\frac{16}{7}.$$

等号成立は，

$$4t=3s \text{ のとき}.$$

このとき②より，

$$6s=\frac{63}{4}s^2.$$

$$s=\frac{8}{21}.$$

したがって，

$$t=\frac{2}{7}.$$

以上より，$s=\dfrac{8}{21}$，$t=\dfrac{2}{7}$ のとき最小で，

最小値は，

$$\boldsymbol{\frac{16}{7}}.$$

［**注**］ $\dfrac{4}{s}=x$，$\dfrac{3}{t}=y$ とおくと①より，

$$y=21-x,\ s=\frac{4}{x},\ t=\frac{3}{y}.$$

$s>0$，$t>0$ より，

$$0<x<21.$$

②より，

$$\begin{aligned}\mathrm{AP}+\mathrm{AQ}&=21\cdot\frac{4}{x}\cdot\frac{3}{y}\\&=\frac{21\cdot4\cdot3}{x(21-x)}\\&=\frac{21\cdot4\cdot3}{-\left(x-\frac{21}{2}\right)^2+\frac{21^2}{4}}.\end{aligned}$$

よって，$x=\dfrac{21}{2}$ のとき最小で，最小値は，

$$\frac{21\cdot4\cdot3}{\frac{21^2}{4}}=\boldsymbol{\frac{16}{7}}.$$

262 **考え方**

(1) $\overrightarrow{\mathrm{AP}}$ を $\overrightarrow{\mathrm{AB}}$ と $\overrightarrow{\mathrm{AC}}$ で表してみる．

(2)

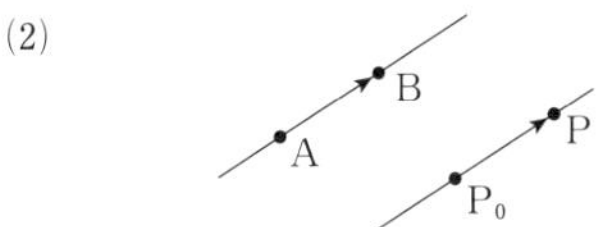

異なる3点A，B，$\mathrm{P_0}$ に対し

$$\overrightarrow{\mathrm{P_0P}}=k\overrightarrow{\mathrm{AB}}$$

を満たす点Pの軌跡は，k がすべての実数のとき，$\mathrm{P_0}$ を通る AB に平行な直線.

(3)

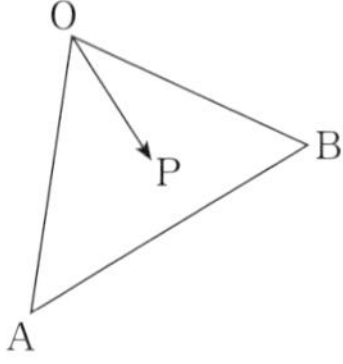

図において，

$$\overrightarrow{\mathrm{OP}}=x\overrightarrow{\mathrm{OA}}+y\overrightarrow{\mathrm{OB}}$$

とするとき，

Pが三角形OABの内部

$$\iff x>0,\ y>0,\ x+y<1.$$

解答

(1)　$$\overrightarrow{\mathrm{PA}}+2\overrightarrow{\mathrm{PB}}+3\overrightarrow{\mathrm{PC}}=\vec{0}$$

より，

$$-\overrightarrow{\mathrm{AP}}+2(\overrightarrow{\mathrm{AB}}-\overrightarrow{\mathrm{AP}})+3(\overrightarrow{\mathrm{AC}}-\overrightarrow{\mathrm{AP}})=\vec{0}.$$

$$6\overrightarrow{\mathrm{AP}}=2\overrightarrow{\mathrm{AB}}+3\overrightarrow{\mathrm{AC}}.$$

$$\overrightarrow{\mathrm{AP}}=\frac{1}{6}(2\overrightarrow{\mathrm{AB}}+3\overrightarrow{\mathrm{AC}})$$

$$=\frac{5}{6}\cdot\frac{2\overrightarrow{\mathrm{AB}}+3\overrightarrow{\mathrm{AC}}}{5}.$$

$\overrightarrow{\mathrm{AD}}=\dfrac{2\overrightarrow{\mathrm{AB}}+3\overrightarrow{\mathrm{AC}}}{5}$ とおくと，

$$\overrightarrow{\mathrm{AP}}=\frac{5}{6}\overrightarrow{\mathrm{AD}}.$$

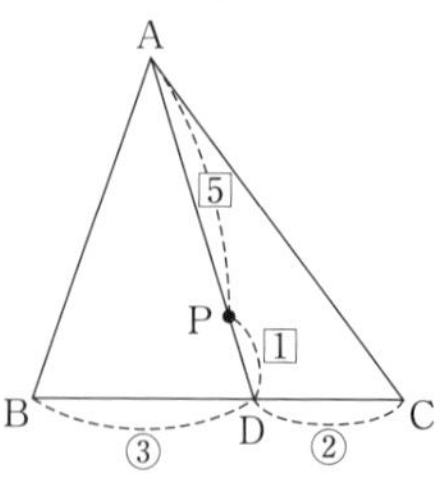

よって，**BCを3：2に内分する点をDとするとPはADを5：1に内分する点である.**

［注］　始点をAにそろえなくても，Pのままで次のようにしてもよい.

$$\overrightarrow{\mathrm{PA}}+2\overrightarrow{\mathrm{PB}}+3\overrightarrow{\mathrm{PC}}=\vec{0}$$

より，

$$2\overrightarrow{\mathrm{PB}}+3\overrightarrow{\mathrm{PC}}=-\overrightarrow{\mathrm{PA}}.$$

$$\frac{1}{5}(2\overrightarrow{\mathrm{PB}}+3\overrightarrow{\mathrm{PC}})=-\frac{1}{5}\overrightarrow{\mathrm{PA}}.$$

$\overrightarrow{\mathrm{PD}}=\dfrac{1}{5}(2\overrightarrow{\mathrm{PB}}+3\overrightarrow{\mathrm{PC}})$ とする点DはBCを3：2に内分する点で，

$$\overrightarrow{\mathrm{PD}}=-\frac{1}{5}\overrightarrow{\mathrm{PA}}$$

より，PはADを5：1に内分する点である.

(2)

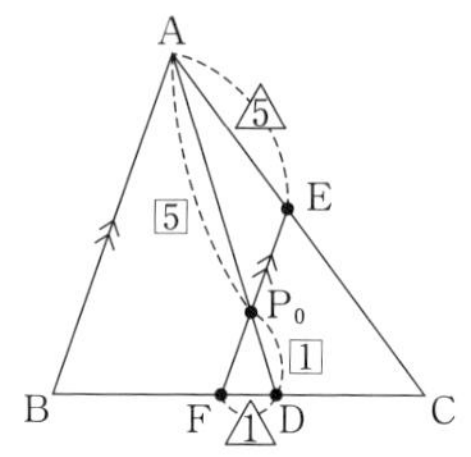

(1)と同様にして，

$$-6\overrightarrow{\mathrm{AP}}+2\overrightarrow{\mathrm{AB}}+3\overrightarrow{\mathrm{AC}}=k\overrightarrow{\mathrm{AB}}.$$

$$\overrightarrow{\mathrm{AP}}=\frac{1}{6}(2\overrightarrow{\mathrm{AB}}+3\overrightarrow{\mathrm{AC}})-\frac{k}{6}\overrightarrow{\mathrm{AB}}.\quad\cdots①$$

(1)のPを $\mathrm{P_0}$ とすると，①より，

$$\overrightarrow{\mathrm{AP}}=\overrightarrow{\mathrm{AP_0}}-\frac{k}{6}\overrightarrow{\mathrm{AB}}.$$

$$\overrightarrow{\mathrm{P_0P}}=-\frac{k}{6}\overrightarrow{\mathrm{AB}}.$$

したがって，**点Pの軌跡は(1)の点 $\mathrm{P_0}$ を通りABに平行な直線である.**

(3)　①より，

$$\overrightarrow{\mathrm{AP}}=\frac{2-k}{6}\overrightarrow{\mathrm{AB}}+\frac{1}{2}\overrightarrow{\mathrm{AC}}.\quad\cdots(*)$$

Pが三角形ABCの内部にある条件は，

$$\frac{2-k}{6}>0,\quad\cdots②$$

かつ，

$$\frac{2-k}{6}+\frac{1}{2}<1.\quad\cdots③$$

②より，

$$k<2.$$

③より，

$$k>-1.$$

よって，求める範囲は，

$$\boldsymbol{-1<k<2.}$$

［注］　(2)の直線と辺AC，BCの交点をそれぞれE，Fとする.

P＝E のとき，(*)より，

$$k=2,\ \overrightarrow{\mathrm{AE}}=\frac{1}{2}\overrightarrow{\mathrm{AC}}.$$

P=F のとき，(*)より，

$$\frac{2-k}{6}+\frac{1}{2}=1.$$

$$k=-1.$$

このとき，

$$\overrightarrow{AP}=\frac{1}{2}(\overrightarrow{AB}+\overrightarrow{AC}).$$

よって，点Pが三角形ABCの内部にあるとき，その軌跡は，辺AC，BCの中点をそれぞれE，Fとすると

線分EF (E，Fを含まない)

である．

263 考え方

(1)(2)

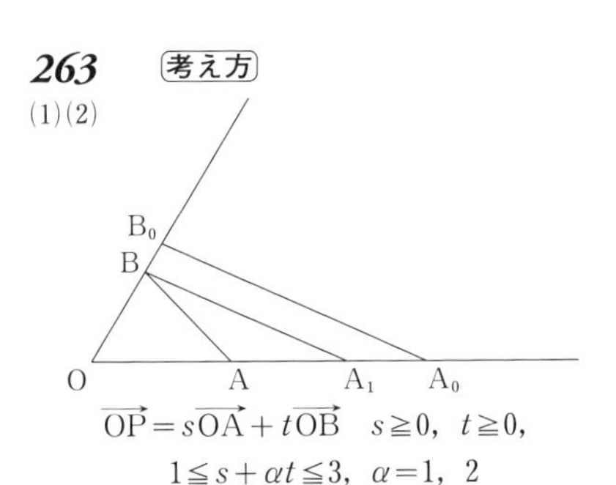

$$\overrightarrow{OP}=s\overrightarrow{OA}+t\overrightarrow{OB} \quad s\geqq 0,\ t\geqq 0,$$

$$1\leqq s+\alpha t\leqq 3,\ \alpha=1,\ 2$$

に対し，

$$s+\alpha t=k$$

とおくと

$$s=k-\alpha t,\ 1\leqq k\leqq 3.$$

このとき，

$$\overrightarrow{OP}=(k-\alpha t)\overrightarrow{OA}+t\overrightarrow{OB}$$
$$=k\overrightarrow{OA}+t(\overrightarrow{OB}-\alpha\overrightarrow{OA}).$$

$k\overrightarrow{OA}=\overrightarrow{OA_0}$，$\alpha\overrightarrow{OA}=\overrightarrow{OA_1}$ とおくと，

$$\overrightarrow{A_0P}=t\overrightarrow{A_1B}.$$

$s\geqq 0$，$t\geqq 0$ より，$0\leqq t\leqq \dfrac{k}{\alpha}$.

$t=0$ のときは，$\overrightarrow{OP}=k\overrightarrow{OA}=\overrightarrow{OA_0}$.

$t=\dfrac{k}{\alpha}$ のときは，$\overrightarrow{OP}=\dfrac{k}{\alpha}\overrightarrow{OB}$.

$\dfrac{k}{\alpha}\overrightarrow{OB}=\overrightarrow{OB_0}$ とすると各 A_0 に対し，点Pは直線 A_1B に平行な線分 A_0B_0 をえがく．

解答

(1) $s+t=k$ とおくと，

$$s=k-t,\ 1\leqq k\leqq 3.$$

$$\overrightarrow{OP}=(k-t)\overrightarrow{OA}+t\overrightarrow{OB}$$
$$=k\overrightarrow{OA}+t(\overrightarrow{OB}-\overrightarrow{OA}).$$

$k\overrightarrow{OA}=\overrightarrow{OA_0}$，$k\overrightarrow{OB}=\overrightarrow{OB_0}$ とおくと，

$$\overrightarrow{A_0P}=t\overrightarrow{AB}.$$

$s=k-t\geqq 0$，$t\geqq 0$ より，

$$0\leqq t\leqq k.$$

$t=0$ のとき，$P=A_0$.

$t=k$ のとき，$P=B_0$.

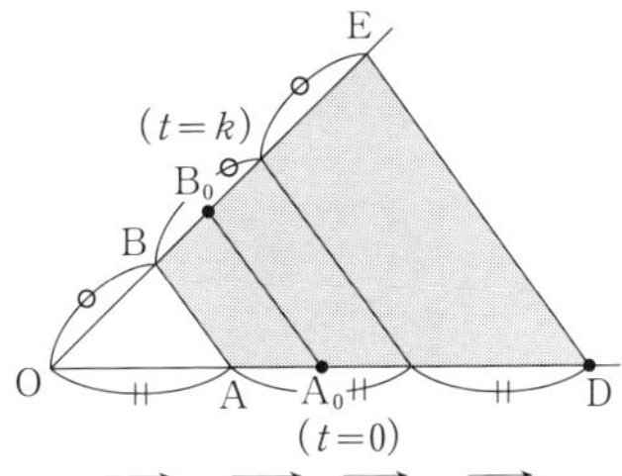

$$\overrightarrow{OD}=3\overrightarrow{OA},\ \overrightarrow{OE}=3\overrightarrow{OB}$$

とすると，A_0 は線分AD上にあり，各 A_0 に対しPはABに平行な線分 A_0B_0 をえがく．

したがって，点Pの存在する領域は図の台形ABEDで，その面積は，

△OAB∽△ODEで相似比が1：3であることから，

$$\triangle ODE-\triangle OAB=3^2S-S=8S.$$

よって，

8倍.

(2) $s+2t=l$ とおくと，

$$s=l-2t,\ 1\leqq l\leqq 3.$$

$$\overrightarrow{OP}=(l-2t)\overrightarrow{OA}+t\overrightarrow{OB}$$
$$=l\overrightarrow{OA}+t(\overrightarrow{OB}-2\overrightarrow{OA}).$$

$$2\overrightarrow{OA}=\overrightarrow{OA_1},\ l\overrightarrow{OA}=\overrightarrow{OA_0},\ \frac{l}{2}\overrightarrow{OB}=\overrightarrow{OB_0}$$

とおくと，

$$\overrightarrow{A_0P}=t\overrightarrow{A_1B}.$$

$s\geqq 0$，$t\geqq 0$ より，

$$0\leqq t\leqq \frac{l}{2}.$$

$t=0$ のとき，$P=A_0$，

$t=\dfrac{l}{2}$ のとき，$P=B_0$.

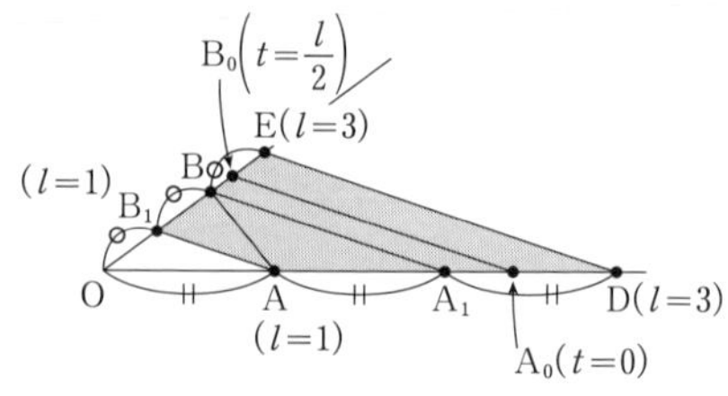

$$\overrightarrow{OD}=3\overrightarrow{OA},\ \overrightarrow{OE}=\frac{3}{2}\overrightarrow{OB},\ \overrightarrow{OB_1}=\frac{1}{2}\overrightarrow{OB}$$

とすると，A_0 は線分 AD 上にあり，各 AD に対し，P は A_1B に平行な線分 A_0B_0 をえがく．

したがって，点の存在する領域は図の台形 AB_1ED で，その面積は，$\triangle OAB_1 \backsim \triangle ODE$ で相似比が 1：3 であることから，

$$\triangle ODE-\triangle OAB_1=\frac{1}{2}S\cdot 3^2-\frac{1}{2}S$$
$$=4S.$$

よって，

4 倍.

［**注**］

$$\overrightarrow{OP}=s\overrightarrow{OA}+t\overrightarrow{OB}$$

に対し，O を原点，直線 OA を s 軸，直線 OB を t 軸とし，P の座標を $(s,\ t)$ とみなしたものを一般に

斜交座標

という．

このとき，

A(1, 0)，B(0, 1)

となる．点の位置関係は st 直交座標と同様である．

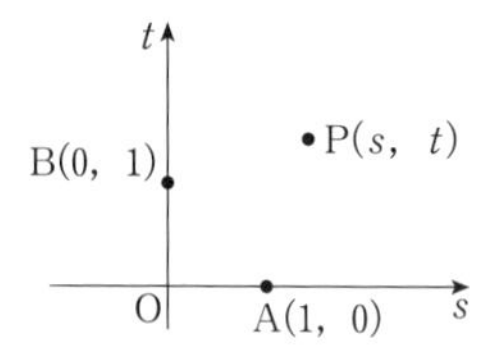

(1)

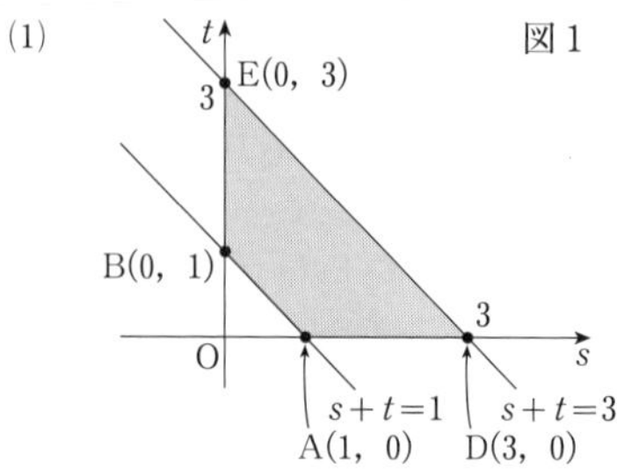

$$1 \leqq s+t \leqq 3,\ s \geqq 0,\ t \geqq 0$$

図 2

$$1 \leqq s+2t \leqq 3,\ s \geqq 0,\ t \geqq 0.$$

そこで P の座標を直交座標とみなせば，(1) は図 1 の網掛け部分と △OAB の面積の関係から，(2) は図 2 の網掛け部分と $\triangle OAB_1$ の面積の関係から設問の答えが求まる．

264 考え方

(1)
$$-5\overrightarrow{OC}=3\overrightarrow{OA}+4\overrightarrow{OB} \quad \cdots①$$

より，

$$25|\overrightarrow{OC}|^2=|3\overrightarrow{OA}+4\overrightarrow{OB}|^2.$$

(2) ① より，

$$-\frac{5}{7}\overrightarrow{OC}=\frac{3\overrightarrow{OA}+4\overrightarrow{OB}}{7}.$$

これより O が三角形の内部にあることがわかり，

$$\triangle ABC=\triangle OAB+\triangle OBC+\triangle OCA.$$

解 答

(1)
$$3\overrightarrow{OA}+4\overrightarrow{OB}+5\overrightarrow{OC}=\vec{0}.$$
$$-5\overrightarrow{OC}=3\overrightarrow{OA}+4\overrightarrow{OB}. \quad \cdots①$$
$$5|\overrightarrow{OC}|=|3\overrightarrow{OA}+4\overrightarrow{OB}|.$$

$|\overrightarrow{OC}|=1$ より，

$$25=|3\overrightarrow{OA}+4\overrightarrow{OB}|^2.$$
$$25=9|\overrightarrow{OA}|^2+24\overrightarrow{OA}\cdot\overrightarrow{OB}+16|\overrightarrow{OB}|^2.$$

$|\overrightarrow{OA}|=|\overrightarrow{OB}|=1$ より，

$$24\overrightarrow{OA}\cdot\overrightarrow{OB}=0.$$

よって，

$$\overrightarrow{\mathbf{OA}}\cdot\overrightarrow{\mathbf{OB}}=\mathbf{0}.$$

$-3\overrightarrow{OA}=4\overrightarrow{OB}+5\overrightarrow{OC}$ より，

$$9=|4\overrightarrow{OB}+5\overrightarrow{OC}|^2.$$
$$9=16+40\overrightarrow{OB}\cdot\overrightarrow{OC}+25.$$
$$40\overrightarrow{OB}\cdot\overrightarrow{OC}=-32.$$
$$\overrightarrow{\mathbf{OB}}\cdot\overrightarrow{\mathbf{OC}}=-\frac{\mathbf{4}}{\mathbf{5}}.$$

$-4\overrightarrow{OB}=3\overrightarrow{OA}+5\overrightarrow{OC}$ より，

$$16=|3\overrightarrow{OA}+5\overrightarrow{OC}|^2.$$
$$16=9+30\overrightarrow{OC}\cdot\overrightarrow{OA}+25.$$
$$30\overrightarrow{OC}\cdot\overrightarrow{OA}=-18.$$
$$\overrightarrow{\mathbf{OC}}\cdot\overrightarrow{\mathbf{OA}}=-\frac{\mathbf{3}}{\mathbf{5}}.$$

(2) ① より，

$$-\frac{5}{7}\overrightarrow{OC}=\frac{1}{7}(3\overrightarrow{OA}+4\overrightarrow{OB}).$$

よって，AB を 4：3 に内分する点を D とすると，

$$-\frac{5}{7}\overrightarrow{OC}=\overrightarrow{OD},\ \overrightarrow{OD}=\frac{1}{7}(3\overrightarrow{OA}+4\overrightarrow{OB}).$$

O は CD を 7：5 に内分しているので O は三角形の内部にある．

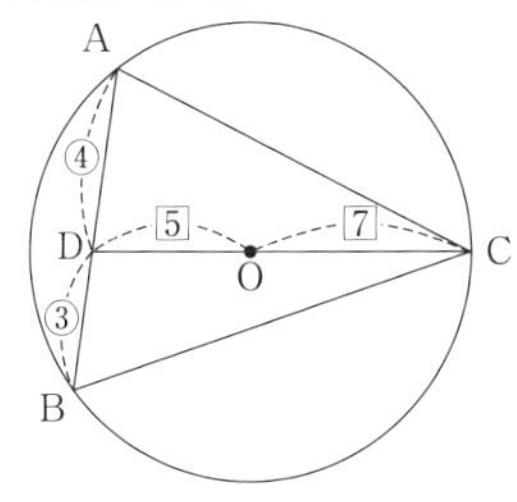

したがって，

$$\triangle ABC=\triangle OAB+\triangle OBC+\triangle OCA.$$
$$\triangle OAB=\frac{1}{2}\sqrt{|\overrightarrow{OA}|^2|\overrightarrow{OB}|^2-(\overrightarrow{OA}\cdot\overrightarrow{OB})^2}$$
$$=\frac{1}{2}.$$
$$\triangle OBC=\frac{1}{2}\sqrt{|\overrightarrow{OB}|^2|\overrightarrow{OC}|^2-(\overrightarrow{OB}\cdot\overrightarrow{OC})^2}$$
$$=\frac{1}{2}\sqrt{1-\left(-\frac{4}{5}\right)^2}$$
$$=\frac{3}{10}.$$
$$\triangle OCA=\frac{1}{2}\sqrt{|\overrightarrow{OC}|^2|\overrightarrow{OA}|^2-(\overrightarrow{OC}\cdot\overrightarrow{OA})^2}$$
$$=\frac{1}{2}\sqrt{1-\left(-\frac{3}{5}\right)^2}$$
$$=\frac{4}{10}.$$

よって，

$$\triangle ABC=\frac{1}{2}+\frac{3}{10}+\frac{4}{10}=\frac{\mathbf{6}}{\mathbf{5}}.$$

[**注**]

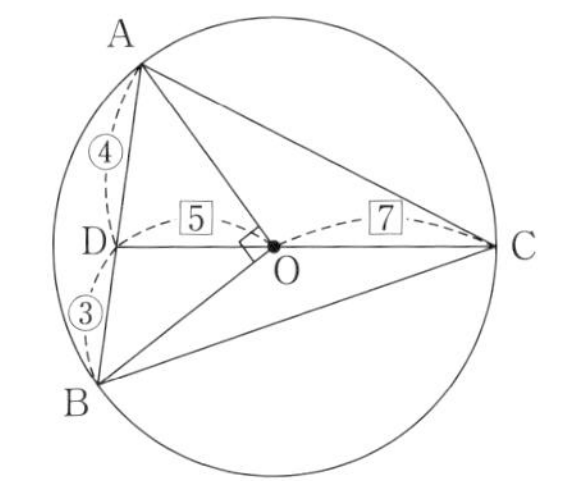

三角形 ABC と点 O，D の位置は図のようになっていて，

$$\triangle OAB=\frac{1}{2}OA\cdot OB=\frac{1}{2}.$$

よって，

$$\triangle ABC=\frac{12}{5}\cdot\triangle OAB=\frac{\mathbf{6}}{\mathbf{5}}.$$

265 考え方

(1)

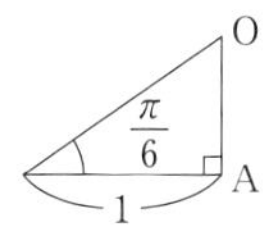

(2) 始点を O にそろえて内積を計算する．

三角形 ABC は正三角形で，O はその外心であるから重心に一致する．したがって，

$$\frac{1}{3}(\overrightarrow{OA}+\overrightarrow{OB}+\overrightarrow{OC})=\overrightarrow{OO}=\vec{0}.$$

(3) $|\overrightarrow{PA}|^2=|\overrightarrow{OA}-\overrightarrow{OP}|^2$
$$=|\overrightarrow{OA}|^2-2\overrightarrow{OA}\cdot\overrightarrow{OP}+|\overrightarrow{OP}|^2.$$

(4) $\overrightarrow{PA}\cdot\overrightarrow{PB}=\frac{1}{6}-(\overrightarrow{OA}+\overrightarrow{OB})\cdot\overrightarrow{OP}.$

$\overrightarrow{OA}+\overrightarrow{OB}$ と $\overrightarrow{OP}$ のなす角を θ とすると，$0\leqq\theta\leqq\pi$ で，

$$(\overrightarrow{OA}+\overrightarrow{OB})\cdot\overrightarrow{OP}=|\overrightarrow{OA}+\overrightarrow{OB}||\overrightarrow{OP}|\cos\theta.$$

解答

(1)

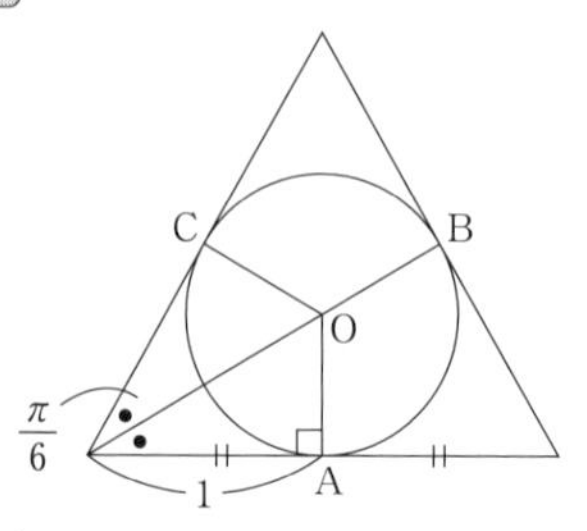

図より

$$\mathrm{OA}=\tan\frac{\pi}{6}=\boldsymbol{\frac{1}{\sqrt{3}}}.$$

(2) $\overrightarrow{\mathrm{PA}}\cdot\overrightarrow{\mathrm{PB}}=(\overrightarrow{\mathrm{OA}}-\overrightarrow{\mathrm{OP}})\cdot(\overrightarrow{\mathrm{OB}}-\overrightarrow{\mathrm{OP}})$

$$=\overrightarrow{\mathrm{OA}}\cdot\overrightarrow{\mathrm{OB}}-(\overrightarrow{\mathrm{OA}}+\overrightarrow{\mathrm{OB}})\cdot\overrightarrow{\mathrm{OP}}+|\overrightarrow{\mathrm{OP}}|^2.$$

$$\overrightarrow{\mathrm{PB}}\cdot\overrightarrow{\mathrm{PC}}=\overrightarrow{\mathrm{OB}}\cdot\overrightarrow{\mathrm{OC}}-(\overrightarrow{\mathrm{OB}}+\overrightarrow{\mathrm{OC}})\cdot\overrightarrow{\mathrm{OP}}+|\overrightarrow{\mathrm{OP}}|^2.$$

$$\overrightarrow{\mathrm{PC}}\cdot\overrightarrow{\mathrm{PA}}=\overrightarrow{\mathrm{OC}}\cdot\overrightarrow{\mathrm{OA}}-(\overrightarrow{\mathrm{OC}}+\overrightarrow{\mathrm{OA}})\cdot\overrightarrow{\mathrm{OP}}+|\overrightarrow{\mathrm{OP}}|^2.$$

よって,

$$I=\overrightarrow{\mathrm{PA}}\cdot\overrightarrow{\mathrm{PB}}+\overrightarrow{\mathrm{PB}}\cdot\overrightarrow{\mathrm{PC}}+\overrightarrow{\mathrm{PC}}\cdot\overrightarrow{\mathrm{PA}}$$
$$=\overrightarrow{\mathrm{OA}}\cdot\overrightarrow{\mathrm{OB}}+\overrightarrow{\mathrm{OB}}\cdot\overrightarrow{\mathrm{OC}}+\overrightarrow{\mathrm{OC}}\cdot\overrightarrow{\mathrm{OA}}-2(\overrightarrow{\mathrm{OA}}+\overrightarrow{\mathrm{OB}}+\overrightarrow{\mathrm{OC}})\cdot\overrightarrow{\mathrm{OP}}+3|\overrightarrow{\mathrm{OP}}|^2.$$

$$\overrightarrow{\mathrm{OA}}\cdot\overrightarrow{\mathrm{OB}}=\overrightarrow{\mathrm{OB}}\cdot\overrightarrow{\mathrm{OC}}=\overrightarrow{\mathrm{OC}}\cdot\overrightarrow{\mathrm{OA}}=\frac{1}{\sqrt{3}}\cdot\frac{1}{\sqrt{3}}\cos\frac{2}{3}\pi=-\frac{1}{6}.$$

三角形 ABC は正三角形で O はその外心, したがって重心であるから,

$$\overrightarrow{\mathrm{OA}}+\overrightarrow{\mathrm{OB}}+\overrightarrow{\mathrm{OC}}=\vec{0}.$$

$$|\overrightarrow{\mathrm{OP}}|=\mathrm{OA}=\frac{1}{\sqrt{3}}.$$

よって,

$$I=-\frac{1}{6}\cdot3+\frac{1}{3}\cdot3=\boldsymbol{\frac{1}{2}}.$$

(3) $|\overrightarrow{\mathrm{PA}}|^2=|\overrightarrow{\mathrm{OA}}-\overrightarrow{\mathrm{OP}}|^2$

$$=|\overrightarrow{\mathrm{OA}}|^2-2\overrightarrow{\mathrm{OA}}\cdot\overrightarrow{\mathrm{OP}}+|\overrightarrow{\mathrm{OP}}|^2=\frac{2}{3}-2\overrightarrow{\mathrm{OA}}\cdot\overrightarrow{\mathrm{OP}}.$$

同様にして,

$$|\overrightarrow{\mathrm{PB}}|^2=\frac{2}{3}-2\overrightarrow{\mathrm{OB}}\cdot\overrightarrow{\mathrm{OP}},$$

$$|\overrightarrow{\mathrm{PC}}|^2=\frac{2}{3}-2\overrightarrow{\mathrm{OC}}\cdot\overrightarrow{\mathrm{OP}}$$

であるから

$$|\overrightarrow{\mathrm{PA}}|^2+|\overrightarrow{\mathrm{PB}}|^2+|\overrightarrow{\mathrm{PC}}|^2=2-2(\overrightarrow{\mathrm{OA}}+\overrightarrow{\mathrm{OB}}+\overrightarrow{\mathrm{OC}})\cdot\overrightarrow{\mathrm{OP}}=\mathbf{2}.$$

(4) $\overrightarrow{\mathrm{PA}}\cdot\overrightarrow{\mathrm{PB}}=\overrightarrow{\mathrm{OA}}\cdot\overrightarrow{\mathrm{OB}}-(\overrightarrow{\mathrm{OA}}+\overrightarrow{\mathrm{OB}})\cdot\overrightarrow{\mathrm{OP}}+|\overrightarrow{\mathrm{OP}}|^2$

$$=-\frac{1}{6}-(\overrightarrow{\mathrm{OA}}+\overrightarrow{\mathrm{OB}})\cdot\overrightarrow{\mathrm{OP}}+\frac{1}{3}=\frac{1}{6}-(\overrightarrow{\mathrm{OA}}+\overrightarrow{\mathrm{OB}})\cdot\overrightarrow{\mathrm{OP}}.$$

ここで,

$$|\overrightarrow{\mathrm{OA}}+\overrightarrow{\mathrm{OB}}|^2=|\overrightarrow{\mathrm{OA}}|^2+2\overrightarrow{\mathrm{OA}}\cdot\overrightarrow{\mathrm{OB}}+|\overrightarrow{\mathrm{OB}}|^2=\frac{1}{3}\cdot2+2\cdot\left(-\frac{1}{6}\right)=\frac{1}{3}$$

であるから,

$$|\overrightarrow{\mathrm{OA}}+\overrightarrow{\mathrm{OB}}|=\frac{1}{\sqrt{3}}.$$

$\overrightarrow{\mathrm{OA}}+\overrightarrow{\mathrm{OB}}$ と $\overrightarrow{\mathrm{OP}}$ のなす角を θ とすると, $0\leqq\theta\leqq\pi$.

よって,

$$\overrightarrow{\mathrm{PA}}\cdot\overrightarrow{\mathrm{PB}}=\frac{1}{6}-\frac{1}{\sqrt{3}}\cdot\frac{1}{\sqrt{3}}\cos\theta=\frac{1}{6}-\frac{1}{3}\cos\theta.$$

したがって,

$\theta=\pi$ のとき最大. **最大値は,** $\frac{1}{6}+\frac{1}{3}=\boldsymbol{\frac{1}{2}}$.

$\theta=0$ のとき最小. **最小値は,** $\frac{1}{6}-\frac{1}{3}=\boldsymbol{-\frac{1}{6}}$.

266 考え方

(1) $\mathrm{OA_1}=\mathrm{OA_3}$, $\angle\mathrm{A_1OA_2}=\angle\mathrm{A_3OA_2}$ より, $\mathrm{OA_2}$ は線分 $\mathrm{A_1A_3}$ の中点を通るので

$$\vec{a_2}=k(\vec{a_1}+\vec{a_3})\ (k>0)$$

とおける. このとき,

$$|\vec{a_2}|^2=k^2|\vec{a_1}+\vec{a_3}|.$$

$|\vec{a_1}|=|\vec{a_2}|=|\vec{a_3}|$, $\vec{a_1}\cdot\vec{a_3}=\cos2\theta$ を用いて計算する.

(2) $\vec{a_3}=2\cos\theta\vec{a_2}-\vec{a_1}$

の添字を 1→2→3→4→5→1 と変えた式を辺々加える．

(3) $-(\overrightarrow{a_4}+\overrightarrow{a_5})=\overrightarrow{a_1}+\overrightarrow{a_2}+\overrightarrow{a_3}$

より，

$$|\overrightarrow{a_4}+\overrightarrow{a_5}|^2=|\overrightarrow{a_1}+\overrightarrow{a_2}+\overrightarrow{a_3}|^2.$$

解答

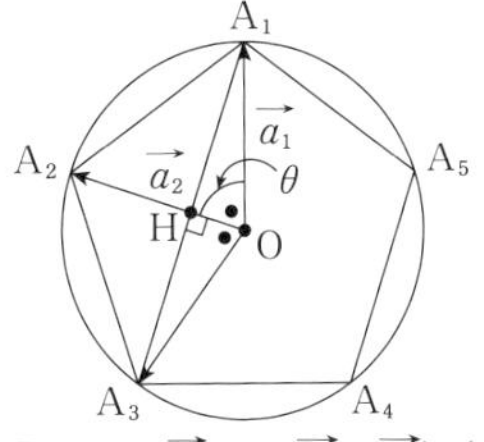

(1) **考え方** より $\overrightarrow{a_2}=k(\overrightarrow{a_1}+\overrightarrow{a_3})$ $(k>0)$ とおける．このとき，

$$|\overrightarrow{a_2}|^2=k^2|\overrightarrow{a_1}+\overrightarrow{a_3}|^2.$$

$$|\overrightarrow{a_1}+\overrightarrow{a_3}|^2=|\overrightarrow{a_1}|^2+2\overrightarrow{a_1}\cdot\overrightarrow{a_3}+|\overrightarrow{a_3}|^2$$
$$=1+2\cos 2\theta+1$$
$$=2(1+\cos 2\theta)=4\cos^2\theta$$

より，

$$1=4k^2\cos^2\theta.$$

$k>0$ であるから，

$$k=\frac{1}{2\cos\theta}.$$

よって，

$$2\cos\theta\overrightarrow{a_2}=\overrightarrow{a_1}+\overrightarrow{a_3}.$$

$$\boldsymbol{\overrightarrow{a_3}=2\cos\theta\overrightarrow{a_2}-\overrightarrow{a_1}}. \qquad \cdots①$$

［注］ 図において，

$$\overrightarrow{\mathrm{OH}}=\frac{1}{2}(\overrightarrow{a_1}+\overrightarrow{a_3}),$$

$$\overrightarrow{\mathrm{OH}}=\cos\theta\overrightarrow{a_2}$$

より，

$$\cos\theta\overrightarrow{a_2}=\frac{1}{2}(\overrightarrow{a_1}+\overrightarrow{a_3}).$$

$$\boldsymbol{\overrightarrow{a_3}=2\cos\theta\overrightarrow{a_2}-\overrightarrow{a_1}}.$$

(2) (1)と同様にして，

$$\overrightarrow{a_4}=2\cos\theta\overrightarrow{a_3}-\overrightarrow{a_2},$$
$$\overrightarrow{a_5}=2\cos\theta\overrightarrow{a_4}-\overrightarrow{a_3},$$
$$\overrightarrow{a_1}=2\cos\theta\overrightarrow{a_5}-\overrightarrow{a_4},$$
$$\overrightarrow{a_2}=2\cos\theta\overrightarrow{a_1}-\overrightarrow{a_5}.$$

$I=\overrightarrow{a_1}+\overrightarrow{a_2}+\overrightarrow{a_3}+\overrightarrow{a_4}+\overrightarrow{a_5}$ とすると辺々を加えて，

$$I=(2\cos\theta)I-I.$$

$$2(1-\cos\theta)I=\overrightarrow{0}.$$

$1-\cos\theta\neq 0$ より，$I=\overrightarrow{0}$．

(3) $-(\overrightarrow{a_4}+\overrightarrow{a_5})=\overrightarrow{a_1}+\overrightarrow{a_2}+\overrightarrow{a_3}$

より，

$$|\overrightarrow{a_4}+\overrightarrow{a_5}|^2=|\overrightarrow{a_1}+\overrightarrow{a_2}+\overrightarrow{a_3}|^2.$$

$$|\overrightarrow{a_4}|^2+2\overrightarrow{a_4}\cdot\overrightarrow{a_5}+|\overrightarrow{a_5}|^2=|\overrightarrow{a_1}|^2+|\overrightarrow{a_2}|^2+|\overrightarrow{a_3}|^2$$
$$+2\overrightarrow{a_1}\cdot\overrightarrow{a_2}+2\overrightarrow{a_2}\cdot\overrightarrow{a_3}+2\overrightarrow{a_1}\cdot\overrightarrow{a_3}.$$

$$|\overrightarrow{a_1}|=|\overrightarrow{a_2}|=|\overrightarrow{a_3}|=|\overrightarrow{a_4}|=|\overrightarrow{a_5}|=1,$$
$$\overrightarrow{a_4}\cdot\overrightarrow{a_5}=\overrightarrow{a_2}\cdot\overrightarrow{a_3}=\cos\theta$$

であるから，

$$1+2\overrightarrow{a_1}\cdot\overrightarrow{a_2}+2\overrightarrow{a_1}\cdot\overrightarrow{a_3}=0. \qquad \cdots②$$

①，② より，

$$1+2\overrightarrow{a_1}\cdot\overrightarrow{a_2}+2\overrightarrow{a_1}\cdot(2\cos\theta\overrightarrow{a_2}-\overrightarrow{a_1})=0.$$

$\overrightarrow{a_1}\cdot\overrightarrow{a_2}=\cos\theta$，$|\overrightarrow{a_1}|=1$ より，

$$4\cos^2\theta+2\cos\theta-1=0.$$

$\cos\theta>0$ であるから，

$$\boldsymbol{\cos\theta=\frac{-1+\sqrt{5}}{4}}.$$

267 **考え方**

(1) $$|\overrightarrow{x}|^2-\overrightarrow{a}\cdot\overrightarrow{x}=\left|\overrightarrow{x}-\frac{1}{2}\overrightarrow{a}\right|^2-\frac{1}{4}|\overrightarrow{a}|^2$$

を利用して，

$$|\overrightarrow{\mathrm{OP}}-\overrightarrow{\mathrm{OC}}|=r$$

の形に変形する．

(3) 条件より，

$$\overrightarrow{\mathrm{OA}}\cdot\overrightarrow{\mathrm{OB}}=-\frac{1}{5}(|\overrightarrow{\mathrm{OA}}|^2+4|\overrightarrow{\mathrm{OB}}|^2).$$

円の半径を r とするとき，

$$|\overrightarrow{\mathrm{OC}}|$$

を r で表して，O が円の内部か外部かを判定し，O の位置を特定する．

解答

(1) $$2|\overrightarrow{\mathrm{OP}}|^2-\overrightarrow{\mathrm{OA}}\cdot\overrightarrow{\mathrm{OP}}+2\overrightarrow{\mathrm{OB}}\cdot\overrightarrow{\mathrm{OP}}-\overrightarrow{\mathrm{OA}}\cdot\overrightarrow{\mathrm{OB}}=0.$$

$$|\overrightarrow{\mathrm{OP}}|^2-\frac{1}{2}(\overrightarrow{\mathrm{OA}}-2\overrightarrow{\mathrm{OB}})\cdot\overrightarrow{\mathrm{OP}}-\frac{1}{2}\overrightarrow{\mathrm{OA}}\cdot\overrightarrow{\mathrm{OB}}=0.$$

$$\left|\overrightarrow{\mathrm{OP}}-\frac{1}{4}(\overrightarrow{\mathrm{OA}}-2\overrightarrow{\mathrm{OB}})\right|^2-\frac{1}{16}|\overrightarrow{\mathrm{OA}}-2\overrightarrow{\mathrm{OB}}|^2-\frac{1}{2}\overrightarrow{\mathrm{OA}}\cdot\overrightarrow{\mathrm{OB}}=0.$$

$$\left|\overrightarrow{\mathrm{OP}}-\frac{1}{4}(\overrightarrow{\mathrm{OA}}-2\overrightarrow{\mathrm{OB}})\right|^2$$

$$=\frac{1}{16}(|\overrightarrow{OA}|^2-4\overrightarrow{OA}\cdot\overrightarrow{OB}+4|OB|^2$$
$$+8\overrightarrow{OA}\cdot\overrightarrow{OB}).$$
$$\left|\overrightarrow{OP}-\frac{1}{4}(\overrightarrow{OA}-2\overrightarrow{OB})\right|^2=\frac{1}{16}|\overrightarrow{OA}+2\overrightarrow{OB}|^2.$$
$$\left|\overrightarrow{OP}-\frac{1}{4}(\overrightarrow{OA}-2\overrightarrow{OB})\right|=\frac{1}{4}|\overrightarrow{OA}+2\overrightarrow{OB}|.$$

よって，$\overrightarrow{OC}=\frac{1}{4}(\overrightarrow{OA}-2\overrightarrow{OB})$ とすると，

点Pの軌跡はCを中心とする半径

$\frac{1}{4}|\overrightarrow{OA}+2\overrightarrow{OB}|$ の円である．

(2) (1)より，

$$\mathbf{\overrightarrow{OC}=\frac{1}{4}(\overrightarrow{OA}-2\overrightarrow{OB}).}$$

(3) $r=\frac{1}{4}|\overrightarrow{OA}+2\overrightarrow{OB}|$，$|\overrightarrow{OA}|=a$，

$|\overrightarrow{OB}|=b$

とすると，条件より，

$$a^2+5\overrightarrow{OA}\cdot\overrightarrow{OB}+4b^2=0.$$
$$\overrightarrow{OA}\cdot\overrightarrow{OB}=-\frac{1}{5}(a^2+4b^2).$$

$$r^2=\frac{1}{16}|\overrightarrow{OA}+2\overrightarrow{OB}|^2$$
$$=\frac{1}{16}(|\overrightarrow{OA}|^2+4\overrightarrow{OA}\cdot\overrightarrow{OB}+4|\overrightarrow{OB}|^2)$$
$$=\frac{1}{16}\left\{a^2-\frac{4}{5}(a^2+4b^2)+4b^2\right\}$$
$$=\frac{1}{80}(a^2+4b^2).$$

$$|\overrightarrow{OC}|^2=\frac{1}{16}|\overrightarrow{OA}-2\overrightarrow{OB}|^2$$
$$=\frac{1}{16}(|\overrightarrow{OA}|^2-4\overrightarrow{OA}\cdot\overrightarrow{OB}+4|\overrightarrow{OB}|^2)$$
$$=\frac{1}{16}\left\{a^2+\frac{4}{5}(a^2+4b^2)+4b^2\right\}$$
$$=\frac{1}{80}(9a^2+36b^2)$$
$$=\frac{9}{80}(a^2+4b^2).$$

よって，

$$|\overrightarrow{OC}|^2=9r^2.$$
$$|\overrightarrow{OC}|=3r.$$

したがって，Oは円の外部の図の位置にあり，P_0 は線分OCと円周の交点であるから，

$$\overrightarrow{OP_0}=\frac{2}{3}\overrightarrow{OC}$$
$$=\frac{1}{6}\overrightarrow{OA}-\frac{1}{3}\overrightarrow{OB}.$$

よって，

$$\boldsymbol{s=\frac{1}{6},\ t=-\frac{1}{3}.}$$

［注］

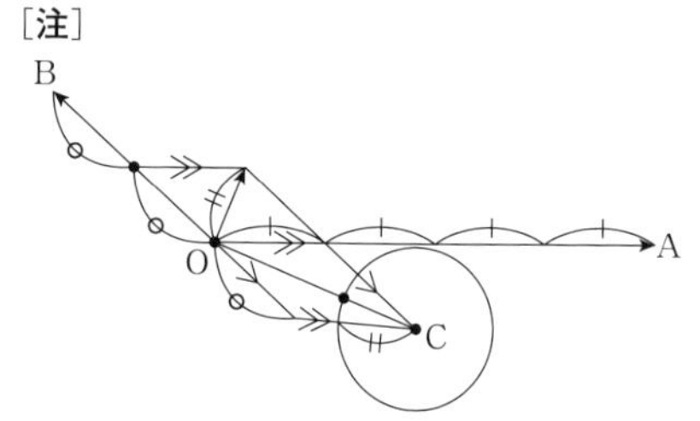

点O，A，B，Cの位置関係は図のようになっている．

268 考え方

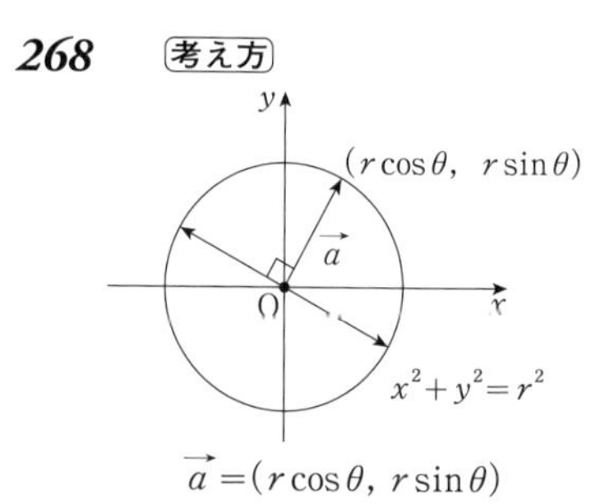

$$\vec{a}=(r\cos\theta,\ r\sin\theta)$$

に対し，

$$r\cos\left(\theta+\frac{\pi}{2}\right)=-r\sin\theta,$$
$$r\sin\left(\theta+\frac{\pi}{2}\right)=r\cos\theta,$$
$$r\cos\left(\theta-\frac{\pi}{2}\right)=r\sin\theta,$$
$$r\sin\left(\theta-\frac{\pi}{2}\right)=-r\cos\theta$$

より，

$\vec{a}$ をOを中心に反時計まわり $\frac{\pi}{2}$ 回転したベクトルは，

$$(-r\sin\theta,\ r\cos\theta).$$

$\vec{a}$ をOを中心に時計まわりに $\dfrac{\pi}{2}$ 回転したベクトルは，

$$(r\sin\theta,\ -r\cos\theta).$$

したがって，

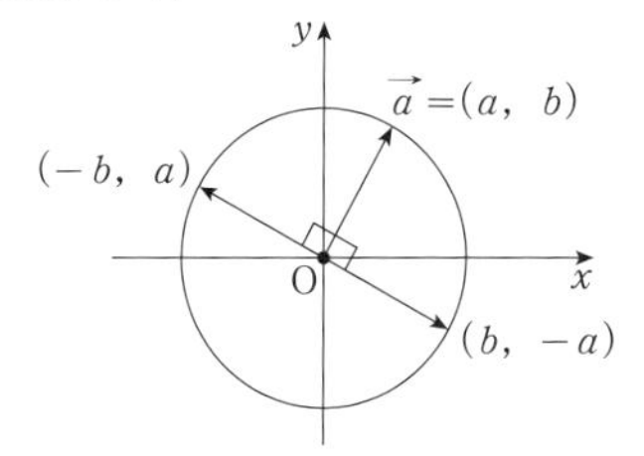

$\vec{a}=(a,\ b)$ を始点を中心に

反時計まわりに $\dfrac{\pi}{2}$ 回転したベクトルは，

$$(-b,\ a).$$

時計まわりに $\dfrac{\pi}{2}$ 回転したベクトルは，

$$(b,\ -a).$$

解答

(1)

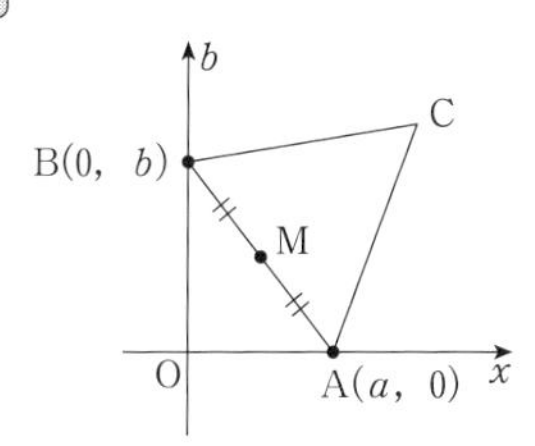

$$\overrightarrow{\mathrm{OM}}=\left(\frac{a}{2},\ \frac{b}{2}\right).$$

$$\overrightarrow{\mathrm{MC}}\perp\overrightarrow{\mathrm{AB}}.$$

$$|\overrightarrow{\mathrm{MC}}|=\frac{\sqrt{3}}{2}|\overrightarrow{\mathrm{AB}}|.$$

点Cは直線ABに関して原点Oの反対側にあり，

$$\overrightarrow{\mathrm{AB}}=(-a,\ b)\perp(b,\ a)$$

であるから，

$$\overrightarrow{\mathrm{MC}}=\frac{\sqrt{3}}{2}(b,\ a)=\left(\frac{\sqrt{3}}{2}b,\ \frac{\sqrt{3}}{2}a\right).$$

(2) $$\overrightarrow{\mathrm{OC}}=\overrightarrow{\mathrm{OM}}+\overrightarrow{\mathrm{MC}}=\left(\frac{a+\sqrt{3}\,b}{2},\ \frac{\sqrt{3}\,a+b}{2}\right).$$

［注］ $\mathrm{C}(p,\ q)$ とおくと，

$$\text{直線AB}：y=-\frac{b}{a}x+b$$

に関してOの反対側にあるから，

$$q>-\frac{b}{a}p+b. \quad \cdots①$$

$$\overrightarrow{\mathrm{MC}}=\left(p-\frac{a}{2},\ q-\frac{b}{2}\right)\perp\overrightarrow{\mathrm{AB}}=(-a,\ b)$$

より，

$$-a\left(p-\frac{a}{2}\right)+b\left(q-\frac{b}{2}\right)=0. \quad \cdots②$$

$|\overrightarrow{\mathrm{MC}}|=\dfrac{\sqrt{3}}{2}|\overrightarrow{\mathrm{AB}}|$ より，

$$\left(p-\frac{a}{2}\right)^2+\left(q-\frac{b}{2}\right)^2=\frac{3}{4}(a^2+b^2). \quad \cdots③$$

② より，$p-\dfrac{a}{2}=\dfrac{b}{a}\left(q-\dfrac{b}{2}\right)$ を ③ に代入して，

$$\left(1+\frac{b^2}{a^2}\right)\left(q-\frac{b}{2}\right)^2=\frac{3}{4}(a^2+b^2).$$

$$\left(q-\frac{b}{2}\right)^2=\frac{3}{4}a^2.$$

$$q=\frac{b}{2}\pm\frac{\sqrt{3}}{2}a.$$

② より，

$$p=\frac{a}{2}\pm\frac{\sqrt{3}}{2}b.\ (\text{複号同順})$$

① より，

$$(p,\ q)=\left(\frac{a+\sqrt{3}\,b}{2},\ \frac{\sqrt{3}\,a+b}{2}\right).$$

269 考え方

(1) $\overrightarrow{\mathrm{CA}}=\vec{a}$，$\overrightarrow{\mathrm{CB}}=\vec{b}$ として条件式より，

$$|\vec{a}|=|\vec{b}|,\ \vec{a}\cdot\vec{b}=\frac{1}{2}|\vec{a}|^2$$

を導く．

(2) $\overrightarrow{\mathrm{AB}}\cdot\overrightarrow{\mathrm{BC}}=\overrightarrow{\mathrm{BC}}\cdot\overrightarrow{\mathrm{CD}}$

より，

$$(\overrightarrow{\mathrm{AB}}-\overrightarrow{\mathrm{CD}})\cdot\overrightarrow{\mathrm{BC}}=0. \quad \cdots①$$

$\overrightarrow{\mathrm{AB}}-\overrightarrow{\mathrm{CD}}=\vec{0}$ のとき条件を満たす四角形が出来ないことから，

$$(\overrightarrow{\mathrm{AB}}-\overrightarrow{\mathrm{CD}})\perp\overrightarrow{\mathrm{BC}}. \quad \cdots②$$

同様にして，$\overrightarrow{\mathrm{CD}}\cdot\overrightarrow{\mathrm{DA}}=\overrightarrow{\mathrm{DA}}\cdot\overrightarrow{\mathrm{AB}}$ より，

$$(\overrightarrow{\mathrm{AB}}-\overrightarrow{\mathrm{CD}})\cdot\overrightarrow{\mathrm{DA}}=0. \quad \cdots③$$

$$(\overrightarrow{\mathrm{AB}}-\overrightarrow{\mathrm{CD}})\perp\overrightarrow{\mathrm{DA}}. \quad \cdots④$$

②，④ より，

$$\overrightarrow{BC} /\!/ \overrightarrow{DA}.$$

また，ここから別解として ①+③ より，

$$(\overrightarrow{AB}-\overrightarrow{CD})\cdot(\overrightarrow{BC}+\overrightarrow{DA})=0.$$

$\overrightarrow{AB}+\overrightarrow{BC}+\overrightarrow{CD}+\overrightarrow{DA}=\vec{0}$ より，

$$\overrightarrow{BC}+\overrightarrow{DA}=-(\overrightarrow{AB}+\overrightarrow{CD}).$$

$$-(\overrightarrow{AB}-\overrightarrow{CD})\cdot(\overrightarrow{AB}+\overrightarrow{CD})=0.$$

$$-|\overrightarrow{AB}|^2+|\overrightarrow{CD}|^2=0.$$

$$|\overrightarrow{AB}|=|\overrightarrow{CD}|.$$

同様にして，$|\overrightarrow{BC}|=|\overrightarrow{DA}|$ より四角形ABCDが平行四辺形であることを示す．

解答

(1) $\overrightarrow{CA}=\vec{a}$，$\overrightarrow{CB}=\vec{b}$ とすると，条件より，

$(\vec{b}-\vec{a})\cdot(-\vec{b})=(-\vec{b})\cdot\vec{a}=\vec{a}\cdot(\vec{b}-\vec{a}).$

$\vec{a}\cdot\vec{b}-|\vec{b}|^2=-\vec{a}\cdot\vec{b}=\vec{a}\cdot\vec{b}-|\vec{a}|^2.$

よって，

$$|\vec{a}|=|\vec{b}|,\ \vec{a}\cdot\vec{b}=\frac{1}{2}|\vec{a}|^2.$$

$\vec{a}$，$\vec{b}$ のなす角を θ $(0\leqq\theta\leqq\pi)$ とすると，

$$\vec{a}\cdot\vec{b}=|\vec{a}|^2\cos\theta=\frac{1}{2}|\vec{a}|^2$$

より，

$$\cos\theta=\frac{1}{2}.$$

$$\theta=\frac{\pi}{3}.$$

したがって，

$$CA=CB,\ \angle ACB=\frac{\pi}{3}$$

であるから，△ABC は正三角形である．

(2)

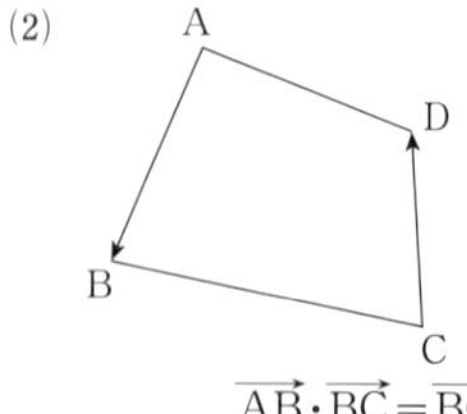

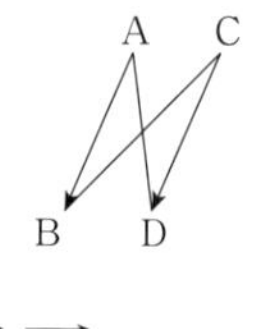

$$\overrightarrow{AB}\cdot\overrightarrow{BC}=\overrightarrow{BC}\cdot\overrightarrow{CD}$$

より，

$$(\overrightarrow{AB}-\overrightarrow{CD})\cdot\overrightarrow{BC}=0. \quad \cdots①$$

$\overrightarrow{AB}-\overrightarrow{CD}=\vec{0}$ とすると $\overrightarrow{AB}=\overrightarrow{CD}$ となり，四角形ABCDは条件を満たす四角形にならない．

よって，$\overrightarrow{AB}-\overrightarrow{CD}\neq\vec{0}$ であるから，① より，

$$(\overrightarrow{AB}-\overrightarrow{CD})\perp\overrightarrow{BC}. \quad \cdots②$$

同様に，$\overrightarrow{CD}\cdot\overrightarrow{DA}=\overrightarrow{DA}\cdot\overrightarrow{AB}$ より，

$$(\overrightarrow{AB}-\overrightarrow{CD})\cdot\overrightarrow{DA}=0. \quad \cdots③$$

$$(\overrightarrow{AB}-\overrightarrow{CD})\perp\overrightarrow{DA}. \quad \cdots④$$

②，④ より，$\overrightarrow{BC}/\!/\overrightarrow{DA}$ であるから，

$$\overrightarrow{DA}=k\overrightarrow{BC}\ (k \text{ は実数})$$

とおける．このとき，

$$\overrightarrow{BC}\cdot\overrightarrow{CD}=\overrightarrow{CD}\cdot\overrightarrow{DA}$$

より，

$$(1-k)\overrightarrow{BC}\cdot\overrightarrow{CD}=0.$$

$k=1$ のとき，$\overrightarrow{DA}=\overrightarrow{BC}$ となり四角形ABCDは条件を満たす四角形にならないので

$$k\neq1.$$

よって，

$$\overrightarrow{BC}\cdot\overrightarrow{CD}=0.$$

$$\overrightarrow{BC}\perp\overrightarrow{CD}.$$

同様にして，

$$\overrightarrow{AB}\perp\overrightarrow{BC},\ \overrightarrow{DA}\perp\overrightarrow{AB}$$

も示せるので，長方形である．

[**別解**]

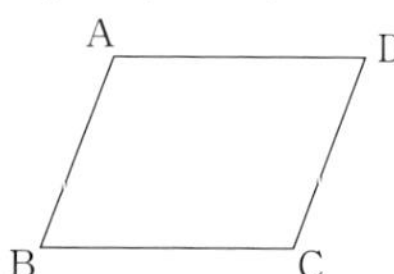

$\overrightarrow{AB}\cdot\overrightarrow{BC}=\overrightarrow{BC}\cdot\overrightarrow{CD}$ より，

$$(\overrightarrow{AB}-\overrightarrow{CD})\cdot\overrightarrow{BC}=0. \quad \cdots①$$

$\overrightarrow{CD}\cdot\overrightarrow{DA}=\overrightarrow{DA}\cdot\overrightarrow{AB}$ より，

$$(\overrightarrow{AB}-\overrightarrow{CD})\cdot\overrightarrow{DA}=0. \quad \cdots②$$

①+② より，

$$(\overrightarrow{AB}-\overrightarrow{CD})\cdot(\overrightarrow{BC}+\overrightarrow{DA})=0. \quad \cdots③$$

$\overrightarrow{AB}+\overrightarrow{BC}+\overrightarrow{CD}+\overrightarrow{DA}=\vec{0}$ より，

$$\overrightarrow{BC}+\overrightarrow{DA}=-(\overrightarrow{AB}+\overrightarrow{CD}). \quad \cdots④$$

③，④ より，

$$-(\overrightarrow{AB}-\overrightarrow{CD})\cdot(\overrightarrow{AB}+\overrightarrow{CD})=0.$$

$$-|\overrightarrow{AB}|^2+|\overrightarrow{CD}|^2=0.$$

$$|\overrightarrow{AB}|=|\overrightarrow{CD}|. \quad \cdots⑤$$

同様にして，

$$|\overrightarrow{BC}|=|\overrightarrow{CD}|. \quad \cdots⑥$$

⑤，⑥ より四角形ABCDは平行四辺形で

あるから，

$$\overrightarrow{DA}=\overrightarrow{CB}=-\overrightarrow{BC}.$$

$\overrightarrow{AB}\cdot\overrightarrow{BC}=\overrightarrow{DA}\cdot\overrightarrow{AB}$ より，

$$\overrightarrow{AB}\cdot\overrightarrow{BC}=-\overrightarrow{BC}\cdot\overrightarrow{AB}.$$

$$\overrightarrow{AB}\cdot\overrightarrow{BC}=0.$$

$$\angle ABC=90^\circ.$$

以上より，四角形 ABCD は長方形である．

［**注**］ $\overrightarrow{AB}+\overrightarrow{BC}=-(\overrightarrow{CD}+\overrightarrow{DA})$ より，

$$|\overrightarrow{AB}+\overrightarrow{BC}|^2=|\overrightarrow{CD}+\overrightarrow{DA}|^2.$$

$$|\overrightarrow{AB}|^2+2\overrightarrow{AB}\cdot\overrightarrow{BC}+|\overrightarrow{BC}|^2$$
$$=|\overrightarrow{CD}|^2+2\overrightarrow{CD}\cdot\overrightarrow{DA}+|\overrightarrow{DA}|^2.$$

$\overrightarrow{AB}\cdot\overrightarrow{BC}=\overrightarrow{CD}\cdot\overrightarrow{DA}$ より，

$$|\overrightarrow{AB}|^2+|\overrightarrow{BC}|^2=|\overrightarrow{CD}|^2+|\overrightarrow{DA}|^2. \quad \cdots①$$

同様にして，

$$\overrightarrow{AB}+\overrightarrow{DA}=-(\overrightarrow{BC}+\overrightarrow{CD})$$

より，

$$|\overrightarrow{AB}|^2+|\overrightarrow{DA}|^2=|\overrightarrow{BC}|^2+|\overrightarrow{CD}|^2. \quad \cdots②$$

①＋② より，

$$2|\overrightarrow{AB}|^2=2|\overrightarrow{CD}|^2.$$

$$|\overrightarrow{AB}|=|\overrightarrow{CD}|.$$

同様にして，

$$|\overrightarrow{BC}|=|\overrightarrow{DA}|.$$

270 考え方

(1)

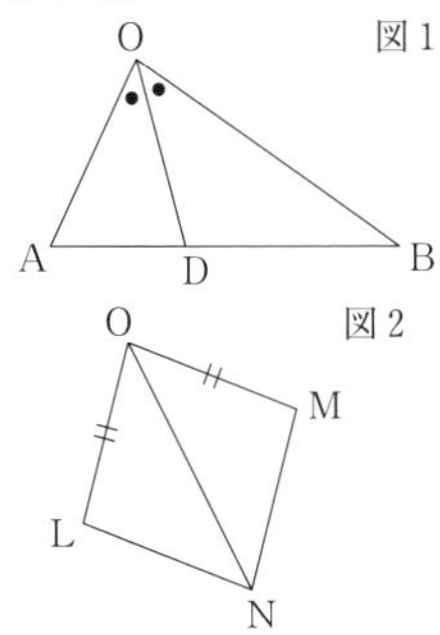

図において，

$$AD:DB=OA:OB.$$

別解として，図2において，

$$|\overrightarrow{OL}|=|\overrightarrow{OM}|,\ \overrightarrow{ON}=\overrightarrow{OL}+\overrightarrow{OM}$$

とすると，四角形 OLNM はひし形であるから，

$$\angle LON=\angle MON.$$

(2) 半直線 OA 上の OA＝AD となる点を D，半直線 OB 上の OB＝BE となる点を E とするとき，三角形 ADB，BAE に(1)を用いる．

解 答

(1)

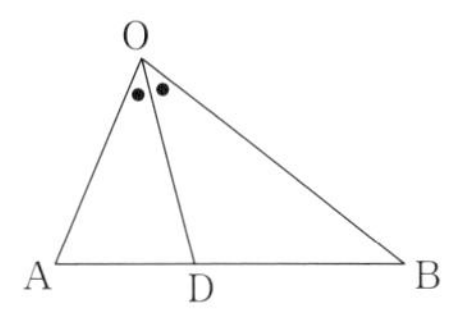

∠AOB の二等分線と辺 AB との交点を D とすると，

$$AD:DB=OA:OB=|\vec{a}|:|\vec{b}|.$$

$$\overrightarrow{OD}=\frac{1}{|\vec{a}|+|\vec{b}|}(|\vec{b}|\vec{a}+|\vec{a}|\vec{b})$$
$$=\frac{|\vec{a}||\vec{b}|}{|\vec{a}|+|\vec{b}|}\left(\frac{\vec{a}}{|\vec{a}|}+\frac{\vec{b}}{|\vec{b}|}\right)$$
$$/\!/\ \frac{\vec{a}}{|\vec{a}|}+\frac{\vec{b}}{|\vec{b}|}.$$

よって，点 P が ∠AOB の二等分線上にあるとき，

$$\overrightarrow{OP}=t\left(\frac{\vec{a}}{|\vec{a}|}+\frac{\vec{b}}{|\vec{b}|}\right)$$

となる実数 t が存在する．

［**別解**］

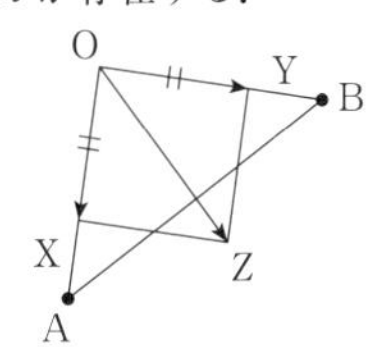

$$\overrightarrow{OX}=\frac{\vec{a}}{|\vec{a}|},\ \overrightarrow{OY}=\frac{\vec{b}}{|\vec{b}|},\ \overrightarrow{OZ}=\overrightarrow{OX}+\overrightarrow{OY}$$

とすると，

$$|\overrightarrow{OX}|=|\overrightarrow{OY}|=1$$

より，平行四辺形 OXZY はひし形であるから，

$$\angle XOZ=\angle YOZ.$$

よって，点 P が ∠AOB の二等分線上にあるとき，

$$\overrightarrow{OP}=t\overrightarrow{OZ}=t\left(\frac{\vec{a}}{|\vec{a}|}+\frac{\vec{b}}{|\vec{b}|}\right)$$

となる実数 t が存在する．

(2)

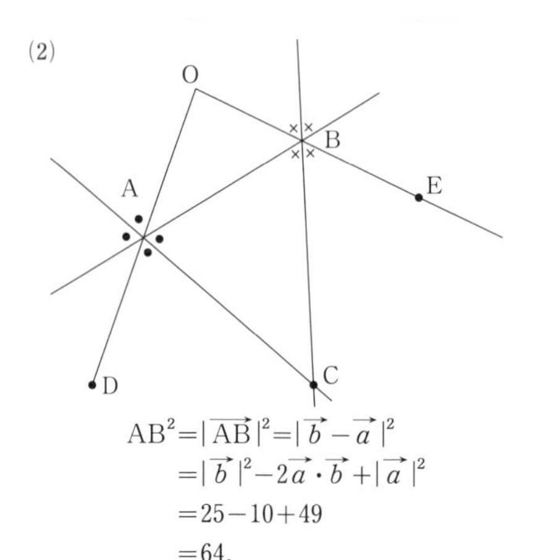

$$AB^2=|\overrightarrow{AB}|^2=|\vec{b}-\vec{a}|^2$$
$$=|\vec{b}|^2-2\vec{a}\cdot\vec{b}+|\vec{a}|^2$$
$$=25-10+49$$
$$=64.$$
$$AB=8.$$

半直径 OA 上の OA=AD となる点を D, 半直径 OB 上の OB=BE となる点を E とする.

三角形 ADB に対し (1) より,

$$\overrightarrow{AC}=k\left(\frac{\overrightarrow{AD}}{|\overrightarrow{AD}|}+\frac{\overrightarrow{AB}}{|\overrightarrow{AB}|}\right)$$
$$=k\left(\frac{\vec{a}}{7}+\frac{\vec{b}-\vec{a}}{8}\right)$$
$$=\frac{k}{56}\vec{a}+\frac{k}{8}\vec{b}$$

となる実数 k が存在する. このとき,

$$\overrightarrow{OC}=\overrightarrow{OA}+\overrightarrow{AC}$$
$$=\left(1+\frac{k}{56}\right)\vec{a}+\frac{k}{8}\vec{b}. \quad \cdots①$$

また, 三角形 BAE に対し, (1) より,

$$\overrightarrow{BC}=l\left(\frac{\overrightarrow{BA}}{|\overrightarrow{BA}|}+\frac{\overrightarrow{BE}}{|\overrightarrow{BE}|}\right)$$
$$=l\left(\frac{\vec{a}-\vec{b}}{8}+\frac{\vec{b}}{5}\right)$$
$$=\frac{l}{8}\vec{a}+\frac{3}{40}l\vec{b}$$

となる実数 l が存在する. このとき,

$$\overrightarrow{OC}=\overrightarrow{OB}+\overrightarrow{BC}$$
$$=\frac{l}{8}\vec{a}+\left(1+\frac{3}{40}l\right)\vec{b}. \quad \cdots②$$

$\vec{a}\neq\vec{0}$, $\vec{b}\neq\vec{0}$ かつ $\vec{a}$, $\vec{b}$ は平行でないから, ①, ② より,

$$\begin{cases} 1+\dfrac{k}{56}=\dfrac{l}{8}, \\ \dfrac{k}{8}=1+\dfrac{3}{40}l. \end{cases}$$

これを解くと,

$$k=14,\ l=10.$$

よって,

$$\overrightarrow{\mathbf{OC}}=\frac{\mathbf{5}}{\mathbf{4}}\vec{\boldsymbol{a}}+\frac{\mathbf{7}}{\mathbf{4}}\vec{\boldsymbol{b}}.$$

22 空間座標と空間ベクトル

271 考え方

(2) (1) より,

$$\overrightarrow{AQ}=-\frac{k}{4}\overrightarrow{AB}-\frac{k}{2}\overrightarrow{AC}-\frac{3}{4}k\overrightarrow{AD}. \quad \cdots①$$

また,

$$\overrightarrow{BQ}=s\overrightarrow{BC}+t\overrightarrow{BD}$$

より,

$$\overrightarrow{AQ}=(1-s-t)\overrightarrow{AB}+s\overrightarrow{AC}+t\overrightarrow{AD}. \quad \cdots②$$

①, ② の係数を比較する.

(3) 四面体 ABCD, PBCD の底面を共通の三角形 BCD とすると, 体積は高さの比に等しく, それは AQ : PQ に等しい.

解答

(1)

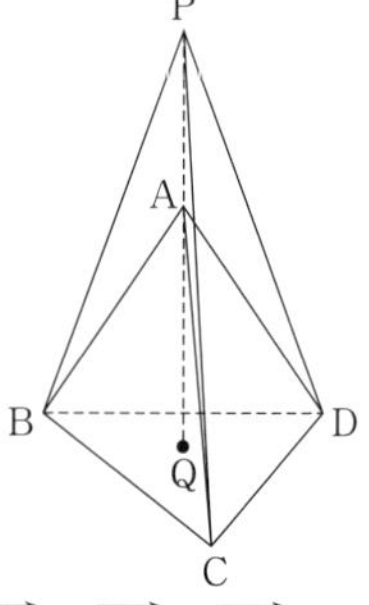

$10\overrightarrow{PA}=\overrightarrow{PB}+2\overrightarrow{PC}+3\overrightarrow{PD}$ より,

$$-10\overrightarrow{AP}=(\overrightarrow{AB}-\overrightarrow{AP})+2(\overrightarrow{AC}-\overrightarrow{AP})+3(\overrightarrow{AD}-\overrightarrow{AP}).$$
$$-4\overrightarrow{AP}=\overrightarrow{AB}+2\overrightarrow{AC}+3\overrightarrow{AD}.$$
$$\overrightarrow{\mathbf{AP}}=-\frac{\mathbf{1}}{\mathbf{4}}\overrightarrow{\mathbf{AB}}-\frac{\mathbf{1}}{\mathbf{2}}\overrightarrow{\mathbf{AC}}-\frac{\mathbf{3}}{\mathbf{4}}\overrightarrow{\mathbf{AD}}.$$

(2) (1) より,

$$\overrightarrow{AQ}=k\overrightarrow{AP}$$
$$=-\frac{k}{4}\overrightarrow{AB}-\frac{k}{2}\overrightarrow{AC}-\frac{3}{4}k\overrightarrow{AD}. \quad \cdots①$$

$\overrightarrow{BQ}=s\overrightarrow{BC}+t\overrightarrow{BD}$ より，

$$\overrightarrow{AQ}-\overrightarrow{AB}=s(\overrightarrow{AC}-\overrightarrow{AB})+t(\overrightarrow{AD}-\overrightarrow{AB}).$$

$$\overrightarrow{AQ}=(1-s-t)\overrightarrow{AB}+s\overrightarrow{AC}+t\overrightarrow{AD}. \quad \cdots②$$

4点A，B，C，Dは四面体の4頂点であるから，①，②より，

$$1-s-t=-\frac{k}{4},\ s=-\frac{k}{2},\ t=-\frac{3}{4}k.$$

$$-\frac{k}{4}-\frac{k}{2}-\frac{3}{4}k=1.$$

$$k=-\frac{2}{3}.$$

よって，

$$\boldsymbol{s=\frac{1}{3},\ t=\frac{1}{2},\ k=-\frac{2}{3}}.$$

(3)

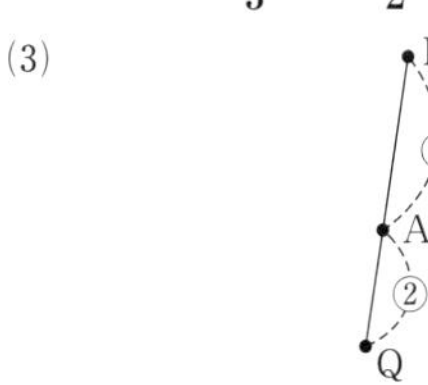

四面体ABCD，PBCDの体積をそれぞれV_A，V_Pとする．底面を共通の三角形BCDとすると，体積比は高さの比に等しいので，

$$\boldsymbol{V_A : V_P}=AQ:PQ$$
$$=\boldsymbol{2:5}.$$

272 考え方

(1)(i) $\overrightarrow{OP}$，$\overrightarrow{OQ}$のなす角をθ $(0\leqq\theta\leqq\pi)$とすると，

$$\cos\theta=\frac{\overrightarrow{OP}\cdot\overrightarrow{OQ}}{|\overrightarrow{OP}||\overrightarrow{OQ}|}.$$

(ii) 求めるベクトルは，

$$\frac{1}{|\overrightarrow{PQ}|}\overrightarrow{PQ}.$$

(iii) $\triangle OPQ=\frac{1}{2}OP\cdot OQ\cdot\sin\angle POQ$

$$=\frac{1}{2}\sqrt{|\overrightarrow{OP}|^2|\overrightarrow{OQ}|^2-(\overrightarrow{OP}\cdot\overrightarrow{OQ})^2}.$$

(2) 始点をAにそろえて，

(左辺)－(右辺)

を計算する．

解答

(1)(i) $\overrightarrow{OP}=(0,\ 0,\ 2)$，$\overrightarrow{OQ}=(1,\ \sqrt{2},\ 3)$ より，

$$|\overrightarrow{OP}|=2,\ |\overrightarrow{OQ}|=\sqrt{1+2+9}=2\sqrt{3},$$
$$\overrightarrow{OP}\cdot\overrightarrow{OQ}=6.$$

$\overrightarrow{OP}\cdot\overrightarrow{OQ}$のなす角を$\theta$ $(0\leqq\theta\leqq\pi)$とすると，

$$\cos\theta=\frac{\overrightarrow{OP}\cdot\overrightarrow{OQ}}{|\overrightarrow{OP}||\overrightarrow{OQ}|}=\frac{\sqrt{3}}{2}.$$

よって，

$$\theta=\boldsymbol{\frac{\pi}{6}}.$$

(ii) $\overrightarrow{PQ}=(1,\ \sqrt{2},\ 1)$ より，

$$|\overrightarrow{PQ}|=\sqrt{1+2+1}=2.$$

よって，$\overrightarrow{PQ}$と同じ向きの単位ベクトルは，

$$\frac{1}{|\overrightarrow{PQ}|}\overrightarrow{PQ}=\boldsymbol{\left(\frac{1}{2},\ \frac{\sqrt{2}}{2},\ \frac{1}{2}\right)}.$$

(iii) $\triangle OPQ=\frac{1}{2}\sqrt{|\overrightarrow{OP}|^2|\overrightarrow{OQ}|^2-(\overrightarrow{OP}\cdot\overrightarrow{OQ})^2}$

$$=\frac{1}{2}\sqrt{4\cdot12-36}$$
$$=\boldsymbol{\sqrt{3}}.$$

［注］ $\triangle OPQ=\frac{1}{2}OP\cdot OQ\cdot\sin\frac{\pi}{6}$

$$=\frac{1}{2}\cdot2\cdot2\sqrt{3}\cdot\frac{1}{2}=\boldsymbol{\sqrt{3}}.$$

(2) $I=|\overrightarrow{AB}|^2+|\overrightarrow{BC}|^2+|\overrightarrow{CD}|^2+|\overrightarrow{DA}|^2$

$$=|\overrightarrow{AB}|^2+|\overrightarrow{AC}-\overrightarrow{AB}|^2+|\overrightarrow{AD}-\overrightarrow{AC}|^2+|-\overrightarrow{AD}|^2$$
$$=|\overrightarrow{AB}|^2+|\overrightarrow{AC}|^2-2\overrightarrow{AB}\cdot\overrightarrow{AC}+|\overrightarrow{AB}|^2+|\overrightarrow{AD}|^2-2\overrightarrow{AC}\cdot\overrightarrow{AD}+|\overrightarrow{AC}|^2+|\overrightarrow{AD}|^2$$
$$=2|\overrightarrow{AB}|^2+2|\overrightarrow{AC}|^2+2|\overrightarrow{AD}|^2-2\overrightarrow{AB}\cdot\overrightarrow{AC}-2\overrightarrow{AC}\cdot\overrightarrow{AD}.$$

$J=|\overrightarrow{AC}|^2+|\overrightarrow{BD}|^2$

$$=|\overrightarrow{AC}|^2+|\overrightarrow{AD}-\overrightarrow{AB}|^2$$
$$=|\overrightarrow{AC}|^2+|\overrightarrow{AD}|^2-2\overrightarrow{AB}\cdot\overrightarrow{AD}+|\overrightarrow{AB}|^2.$$

$I-J=|\overrightarrow{AB}|^2+|\overrightarrow{AC}|^2+|\overrightarrow{AD}|^2-2\overrightarrow{AB}\cdot\overrightarrow{AC}-2\overrightarrow{AC}\cdot\overrightarrow{AD}+2\overrightarrow{AB}\cdot\overrightarrow{AD}$

$$=|\overrightarrow{AB}-\overrightarrow{AC}+\overrightarrow{AD}|^2\geqq0.$$

よって，

$$|\overrightarrow{AB}|^2+|\overrightarrow{BC}|^2+|\overrightarrow{CD}|^2+|\overrightarrow{DA}|^2\geqq|\overrightarrow{AC}|^2+|\overrightarrow{BD}|^2.$$

273 考え方

(1) $\triangle ABC=\frac{1}{2}\sqrt{|\overrightarrow{AB}|^2|\overrightarrow{AC}|^2-(\overrightarrow{AB}\cdot\overrightarrow{AC})^2}$.

(2) 求めるベクトルを $\vec{n}=(a,\ b,\ c)$ とすると，

$$\begin{cases}|\vec{n}|^2=a^2+b^2+c^2=1,\\ \overrightarrow{AB}\cdot\vec{n}=3a+2b+c=0,\\ \overrightarrow{AC}\cdot\vec{n}=4b+2c=0.\end{cases}$$

(3) 底面を三角形ABC，その重心をGとするとき，高さがPGとなり，

$$\frac{1}{3}\cdot\triangle ABC\cdot PG=5.$$

$$\overrightarrow{PG}=PG\vec{n}.$$

解答

(1) △ABCの重心をGとすると，

$$\mathbf{G(1,\ 3,\ 3)}.$$

$\overrightarrow{AB}=(3,\ 2,\ 1)$，$\overrightarrow{AC}=(0,\ 4,\ 2)$ より，

$$|\overrightarrow{AB}|=\sqrt{9+4+1}=\sqrt{14},$$
$$|\overrightarrow{AC}|=\sqrt{16+4}=\sqrt{20},$$
$$\overrightarrow{AB}\cdot\overrightarrow{AC}=8+2=10.$$

よって，

$$\triangle ABC=\frac{1}{2}\sqrt{|\overrightarrow{AB}|^2|\overrightarrow{AC}|^2-(\overrightarrow{AB}\cdot\overrightarrow{AC})^2}$$
$$=\frac{1}{2}\sqrt{14\cdot20-10^2}=\mathbf{3\sqrt{5}}.$$

(2) 求めるベクトルを $\vec{n}=(a,\ b,\ c)$ とすると，

$$\begin{cases}|\vec{n}|^2=a^2+b^2+c^2=1, & \cdots①\\ \overrightarrow{AB}\cdot\vec{n}=3a+2b+c=0, & \cdots②\\ \overrightarrow{AC}\cdot\vec{n}=4b+2c=0. & \cdots③\end{cases}$$

②，③より，$a=0$，$c=-2b$.

①に代入して，$5b^2=1$,

$$b=\pm\frac{1}{\sqrt{5}}.$$

よって，

$$\vec{n}=\pm\left(\mathbf{0},\ \frac{\mathbf{1}}{\sqrt{\mathbf{5}}},\ -\frac{\mathbf{2}}{\sqrt{\mathbf{5}}}\right).$$

(3) 条件より，底面を三角形ABCとするときの高さがPGとなるから，

$$\frac{1}{3}\cdot\triangle ABC\cdot PG=5.$$

$$PG=\sqrt{5}.$$

(2)より，

$$\overrightarrow{PG}=\sqrt{5}\,\vec{n}$$
$$=\pm(0,\ 1,\ -2).$$

したがって，

$$\overrightarrow{OP}=\overrightarrow{OG}-\overrightarrow{PG}$$
$$=\mathbf{(1,\ 4,\ 1),\ (1,\ 2,\ 5)}.$$

274 考え方

(1) $S=\frac{1}{2}\sqrt{|\overrightarrow{AB}|^2|\overrightarrow{AC}|^2-(\overrightarrow{AB}\cdot\overrightarrow{AC})^2}$.

(2) 点Hは平面 α 上の点であるから，a，b を実数として，

$\overrightarrow{AH}=a\overrightarrow{AB}+b\overrightarrow{AC}=(-a-b,\ 2b,\ a+2b)$ とおける．

$\overrightarrow{OH}\perp\overrightarrow{AB}$，$\overrightarrow{OH}\perp\overrightarrow{AC}$ より，a，b の連立方程式を作る．

(3) $V=\frac{1}{3}\cdot S\cdot|\overrightarrow{OH}|$.

解答

(1)

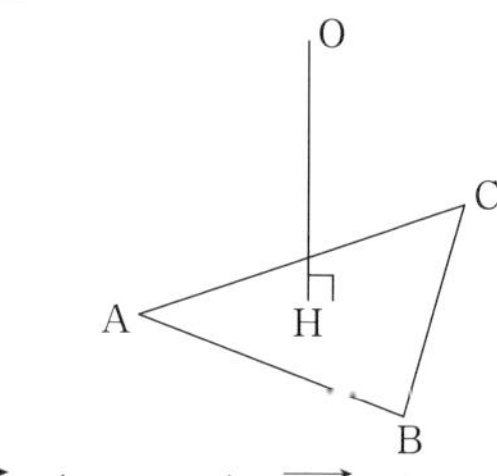

$\overrightarrow{AB}=(-1,\ 0,\ 1)$，$\overrightarrow{AC}=(-1,\ 2,\ 2)$ より，

$|\overrightarrow{AB}|^2=1+1=2$，$|\overrightarrow{AC}|^2=1+4+4=9$,

$\overrightarrow{AB}\cdot\overrightarrow{AC}=1+2=3$.

よって，

$$S=\frac{1}{2}\sqrt{|\overrightarrow{AB}|^2|\overrightarrow{AC}|^2-(\overrightarrow{AB}\cdot\overrightarrow{AC})^2}$$
$$=\frac{1}{2}\sqrt{2\cdot9-3^2}$$
$$=\mathbf{\frac{3}{2}}.$$

(2) 点Hは平面 α 上の点であるから，

$\overrightarrow{AH}=a\overrightarrow{AB}+b\overrightarrow{AC}=(-a-b,\ 2b,\ a+2b)$

（a，b は実数）

とおける．このとき，

$$\overrightarrow{OH}=\overrightarrow{OA}+\overrightarrow{AH}$$
$$=(-a-b,\ 2b+1,\ a+2b).$$

$\overrightarrow{\mathrm{OH}} \perp \overrightarrow{\mathrm{AB}}$ より，

$$\begin{aligned}\overrightarrow{\mathrm{OH}}\cdot\overrightarrow{\mathrm{AB}} &= (-a-b)\cdot(-1)+(2b+1)\cdot 0\\ &\qquad +(a+2b)\cdot 1\\ &= 2a+3b=0. \qquad \cdots①\end{aligned}$$

$\overrightarrow{\mathrm{OH}} \perp \overrightarrow{\mathrm{AC}}$ より，

$$\begin{aligned}\overrightarrow{\mathrm{OH}}\cdot\overrightarrow{\mathrm{AC}} &= (-a-b)\cdot(-1)+(2b+1)\cdot 2\\ &\qquad +(a+2b)\cdot 2\\ &= 3a+9b+2=0. \qquad \cdots②\end{aligned}$$

①，② より，

$$a=\frac{2}{3},\ b=-\frac{4}{9}.$$

よって，

$$\mathbf{H}\left(-\frac{\mathbf{2}}{\mathbf{9}},\ \frac{\mathbf{1}}{\mathbf{9}},\ -\frac{\mathbf{2}}{\mathbf{9}}\right).$$

［注］ $\overrightarrow{\mathrm{OH}}=\overrightarrow{\mathrm{OA}}+a\overrightarrow{\mathrm{AB}}+b\overrightarrow{\mathrm{AC}}$,

$$\overrightarrow{\mathrm{OA}}\cdot\overrightarrow{\mathrm{AB}}=0,$$

$$\overrightarrow{\mathrm{OA}}\cdot\overrightarrow{\mathrm{AC}}=2.$$

$\overrightarrow{\mathrm{OH}}\perp\overrightarrow{\mathrm{AB}}$，$\overrightarrow{\mathrm{OH}}\perp\overrightarrow{\mathrm{AC}}$ より，

$$\begin{aligned}\overrightarrow{\mathrm{OH}}\cdot\overrightarrow{\mathrm{AB}} &= (\overrightarrow{\mathrm{OA}}+a\overrightarrow{\mathrm{AB}}+b\overrightarrow{\mathrm{AC}})\cdot\overrightarrow{\mathrm{AB}}\\ &= 2a+3b=0.\end{aligned}$$

$$\begin{aligned}\overrightarrow{\mathrm{OH}}\cdot\overrightarrow{\mathrm{AC}} &= (\overrightarrow{\mathrm{OA}}+a\overrightarrow{\mathrm{AB}}+b\overrightarrow{\mathrm{AC}})\cdot\overrightarrow{\mathrm{AC}}\\ &= 2+3a+9b=0.\end{aligned}$$

(3) $|\overrightarrow{\mathrm{OH}}|^2=\left(-\frac{2}{9}\right)^2+\left(\frac{1}{9}\right)^2+\left(-\frac{2}{9}\right)^2=\frac{1}{9}$

より，

$$|\overrightarrow{\mathrm{OH}}|=\frac{1}{3}.$$

よって，

$$V=\frac{1}{3}\cdot S\cdot|\overrightarrow{\mathrm{OH}}|=\frac{\mathbf{1}}{\mathbf{6}}.$$

275 考え方

$\overrightarrow{\mathrm{OC}}=(1,\ 0,\ 0)+s(1,\ 1,\ -2)$（$s$ は実数），

$\overrightarrow{\mathrm{OD}}=(2,\ 0,\ 1)+t(1,\ 2,\ -3)$（$t$ は実数）

とおける．このとき，

$$\overrightarrow{\mathrm{CD}}=(1+t-s,\ 2t-s,\ 1-3t+2s).$$

解 答

$$\mathrm{O}(0,\ 0,\ 0),$$

$$\overrightarrow{l_1}=(1,\ 1,\ -2),$$

$$\overrightarrow{l_2}=(1,\ 2,\ -3)$$

とする．s，t を実数として，

$$\begin{aligned}\overrightarrow{\mathrm{OC}} &= \overrightarrow{\mathrm{OA}}+s\overrightarrow{l_1}\\ &= (1+s,\ s,\ -2s),\end{aligned}$$

$$\begin{aligned}\overrightarrow{\mathrm{OD}} &= \overrightarrow{\mathrm{OB}}+t\overrightarrow{l_2}\\ &= (2+t,\ 2t,\ 1-3t)\end{aligned}$$

とおける．このとき，

$$\overrightarrow{\mathrm{CD}}=(1+t-s,\ 2t-s,\ 1-3t+2s).$$

$\overrightarrow{\mathrm{CD}}\perp\overrightarrow{l_1}$ より，

$$\begin{aligned}\overrightarrow{\mathrm{CD}}\cdot\overrightarrow{l_1} &= (1+t-s)\cdot 1+(2t-s)\cdot 1\\ &\qquad +(1-3t+2s)\cdot(-2)\\ &= -1+9t-6s=0. \qquad \cdots①\end{aligned}$$

$\overrightarrow{\mathrm{CD}}\perp\overrightarrow{l_2}$ より，

$$\begin{aligned}\overrightarrow{\mathrm{CD}}\cdot\overrightarrow{l_2} &= (1+t-s)\cdot 1+(2t-s)\cdot 2\\ &\qquad +(1-3t+2s)\cdot(-3)\\ &= -2+14t-9s=0. \qquad \cdots②\end{aligned}$$

①，② より，

$$s=\frac{4}{3},\ t=1.$$

よって，

$$\mathbf{C}\left(\frac{\mathbf{7}}{\mathbf{3}},\ \frac{\mathbf{4}}{\mathbf{3}},\ -\frac{\mathbf{8}}{\mathbf{3}}\right),\ \mathbf{D(3,\ 2,\ -2)}.$$

［注］

$$\begin{aligned}\overrightarrow{\mathrm{CD}} &= \overrightarrow{\mathrm{OD}}-\overrightarrow{\mathrm{OC}}\\ &= \overrightarrow{\mathrm{AB}}+t\overrightarrow{l_2}-s\overrightarrow{l_1}.\end{aligned}$$

$$|\overrightarrow{l_1}|^2=6,\ |\overrightarrow{l_2}|^2=14,\ \overrightarrow{l_1}\cdot\overrightarrow{l_2}=9.$$

$\overrightarrow{\mathrm{AB}}=(1,\ 0,\ 1)$ より，

$$\overrightarrow{l_1}\cdot\overrightarrow{\mathrm{AB}}=-1,\ \overrightarrow{l_2}\cdot\overrightarrow{\mathrm{AB}}=-2.$$

$\overrightarrow{\mathrm{CD}}\perp\overrightarrow{l_1}$ より，

$$\begin{aligned}\overrightarrow{\mathrm{CD}}\cdot\overrightarrow{l_1} &= (\overrightarrow{\mathrm{AB}}+t\overrightarrow{l_2}-s\overrightarrow{l_1})\cdot\overrightarrow{l_1}\\ &= -1+9t-6s=0.\end{aligned}$$

$\overrightarrow{\mathrm{CD}}\perp\overrightarrow{l_2}$ より，

$$\begin{aligned}\overrightarrow{\mathrm{CD}}\cdot\overrightarrow{l_2} &= (\overrightarrow{\mathrm{AB}}+t\overrightarrow{l_2}-s\overrightarrow{l_1})\cdot\overrightarrow{l_2}\\ &= -2+14t-9s=0.\end{aligned}$$

276 考え方

(2) 点 H は直線 DG 上の点であるから，s を実数として，

$$\overrightarrow{\mathrm{DH}}=s\overrightarrow{\mathrm{DG}}$$

とおける．これより，

$$\overrightarrow{\mathrm{OH}}=\overrightarrow{\mathrm{OD}}+s\overrightarrow{\mathrm{DG}}.$$

また，同様にして，点Hは直線EF上の点であるから，tを実数として，

$$\overrightarrow{OH}=\overrightarrow{OE}+t\overrightarrow{EF}$$

とおける．これを$\vec{a}$，$\vec{b}$，$\vec{c}$で表して係数を比較する．

(3)　点Iは直線BH上の点であるから，kを実数として，

$$\overrightarrow{OI}=(1-k)\overrightarrow{OB}+k\overrightarrow{OH}$$
$$=\frac{3}{4}k\vec{a}+\left(1-\frac{5}{4}k\right)\vec{b}+\frac{k}{2}\vec{c}.$$

点Iが直線AC上にあることから，

$$1-\frac{5}{4}k=0.$$

(4)　$$\frac{W}{V}=\frac{\triangle BCI}{\triangle ABI}=\frac{CI}{AI}.$$

解答

(1)

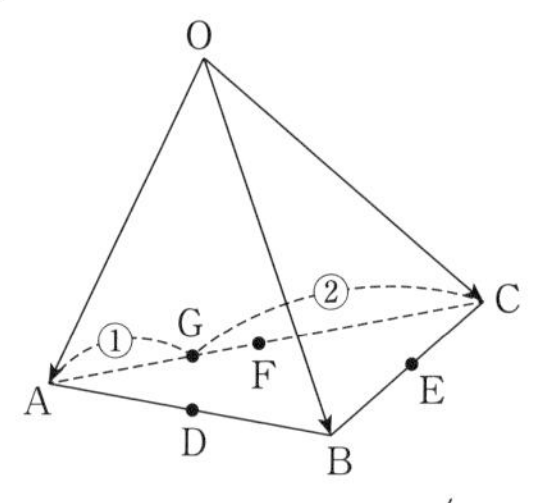

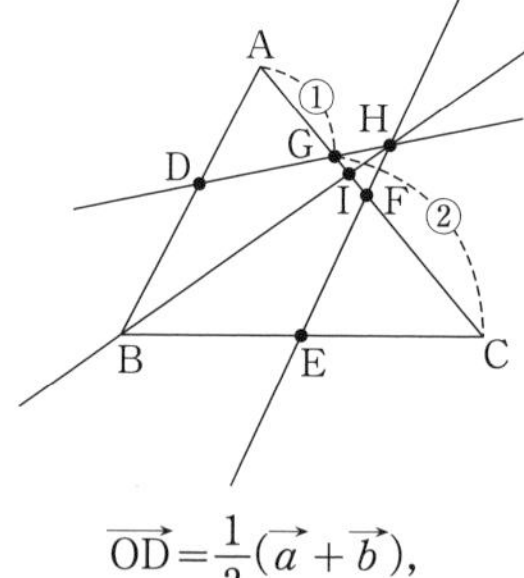

$$\overrightarrow{OD}=\frac{1}{2}(\vec{a}+\vec{b}),$$

$$\overrightarrow{OG}=\frac{1}{3}(2\vec{a}+\vec{c})$$

より，

$$\overrightarrow{\mathbf{DG}}=\overrightarrow{OG}-\overrightarrow{OD}$$
$$=\frac{\mathbf{1}}{\mathbf{6}}\vec{\boldsymbol{a}}-\frac{\mathbf{1}}{\mathbf{2}}\vec{\boldsymbol{b}}+\frac{\mathbf{1}}{\mathbf{3}}\vec{\boldsymbol{c}}.$$

$$\overrightarrow{OE}=\frac{1}{2}(\vec{b}+\vec{c}),$$

$$\overrightarrow{OF}=\frac{1}{2}(\vec{c}+\vec{a})$$

より，

$$\overrightarrow{\mathbf{EF}}=\overrightarrow{OF}-\overrightarrow{OE}$$
$$=\frac{\mathbf{1}}{\mathbf{2}}\vec{\boldsymbol{a}}-\frac{\mathbf{1}}{\mathbf{2}}\vec{\boldsymbol{b}}.$$

(2)　点Hは直線DG上の点であるから，sを実数として，$\overrightarrow{DH}=s\overrightarrow{DG}$とおける．このとき，

$$\overrightarrow{OH}=\overrightarrow{OD}+s\overrightarrow{DG}$$
$$=\frac{1}{2}(\vec{a}+\vec{b})+s\left(\frac{1}{6}\vec{a}-\frac{1}{2}\vec{b}+\frac{1}{3}\vec{c}\right)$$
$$=\frac{s+3}{6}\vec{a}+\frac{1-s}{2}\vec{b}+\frac{s}{3}\vec{c}. \quad \cdots①$$

また，点Hは直線EF上の点であるからtを実数として，$\overrightarrow{EH}=t\overrightarrow{EF}$とおける．このとき，

$$\overrightarrow{OH}=\overrightarrow{OE}+t\overrightarrow{EF}$$
$$=\frac{1}{2}(\vec{b}+\vec{c})+t\left(\frac{1}{2}\vec{a}-\frac{1}{2}\vec{b}\right)$$
$$=\frac{t}{2}\vec{a}+\frac{1-t}{2}\vec{b}+\frac{1}{2}\vec{c}. \quad \cdots②$$

$\vec{a}$，$\vec{b}$，$\vec{c}$は四面体の3辺のベクトルだから，①，②より，

$$\frac{s+3}{6}=\frac{t}{2},\ \frac{1-s}{2}=\frac{1-t}{2},\ \frac{s}{3}=\frac{1}{2}.$$

$$t=s=\frac{3}{2}.$$

よって，

$$\overrightarrow{\mathbf{OH}}=\frac{\mathbf{3}}{\mathbf{4}}\vec{\boldsymbol{a}}-\frac{\mathbf{1}}{\mathbf{4}}\vec{\boldsymbol{b}}+\frac{\mathbf{1}}{\mathbf{2}}\vec{\boldsymbol{c}}.$$

(3)　点Iは直線BH上の点であるから，kを実数として，$\overrightarrow{BI}=k\overrightarrow{BH}$とおける．このとき，

$$\overrightarrow{OI}=(1-k)\overrightarrow{OB}+k\overrightarrow{OH}$$
$$=(1-k)\vec{b}+k\left(\frac{3}{4}\vec{a}-\frac{1}{4}\vec{b}+\frac{1}{2}\vec{c}\right)$$
$$=\frac{3}{4}k\vec{a}+\left(1-\frac{5}{4}k\right)\vec{b}+\frac{k}{2}\vec{c}.$$

点Iは直線AC上の点であるから，

$$1-\frac{5}{4}k=0.$$

$$k=\frac{4}{5}.$$

よって，

$$\overrightarrow{\mathbf{OI}}=\frac{3}{5}\vec{a}+\frac{2}{5}\vec{c}.$$

(4)

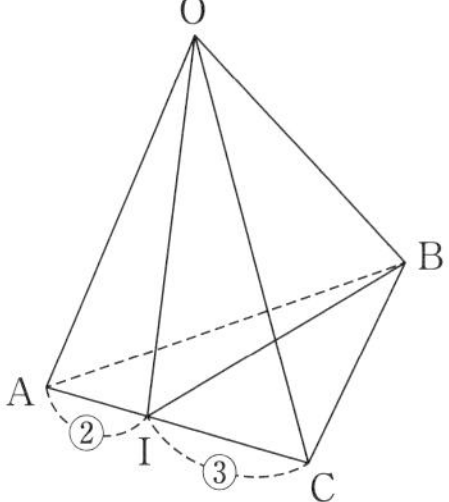

O から平面 ABC に下ろした垂線の長さを，2 つの四面体の共通の高さとみると，

$$\frac{W}{V}=\frac{\triangle\mathrm{BCI}}{\triangle\mathrm{ABI}}.$$

B から，直線 AC に下ろした垂線の長さを，2 つの三角形の共通の高さとみると，

$$\frac{\triangle\mathrm{BCI}}{\triangle\mathrm{ABI}}=\frac{\mathrm{CI}}{\mathrm{AI}}.$$

(3) より，

$$\frac{\mathrm{CI}}{\mathrm{AI}}=\frac{3}{2}.$$

よって，

$$\frac{W}{V}=\frac{\mathbf{3}}{\mathbf{2}}.$$

277 考え方

(1) $|\overrightarrow{\mathrm{AB}}|=\sqrt{3}$ より，

$$|\overrightarrow{\mathrm{AB}}|^2=3.$$
$$|\vec{b}-\vec{a}|^2=3.$$
$$|\vec{a}|^2-2\vec{a}\cdot\vec{b}+|\vec{b}|^2=3.$$

これに，$|\vec{a}|=2$，$|\vec{b}|=\sqrt{5}$ を代入すると，$\vec{a}\cdot\vec{b}$ が求まる．

(2) 点 H は平面 OAB 上の点であるから，

$$\overrightarrow{\mathrm{OH}}=x\vec{a}+y\vec{b}\ (x,\ y \text{は実数})$$

とおける．このとき，

$$\overrightarrow{\mathrm{CH}}=x\vec{a}+y\vec{b}-\vec{c}.$$

$\overrightarrow{\mathrm{CH}}\perp\vec{a}$，$\overrightarrow{\mathrm{CH}}\perp\vec{b}$ より x，y の方程式が作れる．

(3) $$V=\frac{1}{3}\cdot\triangle\mathrm{OAB}\cdot\mathrm{CH}.$$

解答

(1)

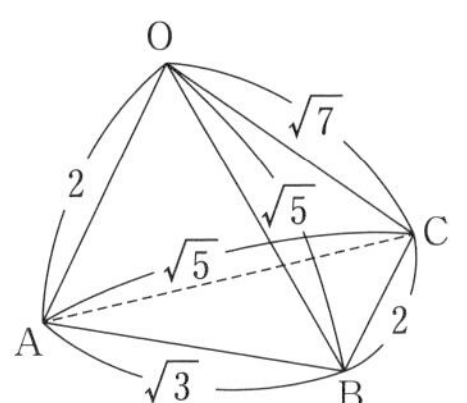

$|\overrightarrow{\mathrm{AB}}|=\sqrt{3}$ より，

$$3=|\overrightarrow{\mathrm{AB}}|^2=|\vec{b}-\vec{a}|^2.$$
$$3=|\vec{b}|^2-2\vec{a}\cdot\vec{b}+|\vec{a}|^2.$$

$|\vec{a}|=2$，$|\vec{b}|=\sqrt{5}$ を代入して，

$$2\vec{a}\cdot\vec{b}=6.$$
$$\boldsymbol{\vec{a}\cdot\vec{b}=3.}$$

$|\overrightarrow{\mathrm{BC}}|=2$ より，

$$4=|\overrightarrow{\mathrm{BC}}|^2=|\vec{c}-\vec{b}|^2.$$
$$4=|\vec{c}|^2-2\vec{b}\cdot\vec{c}+|\vec{b}|^2.$$

$|\vec{c}|=\sqrt{7}$，$|\vec{b}|=\sqrt{5}$ を代入して，

$$2\vec{b}\cdot\vec{c}=8.$$
$$\boldsymbol{\vec{b}\cdot\vec{c}=4.}$$

$|\overrightarrow{\mathrm{CA}}|=\sqrt{5}$ より，

$$5=|\overrightarrow{\mathrm{CA}}|^2=|\vec{a}-\vec{c}|^2.$$
$$5=|\vec{a}|^2-2\vec{c}\cdot\vec{a}+|\vec{c}|^2.$$

$|\vec{a}|=2$，$|\vec{c}|=\sqrt{7}$ 代入して，

$$2\vec{c}\cdot\vec{a}=6.$$
$$\boldsymbol{\vec{c}\cdot\vec{a}=3.}$$

(2) 点 H は平面 α 上の点であるから，$\overrightarrow{\mathrm{OH}}=x\vec{a}+y\vec{b}$（$x$，$y$ は実数）とおける．このとき，

$$\overrightarrow{\mathrm{CH}}=x\vec{a}+y\vec{b}-\vec{c}.$$

$\overrightarrow{\mathrm{CH}}\perp\overrightarrow{\mathrm{OA}}$ より，

$$\overrightarrow{\mathrm{CH}}\cdot\overrightarrow{\mathrm{OA}}=(x\vec{a}+y\vec{b}-\vec{c})\cdot\vec{a}$$
$$=4x+3y-3=0. \quad \cdots①$$

$\overrightarrow{\mathrm{CH}}\perp\overrightarrow{\mathrm{OB}}$ より，

$$\overrightarrow{\mathrm{CH}}\cdot\overrightarrow{\mathrm{OB}}=(x\vec{a}+y\vec{b}-\vec{c})\cdot\vec{b}$$
$$=3x+5y-4=0. \quad \cdots②$$

①，② より，

$$x=\frac{3}{11},\ y=\frac{7}{11}.$$

よって，

$$\overrightarrow{\mathbf{OH}}=\frac{\mathbf{1}}{\mathbf{11}}(3\vec{a}+7\vec{b}).$$

ここで，

$$|3\vec{a}+7\vec{b}|^2=9|\vec{a}|^2+42\vec{a}\cdot\vec{b}+49|\vec{b}|^2$$
$$=36+126+245=407.$$

したがって，

$$|\overrightarrow{\mathbf{OH}}|=\frac{\sqrt{407}}{11}.$$

(3)

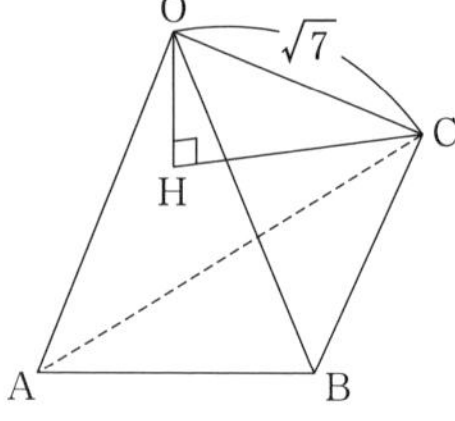

$$\triangle\mathrm{OAB}=\frac{1}{2}\sqrt{|\vec{a}|^2|\vec{b}|^2-(\vec{a}\cdot\vec{b})^2}$$
$$=\frac{1}{2}\sqrt{20-9}$$
$$=\frac{\sqrt{11}}{2}.$$

三角形 CHO は $\angle\mathrm{CHO}=90^\circ$ の直角三角形であるから，三平方の定理より，

$$\mathrm{CH}^2=\mathrm{OC}^2-\mathrm{OH}^2$$
$$=7-\frac{407}{121}$$
$$=\frac{440}{121}.$$
$$\mathrm{CH}=\frac{2\sqrt{110}}{11}.$$

よって，

$$V=\frac{1}{3}\cdot\triangle\mathrm{OAB}\cdot\mathrm{CH}$$
$$=\frac{1}{3}\cdot\frac{\sqrt{11}}{2}\cdot\frac{2\sqrt{110}}{11}$$
$$=\frac{\sqrt{10}}{3}.$$

278 考え方

(1) $|\overrightarrow{\mathrm{AB}}|=\sqrt{6}$ より，

$$|\vec{b}-\vec{a}|^2=6.$$

(3) $|\overrightarrow{\mathrm{PQ}}|^2=|(x-1)\vec{a}-x\vec{b}+y\vec{c}|^2$

$$=6\left(x-\frac{1}{2}\right)^2+9\left(y-\frac{2}{3}\right)^2+\frac{7}{2}.$$

解答

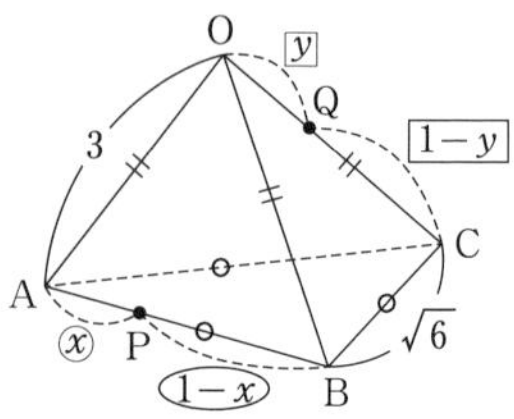

(1) $|\overrightarrow{\mathrm{AB}}|=\sqrt{6}$ より，

$$6=|\overrightarrow{\mathrm{AB}}|^2=|\vec{b}-\vec{a}|^2$$
$$=|\vec{b}|^2-2\vec{a}\cdot\vec{b}+|\vec{a}|^2.$$

$|\vec{a}|=|\vec{b}|=3$ であるから，

$$2\vec{a}\cdot\vec{b}=12.$$
$$\boldsymbol{\vec{a}\cdot\vec{b}=6.}$$

(2) $\overrightarrow{\mathrm{OP}}=(1-x)\vec{a}+x\vec{b}$，$\overrightarrow{\mathrm{OQ}}=y\vec{c}$ より，

$$\overrightarrow{\mathbf{PQ}}=\overrightarrow{\mathrm{OQ}}-\overrightarrow{\mathrm{OP}}$$
$$\boldsymbol{=(x-1)\vec{a}-x\vec{b}+y\vec{c}}.$$

(3) (1) と同様にして，

$$\vec{b}\cdot\vec{c}=\vec{a}\cdot\vec{c}=6.$$

よって，

$$|\overrightarrow{\mathrm{PQ}}|^2=|(x-1)\vec{a}-x\vec{b}+y\vec{c}|^2$$
$$=(x-1)^2|\vec{a}|^2+x^2|\vec{b}|^2+y^2|\vec{c}|^2$$
$$-2(x-1)x\vec{a}\cdot\vec{b}-2xy\vec{b}\cdot\vec{c}+2(x-1)y\vec{a}\cdot\vec{c}$$
$$=9(x-1)^2+9x^2+9y^2-12(x-1)x$$
$$-12xy+12(x-1)y$$
$$=6x^2-6x+9y^2-12y+9$$
$$=6\left(x-\frac{1}{2}\right)^2+9\left(y-\frac{2}{3}\right)^2+\frac{7}{2}.$$

よって，$\boldsymbol{x=\frac{1}{2}}$，$\boldsymbol{y=\frac{2}{3}}$ のとき，$|\overrightarrow{\mathrm{PQ}}|^2$ すなわち PQ は最小で**最小値**は，

$$\sqrt{\frac{7}{2}}=\frac{\sqrt{14}}{2}.$$

279 考え方

(1) $\overrightarrow{\mathrm{EP}}=(a,\ b,\ c)$（$a$，$b$，$c$ は実数）として $\overrightarrow{\mathrm{EP}}\cdot\overrightarrow{\mathrm{OC}}=0$ かつ $\overrightarrow{\mathrm{EP}}\cdot\overrightarrow{\mathrm{OD}}=0$ を計算する．

(2) $$\cos\theta=\frac{\overrightarrow{\mathrm{PA}}\cdot\overrightarrow{\mathrm{PB}}}{|\overrightarrow{\mathrm{PA}}||\overrightarrow{\mathrm{PB}}|}$$

で $0^\circ\leqq\theta\leqq180^\circ$ より，

θ が最大 $\Longleftrightarrow$ $\cos\theta$ が最小.

解答

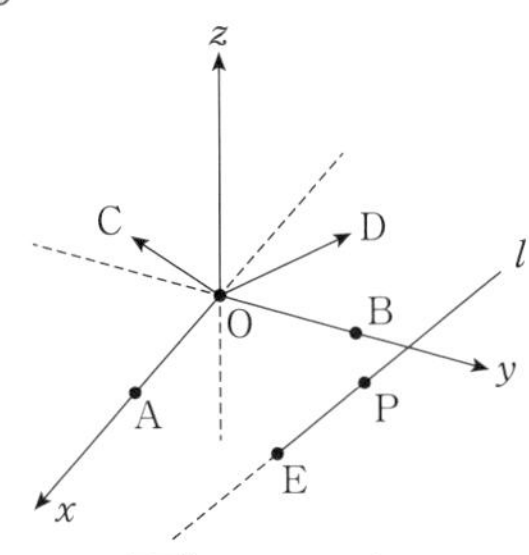

(1) $\overrightarrow{\mathrm{OC}}=(1,\ 0,\ 1)$,

$\overrightarrow{\mathrm{OD}}=(0,\ 1,\ 1)$.

$\overrightarrow{\mathrm{EP}}=(a,\ b,\ c)$ (a, b, c は実数) とすると,

$$\begin{cases}\overrightarrow{\mathrm{EP}}\cdot\overrightarrow{\mathrm{OC}}=a+c=0,\\ \overrightarrow{\mathrm{EP}}\cdot\overrightarrow{\mathrm{OD}}=b+c=0.\end{cases}$$

よって,

$$a=-c,\ b=-c.$$

$$\overrightarrow{\mathrm{EP}}=(-c,\ -c,\ c).$$

したがって,

$$\begin{aligned}\overrightarrow{\mathrm{OP}}&=\overrightarrow{\mathrm{OE}}+\overrightarrow{\mathrm{EP}}\\&=(1-c,\ 1-c,\ c).\quad\cdots①\end{aligned}$$

$$\begin{aligned}|\overrightarrow{\mathrm{OP}}|^2&=(1-c)^2+(1-c)^2+c^2\\&=3c^2-4c+2\\&=3\left(c-\frac{2}{3}\right)^2+\frac{2}{3}.\end{aligned}$$

よって, $c=\dfrac{2}{3}$ のとき $|\overrightarrow{\mathrm{OP}}|$ は最小で**最小値**は,

$$\sqrt{\frac{2}{3}}=\frac{\sqrt{6}}{3}.$$

このとき, $\mathbf{P}\left(\dfrac{1}{3},\ \dfrac{1}{3},\ \dfrac{2}{3}\right)$.

(2) ① より,

$$\overrightarrow{\mathrm{PA}}=\overrightarrow{\mathrm{OA}}-\overrightarrow{\mathrm{OP}}=(c,\ -1+c,\ -c).$$

$$\overrightarrow{\mathrm{PB}}=\overrightarrow{\mathrm{OB}}-\overrightarrow{\mathrm{OP}}=(-1+c,\ c,\ -c).$$

よって,

$$\begin{aligned}|\overrightarrow{\mathrm{PA}}|^2=|\overrightarrow{\mathrm{PB}}|^2&=c^2+(-1+c)^2+(-c)^2\\&=3c^2-2c+1.\end{aligned}$$

$$|\overrightarrow{\mathrm{PA}}|=|\overrightarrow{\mathrm{PB}}|=\sqrt{3c^2-2c+1}.$$

$$\begin{aligned}\overrightarrow{\mathrm{PA}}\cdot\overrightarrow{\mathrm{PB}}&=c\cdot(-1+c)+(-1+c)\cdot c+(-c)\cdot(-c)\\&=3c^2-2c.\end{aligned}$$

したがって,

$$\begin{aligned}\cos\theta&=\frac{\overrightarrow{\mathrm{PA}}\cdot\overrightarrow{\mathrm{PB}}}{|\overrightarrow{\mathrm{PA}}||\overrightarrow{\mathrm{PB}}|}\\&=\frac{3c^2-2c}{3c^2-2c+1}\\&=1-\frac{1}{3c^2-2c+1}\\&=1-\frac{1}{3\left(c-\frac{1}{3}\right)^2+\frac{2}{3}}.\end{aligned}$$

$0\leqq\theta\leqq\pi$ より,

θ が最大 $\Longleftrightarrow$ $\cos\theta$ が最小

であるから, $c=\dfrac{1}{3}$ のとき θ は最大.

このとき,

$$\cos\theta=-\frac{1}{2}.$$

よって, θ の**最大値は, 120°.**

このとき,

$$\mathbf{P}\left(\frac{2}{3},\ \frac{2}{3},\ \frac{1}{3}\right).$$

［注］

(1)

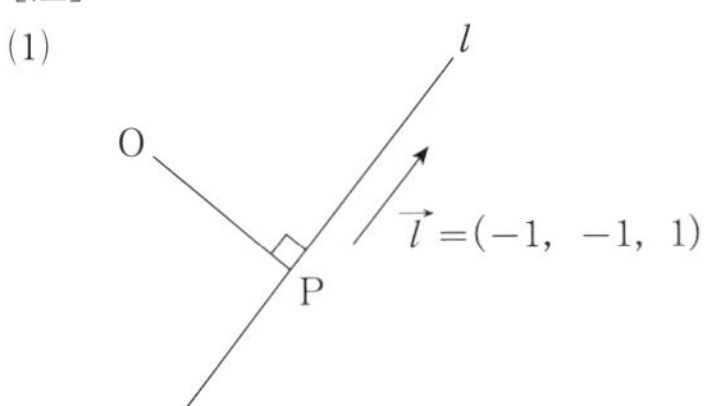

l に平行なベクトルを $\vec{l}=(-1,\ -1,\ 1)$ とすると,

$$\overrightarrow{\mathrm{OP}}\perp\vec{l}$$

のとき, $|\overrightarrow{\mathrm{OP}}|$ は最小.

$$\overrightarrow{\mathrm{OP}}\cdot\vec{l}=-1+c-1+c+c=0$$

より

$$c=\frac{2}{3}.$$

このとき,

$$\mathbf{P}\left(\frac{1}{3},\ \frac{1}{3},\ \frac{2}{3}\right),$$

$$|\overrightarrow{\mathrm{OP}}|=\sqrt{\left(\frac{1}{3}\right)^2+\left(\frac{1}{3}\right)^2+\left(\frac{2}{3}\right)^2}=\frac{\sqrt{6}}{3}.$$

280 考え方

(1) $\overrightarrow{\mathrm{AH}}=t\overrightarrow{\mathrm{AB}}$ (t は実数)

とおける．このとき，

$$\overrightarrow{\mathrm{CH}}=(2t,\ t-2,\ 2-t).$$

(2) C と D は xy 平面に関して対称な点であるから，

$$\mathrm{DP}=\mathrm{CP}.$$

よって，

$$\mathrm{DP}+\mathrm{PQ}=\mathrm{CP}+\mathrm{PQ}\geqq \mathrm{CQ}\geqq \mathrm{CH},$$

すなわち，

$$\mathrm{DP}+\mathrm{PQ}\geqq \mathrm{CH}.$$

等号が成立するのは，

Q=H かつ P が直線 CH と xy 平面との交点のときである．

解答

(1) $\overrightarrow{\mathrm{AB}}=(2,\ 1,\ -1).$

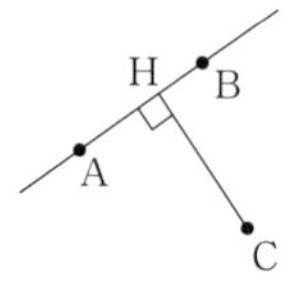

点 H は直線 AB 上の点であるから

$$\overrightarrow{\mathrm{AH}}=t\overrightarrow{\mathrm{AB}}\ (t\ は実数)$$

とおける．このとき，

$$\overrightarrow{\mathrm{OH}}=\overrightarrow{\mathrm{OA}}+t\overrightarrow{\mathrm{AB}}=(2t,\ t,\ 1-t).$$

$$\overrightarrow{\mathrm{CH}}=\overrightarrow{\mathrm{OH}}-\overrightarrow{\mathrm{OC}}=(2t,\ t-2,\ 2-t).$$

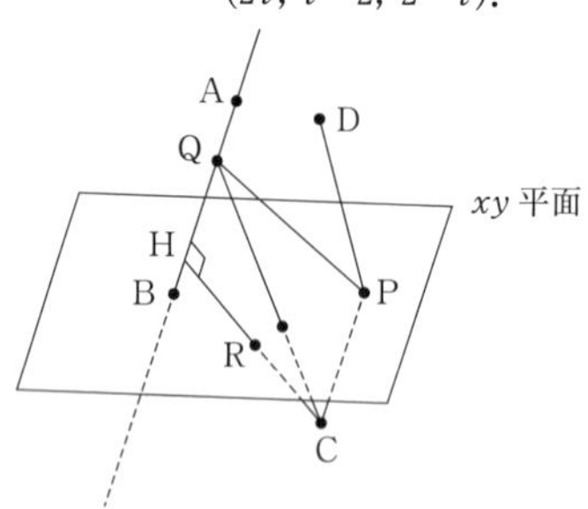

$\overrightarrow{\mathrm{CH}}\perp\overrightarrow{\mathrm{AB}}$ より，

$$\overrightarrow{\mathrm{AB}}\cdot\overrightarrow{\mathrm{CH}}=2\cdot 2t+1\cdot(t-2)+(-1)\cdot(2-t)=0.$$

$$6t-4=0.$$

$$t=\frac{2}{3}.$$

よって，

$$\mathrm{H}\left(\frac{4}{3},\ \frac{2}{3},\ \frac{1}{3}\right).$$

(2)

C と D は xy 平面に関して対称な点であるから，

$$\mathrm{DP}=\mathrm{CP}.$$

したがって，

$$\mathrm{DP}+\mathrm{PQ}=\mathrm{CP}+\mathrm{PQ}\geqq \mathrm{CQ}\geqq \mathrm{CH},$$

すなわち，

$$\mathrm{DP}+\mathrm{PQ}\geqq \mathrm{CH}.$$

等号成立は，

$$\mathrm{Q}=\mathrm{H}$$

のとき．

z 成分に注目すると C と H は xy 平面に関して反対側にある．したがって線分 CH は xy 平面と交わるのでその交点を R とする．

$$\overrightarrow{\mathrm{CH}}=\left(\frac{4}{3},\ -\frac{4}{3},\ \frac{4}{3}\right)/\!/(1,\ -1,\ 1)$$

であるから k を実数として，

$$\overrightarrow{\mathrm{CR}}=k(1,\ -1,\ 1)$$

とおける．このとき，

$$\overrightarrow{\mathrm{OR}}=\overrightarrow{\mathrm{OC}}+\overrightarrow{\mathrm{CR}}=(k,\ 2-k,\ -1+k).$$

R は xy 平面上の点であるから，

$$-1+k=0.$$

$$k=1.$$

したがって，DP+PQ が最小となる P，Q の座標は，P=R，Q=H のときで，

$$\mathbf{P(1,\ 1,\ 0)},\ \mathbf{Q}\left(\frac{4}{3},\ \frac{2}{3},\ \frac{1}{3}\right).$$

281 考え方

円弧が表し易い座標で考える．ここでは次の座標で考えた．

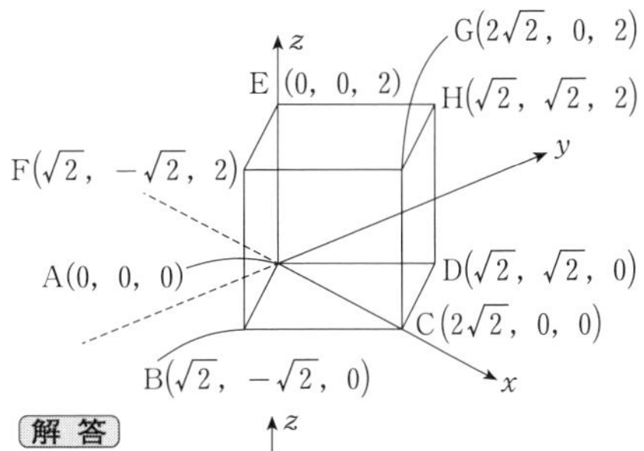

解 答

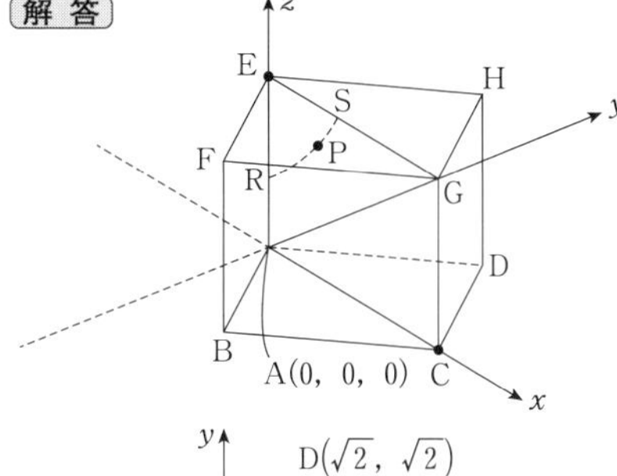

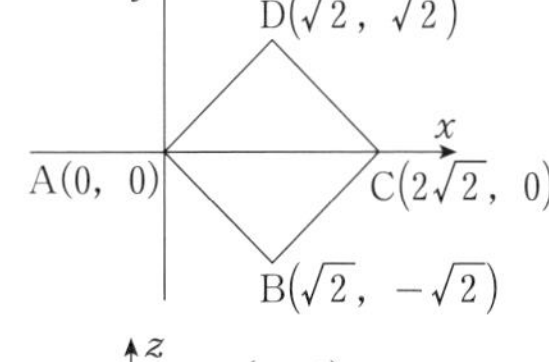

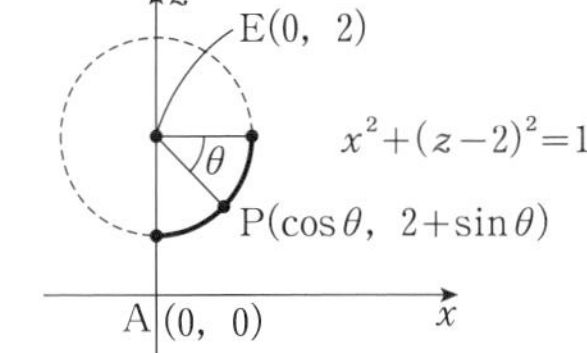

A$(0,\ 0,\ 0)$, B$\left(\sqrt{2},\ -\sqrt{2},\ 0\right)$, C$\left(2\sqrt{2},\ 0,\ 0\right)$, D$\left(\sqrt{2},\ \sqrt{2},\ 0\right)$, E$(0,\ 0,\ 2)$, F$\left(\sqrt{2},\ -\sqrt{2},\ 2\right)$, G$\left(2\sqrt{2},\ 0,\ 2\right)$, H$\left(\sqrt{2},\ \sqrt{2},\ 2\right)$

となるような座標を考えると P は xz 平面上の円

$$x^2+(z-2)^2=1,\ y=0$$

上の点である．

$$\mathrm{P}(\cos\theta,\ 0,\ \sin\theta+2)\quad \left(-\frac{\pi}{2}\leqq\theta\leqq 0\right)$$

とおくと，

$\overrightarrow{\mathrm{PA}}=(-\cos\theta,\ 0,\ -\sin\theta-2)$,

$\overrightarrow{\mathrm{PB}}=\left(\sqrt{2}-\cos\theta,\ -\sqrt{2},\ -\sin\theta-2\right)$.

$$\begin{aligned}\overrightarrow{\mathrm{PA}}\cdot\overrightarrow{\mathrm{PB}}&=-\cos\theta\cdot\left(\sqrt{2}-\cos\theta\right)+0\cdot\left(-\sqrt{2}\right)\\&\qquad+(-\sin\theta-2)^2\\&=-\sqrt{2}\cos\theta+\cos^2\theta+\sin^2\theta\\&\qquad+4\sin\theta+4\\&=5+\left(4\sin\theta-\sqrt{2}\cos\theta\right)\\&=5+3\sqrt{2}\sin(\theta-\alpha).\end{aligned}$$

ただし，$\cos\alpha=\dfrac{4}{3\sqrt{2}}$，$\sin\alpha=\dfrac{1}{3}$，

$0<\alpha<\dfrac{\pi}{2}$.

$-\dfrac{\pi}{2}\leqq\theta\leqq 0$ より，

$$-\frac{\pi}{2}-\alpha\leqq\theta-\alpha\leqq-\alpha.$$

よって，$\theta-\alpha=-\dfrac{\pi}{2}$ のとき，内積は最小で，**最小値は，**

$$\boldsymbol{5-3\sqrt{2}}.$$

このとき，

$$\theta=\alpha-\frac{\pi}{2}.$$

$$\begin{aligned}\sin\theta&=\sin\left(\alpha-\frac{\pi}{2}\right)=-\cos\alpha=-\frac{4}{3\sqrt{2}}\\&=-\frac{2\sqrt{2}}{3}.\end{aligned}$$

よって，点 P と面 ABCD との**距離は，**

$$\sin\theta+2=\boldsymbol{2-\frac{2\sqrt{2}}{3}}.$$

282 考え方

(1) $\quad\overrightarrow{\mathrm{OG}}=\dfrac{1}{3}\left(\vec{a}+\vec{b}+\vec{c}\right)$.

$\overrightarrow{\mathrm{OG}}\perp\overrightarrow{\mathrm{AB}}$，$\overrightarrow{\mathrm{OG}}\perp\overrightarrow{\mathrm{AC}}$ を示す．

(2) $|\overrightarrow{\mathrm{PO}}|^2+|\overrightarrow{\mathrm{PA}}|^2+|\overrightarrow{\mathrm{PB}}|^2+|\overrightarrow{\mathrm{PC}}|^2=3d^2$ を変形して，

$$\left|\overrightarrow{\mathrm{OP}}-\frac{3}{4}\overrightarrow{\mathrm{OG}}\right|=\frac{3}{4}\left|\overrightarrow{\mathrm{OG}}\right|$$

を導く．

解答

(1)

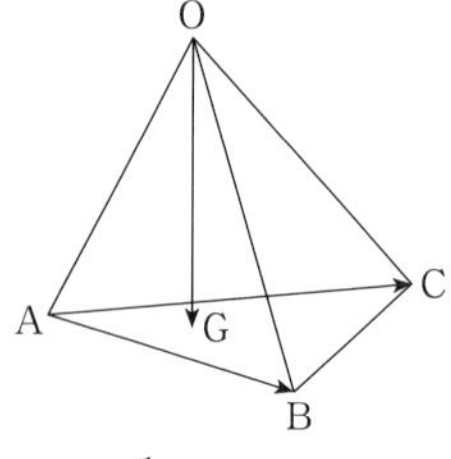

$$\overrightarrow{\mathrm{OG}}=\frac{1}{3}(\vec{a}+\vec{b}+\vec{c}).$$

$$\overrightarrow{\mathrm{OG}}\cdot\overrightarrow{\mathrm{AB}}=\frac{1}{3}(\vec{a}+\vec{b}+\vec{c})\cdot(\vec{b}-\vec{a})$$

$$=\frac{1}{3}(|\vec{b}|^2-|\vec{a}|^2+\vec{b}\cdot\vec{c}-\vec{a}\cdot\vec{c}).$$

$$|\vec{a}|=|\vec{b}|=d,$$

$$\vec{b}\cdot\vec{c}=\vec{a}\cdot\vec{c}=d^2\cos\frac{\pi}{3}=\frac{1}{2}d^2$$

であるから,

$$\overrightarrow{\mathrm{OG}}\cdot\overrightarrow{\mathrm{AB}}=0.$$

同様にして,

$$\overrightarrow{\mathrm{OG}}\cdot\overrightarrow{\mathrm{AC}}=\frac{1}{3}(\vec{a}+\vec{b}+\vec{c})\cdot(\vec{c}-\vec{a})$$

$$=\frac{1}{3}(|\vec{c}|^2-|\vec{a}|^2+\vec{b}\cdot\vec{c}-\vec{a}\cdot\vec{b}).$$

$$|\vec{a}|=|\vec{c}|=d,$$

$$\vec{b}\cdot\vec{c}=\vec{a}\cdot\vec{b}=\frac{1}{2}d^2$$

であるから,

$$\overrightarrow{\mathrm{OG}}\cdot\overrightarrow{\mathrm{AC}}=0.$$

よって,

$$\overrightarrow{\mathrm{OG}}\perp\overrightarrow{\mathrm{AB}},\ \overrightarrow{\mathrm{OG}}\perp\overrightarrow{\mathrm{AC}}.$$

(2)

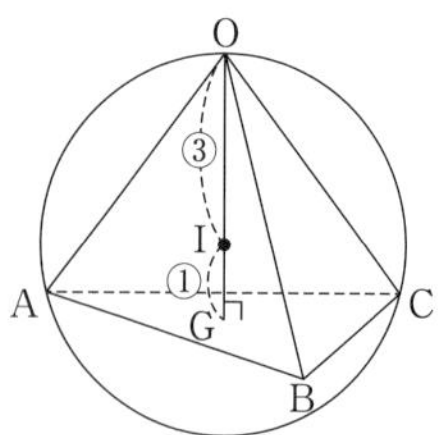

$$|\overrightarrow{\mathrm{PO}}|^2+|\overrightarrow{\mathrm{PA}}|^2+|\overrightarrow{\mathrm{PB}}|^2+|\overrightarrow{\mathrm{PC}}|^2=3d^2$$

をみたす点Pを考える.

$$|\overrightarrow{\mathrm{OP}}|^2+|\overrightarrow{\mathrm{OA}}-\overrightarrow{\mathrm{OP}}|^2+|\overrightarrow{\mathrm{OB}}-\overrightarrow{\mathrm{OP}}|^2+|\overrightarrow{\mathrm{OC}}-\overrightarrow{\mathrm{OP}}|^2=3d^2$$

より,

$$|\overrightarrow{\mathrm{OP}}|^2+|\overrightarrow{\mathrm{OA}}|^2-2\overrightarrow{\mathrm{OA}}\cdot\overrightarrow{\mathrm{OP}}+|\overrightarrow{\mathrm{OP}}|^2+|\overrightarrow{\mathrm{OB}}|^2-2\overrightarrow{\mathrm{OB}}\cdot\overrightarrow{\mathrm{OP}}+|\overrightarrow{\mathrm{OP}}|^2+|\overrightarrow{\mathrm{OC}}|^2-2\overrightarrow{\mathrm{OC}}\cdot\overrightarrow{\mathrm{OP}}+|\overrightarrow{\mathrm{OP}}|^2=3d^2.$$

$|\overrightarrow{\mathrm{OA}}|=|\overrightarrow{\mathrm{OB}}|=|\overrightarrow{\mathrm{OC}}|=d$ より,

$$4|\overrightarrow{\mathrm{OP}}|^2-2(\overrightarrow{\mathrm{OA}}+\overrightarrow{\mathrm{OB}}+\overrightarrow{\mathrm{OC}})\cdot\overrightarrow{\mathrm{OP}}=0.$$

$$|\overrightarrow{\mathrm{OP}}|^2-\frac{3}{2}\overrightarrow{\mathrm{OG}}\cdot\overrightarrow{\mathrm{OP}}=0.$$

$$\left|\overrightarrow{\mathrm{OP}}-\frac{3}{4}\overrightarrow{\mathrm{OG}}\right|^2=\frac{9}{16}|\overrightarrow{\mathrm{OG}}|^2.$$

$$\left|\overrightarrow{\mathrm{OP}}-\frac{3}{4}\overrightarrow{\mathrm{OG}}\right|=\frac{3}{4}|\overrightarrow{\mathrm{OG}}|.$$

よって,$\overrightarrow{\mathrm{OI}}=\frac{3}{4}\overrightarrow{\mathrm{OG}}$ とすると,PはIを中心とし,半径が $\frac{3}{4}|\overrightarrow{\mathrm{OG}}|$ の球面 S 上にある.

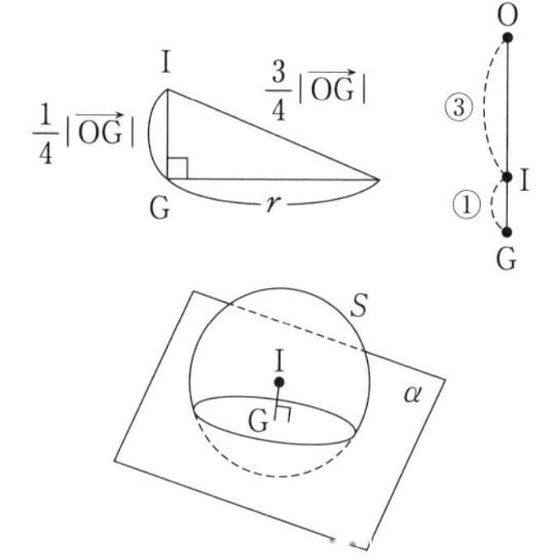

従って,点Pが平面 α 上にあるとき,S と α の共有点である円周上にある.その中心は S の中心Iから α に下ろした垂線の交点で,(1)よりそれはGである.

その円の半径を r とすると,三平方の定理より,

$$r^2=\left(\frac{3}{4}|\overrightarrow{\mathrm{OG}}|\right)^2-\left(\frac{1}{4}|\overrightarrow{\mathrm{OG}}|\right)^2$$

$$=\frac{1}{2}|\overrightarrow{\mathrm{OG}}|^2.$$

$$|\overrightarrow{\mathrm{OG}}|^2=\frac{1}{9}(|\vec{a}|^2+|\vec{b}|^2+|\vec{c}|^2+2\vec{a}\cdot\vec{b}+2\vec{b}\cdot\vec{c}+2\vec{c}\cdot\vec{a})$$

$$=\frac{1}{9}\left(3\cdot d^2+6\cdot\frac{1}{2}d^2\right)$$

$$=\frac{2}{3}d^2$$

であるから，

$$r^2=\frac{1}{2}\cdot\frac{2}{3}d^2=\frac{1}{3}d^2.$$

$$r=\frac{1}{\sqrt{3}}d.$$

したがって，PはGを中心とする半径 $\frac{1}{\sqrt{3}}d$ の円周上にある．

［注］ S は正四面体の外接球である．

283 考え方

(2) $\overrightarrow{\mathrm{OP}}=\overrightarrow{\mathrm{OA}}+t\overrightarrow{\mathrm{AC}}$ （t は実数）

とおける．

(3) 共有点をDとすると，Dは直線AB上の点だから，

$\overrightarrow{\mathrm{OD}}=\overrightarrow{\mathrm{OA}}+k\overrightarrow{\mathrm{AB}}$ （k は実数）

とおける．このDが S の式を満たす．

(4) 点Qを $(X,\ Y,\ 0)$ とすると，直線AQ上の点Rは，

$\overrightarrow{\mathrm{OR}}=\overrightarrow{\mathrm{OA}}+u\overrightarrow{\mathrm{AQ}}$ （u は実数）

とおける．このRの座標を S の式に代入した u の2次方程式が実数解をもつ条件を求める．

解答

(1) $$x^2+y^2+z^2-4z=0$$

より，

$$x^2+y^2+(z-2)^2=4.$$

よって，

中心 $\mathrm{C}(0,\ 0,\ 2)$，半径 2.

(2) 点Pは直線AC上の点であるから，t を実数として，

$$\overrightarrow{\mathrm{AP}}=t\overrightarrow{\mathrm{AC}}$$

とおける．このとき，

$$\begin{aligned}\overrightarrow{\mathrm{OP}}&=\overrightarrow{\mathrm{OA}}+t\overrightarrow{\mathrm{AC}}\\&=(0,\ 1,\ 4)+t(0,\ -1,\ -2)\\&=(0,\ 1-t,\ 4-2t).\end{aligned}$$

点Pは xy 平面上の点であるから，

$$4-2t=0.$$

$$t=2.$$

よって，

$\mathrm{P}(0,\ -1,\ 0)$.

(3) 共有点の座標をDとすると，Dは直線AB上の点であるから，k を実数として，

$$\overrightarrow{\mathrm{AD}}=k\overrightarrow{\mathrm{AB}}$$

とおける．このとき，

$$\begin{aligned}\overrightarrow{\mathrm{OD}}&=\overrightarrow{\mathrm{OA}}+k\overrightarrow{\mathrm{AB}}\\&=(0,\ 1,\ 4)+k(4,\ -2,\ -4)\\&=(4k,\ 1-2k,\ 4-4k).\end{aligned}$$

点Dは球面 S 上の点であるから，

$$(4k)^2+(1-2k)^2+(2-4k)^2=4.$$

$$36k^2-20k+1=0.$$

$$(18k-1)(2k-1)=0.$$

$$k=\frac{1}{18},\ \frac{1}{2}.$$

よって，共有点の座標は，

$$\mathbf{(2,\ 0,\ 2),\ \left(\frac{2}{9},\ \frac{8}{9},\ \frac{34}{9}\right).}$$

(4) 点Qを $(X,\ Y,\ 0)$ とする．直線AQ上の点Rは u を実数として，

$$\overrightarrow{\mathrm{AR}}=u\overrightarrow{\mathrm{AQ}}$$

とおける．このとき，

$$\begin{aligned}\overrightarrow{\mathrm{OR}}&=\overrightarrow{\mathrm{OA}}+u\overrightarrow{\mathrm{AQ}}\\&=(0,\ 1,\ 4)+u(X,\ Y-1,\ -4)\\&=(Xu,\ 1+(Y-1)u,\ 4-4u).\end{aligned}$$

点Rが球面 S 上の点でもあるとき，u の2次方程式

$$(Xu)^2+\{1+(Y-1)u\}^2+(2-4u)^2=4 \quad \cdots①$$

は実数解をもつ．①より，

$$\{X^2+(Y-1)^2+16\}u^2+2(Y-9)u+1=0. \quad \cdots②$$

①が実数解をもつ条件より，

$$\frac{1}{4}(\text{②の判別式})\geqq 0.$$

$$(Y-9)^2-\{X^2+(Y-1)^2+16\}\geqq 0.$$

$$16Y\leqq -X^2+64.$$

$$Y\leqq -\frac{1}{16}X^2+4.$$

よって，点Qの動く範囲は，

$$\boldsymbol{y\leqq -\frac{1}{16}x^2+4,\ z=0}$$

で，図の網目の部分である．ただし，境界を含む．

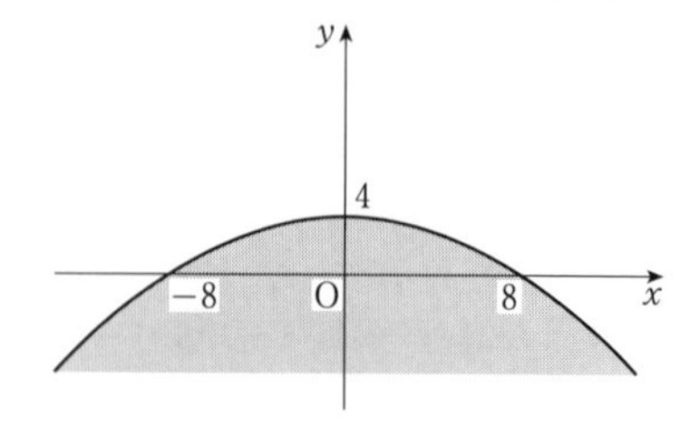

284 考え方

(3) $X=\dfrac{x_0}{1-z_0}$, $Y=\dfrac{y_0}{1-z_0}$ とおく.

点Pの満たす条件は,

$$\begin{cases} {x_0}^2+{y_0}^2+{z_0}^2=1, \\ y_0=\dfrac{1}{2}. \end{cases}$$

これより, X, Y だけの式を作る.

解答

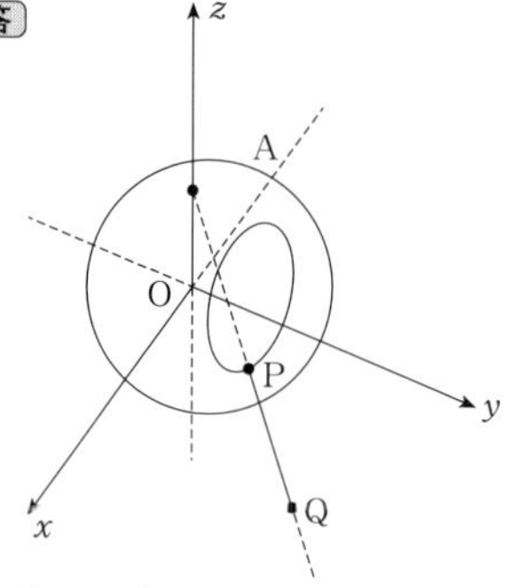

(1) $\overrightarrow{AQ}=t\overrightarrow{AP}$ より,

$$\overrightarrow{OQ}-\overrightarrow{OA}=t(\overrightarrow{OP}-\overrightarrow{OA}).$$

$$\boldsymbol{\overrightarrow{OQ}=(1-t)\overrightarrow{OA}+t\overrightarrow{OP}}.$$

(2) $\overrightarrow{OQ}=(1-t)(0,\ 0,\ 1)+t(x_0,\ y_0,\ z_0)$

$$=(tx_0,\ ty_0,\ 1+(z_0-1)t).$$

Qは xy 平面上の点であるから,

$$1+(z_0-1)t=0.$$

$$t=\frac{1}{1-z_0}.$$

よって,

$$\boldsymbol{\overrightarrow{OQ}=\left(\frac{x_0}{1-z_0},\ \frac{y_0}{1-z_0},\ 0\right)}.$$

(3) $X=\dfrac{x_0}{1-z_0}$, $Y=\dfrac{y_0}{1-z_0}$ とする.

点Pは球面 S と平面 $y=\dfrac{1}{2}$ の共通部分であるから,

$$\begin{cases} {x_0}^2+{y_0}^2+{z_0}^2=1, \\ y_0=\dfrac{1}{2}. \end{cases}$$

よって,

$${x_0}^2+{z_0}^2=\frac{3}{4}. \quad \cdots①$$

$Y=\dfrac{1}{2(1-z_0)}$ より,

$$1-z_0=\frac{1}{2Y}.$$

$$z_0=1-\frac{1}{2Y}. \quad \cdots②$$

$X=\dfrac{x_0}{1-z_0}$ より,

$$x_0=X(1-z_0)=\frac{X}{2Y}. \quad \cdots③$$

②, ③ を ① に代入して,

$$\left(\frac{X}{2Y}\right)^2+\left(1-\frac{1}{2Y}\right)^2=\frac{3}{4}.$$

$$X^2+4Y^2-4Y+1=3Y^2.$$

$$X^2+Y^2-4Y+1=0.$$

$$X^2+(Y-2)^2=3.$$

よって, 求める点Qの軌跡は,

円 : $\boldsymbol{x^2+(y-2)^2=3,\ z=0}$.

24420